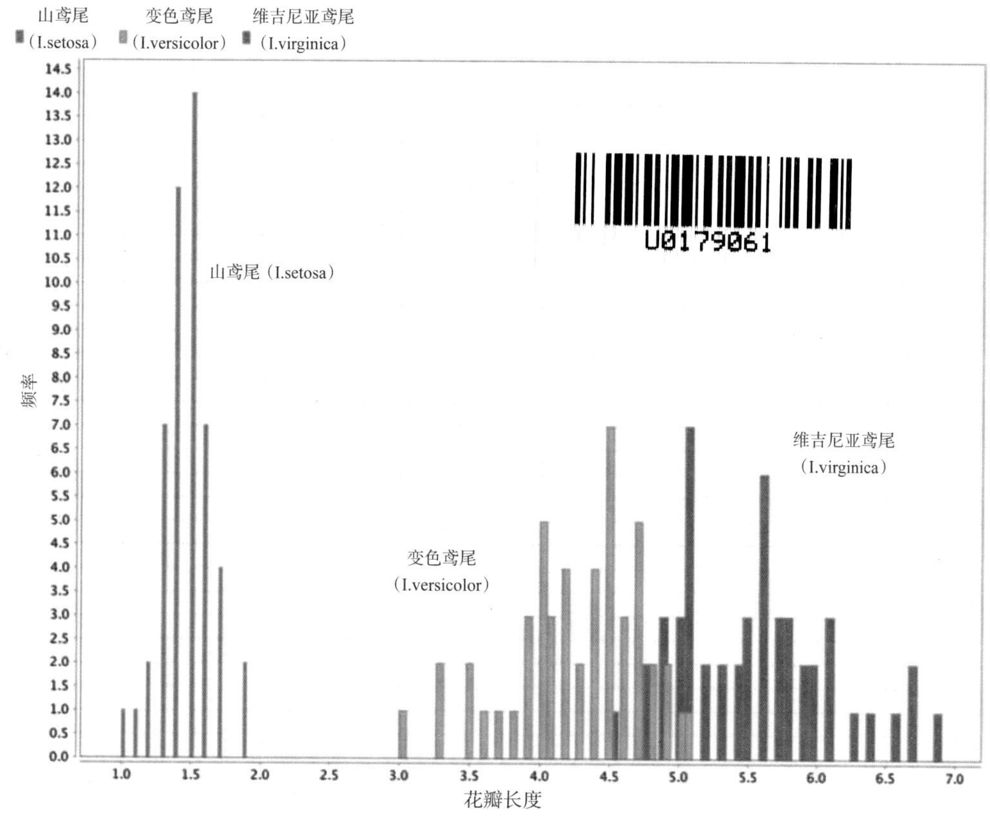

图 3.6　鸢尾花数据集的花瓣长度的按类分层直方图

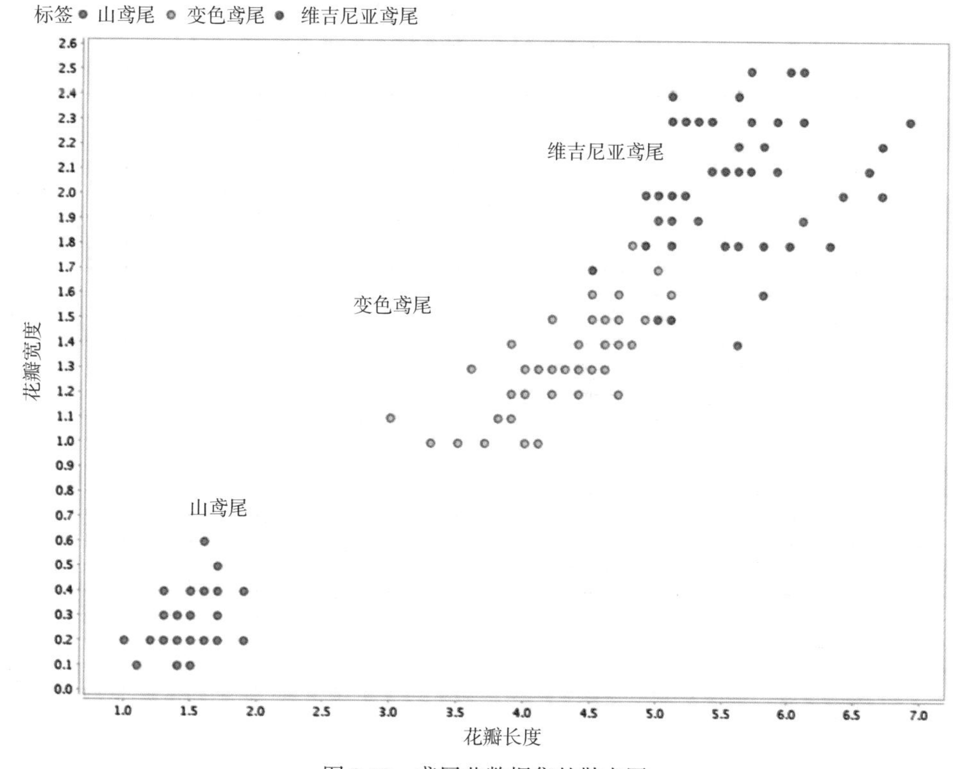

图 3.10　鸢尾花数据集的散点图

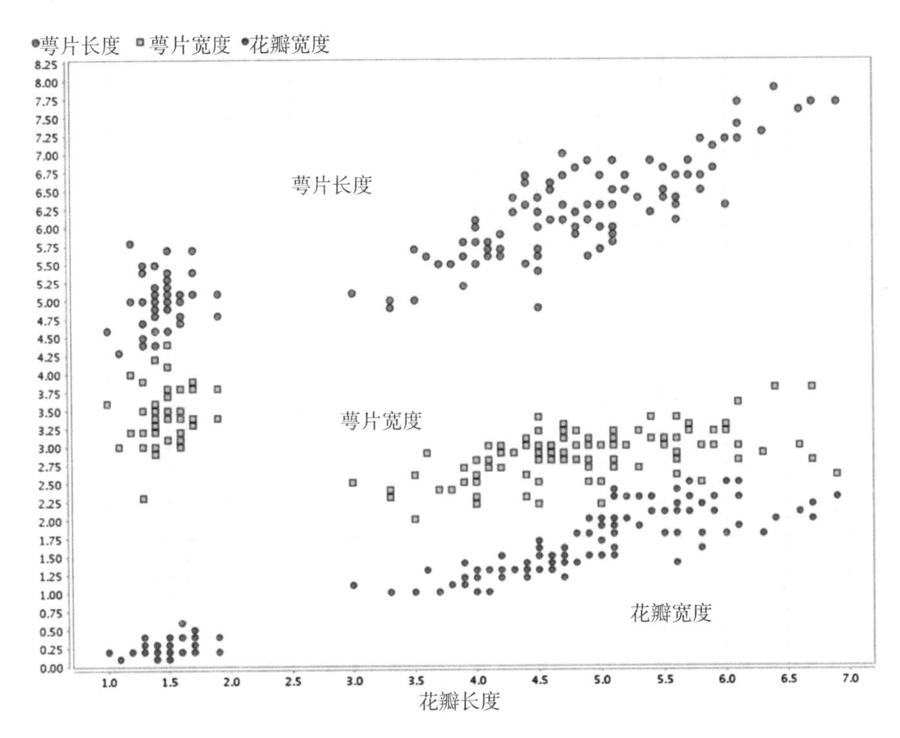

图 3.11 鸢尾花数据集的多变量散点图

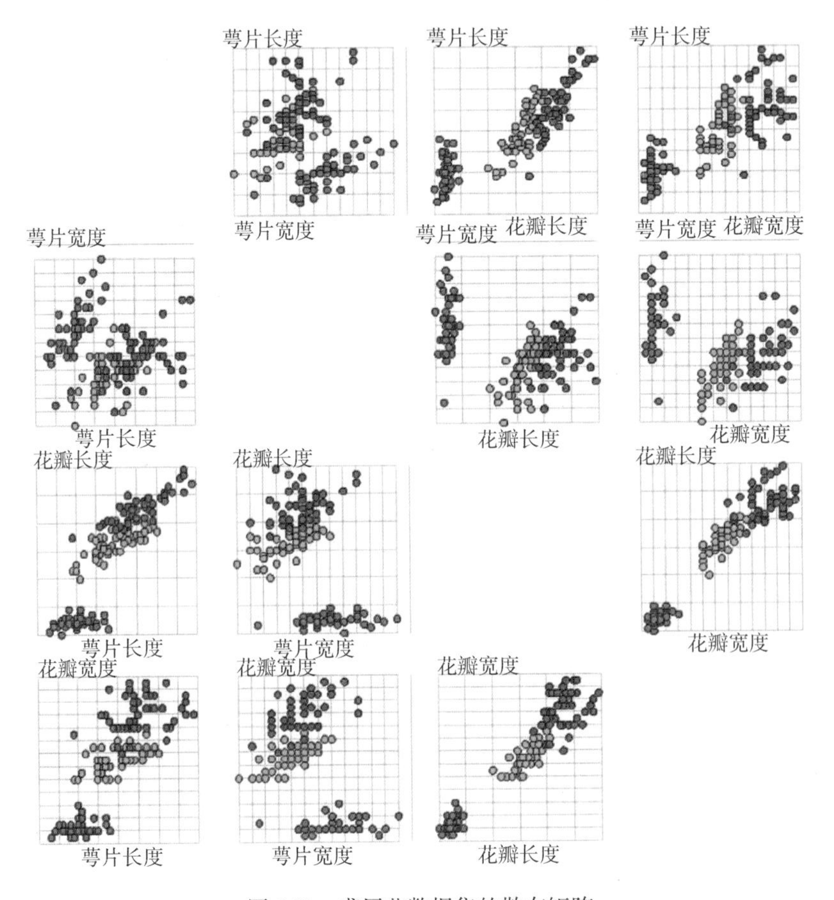

图 3.12 鸢尾花数据集的散布矩阵

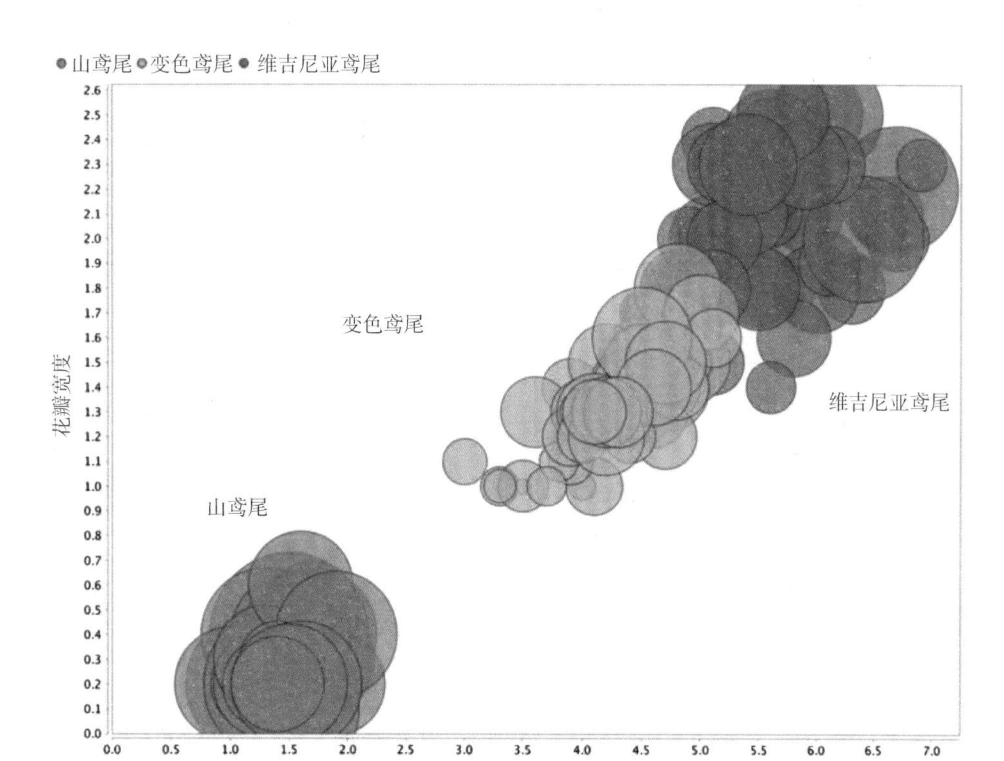

图 3.13　鸢尾花数据集的气泡图

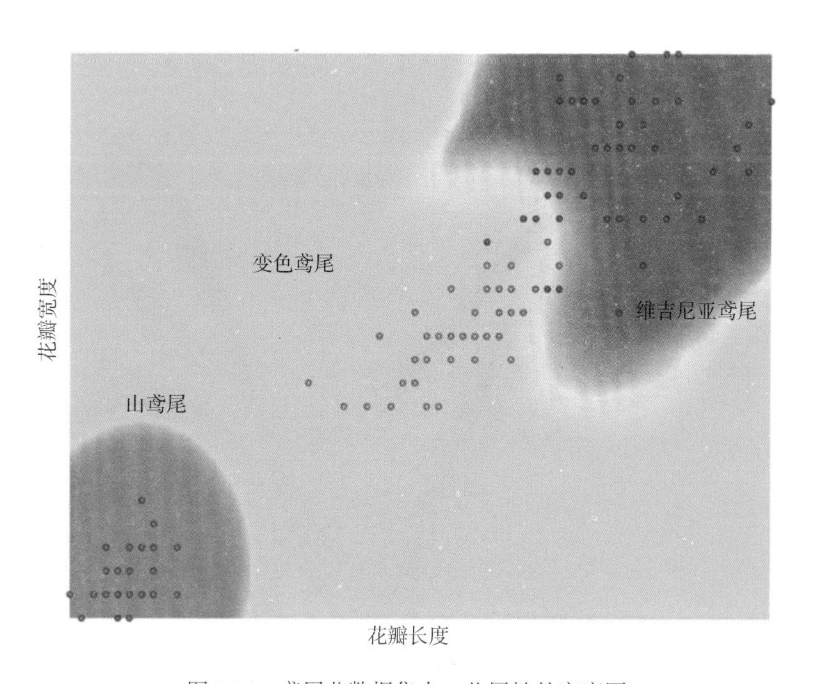

图 3.14　鸢尾花数据集中一些属性的密度图

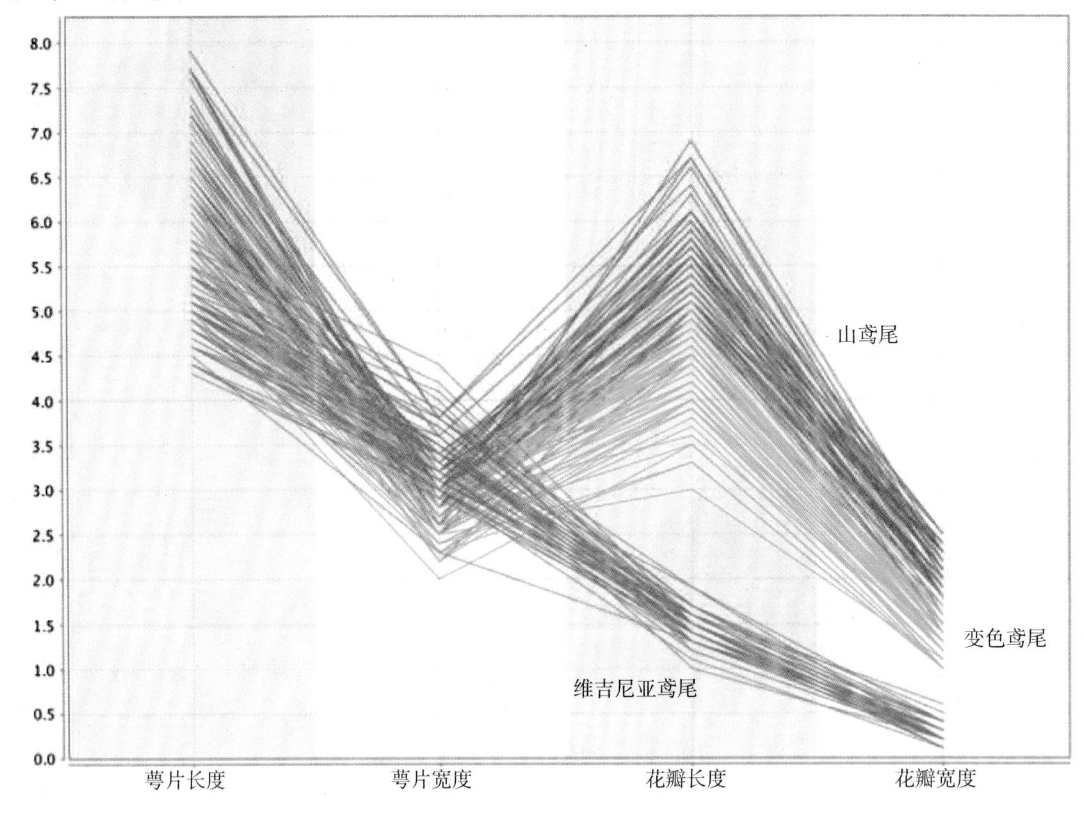

图 3.15 鸢尾花数据集的并行图

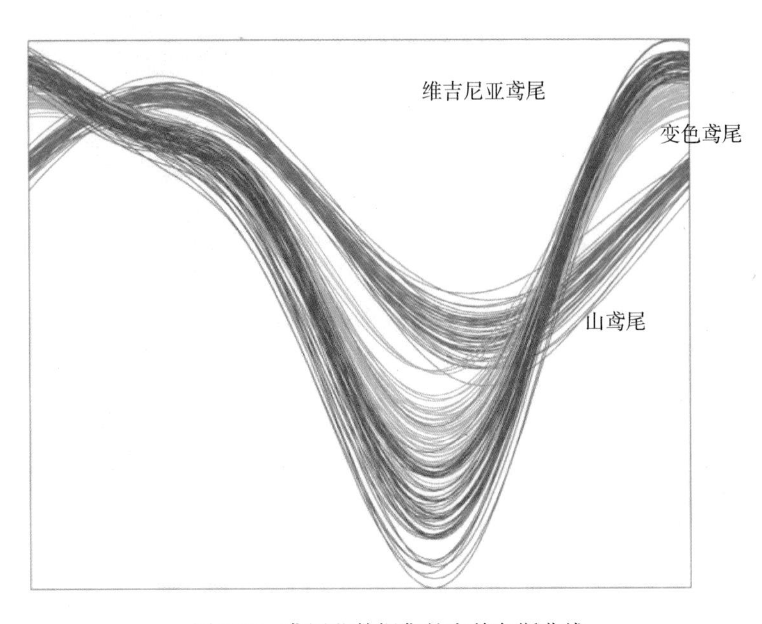

图 3.17 鸢尾花数据集的安德鲁斯曲线

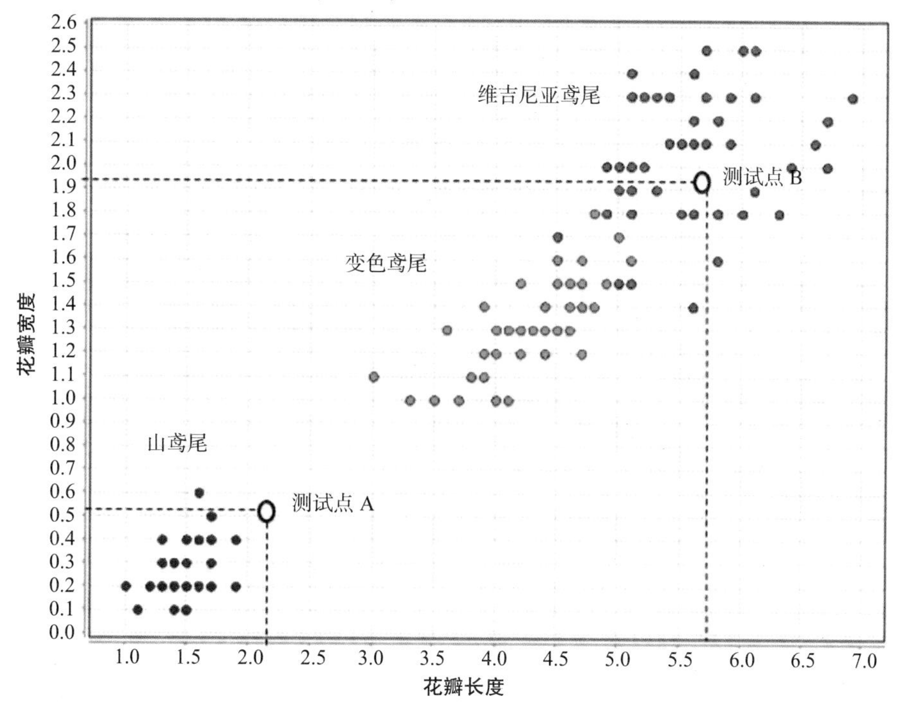

图 4.29 鸢尾花数据集的二维图：花瓣长度和花瓣宽度。类以颜色区分

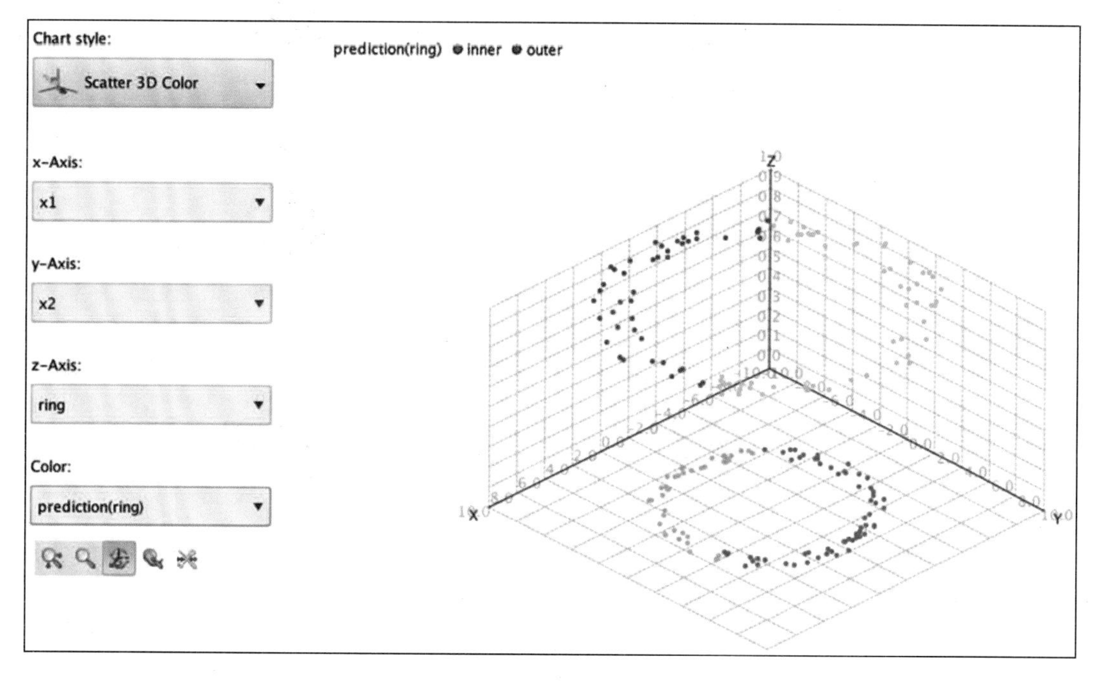

图 4.57 将线性支持向量机的预测结果可视化

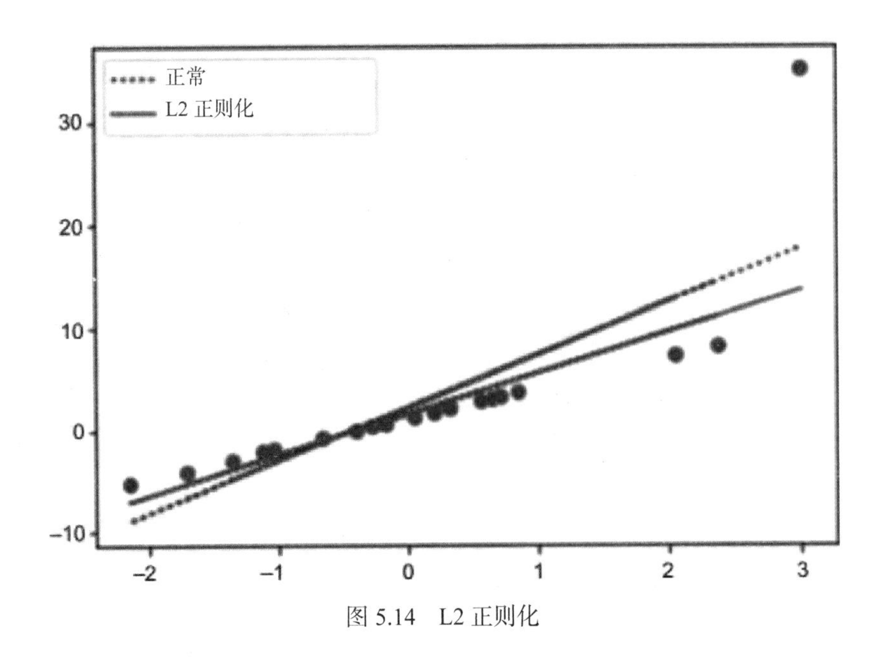

图 5.14　L2 正则化

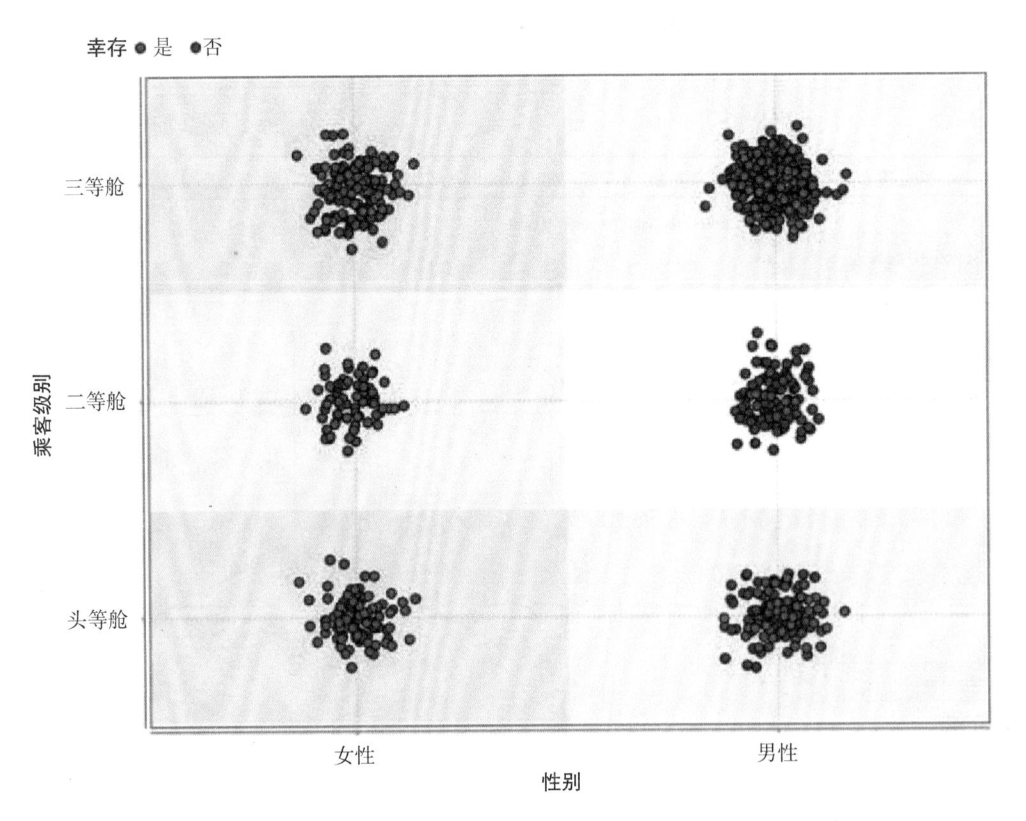

图 5.19　在泰坦尼克号残骸中幸存的概率取决于性别和旅行级别

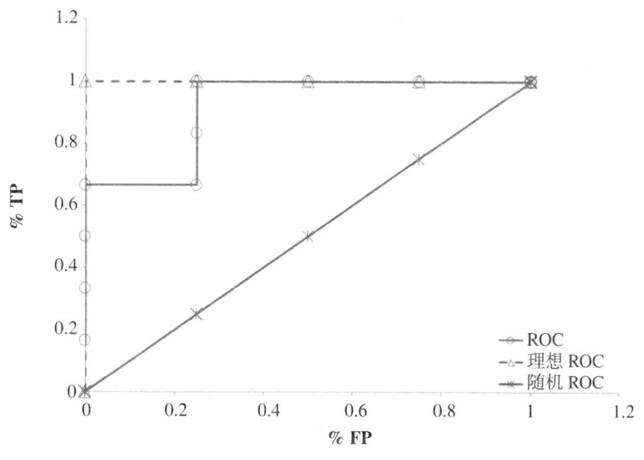

图 8.1　将表 8.3 中所示示例的 ROC 曲线与随机和理想分类器进行比较

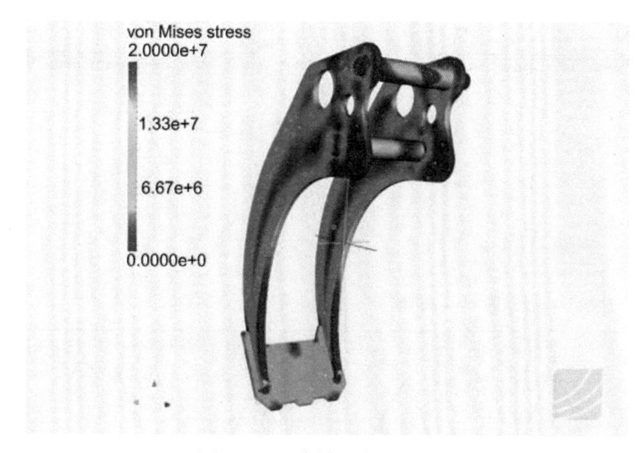

图 10.1　计算机辅助工程

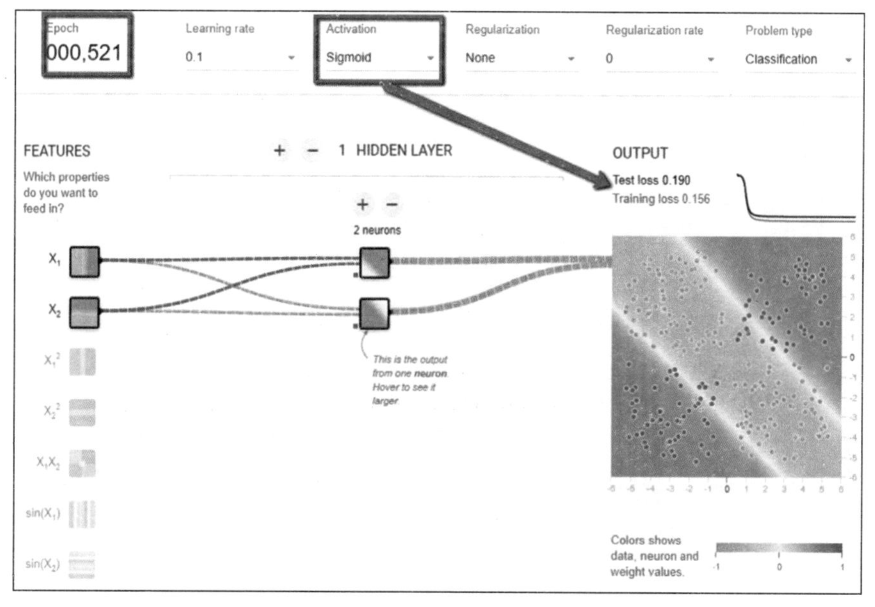

图 10.5　使用 TensorFlow playground 修改网络架构来解决 XOR 问题

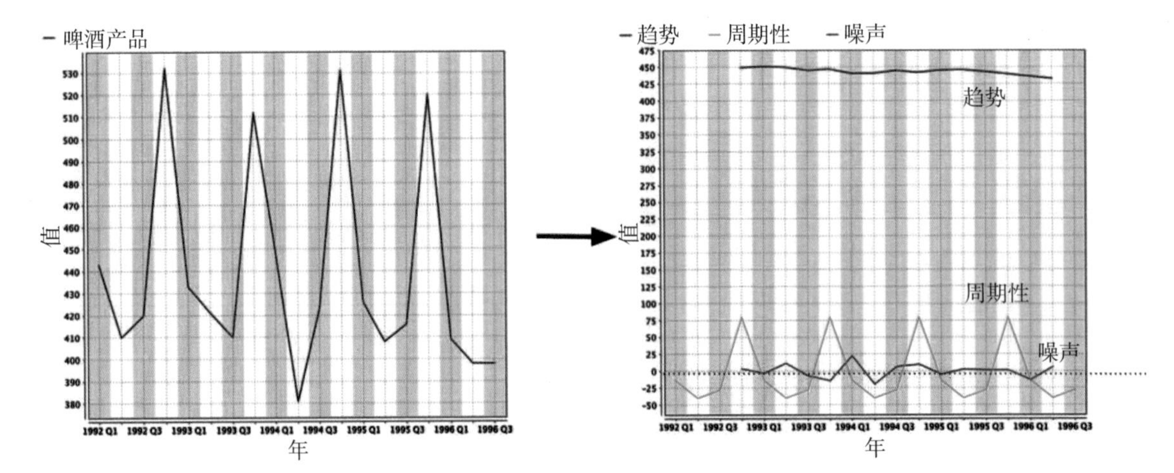

图 12.5　时间序列分解

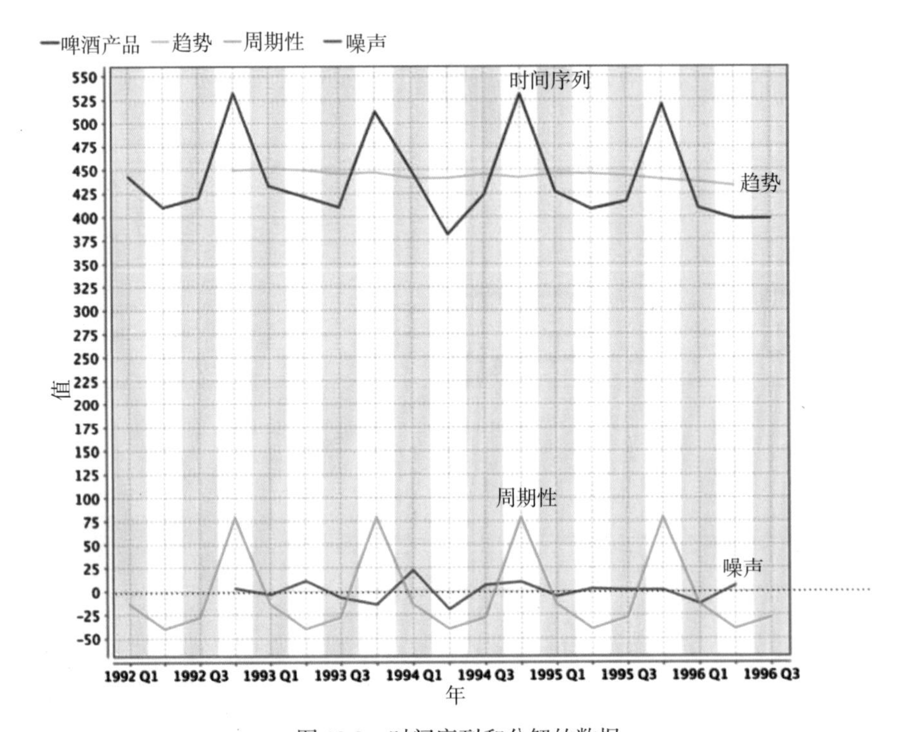

图 12.8　时间序列和分解的数据

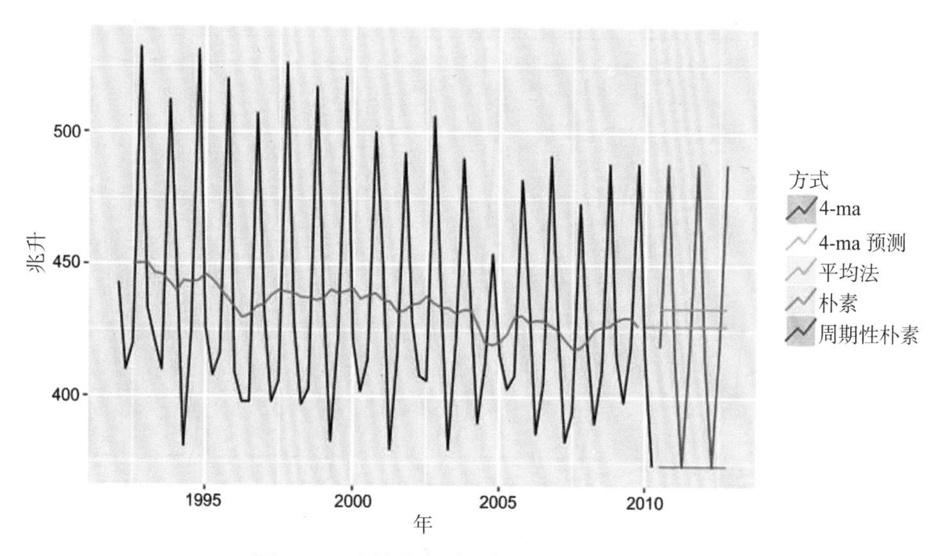

图 12.9　比较基本平滑方法的提前一步预测

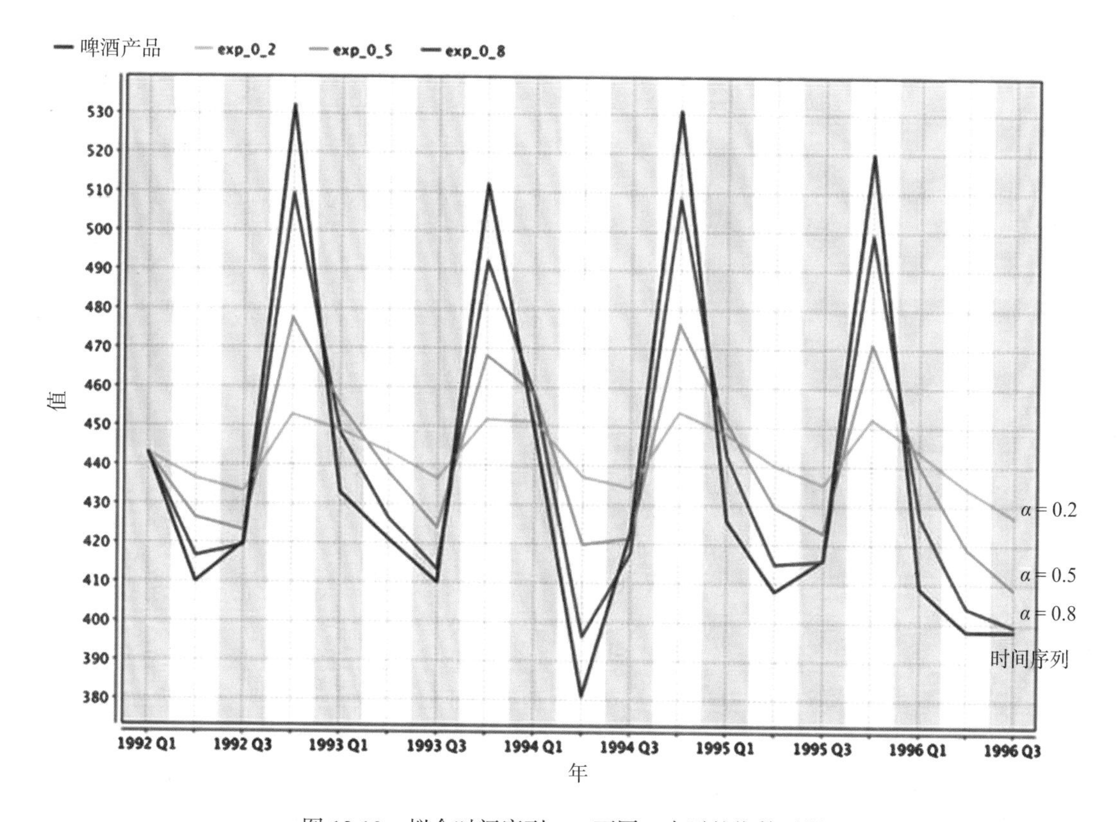

图 12.10　拟合时间序列——不同 α 水平的指数平滑

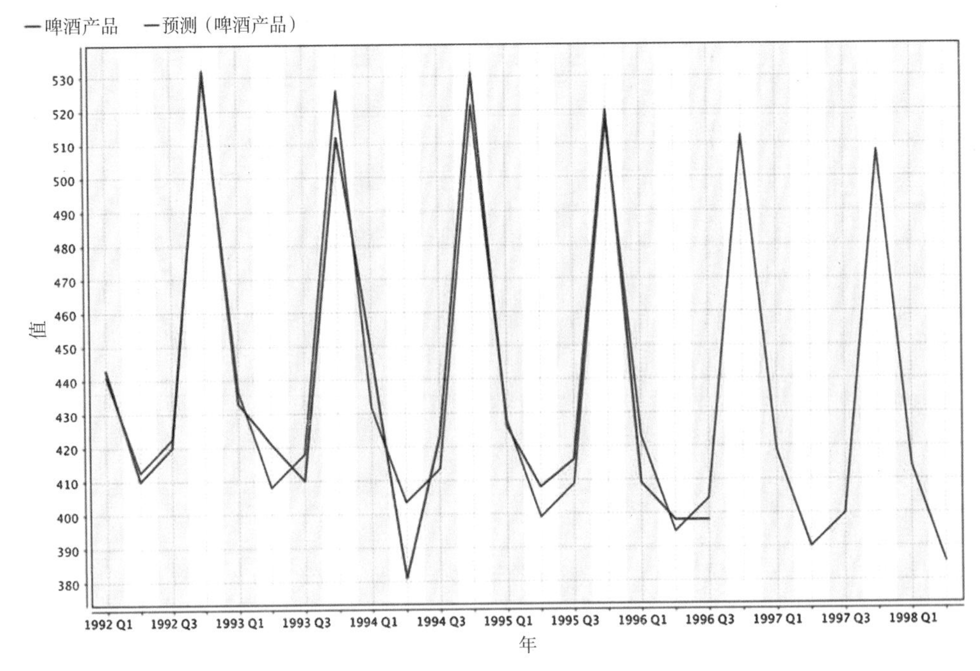

图 12.17 使用季节性线性回归的预测

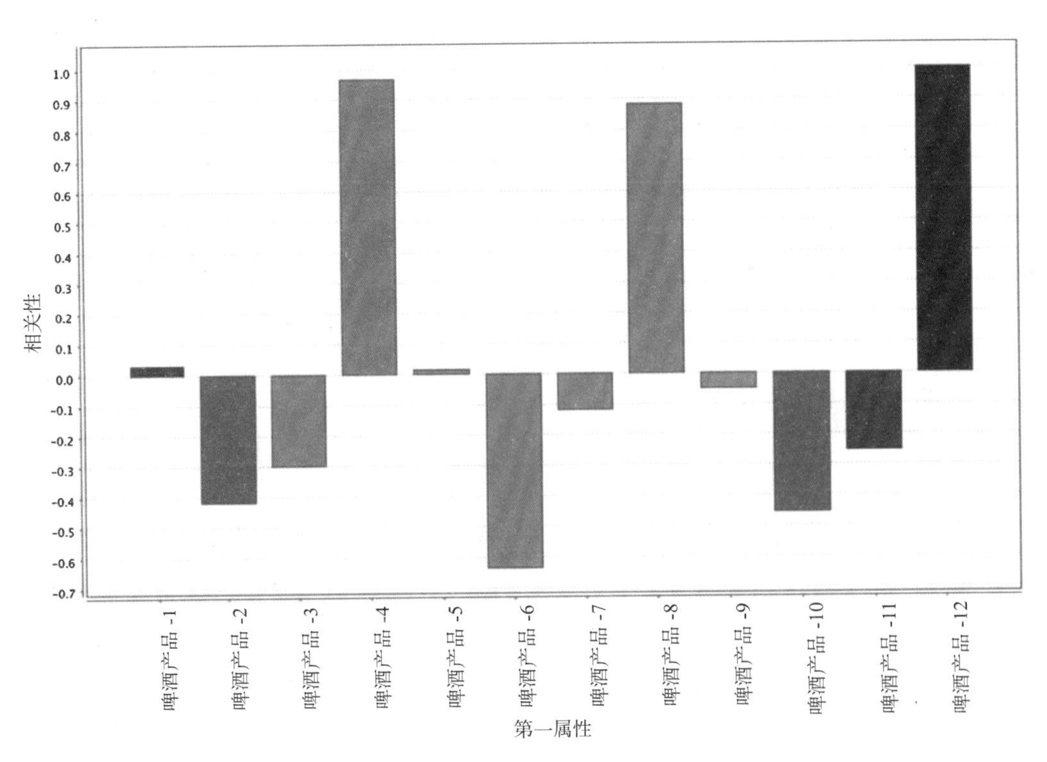

图 12.19 ACF 图表

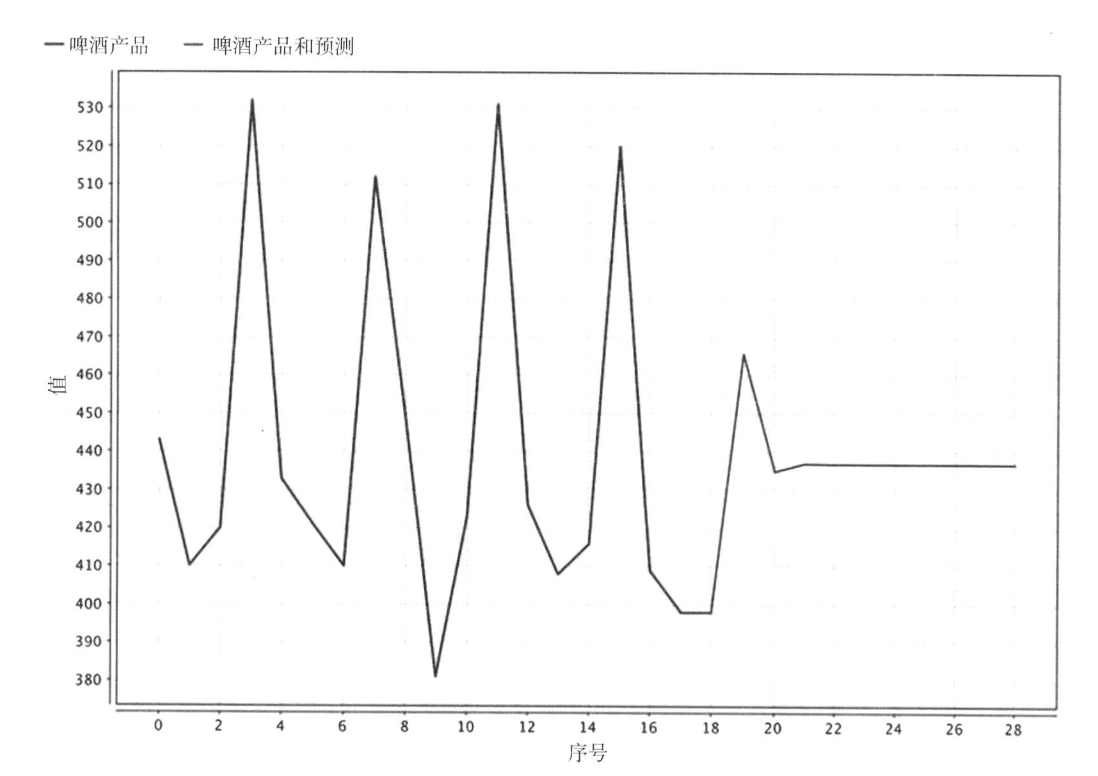

图 12.23　使用 ARIMA 进行预测

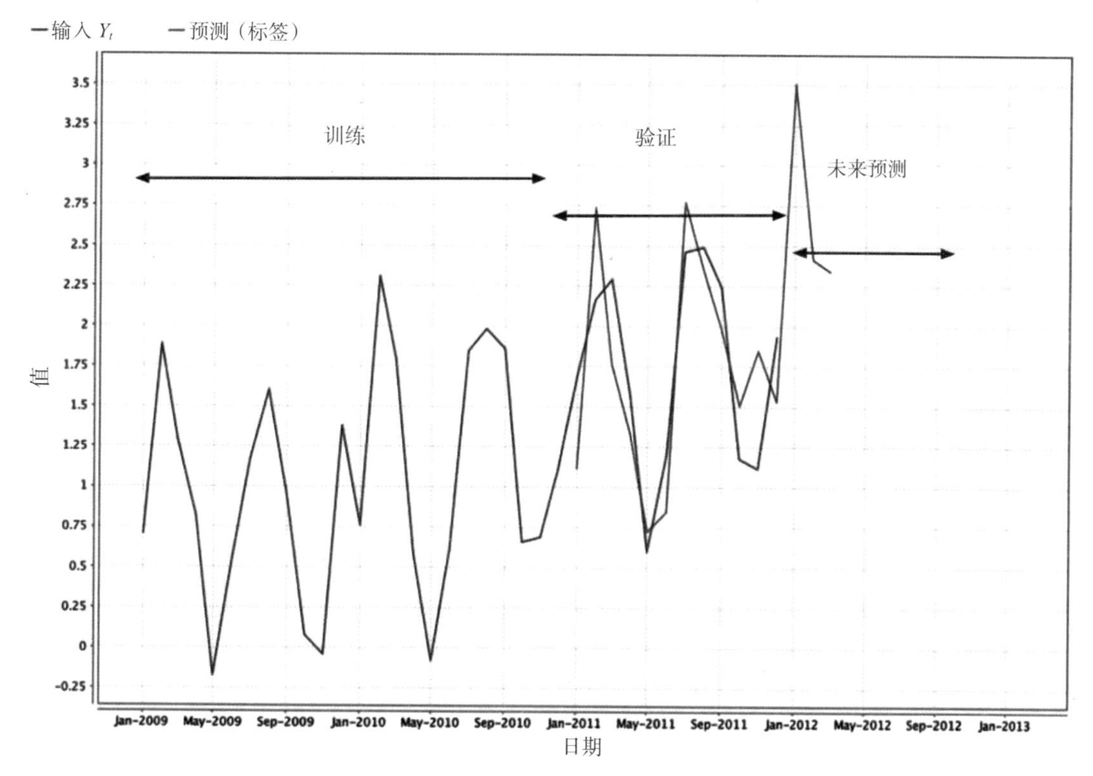

图 12.36　验证数据集

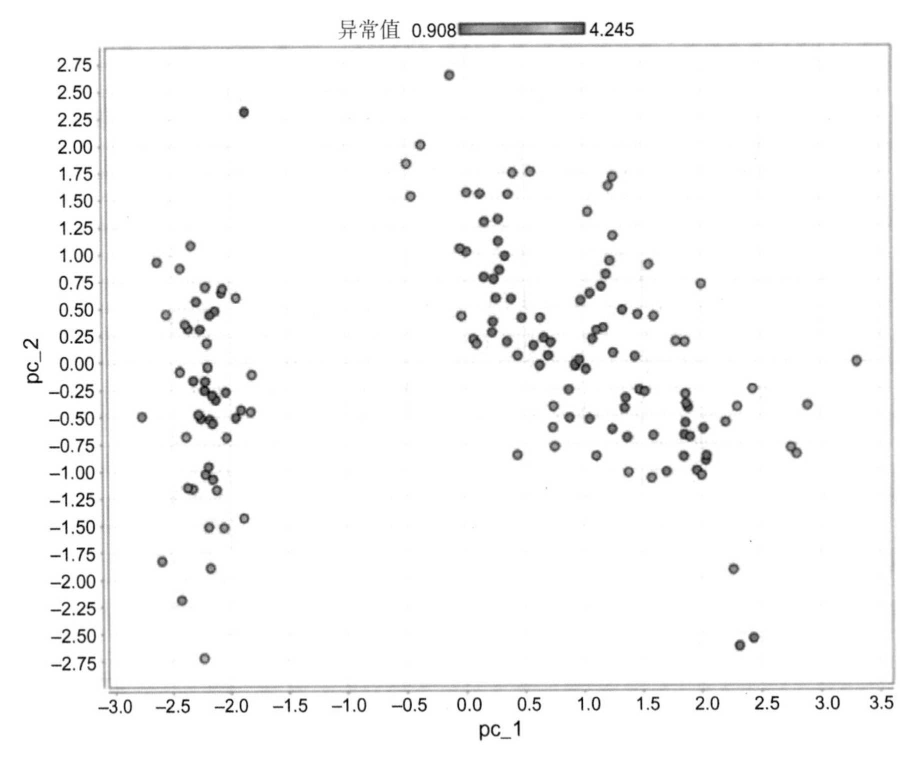

图 13.11　LOF 异常值检测的输出

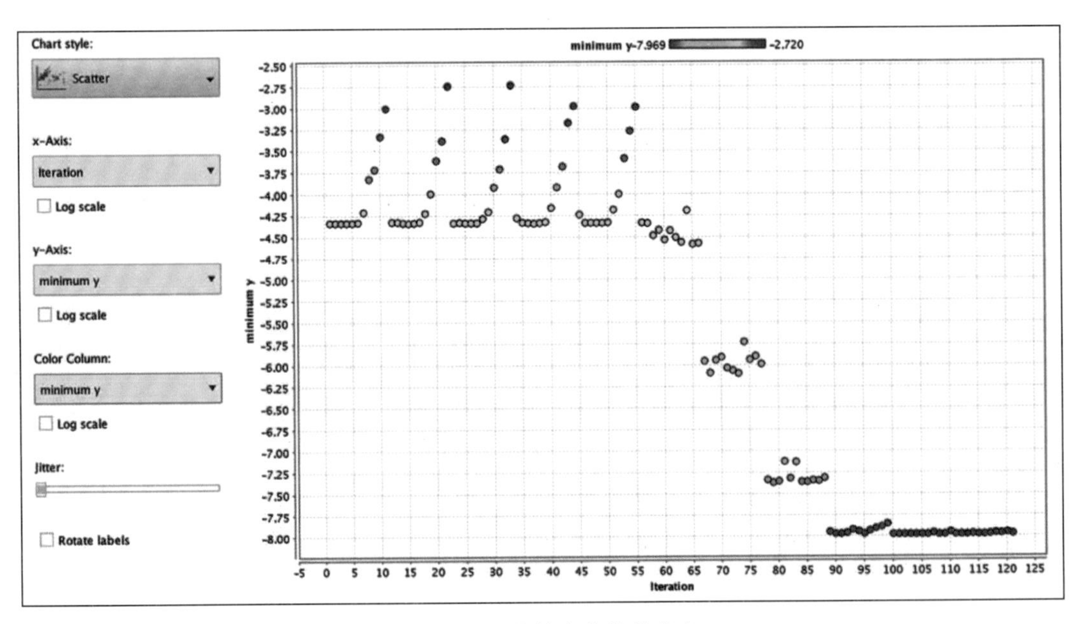

图 15.22　网格搜索优化的进度

数据科学与工程技术丛书

DATA SCIENCE

CONCEPTS AND PRACTICE，SECOND EDITION

数据科学

概念与实践（原书第2版）

[美] 维贾伊·库图（Vijay Kotu）
巴拉·德斯潘德（Bala Deshpande） 著

黄智濒 白鹏 译

机械工业出版社
China Machine Press

图书在版编目（CIP）数据

数据科学概念与实践（原书第2版）/（美）维贾伊·库图（Vijay Kotu），（美）巴拉·德斯潘德（Bala Deshpande）著；黄智濒，白鹏译．—北京：机械工业出版社，2020.8
（数据科学与工程技术丛书）
书名原文：Data Science: Concepts and Practice, Second Edition

ISBN 978-7-111-66304-1

I. 数… II. ①维… ②巴… ③黄… ④白… III. 数据处理 IV. TP274

中国版本图书馆 CIP 数据核字（2020）第148163号

本书版权登记号：图字 01-2019-6621

Data Science: Concepts and Practice, Second Edition
Vijay Kotu, Bala Deshpande
ISBN: 9780128147610

《数据科学概念与实践》（原书第2版）（黄智濒 白鹏 译）
ISBN: 978-7-111-66304-1

注意

本书涉及领域的知识和实践标准在不断变化。新的研究和经验拓展我们的理解，因此须对研究方法、专业实践或医疗方法作出调整。从业者和研究人员必须始终依靠自身经验和知识来评估和使用本书中提到的所有信息、方法、化合物或本书中描述的实验。在使用这些信息或方法时，他们应注意自身和他人的安全，包括注意他们负有专业责任的当事人的安全。在法律允许的最大范围内，爱思唯尔、译文的原文作者、原文编辑及原文内容提供者均不对因产品责任、疏忽或其他人身或财产伤害及/或损失承担责任，亦不对由于使用或操作文中提到的方法、产品、说明或思想而导致的人身或财产伤害及/或损失承担责任。

数据科学概念与实践（原书第2版）

出版发行：机械工业出版社（北京市西城区百万庄大街22号 邮政编码：100037）
责任编辑：唐晓琳　　责任校对：殷 虹
印　　刷：北京瑞德印刷有限公司　　版　　次：2020年9月第1版第1次印刷
开　　本：185mm×260mm 1/16　　印　　张：23.25（含0.75印张彩插）
书　　号：ISBN 978-7-111-66304-1　　定　　价：119.00元

客服电话：（010）88361066 88379833 68326294　　投稿热线：（010）88379604
华章网站：www.hzbook.com　　读者信箱：hzit@hzbook.com

赞　誉

“这是一本精彩的书，涵盖了数据科学的广泛主题，其中讨论了所有相关算法，从经典算法到新近诞生和创新的算法都有涉及。书中结合推荐引擎、时间序列预测等方面的实际应用来讲解理论知识，易于理解且清晰明确。此外，本书还对技术术语进行了分类，以帮助读者准确识别不同方法及相关应用。”

埃里克·科尔森，首席算法官，Stitch Fix

“如果你是业务主管、数据实践者，或只是对数据科学和人工智能在实践中如何起作用感到好奇，那么这本书是你必须阅读的。当我第一次阅读本书以通览这一学科时，我受益匪浅，之后我一次又一次地引用特定章节作为参考指南。这本书讲解清晰，并提供了实例来说明重要的概念。”

大卫·道汉，首席执行官，TruSignal

“这本书是帮助分析团队迅速弥合数据科学技能差距的重要著作。先进的分析方法和机器学习实践应用将使读者有能力处理高价值的用例。”

彼得·李，首席执行官，RapidMiner

“库图和德斯潘德提供了关于数据科学的全面且易于学习的百科指南。无论组织规模如何，其领导团队都能通过学习本书掌握和实施数据科学的原则与方法，以发掘数据的价值。”

乔纳森·默里，首席执行官，myVR

“这本书是你和你的组织必须拥有的，它可以帮助你们学习如何最有效地利用所拥有的最佳竞争优势——你自己的数据。数据科学提供了一种方法来理解、激活和制定关于数据的规范决策和建议。这本书为组织提供了基准，以理解并推动一条实现这一目标的技术之路。”

西·法赫米，营运伙伴，Symphony Technology Group

“人工智能和数据科学正处于一个关键的商业拐点，这是自互联网诞生以来所未见的变革潜力。那些不接受转变的人将陷入混乱。库图和德斯潘德为有志于理解这一变革潜力的从业者和商业领袖创建了一份全面而强大的清单，这是你用数据科学和人工智能赢得胜利的基础。”

安德鲁·J. 沃尔特，IT 和商业服务副总裁（退休），P&G

“只有不了解时事热点的营销人员才否认现在和将来数据科学的重要意义。本书的作者在解释数据科学的基础知识以及实用技巧方面都做得非常出色。”

戴维·罗德尼茨基，首席执行官，3Q Digital

“对于任何有兴趣进一步了解数据分析和相关数据科学技术的人来说，本书都是很好的资源。从业人员可以深入学习机器学习、关联分析和其他新兴分析工具。总的来说，对于那些对数据科学感兴趣的人来说，这本书是很棒的工具，可随时参考。”

巴达·乔杜里，产品高级副总裁，Symantec

“数据科学是具有挑战性的，正在改变和改造每个业务部门。这本全面的、手把手式的指南提供了概念框架和具体示例，这些示例使任何组织中的数据科学都变得可理解并且可靠。”

玛丽·格鲁伯，共同创始人，Decision Management Solutions

“这本书可帮助读者快速入门数据分析实践。在不过度增加理论负担的情况下，本书涵盖了所有标准的数据挖掘主题，从数据准备、分类和回归到深度学习与时间序列预测。通过 RapidMiner 即用型配置，读者可以直接将这些方法应用于所面临的问题，从而实现从理论到实践的快速过渡。”

海科·保尔海姆教授，曼海姆大学数据和网络科学小组

“有很多关于数据科学将如何改变世界的文章，但对我们大多数人来说，很难透过这些说法所引发的表面兴奋或恐惧，真正理解它们对日常生活的意义。难得的是，这本书完成了调查这些机制的任务，不仅专家有必要了解数据科学的意义，非技术人员的生活和生计也将受到数据科学的影响。无论你是首席执行官、销售员还是股票职员，读这本书能帮你了解时代的发展方向，并在数据科学革命中茁壮成长。”

查理·斯塔克，数据与分析业务主管，Spencer Stuart

“这本书在清晰地组织、解释和展示各种数据科学技术的实现方面完成了卓越的工作。作为一名企业高管，这本书使我能够更好地理解以前完全不懂的一些东西。在当今高度竞争的数字环境中，我强烈建议将此书添加到你的必读列表中。”

辛迪·布朗，首席营收官，ViralGains

“从手术室到学校、金融市场、音乐厅和美术馆，数据科学和机器学习已经打破了传统流程，扩大了我们的认识边界。这本书为从事不同工作和具备不同技能的读者普及了数据科学的概念，并为他们提供了必要的概念和工具，以开始将数据科学应用到日常生活中。”

伊恩·瑞安，投资者关系主管，Naspers

“如果你是一名商业领袖或新上任的管理人员，希望进一步理解数据科学概念，并且利用这一领域来推动业务和做出更好的决策，那么本书就是你的试金石。如果你是一名资质尚浅的数据科学家，希望在该领域建立更坚实的基础，并且更好地在现实世界中应用其概念和技术，那么本书也是你的试金石。”

杰夫·鲁萨考，首席执行官，Boosted

“无论是推动行业发展还是遭受行业打击的公司，都需要通过应用数据科学、AI / ML 技术来做出正确的战略决策，并由此形成以数据驱动的业务。本书流畅地分解了数据科学的概念，并将其与非常实用的实现技巧结合在一起。这是该领域的新手和专家都必读的书籍。”

米林·威格，首席信息官，Equinix

译　者　序

数据科学是一门充满变革的多领域交叉学科。它与新兴的人工智能、深度学习、大数据，以及古老的线性代数、概率论、统计学、模糊数学、逼近论、凸分析、数值算法等多门学科有着密切的关系。实际上，数据科学与大数据专业是最近几年才新设立的本科专业。

从数据的产生、预处理、知识建模到知识应用，数据科学的整个过程中都存在着各类挑战和问题。从大数据技术和智能技术两个不同的角度看数据科学，会产生不同的知识框架和知识体系。

本书从智能技术的角度出发，着眼于从数据中提炼知识的整个过程所面临的技术问题和任务，主要描述了分类、回归、关联分析、聚类、异常检测、推荐引擎、特征选择、时间序列预测、深度学习和文本挖掘等问题。本书围绕这些数据科学任务进行组织，对许多重要的技术概念和实现方法进行了深入的讨论；对每种算法的工作原理和实现方法，以及实践中可能遇到的问题做了详细的介绍。书中使用 RapidMiner 可视化地展示了数据处理过程，描述了常用的设置和参数选项，使得读者可以很快上手实践典型的智能处理技术，从而更深刻地认识和了解这些技术。本书还从数据应用指导的视角，与典型机器学习任务相结合，深入浅出地介绍了与数据科学密切关联的常见的机器学习任务和模型，相信读者一定能从中受益。

译者一直在从事数值模拟、数据分析、大数据处理和设计应用等方面的实践和科研工作，特别是开展了结合数据科学和智能技术的航天空气动力学大数据方向的分类、分析、挖掘处理与建模等方面的初步探索和应用尝试，并相信数据科学会在以航空航天为代表的科技和工业领域拥有广阔的前景和潜力。对于这些领域的基础研究而言，数据科学会用于发现新的物理力学现象、新的规律、新的机理和原理，帮助科学家做出开创性的研究工作；对于工程设计而言，数据科学会用于数据分析、模型建立、分类识别、控制和优化设计等问题。就目前的情况来看，数据科学在音视频识别和分类技术方面已经取得了突飞猛进的发展，在金融、安防、客服等领域得到了广泛的应用，已经遍布于我们的生活和工作。对于以航空航天为代表的众多科技和工业领域的基础研究、技术攻关和产品设计而言，数据科学尤其是智能技术同样引起了广泛的热情乃至狂热追捧。但这方面的工作与涉及国民经济领域的海量大数据的特征有所不同，存在鲜明的自身特点和需求。应该说这方面的很多工作仍旧处于研究探索阶段，距离实际的应用或者说距离人们的期望还有比较大的差距。由此，虽然译者前期开展了很多相关领域的研究和探索，但在翻译的过程中，依然感受到本书涉及面广，介绍内容多，既有原理又有实践。为此译者力求准确反映原著所表达的思想、概念和技术原理，希望能对相关的研究者、技术人员和学生有所帮助。但受限于译者的学术技术水平，翻译中难免有错漏瑕疵之处，恳请读者朋友批评指正，译者不胜感激。

最后，感谢家人和朋友的支持与帮助。感谢在本书翻译过程中做出贡献的人，特别是北京邮电大学董丹阳、法天昊、常霄、傅广涛、丁哲伦、黄淮、黎哲、靳梦凡、王言麟、杨闫猛和张涵等，以及北京三帆中学黄天量。还要感谢机械工业出版社华章分社的各位编辑，以及北京邮电大学计算机学院和中国航天空气动力技术研究院的大力支持。

智能通信软件与多媒体北京市重点实验室

计算智能与可视化实验室

黄智濒　白鹏

2020 年 5 月于北京邮电大学

序　言

自从本书第 1 版（2014 年）出版以来，已经发生了很多变化。几乎每一天媒体上都有关于数据科学、机器学习或人工智能的新闻。有趣的是，许多新闻都持怀疑态度，即便不是负面的基调。但所有文章都强调了两件事：数据科学和机器学习最终会成为主流，而且目前人们对此知之甚少。本书的读者在这方面肯定会做得更好。本书是一份有价值的资源，它不仅讲授如何在实践中使用数据科学，还阐述了基本概念的工作原理。

数据科学和机器学习是快速发展的领域，这就是为什么第 2 版反映了该领域的许多变化。几年前，我们曾提及很多关于“数据挖掘”和“预测分析”的讨论，而现在已经为更广泛的领域确定了“数据科学”一词。更重要的是：现在人们普遍认为机器学习是许多当前技术突破的核心。对于在这个领域工作的所有人来说，这真是令人激动的时刻！

我见识过由数据科学和机器学习而产生的不可思议的影响，也看到过失败的例子。它们有什么区别？在大多数情况下，组织机构在数据科学和机器学习方面的尝试都失败了，它们在错误的环境中使用了这些技术。如果你只需要做出一个重大决策，那么数据科学模型就不是很有用。通过让你更轻松地访问做决策所需的数据，分析法仍可以帮助你解决此类问题，或者以可消费的方式呈现数据。但最终，那些单一的重大决策往往具有战略意义。建立一个机器学习模型来帮助你做出这个决定是不值得的，通常它们也不会产生比自行决定更好的结果。

数据科学和机器学习可以真正发挥作用的地方是：这些先进的模型可以在你需要快速做出大量类似的决策时提供最大价值。这方面的例子是：

- 在需求快速变化的市场中定义产品价格。
- 提供电子商务平台交叉销售的报价。
- 是否批准信用。
- 检测流失风险高的客户。
- 阻止欺诈交易。

还有很多其他方面。

你可以看到，能够访问所有相关数据的人可以在几秒或几分钟内做出这些决策，而这类人离不开数据科学，因为他们每天都需要做出数百万次这种类型的决策。假设每天要筛选5000万客户的数据库，以识别具有高流失风险的客户，任何人都不可能人工做到这一点，但对于机器学习模型来说则完全没问题。

因此，人工智能和机器学习的最大价值并不是支持我们做出重大的战略决策。当我们操作模型并自动执行数百万个决策时，机器学习可带来最大价值。对这种现象的最简短的描述之一来自吴恩达（Andrew Ng），他是AI领域的著名研究员。吴恩达这样描述人工智能可以做的事情："一个普通人用不到一秒钟完成的思维任务，我们现在或者在不久的将来可能会使用AI自动地完成它。"

我同意他的这种描述，而且我喜欢吴恩达强调这些模型的自动化和操作化——因为这是最大的价值所在。我唯一不同意的是他选择的时间单位，已经可以安全地说是一分钟而不是一秒钟。

然而，快速的变化以及数据科学的无处不在也强调了奠定正确基础的重要性。请记住，机器学习并不是全新的。自20世纪50年代以来，它一直是一个活跃的研究领域。今天使用的一些算法已经存在了200多年。第一个深度学习模型是在20世纪60年代开发的，1984年创造了"深度学习"这个术语。这些算法现在已被很好地理解。理解它们的基本概念将有助你为正确的任务选择正确的算法。

为了向你提供支持，本书还增加了一些关于深度学习和推荐系统的章节。另一个重点领域是文本分析和自然语言处理。在过去几年中，很明显最成功的预测模型除了使用更传统的表格格式外，还使用了非结构化输入数据。最后，时间序列预测的扩展会让你开始使用业务中应用最广泛的数据科学技术之一。

更多算法可能意味着存在复杂性增加的风险。但是，由于RapidMiner平台的简单性以及根据本书中的许多实际例子来看，情况并非如此。我们将继续迈向数据科学和机器学习的大众化之旅。这一过程会一直持续，直至数据科学和机器学习像数据可视化或Excel那样无处不在。当然，我们不能在一夜之间神奇地将每个人都变成数据科学家，但可以为人们提供工具来帮助他们实现个人发展目标。这本书是这次旅行中唯一需要的导游。

因戈·米尔斯瓦
RapidMiner公司创始人
美国马萨诸塞州

前　　言

我们的目标是介绍数据科学。

我们将为你提供基础数据科学概念的综述以及实际实施的分步指导——足以让你开始这个激动人心的旅程。

为什么要有数据科学?

我们可以用尽各类形容词来描述数据的增长趋势。技术革命带来了以有意义的方式处理、存储、分析和理解大量不同数据的需求。但是，除非对其进行操作，否则存储数据的价值为零。数据体量和种类的规模对组织提出了新的要求，以便快速发现隐藏的关系和模式。这就是数据科学技术被证明非常有用的地方。它们越来越多地进入了商业和政府职能部门的日常活动，无论是确定哪些客户可能在其他地方开展业务，还是使用社交媒体来描绘流感大流行。

数据科学是从数据中提取价值的技术汇总。数据科学中使用的一些技术历史悠久，源于应用统计、机器学习、可视化、逻辑和计算机科学。一些技术刚刚达到应有的普及程度，大多数新兴技术都经历了所谓的“炒作周期”。这是一种将夸张或炒作的数量与新兴技术产生的生产力进行对比的方式。炒作周期有三个主要阶段：膨胀期望的高峰、幻灭的低谷和生产力的高原。第三阶段是指技术的成熟和价值创造阶段。数据科学的炒作周期表明它处于成熟阶段。这是否意味着数据科学已停止增长或已达到饱和点？一点也不。相反，该学科已超出其最初的市场营销应用范围，并已发展到在技术、互联网领域、医疗保健、政府、金融和制造业方面的应用。

为什么要写本书？

本书的目标有两个：以易于理解的方式阐明许多数据科学技术背后的基本概念；帮助基本掌握数学知识的人在他们的组织中实现这些技术，而无须编写任何程序代码。

除了数据科学的实用价值之外，我们还想向你展示其学习算法是优雅、美观且极其有效的。一旦学习了学习算法的概念，你将永远不会以相同的方式查看数据。

要阐明概念，必须构建数据科学模型。虽然有许多数据科学工具可用于执行算法和开发应用程序，但解决数据科学问题的方法在这些工具中是相似的。我们希望选择一个功能齐全、开源、免费、基于图形用户界面的数据科学工具，以便读者可以遵循这些概念并实施数据科学算法。RapidMiner 是一个领先的数据科学平台，符合要求，因此，我们将其用作实现每章介绍的数据科学算法的配套工具。

谁能使用本书?

本书中描述的概念和实现适用于每天使用数据的业务员、分析师和技术人员。读者将全面了解可用于预测和发现模式的不同数据科学技术，为给定的数据问题选择正确的技术，并且能够创建通用分析过程。

我们试图按照一个过程来描述这一知识体系，重点是引入目前广泛使用的大约 30 种关键算法。我们在以下框架中提出这些算法：

1）每种算法的高级实际用例。

2）以简单的语言解释算法如何工作。许多算法在统计学和计算机科学中具有坚实的基础。在描述中，我们试图在更广泛的受众可理解性和学术严谨性之间取得平衡。

3）使用 RapidMiner 详细介绍实现过程，并使用示例数据集描述常用的设置和参数选项。你可以从配套网站（www.IntroDataScience.com）下载这些过程[⊖]，我们建议你通过构建实际的数据科学过程来跟进学习。

分析师，财务、工程、营销和业务专业人员，或任何分析数据的人，很可能会在现在或不久的将来使用数据科学技术。对于离实际数据科学过程一步之遥的业务经理而言，重要的是了解这些技术的可能性和不可能性，以便提出正确的问题并设定适当的期望。虽然通过标准商业智能工具对数据进行基本的电子表格分析、切片和切块将继续构成业务中数据探索的基础，但数据科学技术对于在组织中建立完整的分析大厦是必要的。

维贾伊·库图，美国加利福尼亚州

巴拉·德斯潘德博士，美国密歇根州

⊖ 也可访问华章网站 www.hzbook.com 搜索本书并下载相关资源。——编辑注

致　　谢

写书是最有趣和最具挑战性的工作之一。我们严重低估了写书需要付出的努力和出书所带来的成就。如果没有家人的支持，这本书是不可能完成的，他们在这项耗时的活动中给予了我们足够的回旋余地。我们要感谢 RapidMiner 的团队，他们提供了很多帮助，包括技术支持、审阅章节、回答有关产品功能的问题。我们特别感谢因戈·米尔斯瓦通过“序言”为本书奠定了基础。我们非常感谢下列技术评审的深思熟虑和富有洞察力的评论：来自 Slalom Consulting 的道格·史密玛，来自 L & L Products 的史蒂芬·里根，以及来自 RapidMiner 的菲利普·施伦德、托比亚斯·马尔布雷希特和因戈·米尔斯瓦。感谢英特尔的迈克·斯金纳和澳大利亚迪肯大学的雅各布·西布尔斯基博士。我们得到了 Elsevier 和 Morgan Kaufmann 团队的大力支持和管理协助，他们是格林·琼斯、安娜·克劳迪娅、阿巴德·加西亚和斯瑞吉斯·维斯瓦纳坦。感谢我们的同事和朋友对该项目的所有富有成效的讨论和建议。

作 者 简 介

维贾伊·库图

维贾伊·库图是 ServiceNow 公司的分析副总裁。他领导大规模数据平台和服务的实施，以支持公司的企业级业务。他领导分析组织超过十年，专注于数据战略、商业智能、机器学习、实验、工程、企业应用和人才培养。加入 ServiceNow 之前，他曾担任 Yahoo 的分析副总裁。他曾在 Life Technologies 公司和 Adteractive 公司工作，负责市场分析，创建优化在线购买行为的算法，并开发了用于管理市场营销活动的数据平台。他是美国计算机学会会员，也是 RapidMiner 顾问委员会的成员。

巴拉·德斯潘德

巴拉·德斯潘德博士拥有丰富的与众多机构合作的经验，涉及从初创公司到《财富》排名前 5 强的公司，涵盖汽车、航空航天、零售、食品和垂直制造业等领域，为这些领域提供业务分析，并设计和开发用于实施商业智能、数据科学和预测分析解决方案的自定义数据产品。他是 SimaFore 的创始人。SimaFore 是一家预测分析咨询公司，并被 Soliton 公司收购。Soliton 公司是半导体行业的测试解决方案提供商。他还是“世界制造业预测分析”年度会议的创始联席主席。在职业生涯中，他曾与福特汽车公司合作开发产品，与 IBM 沃森能力中心合作，并与达美乐比萨的数据科学和人工智能部门合作。他拥有卡内基·梅隆大学的博士学位和密歇根州罗斯商学院的 MBA 学位。

目 录

赞誉

译者序

序言

前言

致谢

作者简介

第1章 简介 ········· 1

1.1 AI、机器学习和数据科学 ········· 2

1.2 什么是数据科学 ········· 3

1.2.1 提取有意义的模式 ········· 3

1.2.2 构建表示模型 ········· 3

1.2.3 统计、机器学习和计算的结合 ········· 4

1.2.4 学习算法 ········· 4

1.2.5 相关领域 ········· 4

1.3 数据科学的案例 ········· 5

1.3.1 体量 ········· 5

1.3.2 维度 ········· 5

1.3.3 复杂问题 ········· 6

1.4 数据科学的分类 ········· 6

1.5 数据科学的算法 ········· 7

1.6 本书路线图 ········· 8

1.6.1 数据科学入门 ········· 8

1.6.2 练习使用 RapidMiner ········· 8

1.6.3 核心算法 ········· 9

参考文献 ········· 11

第2章 数据科学过程 ········· 12

2.1 先验知识 ········· 13

2.1.1 目标 ········· 13

2.1.2 主题范围 ········· 14

2.1.3 数据 ········· 14

2.1.4 因果关系与相关性 ········· 15

2.2 数据准备 ········· 15

2.2.1 数据探索 ········· 15

2.2.2 数据质量 ········· 16

2.2.3 缺失值 ········· 16

2.2.4 数据类型和转换 ········· 16

2.2.5 转换 ········· 17

2.2.6 异常值 ········· 17

2.2.7 特征选择 ········· 17

2.2.8 数据采样 ········· 17

2.3 建模 ········· 18

2.3.1 训练数据集和测试数据集 ········· 18

2.3.2 学习算法 ········· 19

2.3.3 模型评估 ········· 20

2.3.4 集成模型 ········· 20

2.4 应用 ········· 21

2.4.1 生产准备 ········· 21

2.4.2 技术整合 ········· 21

2.4.3 响应时间 …… 21
2.4.4 模型刷新 …… 22
2.4.5 同化 …… 22
2.5 知识 …… 22
参考文献 …… 23

第 3 章 数据探索 …… 24
3.1 数据探索的目标 …… 24
3.2 数据集 …… 25
3.3 描述性统计 …… 26
3.3.1 单变量探索 …… 27
3.3.2 多变量探索 …… 28
3.4 数据可视化 …… 30
3.4.1 单变量的可视化 …… 31
3.4.2 多变量的可视化 …… 34
3.4.3 可视化高维数据 …… 38
3.5 数据探索的路线图 …… 40
参考文献 …… 41

第 4 章 分类 …… 42
4.1 决策树 …… 42
4.1.1 工作原理 …… 42
4.1.2 实现过程 …… 47
4.1.3 小结 …… 55
4.2 规则归纳 …… 56
4.2.1 工作原理 …… 58
4.2.2 实现过程 …… 60
4.2.3 小结 …… 63
4.3 *k*-NN（*k*- 近邻）…… 63
4.3.1 工作原理 …… 64
4.3.2 实现过程 …… 69
4.3.3 小结 …… 71
4.4 朴素贝叶斯 …… 71
4.4.1 工作原理 …… 72
4.4.2 实现过程 …… 77
4.4.3 小结 …… 79
4.5 人工神经网络 …… 80
4.5.1 工作原理 …… 82
4.5.2 实现过程 …… 84
4.5.3 小结 …… 86
4.6 支持向量机 …… 87
4.6.1 工作原理 …… 89
4.6.2 实现过程 …… 91
4.6.3 小结 …… 95
4.7 集成学习 …… 95
4.7.1 工作原理 …… 97
4.7.2 实现过程 …… 98
4.7.3 小结 …… 105
参考文献 …… 105

第 5 章 回归方法 …… 107
5.1 线性回归 …… 107
5.1.1 工作原理 …… 108
5.1.2 实现过程 …… 112
5.1.3 检查点 …… 117
5.2 逻辑回归 …… 120
5.2.1 工作原理 …… 122
5.2.2 实现过程 …… 124
5.2.3 总结要点 …… 127
5.3 总结 …… 127
参考文献 …… 127

第 6 章 关联分析 …… 128
6.1 挖掘关联规则 …… 129
6.1.1 项集 …… 130
6.1.2 规则生成 …… 132
6.2 Apriori 算法 …… 133
6.3 频繁模式增长算法 …… 136

6.3.1 工作原理 …… 136
6.3.2 实现过程 …… 138
6.4 总结 …… 141
参考文献 …… 141

第 7 章 聚类 …… 142
7.1 *k*-means 聚类 …… 145
7.1.1 工作原理 …… 147
7.1.2 实现过程 …… 149
7.2 DBSCAN 聚类 …… 153
7.2.1 工作原理 …… 153
7.2.2 实现过程 …… 155
7.3 自组织映射 …… 158
7.3.1 工作原理 …… 159
7.3.2 实现过程 …… 161
参考文献 …… 166

第 8 章 模型评估 …… 168
8.1 混淆矩阵 …… 169
8.2 ROC 和 AUC …… 170
8.3 提升曲线 …… 172
8.4 实现过程 …… 174
8.5 总结 …… 177
参考文献 …… 178

第 9 章 文本挖掘 …… 179
9.1 工作原理 …… 180
9.1.1 词频 – 逆文档频率 …… 180
9.1.2 词语 …… 181
9.2 实现过程 …… 184
9.2.1 实现 1：关键词聚类 …… 184
9.2.2 实现 2：预测博客作者的性别 …… 187
9.3 总结 …… 193
参考文献 …… 194

第 10 章 深度学习 …… 195
10.1 AI 冬天 …… 197
10.1.1 AI 冬天：20 世纪 70 年代 …… 197
10.1.2 冬季解冻：20 世纪 80 年代 …… 198
10.1.3 人工智能的春夏：2006 年至今 …… 200
10.2 工作原理 …… 201
10.2.1 神经网络的回归模型 …… 201
10.2.2 梯度下降法 …… 202
10.2.3 需要反向传播 …… 204
10.2.4 分类超过 2 个：softmax … 205
10.2.5 卷积神经网络 …… 207
10.2.6 密集层 …… 211
10.2.7 随机失活层 …… 211
10.2.8 循环神经网络 …… 212
10.2.9 自动编码器 …… 213
10.2.10 相关 AI 模型 …… 213
10.3 实现过程 …… 214
10.4 总结 …… 217
参考文献 …… 218

第 11 章 推荐引擎 …… 219
11.1 推荐引擎的概念 …… 221
11.2 协同过滤 …… 225
11.2.1 基于邻域的方法 …… 226
11.2.2 矩阵分解 …… 233
11.3 基于内容的过滤 …… 238
11.3.1 用户画像的计算 …… 239
11.3.2 有监督学习方法 …… 245
11.4 混合推荐器 …… 249
11.5 总结 …… 250
参考文献 …… 251

第 12 章 时间序列预测 ……253

12.1 时间序列分解 ……256

12.1.1 经典分解 ……258

12.1.2 实现过程 ……258

12.2 基于平滑的方法 ……260

12.2.1 简单预测方法 ……260

12.2.2 指数平滑 ……261

12.2.3 实现过程 ……263

12.3 基于回归的方法 ……264

12.3.1 回归 ……265

12.3.2 周期性回归 ……266

12.3.3 集成移动平均自回归模型 ……268

12.3.4 周期性 ARIMA ……272

12.4 机器学习方法 ……274

12.4.1 窗口化 ……275

12.4.2 神经网络自回归 ……280

12.5 性能评估 ……282

12.5.1 验证数据集 ……282

12.5.2 滑动窗口验证 ……283

12.6 总结 ……284

参考文献 ……285

第 13 章 异常检测 ……286

13.1 概念 ……286

13.1.1 异常点的原因 ……286

13.1.2 异常检测技术 ……288

13.2 基于距离的异常点检测 ……289

13.2.1 工作原理 ……290

13.2.2 实现过程 ……291

13.3 基于密度的异常点检测 ……293

13.3.1 工作原理 ……293

13.3.2 实现过程 ……294

13.4 局部异常因子 ……295

13.4.1 工作原理 ……295

13.4.2 实现过程 ……296

13.5 总结 ……297

参考文献 ……298

第 14 章 特征选择 ……299

14.1 分类特征选择方法 ……299

14.2 主成分分析 ……301

14.2.1 工作原理 ……301

14.2.2 实现过程 ……302

14.3 基于信息理论的过滤 ……306

14.4 基于卡方的过滤 ……307

14.5 包裹式特征选择 ……309

14.6 总结 ……313

参考文献 ……313

第 15 章 RapidMiner 入门 ……314

15.1 用户界面和术语 ……314

15.2 数据导入和导出工具 ……317

15.3 数据可视化工具 ……320

15.4 数据转换工具 ……321

15.5 采样和缺失值工具 ……324

15.6 优化工具 ……327

15.7 与 R 的集成 ……332

15.8 总结 ……332

参考文献 ……333

附录 数据科学算法的比较 ……334

第1章
简　　介

数据科学是用于从数据中提取价值的技术的集合。对于任何将收集、存储和处理数据作为其运营活动的一部分的组织而言，它已成为必不可少的工具。数据科学技术依赖于在数据中查找有用的模式、连接和关系。作为一个流行词，广泛的各种定义和标准组成了数据科学。数据科学通常也被称为知识发现、机器学习、预测分析或数据挖掘。但是，每个术语的含义略有不同，具体取决于上下文。在本章中，我们尝试提供数据科学的一般概述，并指出其重要特征、目的、分类和方法。

尽管数据科学目前出现增长和普及，但它的基本方法是几十年甚至几个世纪之前诞生的。自19世纪初以来，工程师和科学家一直在使用预测模型。人类一直是前瞻性的生物，预测科学是这种好奇心的表现。那么，今天谁使用数据科学？几乎每个组织和企业。当然，我们并未将现在数据科学中的方法称为“数据科学”。在数据科学中使用“科学”这一术语表明这些方法是基于证据的，并且建立在经验知识的基础上，更具体地说是历史观察。

随着收集、存储和处理数据的能力按摩尔定律增加（摩尔定律表明计算机硬件能力每两年翻一番），数据科学已经在许多不同领域展开应用，且越来越多。几十年前，建立一个生产质量的回归模型大约需要几十个小时（Parr Rud，2001）。技术已经走过了漫长的道路。今天，可以运行复杂的机器学习模型，涉及数百个预测器，每个预测器有数百万条记录，可以在笔记本电脑上在几秒钟内执行。

然而，从早期开始，数据科学所涉及的过程没有发生变化，并且在可预见的未来也不太可能发生太大变化。为了从任何数据中获得有意义的结果，在学习算法开始处理之前，仍然需要一些工作，主要是准备、清洗、清理或标准化数据。但可能发生变化的是可用于实现此目的的自动化方法。虽然今天这个过程是迭代的，并且需要分析师对最佳实践的认知，但很快就可以部署智能自动化。这将使重点放在数据科学最重要的方面：解释分析的结果以做出决策。这也将增加数据科学对更广泛受众的影响。

谈到数据科学技术，是否必须掌握一套核心的程序和原则？事实证明，绝大多数数据科学从业者现在使用一些非常强大的技术来实现目标：决策树、回归模型、深度学习和聚类（Rexer，2013）。大多数数据科学活动可以使用相对较少的技术来完成。然而，与所有80/20法则一样，由大量专业技术组成的长尾是价值所在，并且根据需要，最佳方法可能是相对模糊的技术或者几种不常用的程序的组合。因此，以系统的方式学习数据科学及其方法是有益的，这就是本章所涵盖的内容。但是，首先，如何解释常用术语人工智能（AI）、机器学习和数据科学？

1.1 AI、机器学习和数据科学

人工智能、机器学习和数据科学都是相互关联的。不出所料，它们经常在流行的媒体和商业交流中互换使用并相互混淆。但是，根据上下文，所有这三个领域都是不同的。图 1.1 显示了人工智能、机器学习和数据科学之间的关系。

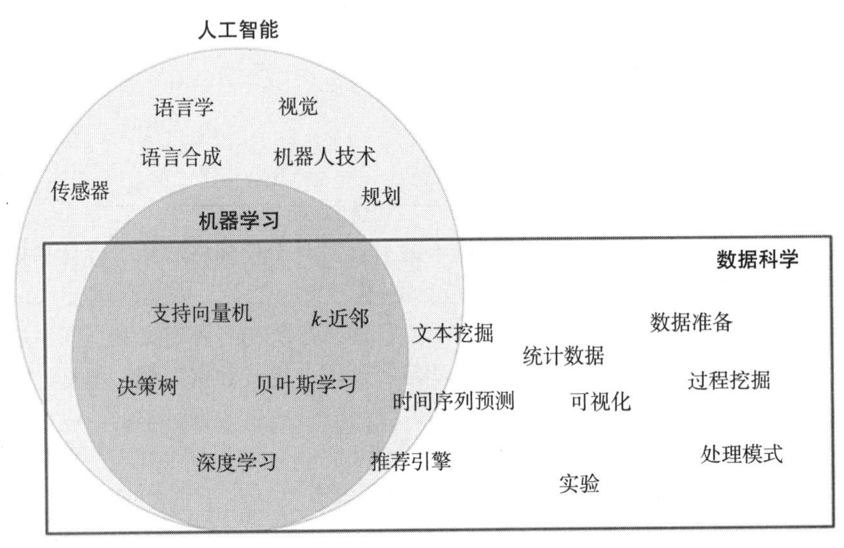

图 1.1 人工智能、机器学习和数据科学

人工智能是指让机器具有模仿人类行为的能力，特别是认知功能。例如，面部识别、自动驾驶、基于邮政编码的邮件分类。在某些情况下，机器远远超过了人类的能力（在几秒钟内分拣数千封邮件），而在其他方面，我们几乎只做了肤浅的研究（可搜索“artificial stupidity”）。人工智能包含多种技术：语言学、自然语言处理、决策科学、偏好、视觉、机器人、规划等。学习是人类能力的重要组成部分，事实上，许多其他生物也能学习。

机器学习既可以被视为人工智能的一个子领域，也可以被认为是人工智能的工具之一，为机器提供从经验中学习的能力。机器的经验以数据的形式出现。用于训练机器的数据称为训练数据。机器学习颠覆了传统的编程模型（见图 1.2）。程序是计算机的一组指令，使用预定的规则和关系将输入信号转换成输出信号。机器学习算法（也称为“学习器”）采用已知的输入和输出（训练数据）来计算出将输入转换为输出的程序的模型。例如，需要社交媒体平台、评论网站或论坛等许多组织来审核帖子并删除滥用内容。如何教导机器自动删除滥用内容？需要向机器显示滥用和非滥用帖子的示例，并明确指出哪一个是滥用。学习器将基于某些单词或单词序列来概括模式，以便得出整个帖子是否是滥用的结论。该模型可以采用一组“if-then”规则的形式。一旦开发了数据科学规则或模型，机器就可以开始对任何新帖子的处置进行分类。

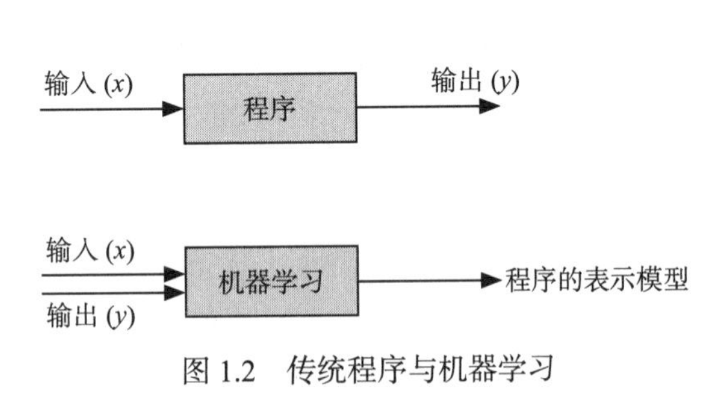

图 1.2 传统程序与机器学习

数据科学是机器学习、人工智能以及统计、可视化和数学等其他定量领域的商业应用。这是一个从数据中提取价值的跨学科领域。在如何使用数据科学的背景下，它在很大程度上依赖于机器学习，有时也称为数据挖掘。数据科学用户案例包括：可以为特定用户推荐电影的推荐引擎，检测欺诈性信用卡交易的欺诈警报模型，查找下个月最有可能流失的客户，或预测下一季度的收入。

1.2　什么是数据科学

数据科学从数据开始，数据范围从数字观测的几个简单数组到具有数千个变量的数百万个观测的复杂矩阵。数据科学利用某些专门的计算方法，以便在数据集中发现有意义和有用的结构。数据科学学科与数据库系统、数据工程、可视化、数据分析、实验和商业智能（BI）等许多相关领域共存并密切相关。我们可以通过调查其中的一些关键特征和动机来进一步定义数据科学。

1.2.1　提取有意义的模式

数据库中的知识发现是识别数据集中有效、新颖、潜在有用且最终可理解的模式或关系以进行重要决策的重要过程（Fayyad，Piatetsky-shapiro，& Smyth，1996）。数据科学涉及许多不同假设的推理和迭代。数据科学的一个关键方面是从数据集中泛化模式的过程。泛化应该是有效的，不仅对于用于观察模式的数据集，而且对于新的看不见的数据。数据科学也是一个定义步骤的过程，每个步骤都有一组任务。“新颖”一词表明数据科学通常涉及在数据中找到以前未知的模式。数据科学的最终目标是找到可能有用的结论，该结论是可由分析系统的用户执行的。

1.2.2　构建表示模型

在统计中，模型是数据集中变量之间关系的表示。它描述了数据中的一个或多个变量如何与其他变量相关联。建模是从观察数据集构建代表性抽象的过程。例如，基于信用评分、收入水平和请求的贷款金额，可以开发模型来确定贷款的利率。对于该任务，需要事先已知一些观测数据，包括信用评分、收入水平、贷款金额和利率。图 1.3 显示了生成模型的过程。一旦创建了代表性模型，它就可以用于根据所有输入变量预测利率的价值。

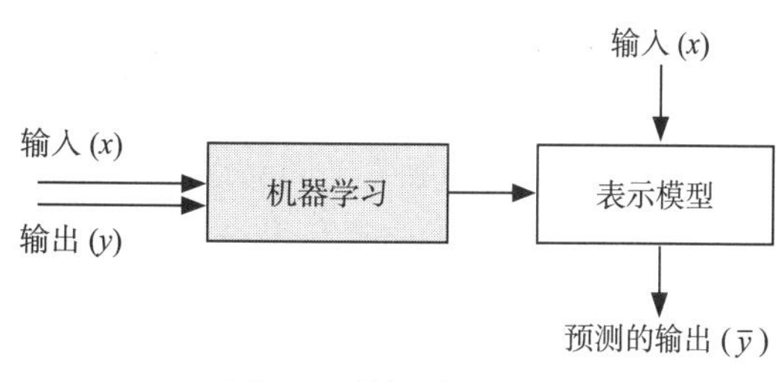

图 1.3　数据科学模型

数据科学是建立拟合观测数据的代表性模型的过程。该模型有两个目的：一方面，根据新的和未见的输入变量集（信用评分、收入水平和贷款金额）预测输出（利率）；另一方面，模型可以用于理解输出变量和所有输入变量之间的关系。例如，收入水平在确定贷款利率时真的重要吗？收入水平是否比信用评分更重要？当收入水平翻倍或信用评分下降 10 点时会发生什么？模型可用于预测和解释性应用。

1.2.3 统计、机器学习和计算的结合

为了从大型数据集中提取有用和相关的信息，数据科学借鉴了统计学、机器学习、实验和数据库理论等学科的计算技术。数据科学中使用的算法源于这些学科，但后来逐渐发展为采用更多样化的技术，如并行计算、进化计算、语言学和行为研究。成功的数据科学的关键要素之一是关于数据和生成数据的业务流程的大量先验知识，称为*主题专业知识*。与许多定量框架一样，数据科学是一个迭代过程，其中从业者从每个周期的数据中获得关于模式和关系的更多信息。数据科学通常还在大型数据集上运行，这些数据集需要存储、处理和计算。这就是数据库技术以及并行和分布式计算技术在数据科学中发挥重要作用的地方。

1.2.4 学习算法

我们还可以将数据科学定义为使用*自动迭代方法*发现数据中先前未知模式的过程。应用复杂的学习算法从数据中提取有用的模式将数据科学与传统的数据分析技术区分开来。其中许多算法都是在过去几十年中开发出来的，并且是机器学习和人工智能的一部分。一些算法基于贝叶斯概率理论和回归分析的基础，源于数百年前。这些迭代算法自动化搜索给定数据问题的最佳解决方案的过程。基于问题，数据科学被分类为诸如分类、关联分析、聚类和回归之类的任务。每个数据科学任务都使用特定的学习算法，如决策树、神经网络、*k*-近邻（*k*-NN）和 *k*-均值聚类等。随着对数据科学的研究越来越多，相关算法越来越多，但一些经典算法仍然是许多数据科学应用的基础。

1.2.5 相关领域

虽然数据科学涵盖了广泛的技术、应用和学科，但数据科学严重依赖的是一些相关领域。数据科学过程中使用的技术以及与“数据科学”一词关联的技术有：

- *描述性统计*：计算均值、标准差、相关性和其他描述性统计，来量化数据集的聚合结构。这是理解任何数据集以了解数据的结构和数据集内关系的基本信息。它们用于数据科学过程的探索阶段。
- *探索性可视化*：在视觉坐标中表达数据的过程使用户能够在数据中找到模式和关系，并理解大型数据集。与描述性统计类似，它们在数据科学的前处理和后处理步骤中是不可或缺的。
- *维度切片*：组织中普遍使用的在线分析处理（OLAP）应用程序，主要通过维度切片、过滤和旋转获取有关数据的信息。OLAP 分析由唯一的数据库模式设计实现，其中数据被组织为维度（例如，产品、区域、日期）和定量事实或度量（例如，收入、数量）。通过明确定义的数据库结构，可以轻松地按产品或区域和产品组合划分年度收入。这些技术非常有用并且可以揭示数据中的模式（例如，在美国万圣节之后糖果销售下降）。
- *假设检验*：在验证性数据分析中，收集实验数据以评估假设是否有足够的证据支持。有许多类型的统计测试，它们具有各种各样的业务应用（例如，市场营销中的 A / B 测试）。通常，数据科学是一个基于观测数据的假设生成和测试的过程。由于数据科学算法是迭代的，因此可以在每个步骤中细化解决方案。
- *数据工程*：数据工程是采集、组织、装配、存储和分发数据以进行有效分析和使

用的过程。数据库工程、分布式存储和计算框架（例如，Apache Hadoop、Spark、Kafka）、并行计算、提取转换和加载处理，以及数据仓库构成了数据工程技术。数据工程有助于为数据科学的学习算法提供资源和准备。

- 商业智能（BI）：商业智能可帮助组织有效地使用数据。它有助于查询特定数据，而无须编写技术查询命令或使用仪表板及可视化来传达事实和趋势。商业智能专注于将信息安全地传递给正确的角色并大规模地分发信息。通常会报告历史趋势，但结合数据科学，可以合并过去的数据和预测未来的数据。BI可以保存和分发数据科学的结果。

1.3 数据科学的案例

在过去的几十年中，随着信息技术、互联网络及其所支持的业务的发展，已经看到了大量的数据积累。这种趋势还伴随着数据存储和数据处理成本的急剧下降。基于这些进步的应用（如在线业务、社交网络和移动技术），释放出大量复杂的异构数据并有待分析。传统的分析技术（如维度切片、假设检验和描述性统计）只能在信息发现方面行之有效。需要一种范例来管理大量数据，探索数千个变量的相互关系，并部署机器学习算法以从数据集中推断出最佳见解。需要一套框架、工具和技术来智能地帮助人类处理所有数据并提取有价值的信息（Piatetsky-Shapiro，Brachman，Khabaza，Kloesgen，& Simoudis，1996）。数据科学就是这样一种范例，它可以处理具有多个属性的大量数据，并部署复杂的算法来搜索数据模式。这里探讨使用数据科学技术的每个关键动机。

1.3.1 体量

组织机构捕获的大量数据呈指数级增长。存储成本的快速下降、捕获每个事务和事件所带来的优势，以及使用数据尽可能多地挖掘投机能力的业务需求，催生了强大的动机以存储比以往更多的数据。随着数据变得更加细化，需要使用大量数据来提取信息。数据量的快速增加暴露了当前分析方法的局限性。在一些实现中，创建泛化模型的时间至关重要，数据量在确定开发和部署的时间框架中起着重要作用。

1.3.2 维度

大数据现象的三个特征是体量大、速度快和类型多。各种数据涉及多种类型的值（数值、分类值）、数据格式（音频文件、视频文件）以及数据的应用（位置坐标、图形数据）。每个记录或数据点都包含多个属性或变量，以便为记录提供上下文。例如，电子商务网站的每个用户记录可以包含诸如所查看的产品、购买的产品、用户人口统计、购买频率、点击流等属性。确定电子商务用户的最有效提议可涉及跨这些属性的计算信息。可以将每个属性视为数据空间中的维度。用户记录具有多个属性，可以在多维空间中可视化。每个维度的累加加剧了分析技术的复杂性。

与具有多个维度的多元线性回归模型相比，具有一个输入维度的简单线性回归模型相对容易构建。随着数据的维度空间的增加，需要一个可以很好地适应多种数据类型和多种属性的可扩展框架。在文本挖掘的情况下，文档或文章成为数据点，每个不同的单词作为一个维度。文本挖掘产生一个数据集，其中属性的数量可以从几百到几十万个。

1.3.3 复杂问题

随着更复杂的数据可用于分析，需要从数据中提取的信息的复杂性也在增加。如果需要找到具有数百个维度的数据集的自然聚类，则不能以可扩展的方式使用像假设检验技术这样的传统分析。需要利用机器学习算法，以便在广阔的搜索空间中自动搜索。

传统的统计分析通过假设随机模型来处理数据分析问题，以便基于一组输入变量预测响应变量。线性回归是该技术的典型示例，其从数据中估计模型的参数。这些假设驱动的技术在响应和输入变量之间的简单关系建模方面非常成功。然而，现在非常需要从大型复杂数据集中提取信息，而传统统计数据分析技术的使用受到限制（Breiman，2001）。

机器学习通过尝试找到可以更好地根据输入变量预测输出的算法模型来解决建模问题。算法通常是递归的，在每个周期中估计输出并从先前步骤的预测误差中“学习”。这种建模路线极大地有助于探索性分析，因为这里的方法不是验证假设，而是针对给定问题产生多种假设。在当今面临的数据问题的背景下，需要部署这两种技术。约翰·塔基在他的文章“我们需要探索性和确定性”中强调了探索性和确定性分析技术的重要性（Tuckey，1980）。本书讨论一系列数据科学技术，从传统的统计建模技术（如回归），到现代机器学习算法。

1.4 数据科学的分类

数据科学问题可以大致分为有监督的或无监督的学习模型。有监督或直接数据科学试图基于标记的训练数据来推断函数或关系，并使用该函数来映射新的未标记数据。有监督技术基于一组输入变量预测输出变量的值。为此，从训练数据集开发模型，其中输入和输出的值事先已知。该模型概括了输入和输出变量之间的关系，并使用它来预测只知道输入变量的数据集。正在预测的输出变量也称为类标签或目标变量。有监督数据科学需要足够数量的标记记录来从数据中学习模型。无监督或间接数据科学揭示了未标记数据中隐藏的模式。在无监督数据科学中，没有预测的输出变量。这类数据科学技术的目标是根据数据点本身之间的关系找到数据模式。各类应用可以使用有监督的和无监督的学习器。

数据科学问题也可以分为以下任务：分类、回归、关联分析、聚类、异常检测、推荐引擎、特征选择、时间序列预测、深度学习和文本挖掘（见图1.4）。本书围绕这些数据科学任务进行组织。本章将做概要阐述，并将在后面的章节中提供对许多重要技术的概念和逐步实现的深入讨论。

分类和回归技术基于输入变量预测目标变量。该预测基于从先前已知的数据集构建的泛化模型。在回归任务中，输出变量是数值（例如，贷款的抵押贷款利率）。分类任务预测输出变量，其可能是分类的或逻辑值的（例如，是否批准贷款的决定）。深度学习是一种更复杂的人工神经网络，越来越多地用于分类和回归问题。聚类是识别数据集中的自然分组的过程。例如，聚类有助于在客户数据集中查找自然簇，这可用于市场细分。由于这是无监督的数据科学，因此最终用户需要研究为什么在数据中形成这些簇并概括每个簇的唯一性。在零售分析中，通常会识别一起购买的商品对，以便特定商品可以捆绑或彼此相邻放置。此任务称为市场购物篮分析或关联分析，通常用于交叉销售。推荐引擎是根据个人用户偏好向用户推荐项目的系统。

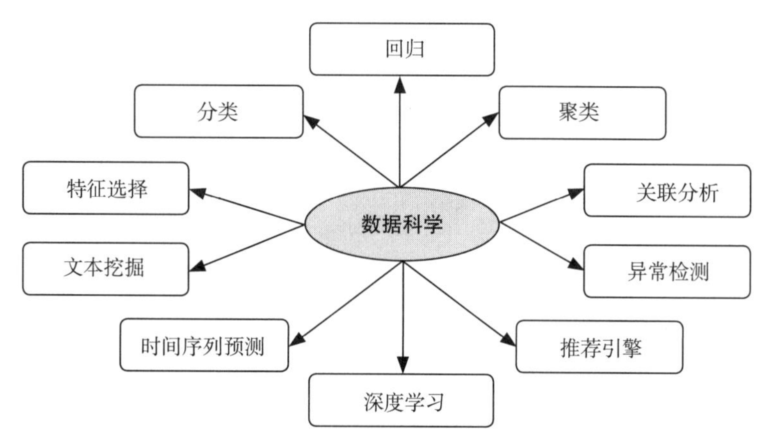

图 1.4 数据科学的任务

异常或异常值检测可识别数据集中与其他数据点明显不同的数据点。信用卡交易欺诈检测是异常检测中最多产的应用之一。时间序列预测是基于可能表现出趋势和周期性的过去历史值来预测变量（例如，温度）的未来值的过程。文本挖掘是一种数据科学应用，其中输入数据是文本，可以是文档、消息、电子邮件或网页的形式。为了辅助文本数据的数据科学，首先将文本文件转换为文档向量，其中每个唯一的单词是一个属性。将文本文件转换为文档向量后，可以应用标准数据科学任务，例如分类、聚类等。特征选择是将数据集中的属性简化为几个真正重要的属性的过程。

完整的数据科学应用可以包含有监督和无监督技术的元素（Tan et al.，2005）。无监督技术提供了对数据集的更多理解，因此有时被称为描述性数据科学。作为如何在应用中组合无监督和有监督数据科学的示例，请考虑以下场景。在市场营销分析中，聚类可用于查找客户记录中的自然簇。在聚类过程结束时为每个客户分配一个聚类标签。标记的客户数据集现在可用于开发模型，该模型使用有监督分类技术为任何新客户记录分配聚类标签。

1.5 数据科学的算法

算法是为了解决问题的逻辑上的逐步过程。在数据科学中，它是如何解决特定数据问题的蓝图。许多学习算法都是递归的，其中一组步骤重复多次，直到满足限制条件。一些算法还包含随机变量作为输入，并且名副其实地称为随机算法。可以使用许多不同的学习算法来解决分类任务，例如决策树、人工神经网络、*k*-NN，甚至一些回归算法。选择使用哪种算法取决于数据集的类型、目标、数据结构、异常值的存在、可用的计算能力、记录数量、属性数量等。数据科学从业者可以通过评估多种算法的性能来决定使用哪种算法。在过去的几十年中，已经开发了数百种算法来解决数据科学问题。

数据科学算法可以通过几乎任何计算机语言的定制开发的计算机程序来实现。这显然是一项耗时的任务。为了将适当的时间集中在数据和算法上，可以利用数据科学工具或统计编程工具（如 R、RapidMiner、Python、SAS Enterprise Miner 等）轻松实现这些算法。这些数据科学工具提供了作为函数的算法库，可以通过编程代码进行接口或通过图形用户界面进行配置。表 1.1 提供了常用算法技术和示例案例的数据科学任务摘要。

表 1.1　数据科学任务和示例

任务	描述	算法	示例
分类	预测某个数据点是否属于某个预定义类。预测将基于对已知数据集的学习	决策树，神经网络，贝叶斯模型，归纳规则，k-NN	根据政党将选民分成不同的阵营，如“足球妈妈”；将新客户划分为一个已知的客户群体
回归	预测数据点的数字目标标签。预测将基于对已知数据集的学习	线性回归，逻辑回归	预测下一年的失业率，估计保险费
异常检测	预测一个数据点与数据集中的其他数据点相比是否为异常值	基于距离的，基于密度的，LOF	检测信用卡欺诈交易和网络入侵销售预测
时间序列预测	根据历史值预测未来时间段的目标变量的值	指数平滑，ARIMA，回归	生产预测，需要推断的几乎任何增长现象
聚类	根据数据集中的继承属性识别数据集中的自然簇	k-均值，基于密度的聚类（例如，DBSCAN）	根据交易、网络和客户电话数据来推断公司的客户细分
关联分析	根据事务数据确定项集中的关系	FP-growth 算法，先验算法	根据交易购买历史为零售商寻找交叉销售机会
推荐引擎	预测用户对某个项目的偏好	协同过滤，基于内容的过滤，混合推荐	为用户查找最推荐的电影

注：LOF，局部异常因子；ARIMA，自回归综合移动平均线；DBSCAN，基于密度的带有噪声的应用空间聚类；FP，频繁模式。

1.6　本书路线图

是时候更详细地探索数据科学技术了。本书的主体部分将介绍每个数据科学算法背后的概念，以及每个数据科学算法的一种（或两种）实际实现。这些章节不必按顺序阅读。对于每种算法，首先提供概述，然后介绍学习算法的概念和逻辑，以及它如何以简单的语言工作。稍后，将显示如何使用 RapidMiner 实现算法。RapidMiner 是一种广为人知且经过使用验证的数据科学软件工具（Piatetsky，2018），特别是便于使用 GUI 实现，并且可以作为开源数据科学工具免费使用。每章最后都有内容总结，并列出了进一步的阅读材料和参考资料。以下是本书的路线图。

1.6.1　数据科学入门

成功发现数据集中的模式是一个迭代过程。第 2 章提供一个解决数据科学问题的框架。该章概述的五步过程提供了收集主题专业知识的指南，用统计和可视化探索数据，使用数据科学算法建立模型，在生产环境中测试和部署模型，并最终反映在循环中获得的新知识上。

通过可视化或基本统计分析的帮助，简单的数据探索有时可以解决看似困难的数据科学问题。第 3 章介绍在部署数据科学技术之前用于知识发现的一些基本工具。这些实用工具增加了人们对数据的理解，对于理解数据科学过程的结果非常重要。

1.6.2　练习使用 RapidMiner

在深入研究关键数据科学技术和算法之前，应该注意关于在阅读本书时如何实现数据科学算法的两个具体事项。相信学习概念并动手实践可以增强学习体验。首先，建议从 http://www.rapidminer.com 下载免费版本的 RapidMiner Studio 软件；其次，应该阅读第 15 章的前几节，以便熟悉该工具的功能、基本操作和用户界面功能。熟悉 RapidMiner 将有助于使用本书中讨论的算法。第 15 章设置在本书的最后，因为该章后面的部分内容基于任务章节中介绍的材料；但是，该章前几节是熟悉 RapidMiner 的一个很好的起点。

> 每章都有一个数据集，用于描述特定数据科学任务的概念，并且在大多数情况下，同一数据集也用于实现。每种算法都涵盖了使用数据集练习数据科学的分步说明。本书的配套网站 www.IntroDataScience.com 上提供了所有讨论的实现。尽管不是必需的，但建议你访问这些文件作为学习帮助。数据集、完整的 RapidMiner 过程（* .rmp 文件）以及更多相关的电子文件都可以从该网站下载。

1.6.3　核心算法

分类是业务中使用最广泛的数据科学任务。分类模型的目的是在给出一组输入变量时预测二值（例如，贷款决策）或分类（例如，客户类型）的目标变量。该模型通过学习预测目标变量与来自已知数据集的所有其他输入属性之间的广义关系来实现此目的。有几种方法可以实现这个目标。每种算法的不同之处在于如何从已知的训练数据集中提取关系。第 4 章对其中几种方法进行了分类阐述。

- 决策树通过基于输入属性的值将数据划分为更纯的子集来接近分类问题。有助于实现最清晰级别的分离的属性被认为对目标变量有重要影响，并且最终会在树的根和更接近根的层次上。输出模型是树框架，可用于预测新的未标记数据。
- 规则归纳是从数据集或决策树中推导出“if-then”规则的数据科学过程。这些符号决策规则解释了输入属性与数据集的目标标签之间的内在关系，任何人都可以轻松理解。
- 朴素贝叶斯算法提供了建立模型的概率方法。对于给定的输入变量值，此方法计算类变量的每个值的概率。在条件概率的帮助下，对于给定的未见记录，模型计算目标类的所有取值的结果，并得出预测的获胜者。
- 当整个训练数据集能够被记忆并且这种关系看起来已经被泛化时，为什么要经历从数据中提取复杂关系的麻烦？这正是 *k*-NN 算法的作用，因此，它被称为“懒惰”学习器，其中整个训练数据集被记忆为模型。
- 神经元是相互连接的神经细胞，在我们的大脑中形成生物神经网络。这些相互关联的神经细胞的工作通过创建人工神经网络激发了处理一些复杂数据问题的方法。神经网络部分为简单神经网络如何工作以及如何为任何一般预测问题实现一个神经网络提供了概念背景。后来，我们将其扩展到深度神经网络，这些网络彻底改变了人工智能领域。
- 支持向量机（SVM）被开发出来以解决光学字符识别问题：如何训练算法来检测不同模式之间的边界，从而识别字符？因此，SVM 可以识别给定数据样本是位于边界内（在特定类中）还是位于其外部（不在类中）。
- 集成学习器是“元”模型，其中模型是几个不同的独立模型的组合。如果满足某些条件，集成学习器可以从群体的智慧中获益，并大大减少数据科学中的泛化误差。
- 简单的数学方程 $y=ax+b$ 是线性回归模型。第 5 章描述一类数据科学技术，其中目标变量（例如，利率或目标类）在函数上与输入变量相关。
- 线性回归：所有函数拟合模型中最简单的是基于线性方程的，如前所述。多项式回归使用高阶方程。无论使用何种类型的方程，目标都是根据其他变量或属性来表示要预测的变量。此外，预测变量和自变量都必须是数值才能使其工作。我们将探讨构建回归模型的基础知识，并展示如何使用此类模型进行预测。

- *逻辑回归*：解决预测目标变量的问题，目标变量可能是使用预测器得到的二进制值或二项式值（例如1或0，是或否），或属性（可能是数值的）。

有监督数据科学或直接数据科学预测目标变量的值。我们将讨论两个重要的*无监督数据科学*任务：关联分析（第6章）和聚类（第7章）。有没有听说过超市中啤酒和尿布的关联？显然，一家超市发现购买尿布的顾客也倾向于购买啤酒。虽然这可能是一个城市传说，但该观察已成为关联分析的典型代表。将事务中的项目与事务中的另一项目相关联以确定最频繁出现的模式被称为*关联分析*。该技术是关于诸如在超市中基于购买数据找到产品之间的关系，或者在网站中基于点击流数据找到相关的网页。它广泛用于零售、电子商务和媒体，以创造性地捆绑产品。

聚类是识别数据中自然簇的数据科学任务。作为无监督任务，没有目标类变量可供预测。执行聚类后，数据集中的每条记录都与一个或多个簇相关联。聚类广泛用于市场细分和文本挖掘，可以通过一系列算法来执行聚类。在第7章中，将讨论三种具有不同识别方法的常用算法。*k-均值聚类*技术基于原始记录的中心识别聚类。DBSCAN聚类根据数据集中记录密度的变化对数据进行分区。*自组织映射*创建一个二维网格，其中所有彼此相关的记录彼此相邻放置。

如何确定哪种算法最适合给定数据集？或者就此而言，如何客观地量化数据集上任何算法的性能？第8章讨论这些问题，其中包括性能评估。该章描述用于评估分类模型的最常用工具，例如混淆矩阵、ROC曲线和提升图。

第9章详细介绍文本挖掘和文本分析领域。它首先介绍文本挖掘的起源，并使用IBM的Watson示例（Jeopardy）为这个引人入胜的主题提供了动机，Jeopardy是一个使用文本和数据挖掘概念构建的获胜的计算机程序。该章介绍文本分析领域中一些重要的关键概念，如术语频率–反向文档频率分数。最后描述了两个案例研究，其中展示了如何实现文本聚类的文本挖掘和基于文本内容的自动分类。

第10章描述一组用于对数据中的高级抽象进行建模的算法。它们越来越多地应用于图像处理、语音识别、在线广告和生物信息学。该章介绍深度学习的基本概念、常用用例和样本分类实现。

数字经济的出现以指数方式增加了客户对可用产品的选择，这可能是压倒性的。个性化推荐列表通过将选择范围缩小到与特定用户相关的一些项目并辅助用户做出最终消费决策来提供帮助。第11章介绍的推荐引擎是日常经验中机器学习最多产的工具。推荐引擎是一类机器学习技术，用于预测用户对项目的偏好。有许多技术可用于构建推荐引擎。该章讨论从*协同过滤*开始的最常见方法，以及使用实际数据集的*基于内容的过滤*概念和实现。

预测是时间序列分析的常见应用。公司在其计划周期中使用销售预测、预算预测或生产预测。第12章是关于时间序列预测的，首先指出标准监督预测模型和时间序列预测模型之间的区别。该章还介绍了一些时间序列预测方法，包括时间序列分解、移动平均、指数平滑、回归、ARIMA方法和基于使用窗口技术的机器学习方法。

第13章描述如何通过组合多个数据科学任务（如分类、回归和聚类）来检测数据中的异常值。从信用卡公司收到的欺诈警报是异常检测算法的结果。要预测的目标变量是否是异常值。由于聚类任务将异常值识别为簇，因此基于距离和基于密度的聚类技术可用于异常检测任务。

在数据科学中，目标是开发一个代表性模型来概括输入属性和目标属性之间的关系，以便我们可以预测目标变量的值或类。第 14 章介绍预处理步骤，该步骤通常对于成功的预测建模练习（特征选择）至关重要。通过几个替代术语（例如属性加权、降维等）了解特征选择。有两种主要的特征选择：在建模之前过滤关键属性（过滤器样式）或在建模过程中选择属性（包装样式）。该章还将讨论一些基于过滤器的方法，如主成分分析（PCA）、信息增益和卡方，以及一些包装类的方法，如前向选择和后向消除。

第 15 章的前几节为熟悉 RapidMiner 提供很好的概述，而后面的部分讨论了一些常用的生产工具和技术，如数据转换、缺失值处理和使用 RapidMiner 进行流程优化。

参考文献

Breiman, L. (2001). Statistical modeling: Two cultures. *Statistical Science, 6*(3), 199–231.

Fayyad, U., Piatetsky-shapiro, G., & Smyth, P. (1996). From data science to knowledge discovery in databases. *AI Magazine, 17*(3), 37–54.

Parr Rud, O. (2001). *Data science Cookbook*. New York: John Wiley and Sons.

Piatetsky, G. (2018). Top Software for Analytics, Data Science, Machine Learning in 2018: Trends and Analysis. Retrieved July 7, 2018, from https://www.kdnuggets.com/2018/05/poll-tools-analytics-data-science-machine-learning-results.html.

Piatetsky-Shapiro, G., Brachman, R., Khabaza, T., Kloesgen, W., & Simoudis, E. (1996). An overview of issues in developing industrial data science and knowledge discovery applications. In: *KDD-96 conference proceedings. KDD-96 conference proceedings.*

Rexer, K. (2013). *2013 Data miner survey summary report*. Winchester, MA: Rexer Analytics. <www.rexeranalytics.com>.

Tan, P.-N., Michael, S., & Kumar, V. (2005). *Introduction to data science*. Boston, MA: Addison-Wesley.

Tuckey, J. (1980). We need exploratory and Confirmatory. *The American Statistician, 34*(1), 23–25.

第 2 章
数据科学过程

系统地发现数据中的有用关系和模式是通过一组称为数据科学过程的迭代活动实现的。标准的数据科学过程包括：理解问题；准备数据样本；开发模型；将模型应用于数据集中，以观察在现实世界中模型如何工作；部署和维护模型。在多年的数据科学实践演化中，不同的学术机构和商业机构对于处理过程提出了不同的框架。本章提出的框架是一些数据科学框架的集合，我们用一些简单的样本数据集对它们进行了解释。本章作为构建可部署数据科学模型的高级路线图，讨论了在每一步中所要面临的挑战和需要避免的陷阱。

跨行业数据挖掘标准流程（Cross Industry Standard Process for Data Mining, CRISP-DM）是目前最流行的数据科学挖掘的框架之一。这个框架是由一个涉及数据挖掘的公司联盟开发的（Chapman et al., 2000）。CRISP-DM 是开发数据科学解决方案中采用最广泛的框架。图 2.1 提供了一个 CRISP-DM 框架的可视化概述。其他的数据科学框架包括：由 SAS 研究院开发的 SEMMA 框架，SEMMA 是 Sample、Explore、Modify、Model 和 Assess 首字母的缩写（SAS Institute, 2013）；DMAIC 框架，DMAIC 是 Define、Measure、Analyze、Improve 和 Control 的缩写，用于六西格玛的实践中（Kubiak & Benbow, 2005）；以及用于在数据库挖掘中知识发现的选择、预处理、转换、数据挖掘、解释和评价的框架（Fayyad, Piatetsky-Shapiro, & Smyth, 1996）。所有的这些框架都具有相同的特性，因此，使用的通用框架与 CRISP 极度相似。与任何过程框架一样，数据科学过程建议执行一系列确定的任务来获得最佳输出。然而，从数据中提取信息和知识的过程是可迭代的。在数据科学过程中的步骤不是线性的，必须经历许多循环，在步骤之间来回，有时还要返回第一步以重新定义数据科学问题描述。

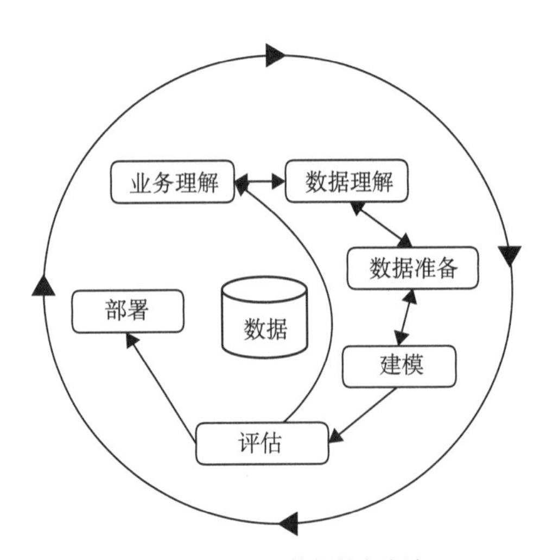

图 2.1　CRISP 数据挖掘框架

图 2.2 展示了数据科学过程中一组通用的步骤，它们与问题、算法和数据科学工具无关。任何涉及数据科学过程的最根本目的都是解决分析问题。首要的问题可能是客户划分、气候模式的预测或一个简单的数据探索。用于解决业务问题的学习算法可以是决策树、人工神经网络或散点图。用于开发和实现数据科学算法的软件工具可以是定制编码、RapidMiner、R、

Weka、SAS、Oracle Data Miner、Python 等（Piatetsky, 2018）。

数据科学，特别是大数据背景下的数据科学，在近几年变得越来越重要。也许在数据科学中最明显和讨论最多的部分是第三步：建模。它是可从样本数据集中推断出有代表性的模型的过程。样本数据集既可用于预测（预测模型），也可用于描述数据中的底层模式（描述性或者解释性建模）。当然，有许多的学术和商业研究针对建模步骤展开，本书的大部分内容致力于讨论各种算法以及与之相关的量化基础。然而，应该强调，数据科学是一个端到端的、多步骤的、可迭代的过程，而不仅仅是一个模型构建步骤。经验丰富的数据科学工作者可以证明，整个数据科学过程中最耗时的部分不是模型构建部分，而是数据准备部分，然后是数据和业务理解部分。市场上有许多的数据科学工具，包括开源的和商业的，都可以实现自动化的模型构建。提出正确的业务问题，获得深入的业务理解，获取和准备用于数据科学任务的数据，减少实现考虑因素，整合模型到业务流程中，以及从数据集中获取知识，对数据科学过程的成功至关重要。现在开始第一步，构建数据科学问题并理解上下文。

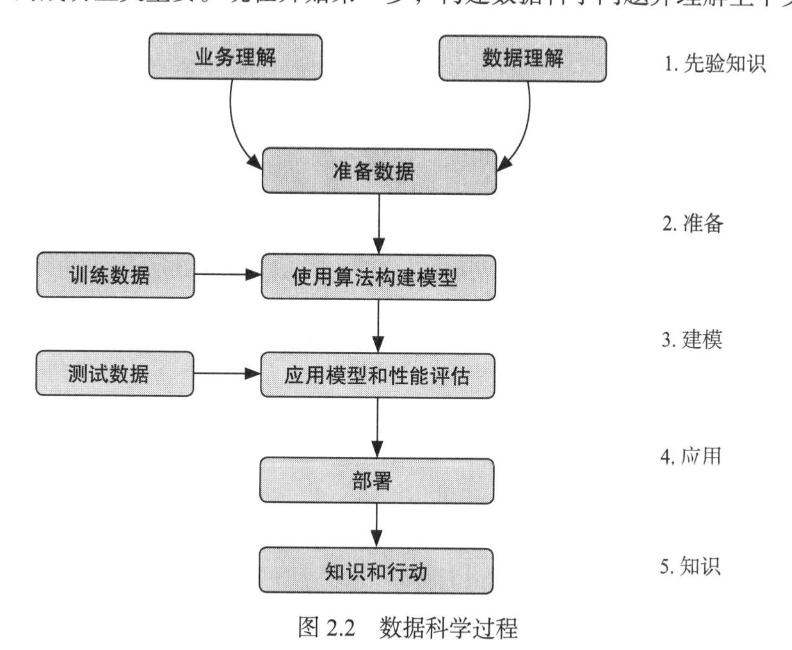

图 2.2　数据科学过程

2.1　先验知识

先验知识是指已知的关于一个主题的信息。数据科学问题并不是孤立出现的，它总是建立在现有的主题和已知的上下文信息的基础上。数据科学过程中的先验知识步骤有助于定义正在解决的是什么问题，它如何适应业务的上下文，以及为了解决问题需要什么数据。

2.1.1　目标

数据科学过程开始于分析一个问题或一个业务目标的需要。这可能是数据科学过程中最重要的一步（Shearer，2000）。没有对问题的明确定义，就不可能找到正确的数据集并选择正确的数据科学算法。作为一个迭代过程，返回先前的数据科学过程，修改假设、方法和策略是很常见的。但是，必须正确完成第一步，即整个过程的目标。

将用一个假设的用例来解释数据科学过程。以消费贷款业务为例，其中个人贷款是以房屋或者汽车作为抵押品，即按揭贷款或者汽车贷款。许多房主知道，对借款人和贷款人来说，贷款的重要组成部分就是借款人需要偿还的利率。贷款利率取决于一系列的变量，如由中央银行确定的联邦基金利率、借款人信用评分、收入水平、房屋价值、首付金额、现有资产与负债等。这里的关键因素是贷款人是否看到了足够的回报（贷款的利息）来对抗失去本金（借款人违约）的风险。在个别情况下，贷款的默认状态是布尔型值，在贷款期间违约或者不违约。但是，在一组成千上万的借款者中，违约率是可以找到的，一个连续的数字变量表示借款者拖欠贷款的百分比。所有与借款人相关的变量（如信用评分、收入、流动负债等）都用于评估相关群体的违约风险。在此基础上，确定贷款的利率。这个假设样例的业务目标是：如果信用评分在一定范围内的借款人的利率是已知的，那么是否可以预测未来新的借款人的利率？

2.1.2 主题范围

数据科学的过程通过展示属性之间的关系来揭示数据集中隐藏的模式。但问题是它揭示了很多模式。错误的或者伪造的信号是数据科学过程中的一个重要问题。由从业者来筛选公开的模式，并且接受与目标问题的答案相关且有效的模式。因此，了解主题、上下文和生成数据的业务流程非常重要。

贷款业务是所有业务中最古老、最流行、最复杂的业务之一。如果目标是预测贷款利率，那么重要的是了解贷款业务是如何工作的，为什么预测问题，在利率被预测之后会发生什么，什么数据可以从借款人处收集，什么数据由于外部监管和内部政策而不能被收集，还有什么外部因素会影响利率，如何验证结果的有效性，等等。理解当前的模型和业务实践是建立在已知知识的基础上的。分析和挖掘数据提供了可以建立在现有知识之上的新知识（Lidwell, Holden, & Butler, 2010）。

2.1.3 数据

与学科领域的先验知识类似，在数据中的先验知识也可以被收集。理解如何收集、存储、转换、报告和使用这些数据在数据科学过程中非常关键。这个步骤调查所有可用于回答业务问题的数据，并缩小需要获取的新数据的范围。有相当多的因素需要考虑：数据的质量，数据的数量，数据的可用性，数据的差距，缺乏数据是否迫使从业者改变业务的问题，等等。这一步的目的是形成一个数据集，通过数据科学过程来回答业务问题。辨认出推断的模型是否和用数据创造的模型一样好是很关键的。

对于贷款示例，包含10个数据点和3个属性（标识、信用评分和利率）的样本数据集。首先讨论在数据科学过程中使用的一些术语。

- 数据集（示例集）是基于定义结构的数据集合。表2.1展示了一个数据集，它具有定义良好的结构，包含10行和3列以及列标题。这种结构有时也称为“数据帧”。
- 数据点（记录、对象或示例）是数据集中的单个实例。表2.1中的每一行都是一个数据点，每个实例包含与数据集相同的结构。
- 属性（特征、输入、维度、变量或者预测器）是数据集中的单个特性。表2.1的每一列是一个属性。属性可以是数值型、分类型、日期型、文本型或布尔型的数据类型。在这个示例中，信用评分和利率都是数值型属性。

表 2.1 数据集

借款人 ID	信用评分	利率（%）	借款人 ID	信用评分	利率（%）
01	500	7.31	06	800	5.70
02	600	6.70	07	750	5.90
03	700	5.95	08	550	7.00
04	700	6.40	09	650	6.50
05	800	5.40	10	825	5.70

- 标签（类标签、输出、预测、目标或响应）是基于所有输入属性进行预测的特殊属性。在表 2.1 中，利率是输出变量。
- 标识是一个特殊属性，用来定位或者为单个记录提供上下文。例如，常见的像名字、账号和员工 ID 都是标识属性。标识通常用作连接多个数据库的查找键。它们不包含任何适合构建数据科学模型的信息，因此，应该在实际建模步骤中排除。在表 2.1 中，属性 ID（借款人 ID）是标识。

2.1.4 因果关系与相关性

假设业务是反过来的：根据表 2.1 中的数据，借款人的信用评分是否可以通过利率来预测？答案是肯定的，但是并没有任何商业意义。从现有的领域知识看，信用评分影响贷款利率是已知的。基于利率预测信用评分的因果关系与之相反。这个问题还揭示了模型构建的一个关键方面。输入与输出属性之间的相关性不能保证因果关系。因此，正确利用现有领域和数据知识来构建数据科学问题非常重要。在这个数据科学实例中，根据表 2.1 中已知的数据学习的模式，可以预测未知的新贷款人的利率（见表 2.2）。

表 2.2 具有未知利率的新数据

借款人 ID	信用评分	利率（%）
11	625	?

2.2 数据准备

准备一个数据集以适合数据科学任务，是整个过程中最耗时的部分。数据集以数据科学算法所要求的形式获得是非常罕见的。大多数数据科学算法都要求数据通过表格格式结构化，各行是记录，各列是属性。如果数据是其他格式的，这些数据通过应用旋转、类型转换、连接或者转置函数等进行转换，以使数据调整为所需要的结构。

2.2.1 数据探索

数据准备从对数据的深入研究和更好地理解数据集开始。数据探索也称为探索性数据分析，提供了一套简单的工具来实现对数据的基本理解。数据探索方法包括计算描述性统计和数据可视化。它们可以探索数据的结构、值的分布、极值的存在和突出数据集中的关系。描述性统计（例如均值、中值、众数、标准差和每个属性的范围）提供了数据分布关键特征的易于阅读的摘要。另一方面，数据点的可视化图提供了压缩所有数据点到一个图表的直观理解。图 2.3 展示了信用评分与贷款利率的散点图，可以看出随着信用评分的升高，利率会下降。

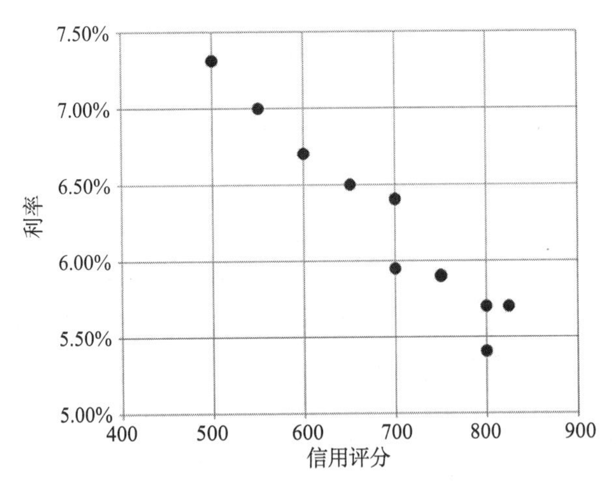

图 2.3 利率数据集的散点图

2.2.2 数据质量

数据质量是一个持续关注的问题，无论在何处收集数据、处理数据和存储数据都需要关注。在利率数据集（表 2.1）中，如何知道信用评分和利率是否精确？如果一个信用评分的记录值为 900（超过理论限制），或者数据输入错误，该怎么办？数据中的错误将会影响模型的代表性。组织使用数据警告、数据清洗和转换技术来提高与管理数据的质量，并且将它们存储在称为*数据仓库*的企业级仓库中。来源于维护良好的数据仓库中的数据具有更高的质量，因为存储位置的合理控制可以确保新数据或者已经存在的数据的准确性水平。数据清洗工作包括消除重复记录、隔离超过边界的异常记录、标准化属性值、替换缺失值等。无论如何，使用数据探索技术检查数据、使用数据的先验知识和构建模型之前的业务是极其重要的。

2.2.3 缺失值

最常见的数据质量问题之一是一些记录缺少属性值。例如，信用评分可能在某条记录中缺失。有几种不同的缓解方法来处理这个问题，但是每一种方法都是双刃剑。管理缺失值的第一步是理解缺失值背后的原因。跟踪数据源的数据血统（起源），会在数据捕获或者数据转换错误期间识别系统问题。了解缺失值的来源通常会指导使用哪一种缓解算法。缺失值通常可以用一系列人工数据来替代，这样可以在对数据科学过程的后续步骤产生微小影响的情况下管理这个问题。缺失的信用评分值可以替换为来自数据集的信用评分（平均值、最小值、最大值，取决于属性的特征）。如果缺失值是随机出现的或者发生的概率非常低，那这种方法是有用的。或者，在构建具有代表性的模型时，所有具有缺失值的数据记录或者数据质量较差的记录都可以被忽略。这种方法减小了数据集的大小。一些科学数据算法擅长处理具有缺失值的记录，而一些算法则希望数据准备步骤在模型被推断之前处理缺失值。例如，用于分类任务的 *k*–近邻（*k*-NN）算法通常对缺失值具有鲁棒性。分类任务的神经网络模型在属性缺失的情况下表现不佳，因此，数据准备步骤是开发神经网络模型的关键。

2.2.4 数据类型和转换

数据集中的属性可以是不同的类型，例如连续数值型（利率）、整型（信用评分）或者分类型。例如，信用评分可以表示为分类值（差、好、优）或者数值分数。不同的数据科学算法对于不同的属性数据类型有不同的限制。在线性回归模型中，输入属性必须是数值的。如果可用数据是分类的，则必须将它们转换为连续数值属性。可以为每一个分类值编码一个特定的数字，例如差 =5400，好 =5600，优 =5700 等。类似地，数值类型可以转换为分类类型，它通过一种名为*分箱*的技术实现，每一个数值范围被特别标注为一个分类，例如在 400 ～ 500 之间的编码为"低"(low)，以此类推。

2.2.5 转换

在一些数据科学算法（例如 *k*-NN）中，由于算法会比较不同的属性值，然后计算两个数据点之间的距离，所以期望输入的属性是数值的和*归一化的*。归一化可防止一个属性值由于过大而主导了距离结果。例如，考虑收入（以千美元为单位）和信用评分（以百为单位）。距离计算总是被收入的微小变化所主导。一种解决方案是通过归一化将收入和信用评分的范围转换到一个更为统一的 0 到 1 的范围。这样，就可以对不同单位的不同属性做统一的比较。

2.2.6 异常值

异常值是给定数据集中的异常现象。异常值的出现可能是由于正确的数据采集（收入千万的人非常少）或者错误的信息采集（身高 1.73m 错误记录为 1.73cm）。不论怎样，异常值的存在需要被理解并且需要特殊处理。创建代表性模型的目的是概括数据集中的模式或关系，异常值的存在会使推断模型的代表性出现偏差。一些数据科学应用的主要目的可能是检测异常值，比如欺诈或入侵检测。

2.2.7 特征选择

表 2.1 的示例数据集中有一个*属性*或*特征*（信用评分）和一个*标签*（利率）。在实践中，许多数据科学问题涉及的数据集包含成百上千的属性。在文本挖掘应用中，文档中的每个不同的单词会在数据集中形成一个明显的属性。在预测目标时，并不是所有的属性都同等重要或者有用。有些属性的存在反而适得其反。一些属性可能彼此高度相关，比如年收入和税款。数据集中的大量属性大大增加了模型的复杂性，由于*维数灾难*，可能会降低模型的性能。通常，在数据科学中需要更详细的信息存在，因为发现数据中的模式金矿是使用数据科学技术的吸引力之一。但是随着数据中维度的增加，在高维度空间中数据变得稀疏。这种情况降低了模型的可靠性，特别是在聚类和分类的情况下（Tan, Steinbach, & Kumar, 2005）。

在不显著降低模型性能的情况下，减少属性的数量称为特征选择。它使得模型更简化，而且有助于对模型合成更有效的解释。

2.2.8 数据采样

采样是选择一个记录子集作为原始数据集的代表以用于数据分析和建模的过程。样本数据作为具有相似属性（例如相似的平均值）的原始数据集的代表。采样减少了需要处理的数据量，并且加快了模型的建模进程。在大多数情况下，为了获得深刻理解、提取信息并构建具有代表性的预测模型，使用样本就足够了。理论上，由于采样带来的错误会影响模型的相关性，但是它的好处远大于风险。

在数据科学应用的构建过程中，需要将数据集分割为训练样本和测试样本。训练集是从原始数据集中使用简单采样或者特定标签采样获得的。考虑预测数据集中异常的示例案例（例如，预测信用卡欺诈交易）。异常检测的目的是区分数据集中的异常值，这些都是罕见事件，而且数据集中通常没有足够的异常值分类的样例。分层采样是一个采样过程，采样中每类都有相应的代表。这使得模型能够关注每类模式之间的差异（正常记录或者异常记录）。在分类应用中，使用采样创建多个基本模型，每个模型使用一组不同的采样训练数据集开发。这些基本模型用于构建一个元模型（称为集成模型，ensemble model），与基本模型相比，其错误率有所上升。

2.3　建模

模型是给定数据集中数据和关系的抽象表示。如“抵押贷款利率随着信用评分的增加而降低”之类的简单经验法则就是一个模型；虽然在生产场景中没有足够的量化信息可用，但它通过抽象信用评分和利率之间的关系提供了方向性的信息。

目前使用的数据科学算法有几百种，它们来自统计、机器学习、模式识别以及与计算机科学相关的知识体系。幸运的是，市场上有许多可行的商业和开源数据科学工具可以自动执行这些学习算法。作为一个数据科学从业者，了解学习算法、它的工作原理，以及根据对业务和数据的理解需要配置哪些参数，就够了。

分类和回归任务是预测技术，因为它们根据一个或者多个输入变量来预测结果变量。预测算法需要已知的数据集来学习模型。图2.4展示了预测数据科学建模阶段的步骤。关联分析和聚类是没有目标变量可预测的描述性数据科学技术。因此，没有测试数据集。预测和描述模型都有一个评估步骤。

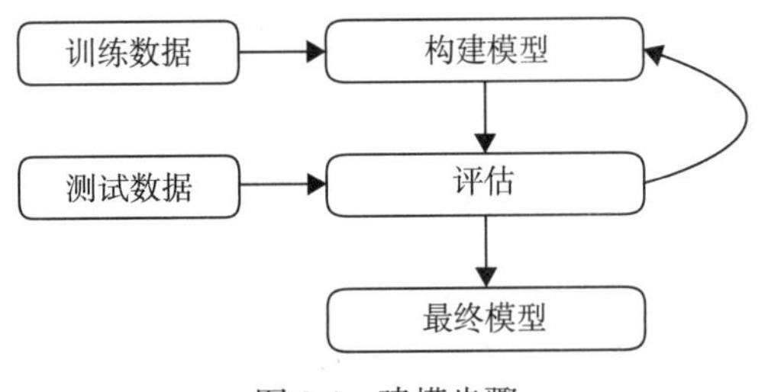

图2.4　建模步骤

2.3.1　训练数据集和测试数据集

建模步骤是从数据中创建一个有代表性的模型。具有已知属性和目标的数据集可用来创建模型，称其为训练集。创建的模型的有效性还需要使用另一个已知的数据集（称为测试集或者验证集）检查。为了优化这一过程，可以将整个已知的数据集分为训练数据集和测试数据集。一个标准的经验法则是三分之二的数据用来训练，三分之一的数据用来测试。表2.3和表2.4展示了基于表2.1的示例数据集随机分割的训练数据集和测试数据集。图2.5展示的是标注了训练数据和测试数据的实例数据集的散点图。

表2.3　训练数据集

借款人ID	信用评分（X）	利率（Y）(%)	借款人ID	信用评分（X）	利率（Y）(%)
01	500	7.31	06	800	5.70
02	600	6.70	08	550	7.00
03	700	5.95	09	650	6.50
05	800	5.40			

表 2.4 测试数据集

借款人 ID	信用评分（X）	利率（Y）(%)
04	700	6.40
07	750	5.90
10	825	5.70

2.3.2 学习算法

业务问题和数据的可用性将决定可以使用什么数据科学任务（关联、分类、回归等）。从业者在选择类别中确定适当的数据科学算法。例如，在一个分类任务中，可以选择许多的算法：决策树、规则归纳、神经网络、贝叶斯模型、*k*-NN 等。同样，在决策树技术中，存在学习算法的相当多的变种，像分类回归树（CART）、卡方自动交互探测（CHAID）等。

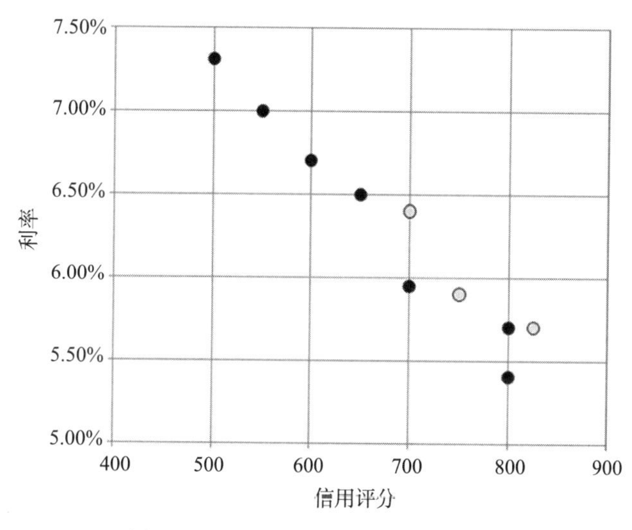

图 2.5 训练数据和测试数据的散点图

这些算法将在后面的章节中详细描述。使用多个数据科学任务和算法来解决业务问题很常见。

利率预测是一个回归问题。使用简单的线性回归技术对信用评分和利率进行建模，并泛化它们之间的关系。使用七条记录的训练集来创建模型，使用三条记录的测试集来评估模型的有效性。

简单线性回归的目标可以可视化为通过散点图中的数据点拟合一条直线（见图 2.6）。这条线的构造必须使这些数据点到这条线的距离平方和最小。这条线可以表示成：

$$y=a*x+b \tag{2.1}$$

其中，y 是输出或者因变量，x 是输入或者自变量，b 是 y 轴的截距，a 是 x 的系数，a 和 b 的值可以通过最小化这条线的残差的平方和找到。

以式（2.1）所示的直线作为模型，预测新的未标注的数据集的输出。对于利率数据集，利率（y）的简单线性回归被计算为（详见第 5 章）：

$$y=0.1+\frac{6}{100\,000}x$$

$$\text{利率}=10-\frac{6\times\text{信用评分}}{1000}$$

利用该模型，可以计算具有特定信用评分的新借款人的利率。

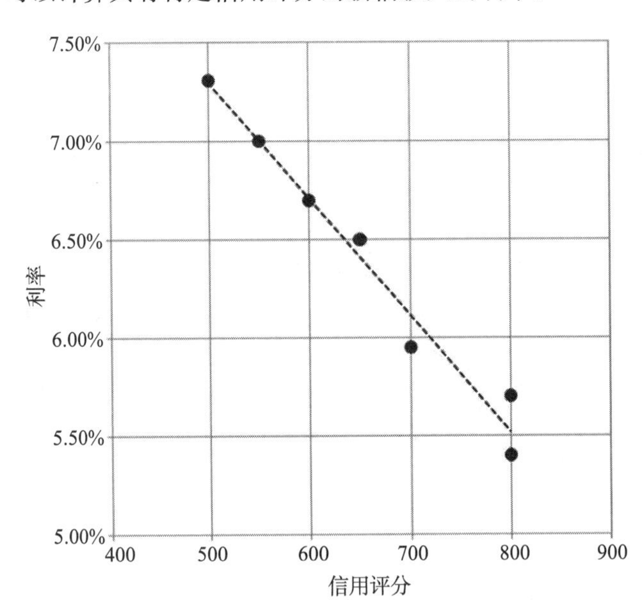

图 2.6 回归模型

2.3.3 模型评估

从七条训练记录出发，对以等式形式生成的模型进行了概括和综合。可以把信用评分代入等式中，看看模型是否正确估计了七条训练记录的每一项利率。估计值可能与训练记录中的值并不完全相同。模型不应记住或输出与训练记录中相同的值。模型记忆训练数据的现象称为过拟合。一个过拟合的模型只会记忆训练记录，并且在真实的未标注的新数据上表现不佳。该模型应泛化或学习信用评分和利率之间的关系。为了评估这种关系，使用验证数据集或测试数据集进行评估（这些数据先前并没有在构建模型中使用），如表 2.5 所示。

表 2.5 测试数据集评估

借款人	信用评分（X）	利率（Y）(%)	模型预测（Y）(%)	模型误差（%）
04	700	6.40	6.11	−0.29
07	750	5.90	5.81	−0.09
10	825	5.70	5.37	−0.33

表 2.5 记录了已知利率值的三条测试记录，这些记录没有用于构建模型。利用该模型可将利率的实际值与预测值相比较，从而计算出预测误差。只要误差是可以接受的，这个模型就可以部署了。误差率可用于将该模型与使用不同算法（如神经网络、贝叶斯模型等）开发的模型进行比较。

2.3.4 集成模型

集成建模是一个过程，其中使用多个不同的基础模型来预测结果。使用集成模型的动机是减少预测的泛化误差。只要基础模型是多样且独立的，使用集成方法时预测误差减小。该方法寻求群体的智慧进行预测。尽管集成模型在模型中具有多个基础模型，但它作为单个模型起作用并执行。大多数实际数据科学应用使用集成建模技术。

在数据科学过程的建模阶段结束时，人们分析了业务问题；提供了与回答问题相关的数据；选择了一种数据科学技术来回答问题；选取了一个数据科学算法，并编制了适合算法的数据；将数据分成训练数据集和测试数据集；从训练数据集中建立一个泛化模型；根据测试数据集验证了模型。现在，该模型可用于预测新借款人的利率，这是通过将新借款人纳入实际贷款审批流程实现的。

2.4 应用

部署是模型生产就绪或生产的阶段。在业务应用中，数据科学过程的结果必须同化到业务流程中——通常在软件应用程序中。模型部署阶段必须处理：评估模型准备情况、技术集成、响应时间、模型维护和同化。

2.4.1 生产准备

部署的生产准备部分确定部署目标所需的关键特质。考虑两个业务用例：确定消费者是否有资格获得贷款，并通过营销功能确定企业的客户分组。

消费者信用审批流程是一项实时工作。无论是通过面向消费者的网站，还是通过一线代理商的专门应用程序，只要潜在客户提供相关信息，就需要实时提供信用决策和条款。提供快速决策同时也确保准确率的情形是最佳的。决策模型必须从客户处收集数据，整合第三方数据（如信用历史），并在几秒钟内就贷款审批和条款做出决策。该模型部署的关键特质是实时预测。

根据客户与公司的关系对客户进行细分是一个深思熟虑的过程，期间会收集来自各种客户交互的信号。根据这些模式，类似的客户被纳入同类群组，并制定活动策略以最好地吸引客户。对于此类应用，批处理式的、时间滞后的数据就足够了。此应用的关键特质是能够在客户中找到独特的模式，而不是模型的响应时间。业务应用通知所做出的选择，这些选择需要在数据准备和建模步骤中做出。

2.4.2 技术整合

目前，使用数据科学自动化工具或者使用 R、Python 编码来开发模型是很常见的。数据科学工具可以节省时间，因为它们不需要编写自定义代码来执行算法。这使分析师可以专注于数据、业务逻辑以及从数据中探索模式。通过利用预测模型标记语言（PMML）(Guazzelli, Zeller, Lin, & Williams, 2009）或通过在生产应用程序中调用数据科学工具，可以将数据科学工具创建的模型移植到生产应用程序中。PMML 提供了可移植且一致的模型描述格式，大多数数据科学工具都可以读取。这允许从业者灵活地使用一个工具（例如，RapidMiner）开发模型并将其部署到另一个工具或应用中。一些模型（如简单回归、决策树和预测分析的归纳规则）可以轻松地直接合并到业务应用和商业智能系统中。这些模型由简单的等式和“if-then”规则表示，因此，它们可以轻松地移植到大多数编程语言。

2.4.3 响应时间

像 *k*-NN 这样的数据科学算法很容易构建，但在预测未标记的记录时却很慢。决策树等算法构建需要的时间长，但预测速度很快。在生产响应性和模型构建时间之间需要进行权衡。预测的质量、输入数据的可访问性和预测的响应时间仍然是业务应用中的关键特质因素。

2.4.4　模型刷新

模型持续相关性的关键标准是它正在处理的数据集的代表性。在将模型发送到部署之后，构建模型的条件发生变化是很正常的。例如，信用评分和利率之间的关系经常根据当前的宏观经济条件而变化。因此，该模型必须经常更新。通过使用新的已知测试数据集并计算预测误差率，可以常规地测试模型的有效性。如果误差率超过特定阈值，则必须更新并重新部署模型。创建维护计划是维持相关模型的部署计划的关键部分。

2.4.5　同化

在描述性数据科学应用中，将模型部署到实时系统可能不是最终目标。目标可能是将从数据科学分析中获得的知识吸收到组织中。例如，目标可能是在客户数据库中找到逻辑簇，以便可以为每个客户簇开发单独的营销方法。然后，下一步可能是新客户的分类任务，以将它们存储在已知簇中。关联分析为市场购物篮问题提供了解决方案，其任务是找出最常购买哪两种产品。数据科学从业者面临的挑战是阐明这些发现，建立与原始业务问题的相关性，量化模型中的风险，并量化业务影响。这确实是数据科学从业者面临的一项挑战性任务。业务用户社区是不同观点、不同量化思维模式和技能集的融合。并非所有人都了解数据科学的过程以及它能做什么和不能做什么。通过关注最终结果，了解已发现信息的影响以及后续行动，而不是通过数据科学提取信息的技术过程，可以解决这一挑战的某些方面。

2.5　知识

数据科学过程提供了一个从数据中提取不寻常信息的框架。随着海量存储、增加的数据集和高级计算范式的出现，要使用的可用数据集只会增加。要从这些海量数据资产中提取知识，除了标准的商业智能报告或统计分析之外，还需要采用先进的方法，如数据科学算法。虽然其中的许多算法可以提供有价值的知识，但是从业者可以巧妙地将业务问题转换为数据问题并应用正确的算法。与其他技术一样，数据科学提供了算法和算法参数方面的各种选项。使用这些选项从数据中提取正确的信息是一种艺术，可以通过实践开发。

数据科学过程从先验知识开始，以后验知识结束，获得增量洞察力。与任何定量技术一样，数据科学过程可以从数据集中提取虚假的无关模式。并非所有发现的模式都会导致增量知识。同样，由从业者决定使无关模式无效并识别有意义的信息。通过数据科学获得的信息的影响可以在应用中测量。通过数据科学过程获取信息与基础数据分析的见解之间存在区别。最后，整个数据科学过程是一个调用正确的问题（Chapman et al., 2000）并通过正确的方法提供指导来解决问题的框架。它不是一组严格的规则，而是一组有助于知识发现的迭代和不同的步骤。

在接下来的章节中，我们将探讨关键数据科学概念及其实施的细节。使用基本统计和可视化技术探索数据是准备数据科学数据重要的第一步。下一章提供了一个实用的工具包来探索和理解数据。数据准备技术在第 4 章、第 6 章、第 7 章、第 9 章、第 12 章和第 13 章中的各种数据科学算法的背景下解释。

参考文献

Chapman, P., Clinton, J., Kerber, R., Khabaza, T., Reinartz, T., Shearer, C., & Wirth, R. (2000). *CRISP-DM 1.0: Step-by-step data mining guide*. SPSS Inc. Retrieved from <ftp://ftp.software.ibm.com/software/analytics/spss/support/Modeler/Documentation/14/UserManual/CRISP-DM.pdf>.

Fayyad, U., Piatetsky-Shapiro, G., & Smyth, P. (1996). From data mining to knowledge discovery in databases. *AI Magazine, 17*(3), 37–54.

Guazzelli, A., Zeller, M., Lin, W., & Williams, G. (2009). PMML: An open standard for sharing models. *The R Journal, 1*(1), 60–65.

Kubiak, T., & Benbow, D. W. (2005). *The certified six sigma black belt handbook*. Milwaukee, WI: ASQQuality Press.

Lidwell, W., Holden, K., & Butler, J. (2010). *Universal principles of design, revised and updated: 125 ways to enhance usability, influence perception, increase appeal, make better design decisions, and teach through design*. Beverly, MA: Rockport Publishers.

Piatetsky, G. (2018). *Top software for analytics, data science, machine learning in 2018: Trends and analysis*. Retrieved from <https://www.kdnuggets.com/2018/05/poll-tools-analytics-data-science-machine-learning-results.html> Accessed 07.07.18.

SAS Institute. (2013). *Getting started with SAS enterprise miner 12.3*.

Shearer, C. (2000). The CRISP-DM model: The new blueprint for data mining. *Journal of Data Warehousing, 5*(4), 13–22.

Tan, P.-N., Steinbach, M., & Kumar, V. (2005). Introduction to data mining. *Journal of School Psychology, 19*, 51–56. Available from https://doi.org/10.1016/0022-4405(81)90007-8.

Weisstein, E. W. (2013). Retrieved from <http://mathworld.wolfram.com/LeastSquaresFitting.html> *Least squares fitting*. Champaign, Illinois: MathWorld—Wolfram Research, Inc.

第3章
数据探索

数据（data）这个词来自拉丁词“dare”，意思是“给定的东西”——观察或关于某个主题的事实。（有趣的是，梵文词dAta的意思也是“给定”。）数据科学有助于破译数据中隐藏的有用关系。在使用统计、机器学习和算法技术进行任何高级数据分析之前，必须执行基础数据探索以研究数据集的基本特征。数据探索有助于更好地理解数据，以使高级分析成为可能的方式准备数据，有时能比使用高级分析技术更快地从数据中获得必要的见解。

简单的数据透视表功能，计算平均值和偏差等统计数据，以及将数据绘制为线条、条形图和散点图，是日常业务设置中使用的数据探索技术的一部分。数据探索（也称为探索性数据分析）提供了一组工具，以获得对数据集的基本了解。在掌握数据的结构、值的分布、极值的存在以及数据集中属性之间的相互关系时，数据探索的结果非常有用。数据探索还为应用正确的进一步统计和数据科学过程提供指导。

数据探索可以大致分为两种类型——描述性统计和数据可视化。描述性统计是将数据集的关键特征压缩为简单数字度量的过程。使用的一些常见量化指标是均值、标准差和相关性。可视化是将数据或其部分投影到多维空间或抽象图像中的过程。所有有用（和迷人）的图表都属于这一类。数据科学背景下的数据探索使用描述性统计和可视化技术。

3.1 数据探索的目标

在数据科学过程中，数据探索可用于许多不同的步骤，包括预处理或数据准备、建模和模型结果的可解释性。

1）数据理解：数据探索提供数据集中每个属性（也称为变量）的高级概述以及属性之间的交互。数据探索有助于回答问题，例如属性的典型值或数据点与典型值的差异，或极值的存在。

2）数据准备：在应用数据科学算法之前，必须准备数据集以处理数据中可能存在的任何异常。这些异常包括异常值、缺失值或高度相关的属性。当输入属性彼此相关时，一些数据科学算法不能很好地工作。因此，需要识别和移除相关属性。

3）数据科学任务：基本数据探索有时可以替代整个数据科学过程。例如，散点图可以识别低维数据中的聚类，或者可以帮助开发具有简单视觉规则的回归或分类模型。

4）解释结果：最后，数据探索可用于理解数据科学过程的结果预测、分类和聚类。直方图有助于理解属性的分布，也可用于可视化数值预测、错误率估计等。

3.2 数据集

在本章（以及本书）的其余部分中，将介绍一些经典数据集，这些数据集易于理解，易于解释，并且可以在许多不同的数据科学技术中共同使用。用于学习数据科学的最流行的数据集可能是由 Ronald Fisher 引入的鸢尾花数据集，这一数据集出现在其关于判别分析的开创性工作中，即“在分类学问题中多个测量的使用”（Fisher, 1936）。鸢尾（花）是一种开花植物，在世界各地广泛存在。鸢尾属包含 300 多种不同的物种。每个物种都表现出不同的物理特征，如花朵和叶子的形状和大小。鸢尾花数据集包含对三个不同物种 Iris setosa、Iris virginica 和 I.versicolor 的 150 次观察，每个物种有 50 次观察。每个观察包括四个属性：萼片长度、萼片宽度、花瓣长度和花瓣宽度。第五个属性（标签）是观察物种的名称，取值为 I.setosa、I.virginica 和 I.versicolor。花瓣是鲜花的鲜艳内部，萼片形成花的外部，通常是绿色。然而，在鸢尾花中，萼片和花瓣都是鲜艳的紫色，但可以通过形状的差异来区分（见图 3.1）。

图 3.1 鸢尾花

资料来源：Danielle Langlois 拍摄。2005 年 7 月（图像由原来的标记部分修改。“Iris versicolor 3”。已通过维基共享资源在 Creative Commons Attribution-Share Alike 3.0 下获得许可）

鸢尾花数据集中的所有四个属性都是以厘米为单位测量的数字连续值。使用简单的规则（如花瓣长度小于 2.5 厘米），可以很容易地将其中一个物种 I.setosa 与其他两个物种区分开来。分离 virginica 和 versicolor 类需要更复杂的规则，涉及更多属性。该数据集可由所有标准数据科学工具（例如 RapidMiner）提供，或者可以从公共网站下载，例如加州大学欧文机器学习库[⊖]（Bache & Lichman，2013）。可以从书籍配套网站 www.IntroDataScience.com 上访问本书中使用的此数据集和其他数据集。

鸢尾花数据集主要用于学习数据科学，因为它易于理解、探索，并可用于说明不同的数据科学算法如何在同一标准数据集上解决问题。数据集扩展到两个维度，有三个类标签，其中一个类很容易通过视觉探索分离（I.setosa），而对其他两个类进行分类则更具挑战性。它有助于重申可以基于视觉规则得出的分类结果，同时为数据科学建立超出视觉探索范围的新规则奠定基础。

⊖ https://archive.ics.uci.edu/ml/datasets.html.

数据的类型

数据有不同的格式和类型。了解每个属性或功能的属性可提供有关可对该属性执行何种操作的信息。例如，天气数据中的温度可以表示为以下任何格式：

- 数值的摄氏度（31℃、33.3℃）或华氏度（100°F、101.45°F）或开尔文温标。
- 有序标签，如热、温或冷。
- 一年内低于0℃的天数（如，一年中有10天低于冰点）。

所有这些属性都表示区域内的温度，但每个属性都有不同的数据类型。其中一些数据类型可以从一个转换为另一个。

1. 数值的或连续的

以摄氏度或华氏度表示的温度是数值的和连续的，因为它可以用数字表示并可在数字之间取无限数量的值。值是有序的，并且计算值之间的差是有意义的。因此，可以应用加法和减法数学运算以及大于、小于和等于运算的逻辑比较运算符。

整数是数值数据类型的一种特殊形式，它在值中没有小数，或者更确切地说，在连续数字之间没有无穷个值。通常，它们表示某事物的数量，温度低于0℃的天数、订单数量、家庭中的孩子数量等。

如果定义了零点，则数字数据将成为比率或实数数据类型，例如，开尔文温标表示的温度、银行账户余额和收入。除了加法和逻辑运算外，还可以使用此数据类型执行比率运算。在大多数数据科学工具中，整数和比率数据类型都被归类为数字数据类型。

2. 分类的或标称的

分类数据类型是被视为不同符号或仅取名称的属性。人眼看到的鸢尾（花）的颜色是分类数据类型，因为它可取黑色、绿色、蓝色、灰色等值。数据值之间没有直接关系，因此，除了逻辑或“等于”运算符外，不能应用数学运算符。它们也被称为标称或多项式数据类型，源自拉丁语中的“name”。

有序标称数据类型是分类数据类型的特殊情况，其中值之间存在某种顺序。有序数据类型的一个例子是将温度表示为热、温和冷。

并非所有数据科学任务都可以在所有数据类型上执行。例如，神经网络算法不适用于分类数据。但是，可以使用类型转换过程将一种数据类型转换为另一种数据类型，但这伴随着可能的信息丢失。例如，以差、平均、良好和优秀类别表示的信用评分可以转换为1、2、3和4或平均基础数值分数，如400、500、600和700（这里的得分只是一个例子）。在此类型转换中，不会丢失任何信息。但是，从数字信用评分到类别（差、平均、良好和优秀）的转换确实会导致信息丢失。

3.3 描述性统计

描述性统计是指研究数据集的聚合定量。这些度量是日常生活中常用的一些符号。描述性统计的一些例子包括平均年收入、整个街坊的中位房价、一个群体的信用评分范围等。一般来说，描述性分析涵盖样本或群体数据集的以下特征（Kubiak & Benbow，2006）：

数据集特征	测量技术
数据集中心	平均值，中位数，众数

（续）

数据集特征	测量技术
数据集散布	范围，方差，标准差
数据集分布的形状	对称，偏态，峰度

下面将探讨这些指标的定义。描述性统计可以大致分为单变量探索和多变量探索，具体取决于所分析的属性数量。

3.3.1 单变量探索

单变量数据探索表示一次分析一个属性。物种 I.setosa 的示例鸢尾花数据集有 50 个观测值和 4 个属性，如表 3.1 所示。这里探讨了一些萼片长度属性的描述性统计数据。

表 3.1 鸢尾花数据集和描述性统计（Fisher, 1936）

观察	萼片长度	萼片宽度	花瓣长度	花瓣宽度
1	5.1	3.5	1.4	0.2
2	4.9	3.1	1.5	0.1
...	...	...	...	...
49	5	3.4	1.5	0.2
50	4.4	2.9	1.4	0.2
统计数据	**萼片长度**	**萼片宽度**	**花瓣长度**	**花瓣宽度**
平均值	5.006	3.418	1.464	0.244
中位数	5.000	3.400	1.500	0.200
众数	5.100	3.400	1.500	0.200
范围	1.500	2.100	0.900	0.500
标准差	0.352	0.381	0.174	0.107
方差	0.124	0.145	0.030	0.011

1. 集中趋势的度量

找到属性的中心位置的目的是使用一个中心或最常见的数字来量化数据集。

- 平均值：平均值是数据集中所有观测值的算术平均值。它通过将所有数据点相加并除以数据点的数量来计算。萼片长度的平均长度为 5.0060 厘米。
- 中位数：中位数（中值）是分布中心点的值。通过将所有观察从小到大排序并在排序列表中选择中点观察来计算中值。如果数据点的数量是偶数，则将中间两个数据点的平均值用作中值。萼片长度的中位数为 5.0000 厘米。
- 众数：众数是最常出现的观察。在数据集中，数据点可能是重复的，最重复的数据点是数据集的众数。在此示例中，众数为 5.1000 厘米。

在属性中，平均值、中位数和众数可以是不同的数字，并且这表示分布的形状。如果数据集具有异常值，则平均值将受到影响，而在大多数情况下，中位数不会受影响。如果基础数据集具有多于一个自然正态分布，则分布的众数可以与平均值或中位数不同。

2. 散布度量

在沙漠地区，温度通常在白天超过 110°F，在夜间降至 30°F 以下，而 24 小时的平均温度约为 70°F。显然，生活在沙漠中的经历与生活在热带地区的经历不同，热带地区平均日常温度在 70°F 左右，当天的温度在 60°F 到 80°F 之间。这里重要的不仅仅是温度的中心位置，还有温度的散布。量化散布有两个常用指标。

- *范围*：范围是属性的最大值和最小值之间的差值。范围很容易计算和表达，但有缺点，因为它受到异常值的严重影响，并且没有考虑属性中所有其他数据点的分布。在该示例中，沙漠中的温度范围是 80°F，热带的温度范围是 20°F。如温度范围所示，沙漠地区经历了较大的温度波动。
- *偏差*：方差和标准差通过考虑属性的所有值来衡量散布。任何给定值（x_i）与样本平均值（μ）之间的差值可以简单地作为对偏差的测量。方差是所有数据点的平方偏差除以数据点数的总和。对于具有 N 个观测值的数据集，方差由以下等式给出：

$$\text{方差} = s^2 = \frac{1}{N}\sum_{i=1}^{N}(x_i - \mu)^2 \tag{3.1}$$

标准差是方差的平方根。由于标准差以与属性相同的单位进行测量，因此很容易理解度量的大小。高标准差意味着数据点在中心点周围广泛散布。低标准偏差意味着数据点更接近中心点。如果数据的分布与正态分布一致，则 68% 的数据点位于与平均值的一个标准差内。图 3.2 提供了对于四个数字属性中的每一个的鸢尾花数据集的单变量摘要以及所有 150 个观察结果。

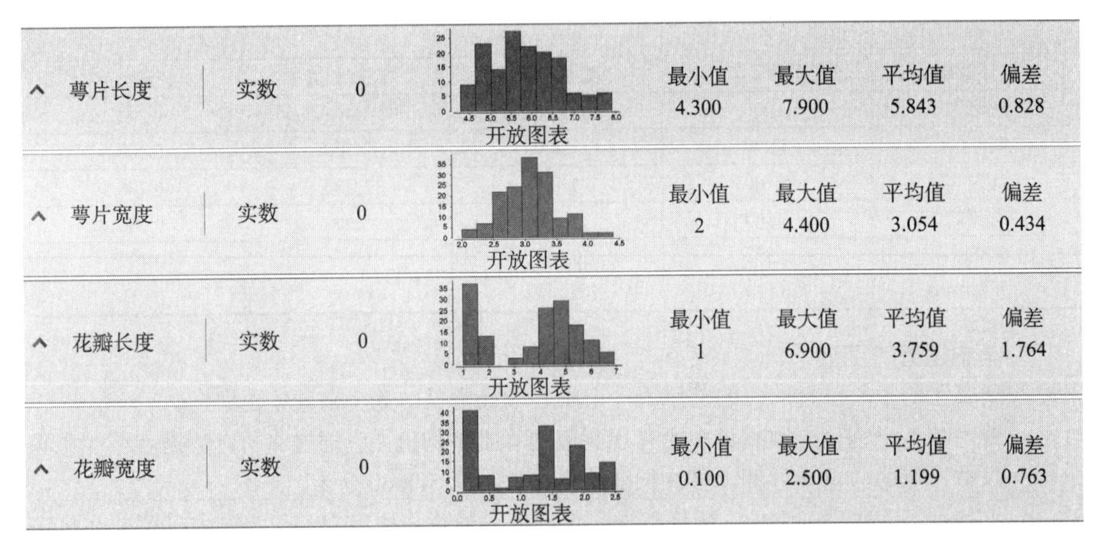

图 3.2　鸢尾花数据集的描述性统计

3.3.2　多变量探索

多变量探索是同时研究数据集中的多个属性。这种技术对于理解属性之间的关系至关重要，这是数据科学方法的核心。与单变量探索类似，将讨论数据中集中趋势和方差的度量。

1. 中心数据点

在鸢尾花数据集中，每个数据点可以表示为所有四个属性的集合：

观察 i：{ *萼片长度，萼片宽度，花瓣长度，花瓣宽度* }

例如，观察 1：{5.1,3.5,1.4,0.2}。该观察点也可以用四维笛卡儿坐标表示，并且可以在图中绘制（尽管在可视化图中绘制多于三个维度可能是具有挑战性的）。这样，所有 150 个观测值都可以用笛卡儿坐标表示。如果目标是找到最“典型”的观察点，那么它将是由数据集中每个属性的平均值独立构成的数据点。对于表 3.1 中所示的鸢尾花数据集，中心平均点为{5.006, 3.418, 1.464, 0.244}。该数据点可能不是实际观察结果，它将是具有最典型属性值的假设数据点。

2. 相关性

相关性测量两个属性之间的统计关系，特别是一个属性对另一个属性的依赖性。当两个属性彼此高度相关时，它们在相同或相反的方向上以相同的速率变化。例如，考虑当天的平均温度和冰淇淋销售。统计上，相关的两个属性彼此依赖，一个可用于预测另一个。如果有足够的数据，已知温度预测，可以预测未来冰淇淋的销售情况。然而，两个属性之间的相关性并不意味着因果关系，也就是说，一个并不一定导致另一个。冰淇淋销售和鲨鱼袭击是相关的，但没有因果关系。冰淇淋销售和鲨鱼袭击都受到第三个属性（夏季）的影响。一般来说，随着气温上升，冰淇淋销售量激增。随着越来越多的人在夏季去海滩，与鲨鱼相遇的可能性也越来越大。

两个属性之间的相关性通常通过 Pearson 相关系数（r）来测量，该系数测量线性相关的强度（见图 3.3）。相关系数取 $-1 \leqslant r \leqslant 1$ 的值。接近 1 或 −1 的值表示两个属性高度相关，在 1 或 −1 处具有完美的相关性。当属性由公式和定律控制时，也存在完美的相关性。例如，观察重力值和物体的质量（牛顿第二定律）或销售产品的数量和总收入（价格 × 数量 = 收入）。相关值为 0 表示两个属性之间没有线性关系。

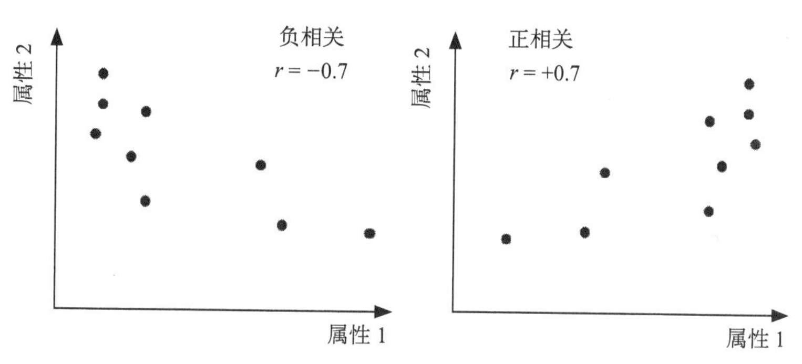

图 3.3 属性的相关性

两个属性 x 和 y 之间的皮尔森相关系数用以下公式计算：

$$r_{xy}=\frac{\sum_{i=1}^{n}(x_i-\bar{x})(y_i-\bar{y})}{\sqrt{\sum_{i=1}^{n}(x_i-\bar{x})^2\sum_{i=1}^{n}(y_i-\bar{y})^2}}=\frac{\sum_{i=1}^{N}(x_i-\bar{x})(y_i-\bar{y})}{N\times s_x\times s_y} \tag{3.2}$$

其中 s_x 和 s_y 分别是随机变量 x 和 y 的标准差。Pearson 相关系数在量化相关性强度方面存在一些局限性。当数据集具有更复杂的非线性关系（如二次函数）时，只考虑了线性关系的影响，并使用相关性系数进行定量化。异常值的存在也会扭曲相关性的度量。在可视化上，可以使用散点图和每个笛卡儿坐标中的属性来观察相关性（见图 3.3）。事实上，可视化应该是理解相关性的第一步，因为它可以识别非线性关系并显示数据集中的任何异常值。安斯科姆四重奏（Anscombe，1973）清楚地说明了仅依靠相关系数来理解数据的局限性（见图 3.4）。四重奏由四个不同的数据集组成，具有两个属性（x，y）。所有四个数据集具有相同的均值，

x 和 y 的方差相同，x 和 y 之间的相关系数相同，但在图表上绘制时看起来截然不同。该证据说明了可视化属性的必要性，而不能仅仅计算统计指标。

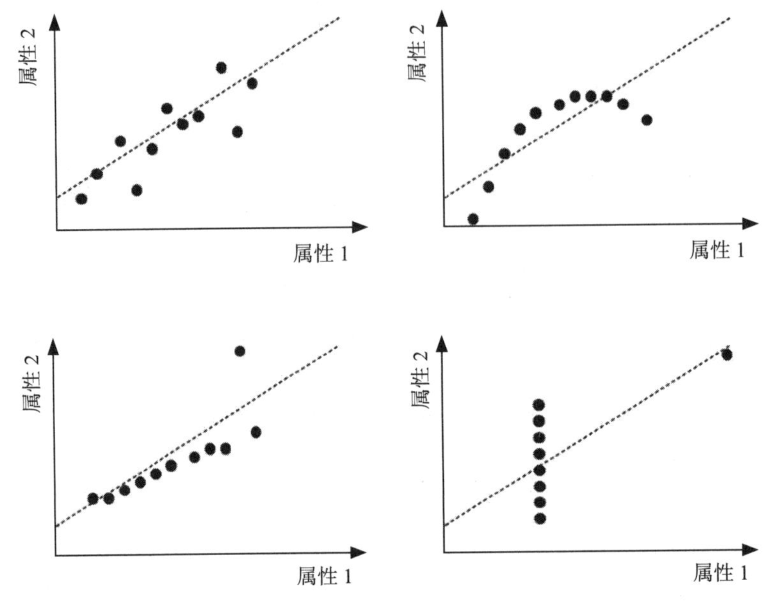

图 3.4 安斯科姆四重奏：描述性统计与可视化

资料来源：改编自 *Anscombe, F. J.*, 1973. *Graphs in statistical analysis*，American Statistician，27（1），pp. 19-20

3.4 数据可视化

可视化数据是数据发现和探索的最重要技术之一。虽然可视化不被视为数据科学技术，但基于可视化的可视化挖掘或模式发现等术语越来越多地用于数据科学，尤其是商业领域。数据可视化学科包括以抽象可视化形式表达数据的方法。数据的可视化表示提供了对具有多个属性及其基础关系的复杂数据的轻松理解。使用数据可视化的动机包括：

- 理解密集信息：简单的可视化图表可以轻松包含数千个数据点。通过使用可视化，用户可以看到全局，以及使用数字表达数据而极难解释的长期趋势。
- 关系：在笛卡儿坐标中可视化数据可以探索属性之间的关系。尽管在笛卡儿坐标系中在 x、y 和 z 轴上表示三个以上的属性是不可行的，但是通过更改数据标记的大小、颜色和形状等属性或使用流谱可以获得一些创造性的解决方案（Tufte，2001），可以实现在二维媒体中使用两个以上的属性。

视觉是人体最强大的感官之一。因此，它与认知思维密切相关（Few，2006）。即使在存在大量数据的情况下，人类视觉也经过训练以发现模式和异常。然而，模式检测的有效性取决于信息在视觉上的有效性。因此，选择合适的可视化来探索数据对于发现和理解数据中的隐藏模式至关重要（Ware，2004）。与描述性统计一样，可视化技术也分为：单变量可视化、多变量可视化和使用平行维度的大量属性的可视化。

> 我们将复习一些常用于分析数据的数据可视化技术。大多数可视化技术都可以在像 MS Excel 这样的商业电子表格软件中使用。与其他任何数据科学工具一样，RapidMiner

提供了广泛的可视化工具。为了保持与本书其余部分的一致性，所有进一步的可视化都是使用鸢尾花数据集从 RapidMiner 中输出的。请预习第 15 章以熟悉 RapidMiner。

3.4.1 单变量的可视化

可视化探索从使用单变量图表一次调查一个属性开始。通过本节中讨论的技术，可以了解属性值的分布方式和分布形状。

1. 直方图

直方图是了解值出现频率的最基本的可视化技术之一。它通过绘制范围内出现的频率来显示数据的分布。在直方图中，查询中的属性显示在水平轴上，出现频率显示在竖直轴上。对于连续数字数据类型，需要指定用于对值范围进行分组的范围或分箱值。例如，在以厘米为单位的人体高度的情况下，152.00 和 152.99 之间的所有出现样本都被分组在 152 下。不存在适用于所有分布的最佳的箱数量或箱宽度。如果箱宽度太小，则分布变得更精确，但由于采样而暴露噪声。一般的经验法则是使箱的数量等于数据点数的平方根或立方根。

直方图可用于查找分布的中心位置、范围和形状。以鸢尾花数据集的花瓣长度属性直方图为例，数据是多模式的（见图 3.5），其分布不遵循钟形曲线模式。相反，分布中有两个峰值。这是因为数据集中有三个不同物种（分布），有 150 个观测值。直方图可以分层以包括不同的类，以获得更多的洞察力。带有类标签的增强直方图显示数据集由三种不同的分布组成（见图 3.6）。I.setosa 的分布平均约 1.25 厘米，范围在 1～2 厘米。I.versicolor 和 I.virginica 的分布重叠，I.setosa 有单独的均值。

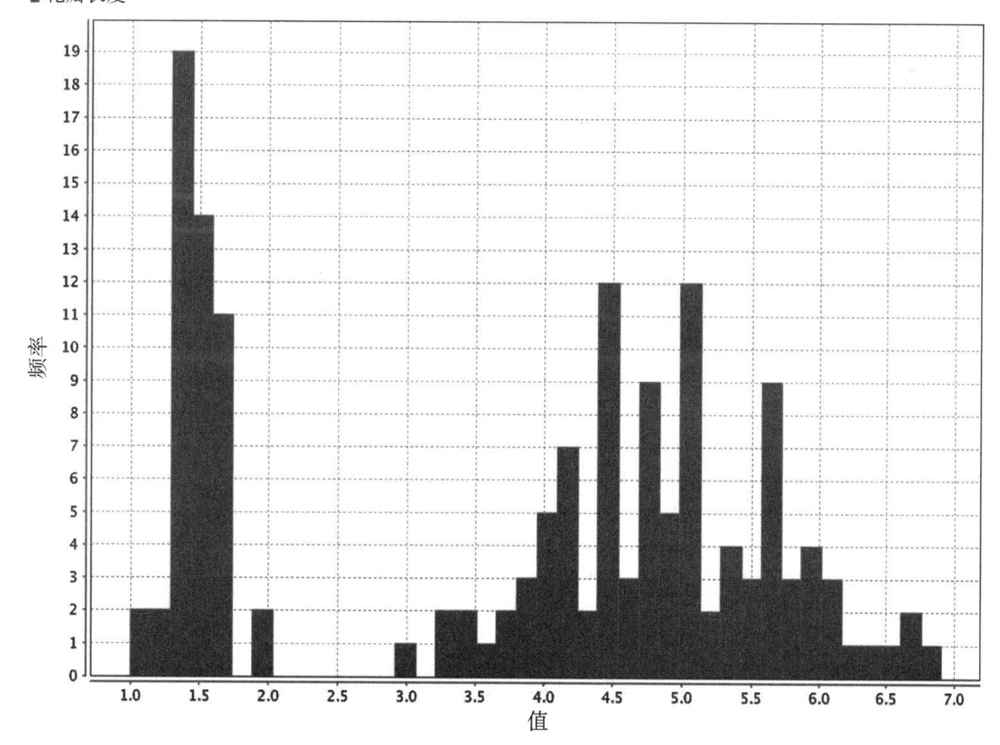

图 3.5 鸢尾花数据集的花瓣长度的直方图

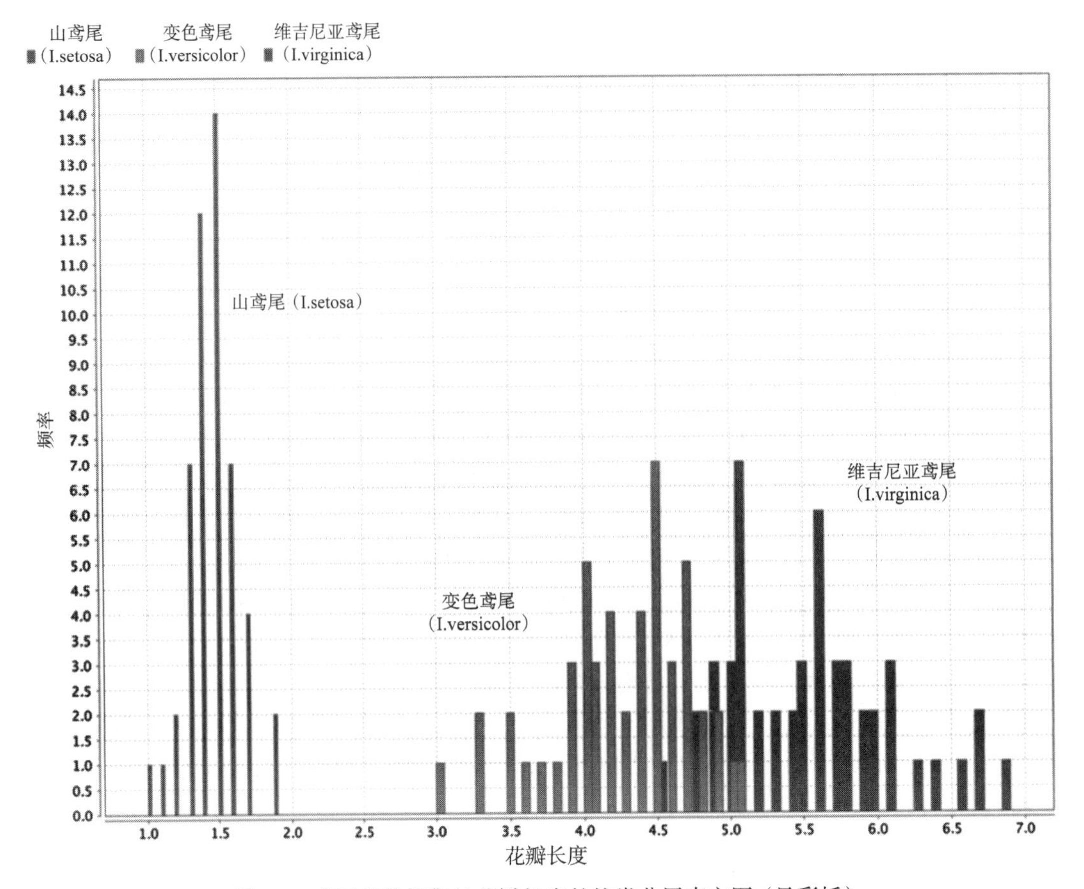

图 3.6 鸢尾花数据集的花瓣长度的按类分层直方图（见彩插）

2. 四分位数

箱形图是一种简单的可视化方式，用于显示连续变量的分布，其中包括四分位数、中位数和异常值等信息，由均值和标准差叠加。箱形图或四分位图的主要吸引力在于可以并排比较多个属性的分布，并且可以推导出它们之间的重叠。四分位数由 Q1、Q2 和 Q3 点表示具有 25% 箱尺寸的数据点。在分布中，25% 的数据点将低于 Q1，50% 将低于 Q2，75% 将低于 Q3。

箱形图中的 Q1 和 Q3 点由方框的边缘表示。Q2 点（分布的中位数）由框内的交叉线表示。异常值在箱形图末端用圆圈表示。在某些情况下，均值点由实心点叠加表示，再加上标准差作为线叠加。

图 3.7 显示了鸢尾花数据集的所有四个属性的四分位数图并排绘制。在所有四个属性中，可以观察到花瓣长度具有最宽的范围并且萼片宽度具有狭窄范围。

还可以选择一个属性（花瓣长度）并通过引入类标签使用四分位图进一步探索。在图 3.8 中，我们可以看到三个物种在花瓣长度测量中的分布。与之前的比较类似，可以比较多个物种的分布。

3. 分布图

对于像花瓣长度这样的连续数值属性，不是可视化样本中的实际数据，而是可以显示其正态分布函数。连续随机变量的正态分布函数由下式给出：

$$f(x)=\frac{1}{\sqrt{2\pi}\sigma}\mathrm{e}^{(x-\mu)^2/2\sigma^2} \tag{3.3}$$

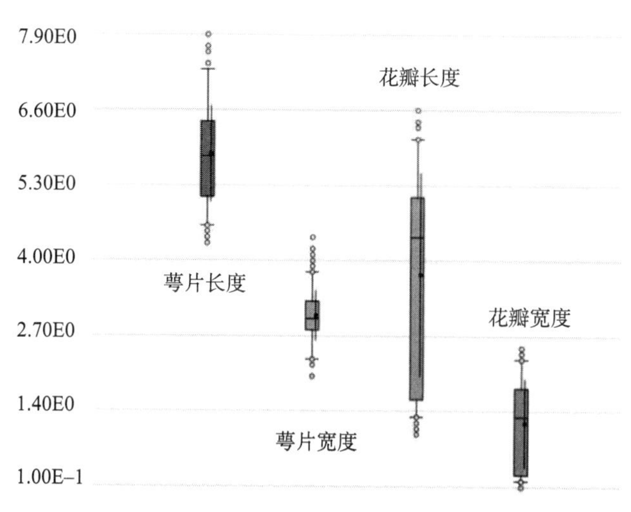

图 3.7　鸢尾花数据集的四分位图

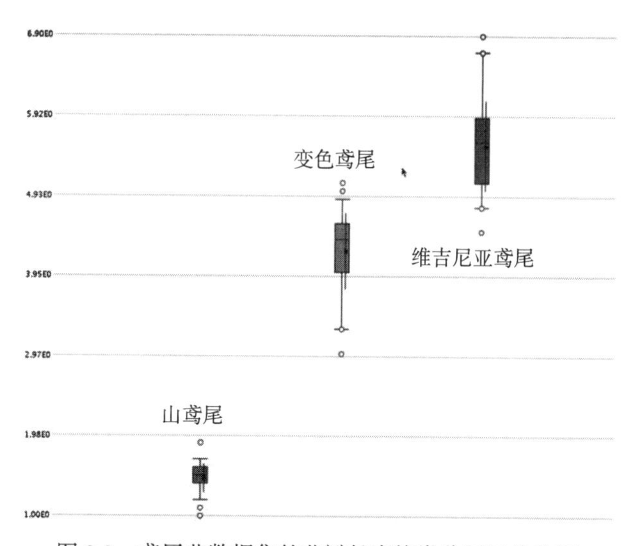

图 3.8　鸢尾花数据集的花瓣长度按类分层四分位图

其中 μ 是分布的平均值，σ 是分布的标准差。这里有一个固有的假设，即花瓣长度（或任何连续变量）的测量值遵循正态分布，因此，其分布可以是可视化的而不是实际值。由于其类似钟形，正态分布也称为高斯分布或“钟形曲线”。正态分布函数显示数值点在一定范围内出现的概率。如果数据集呈现正态分布，那么 68.2% 的数据点将落在与平均值相差一个标准差（σ）的范围内；95.4% 的点落在相差 2σ 的范围内，99.7% 落在相差 3σ 的范围内。当正态分布曲线按类分层时，可以获得更多对数据的洞察。图 3.9 显示了每个鸢尾种类的花瓣长度测量的正态分布曲线。从分布图中可以推断，I.setosa 样本的花瓣长度比 I. versicolor 和 I. virginica 的更加清晰和有凝聚力。如果有一个未标记的测量，花瓣长度为 1.5 厘米，可以预测该物种是 I. setosa。然而，如果花瓣长度测量值为 5.0 厘米，则没有明确的预测，因为物种可能是变色鸢尾（I. versicolor）或维吉尼亚鸢尾（I. virginica）。

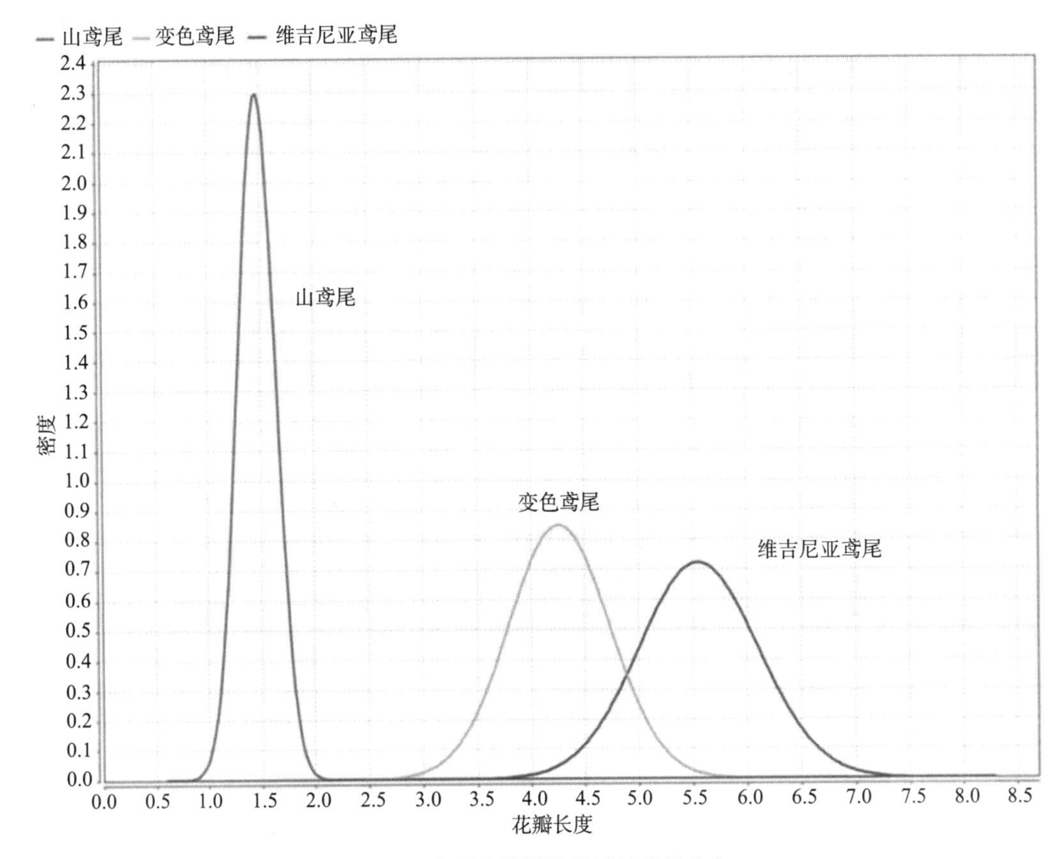

图 3.9 鸢尾花数据集花瓣长度的分布

3.4.2 多变量的可视化

多变量可视化探索在同一可视化图中考虑多个属性。本节中讨论的技术侧重于一个属性与另一个属性的关系。这些可视化同时检查 2 ～ 4 个属性。

1. 散点图

散点图是可用的最强大而简单的可视图之一。在散点图中，数据点在笛卡儿空间中标记，数据集的属性与坐标对齐。属性通常是连续数据类型。可以从散点图中得出的关键观察之一是在探究中存在两个属性之间的关系。如果属性是线性相关的，则数据点更接近假想的直线；如果它们不相关，则数据点是分散的。除基本相关性外，散点图还可以指示数据中模式或簇的存在，并识别数据中的异常值。这对于低维数据集特别有用。第 13 章提供了在高维空间中查找异常值的技术。

图 3.10 显示了花瓣长度（x 轴）和花瓣宽度（y 轴）之间的散点图。这两个属性略有相关，因为这是对花的同一部分的测量。当使用类标签对数据标记进行着色以指示不同物种时，可以观察到更多模式。在图的左下方有一组数据点，都属于物种 I. setosa。I. setosa 花瓣小得多。该特征可用作预测未标记观察物种的规则。散点图的一个限制是一次只能使用两个属性，其他属性可能以数据标记的颜色显示。但是，颜色通常保留以用于类标签。

2. 多变量散点图

多变量散点图是简单散点图的增强形式，其中可以在图表中包括两个以上的维度并同时进行研究。主要属性用于 x 轴坐标。辅助轴与更多属性或维度共享。在这个例子中（见图 3.11），y 轴上的值在萼片长度、萼片宽度和花瓣宽度之间共享。属性的名称由数据标记中使用的颜色传达。这里，萼片长度由占据图表最顶部的数据点表示，萼片宽度占据中间部分，花瓣宽度在底部。请注意，y 轴中每个属性的数据点都是重复的。数据点对于 y 轴中的每个维度进行颜色编码，而 x 轴使用一个属性（花瓣长度）进行锚定。共享 y 轴的所有属性应该是相同的单位或归一化的。

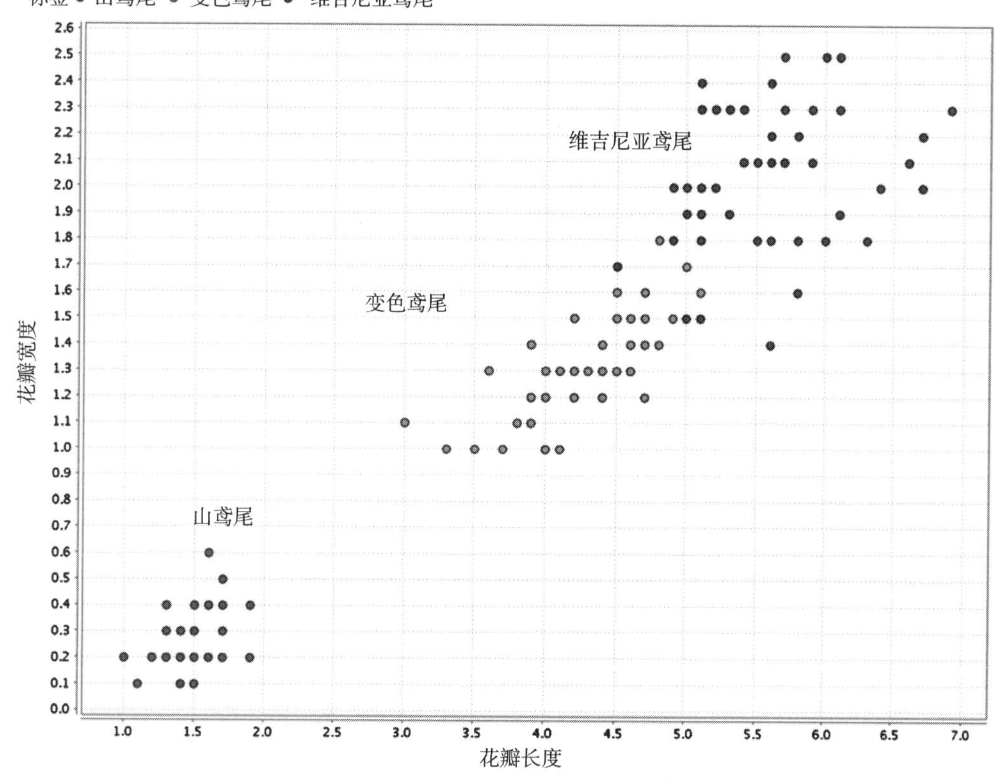

图 3.10 鸢尾花数据集的散点图（见彩插）

3. 散布矩阵

如果数据集具有两个以上的属性，则通过散点图查看所有属性的组合非常重要。散布矩阵通过将所有属性组合与单个散点图进行比较并将这些图排列在矩阵中来解决此需求。

鸢尾花数据集中所有四个属性的散布矩阵如图 3.12 所示。数据点的颜色用于指示花的种类。由于有四个属性，因此有四行和四列，总共有 16 个散点图。对角线中的图表是属性与自身的比较；因此，删除了。此外，对角线下方的图表是对角线上方图表的镜像。实际上，在四个属性的散布倍数中有六个不同的比较。散布矩阵提供了以相似散点图的小倍数显示的比较、多变量和高密度数据的有效可视化（Tufte，2001）。

4. 气泡图

气泡图是简单散点图的变体，增加了一个属性，用于确定数据点的大小。在鸢尾花数据集中，花瓣长度和花瓣宽度分别用于 x 轴和 y 轴，并且萼片宽度用于数据点的大小。数据点的颜色代表物种类标签（见图 3.13）。

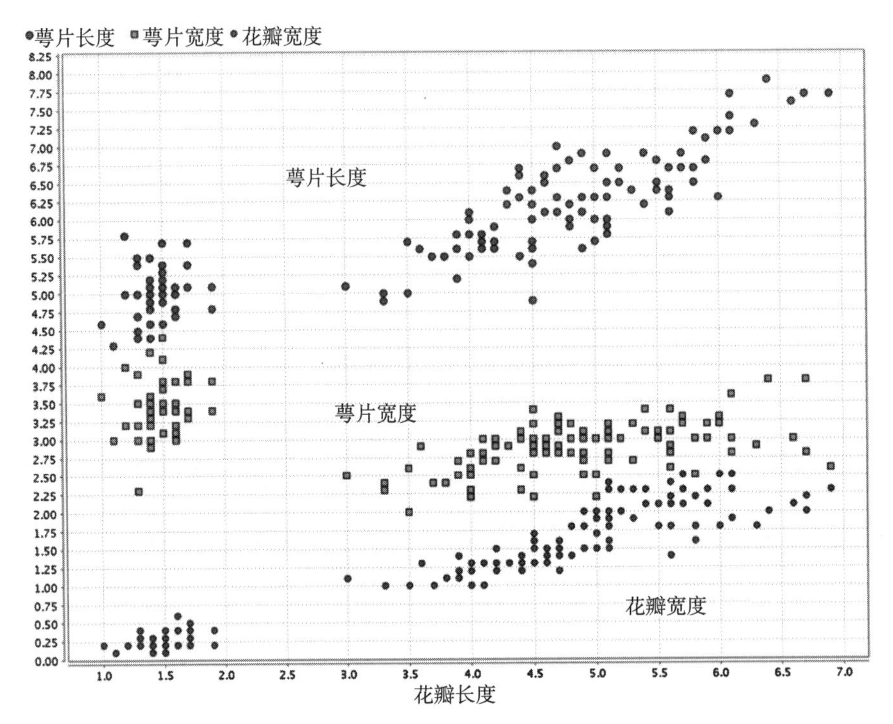

图 3.11　鸢尾花数据集的多变量散点图（见彩插）

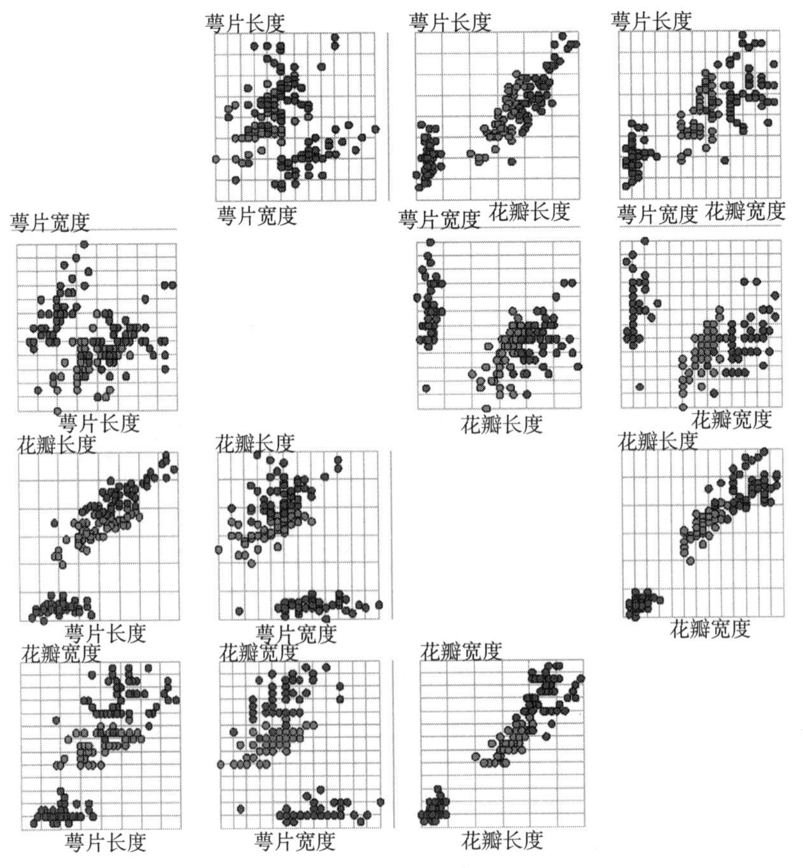

图 3.12　鸢尾花数据集的散布矩阵（见彩插）

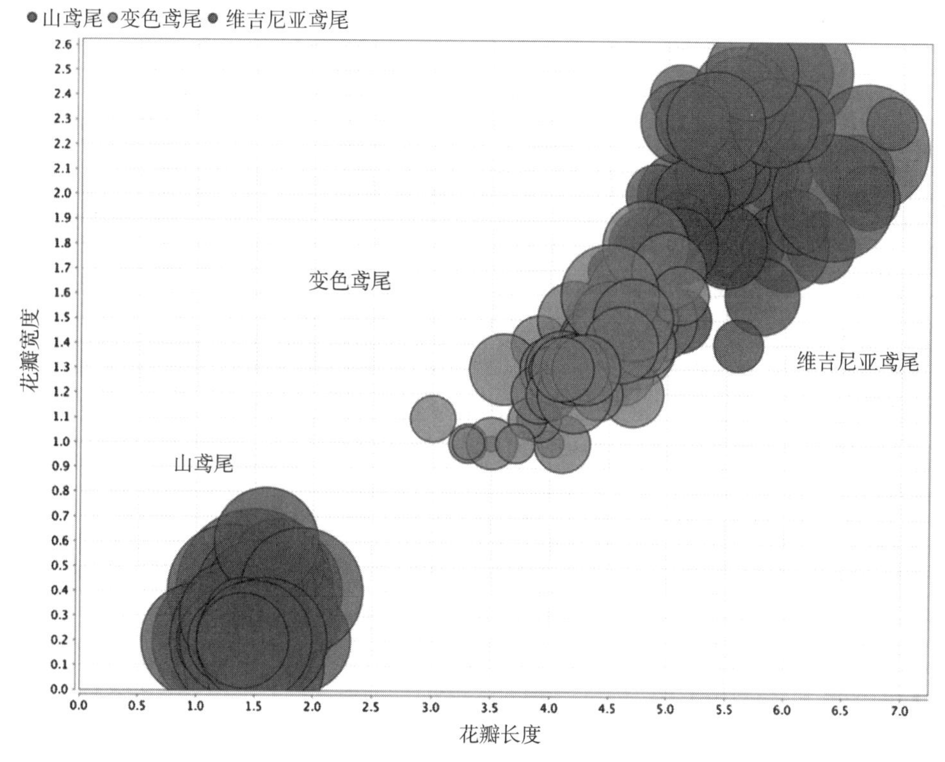

图 3.13　鸢尾花数据集的气泡图（见彩插）

5. 密度图

密度图类似于散点图，还有一个维度作为背景颜色。数据点也可以着色以显示一个维度，因此，总共四个维度可以在密度图中可视化。在图 3.14 的示例中，花瓣长度用于 x 轴，萼片长度用于 y 轴，萼片宽度用于背景颜色，类标签用于数据点颜色。

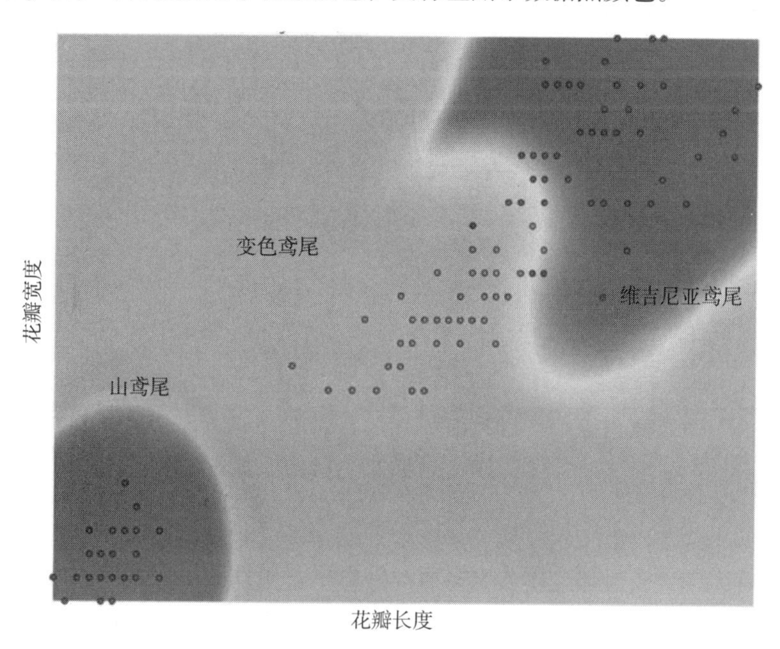

图 3.14　鸢尾花数据集中一些属性的密度图（见彩插）

3.4.3 可视化高维数据

在二维媒介（如纸张或屏幕）上可视化三个以上的属性具有挑战性。通过使用转换技术将高维数据点投影到平行轴空间中，可以克服这种限制。在这种方法中，笛卡儿轴由多个属性共享。

1. 平行图

通过将多维数据转换或投影到二维图表媒介中，平行图非常创新地可视化数据点。在该图中，每个属性或维度线性排列在一个坐标（x 轴）中，所有度量排列在另一个坐标（y 轴）中。由于 x 轴是多变量的，因此每个数据点表示为平行空间中的线。

在鸢尾花数据集中，所有四个属性沿 x 轴排列。y 轴表示通用距离，并且在 x 轴上由所有这些属性“共享”。因此，平行图仅在属性共享数字度量的公共单位或属性被归一化时才起作用。该可视化被称为平行轴，因为所有四个属性都在平行于 y 轴的四个平行轴中表示。

在平行图中，类标签用于为每条数据线着色，以便在图中引入另一个维度。通过观察图3.15，可以注意到萼片宽度属性上的三个物种之间存在重叠。因此，萼片宽度不能用作区分这三个物种的度量。然而，在花瓣长度上有明显的物种分离。没有观察到 I. setosa 物种的花瓣长度超过 2.5 厘米，并且 I. virginica 和 I. versicolor 物种之间几乎没有重叠。在可视化上，只要知道未标记的观察的花瓣长度，就可以预测鸢尾花的种类。该规则作为预测因子的相关性将在后面的分类章节中讨论。

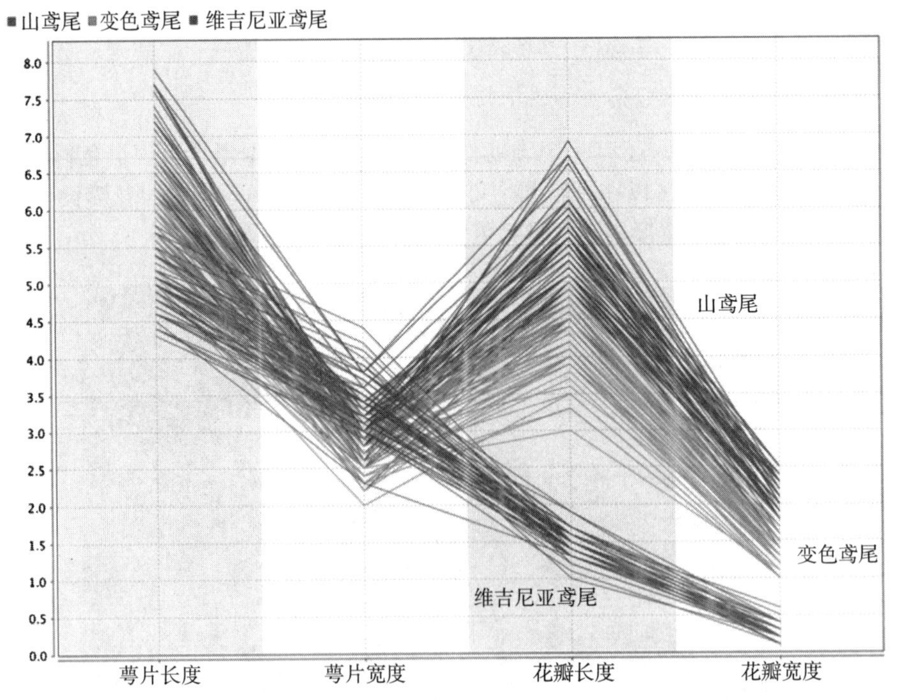

图 3.15 鸢尾花数据集的并行图（见彩插）

2. 偏差图

偏差图非常类似于平行图，因为它具有 x 轴上所有属性的平行轴。数据点在维度上作为线延伸，并且存在一个共同的 y 轴。偏差图仅显示平均值和标准差统计量，而不是绘制所有数据线。对于每个类，偏差图显示连接每个属性的平均值的平均线；标准差显示为平均线上方和下方的带。平均线不必对应于数据点（线）。通过这种方法，可以优雅地显示信息，并保持平行图的本质。

在图 3.16 中，显示了按物种分层的鸢尾花数据集的偏差图。可以观察到，花瓣长度是对物种进行分类的良好预测因子，因为物种的平均线和标准偏差带很好地被分开。

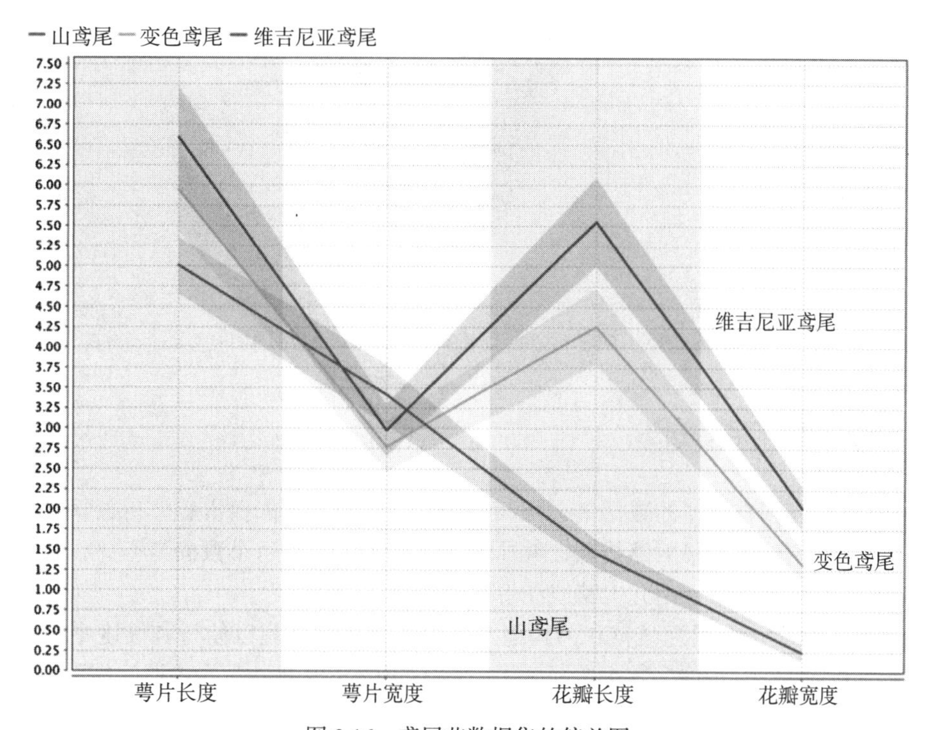

图 3.16　鸢尾花数据集的偏差图

3. 安德鲁斯曲线

安德鲁斯图属于一系列可视化技术，其中高维数据被投影到向量空间中，使得每个数据点采用线或曲线的形式。在安德鲁斯图中，具有 d 维的每个数据点 $X=(x_1, x_2, x_3, \cdots, x_d)$ 采用傅里叶级数的形式：

$$f_x(t)=\frac{x_1}{\sqrt{2}}+x_2\sin(t)+x_3\cos(t)+x_4\sin(2t)+x_5\cos(2t)+\cdots \tag{3.4}$$

对于每个数据点，该函数被绘制为 $-\pi<t<\pi$。安德鲁斯图可用于确定数据中是否存在任何异常值，并确定数据点内的潜在模式（见图 3.17）。如果两个数据点相似，则数据点的曲线彼此更接近。如果曲线相距很远且属于不同的类别，则可以使用此信息对数据进行分类（Garcia-Osorio & Fyfe，2005）。

本章中讨论的许多图表和可视化都探讨了数据集中的多变量关系。它们构成了一组经典的数据可视化，用于数据探索、后处理和理解数据科学模型。可视化领域的一些新发展涉及数据对象内的网络和连接（Lima，2011）。为了更好地分析从图形数据、社交网络和集成应用程序中提取的数据，通常使用连接图表。使用可视化软件对数据进行交互式探索提供了同时观察多个属性的基本工具，但对可视化中使用的属性数量有限制。因此，使用第 14 章中讨论的技术进行维度约简，可以通过将维度减小到极少数来帮助可视化高维数据。

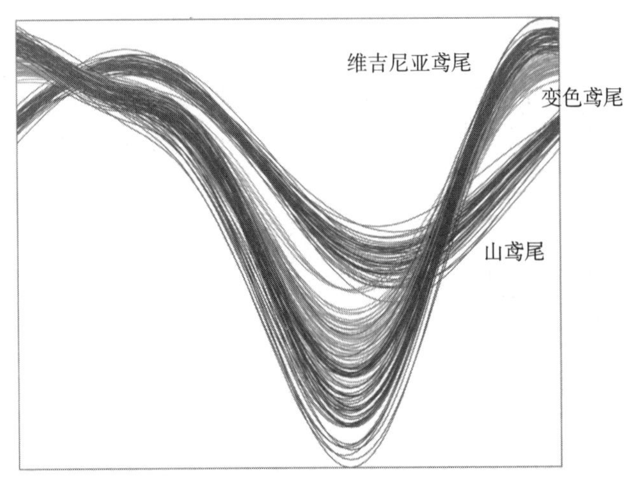

图 3.17　鸢尾花数据集的安德鲁斯曲线（见彩插）

3.5 数据探索的路线图

如果以前没有调查过新的数据集，那么采用结构化的方式来探索和分析数据将会很有帮助。这是一个查询新数据集的路线图。并非所有步骤都可能与每个数据集相关，并且可能需要针对某些集合调整顺序，因此本路线图旨在作为指导。

1）组织数据集：使用标准行和列构建数据集。组织数据集以使行和维度中的对象或者实例或者列中的属性对于许多数据分析工具都是有用的。识别目标或“类标签”属性（如果适用）。

2）找到每个属性的中心点：计算每个属性的平均值、中位数和众数以及类标签。如果所有三个值都非常不同，则可能表示存在异常值，或者属性是多模态或非正态分布的。

3）了解每个属性的传播：计算属性的标准差和范围。将标准差与平均值进行比较，以了解数据的传播以及最大和最小数据点。

4）可视化每个属性的分布：为每个属性开发直方图和分布图。对类分层直方图和分布图重复相同的操作，其中每个类重复或为每个类进行颜色编码。

5）透视数据：有时称为维度切片，枢轴有助于理解属性的不同值。此技术可以按类进行分层，并深入查看任何属性的详细信息。Microsoft Excel 和商业智能工具为更广泛的受众推广了这种数据分析技术。

6）注意异常值：使用散点图或四分位数来查找异常值。异常值的存在会扭曲一些度量，如均值、方差和范围。排除异常值并重新运行分析。注意结果是否改变。

7）理解属性之间的关系：测量属性之间的相关性并开发相关性矩阵。请注意哪些属性相互依赖，并调查它们依赖的原因。

8）可视化属性之间的关系：绘制快速散点矩阵以一次性发现多个属性之间的关系。使用按类分层的简单二维散点图放大属性对。

9）可视化高维数据集：创建平行图和安德鲁斯曲线，以观察每个属性显示的类别差异。偏差图可以快速评估每个属性的每个类的散度。

参考文献

Anscombe, F. J. (1973). Graphs in statistical analysis. *American Statistician, 27*(1), 17–21.

Bache, K., & Lichman, M. (2013) *University of California, School of Information and Computer Science*. Retrieved from UCI Machine Learning Repository <http://archive.ics.uci.edu/ml>.

Few, S. (2006). *Information dashboard design: The effective visual communication of data*. Sebastopol, CA: O'Reilly Media.

Fisher, R. A. (1936). The use of multiple measurements in taxonomic problems. *Annals of Human Genetics, 7*, 179–188, 10.1111/j.1469-1809.1936.tb02137.x.

Garcia-Osorio, C., & Fyfe, C. (2005). Visualization of high-dimensional data via orthogonal curves. *Journal of Universal Computer Science, 11*(11), 1806–1819.

Kubiak, T., & Benbow, D. W. (2006). *The certified six sigma black belt handbook*. Milwaukee, WI: ASQ Quality Press.

Lima, M. (2011). *Visual complexity: Mapping patterns of information*. New York: Princeton Architectural Press.

Tufte, E. R. (2001). *The visual display of quantitative information*. Cheshire, CT: Graphics Press.

Ware, C. (2004). *Information visualization: Perception for design*. Waltham, MA: Morgan Kaufmann.

第4章
分　　类

进入数据科学领域——使用历史记录对一个不确定的未来做预测的过程。在基本层面上，大多数数据科学问题可以分为类或数值预测问题。在分类或类预测中，应该尝试使用来自预测器或自变量的信息将数据样本分类为两个或多个不同的类或桶。在数值预测时，人们试图用自变量的值来预测因变量的数值。

这里将用一个简单的例子描述分类过程。大多数高尔夫球手喜欢在天气和景色符合一定要求的情况下打球：天气太热或太潮湿，即使天气晴朗，也不可取。另一方面，即使天气有点冷，多云的天空也不会影响比赛。基于对这些条件和偏好的历史虚构记录，以及关于一天的温度、湿度水平和景色的信息，分类可以让我们预测一个人是否愿意打高尔夫球。分类的结果是对可能打高尔夫球或不打高尔夫球的天气条件进行分类，非常简单：打或不打（两个类）。预测因子可以是连续的（温度、湿度）或分类的（晴天、多云、刮风等）。那些刚开始探索数据科学的人被几十种可用于解决这些类型的分类问题的技术搞糊涂了。本章将描述几种常用的数据科学技术，其思想基于预测信息的开发规则、关系和模型，这些预测信息可用于对来自新数据和未见数据的结果进行分类。

首先介绍相对简单的方案，随着技术的发展，逐步升级到复杂技术。每一节都包含关于该技术的基本算法细节，并描述了如何使用简单的示例开发该技术，最后以实现细节结束。

4.1　决策树

决策树（也称为分类树）可能是最直观和最常用的数据科学技术之一。从分析人员的角度来看，它们很容易建立，从业务用户的角度来看，它们很容易解释。顾名思义，分类树用于将数据集分割为属于响应变量的类。通常，响应变量有两个类：Yes 或 No（1 或 0）。如果响应变量有两个以上的类，那么可以应用决策树算法的变体（Quinlan, 1986）。在这两种情况下，当响应或目标变量本质上是分类的时，将使用分类树。

回归树（Brieman, 1984）在功能上与分类树相似，当响应变量是数值的或连续的时，回归树用于数值预测问题：例如，基于几个输入因素预测消费品的价格。请记住，在这两种情况下，预测器或自变量都可能是分类的或数值的。目标变量决定所需决策树的类型。

4.1.1　工作原理

决策树模型采用决策流程图（或反向树）的形式，在每个节点中测试一个属性。决策树路径的末端是一个叶节点，在这个叶节点上，根据决策路径所设定的条件对目标变量进行预测。节点将数据集分割为子集。在决策树中，根据数据的同质性对数据集进行分割。例如，有两个变量（年龄和体重）可以预测一个人是否有可能成为健身房会员。在训练数据中，如果看到 90% 的 40 岁以上的人报名，数据可以分为两部分：一部分是 40 岁以上的人，另一部分是 40 岁以下的人。从他们属于哪一类的角度来看，第一部分现在是“90% 纯”的。然而，基于计算属于一个类的数据的比例，为了满足确定的标准，对不纯度的严格测量方法是必需的。这些标准很简单：

- 当所有可能的类都相等表示时，数据集的不纯度的度量必须达到最大值。在健身房会员示例中，在初始数据集中，如果 50% 的样本属于“未注册”，50% 的样本属于“注册”，那么这个未分区的原始数据将具有最大量的不纯度。
- 当只表示一个类时，数据集不纯度的度量必须为零。例如，如果一个组只由那些注册成为成员的人组成（所有成员只属于一个类），那么这个子集有“100% 纯度”或“0% 不纯度”。

熵或基尼指数等度量很容易满足这些标准，可用于构建决策树，如下所述。不同的标准会通过不同的偏差构建出不同的树，例如，信息增益偏好包含多种情况的树分割，而信息增益比试图平衡这一点。

数据科学如何减少不确定性

想象一个盒子可以包含红、黄、蓝三种颜色的球中的一种，如图 4.1 所示。在不打开盒子的情况下，如果一个人必须预测“哪个颜色的球在里面”，那么他基本上是在处理缺乏信息或不确定性的问题。为了减少这种不确定性，从而增加信息，最多能问多少个“是 / 否”的问题？

1）它是红色的吗？不。

2）它是黄色的吗？不。

那它一定是蓝色的。

一共**两个**问题。如果有第四种颜色（绿色），那么最多有**三个**“是 / 否”问题。通过扩展这一推理，可以从数学上表明，减少不确定性所需的二值问题的最大数量本质上是 $\log(T)$，其中 log 以 2 为底，T 是可能结果的数量（Meagher, 2005）。例如，如果只有一种颜色，那就是一种结果，那么 $\log(1)=0$，这意味着无不确定性！

图 4-1　用熵玩转 20 个问题

许多实际的业务问题可以看作这个“减少不确定性”示例的扩展。例如，只知道少量的特征，如贷款的期限、借款人的职业、年收入和以前的信用行为，一些可用的数据科学技术可以用来对潜在贷款的风险程度进行排序，进而对贷款利率进行排序。这只是一个更复杂的减少不确定性练习，在精神上类似于盒子里的球。决策树通过系统地检查可用属性及其对样本的最终类或类别的影响，使这种问题解决技术具体化。在本节的后面，我们将使用决策树来详细研究如何使用客户的人口统计数据和其他行为数据来预测银行客户的信用评级。

继续方框中的例子，如果有 T 个事件具有相同的发生概率 P，则 $T=1/P$。克劳德 · 香农（Shannon, 1948）发展了信息论的数学基础，他将熵定义为 $\log_2(1/p)$ 或 $-\log_2 p$，其中 p 是事件发生的概率。如果所有事件的概率不相同，则需要加权表达式，因此熵 H 调整如下：

$$H = -\sum_{k=1}^{m} p_k \log_2(p_k) \tag{4.1}$$

其中，k=1, 2, 3, ⋯, m 表示目标变量的 m 类。p_k 表示类 k 样本的比例。对于之前的健身房会员示例，有两个类：会员类和非会员类。如果数据集有 100 个样本，每类样本各占 50%，则数据集的熵 $H=-[(0.5 \log_2 0.5) + (0.5 \log_2 0.5)]=-\log_2 0.5=-(-1)=1$。另一方面，如果数据可以划分为两组，每组 50 个样本，每组只包含成员或非成员，那么这两组数据的熵均为 $H=-1 \log_2 1=0$。数据集中任何其他比例的样本将产生 0 到 1 之间的熵值（这是最大值）。基尼指数（G）与熵度量指标相似，定义为

$$G = 1 - \sum_{k=1}^{m} p_k^2 \tag{4.2}$$

G 的取值范围在 0 到最大值 0.5 之间，但是其他属性与 H 相同，并且这两个公式都可以用于在数据中创建分区（Cover, 1991）。

本节将使用前面介绍的高尔夫球示例来解释熵概念在创建决策树中的应用。这与 J. Ross Quinlan 用来引入原始决策树算法之一（第三代迭代二分法或 ID3（Quinlan, 1986））的数据集相同。全部数据如表 4.1 所示。

表 4.1　经典高尔夫数据集

景色	温度	湿度	刮风	打球
晴天	85	85	假	否
晴天	80	90	真	否
阴天	83	78	假	是
雨天	70	96	假	是
雨天	68	80	假	是
雨天	65	70	真	否
阴天	64	65	真	是
晴天	72	95	假	否
晴天	69	70	假	是
雨天	75	80	假	是
晴天	75	70	真	是
阴天	72	90	真	是
阴天	81	75	假	是
雨天	71	80	真	否

在构建树的每个步骤中，基本上都需要回答两个问题：在哪里分割数据以及何时停止数据分割。

步骤 1：在哪里分割数据？

有 14 个示例，包含 4 个属性——景色、温度、湿度和刮风。需要预测的目标属性有两个类：打球和不打球。理解如何使用这个简单的数据集构建决策树非常重要。

首先，在四个常规属性上对数据进行分区。让我们从景色开始。这个变量有三个分类值：晴天、阴天和雨天。我们看到，当景色是阴天时，有 4 个例子的结果都是“打球”（见图 4.2），所以在这种情况下，例子的比例是 100% 或 1.0。因此，如果我们在这里分割数据集，那么对于“打球”，结果的 4 个示例分区将是 100% 纯的。对于这种划分，数学上可以

用式（4.1）计算熵：

$H_{景色:阴天}=-(0/4)\log_2(0/4)-(4/4)\log_2(4/4)=0.0$

同样，在另外两种天气情况下的熵也可以计算出来：

$H_{景色:晴天}=-(2/5)\log_2(2/5)-(3/5)\log_2(3/5)=0.971$

$H_{景色:雨天}=-(3/5)\log_2(3/5)-(2/5)\log_2(2/5)=0.971$

对于整个属性，总的信息 I 是由这些分量熵的加权和计算得到的。阴天有 4 个实例，因此阴天的比例为 $p_{景色:阴天}=4/14$。别的情况的比例（晴天、雨天）均为 5/14：

$I_{景色}=P_{景色:阴天}\times H_{景色:阴天}+P_{景色:晴天}\times H_{景色:晴天}+P_{景色:雨天}\times H_{景色:雨天}$

$I_{景色}=(4/14)\times 0+(5/14)\times 0.971+(5/14)\times 0.971=0.693$

如果数据没有按照景色的三个值进行划分，那么总信息将只是这两类的各自熵的加权平均值，这两类的总比例分别为 5/14（不打球）和 9/14（打球）：

$I_{景色:无分区}=-(5/14)\log_2(5/14)-(9/14)\log_2(9/14)=0.940$

通过创建这些分割或分区，减少了一些熵（从而获得了一些信息）。这就是所谓的*信息获取*。在景色的例子中，这仅仅是由下式得出：

$I_{景色:无分区}-I_{景色}=0.940-0.693=0.247$

现在可以计算其他三个属性的类似信息增益值，如表 4.2 所示。

行号	打球	景色
1	否	晴天
2	否	晴天
3	是	阴天
4	是	雨天
5	是	雨天
6	否	雨天
7	是	阴天
8	否	晴天
9	是	晴天
10	是	雨天
11	是	晴天
12	是	阴天
13	是	阴天
14	否	雨天

图 4.2　依据景色属性对数据的分割

表 4.2　计算所有属性的信息增益

属性	信息增益
温度	0.029
湿度	0.102
刮风	0.048
景色	0.247

对于数值变量，要检查的可能的分割点本质上是可用实例值的平均值。例如，湿度的第一个潜在分割点可以是 [65,70] 的平均值，即 67.5，下一个潜在分割点可以是 [70,75] 的平均值，即 72.5，以此类推。类似的逻辑可以用于其他数值属性，如温度。该算法计算每一个潜在的分割点的信息增益，并选择其中最大的一个。另一种方法是对数值范围进行离散，例如，温度大于等于 80 可以被认为是“热”，70 到 79 之间是“温和”，低于 70 是“凉爽”。

从表 4.2 中可以看出，如果按照景色的三个值将数据集划分为三个集合，则会获得最大的信息增益。这给出了决策树的第一个节点，如图 4.3 所示。如前所述，阴天天气分支的终端节点由 4 个示例组成，它们都属于“打球”类。其他两个分支包含混合的类。雨天天气分支有三个“打球”结果，晴天天气分支有三个“不打球”结果。

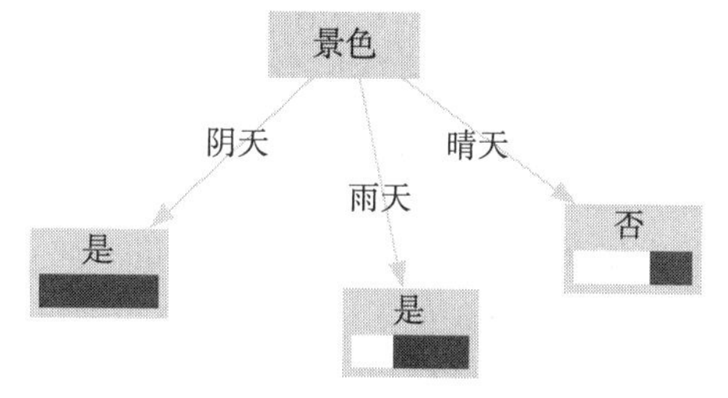

图 4.3　在景色属性上分割高尔夫数据集将产生三个子集或分支，中间和右边的分支可能被进一步划分

因此，并不是所有的最终分区都是100%同质的。这意味着相同的过程可以应用于这些子集，直到得到更纯粹的结果。那么，再次回到第一个问题——在哪里分割数据？幸运的是，当计算了所有属性的信息增益时，已经回答了这个问题。使用产生最高增益的其他属性。按照这个逻辑，晴天分支可以沿着湿度（产生第二高的信息增益）进行分割，雨天分支可以沿着刮风（产生第三高的信息增益）进行分割。图4.4所示的完全生长的树正是这样做的。

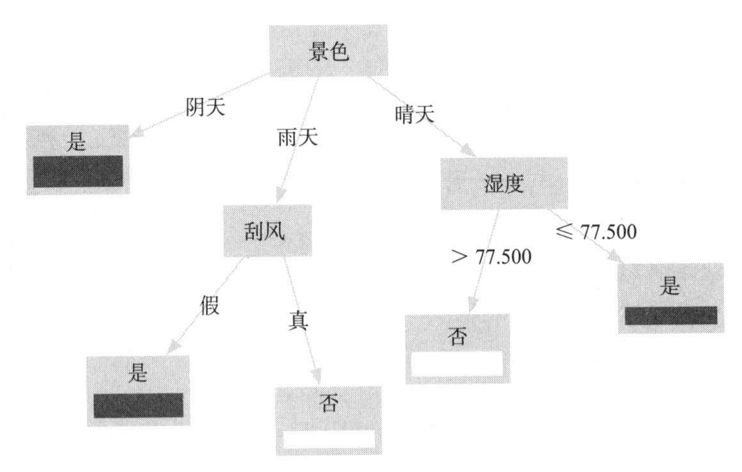

图4.4　高尔夫数据的决策树

步骤2：何时停止数据分割？

在真实的数据集中，不太可能得到像刚才在高尔夫数据集中看到的那样100%同质的终端节点。在这种情况下，需要指示算法何时停止。有几种情况可以终止该进程：

- 没有任何属性满足最小信息增益阈值（如表4.2中计算的）。
- 达到最大深度：随着树长得越来越大，不仅解释变得越来越困难，还会引发一种称为“过拟合”的情况。
- 当前子树中的示例数量少于一定数量：同样，这是一种防止过拟合的机制。

那么，什么是过拟合呢？当模型试图记住训练数据而不是概括输入和输出变量之间的关系时，就会发生过拟合。过拟合通常会对训练数据集产生良好的效果，但对模型之前没有看到的任何新数据表现得很差。如前所述，决策树的过拟合不仅会导致模型难以解释，而且对于不可见的数据也提供了一个非常无用的模型。为了防止过拟合，树的生长可能需要限制或减少，使用一个称为修剪的过程。上述三种停止技术构成了决策树的预修剪，因为修剪发生在树的生长之前或期间。还有一些方法不限制分支的数量，允许树尽可能深地生长，然后修剪那些不能有效改变分类错误率的分支。这叫做后修剪。后修剪有时可能是更好的选择，因为如果允许树达到最大深度，就不会错过属性值和类之间的任何小而潜在的重要关系。然而，后修剪的一个缺点是它需要额外的计算，当需要修剪树时，这些计算可能会被浪费。

现在我们可以用这个简单的五步过程来总结决策树算法的应用：

1）使用香农熵，将数据集按类分为同质和非同质变量。同质变量信息熵低，非同质变量信息熵高。这是在计算$I_{\text{景色, 无分区}}$时看到的。

2）利用熵加权平均（有时称为联合熵）为各自变量对目标变量的影响进行加权。这是在示例中计算$I_{\text{景色}}$时看到的。

3）计算信息增益，它本质上是由于目标变量与每个自变量之间的关系而减少的熵。这其实是步骤 1 中发现的信息熵减去步骤 2 中计算出的联合熵之间的差。这通过以下计算完成：$I_{景色，无分区} - I_{景色}$。

4）具有最高信息增益的自变量将成为划分数据集的根节点或第一个节点。这是通过计算信息增益表完成的。

5）对每一个香农熵非零的变量重复这个过程。如果一个变量的熵为零，那么这个变量就变成了一个“叶子”节点。

4.1.2　实现过程

在进入决策树的业务用例之前，将使用前面部分讨论的概念实现一个简单的决策树模型。第一个实现给出了数据科学实现过程中的关键构建块的概念。第二个实现提供了对业务应用的深入研究。这是数据科学技术的第一个实现，所以我们将花一些时间介绍许多预备步骤的细节，也将在本章的其余部分和其他章节介绍一些额外的工具和概念，重点是有监督学习方法。这些概念将数据拆分为测试和训练示例，并在测试上应用经过训练的模型。这对 15.1 节和 15.2 节可能也很有用，在完成这个实现的其余部分之前，先从 RapidMiner 开始。最后，本节将不讨论使用 RapidMiner 改进分类模型性能的方法和手段，但是这一非常重要的部分将在后面的几章中重新讨论，特别是在关于优化的部分中。

实现 1：打不打高尔夫球？

用于实现前面部分讨论的决策树模型的完整 RapidMiner 过程如图 4.5 所示。该过程的关键构建块是：训练数据集、测试数据集、模型构建、使用模型预测、预测数据集、模型表示和性能向量。

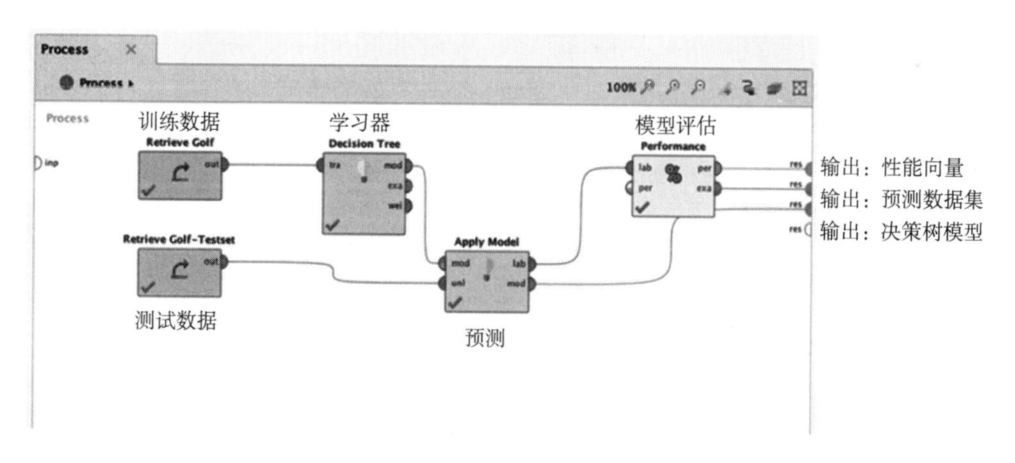

图 4.5　决策树过程的构建块

决策树过程有两个输入数据集。表 4.1 中显示的训练数据集用于使用默认参数选项构建决策树。图 4.6 显示了测试数据集。测试数据集与训练数据集具有相同的结构，但记录不同。这两个操作符构成了数据科学过程的输入。

建模块使用训练数据集构建决策树。Apply model（应用模型，如图 4.5 所示）块使用开发的模型来预测测试数据集的类标签，并将预测的标签附加到数据集。所预测的数据集是过程的三个输出之一，如图 4.7 所示。

行号	打球	景色	温度	湿度	刮风
1	是	晴天	85	85	假
2	否	阴天	80	90	真
3	是	阴天	83	78	假
4	是	雨天	70	96	假
5	是	雨天	68	80	真
6	否	雨天	65	70	真
7	是	阴天	64	65	真
8	否	晴天	72	95	假
9	是	晴天	69	70	假
10	否	晴天	75	80	假
11	是	晴天	68	70	真
12	是	阴天	72	90	真
13	否	阴天	81	75	真
14	是	雨天	71	80	真

图 4.6　测试数据

行号	运动	预测	confidence(...	confidence(...	景色	温度	湿度	风
1	是	否	1	0	晴	85	85	假
2	否	是	0	1	阴	80	90	真
3	是	是	0	1	阴	83	78	假
4	是	是	0	1	雨	70	96	假
5	是	否	1	0	雨	68	80	真
6	否	否	1	0	雨	65	70	真
7	是	是	0	1	阴	64	65	真
8	否	否	1	0	晴	72	95	假
9	是	是	0	1	晴	69	70	假
10	否	否	1	0	晴	75	80	假
11	是	是	0	1	晴	68	70	真
12	是	是	0	1	阴	72	90	真
13	否	是	0	1	阴	81	75	真
14	是	否	1	0	雨	71	80	真

图 4.7　应用简单决策树模型的结果

请注意，预测测试数据集会同时具有预测的和原始的类标签。该模型预测了其中 9 条记录的正确类，但并不是所有记录的分类都正确。图 4.7 突出显示了这 5 个错误的预测。

利用训练数据集建立的决策树模型如图 4.8 所示。这是一棵只有三个节点的简单决策树。叶节点是纯净的，具有干净的数据分割。在实际应用中，树中将有几十个节点，而拆分后的叶节点将包含混合类。

性能评估块比较测试数据集中预测的类标签和原始的类标签，以计算性能指标，如准确率、召回率等。图 4.9 给出了模型和混淆矩阵的准确率结果。很明显，该模型给出的 14 个类预测中，9 个是正确的，5 个是错误的，这意味着大约 64% 的准确率。

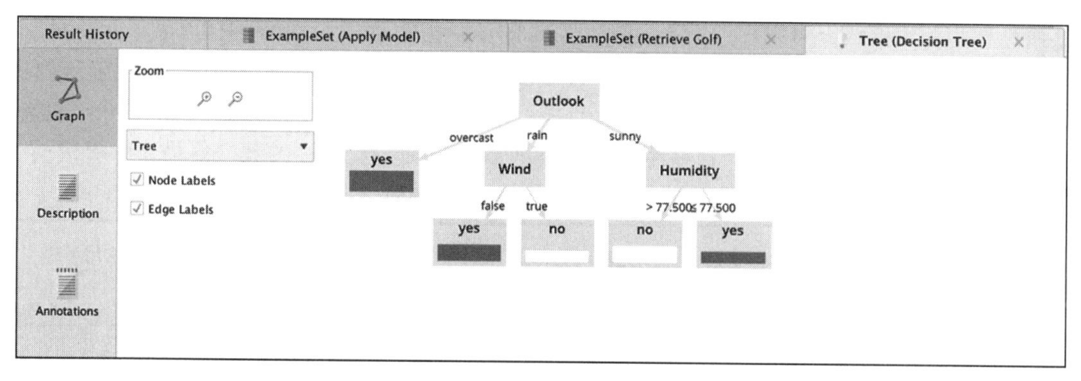

图 4.8 高尔夫数据集的决策树

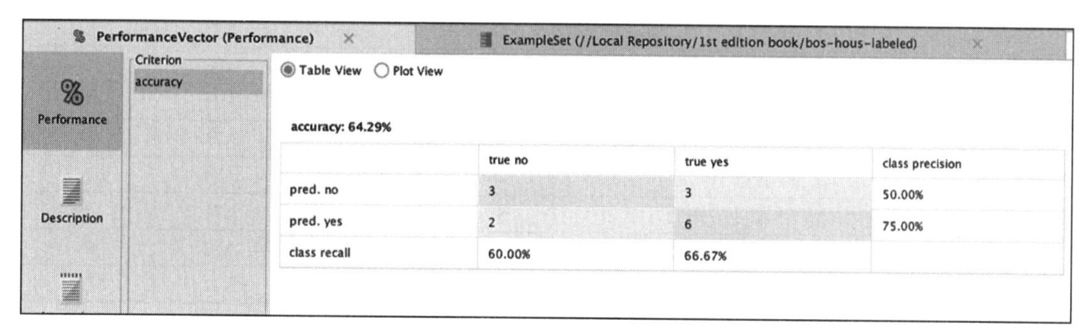

图 4.9 性能向量

实现 2：前景过滤

下面将研究一个更复杂的业务应用，以便更好地理解如何将决策树应用于实际问题。信用评分是一个相当常见的数据科学问题。可采用信用评分的情况包括：

1）前景过滤：确定哪些潜在客户可以获得信贷，并确定多少信贷是可接受的风险。

2）违约风险检测：确定某个特定客户是否可能在贷款上违约。

3）坏账催收：将那些能够产生良好的催收成本以受益于催收绩效的债务人进行分类。

来自加州大学欧文机器学习（UCI-ML）数据存储库[⊖]的德国信贷数据集将与 RapidMiner 一起用于构建解决潜在客户过滤问题的决策树。为预测建模设置任何有监督的学习算法有四个主要步骤：

1）通常从数据库或电子表格中读取已清理和准备好的数据，但数据可以来自任何来源。

2）将数据拆分为训练样本和测试样本。

3）使用数据集的训练部分训练决策树。

4）将模型应用于数据集的测试部分以评估模型的性能。

步骤 1 看起来相当基本但可能会使许多初学者感到困惑，因此，将会花费一些时间来更详细地解释这一点。

步骤 1：数据准备

原始数据格式如表 4.3 所示。它由 1000 个样本和 20 个属性，以及 1 个标签或目标属性组成。有 7 个数字属性，其余的是分类的或定性的，包括标签，标签是一个二项式变量。标

⊖ http://archive.ics.uci.edu/ml/datasets/。本书中使用的所有数据集均可在配套网站上找到。

签属性称为信用评级，可以取1（好）或2（坏）的值。在数据中，70%的样本属于良好的信用等级。数据描述如表4.3所示。大多数属性都是不言自明的，但是原始数据对定性变量的值进行了编码。例如，属性4是贷款的目的，可以假设10个值中的任意一个（A40代表新车，A41代表二手车，等等）。这些编码的完整细节在UCI-ML网站的数据集描述中提供。

表4.3 原始德国信贷数据视图

检查账户状态	持续时间（月）	信用记录	目的	信用保证金额	储蓄账户/债券	现在的职业自…起	信用评级
A11	6	A34	A43	1169	A65	A75	1
A12	48	A32	A43	5951	A61	A73	2
A14	12	A34	A46	2096	A61	A74	1
A11	42	A32	A42	7882	A61	A74	1
A11	24	A33	A40	4870	A61	A73	2
A14	36	A32	A46	9055	A65	A73	1
A14	24	A32	A42	2835	A63	A75	1
A12	36	A32	A41	6948	A61	A73	1
A14	12	A32	A43	3059	A64	A74	1
A12	30	A34	A40	5234	A61	A71	2
A12	12	A32	A40	1295	A61	A72	2
A11	48	A32	A49	4308	A61	A72	2

RapidMiner的简单界面允许快速导入电子表格。该界面的一个有用特性是左边的面板，称为操作符。只需在提供的框中键入文本，就会自动调出所有匹配文本的可用RapidMiner操作符。在这种情况下，如果操作员需要阅读Excel电子表格，只需在框中键入excel即可。双击“Read Excel”操作符或将其拖放到主过程（main process）面板中——效果是相同的。如图4.10所示，一旦“Read Excel”操作符出现在主过程窗口中，就需要配置数据导入过程。这意味着告诉RapidMiner要导入哪些列，各列包含什么，以及是否需要特殊处理。

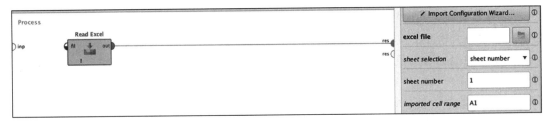

图4.10 使用“Read Excel”操作符

这可能是这一步骤中最麻烦的部分。RapidMiner具有自动检测每个属性中值的类型的功能（猜测值类型）。但对于分析师来说，确保选择（或排除）正确的列并正确猜出值类型是一个很好的练习。如图4.11所示，如果没有正确设置值类型，可以通过单击属性名称下方的按钮将值类型更改为正确的设置。

导入数据后，必须指定目标变量进行分析，也称为标签。在本例中，它是信用评级。最后，最好运行RapidMiner并生成结果，以确保所有列都被正确读取。

一个可选的步骤是将值从A121、A143等转换为更有意义的定性描述。这可以通过使用另一个名为Replace（Dictionary）的操作符实现，该操作符将使用更为描述性的值替换像 A121 等乏味的编码值。需要创建一个字典，并将其作为逗号分隔值（csv）文件提供给 RapidMiner 来启用此操作符。这样的字典易于创建，如图 4.12 所示。注意，需要通知 RapidMiner 字典中的哪一列包含旧值，哪一列包含新值。

Checking Ac	Duration in	Credit Histo	Purpose	Credit Amou	Savings Acc	Present Emp	Installment	Personal Sta	Other debtc	Present resi	Property	Age
polyn...	integer	polyn...	polyn...	integer	polyn...	polyn...	integer	polyn...	polyn...	integer	polyn...	integer
attribute	attribute	attribute	attribute	attribute	attribute	attribute	attribute	attribute	attribute	attribute	attribute	attribute
A11	6	A34	A43	1169	A65	A75	4	A93	A101	4	A121	67
A12	48	A32	A43	5951	A61	A73	2	A92	A101	2	A121	22
A14	12	A34	A46	2096	A61	A74	2	A93	A101	3	A121	49
A11	42	A32	A42	7882	A61	A74	2	A93	A103	4	A122	45
A11	24	A33	A40	4870	A61	A73	3	A93	A101	4	A124	53
A14	36	A32	A46	9055	A65	A73	2	A93	A101	4	A124	35
A14	24	A32	A42	2835	A63	A75	3	A93	A101	4	A122	53

图 4.11 验证数据读取并在必要时调整属性值类型

行号	旧值	新值
1	A30	无信用卡取所有信用卡按时还清
2	A31	于该银行的信用卡均按时还清
3	A32	目前存在有信用卡未按时还清
4	A33	曾拖延还清
5	A34	关键账户其他信用额度（不在该银行）
6	A40	新车
7	A41	二手车
8	A42	家居设备
9	A43	广播电视
10	A44	家用电器
11	A45	修理
12	A46	教育

图 4.12 使用字典的属性值替换

这里显示的最后一个预处理步骤是将数值标签转换为二项式标签，方法是将 Replace（Dictionary）的示例输出连接到“Numerical to Binominal”操作符。配置数值到二项式的转换操作符。

最后，将标签变量的名称从 Credit Rating 更改为 Credit Rating = Good，以便在将数值传递给“Numerical to Binominal”操作符后，将整数值转换为 true 或 false 时更有意义。这可以使用 Rename 操作符来完成。运行此设置时，将生成图 4.13 所示的数据集。与图 4.11 相比，标签属性是第一个显示的属性，值为 true 或 false。可以检查结果的统计选项卡以获取有关各个属性的分布的更多信息，还可以检查缺失值和异常值。换句话说，必须确保在继续之前正确执行了数据准备步骤。在这个实现中，没有必要担心这一点，因为数据集是相对干净的（例如，没有缺失的值），并且可以直接进入模型开发阶段。

步骤 2：将数据集划分为训练样本和测试样本

与所有有监督的模型构建一样，数据必须被分成两组：一组用于训练或开发可接受的模型，另一组用于测试或确保模型在不同的数据集上同样有效。标准的做法是将可用的数据分成训练集和测试集。通常，训练集包含 70% 到 90% 的原始数据，剩下的留作测试。“Split Validation”操作符在一个操作符中设置拆分、建模和验证检查。选择分层抽样，分割率为 0.9（90% 训练）。分层抽样[⊖]将确保训练样本和测试样本具有相等的类值分布。这里的最后一个子步骤是将“Numerical to Binominal”操作符的输出连接到“Split Validation”操作符的输入（见图 4.14）。

Row No.	Credit Rati...	Checking A...	Duration in...	Credit Hist...	Purpose	Credit Amo...	Savings Ac...	Present Em...	Installment...	Personal St...
1	false	Less than 0 ...	6	critical acco...	radio televis...	1169	unknown no...	Greater tha...	4	male single
2	true	0 to 200 DM	48	existing cre...	radio televis...	5951	Less than 1...	1 to 4 years	2	female divor...
3	false	no checking ...	12	critical acco...	education	2096	Less than 1...	4 to 7 years	2	male single
4	false	Less than 0 ...	42	existing cre...	furniture eq...	7882	Less than 1...	4 to 7 years	2	male single
5	true	Less than 0 ...	24	delay in pay...	new car	4870	Less than 1...	1 to 4 years	3	male single
6	false	no checking ...	36	existing cre...	education	9055	unknown no...	1 to 4 years	2	male single
7	false	no checking ...	24	existing cre...	furniture eq...	2835	500 to 100...	Greater tha...	3	male single
8	false	0 to 200 DM	36	existing cre...	used car	6948	Less than 1...	1 to 4 years	2	male single
9	false	no checking ...	12	existing cre...	radio televis...	3059	Greater tha...	4 to 7 years	2	male divorc...
10	true	0 to 200 DM	30	critical acco...	new car	5234	Less than 1...	unemployed	4	male marrie...

图 4.13　用于决策树分析的数据转换

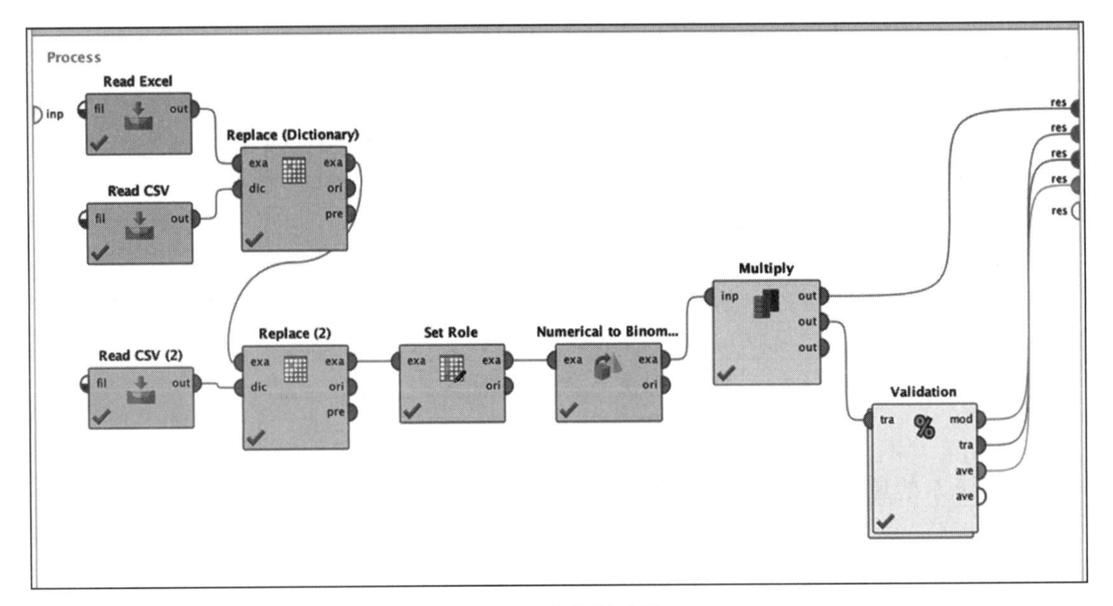

图 4.14　决策树过程

步骤 3：建模操作符和参数

现在将演示如何在此数据上构建决策树模型。Validation 操作符允许你构建一个模型，并在同一步骤中将其应用于验证数据。这意味着必须使用相同的操作符配置两个操作——模型构建和模型评估。这是通过双击 Validation 操作符来实现的，它被称为嵌套操作符。当打开这个操作符时，注意里面有两个部分（见图 4.15）。左边的框是需要放置“Decision Tree”操作符的地方，模型将使用 90% 的训练数据样本构建。右边的框用于使用“Apply Model”

⊖ 尽管不是必需的，但有时钩选使用局部随机种子选项很有用，以便可以比较不同迭代之间的模型。固定随机种子可确保每次运行过程时都从训练（和测试）子集选择相同的示例。

操作符将这个训练过的模型应用于剩余 10% 的测试数据样本，并使用 Performance 操作符评估模型的性能。

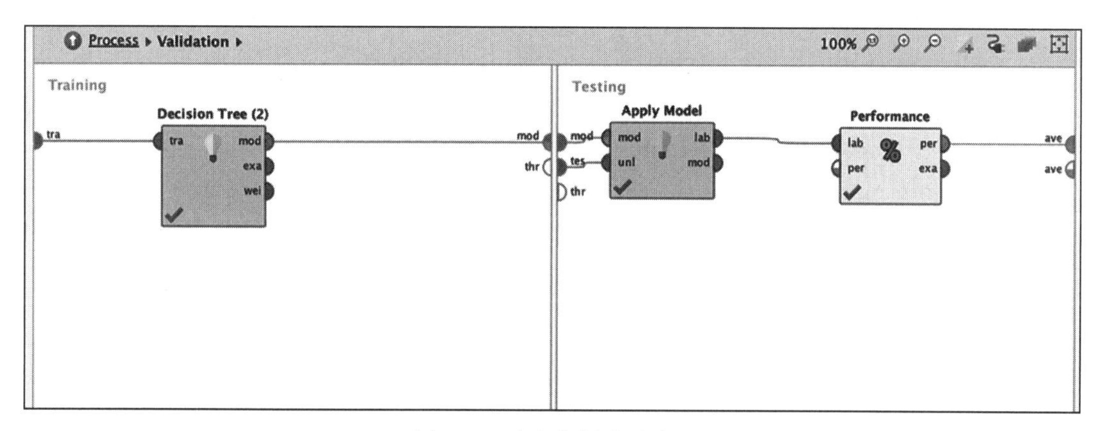

图 4.15　建立分割验证过程

步骤 4：配置决策树模型

需要注意的主要参数是 Criterion 下拉菜单和最小增益框。这本质上是一个划分标准，并提供信息增益、基尼指数和增益比作为选项。前面已经介绍了前两个标准，下面将简要解释增益比。

正如本章前面所讨论的，通过在每次拆分后增加约简数据集中包含的信息，可以在一个简单的五步过程中构建决策树。数据本质上包含不确定性。因此，通过排序或分类等活动来增加信息，可以系统地减少不确定性。当对数据进行排序或分类以最大程度地减少不确定性时，基本上就实现了最大程度的信息增长。已有研究表明，熵是衡量不确定性的一种很好的方法，而跟踪它可以使信息得到量化。因此，回到 RapidMiner 中用于分割决策树的选项：

1）信息增益：计算为分割前的信息减去分割后的信息。它适用于大多数情况，除非有少数变量具有大量值（或类）。信息增益偏向于选择具有大量值的属性作为根节点。除极端情况外，这都不是问题。例如，每个客户 ID 都是唯一的，因此，变量的值太多（每个 ID 都是唯一值）。沿这些线分割的树没有预测价值。

2）增益比（默认值）：这是对信息增益的一种修改，可以减少其偏差，通常是最佳选项。增益比通过在分割前考虑可能产生的分支数，克服了信息增益的问题。它通过考虑分割内在信息来修正信息增益。内在信息可以用高尔夫球的例子来解释。假设这 14 个示例都有一个唯一的 ID 属性与之关联。然后，ID 属性的内在信息由 $14\times(-1/14\times\log(1/14))=3.807$ 给出。通过将属性的信息增益除以其内在信息来获得增益比。显然，具有高内在信息（高不确定性）的属性在分割时收益较低，因此在选择过程中不可取。

3）基尼指数：有时也会使用，但与增益比相比没有太多优势。

4）准确率：这也用于提高性能。为这些参数选择值的最佳方法是使用许多优化操作。

另一个重要参数是最小增益值。从理论上讲，这可以采用 0 以上的任何范围。默认值为 0.1。对于此示例，它已设置为 0.01。

其他参数如最小尺寸的分裂、最小叶子大小、最大深度由数据集的大小决定。在本例中，值分别设置为 4、5 和 5。模型已准备好接受训练。接下来，添加另外两个操作符“Apply Model”和“Performance (Binominal Classification)”，并准备运行分析。通过选择准确度、ROC（特征曲线）曲线（AUC）下的面积、精度和召回率选项来配置“Performance (Binominal Classification)”操作符。⊖

请记住正确连接端口，因为这可能会引起混淆：

1）测试窗口上的“mod”端口到“Apply Model”模块的“mod”端口。

2）测试窗口上的“tes”端口到“Apply Model”模块的“unl”。

3）“Apply Model”模块上的“lab”端口到性能模块上的“lab”。

4）“Performance”操作符上的“per”端口到测试输出框的“ave”端口。

运行模型前的最后一步是返回主过程视图（见图 4.15），将“Validation”操作符的输出端口模型和“ave”端口连接到主过程输出。

步骤 5：流程执行和解释

当模型建立和运行后，如解释的那样，RapidMiner 在结果透视图（Results perspective）中生成两个选项卡。（Performance Vector）Performance 选项卡显示了一个混淆矩阵，其中列出了测试数据上的模型精度，以及上面为步骤 3 中的 Performance（Binominal Classification）操作符选择的其他选项。Tree（Decision Tree）选项卡显示了基于训练数据构建的树的图形（见图 4.16）。图 4.17 为规则形式的树模型。在讨论该模型的性能之前，必须强调以下几点：

1）根节点（“Checking Account Status”）是数据集中最重要的预测变量。

2）如果“Checking Account Status”为“No account”，则可以在不受其他属性影响的情况下进行预测。

3）对于“Checking Account Status”值的其余部分，其他参数也开始生效，并在决定某人的信用评级是“好”还是“坏”方面发挥着越来越重要的作用。

4）注意过拟合。过拟合是指针对训练数据建立模型，使训练数据达到近乎完全准确的过程。然而，当将此模型应用于新数据时，或者如果训练数据发生了一些变化，那么它的性能就会显著下降。过拟合是所有有监督模型的一个潜在问题，而不仅仅是决策树。避免这种情况的一种方法是将决策树标准“最小叶子大小”更改为 10 左右。但是这样做，除了根节点之外，其他所有参数的分类影响也都丢失了。

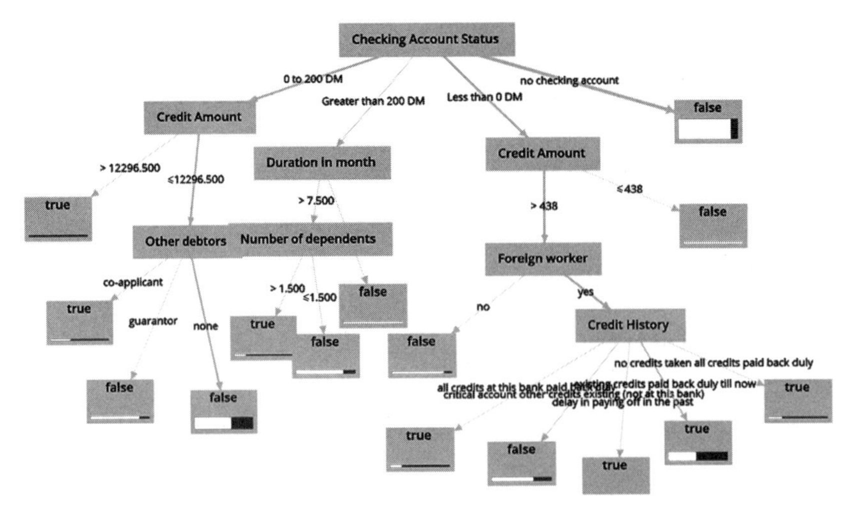

图 4.16　决策树

⊖ 这些性能标准将在第 8 章中详细介绍。

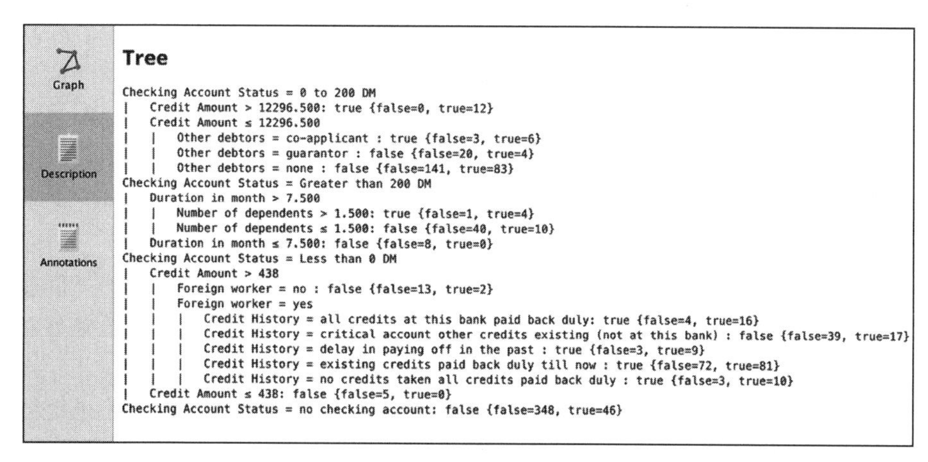

图 4.17　决策树规则

现在看看性能结果。如图 4.18 所示，模型对测试数据的整体精度为 67%。该模型对“真”类的类召回率为 92.86%，说明该模型能够准确地识别出信用评级良好的客户。然而，它对“假”类的类召回率是糟糕的 6.67%！也就是说，模型只能在 15 种情况中挑出 1 种潜在的违约者！

精度：67.00%

	true false	true true	类精度
pred.false	65	28	69.89%
pred.true	5	2	28.57%
类召回率	92.86%	6.67%	

图 4.18　性能向量

提高性能的一种方法是通过对每个这样的实例应用成本来惩罚假负例。这是由另一个名为 MetaCost 的操作符处理的，将在下一章的逻辑回归中详细描述。当通过迭代三个决策树参数（分割准则、最小增益比和最大树深）来进行参数搜索优化时，性能得到显著提高。有关如何设置此类优化的更多详细信息，请参见第 15 章。

除了通过精度等聚合度量指标评估模型的性能外，还可以使用增益 / 提升图表、ROC 图表和 AUC 图表。第 8 章将介绍如何构建和解释这些图表。

> 在实现部分中涉及的决策树的 RapidMiner 过程可以从本书的相应网站 www.IntroDataScience.com 访问。RapidMiner 过程（*.rmp 文件）可以下载到自己的电脑上，通过 File>Import Process 导入 RapidMiner。另外，本书使用的所有数据集都可以从 http://www.IntroDataScience.com 上下载。

4.1.3　小结

决策树是实践中最常用的预测建模算法之一。原因有很多。下面将解释在许多分类和预测应用中使用决策树的一些独特优势，以及一些常见的缺陷。

1）易于向非技术用户解析和解释：正如目前讨论的几个示例所示，决策树是直观的，并且易于向非技术人员解释，而非技术人员通常是分析的消费者。

2）决策树对数据准备的要求相对较低：如果一个数据集具有广泛范围的属性，例如，以百万计的收入和以年为单位的贷款年限，那么许多算法在模型构建和应用之前需要对范围进行标准化。决策树不需要这样的变量转换，因为不管有没有转换，树结构都将保持不变。另一个节省数据准备时间的特性是：训练数据中缺少的值不会妨碍对构建树的数据进行分区。决策树对异常值也不敏感，因为划分是基于分割范围内样本的比例而不是绝对值进行的。

3）参数之间的非线性关系不会影响树性能。如第5章所述，变量之间的高度非线性关系将导致对简单回归模型的检查失败，从而使这些模型无效。但是，决策树不需要对数据进行任何线性假设。因此，可以在知道参数非线性相关的情况下使用它们。

4）决策树隐式地执行变量筛选或特征选择。当一棵决策树被拟合到一个训练数据集中时，树被分割的前几个节点本质上是数据集中最重要的变量，并且特征选择是自动完成的。实际上，RapidMiner有一个操作符，可以使用信息增益比执行变量筛选或特征选择。第12章将讨论特征选择在数据科学中的重要性，并介绍一些用于执行特征选择或变量筛选的常见技术。

然而，所有这些优点都需要与决策树的一个关键缺点进行调和：如果没有适当的修剪或限制树的生长，它们往往会对训练数据过拟合，使它们成为较差的预测器。

4.2　规则归纳

规则归纳是从数据集中推导if-then规则的数据科学过程。这些符号决策规则解释了数据集中属性和类标签之间的内在关系。许多现实生活的经验都是基于直觉的规则归纳。例如，可以提出一个规则，阐述为“如果是工作日早上8点，那么高速公路交通将会很拥挤”“如果是周日晚上8点，那么交通将会很通畅”。

这些规则不一定总是正确的。在节假日期间，工作日早上8点的交通可能会很顺畅。但是，总的来说，这些规则是正确的，并且是根据我们每天的观察从现实生活中推导出来的。规则归纳提供了一种功能强大的分类方法，一般读者可以很容易地理解它。除了在数据科学中用于对未知数据进行分类外，规则归纳还用于描述数据中的模式。描述的形式是简单的if-then规则，一般用户可以很容易地理解这些规则。

从数据集中提取规则的最简单方法是从同一数据集中开发的决策树中提取规则。决策树分解每个节点上的数据，并指向可以识别出类的叶子。如果从叶节点追溯到根节点，则可以将所有拆分条件组合在一起形成一个不同的规则。例如，在高尔夫数据集中（见表4.1），基于四种天气条件，可以泛化一个规则集，来确定球员何时更喜欢打高尔夫球。图4.19是由高尔夫数据发展而来的决策树，有五个叶节点和两个层次。如果从左边追溯第一片叶子，可以提取一个规则：“如果景色是阴天，那么打球”。同样，可以从五个叶节点中提取规则：

规则1（r_1）：如果（景色 = 阴天），那么打球。

规则2（r_2）：如果（景色 = 雨天）且（刮风 = 假），那么打球。

规则3（r_3）：如果（景色 = 雨天）且（刮风 = 真），那么不打球。

规则4（r_4）：如果（景色 = 晴朗）且（湿度$>$77.5），那么不打球。

规则5（r_5）：如果（景色 = 太阳）且（湿度$\leqslant$77.5），那么打球。

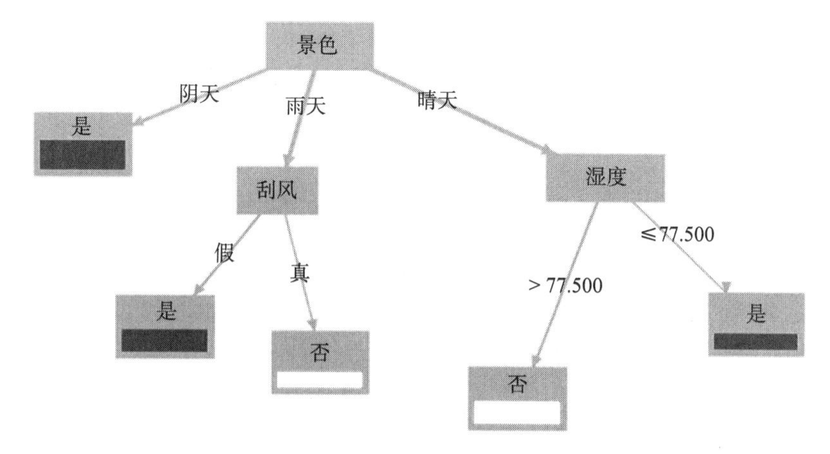

图 4.19　高尔夫数据集的决策树模型

这五个规则的集合称为规则集，每个单独的规则 r_i 称为分离规则或分类规则。整个规则集可以表示为：

$$R = \{r_1 \cap r_2 \cap r_3 \cap \cdots \cap r_k\}$$

其中 k 是规则集中分离规则的数量。单个分离规则可以表示为：

r_i =（前提或条件）然后（结果）

例如，规则 2（r_2）：如果（景色 = 雨天）且（刮风 = 假），那么打球。

在 r_2 中，（景色 = 雨天）和（刮风 = 假）是规则的前提或条件。规则的前提项可以有许多属性和值，每个属性和值由逻辑“与”运算符分隔。每个属性和值测试都称为规则的连词。连词的一个例子是（景色 = 雨天）。前提是一组“与”操作符连接的词。每个连词都是等价决策树中的一个节点。

在高尔夫数据集中，可以观察到规则集与数据集相关的一些属性。首先，规则集 R 是互斥的。这意味着任何示例记录都不会触发多个规则，因此预测的结果是确定的。但是，可能存在不相互排斥的规则集。如果一个记录激活一个规则集中的多个规则，并且所有类预测都相同，则预测中没有冲突。如果类预测不同，则存在歧义，即哪个类是归纳规则模型的预测。有两种技术可以通过多个规则来解决冲突的类预测。一种技术是开发规则的有序列表，如果一个记录激活多个规则，则顺序中的第一个规则将优先。第二种技术是每个活动规则都可以“投票”给预测类，投票最多的预测类是规则集 R 的预测，所讨论的规则集也是互斥的。这意味着规则集 R 针对记录集中的所有属性值组合激活，而不仅仅限于训练记录。如果规则集不是穷尽的，那么可以引入最后一个捕获所有桶的规则“ else Class=Default Class Value”，使规则集穷尽。

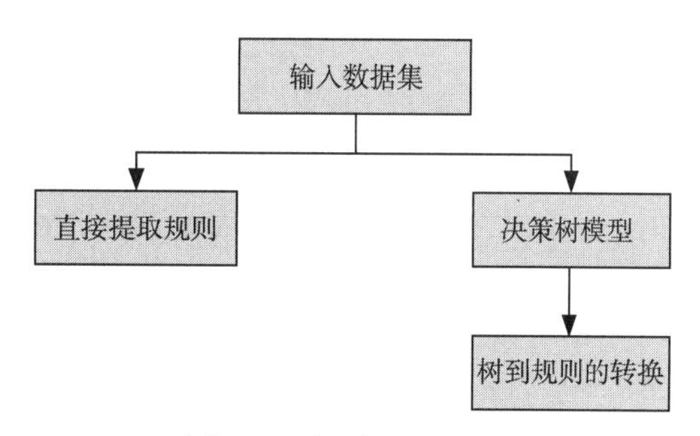

图 4.20　规则生成的方法

开发规则集的方法

规则可以直接从数据集中提取，也可以从相同数据集中以前构建的决策树中派生。图 4.20 展示了从数据集生成规则的方法。前一种方法称为直接方法，它建立在利用数据集中属性和类标签之间的关系的基础上。从以前建立的分类器决策树模型中派生规则集是一种被动或间接的方法。由于构建决策树已在前一节中介绍，并且从决策树模型派生规则非常简单，因此余下的讨论将集中于基于数据关系的直接规则生成。具体来说，重点将放在用于构建规则集的顺序覆盖技术上。

预测和预防机器故障

现场的机器故障几乎总是导致制造过程的中断。在炼油厂、化工厂等大型生产过程中，机器故障会给企业和机器制造商造成严重的经济损失。与其等待机器故障并做出反应，不如在问题发生之前诊断问题并防止故障。工业操作跟踪来自多个系统或子系统的数千个实时读数。这种连接到网络的机器可以收集读数，并基于智能逻辑或统计学习进行操作，它们构成了物联网。解决办法之一是利用这些读数的趋势，并建立一个规则基础，例如，如果气缸温度继续报告超过852℃，那么机器将在不久的将来故障。这些类型的规则很容易解释，不需要专家在场就可以采取进一步的行动，并且可以由自动化系统部署。

制定学习规则需要对导致机器故障的所有读数进行历史分析（Langley & Simon, 1995）。这些学习到的规则是不同的，在许多情况下，它们取代了机器操作员所假定的经验法则。基于对故障和非故障事件的历史读数，所学习到的规则集可以预测机器的故障，从而向操作员发出将来即将发生故障的警报。由于这些规则很容易理解，所以可以很容易地将这些预防措施部署到生产线上。这个用例不仅演示了预测数据模型的需要，而且还演示了一个描述性模型的需要，在这个模型中，用户可以很容易地理解模型的内部工作。例如，可以开发类似的方法来防止客户流失或贷款违约。

4.2.1　工作原理

顺序覆盖是从数据集中提取规则的迭代过程。顺序覆盖方法试图逐类查找数据集中的所有规则。顺序覆盖方法的一个具体实现称为RIPPER（Repeated Incremental Pruning to Produce Error Reduction，重复增量修剪以减少错误）(Cohen，1995）。考虑图4.21所示的数据集，它在x轴和y轴上有两个属性（维度），并且有两个标有“+”和“−”的类标签。这里提供了顺序覆盖规则生成方法的步骤（Tan，Michael，& Kumar，2005）。

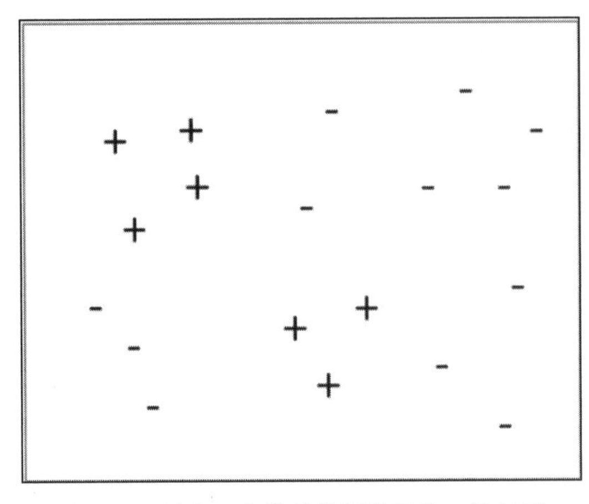

图4.21　具有2个类的数据集及其二维显示

步骤 1：分类选择

算法从逐个选择类标签开始。规则集是按类排序的，其中类的所有规则都是在转到下一个类之前开发的。第一个类通常是频率最低的类标签。从图 4.21 可以看出，最不频繁的类是“+”，算法的重点是生成“+”类的所有规则。

步骤 2：规则开发

需要制定第一条规则 r_1。此步骤的目标是使用一个没有或尽可能少的“-”的线箱覆盖所有“+”数据点。例如，在图 4.22 中，规则 r_1 标识左上角四个“+”的区域，由于这条规则是基于简单的连接逻辑运算符，所以边界是直线的。一旦规则 r_1 形成，r_1 所覆盖的所有数据点将被删除，然后从数据集中找到下一条最佳规则。该算法使用一种称为“学习一条规则”（Learn-One-Rule）的技术以贪婪的方式增长，下一节将对其进行描述。从初始配置开始贪婪算法的一个结果是，它们产生的是*局部最优解*，而不是*全局最优解*。局部最优解是在潜在解的邻域内是最优的解，但是是比全局最优解差的解。

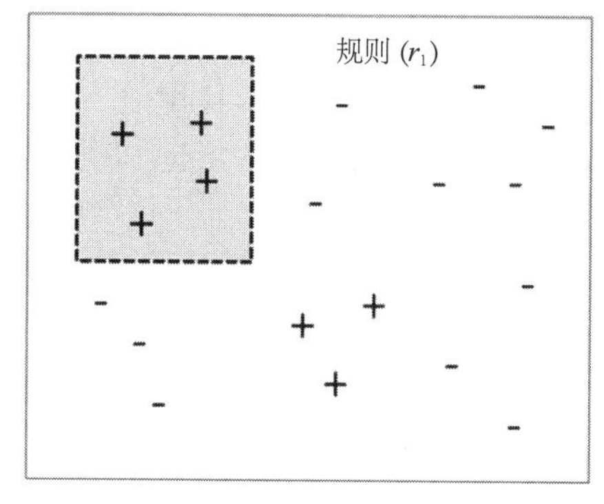

图 4.22　规则 r_1 的生成

步骤 3：学习一条规则

每个分离规则 r_i 都是通过“学习一条规则”方法增长的。每条规则都以一个空规则集开始，并逐个添加连接符以提高规则的准确性。规则准确性是指规则所涵盖的“+”数目与规则所涵盖的所有记录的比率：

$$\text{规则准确性}A(r_i)=\frac{\text{规则涵盖的正确记录}}{\text{规则涵盖的所有记录}}$$

“学习一条规则”从一个空规则集开始：“如果 {}，那么类为“+””。显然，此规则的准确性与数据集中“+”数据点的比例相同。然后，该算法贪婪地添加连接符，直到精度达到 100%。如果增加一个连接符会降低精度，那么算法将查找其他连接符或停止并开始下一条规则的迭代。

步骤 4：下一条规则

在开发了一条规则之后，该规则所涵盖的所有数据点都将从数据集中消除。对于下一条规则，将重复所有这些步骤，以覆盖其余的“+”数据点。在图 4.23 中，规则 r_2 是在消除 r_1 所涵盖的数据点之后制定的。

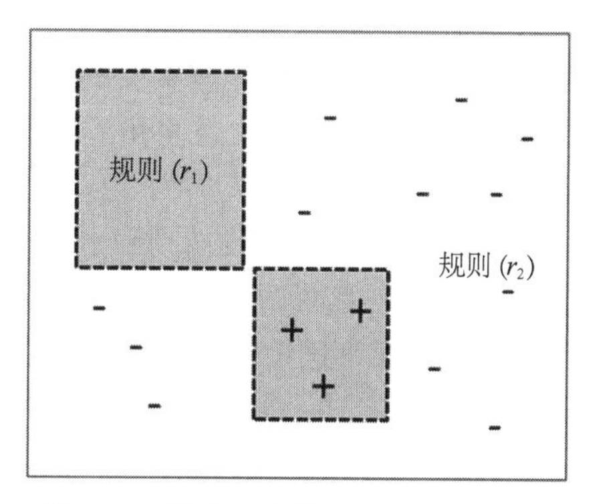

图 4.23　消除 r_1 的数据点，然后进行下一条规则

步骤 5：规则集的开发

在建立规则集来识别所有“+”数据点之后，使用一个测试数据集来评估规则模型，该测试数据集用于剪枝以减少泛化错误。用于评估修剪需求的度量是 $(p-n)/(p+n)$，其中 p 是规则覆盖的正记录的数量，n 是规则覆盖的负记录的数量。如果改进了度量标准，则会迭代删除该连接符。标识“+”数

据点的所有规则将被聚合以形成规则组。在多类问题中，前面的步骤重复用于下一个类标签。由于这是一个两类问题，因此用于识别“+”的规则集未涵盖的任何数据点都预测为“-”。顺序覆盖或RIPPER算法的结果是一组优化规则，可以描述属性与类标签之间的关系（Saian & Ku-Mahamud，2011）。

4.2.2 实现过程

规则仍然是传递数据中固有关系的最常用表达式。有几种不同的方法可以使用RapidMiner从数据中生成规则。“建模 > 分类”（Modeling>Classification）和“回归 > 规则归纳”（Regression>Rule Induction）活页夹中提供了用于规则归纳的建模操作符。有以下这些建模操作符可用：

1）规则归纳：常用的基于RIPPER算法的通用规则归纳建模器。

2）单一规则归纳（属性）：在前因中仅使用一个属性，该属性通常是具有最强预测能力的属性。

3）单一规则归纳：仅使用if / else语句生成一个规则。

4）树到规则：基于底层决策树的规则生成的间接方法。

单一规则归纳用于快速发现最主要的规则。由于其简单性，单一规则建模操作符用于为其他分类模型建立基线性能。使用RapidMiner的“规则归纳”和“树到规则”建模操作符来回顾实现过程。

步骤1：数据准备

实现中使用的数据集是标准的鸢尾花数据集(见表3.1和图3.1)，具有萼片长度、萼片宽度、花瓣长度和花瓣宽度四个属性，并有一个类标签来识别花的种类，即山鸢尾（I. setosa)、变色鸢尾（I. versicolor）和维吉尼亚鸢尾（I. virginica）。鸢尾花数据集可在RapidMiner存储库的“样例 > 数据”（Sample>Data）中获得。由于原始数据集将这四个属性引用为a1到a4，因此用“改名”（Rename）操作符来更改属性的名称（而不是值），以便它们更具描述性。重命名操作符在“数据转换 > 名称和角色修改”（Data Transformation>Name and Role modification）中可用。与决策树类似，规则归纳可以接受数值数据类型和多项式数据类型。使用“分裂数据”（Split Data）操作符（位于Data Transformation>Filtering>Sampling）将鸢尾花数据集分割为两个相等的集合以用于训练和测试。在此实现中，用于训练和测试数据的分割比例均为50%。

步骤2：建模操作符和参数

规则归纳建模操作符接受训练数据，并提供规则集作为模型输出。规则集是if-then规则的文本输出，以及准确性和覆盖统计。这些参数在模型操作符中是可用的，并且可以配置为所需的建模行为：

1）准则：由于算法采用了贪婪策略，因此需要一个评估准则来说明添加一个新的连接符是否对规则有帮助。信息增益通常用于RIPPER，类似于决策树的信息增益。另一个易于使用的准则是准确性，这在顺序覆盖算法中进行了讨论。

2）样本比率：这是示例集中用于训练的数据的比率，其余数据用于修剪。该样本比率与数据准备阶段中使用的训练 / 测试分割比率不同。

3）纯度：这是分类规则所要求的最小精度比。

4）最小修剪效益：这是最小需要的修剪度量的百分比增长。

模型的输出连接到“应用模型”（Apply Model）操作符，以将开发的规则库应用于测试数据集。“分裂数据”（Split Data）操作符中的测试数据集连接到“应用模型”（Apply Model）操作符。然后使用用于分类的“性能”（Performance）操作符从“应用模型”（Apply Model）操作符生成的标记数据集中创建性能向量。输出端口连接到结果端口后，可以保存并执行该过程。图 4.24 显示了用于规则归纳的完整 RapidMiner 过程。完整的过程和数据集可以从本书的配套网站下载：www.IntroDataScience.com。

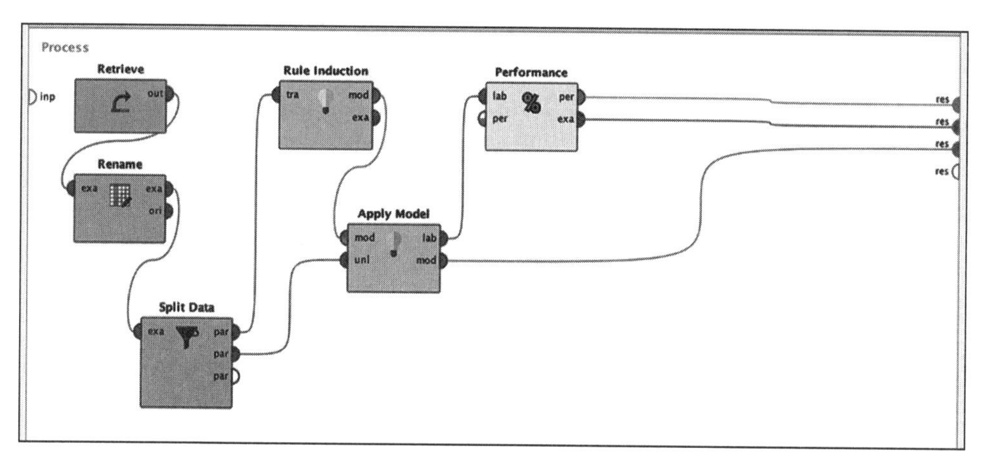

图 4.24　用于规则归纳的 RapidMiner 过程

步骤 3：结果解释

结果屏幕由“规则模型”（Rule Model）窗口、标记的测试数据集和性能向量组成。性能向量类似于决策树性能向量。“规则模型”（Rule Model）窗口（如图 4.25 所示）由一系列 if-then 规则组成，包含前因和后果。每个分类规则旁边的括号表示从训练数据集中覆盖的规则的类分布。请注意，这些统计信息基于训练数据集，而不是测试数据集。

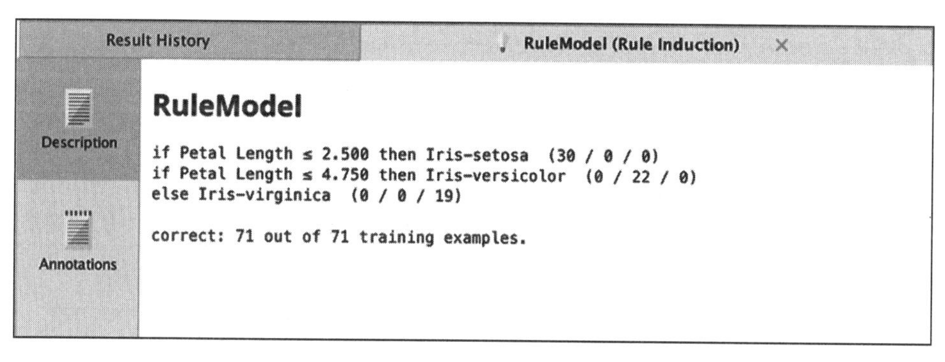

图 4.25　规则归纳的规则输出

“性能向量”（Performance Vector）窗口根据应用于测试数据集的规则模型提供预测的准确性统计。对于鸢尾花数据集和本例所示的 RapidMiner 过程，预测精度为 92%。根据规则归纳模型建立的简单规则，对 75 条测试记录中的 69 条进行了准确的预测。对于一个快速、易于使用和易于理解的模型来说还不错！

备选方法：树到规则

生成相互排斥和详尽的规则集的间接但简单的方法是将决策树转换为归纳规则集。每个分类规则都可以从叶子节点追踪到根节点，其中每个节点成为一个连接符，叶子的类标签成为相应的结果。即使从树到规则可能很容易实现，但由此产生的规则集可能不是最理想的理解，因为规则路径中有许多重复的节点。

在开发的规则归纳过程中，可以简单地用“树到规则”（Tree to Rules）操作符替换先前的“规则归纳”（Rule Induction）操作符。“树到规则”建模操作符没有任何参数，因为它只是将树转换为规则。但是，必需在“树到规则”操作符的内部子过程中指定决策树。在双击“树到规则”操作符时，可以看到内部过程，其中必须插入“决策树”建模操作符，如图 4.26 和图 4.27 所示。

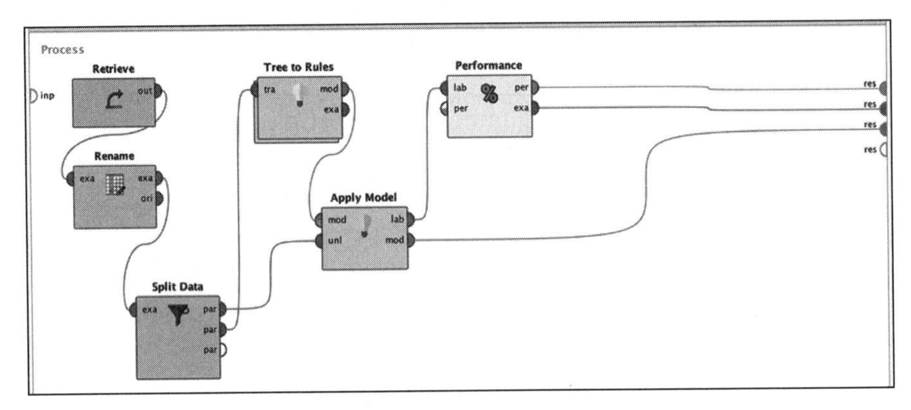

图 4.26　用于“树到规则”操作符的 RapidMiner 过程

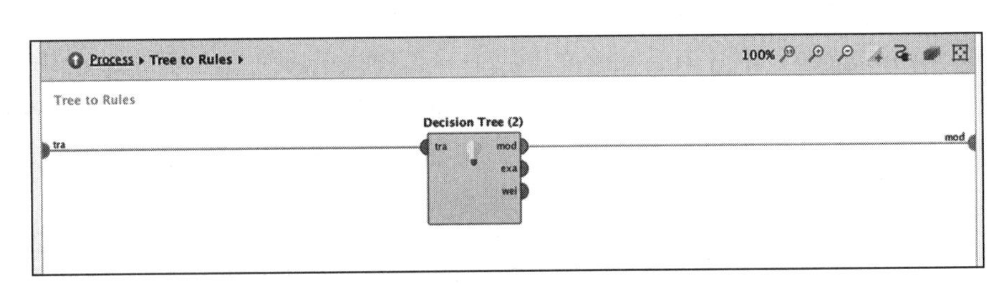

图 4.27　子过程中，用于“树到规则”的“决策树”操作符

决策树的参数与 4.1 节中所述的相同。RapidMiner 过程可以保存并执行。结果集由一组规则模型组成，通常在前因中具有重复的组合，从树中获得规则的指纹。请注意，为“规则归纳”操作符开发的规则与从“树到规则”操作符开发的规则之间的差异。从“树到规则”生成的规则如图 4.28 所示。

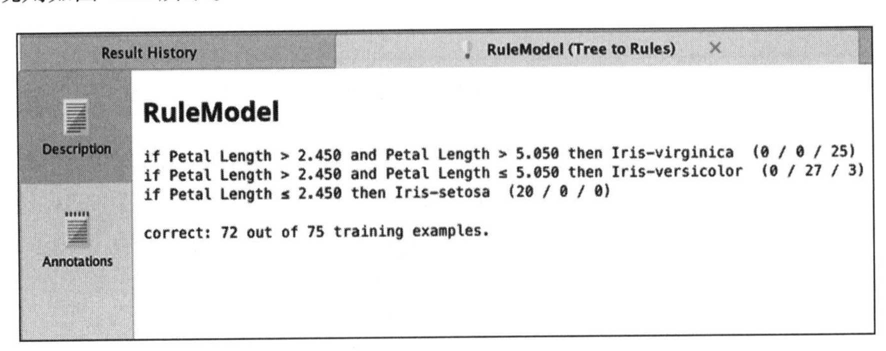

图 4.28　基于“决策树”的规则

4.2.3 小结

使用规则进行分类提供了一个简单的框架来标识属性和类标签之间的关系，这些属性和类标签不仅用作预测模型，还用作描述模型。规则与决策树紧密相关。它们以直线的方式分割数据空间，生成一个互斥的穷举规则集，当规则集不互斥时，数据空间可以被复杂的、弯曲的决策边界分割。单一规则学习器是数据科学模型最简单的形式，在给定的属性集中表示最强大的预测器。由于规则归纳是一种贪婪算法，结果可能不是全局最优解，并且与决策树类似，规则可能会过度学习示例集。这种情况可以通过剪枝缓解。鉴于规则的广泛性，规则归纳通常被用作表达数据科学结果的工具，即使使用其他数据科学算法来创建模型。

4.3 *k*-NN（*k*-近邻）

利用决策树和规则归纳技术，对数据集中的关系进行归纳，并利用它来预测新的未知的数据的结果，从而建立了基于决策树和规则归纳技术的预测数据科学。如果需要预测基于信用评分、收入水平、贷款金额的贷款利率，一种方法是建立数学关系，如一个方程 $y=f(X)$，根据已知的数据，然后利用方程为新的未知的数据点预测利率。这些方法被称为“积极学习”，因为它们试图找到输入变量和目标变量之间实际关系的最佳近似。但还有一种简单的方法可以替代这种方法。我们可以通过从训练数据集中查找具有类似信用评分、收入水平和贷款金额非常匹配的其他客户的贷款记录的利率来“预测”具有已知信用评分、收入水平和贷款金额的潜在借款人的利率。这类学习器采用的是一种生硬的方法，即不从训练数据集中执行“学习”，而是将训练数据集用作查找表，以匹配输入变量并找到结果。这些记忆训练集的方法被称为消极学习法。

这里的基本思想有点类似于一句古老的格言：“物以类聚，人以群分”。类似的记录聚集在 n 维空间的邻域中，具有相同的目标类标签。这就是 *k*-近邻（简称 *k*-NN）算法使用的方法背后的核心逻辑。整个训练数据集是“记忆的”，当需要对未标记的示例记录进行分类时，将新未标记记录的输入属性与整个训练集进行比较，以找到最接近的匹配。最接近的训练记录的类标签即为未知测试记录的预测类标签。这是一种非参数方法，没有泛化或试图找到数据集的分布（Altman, 1992）。一旦训练记录在内存中，测试记录的分类就很简单了。需要为每个测试记录找到最接近的训练记录。即使没有涉及数学泛化或规则生成，为一个新的未标记的记录找到一个隐藏的训练记录也是一个棘手的问题，特别是当对于给定的测试数据记录没有可用的训练数据的精确匹配时。

预测森林类型

卫星成像和数字图像处理提供了关于地球景观几乎每个部分的丰富数据。林业部门、政府机构、大学和研究机构有很强的动机去了解森林的组成、树木的种类及其健康、生物多样性、密度和森林状况。开发森林数据库和分类项目的实地研究是相当单调和昂贵的任务。然而，利用卫星图像、有限的现场数据、高程模型、航空照片和调查数据可以辅助这一过程（McInerney, 2005）。目的是对特定地形上有没有森林进行分类，并进一步预测树木的种类和物种。

对地形进行分类的方法包括将该区域划分为土地单元（如，在卫星图像中的一个像素），并为土地单元创建一个所有测量值的向量。然后将每个单元的测量值与已知预分类单元的测量值进行比较。对于每一个新的未分类的像素，都可以在预分类目录中找到一个像素，使得预分类目录中的测量值与待预测像素的测量值类似。例如，测量距离最近的预分类像素对应于桦树。因此，像素区域可以预测为桦树森林。将每个像素的测量值与预分类数据集的测量值进行比较，以确定相似的像素，从而确定相同的森林类型。这是 *k*-NN 算法用于景观区域分类的核心概念（Haapanen, Lehtinen,Miettinen, Bauer, & Ek, 2001）。

4.3.1　工作原理

数据集中的任何记录都可以可视化为 *n* 维空间中的一个点，其中 *n* 是属性的数量。虽然我们很难在超过三个维度中可视化，但是数学函数可以扩展到任意维度，因此，所有的操作都可以在二维空间中完成，也可以在 *n* 维空间中执行。考虑标准鸢尾花数据集（150 个示例、四个属性、一个类标签，如图 3.1 和表 3.1 所示），重点关注花瓣的两个属性，即花瓣长度和花瓣宽度。这两个维度的散点图如图 4.29 所示。这些颜色表示目标类变量鸢尾花种类。对于一个不可见的测试记录 A，其（花瓣长度，花瓣宽度）值为（2.1,0.5），可以直观地推断出数据点 A 的预测值为 I.setosa。这是基于测试数据点 A 与其他属于 I.setosa 物种的数据点相邻得出的。同样，未知的测试数据点 B 的值为（5.7,1.9），且位于 I. virginica 的邻域内，因此可以将测试数据点划分为 I. virginica。但是，如果数据点位于两个种类的边界之间，对于这样的数据点，例如（5.0、1.8），分类可能会比较棘手，因为该邻域附近有多个种类。为了解决这些角点问题，测量二维以上数据点的近似值，需要一种有效的算法。其中一种方法是从多维空间中未知的测试数据点中找到最近的训练数据点。这就是 *k*-NN 算法的工作原理。

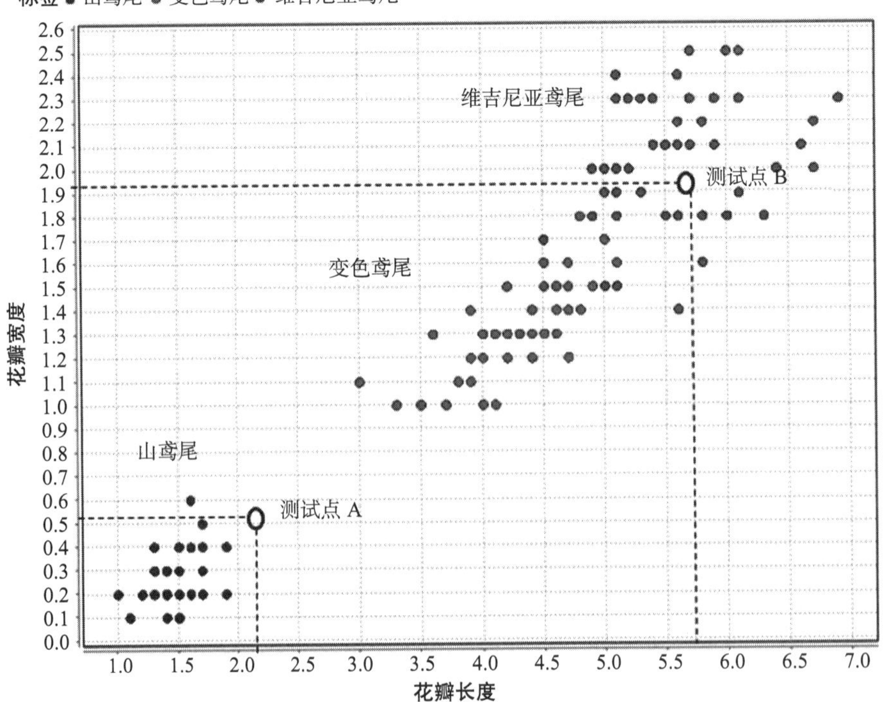

图 4.29　鸢尾花数据集的二维图：花瓣长度和花瓣宽度。类以颜色区分（见彩插）

k-NN 算法中的 k 表示对未标记的测试记录进行预测时需要考虑的封闭训练记录的数量。当 k=1 时，模型试图找到第一个最近的记录，并将第一个最近的训练记录的类标签作为预测的目标类值。图 4.30 给出了一个二维的训练集示例，目标类值为圆形和三角形。未标记的测试记录是散点图中心的黑色方块。当 k 为 1 时，未标记测试记录的预测目标类值为三角形，因为最近的训练记录为三角形。但是，如果最近的训练记录是一个异常值，并且训练集中的类不正确，该怎么办？那么，所有异常值附近未标记的测试记录将被错误分类。为了防止这种错误分类，k 的值可以增加到 3。当 k=3 时，考虑最近的三个训练记录而不是一个。如图 4.30 所示，根据最近三个训练记录的多数类，测试记录的预测类可以归结为圆形。由于目标记录的类是通过投票来评估的，所以对于一个两类问题，k 通常被分配一个奇数（Peterson, 2009）。

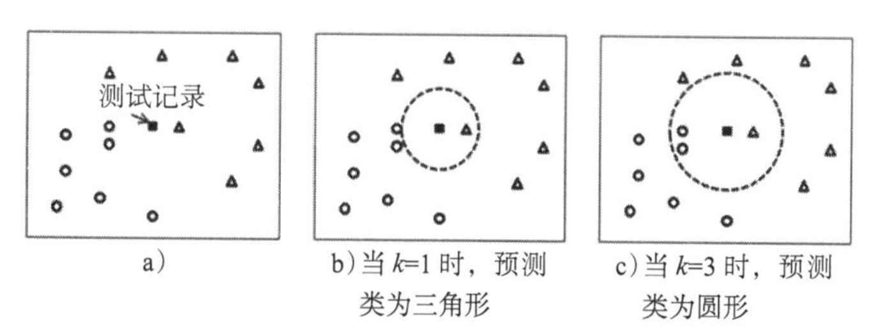
测试记录
a）
b）当 k=1 时，预测类为三角形
c）当 k=3 时，预测类为圆形

图 4.30 a）具有未知类记录的数据集；b）未知类记录周围当 $k=1$ 时的决策边界；c）未知测试记录周围当 $k=3$ 时的决策边界

在 k-NN 算法中，关键的任务是从未标记的测试记录中确定最近邻的训练记录。一旦确定了最近的训练记录，接下来对最近的训练记录进行类投票就很简单了。下面讨论用于测量接近度的各种技术。

接近度的测量

k-NN 算法的有效性取决于测试记录与记忆训练记录的相似性和不相似性。两个记录之间的接近度度量是对其属性的接近度度量。为了量化两个记录之间的相似性，有一系列可用的技术，如计算距离、相关性、Jaccard 相似度和余弦相似度 (Tan et al.，2005)。

（1）距离

二维空间中 $X(x_1, x_2)$ 和 $Y(y_1, y_2)$ 两点之间的距离可由式（4.3）计算：

$$\text{距离}d=\sqrt{(x_1-y_1)^2+(x_2-y_2)^2} \tag{4.3}$$

对于具有 n 个属性的数据集，可以推广式（4.3）所示的二维距离公式，其中 X 为 $(x_1, x_2, \cdots, x_n)$ Y 为 $(y_1, y_2, \cdots, y_n)$：

$$\text{距离}d=\sqrt{(x_1-y_1)^2+(x_2-y_2)^2+\cdots+(x_n-y_n)^2} \tag{4.4}$$

例如，一个四维鸢尾花数据集的前两条记录是 X=(4.9, 3.0, 1.4, 0.2) 和 Y=(4.6, 3.1, 1.5, 0.2)。X 与 Y 的距离为 $d=\sqrt{(0.3)^2+(0.1)^2+(0.1)^2+(0)^2}=0.33$厘米。

鸢尾花数据集中的所有属性在测量（花的各部分大小）和单位（厘米）方面都是相同的。然而，在一个典型的实际数据集中，通常可以看到不同度量（例如，信用评分、收入）和不同单位中的属性。距离方法的一个问题是，它依赖于属性的规模和单位。例如，两项记录之间的信用评分差可以是几百分，与可能是数千的收入差相比，这只是很小的幅度。考虑两对数据点，每个数据点有2个属性——信用评分和年收入以美元表示。A对是（500，\$40 000）和（600，\$40 000）；B对是（500，\$40 000）和（500，\$39 800）。两对中的第一个数据点是相同的。第二个数据点与第一个数据点不同，只更改了一个属性。在A对中，第二个数据点的信用评分为600，与500有显著差异，而收入是相同的。在B对中，与第一个数据点相比，第二个数据点的收入下降了200美元，只有0.5%的变化。人们可以理所当然地得出结论，B对中的数据点比A对中的数据点更相似。然而，A对中数据点间的距离（式（4.4））是100，B对数据点间的距离为200！收入的变化超过了信用评分的变化。当用不同的单位、尺度等度量属性时，可以观察到同样的现象。为了缓解不同度量和单位所带来的问题，对*k*-NN的所有输入进行归一化，并对数据值进行重新标度以适应特定范围。对所有属性进行归一化，可以对它们进行公平的比较。可以使用几种不同的方法来执行归一化。范围转换将属性的所有值重新标为指定的最小值和最大值，通常为0到1。Z转换试图通过从每个值中减去平均值并将结果除以标准差来对所有值进行重新标度，从而得到一组经过转换的值，其均值为0，标准差为1。例如，当使用Z转换对鸢尾花数据集进行归一化时，将萼片长度（取值在4.3到7.9厘米之间，标准差为0.828）转换为−1.86到2.84之间的值，标准差为1。

目前讨论的距离度量也称为*欧几里得距离*，它是数值属性最常用的距离度量。除了欧几里得距离，*曼哈顿距离*和*切比雪夫距离*度量有时还用于计算两个数值数据点之间的距离。考虑两个数据点$X(1,2)$和$Y(3,1)$，如图4.31所示。X和Y之间的欧几里得距离是X和Y之间的直线距离，等于2.7。曼哈顿距离是个体属性之间差异的总和，而不是差异平方的平方根。X和Y之间的曼哈顿距离是（3−1）+（2−1）=3。曼哈顿距离也叫出租车距离，因为它与遍历车辆在城市街区的视觉路径相似（在图4.31中，总距离是一辆出租车从X到Y旅行的城市街区数量，向右两个街区及向下一个街区）。切比雪夫距离是数据集中所有属性之间的最大差异。在本例中，切比雪夫距离是[（3−1），（1−2）]=2的最大值。如果图4.31是一个棋盘，则切比雪夫距离是国王从一个位置移动到另一个位置所需要的最小步数，曼哈顿距离是车从一个位置移动到另一个位置所覆盖的最小方块数。上述三种距离测度都可以用一个公式进一步推广，即*闵可夫斯基距离*测度。n维空间的两个点$X(x_1, x_2, \cdots, x_n)$和$Y(y_1, y_2, \cdots, y_n)$之间的距离，由式（4.5）给出：

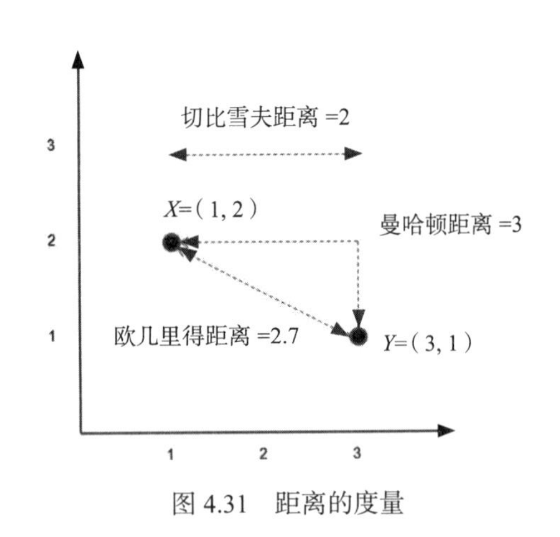

图4.31　距离的度量

$$d=\left(\sum_{i=1}^{n}|x_i-y_i|^p\right)^{\frac{1}{p}} \tag{4.5}$$

当p=1时，距离是曼哈顿距离；当p=2时，距离是欧几里得距离；当p=∞时，距离是切比雪夫距离。p也称为*范数*，式(4.5)称为*p-范数距离*。距离测量的选择取决于数据（Grabusts，2011）。欧几里得测度是数值数据中最常用的距离测度。曼哈顿距离用于二进制属性。对于没有先验知识的新数据集，对于理想的距离度量是没有经验法则的。欧几里得距离将是一个良好的开端，该模型可以通过选择其他距离度量和相应的性能来进行测试。

一旦确定了最近的 k 个邻居，确定预测目标类的过程就很简单了。预测的目标类是最近 k 个邻居的多数类。式（4.6）给出了 k-NN 算法的预测：

$$y' = 多数类\ (y_1, y_2, y_3, \cdots, y_k) \tag{4.6}$$

其中 y' 为测试数据点的预测目标类，y_i 为第 i 个邻居 n_i 的类。

（2）权重

k-NN 算法的前提是彼此更接近的数据点是相似的，因此具有相同的目标类标签。当 k 大于 1 时，可以认为最接近的邻居在预测目标类的结果上应该比其他邻居有更多的发言权（Hill & Lewicki，2007）。距离较远的邻居在决定最终类结果时应该影响较小。这可以通过为所有邻居分配权重来实现，权重随着邻居越来越接近测试数据点而增加。权重包括在最终的多数投票步骤中，其中预测类通过计算得到。权重（w_i）应该满足两个条件：它们应该与测试数据点与邻居点间的距离成比例，并且所有权重的总和应该等于 1。式（4.7）中显示的权重计算之一遵循基于距离的指数衰减：

$$w_i = \frac{e^{-d(x,n_i)}}{\sum_{i=1}^{k} e^{-d(x,n_i)}} \tag{4.7}$$

其中 w_i 为第 i 个邻居 n_i 的权值，k 为邻居总数，x 为测试数据点。权重用于预测目标类 y'：

$$y' = 多数类(w_1 * y_1, w_2 * y_2, w_3 * y_3, \cdots, w_k * y_k) \tag{4.8}$$

其中 y_i 是邻居 n_i 的类结果。

距离度量对于数值属性非常有效。但是，如果属性是分类的，那么两点之间的距离不是 0 就是 1。如果属性值相同，则距离为 0；如果属性值不同，则距离为 1。例如，（阴天，晴天）之间距离为 1，（晴天，晴天）之间距离为 0。如果属性序数大于两个值，则序数值可以转换为值 0, 1, 2, ⋯, n-1，转换后的属性可以作为计算距离的数值属性。显然，将序数转换为数值保留的信息比将其用作分类数据类型（其中距离值为 0 或 1）保留的信息要多。

（3）相关相似度

X、Y 两个数据点之间的相关性是 X 与 Y 的属性之间的线性关系属性的度量。皮尔逊相关性取值为从 −1（完美的负相关）到 +1（完美的正相关）之间的范围，零表示 X 和 Y 值没有相关性。因为相关性是线性关系的一种度量，零值并不意味着没有关系。它只是意味着没有线性关系，但数据点之间可能存在二次关系或任何其他更高阶的关系。此外，现在将探讨一个数据点与另一个数据点之间的相关性。这与变量之间的相关性非常不同。两个数据点 X 和 Y 之间的皮尔逊相关性为：

$$相关性(X,Y) = \frac{s_{xy}}{s_x \times s_y} \tag{4.9}$$

其中，s_{xy} 为 X 与 Y 的协方差，计算公式为：

$$s_{xy} = \frac{1}{n-1}\sum_{i=1}^{n}(x_i - \bar{x})(y_i - \bar{y})$$

s_x 和 s_y 分别是 X 和 Y 的标准差。例如，两个数据点 X（1,2,3,4,5）和 Y（10,35,40,55）的皮尔逊相关性是 0.98。

（4）简单匹配系数

当数据集具有二值属性时，使用简单匹配系数。例如，设 X 为（1,1,0,0,1,1,0），Y 为

(1,0,0,1,1,0,0)。可以基于同时出现0或1的次数相对于总次数的比例来测量这两个数据点之间的相似性。X和Y的简单匹配系数可以计算为：

$$\begin{aligned}\text{简单匹配系数(SMC)} &= \frac{\text{匹配次数}}{\text{总次数}} \\ &= \frac{m_{00}+m_{11}}{m_{10}+m_{01}+m_{11}+m_{00}}\end{aligned} \tag{4.10}$$

在这个例子中，m_{11}为（X=1且Y=1）出现的次数，值为2；m_{10}为（X=1且Y=0）出现的次数，值为2；m_{01}为（X=0且Y=1）出现的次数，值为1；m_{00}为（X=0且Y=0）出现的次数，值为2。简单匹配系数是(2+2)/(2+2+1+2)=4/7。

（5）Jaccard相似度

如果X和Y表示两个文本文档，则每个单词将是数据集的一个属性，被称为术语文档矩阵或文档向量。文档数据集中的每个记录对应于单独的文档或文本blob。第9章对此进行了更详细的解释。在此应用中，属性的数量将非常大，通常为数千。但是，大多数属性值将为零。这意味着两个文档不包含相同的稀有词。有趣的是，在这种情况下，相同单词的出现与不出现的比较不传达任何信息并且可以被忽略。Jaccard相似性度量类似于简单匹配相似度，但是从计算中忽略了不出现频率。

对于相同的例子X（1,1,0,0,1,1,0）和Y（1,0,0,1,1,0,0），

$$\begin{aligned}\text{Jaccard系数} &= \frac{\text{相同单词的出现次数}}{\text{总次数}} \\ &= \frac{m_{11}}{m_{10}+m_{01}+m_{11}} = \frac{2}{5}\end{aligned} \tag{4.11}$$

（6）余弦相似度

继续文档向量的示例，其中属性表示单词的存在或不存在。可以使用文档中出现的次数构建更具信息的向量，而不仅仅是1和0。文档数据集通常是具有数千个变量或属性的长向量。为简单起见，考虑具有X(1,2,0,0,3,4,0)和Y(5,0,0,6,7,0,0)的向量的示例。两个数据点的余弦相似性度量由下式给出：

$$\text{余弦相似度}(|X,Y|) = \frac{x \cdot y}{\|x\|\|y\|} \tag{4.12}$$

其中$x \cdot y$是x和y向量的点积，对于这个例子，

$$x \cdot y = \sum_{i=1}^{n} x_i y_i \text{ 且 } \|x\| = \sqrt{x \cdot x}$$

$$x \cdot y = \sqrt{1\times5+2\times0+0\times0+0\times6+3\times7+4\times0+0\times0} = 5.1$$

$$\|x\| = \sqrt{1\times1+2\times2+0\times0+0\times0+3\times3+4\times4+0\times0} = 5.5$$

$$\|y\| = \sqrt{5\times5+0\times0+0\times0+6\times6+7\times7+0\times0+0\times0} = 10.5$$

$$\text{余弦相似度}(|x \cdot y|) = \frac{x \cdot y}{\|x\|\|y\|} = \frac{5.1}{5.5\times10.5} = 0.08$$

余弦相似度是常用的相似性度量方法之一，但最优度量的确定取决于数据结构。距离或相似性度量的选择也可以参数化，其中使用每个不同的度量创建多个模型。具有最适合数据的距离度量和最小的泛化误差的模型可以作为数据的合适的接近度度量。

4.3.2 实现过程

在所有的数据科学方法中，消极学习器的实现是最直接的过程。由于关键功能是引用或查找训练数据集，因此可以使用查找函数在电子表格软件（如 MS Excel）中实现整个算法。当然，如果距离计算的复杂性或属性的数量增加，则可能需要依赖数据科学工具或编程语言。在 RapidMiner 中，*k*-NN 的实现类似于其他分类和回归过程，有数据准备、建模和性能评估操作符。建模步骤将记住所有的训练记录，并以实数值和标称值的形式接受输入。这个建模步骤的输出只是所有训练记录的数据集。

步骤 1：数据准备

本例中使用的数据集是标准的鸢尾花数据集，包含 150 个示例和 4 个数值属性。首先，需要使用“归一化”（Normalize）操作符（位于 Data Transformation >Value Modification>Numerical Value Modification）对所有属性进行归一化。归一化操作符接受数值属性并生成转换后的数值属性。用户可以在参数配置中指定四种归一化方法之一：Z 转换（最常用）、范围转换、比例转换和四分位数范围。在本例中，使用 Z 转换是因为所有属性都是标准化的。

然后使用“分割数据”（Split Data）操作符（位于 Data Transformation>Filtering>Sampling）将数据集分割为两个相等的互斥数据集。分割数据用于划分测试数据集和训练数据集。分割操作符的参数配置中可以指定分割比例和采样方法。在本例中，数据使用打乱的抽样在训练集和测试集之间平均分配。将数据集的一半作为训练数据用于 *k*-NN 模型的开发，另一半数据集用于测试模型的有效性。

步骤 2：建模操作符和参数

k-NN 建模操作符位于 Modeling>Classification>Lazy Modeling。下面这些参数可以在操作符设置中配置：

1）*k*：*k* 的值在 *k*-NN 中可以配置。这默认为一个最近的邻居。本例使用 *k*=3。

2）*加权表决*：以 *k* 为例。当 $k>1$ 的情况下，此设置决定了算法在预测测试记录的类值时，对于权重，是否需要考虑距离值。

3）*度量类型*：RapidMiner 中有二十多种距离度量可用。这些度量按度量类型分组。度量类型的选择驱动下一个参数（度量）的选项。

4）*度量*：该参数选择实际度量，如欧几里得距离、曼哈顿距离等。度量的选择将限制模型接收的输入类型。根据权重度量，输入数据类型的选择将受到限制，因此，如果输入数据包含与该度量不兼容的属性，则需要进行数据类型转换。

与其他分类模型实现类似，需要使用该模型来测试数据集，以便评估模型的有效性。图 4.32 显示了 RapidMiner 过程，其中使用分割操作符分割初始的鸢尾花数据集。初始 150 条记录中的 75 条随机用于构建 *k*-NN 模型，其余数据为测试数据集。“应用模型”（Apply Model）操作符接受测试数据，并应用 *k*-NN 模型预测种类的类类型。然后使用“性能”（Perfor mance）操作符比较所有测试记录的预测类和标记类。

步骤 3：执行和解释

将性能操作符的输出连接到结果端口后，如图 4.32 所示，可以执行模型。结果输出如下：

1）*k*-NN *模型*：*k*-NN 的模型就是一组训练记录。因此，除训练记录的统计数字外，本视图不提供其他资料。图 4.33 为输出模型。

2）性能向量：性能操作符的输出为所有测试数据集提供了正确和错误预测的混淆矩阵。测试集有 75 条记录。图 4.34 为 71 条记录的准确预测（矩阵中对角线单元的总和）和 4 条错误预测。

3）已标记的测试数据集：可以在记录级检查预测。

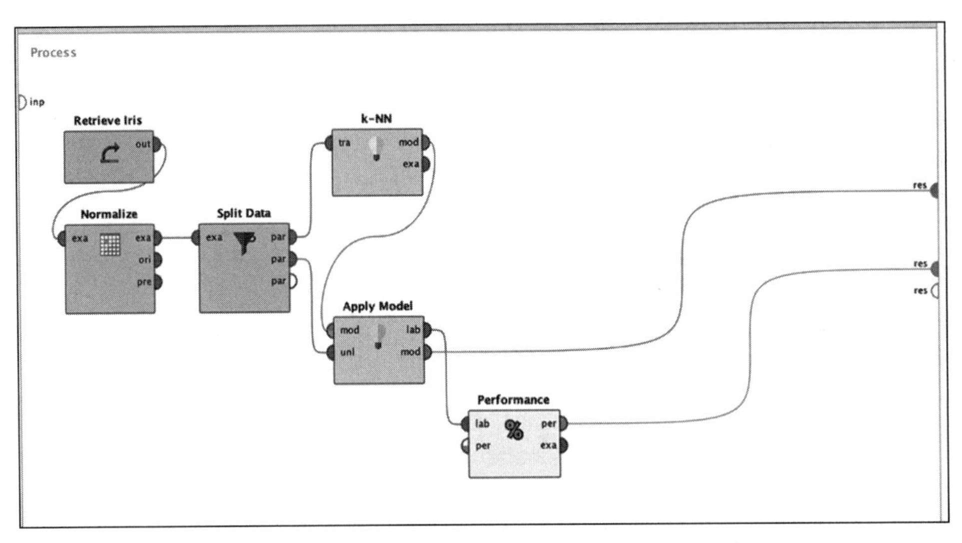

图 4.32　k-NN 算法的数据挖掘过程，k-NN 即 k-近邻

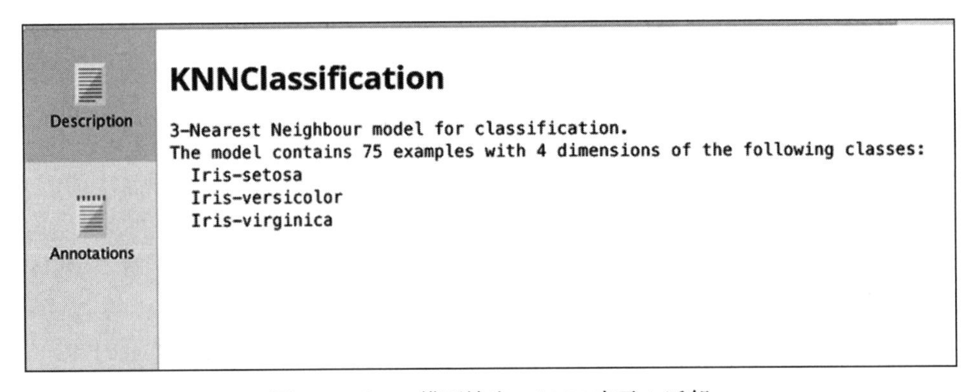

图 4.33　k-NN 模型输出，k-NN 表示 k-近邻

PerformanceVector (Performance)　　KNNClassification (k-NN)

Table View　Plot View

accuracy: 96.00%

	true Iris-setosa	true Iris-versicolor	true Iris-virginica	class precision
pred. Iris-setosa	20	0	0	100.00%
pred. Iris-versicolor	0	26	2	92.86%
pred. Iris-virginica	0	1	26	96.30%
class recall	100.00%	96.30%	92.86%	

图 4.34　k-NN 模型的性能向量，k-NN 表示 k-近邻

4.3.3 小结

k-NN 模型需要归一化，以避免由于任何属性在尺度上具有大单位或小单位而引起的偏差。当测试记录中有任何缺失的属性值时，模型是非常健壮的。如果测试记录中缺少一个值，则整个属性在模型中被忽略，而模型仍然可以以合理的精度运行。在这个实现示例中，如果不知道测试记录的萼片长度，则在模型中忽略萼片长度。*k*-NN 由原来的四维模型转变为三维模型。

作为一个消极学习器，输入和输出之间的关系是无法解释的，因为模型只是一个所有训练记录的记忆集。关系没有泛化或抽象。积极学习方法更善于解释这种关系，并对模型进行描述。

在 *k*-NN 中建立模型只是记忆，不需要太多的时间。但是，当要对一个新的未标记的记录进行分类时，算法需要找出未标记的记录与所有训练记录之间的距离。根据训练集的大小和属性的数量，这个过程可能会非常昂贵。一些复杂的 *k*-NN 实现将记录编入索引，以便于搜索和计算距离。还可以将实际的数字转换为范围，以便更容易地建立索引并将其与测试记录进行比较。然而，*k*-NN 很难用于对时间敏感的应用，如在线广告服务或实时欺诈检测。

k-NN 模型可以处理分类输入，但距离度量不是 1 就是 0。序数值可以转换为整数，以便更好地利用距离函数。虽然 *k*-NN 模型不擅长概括输入输出关系，但它仍然是一个非常有效的模型，利用了训练记录中属性和类标签之间的现有关系。为了获得高质量的结果，它需要大量的训练记录，并在输入属性中使用尽可能大的排列值。

4.4 朴素贝叶斯

用于分类任务的数据科学算法非常多样化。所有这些算法的目标都是相同的——对目标变量进行预测。预测方法是由一系列多学科技术发展而来的。朴素贝叶斯算法起源于统计学和概率论。通常，分类技术试图通过最接近属性和类标签之间的关系来预测类标签。

每天，我们都在心里根据过去的证据来估计无数的结果。考虑猜测通勤时间的过程。首先，通勤时间在很大程度上取决于一个人何时离开家或工作场所。如果一个人在高峰时间出行，通勤时间会更长。下雨、下雪或浓雾等天气状况会减慢通勤速度。如果这一天是学校假期，就像暑假一样，那么通勤就会比上学时轻松。如果有道路施工，通勤时间通常会更长。当有多个不利因素在起作用时，通勤时间将比只有一个孤立因素在起作用时更长。这种“if-then”的知识基于先前的通勤经验，当一个或多个因素发挥作用时，我们的经验在我们的大脑中创建了一个模型，我们在出发之前就在脑海中运行这个模型！

以住房抵押贷款违约为例，假设平均整体违约率为 2%。一般人拖欠抵押贷款的可能性为 2%。然而，如果某个人的信用记录高于平均水平（或优秀），那么他违约的可能性将低于平均水平。此外，如果一个人知道他的年收入相对于贷款值高于平均水平，那么违约的可能性就会进一步下降。随着对影响结果的因素的证据越来越多，可以利用概率论对结果进行改进猜测。朴素贝叶斯算法利用属性和类标签之间的概率关系。该算法对属性之间的独立性做了一个强硬的、有时是*天真*的假设，它因此而得名。属性之间的独立性假设可能并不总是正确的。可以假设年收入和房屋价值是相互独立的。然而，高收入的房主倾向于购买更昂贵的房子。虽然独立假设并不总是成立，但算法的简单性和鲁棒性抵消了独立假设带来的限制。

预测和过滤垃圾邮件

垃圾邮件是发送给大量电子邮件用户的未经请求的批量邮件。充其量，它是一个恼人的发件人，但许多垃圾邮件通过刊登虚假广告或重定向点击到钓鱼网站隐藏恶意意图。过滤垃圾邮件是电子邮件服务提供商和管理员提供的基本功能之一。关键的挑战是在不正确地将合法电子邮件标记为垃圾邮件（假阳性）和不捕获所有垃圾邮件之间取得平衡。没有完美的垃圾邮件过滤解决方案，垃圾邮件检测是一个追赶的游戏。垃圾邮件发送者总是试图欺骗和智胜垃圾邮件过滤器，而电子邮件管理员则加强过滤器的各种新的垃圾邮件场景。基于算法的垃圾邮件自动过滤提供了一个很有前途的解决方案，将垃圾邮件包含在学习框架中以更新不断变化的过滤解决方案（Process Software，2013）。

有些词在垃圾邮件中出现的频率比在合法的电子邮件中要高。例如，垃圾邮件中出现 free、mortgage、credit、sale、Viagra 等单词的概率要高于普通邮件。若有以前已知的垃圾邮件和普通邮件的样本，准确的概率可以计算出来。根据已知的单词概率，可以根据电子邮件中的所有单词以及每个单词出现在垃圾邮件和普通邮件中的概率计算出电子邮件成为垃圾邮件的总体概率。这是贝叶斯垃圾邮件过滤系统的基础（Zdziarski, 2005）。任何被用户随后重新分类的错误分类的垃圾邮件（通过将其标记为垃圾邮件）都是一个改进模型的机会，使垃圾邮件过滤适应新的垃圾邮件技术。虽然目前的垃圾邮件减少方法使用不同的算法组合，但基于贝叶斯的垃圾邮件过滤仍然是垃圾邮件预测系统的基本元素之一（Sahami, Dumais, Heckerman，& Horvitz, 1998）。

4.4.1　工作原理

朴素贝叶斯算法是建立在贝叶斯定理的基础上的，贝叶斯定理是以牧师托马斯·贝叶斯命名的。贝叶斯的工作被描述在“面向解决机会主义问题的论文”（1763 年），他死后由理查德·普赖斯出版在《伦敦皇家学会哲学汇刊》上。贝叶斯定理是统计学和概率论中最有影响和最重要的概念之一。它提供了一个数学表达式，说明主观信念的程度如何变化，以解释新的证据。首先，需要讨论贝叶斯定理中使用的术语。

假设 X 是证据（属性集），Y 是结果（类标签）。这里 X 是一个集合，不是单独的属性，因此，$X=\{X_1,X_2,X_3,\cdots,X_n\}$，其中 X_i 是单个属性，如信用评级。输出 $P(Y)$ 的概率称为先验概率，可以通过训练数据集计算。先验概率表示给定数据集中结果的可能性。例如，在抵押贷款的情况下，$P(Y)$ 是房屋抵押贷款的违约率，为 2%。$P(Y|X)$ 称为条件概率，它提供了给定证据条件下的结果概率，即当 X 的值已知时。同样，使用抵押贷款的例子，$P(Y|X)$ 是已知个人信用历史的平均违约率。如果信用记录良好，那么违约的可能性可能低于 2%。$P(Y|X)$ 也称为后验概率。利用贝叶斯定理计算后验概率是数据科学的目标。这是一种结果的可能性，因为条件是已知的。

贝叶斯定理表示为：

$$P(Y\mid X)=\frac{P(Y)\times P(X\mid Y)}{P(X)} \tag{4.13}$$

$P(X|Y)$ 是另一个条件概率，称为类条件概率。$P(X|Y)$ 是给定结果情况下存在的条件概率。与 $P(Y)$ 类似，$P(X|Y)$ 也可以从训练数据集中计算出来。如果已知贷款违约的训练集，则可

以在违约为“是”的情况下，计算出信用评级为“优”的概率。如贝叶斯定理所示，类条件概率是计算后验概率的关键。$P(X)$ 基本上是证据的概率。在抵押贷款的例子中，这只是具有给定信用评级的个体的比例。要对新记录进行分类，可以为每一类 Y 计算 $P(Y|X)$，然后看看哪个概率“胜出”。在给定的条件 X 下，$P(Y|X)$ 值最大的类标记 Y 获胜。由于对于结果的每个类值，$P(X)$ 是相同的，所以不需要计算它，它可以假设为常数。更一般地，对于一个具有 n 个属性的例子集 $X=\{X_1,X_2,X_3,\cdots,X_n\}$，

$$P(Y\mid X)=\frac{P(Y)\times\prod_{i=1}^{n}P(X_i\mid Y)}{P(X)} \tag{4.14}$$

如果一个人知道如何计算类条件概率 $P(X|Y)$ 或 $\prod_{i=1}^{n}P(X_i\mid Y)$，那么很容易计算后验概率 $P(Y|X)$。因为对于 Y 的每一个值，$P(X)$ 是不变的，因此，对于每一个类值，计算式子中的分子 $P(Y)\times\prod_{i=1}^{n}P(X_i\mid Y)$ 就足够了。

为了进一步解释朴素贝叶斯算法的工作原理，我们将使用表 4.4 中修改后的高尔夫数据集。高尔夫表格是一个具有四个属性和一个类标签的人工数据集。注意，使用分类数据类型是为了便于解释（温度和湿度已从数值类型转换而来）。在贝叶斯理论中，天气状况是证据，决定打球还是不打球是信念。总共有 14 个例子，5 个不打球的例子，9 个打球的例子。我们的目标是根据表 4.4 中的数据集来预测玩家是否会在给定的天气条件下打球（是或否）。下面是对贝叶斯模型如何工作的逐步解释。

表 4.4　修改温度和湿度属性的高尔夫数据集

序号	温度 X_1	湿度 X_2	景色 X_3	刮风 X_4	打球（类标签）Y
1	高	中	晴天	假	不打球
2	高	高	晴天	真	不打球
3	低	低	雨天	真	不打球
4	中	高	晴天	假	不打球
5	低	中	雨天	真	不打球
6	高	中	阴天	假	打球
7	低	高	雨天	假	打球
8	低	中	雨天	假	打球
9	低	低	阴天	真	打球
10	低	低	晴天	假	打球
11	中	中	雨天	假	打球
12	中	低	晴天	真	打球
13	中	高	阴天	真	打球
14	高	低	阴天	假	打球

步骤 1：计算先验概率 $P(Y)$

先验概率 $P(Y)$ 是一个结果的概率。在这个例子集中，有两种可能的结果：打球和不打球。如表 4.4 所示，14 条记录中有 5 条属于“不打球”类，9 条属于“打球”类。结果的概率是：

$$P(Y=\text{不打球})=5/14$$

$$P(Y=\text{打球})=9/14$$

由于结果的概率是由数据集计算出来的，因此，如果使用抽样方法，那么用于数据科学的数据集必须能够代表总体。对于朴素贝叶斯模型来说，从总体中分层采样的数据是理想的。分层采样保证了样本中的类分布与总体相同。

步骤 2：计算类条件概率 $P(X_i|Y)$

类条件概率是，对于每一个类结果值，属性的每个取值的概率。对于所有属性（温度（X_1）、湿度（X_2）、景色（X_3）和刮风（X_4））以及每个不同的类结果值，都要重复此计算。下面是计算温度（X_1）的类条件概率的值。

对于温度属性的每个值，通过构造一个类条件概率表，如表 4.5 所示，可以计算出 $P(X_1|Y=\text{不打球})$ 和 $P(X_1|Y=\text{打球})$。数据集中有 5 条“Y= 不打球”的记录和 9 条“Y= 打球”的记录。在 5 条“Y= 不打球”记录中，可以计算出温度高、中、低时的发生概率。概率值将分别是 2/5、1/5 和 2/5。当结果为“Y= 打球”时，可以重复相同的过程。

表 4.5　类的温度条件概率

温度 (X_1)	$P(X_1\|Y=\text{不打球})$	$P(X_1\|Y=\text{打球})$
高	2/5	2/9
中	1/5	3/9
低	2/5	4/9

类似地，可以重复计算其他三个属性的类条件概率：湿度（X_2）、景色（X_3）和刮风（X_4）。这个类条件概率表如表 4.6 所示。

表 4.6　湿度、景色和刮风的条件概率

湿度 (X_2)	$P(X_2\|Y=\text{不打球})$	$P(X_2\|Y=\text{打球})$
高	2/5	2/9
低	1/5	4/9
中	2/5	3/9
景色 (X_3)	$P(X_3\|Y=\text{不打球})$	$P(X_3\|Y=\text{打球})$
阴天	0/5	4/9
雨天	2/5	3/9
晴天	3/5	2/9
刮风 (X_4)	$P(X_4\|Y=\text{不打球})$	$P(X_4\|Y=\text{打球})$
假	2/5	6/9
真	3/5	3/9

步骤 3：使用贝叶斯定理预测结果

利用类条件概率表，目前所有的准备可以用于预测任务。如果一个新的、未标记的测试记录（见表 4.7）具有如下条件：温度为高，湿度为低，景色为晴天，无风，那么类标签预测会是什么？打球还是不打球？通过计算 Y 的两个值的后验概率 $P(Y|X)$，可以基于贝叶斯定理预测结果类。一旦计算出 $P(Y=\text{打球}|X)$ 和 $P(Y=\text{不打球}|X)$，就可以确定哪种结果具有更高的概率，预测结果是具有最高概率的结果。使用式（4.14）计算两个条件概率，只计算分子部分就足够了，因为 $P(X)$ 对于两个结果类都是相同的（见表 4.7）。

表 4.7　测试记录

序号	温度 X_1	湿度 X_2	景色 X_3	刮风 X_4	打球（类标签）Y
未标记的测试	高	低	晴天	假	?

$$P(Y=\text{打球}\mid X)=\frac{P(Y)*\prod_{i=1}^{n}p(X_i\mid Y)}{P(X)}$$

$$=\frac{\begin{array}{c}P(Y=\text{打球})*\{P(\text{温度}=\text{高}\mid Y=\text{打球})*P(\text{湿度}=\text{低}\mid Y=\text{打球})*\\ P(\text{景色}=\text{晴天}\mid Y=\text{打球})*P(\text{刮风}=\text{假}\mid Y=\text{打球})\}\end{array}}{P(X)}$$

$$= \frac{9/14*\{2/9*4/9*2/9*6/9\}}{P(X)}$$

$$= \frac{0.0094}{P(X)}$$

$$P(Y = \text{不打球} \mid X) = 5/14*\{2/5*4/5*3/5*2/5\}$$

$$= \frac{0.0274}{P(X)}$$

通过将条件概率除以 (0.0094+0.027) 得到以下公式，可以对两个估计值进行归一化：

$$\text{打球的可能性} = \frac{0.0094}{0.0274+0.0094} = 26\%$$

$$\text{不打球的可能性} = \frac{0.0094}{0.0274+0.0094} = 74\%$$

在这种情况下 $P(Y=$ 打球 $|X) < P(Y=$ 不打球 $|X)$，因此，未标记的测试记录的预测将是“不打球”(play=no)。

一旦人们超越概率概念，贝叶斯建模就相对容易理解，并且很容易在几乎任何编程语言中实现。模型构建的计算非常简单，涉及创建概率查找表。贝叶斯建模在处理缺失值方面非常强大。如果测试示例集不包含值（假设温度值不可用），贝叶斯模型只是省略了所有结果的相应类条件概率。在决策树和回归算法中难以处理测试集中的缺失值，特别是当缺失属性在决策树的节点中使用得更高或在回归中具有更多权重时。即使朴素贝叶斯算法对缺失属性很鲁棒，但它确实有一些局限性。以下是一些最重要的限制和缓解方法。

问题 1：不完整的训练集

当测试记录中的属性值在训练记录中没有示例时，将会出现问题。在高尔夫数据集（见表 4.4）中，如果看不见的测试示例包含属性值“景色 = 阴天”(Outlook=overcast)，则 $P($ 景色 = 阴天 $|Y=$ 不打球 $)$ 的概率为零。即使属性的类条件概率之一为零，根据贝叶斯方程的性质，整个后验概率也将为零。

$$P(Y = \text{不打球} \mid X) = \frac{P(Y = \text{不打球}) * \{P(\text{温度} = \text{高} \mid Y = \text{不打球}) * P(\text{湿度} = \text{低} \mid Y = \text{不打球}) * P(\text{景色} = \text{阴天} \mid Y = \text{不打球}) * P(\text{刮风} = \text{假} \mid Y = \text{不打球})\}}{P(X)}$$

$$= \frac{5/14*\{2/5*1/5*0*2/5\}}{P(X)}$$

$$= 0$$

在这种情况下 $P(Y=$ 打球 $|X) > P(Y=$ 不打球 $|X)$，测试例将被分类为打球。如果没有任何其他属性值的训练记录，例如，结果是打球时，温度为低，那么两个结果的概率 $P(Y=$ 不打球 $|X)$ 和 $P(Y=$ 打球 $|X)$ 也将为零，由于这个困境，将会造成一个武断的预测。

为了缓解这个问题，可以为丢失的记录分配较小的违约概率，而不是零。使用这种方法，属性值的缺失不会消除 $P(X|Y)$ 的值，尽管它会将概率降低到一个很小的值。这种技术叫作拉普拉斯校正。拉普拉斯校正在所有的类条件概率中增加一个受控误差。如果训练集包含“景色 = 阴天”，则 $P(X|Y=$ 打球 $)=0$。景色的所有三个值的类条件概率分别为 0/5、2/5 和 3/5，且 $Y=$ 不打球。可以通过在所有分子上加 1 并在所有分母上加 3 增加受控误差，所以类条件概率是 1/8、3/8 和 4/8。所有类条件概率的和仍然是 1。一般情况下，拉普拉斯修正由

修正概率给出：

$$P(X_i\,|\,Y)=\frac{0+\mu p_3}{5+\mu},\frac{2+\mu p_2}{5+\mu},\frac{3+\mu p_2}{5+\mu}\tag{4.15}$$

其中 $p_1+p_2+p_3=1$ 且 μ 是修正值。

问题 2：连续属性

如果属性具有连续的数值而不是标称值，则此解决方案将不起作用。连续值可以通过离散化转化为标称值，其方法与前面讨论的方法相同。但离散化需要对区间进行主观判断，从而导致信息的丢失。或者，可以保留连续值，并使用概率密度函数。假设数值属性的概率分布服从正态分布或高斯分布。如果已知属性值遵循其他一些分布，如泊松分布，则可以使用等效概率密度函数。正态分布的概率密度函数为：

$$f(x)=\frac{1}{\sqrt{2\pi\sigma}}\mathrm{e}^{\frac{(x-\mu)^2}{2\sigma^2}}\tag{4.16}$$

其中 μ 是均值和 σ 是样本的标准差。

在表 4.8 所示的高尔夫数据集中，温度和湿度是连续属性。在这种情况下，可以计算温度和湿度类标签（打球和不打球）的平均值和标准差（见表 4.9）。

表 4.8　具有连续属性的高尔夫数据集

序号	景色 X_1	湿度 X_2	温度 X_3	刮风 X_4	打球 Y
1	晴天	85	85	假	no
2	晴天	80	90	真	no
6	雨天	65	70	真	no
8	晴天	72	95	假	no
14	雨天	71	80	真	no
3	阴天	83	78	假	yes
4	雨天	70	96	假	yes
5	雨天	68	80	假	yes
7	阴天	64	65	真	yes
9	晴天	69	70	假	yes
10	雨天	75	80	假	yes
11	晴天	75	70	真	yes
12	阴天	72	90	真	yes
13	阴天	81	75	假	yes

如果未标记的测试记录其湿度值为 78，则对于两种结果，可以使用式（4.16）计算概率密度。对于结果“打球”，如果将值 x=78，μ=73，σ=6.16 插入概率密度函数中，则等式求值为 0.04。类似地，对于结果“不打球”，可以代入 x=78，μ=74.6，σ=7.89，并计算概率密度，得 0.05：

表 4.9　连续属性的平均值和偏差

“打球”的值		湿度 X_2	温度 X_3
Y=no	平均值	74.60	84.00
	偏差	7.89	9.62
Y=yes	平均值	73.00	78.22
	偏差	6.16	9.88

$$P(\text{温度}=78|Y=\text{打球})=0.04$$

$$P(\text{温度}=78|Y=\text{不打球})=0.05$$

这些值是概率密度而不是概率。在连续尺度中，温度恰好在某一特定值处的概率为零。相反，概率是在一个范围内计算的，比如温度从 77.5 到 78.5 单位。由于相同的范围用于计算两种结果的概率密度（打球和不打球），所以没有必要计算实际的概率。因此，可以用贝叶斯公式（式（4.14））代替这些温度值来计算类条件概率 $P(X|Y)$。

问题 3：属性独立性

朴素贝叶斯模型的一个基本假设是属性独立性。贝叶斯定理只对独立属性有保证。在现实生活中的许多情况下，这是一个相当严格的条件。这就是为什么该技术被称为“朴素”贝叶斯，因为它假定属性的独立性。在实践中，朴素贝叶斯模型在具有轻微相关性时工作得很好（Rish, 2001）。这个问题可以通过预处理数据来解决。在应用朴素贝叶斯算法之前，删除强相关属性是有意义的。在所有属性是数值属性的情况下，这可以通过计算加权相关矩阵来实现。贝叶斯定理的一个高级应用称为贝叶斯信念网络，旨在处理具有属性依赖关系的数据集。

分类属性的独立性可以由卡方检验（χ^2）测试。卡方检验是通过创建一个观察频率的列联表来计算的，如表 4.10a 所示。列联表是一个包含两个属性的简单交叉表。

根据公式建立期望频率（见表 4.10B）的列联表：

$$E_{r,c}=\frac{\text{行总数}\times\text{列总数}}{\text{表格总数}} \tag{4.17}$$

卡方统计量（χ^2）计算这两个表之间的差异的总和。χ^2 由式（4.18）计算。在这个等式中，O 为观察频率，E 为期望频率：

$$\chi^2=\sum\frac{(O-E)^2}{E} \tag{4.18}$$

如果卡方统计量（χ^2）小于从给定置信水平的卡方分布计算的临界值，则可以假设所考虑的两个变量是独立的，用于实际目的。

表 4.10　观察频率 (a) 和期望频率 (b) 的列联表

景色	(a) 刮风—观察频率			景色	(b) 刮风—期望频率		
	假	真	总计		假	真	总计
阴天	2	2	4	阴天	2.29	1.71	4
雨天	3	2	5	雨天	2.86	2.14	5
晴天	3	2	5	晴天	2.86	2.14	5
总计	8	6	14	总计	8	6	14

4.4.2　实现过程

朴素贝叶斯模型是少数几种可以在任何编程语言中轻松实现的数据科学技术之一。由于可以在模型构建阶段准备条件概率表，因此在运行时快速执行模型。数据科学工具具有专用的朴素贝叶斯分类器功能。在 RapidMiner 中，“朴素贝叶斯”（Naïve Bayes）操作符在路径 Modeling>Classification 下。构建模型并将其应用于新数据的过程与决策树和其他分类器类似。朴素贝叶斯模型可以接受数值属性和标称属性。

步骤 1：数据准备

表 4.8 中所示的高尔夫数据集可以在 RapidMiner 存储库部分的 Sample>Data 中找到。

只需在处理区域中拖放高尔夫数据集，就可以获得数据集的所有14条记录。在同一个存储库文件夹中，还有一个高尔夫测试数据集，其中包含一组用于测试的14条记录。两个数据集都需要添加到主过程区域。由于贝叶斯操作符接受数值和标称数据类型，因此不需要其他数据转换过程。采样是从大型数据集中提取训练数据集的一种常用方法。训练数据集的朴素贝叶斯建模对于训练数据集的代表性和与底层数据集的比例关系尤为重要。

步骤2：建模操作符和参数

“朴素贝叶斯”操作符现在可以连接到高尔夫训练数据集。“朴素贝叶斯”操作符只需要设置一个参数选项：是否包含拉普拉斯校正。对于较小的数据集，强烈建议使用拉普拉斯校正，因为一个数据集可能不具有每个类值的所有属性值组合。实际上，默认情况下，会检查拉普拉斯校正。“朴素贝叶斯”操作符的输出是模型和原始训练数据集。模型输出应该连接到“应用模型”（Apply Model）（位于模型应用（Model Application）文件夹中），以便在测试数据集中执行模型。“应用模型”操作符的输出是标记的测试数据集和模型。

步骤3：评估

使用“应用模型”操作符后得到的标记测试数据集将连接到“性能-分类”（Performance-Classification）操作符，以评估分类模型的性能。“性能-分类”操作符可以在路径 Evaluation>Performance Measurement>Performance 中找到。图4.35为完整的朴素贝叶斯预测分类过程。输出端口应该连接到结果端口，并且可以保存和执行过程。

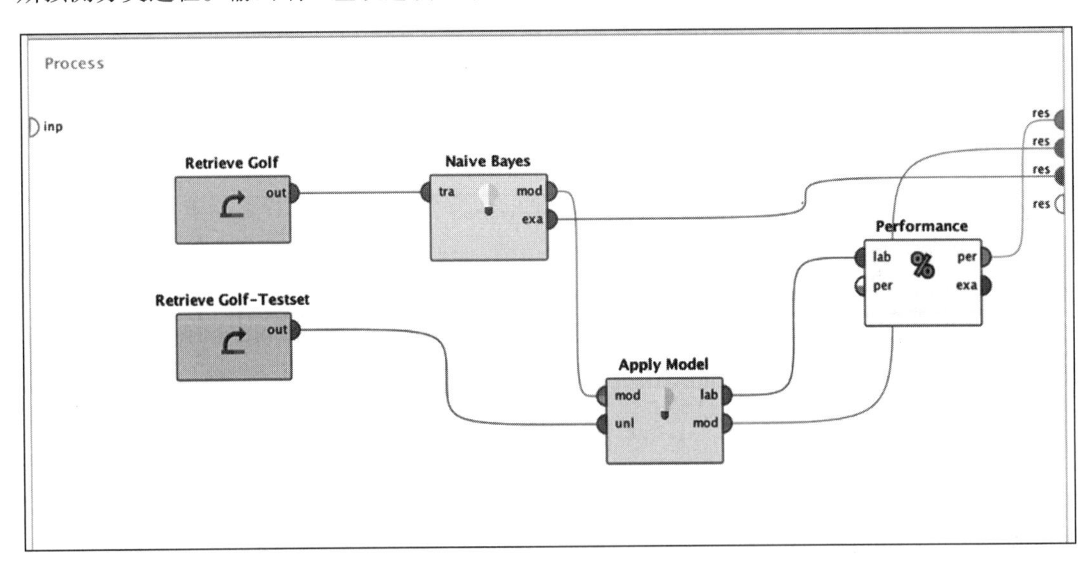

图4.35　朴素贝叶斯算法的数据挖掘过程

步骤4：执行和解释

图4.35所示的过程有三个结果输出：模型描述、性能向量和标记数据集。标记的数据集包含测试数据集，并将预测的类作为添加列。标记数据集还包含每个标记类的置信度，以表示预测强度。

模型描述结果包含了从训练数据集中得到的所有输入属性的类条件概率的更多信息。模型描述的图表选项卡（Charts tab）包含概率密度函数的属性，见图4.36。在连续属性的情况下，对于湿度属性，可以通过湿度属性的不同类标签识别决策边界。据观察，当湿度超过82时，“不打球”的可能性增加。图4.37所示的分布表包含类似于表4.5和表4.6的类条件概率表。

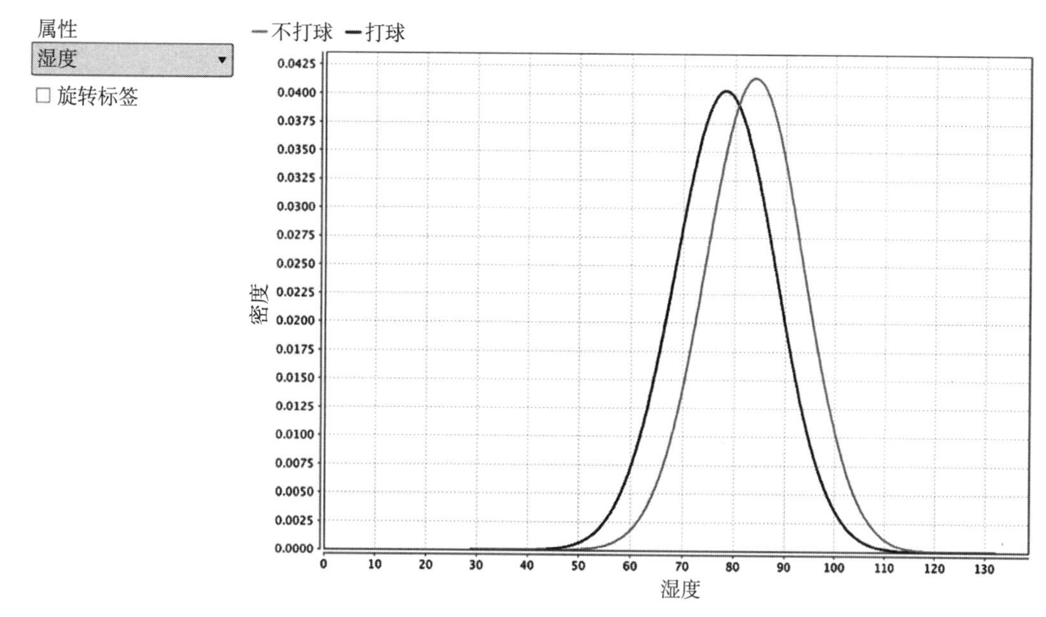

图 4.36　朴素贝叶斯模型输出：用于湿度属性的概率密度函数

Result History | ExampleSet (Retrieve Golf) | SimpleDistribution (Naive Bayes) | PerformanceVector (Performance)

Description
Charts
Distribution Table
Annotations

Attribute	Parameter	no	yes
Outlook	value=rain	0.392	0.331
Outlook	value=overcast	0.014	0.438
Outlook	value=sunny	0.581	0.223
Outlook	value=unknown	0.014	0.008
Temperature	mean	74.600	73
Temperature	standard deviation	7.893	6.164
Humidity	mean	84	78.222
Humidity	standard deviation	9.618	9.884
Wind	value=true	0.589	0.333
Wind	value=false	0.397	0.659
Wind	value=unknown	0.014	0.008

图 4.37　朴素贝叶斯分布表的输出

性能向量输出类似于前面讨论的分类算法。性能向量为预测的测试数据集提供了描述准确度、精度和召回率度量的混淆矩阵。

4.4.3　小结

贝叶斯算法为分类问题提供概率框架。它具有简单而完善的数据建模基础，对异常值和缺失值的处理非常强大。该算法广泛应用于文本挖掘和文档分类，其中应用具有大量要计算的属性和属性值。朴素贝叶斯分类器通常是开始数据科学项目的好方法，因为它是与其他模型进行比较的良好基准。在生产系统中实施贝叶斯模型非常简单，数据科学工具的使用是可选的。该模型的一个主要限制是独立属性的假设，可以通过高级建模来减轻或通过预处理降低属性间的依赖性。该技术的独特之处在于它在有新信息时利用新信息并尝试在考虑新证据的情况下做出最佳预测。通过这种方式，它与我们的思维方式非常相似。谈到大脑，下一个算法是模仿人类神经元的生物过程！

4.5 人工神经网络

有监督学习的目的是建模输入和输出变量之间的关系。神经网络技术通过模仿神经元生物学过程的结构，建立输入和输出变量之间的函数关系来解决这个问题。虽然该技术的开发人员使用了许多生物学术语来解释神经网络建模过程的内部工作原理，但它具有简单的数学基础。考虑线性模型：

$$Y=1+2X_1+3X_2+4X_3$$

其中 Y 是计算出的输出，X_1、X_2 和 X_3 是输入属性。1 是截距，2、3 和 4 分别是输入属性 X_1、X_2 和 X_3 的比例因子或系数。这个简单的线性模型可以用拓扑形式表示，如图 4.38 所示。

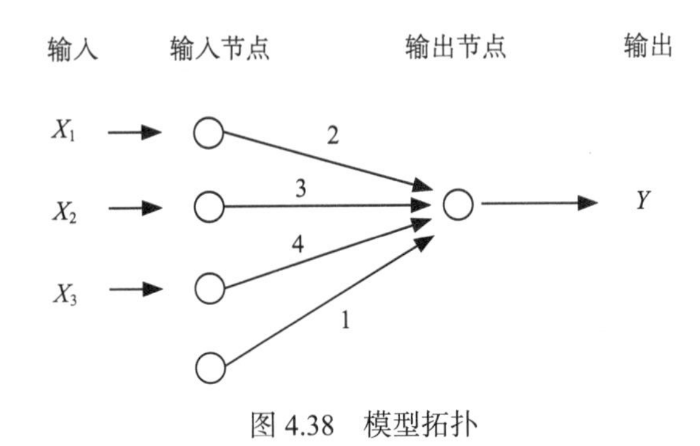

图 4.38 模型拓扑

在这个拓扑中，X_1 是输入值，通过一个节点（用一个圆圈表示）。然后，X_1 的值乘以它的权值，也就是 2，如连接器中所示。类似地，所有其他属性 (X_2 和 X_3) 都经过节点和缩放转换。最后一个节点是没有输入变量的特殊情况；它只有截距。最后，将所有连接器的值汇总到一个输出节点中，该节点生成预测的输出 Y。如图 4.38 所示的拓扑结构代表了一个简单的线性模型 $Y=1+2X_1+3X_2+4X_3$。该拓扑还表示了一个简单的人工神经网络（ANN）。神经网络对数据的复杂的非线性关系进行建模，通过自适应调整节点间的权值来学习。人工神经网络是一种受生物神经系统启发的计算和数学模型。因此，人工神经网络中使用的一些术语是从生物学上的对应词借用而来的。

在神经网络术语中，节点被称为*单元*。最接近输入的第一层节点称为输入层或输入节点。最后一层节点称为输出层或输出节点。输出层执行*聚合函数*，也可以具有*传递函数*。传递函数将输出缩放到所需的范围。输出层与聚合函数以及传递函数一起执行*激活函数*。这种简单的两层拓扑结构（如图 4.38 所示）具有一个输入层和一个输出层，称为*感知器*。这是人工神经网络最简单的形式。感知器是一种前馈神经网络，它的输入沿一个方向移动，拓扑结构中没有环路。

ANN 通常用于对输入和输出变量之间的*非线性*、复杂关系进行建模。除了输入层和输出层之外，拓扑中存在多个层（称为*隐藏层*）使这成为可能。一个隐藏层包含一层节点，用于连接先前层的输入并应用激活函数。现在通过更复杂的输入值组合计算输出，如图 4.40 所示。

生物神经元

神经系统中细胞的功能单位是神经元。由节点和连接器组成的神经网络与由神经元和连接构成的生物网络非常相似，每个节点都扮演一个神经元的角色。人类大脑中有近1000亿个神经元，它们相互连接，形成了人体这个极其重要的器官（见图4.39）。大多数动物都有神经元细胞；它们通过电信号和化学信号传递信息。一个神经元与另一个神经元之间的连接是通过突触实现的。神经元由一个胞体、一个由胞体形成的薄结构（称为树突）和一个称为轴突的长线性细胞延伸组成。神经元由许多树突和轴突组成。一个神经元的轴突通过突触与另一个神经元的树突相连，电化学信号从一个神经元传递到另一个神经元。人类大脑中大约有100万亿个突触。

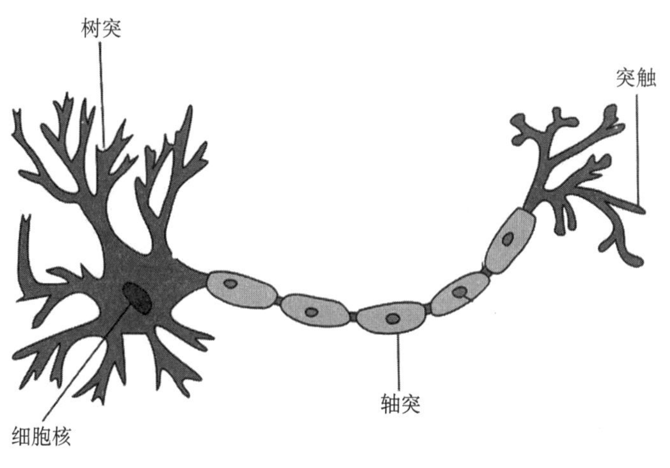

图4.39　神经元的解剖。从原始的“神经元手动调整”修改而来

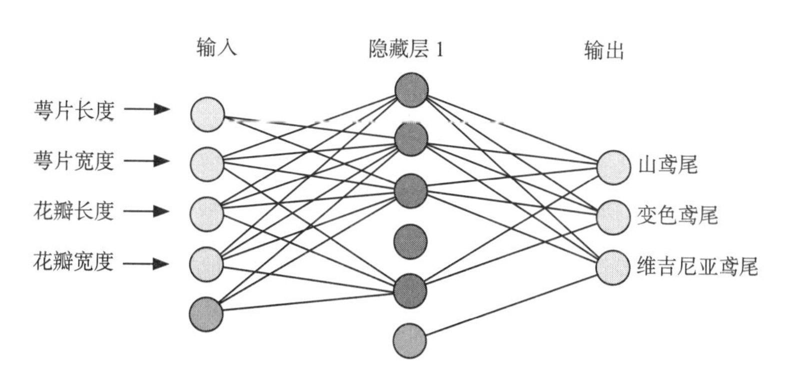

图4.40　一个神经网络模型的拓扑

以鸢尾花数据集为例。它有四个输入变量（萼片长度、萼片宽度、花瓣长度和花瓣宽度），有三类（I. setosa, I. versicolor, I. virginica）。基于鸢尾花数据集的ANN生成一个三层结构（层的数量可以由用户指定），有三个输出节点，每个类变量一个。对于分类标签问题，就像预测鸢尾属植物的种类一样，ANN为每个类的类型提供输出。根据输出类标签的最大值选择获胜类的类型。图4.40所示的拓扑结构是一个具有一个隐藏层的前馈神经网络。当然，根据要解决的问题，可以使用具有多个隐藏层的拓扑，甚至可以使用循环，其中一层的输出用作前一层的输入。第10章介绍了更复杂的拓扑来解决复杂的用例。在神经网络建模中，指定要使用的拓扑结构是一个挑战。

在输出节点中使用的激活函数由聚合函数（通常是摘要）和传递函数组合而成。

常用的传递函数有：S 形、正常钟形曲线、逻辑函数、双曲或线性函数。S 形和钟形曲线的目的是为特定范围内的值提供线性变换，为其余值提供非线性变换。由于传递函数和多个隐藏层的存在，人们可以建模或非常紧密地近似输入变量和输出变量之间的任何数学连续关系。因此，多层 ANN 称为通用逼近器。但是，存在多个用户选项（例如，拓扑、传递函数和许多隐藏层）使得搜索最佳解决方案非常耗时。

光学字符识别（OCR）

字符识别是将手写文本翻译成数字字符的过程。它在日常生活中有许多实际应用，包括将手写笔记转换成标准文本、通过查看邮政编码（邮政区号）自动分类邮件、自动输入表单和应用程序中的数据、将经典书籍数字化、车牌识别等。它是如何工作的？

基本上，字符识别有两个步骤：数字化和预测模型。在数字化步骤中，每个字符都转换为一个数字矩阵，例如 12×12 像素，其中每个单元格根据手写字符覆盖获取 0 或 1 的值。输入向量现在有 144 个二进制属性（12×12），表示手写字符的信息。假设目标是解码一个手写的数字邮政编码（Matan et al.，1990）。

可以开发一个 ANN 模型，它接受 144 个输入，有 10 个输出，每个输出表示来自 0 到 9 的一个数字。该模型的学习方法必须是，当输入矩阵被输入时，其中一个输出显示最高的信号以表示对字符的预测。由于神经网络具有适应性强、部署相对容易的特点，因此在字符识别、图像处理和相关应用中得到了越来越多的应用（Li,1994）。这个特定的用例也是一个例子，在这个例子中，模型的解释方面可能不那么重要，因为没有人确切地知道人类大脑是如何做的。因此，只要模型具有可接受的性能，就不太可能期望模型是可理解的。人工神经网络模型不容易解释，而且在许多情况下，仅这一点就会使人们在数据科学技术中不考虑它。真希望不是这样！

4.5.1　工作原理

人工神经网络通过一种称为反向传播的技术来学习输入属性和输出类标签之间的关系。对于给定的网络拓扑结构和激活函数，关键的训练任务是找到链路的权值。这个过程相当直观，与生物神经元中的信号传输非常相似。该模型利用每条训练记录来估计预测输出与实际输出之间的误差。然后，模型使用误差来调整权重，使下一条训练记录的误差最小化，重复这个步骤，直到误差落在可接受的范围内（Laine, 2003）。从一个步骤到另一个步骤的学习率应该得到正确的管理，这样模型就不会过度修正。从训练数据集开发人工神经网络的步骤如下。

步骤 1：确定拓扑和激活函数

在本例中，假设一个数据集有三个数值输入属性（X_1, X_2, X_3）和一个数值输出（Y），为了对关系进行建模，使用了一个两层拓扑结构和一个简单的聚合激活函数，如图 4.41 所示。本例中没有使用传递函数。

步骤 2：初始化

假设这四个链接的初始权重是 1、2、3 和 4。以一个示例模型和一个训练记录为例，所有输入为 1，已知输出为 15。X_1、X_2、X_3 为 1，输出 Y 为 15。图 4.42 为第一个训练记录的初始化。

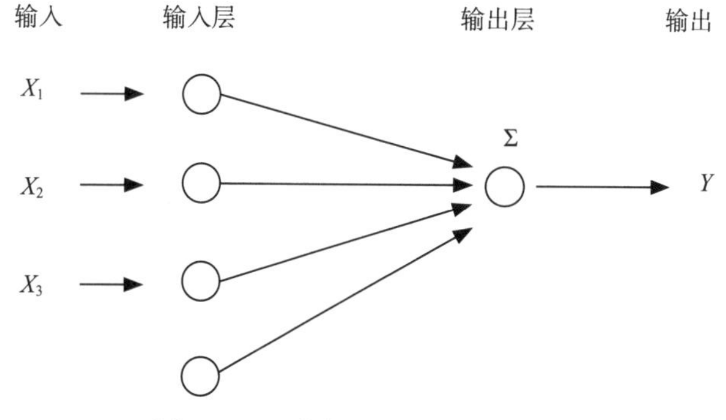

图 4.41　具有摘要聚合的两层拓扑

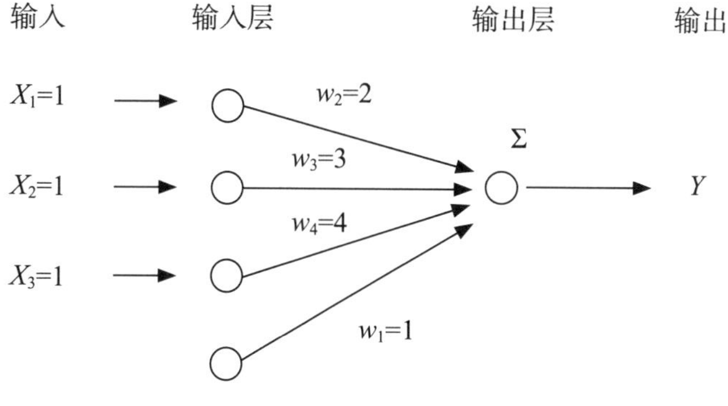

图 4.42　初始化和首次训练记录

步骤 3：计算误差

图 4.42 中记录的预测输出可以计算出来。当输入数据通过节点并计算输出时，这是一个简单的前馈过程。根据当前模型，预测的输出 $\overline{Y}$ 为 1+1 × 2+1 × 3+1 × 4=10。训练记录实际输出与预测输出之差为模型误差：

$$e = Y - \overline{Y}$$

这个训练记录样例的误差为 15−10=5。

步骤 4：权重调整

在人工神经网络中，权重调整是学习过程中最重要的环节。上一步计算的误差将从输出节点以相反的方向传递回所有其他节点。链接的权重依据部分误差根据它们的旧值调整。应用到误差的比例 λ 叫作学习速率。λ 值从 0 到 1。接近 1 的值会导致每个训练记录的模型发生剧烈变化，而接近 0 的值则会导致较小的变化，从而导致更少的纠正。链接的新权重（w）是旧权重（w'）和学习速率与误差比例的乘积 ($\lambda \times e$) 之和。

$$w=w'+\lambda \times e$$

在实施 ANN 时，λ 的选择可能很棘手。一些模型过程开始时 λ 接近 1，并在训练每个周期时减小 λ 的值。通过这种方法，训练周期后期的任何异常值记录都不会降低模型的相关性。图 4.43 显示了拓扑中的误差传播。

第一个链接的当前权重是 w_2=2。假设学习速率为 0.5。新的权重是 w_2=2+0.5 × 5/3=2.83。误差除以 3，因为误差从输出节点反向传播回三个链接。类似地，将对所有链接调整权重。在下一个循环中，将为下一个训练记录计算一个新的误差。这个循环一直持续到所有的训练记录都被迭代运行处理。可以重复相同的训练示例，直到误差率小于阈值。这是一个非常简单的人工神经网络案例。实际上，将有多个隐藏层和多个输出链接——每个标称类值对应一个输出链接。由于数值计算的原因，人工神经网络模型能够很好地处理数值输入和输出。如果输入包含一个标称属性，则应该包含一个预处理步骤，将标称属性转换为多个数值属性——每个属性值对应一个数值属性。这个过程类似于引入虚拟变量，我们将在第12章中进一步探讨。在标称属性的情况下，这种特定的预处理增加了神经网络的输入链接数量，从而增加了必要的计算资源。因此，ANN更适合数字数据类型的属性。

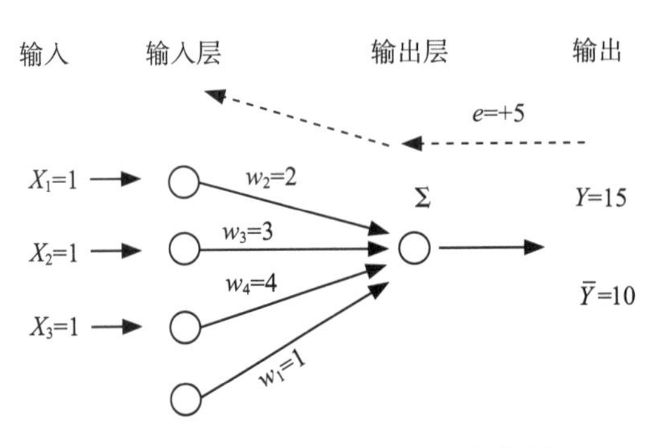

图4.43　神经网络的误差反向传播

4.5.2　实现过程

人工神经网络是数据科学工具中最流行的算法之一。在RapidMiner中，Classification文件夹中有ANN模型操作符。有三种类型的模型可用：一个简单的单输入单输出层的感知器；一个灵活的ANN模型（称为Neural Net），具有全参数的完整模型构建；一个高级的AutoMLP算法。AutoMLP（用于自动多层感知器）结合了遗传算法和随机算法的概念。它利用具有不同参数（如隐藏层和学习率）的神经网络的集成组。它还通过将性能最差的模型替换为性能更好的模型来进行优化，并保持最佳解决方案。在接下来的讨论中，我们将重点讨论“神经网络”(Neural Net)模型操作符。

步骤1：数据准备

用鸢尾花数据集来演示人工神经网络的实现。鸢尾花数据集的所有四个属性都是数值的，输出有三个类。因此，神经网络模型将有四个输入节点和三个输出节点。人工神经网络模型不适用于分类或标称数据类型。如果输入具有标称属性，则应该使用数据转换将其转换为数值属性，参见第15章。在本例中，“重命名”（Rename）操作符用于命名鸢尾花数据集的四个属性，“分割数据”（Split Data）操作符用于将150条鸢尾花记录平均分割为训练数据和测试数据。

步骤2：建模操作符和参数

训练数据集与“神经网络”操作符相连接。“神经网络”操作符接受实数数据类型并对值进行归一化。以下这些参数在ANN中可以让用户在模型中进行修改和自定义：

1）*隐藏层*：确定隐藏层的数量、每个隐藏层的大小和每个层的名称，以便在输出屏幕中容易识别。节点的默认大小为 −1，由（属性数 + 类数）/2+1 计算。可以通过指定一个数字覆盖缺省节点大小，而不包括每个层的无输入阈值节点。

2）*训练循环*：这是一个训练循环重复的次数；默认值是500。在神经网络中，每次考虑训练记录时，之前的权值都是不同的，因此需要多次重复这个循环。

3）*学习速率*：λ 的值决定了反向传播误差的变化敏感度。它的值从 0 到 1。接近于 0 的值意味着新的权重将更多地基于先前的权重，而更少地基于误差纠正。接近 1 的值主要基于误差修正。

4）*动量*：这个值用于防止局部最大值，并通过将以前的权重的部分添加到当前权重中来获得全局优化的结果。

5）*衰减*：在神经网络训练过程中，理想的误差应该在训练记录序列的后半部分最小。人们不希望由于最近几条记录中的任何异常记录而产生较大的误差，因为这会影响模型的性能。衰减降低了学习速率的值，使其在最后一个训练记录接近于 0。

6）*洗牌*：如果训练记录是排序的，可以通过洗牌来随机化序列。序列对模型有一定的影响，特别是当表现出非线性特征的一组记录都集中在训练集的最后一段时。

7）*归一化*：使用 S 形传递函数的节点期望输入范围在 −1 到 1 之间。输入的任何实值都应该在 ANN 模型中归一化。

8）*误差* ε：神经网络模型的目标应该是使误差最小化，而不是使误差为零，此时模型会记忆训练集并降低性能。当误差小于一个称为误差 ε 的阈值时，模型的建立过程就可以停止。

“神经网络”操作符的输出可以连接到“应用模型”操作符，这是每个数据科学工作流的标准。“应用模型”操作符还从用于测试数据集的“分割数据”操作符处获取输入数据集。“应用模型”操作符的输出是已标记的测试数据集和 ANN 模型。

步骤 3：评估

将使用“应用模型”操作符后标记的数据集输出连接到“性能 - 分类”操作符，以评估分类模型的性能。图 4.44 为完整的 ANN 预测分类过程。输出连接应该连接到结果端口，并且过程可以保存和执行。

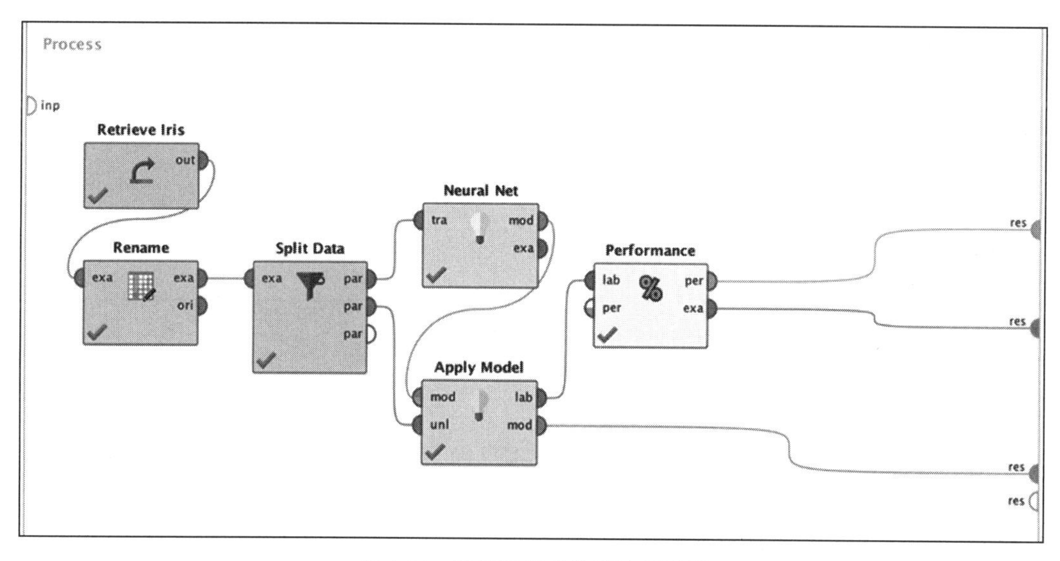

图 4.44　神经网络的数据挖掘过程

步骤 4：执行和解释

模型的输出结果窗口提供了一个关于 ANN 模型拓扑结构的可视化视图。图 4.45 显示了模型输出拓扑。通过单击一个节点，可以获得到该节点传入链接的权重。链接的颜色表示相对权重。模型窗口的描述（Description）选项卡提供链接权重的实际值。

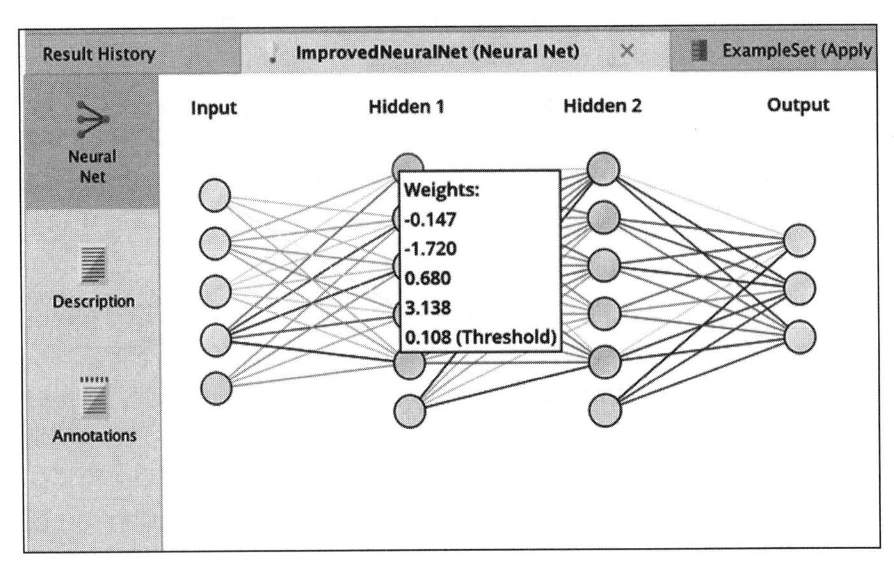

图 4.45　具有三个隐藏层和四个属性的神经网络模型的输出

输出性能向量可以检验为鸢尾花数据集建立的神经网络模型的准确性。图 4.46 显示了模型的性能向量。一个具有默认参数选项、输入数据和训练集等分割的两层 ANN 模型实现了 93% 的准确率。在 75 个例子中，只有 5 个分类错误。

vedNeuralNet (Neural Net) ExampleSet (Apply Model) PerformanceVector (Performance)

Table View　Plot View

accuracy: 93.33%

	true Iris-setosa	true Iris-versicolor	true Iris-virginica	class precision
pred. Iris-setosa	20	0	0	100.00%
pred. Iris-versicolor	0	25	3	89.29%
pred. Iris-virginica	0	2	25	92.59%
class recall	100.00%	92.59%	89.29%	

图 4.46　人工神经网络的性能向量

4.5.3　小结

神经网络模型需要严格的输入约束和预处理。如果测试示例缺少属性值，模型就不能工作，类似于回归或决策树模型。缺失值可以用平均值或任何缺省值替换，以减轻约束。人工神经网络不能很好地解释输入和输出之间的关系。由于存在隐藏层，因此理解模型相当复杂。在许多数据科学应用中，模型的解释和预测本身一样重要。决策树、归纳规则和回归可以更好地解释模型。

建立一个参数优化的人工神经网络模型需要时间。这取决于训练记录和迭代的数量。对于每个隐藏层中的节点和节点的数量没有一致的指导原则。因此，需要尝试许多参数来优化参数的选择。然而，一旦建立了模型，就很容易实现，并且一个新的未知记录会很快被分类。

人工神经网络不处理分类输入数据。如果数据有标称值，则需要将其转换为二进制值或实数值。这意味着一个输入属性会爆炸成多个输入属性，并成倍地增加节点、链接和复杂性。此外，将非序数分类数据（如邮政编码）转换为数值，为 ANN 提供了进行数值计算的机会，这是没有意义的。然而，在人工神经网络模型中，拥有冗余的相关属性并不是一个问题。如果示例集很大，具有异常值不会降低模型的性能。但是，异常值会影响信号的归一化，归一化也是大多数 ANN 模型对输入属性的要求。由于模型的建立是通过增量误差修正来实现的，因此人工神经网络可以产生局部最优解作为最终模型。通过管理动量参数来衡量更新，可以降低这种风险。

虽然用人工神经网络解释模型比较困难，但是对测试实例的快速分类使得人工神经网络对异常检测和分类问题非常有用。人工神经网络通常用于欺诈检测，这是一种输入和输出之间的关系是非线性的计分情况。如果需要处理高度非线性情形，且需要快速实时的性能，那么人工神经网络是合适的。

4.6 支持向量机

支持向量算法是一个相对较新的概念，就像许多其他机器学习技术一样。Cortes（1995）在 AT&T 贝尔实验室研究光学字符识别算法时，首次正式介绍了这个概念。

“支持向量机”（SVM）这个术语对于数据科学算法来说是一个令人困惑的名字。事实上，这个术语非常不恰当：实际上没有专门的硬件。但它是一种功能强大的算法，在从模式识别到文本挖掘的各种应用中都非常成功。支持向量机通过同等地从计算机科学、统计学和数学优化理论三个主要领域获取技术，强调了数据科学的跨学科性质。

首先，将介绍支持向量机特有的基本术语和定义。然后利用一个简单的线性数据集和一个稍微复杂一点的非线性数据集来解释该算法的功能。本节基于实例的演示介绍如何在实践中实现支持向量机，在此之前，先对算法的工作原理进行简要的数学解释。最后，将重点介绍支持向量机在某些情况下比其他分类技术表现更好的方式，并将描述支持向量机的优点和缺点。

概念和术语

在基本层面上，SVM 是一种分类方法。它的工作原理是将边界拟合到所有相似点（即属于一个类）的区域。一旦在训练样本上拟合一个边界，对于任何需要分类的新点（测试样本），必须简单地检查它们是否在边界内。支持向量机的优点是一旦确定了边界，大部分训练数据都是冗余的。它所需要的只是一组*核心点*，这些点可以帮助识别和确定边界。这些数据点称为*支持向量*，因为它们“支持”边界。为什么叫向量？因为每个数据点（或观察值）都是一个向量：也就是说，它是一行数据，包含许多不同属性的值。

这个边界传统上称为*超平面*。在二维的一个简单例子中，这个边界可以是一条直线，也可以是一条曲线（如图 4.47 所示）。在三维空间中，它可以是平面，也可以是不规则的复杂曲面。高维是难以形象化的，因此超平面是三维以上边界的通称。

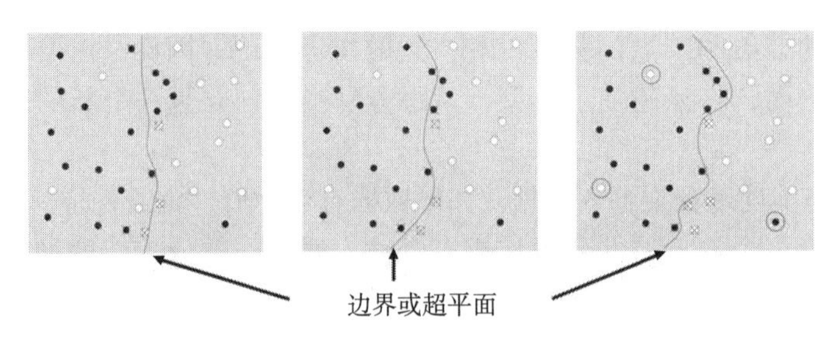

图 4.47 同一训练数据集的三个不同的超平面。此数据集中有两个类，分别显示为实心圆和空心圆

如图 4.47 所示，可以为同一数据集找到许多这样的超平面。哪一个是“正确的”？显然，将类与最小错误分类区分开来的边界是最好的。在所示的图像序列中，应用于第三个图像的算法似乎没有错误分类，并且可能是最好的。另外，确保两个区域（或类）之间的平均几何距离最大化的边界线甚至更好。该 n 维距离称为*边距*。因此，SVM 算法基本上运行优化方案以最大化该边距。这些用“X”标记的点是支持向量。

但是，并不总能确保数据能够完全分离。可能很少发现数据是线性可分的。当这种情况发生时，可能会有许多点在边界内。在这种情况下，最好的超平面是在边界内具有最小数量这样的点的超平面。为了确保这一点，对边界内的每个“污染物”都要收取惩罚，并选择具有最小总惩罚成本的超平面。在图 4.48 中，ξ 代表惩罚，即应用该超平面后出现的误差；并且使所有这些误差的总和最小化以得到最好的分离。

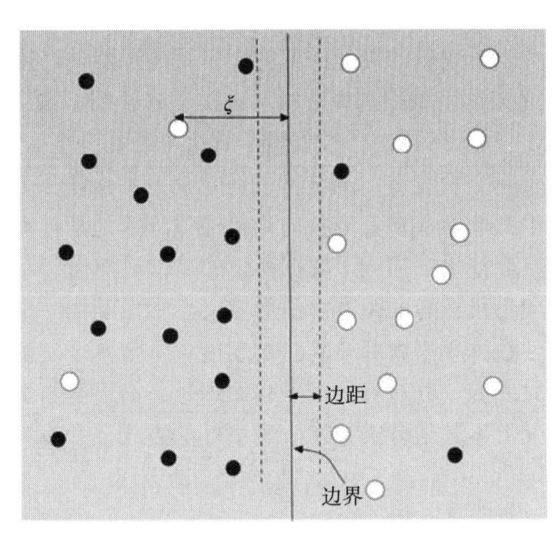

图 4.48 支持向量机（SVM）构建中的关键概念：边界、边距和惩罚 ξ

如果数据不是线性可分的（即使没有这种污染错误）会发生什么？例如，在图 4.49a 中，数据点主要属于两个类：内圈和外圈。显然，这两个类不是“线性可分的”。“线性可分的”即可以画一条直线来划分这两个类。然而，很明显，椭圆或圆形的“超平面”可以很容易地将这两个类分开。事实上，如果将一个简单的线性 SVM 应用于该数据，分类准确率将达到 46% 左右。

如何对如此复杂的特征空间进行分类？在本例中，一个简单的技巧是将两个变量 x 和 y 转换为一个包含 x（或 y）以及一个新的变量 $z=\sqrt{(x^2+y^2)}$ 的新特征空间。z 的表示就是一个圆的方程。当数据以这种方式转换时，得到的包含 x 和 z 的特征空间如图 4.49b 所示。这两个数据簇对应于圆环的两个半径：内簇平均半径约为 5.5，外簇平均半径约为 8.0。显然，这个新的问题在 x 维和 z 维上是线性可分的，可以用一个标准的 SVM 进行分类。当对转换后的数据运行线性 SVM 时，分类准确率为 100%。在对转换后的特征空间进行分类后，对转换进行反转换，得到原始特征空间。

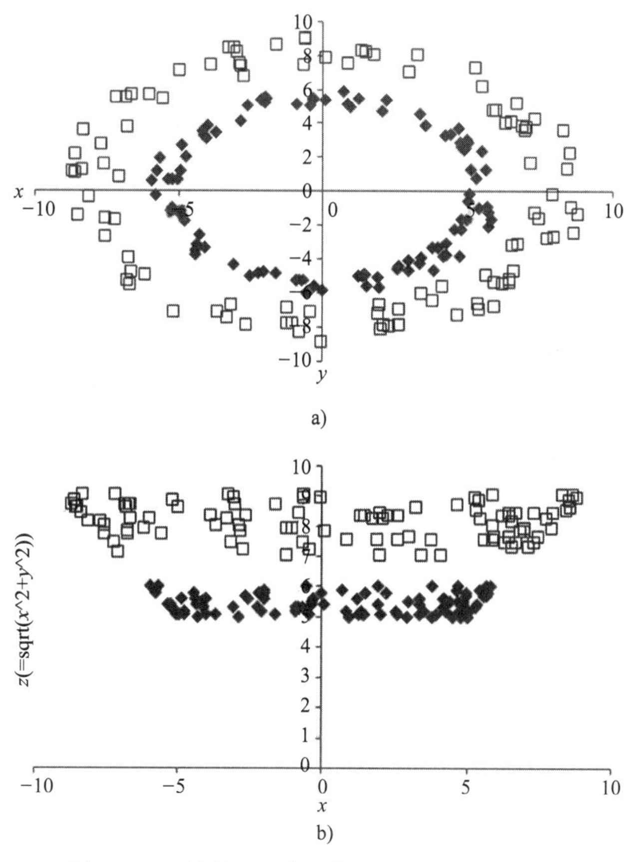

图 4.49　a) 线性不可分的类；b) 变换为线性可分

核函数为用户提供了将非线性空间转化为线性空间的选择。大多数包含 SVM 的包都有几个非线性内核，从简单的多项式基函数到 S 形函数。用户无需事先进行转换，只需选择合适的核函数即可；该软件将负责数据的转换、分类，并将结果重新转换回原始空间。

不幸的是，由于数据集中有大量属性，很难知道哪个核函数工作得最好。最常用的是多项式基函数和径向基函数。从实用的角度来看，从二次多项式开始，逐步深入到一些更奇特的核函数，直到达到所需的精度水平，这是一个好主意。支持向量机的这种灵活性是以计算为代价的。既然对支持向量机的工作原理有了直观的理解，那么就可以用更正式的数学解释来检验算法的工作。

4.6.1　工作原理

给定一个训练数据集，如何确定边界和超平面？在一个简单的线性可分数据集的情况下，将使用由两个属性（$\boldsymbol{x}_1$ 和 $\boldsymbol{x}_2$）组成的数据集。最终，通过使用合适的核，任何复杂的特征空间都可以映射成线性空间，所以这个公式适用于任何一般的数据集。此外，将算法扩展到两个以上的属性，在概念上很简单。这里涉及三个基本任务：第一步是找到每个类的边界。然后，最好的超平面 **H** 是使边距或到每个类边界的距离最大化的超平面（见图 4.48）。这两个步骤都使用训练数据。最后一步是确定给定的测试示例位于超平面的哪一侧，以便对其进行分类。

步骤 1：找到类边界。当将数据集中一个类中的每个点连接到该类中的其他各个点时，出现的轮廓定义了该类的边界。这个边界也称为凸包，如图 4.50 所示。

每个类都有自己的凸包，由于这些类（假设）是线性可分的，所以这些包彼此不相交。

步骤 2：找到超平面。有无穷多个可用超平面，其中两个如图 4.51 所示。怎样才能知道哪一个超平面使边距最大化呢？直观地说，我们知道 $\boldsymbol{H}_0$ 比 $\boldsymbol{H}_1$ 有更大的边距，但是如何从数学上确定呢？

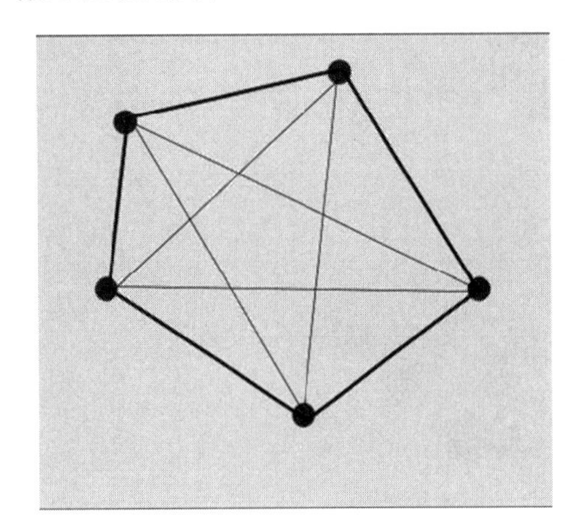

图 4.50　每一类数据的凸包

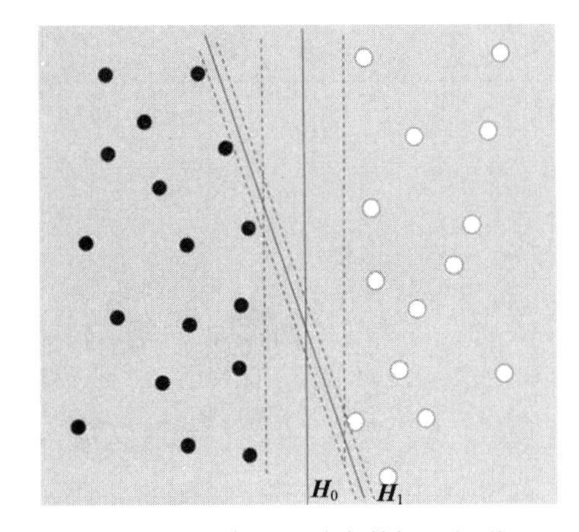

图 4.51　两个超平面都可以分离数据。很明显，$\boldsymbol{H}_0$ 更好

首先，任何超平面都可以用 x_1 和 x_2 这两个属性表示为：

$$\boldsymbol{H}=b+\boldsymbol{w}\cdot\boldsymbol{x}=0 \tag{4.19}$$

其中 $\boldsymbol{x}$ 是 (x_1, x_2)，权值 $\boldsymbol{w}$ 是 (w_1, w_2)，b_0 是一个类似截距的项，通常称为偏差。注意，这类似于直线方程的标准形式。最优超平面 $\boldsymbol{H}_0$ 由（$b_0 + \boldsymbol{w}_0{*}\ \boldsymbol{x} = 0$）唯一定义。一旦以这种方式定义了超平面，就可以看出边距是 $2/\sqrt{(\boldsymbol{w}_0\cdot\boldsymbol{w}_0)}$（Cortes,1995）。

最大化这个数量需要二次规划，这是数学优化理论中一个良好稳定的过程（Fletcher, 1987）。此外，$\boldsymbol{w}_0$ 可以方便地表示为几个训练实例，称为支持向量，如：

$$\boldsymbol{w}_0=\sum\left|y_i\boldsymbol{x}_i\right| \tag{4.20}$$

其中 y_i 是类标签（+1 或 −1 用于二值分类），$\boldsymbol{x}_i$ 称为支持向量。第 i 个值是系数，只有这些支持向量的系数是非零的。

步骤 3：一旦定义了边界和超平面，任何新的测试示例都可以通过计算该示例位于超平面的哪一侧来分类。将测试例子 $\boldsymbol{x}$ 代入超平面的方程中，这很容易找到。如果它计算得到 +1，那么它属于正类，如果它计算得到 −1，则属于负类。有关更深入的信息，请参考 Smola（2004）或 Cortes（1995），以获得该公式的完整数学描述。Hsu（2003）提供了一个更实际的 SVM 编程演示。

4.6.2 实现过程

现在将使用两个简单的案例描述如何使用 RapidMiner 实现用 SVM 执行分类[⊖]。

实现 1：线性可分数据集

RapidMiner 中默认的 SVM 实现基于所谓的"点积"公式，如上所示。在第一个例子中，SVM 将使用由 A 和 B 两个类组成的二维数据集构建（见图 4.52）。RapidMiner 过程读取训练数据集，应用默认的 SVM 模型，然后根据训练的模型对新的点进行分类。

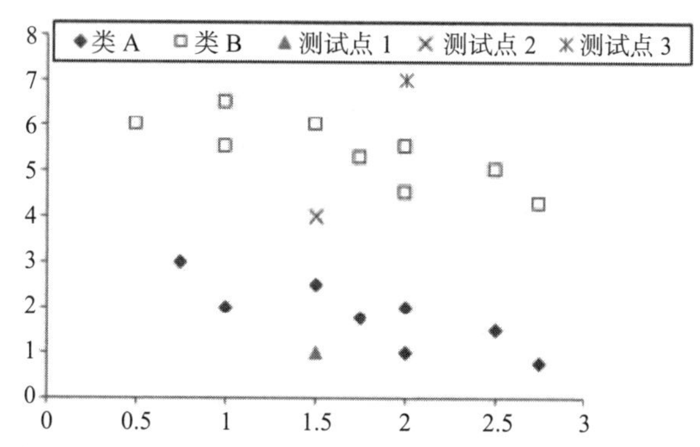

图 4.52　两类训练数据：A 类（菱形）和 B 类（正方形）。使用点 1 到 3 来测试 SVM 的能力

数据集包含 17 行数据，有三个属性：x_1、x_2 和 class。属性 x_1 和 x_2 是数值型的，class 是由 A 和 B 两个类组成的二项式变量。表 4.11 显示了完整的数据集，图 4.52 显示了数据集的散点图。该模型将用于对三个测试示例进行分类：(1.50,1.00)、(1.50,4.00) 和 (2.00,7.00)。

步骤 1：数据准备

1）使用"读取 csv"（Read csv）操作符将 simpleSVMdemo.csv 读入 RapidMiner，或者使用"Import csv"文件将数据导入存储库。数据集可以从本书的配套网站下载：www.IntroDataScience.com。

2）添加"设置角色"（Set Role）操作符来指示 class 是标签属性，并将其连接到数据检索器。见图 4.53a。

表 4.11　演示 SVM 的简单数据集

x_1	x_2	class	x_1	x_2	class
1.50	2.50	A	2.00	5.50	B
2.00	2.00	A	1.00	5.50	B
1.00	2.00	A	1.00	6.50	B
0.75	3.00	A	2.00	4.50	B
2.00	1.00	A	1.75	5.25	B
1.75	1.75	A	2.75	4.25	B
2.75	0.75	A	2.50	5.00	B
2.50	1.50	A	1.50	1.00	测试点 1
0.50	6.00	B	1.50	4.00	测试点 2
1.50	6.00	B	2.00	7.00	测试点 3

SVM, 支持向量机

⊖ 特意选择了一对简单数据集，以说明如何实现 SVM。在第 9 章中，将使用更复杂的案例研究来演示如何使用 SVM 进行文本挖掘。

步骤2：建模操作符和参数

1）在操作符选项卡中，键入SVM，将操作符拖放到主窗口中，并将其连接到“设置角色”操作符。将该操作符的参数保留在默认设置中。

2）将SVM的“mod”输出端口连接到一个“应用模型”操作符。

3）插入“用户指定生成数据”（Generate Data by User Specification）操作符，并单击属性值参数的“Edit List”按钮。当对话框打开时，单击两次“Add Entry”，创建两个测试属性名：x_1 和 x_2。在“属性值”下设置 $x_1=2$ 和 $x_2=7$。请注意，需要为每个想要分类的新测试点更改属性值。

4）这个简单的过程运行时，RapidMiner在训练数据上构建一个SVM，并应用该模型对测试实例进行分类，使用“用户指定生成数据”操作符手工输入。

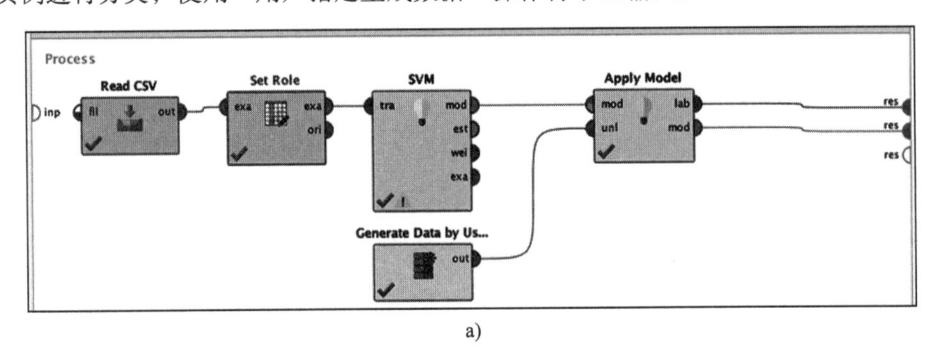

a)

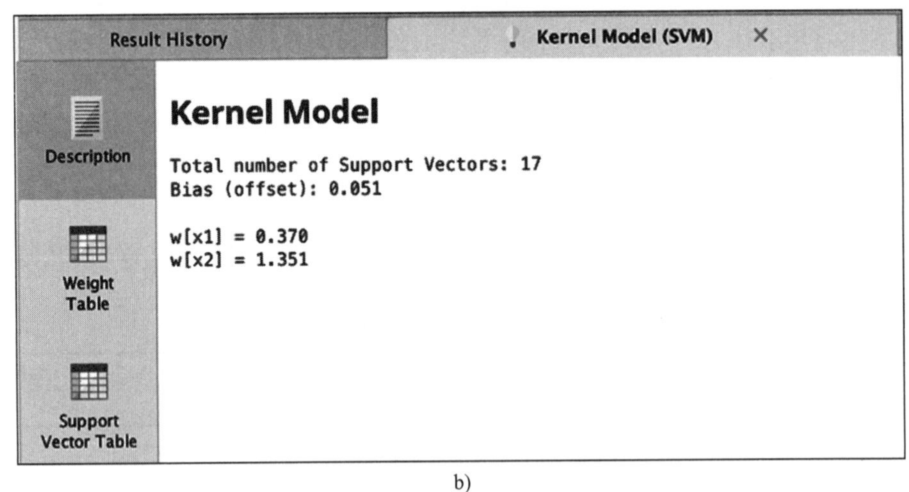

b)

图4.53 a）用于训练和测试的简单SVM设置；b）随附的SVM模型

步骤3：过程执行与解释

对于更实际的应用，核函数模型输出可能不是很有趣，如图4.53b所示，请观察这个简单示例的超平面。注意，这与式（4.19）本质上是相同的形式，有偏差 $b_0=0.051$，$w_1=0.370$ 和 $w_2=1.351$。在这种情况下，更有趣的结果是应用模型的“lab”端口的输出，这是在测试点（2，7）上应用SVM模型的结果。

如图4.54所示，模型将该测试点正确分类为B类（参见“prediction(class)”栏）。此外，这点属于B类的置信度为92.6%。在图中，我们可以看到，关于测试点（2，7）的分类确实没有什么歧义。

Data

ExampleSet (1 example, 3 special attributes, 2 regular attributes)

Row No.	prediction(...	confidence(...	confidence(...	x1	x2
1	B	0.074	0.926	2	7

图 4.54　应用简单的 SVM 对图 4.52 中的测试点 1 进行分类

如果将测试示例输入更改为点（1.5,1），可以看出这一点属于 A 类，有 88% 的置信度。但是，对于测试点（1.5，4），情况并非如此；你可以自己运行过程并进行测试！

在实际应用中，具有预测置信度的已标记测试数据是支持向量机应用中最有用的结果。

实现 2：线性不可分数据集

第一个例子展示了一个线性可分的训练数据集。假设现在要将相同的 SVM（点积）核应用于本章前面所述的双环问题：结果会是什么样子？从数据集可以清楚地看出，这是一个非线性问题，并且点积核不能很好地工作。这一直观的理解将得到证实，并将在以下描述的步骤中演示如何轻松修复。

步骤 1：数据准备

1）启动一个新过程，并使用与前面相同的过程读取 nonlinearSVMdemodata.csv 数据集。这个数据集包含 200 个示例，有四个属性：x_1、x_2、y 和 ring。ring 是一个二项式属性，具有两个值：inner 和 outer。

2）将“设置角色”操作符连接到数据，并选择“ring”变量作为标签。

3）将“选择属性”操作符连接到此操作符，并选择属性的子集：x_1、x_2 和 ring。确保“包含特殊属性”(Include Special Attributes) 复选框已勾选。

4）连接“分割验证”操作符。将“split”设置为相对，“split ratio”设置为 0.7，“sampling type”设置为分层。

步骤 2：建模操作符和参数

1）双击“分割验证”框，进入嵌套层后，在训练面板中添加 SVM 操作符，在测试面板中添加“应用模型”和“性能 (分类)”操作符。

2）同样，不要将 SVM 操作符的默认值更改为其他参数。

3）回到主层并添加另一个“应用模型”操作符。将验证框中的“mod”输出连接到“应用模型（2）”的“mod”输入端口，将验证框中的“exa”输出连接到“应用模型（2）”的“unl”输入端口，并将验证框中的“ave”输出连接到主过程的“res”端口。最后，将“应用模型（2）”的“lab”输出连接到主过程的“res”端口。最后的过程应该如图 4.55 所示。

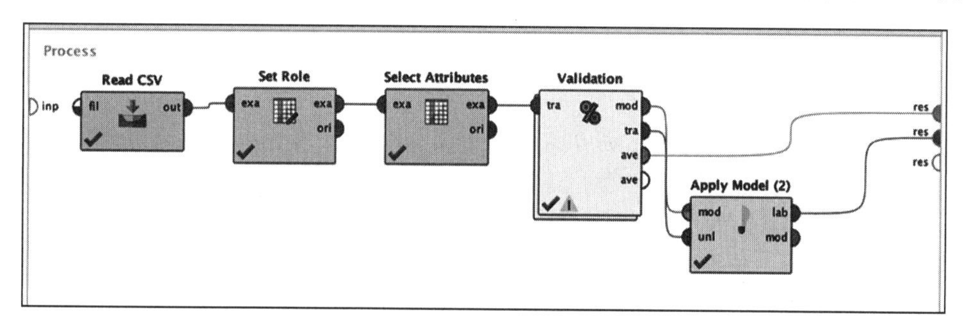

图 4.55　非线性 SVM 演示模型的设置

步骤3：执行和解释

1）运行此模型时，RapidMiner将生成两个结果选项卡：ExampleSet（Select Attributes）和Performance Vector（Performance）。检查SVM分类器的性能。现在将测试所有初始输入示例的30%的分类精度（总共60个测试样本）。

2）从图4.56中可以看出，线性支持向量机只能得到50%的类的正确率，考虑到线性不可分数据与线性（点积）核支持向量机一起使用，这是可以预期的。

accuracy: 46.67%

	true inner	true outer	class precision
pred. inner	16	18	47.06%
pred. outer	14	12	46.15%
class recall	53.33%	40.00%	

图4.56 线性核支持向量机对非线性数据的预测准确度

3）一个更好的可视化结果的方法是通过散点三维彩色图。点击ExampleSet（Select Attributes）结果选项卡，选择“Plot View”，设置散点3D颜色图（Scatter 3D Color plot），如图4.57所示。

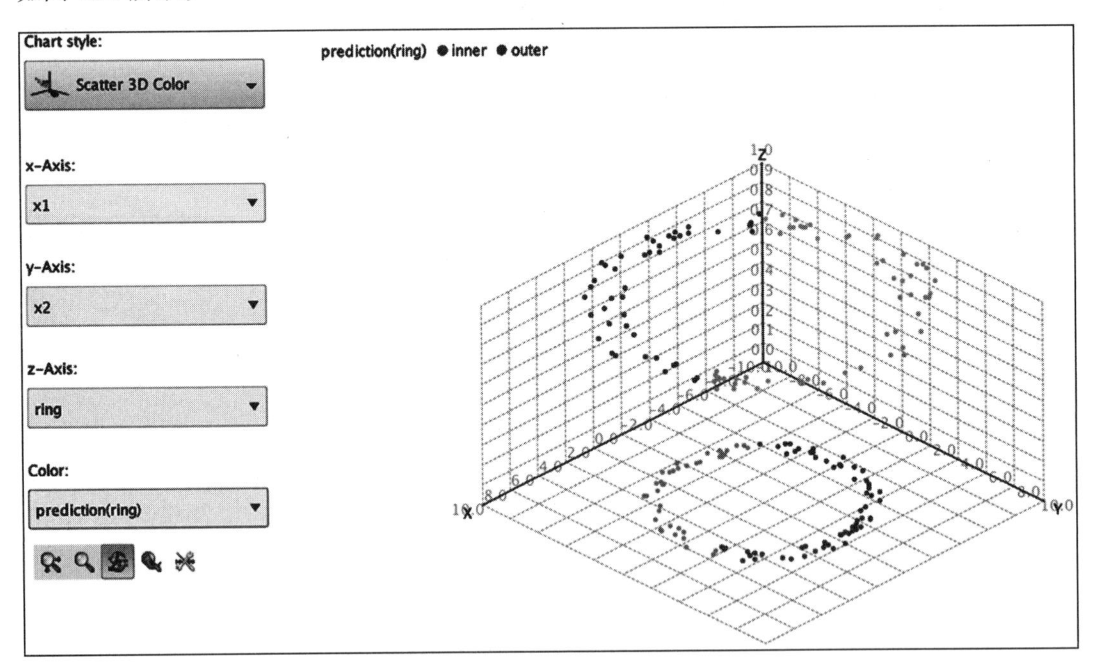

图4.57 将线性支持向量机的预测结果可视化（见彩插）

上（外）环中的红色示例被正确分类为属于类outer，而青色示例被错误分类为属于类inner。同样，下面（内）环中的蓝色示例被正确地分类为属于类inner，而黄色示例则不是。可以看出，分类器大致得到了测试示例总数的一半左右。

要解决这种情况，只需在过程中返回SVM操作符，将核函数类型更改为多项式（默认度2.0）并重新运行分析。这一次，这些点将能够以100%的准确率分类，如图4.58所示。如果尝试径向核函数，也会得到同样的结果。

◉ Table View ○ Plot View

accuracy: 100.00%

	true inner	true outer	class precision
pred. inner	30	0	100.00%
pred. outer	0	30	100.00%
class recall	100.00%	100.00%	

图 4.58　利用多项式 SVM 核函数对双环非线性问题进行分类

这个练习的目的是演示支持向量机的灵活性和使用 RapidMiner 执行此类试验的简单性。不幸的是，对于更实际的数据集，无法事先知道哪种核函数类型工作得最好。解决方案是将 SVM 嵌套在一个“优化”(Optimization) 操作符中，并探索大量不同的核函数类型和核参数，直到找到性能相当好的一个为止。(使用 RapidMiner 进行优化在第 15 章中描述。)

参数设置

根据所选择的核函数的类型，可以调整许多不同的参数。然而，有一个参数对优化 SVM 性能至关重要：这就是 SVM 复杂度常数 C，它设置了误分类的惩罚，如前面一节所述。大多数真实世界的数据集都不是完全可分离的，因此需要使用这个因素。然而，对于初始测试，最好使用默认设置。

4.6.3　小结

高阶支持向量机的一个缺点是计算成本。一般来说，由于支持向量机必须为每个分类（以及在训练期间）计算点积，超高维或大量属性可能导致计算时间较慢。然而，这一缺点被这样一个事实所抵消：一旦建立了 SVM 模型，只要支持向量不发生变化，对训练数据的小变化就不会导致模型系数的显著变化。这种过拟合容忍是支持向量机成为机器学习算法中最通用的算法之一的原因之一。

综上所述，SVM 的主要优势有：

1）*应用的灵活性*：支持向量机已被应用于从图像处理到欺诈检测再到文本挖掘的各种活动中。

2）*健壮性*：数据中的小更改不需要昂贵的重构。

3）*过拟合容忍*：数据集中类的边界通常只由几个支持向量来充分描述。

这些优势必须与较高的计算成本相平衡。

4.7　集成学习

在有监督机器学习中，目标是建立一个模型来解释输入和输出之间的关系。该模型可以作为一种假设，将新的输入数据映射到预测的输出。对于一个给定的训练集，多个假设可以不同程度的准确性解释这种关系。虽然在无限的假设空间中很难找到精确的假设，但我们希望建模过程能够找到最能以最小误差解释这种关系的假设。

集成方法或集成学习器通过使用一组单独的预测模型来优化假设 - 发现问题，然后将它们组合起来形成一个聚合假设或模型。这些方法提供了一种技术，通过将多个假设组合成一个更好的假设。由于单个假设可以是局部最优的，也可以对特定的训练集过拟合，因此组合多个模型可以通过强制元假设解来提高准确性。可以看出，在一定条件下，集成模型的综合预测能力优于单个模型的预测能力。由于不同的方法常常将解空间的不同特征作为任何一个模型的一部分，因此模型集成已经成为许多实际分类问题的最重要的技术。

群体智慧

集成模型有一组基本模型，它们接受相同的输入并独立地预测结果。然后将所有这些基本模型的输出组合起来，通常通过投票形成一个集成输出。这种方法类似于委员会或董事会的决策。通过将多个模型的预测集合在一起来提高精度的方法称为元学习。类似的决策方法在高等法院、公司董事会和各种委员会中都可以看到。这里的逻辑是：虽然委员会的个别成员有偏见和意见，但集体决策比个人的评估更好。采用集成方法改进了模型的错误率，克服了单个模型的建模偏差。可以通过把许多弱学习器结合起来培养出一个强学习器。图4.59给出了集成模型的框架。

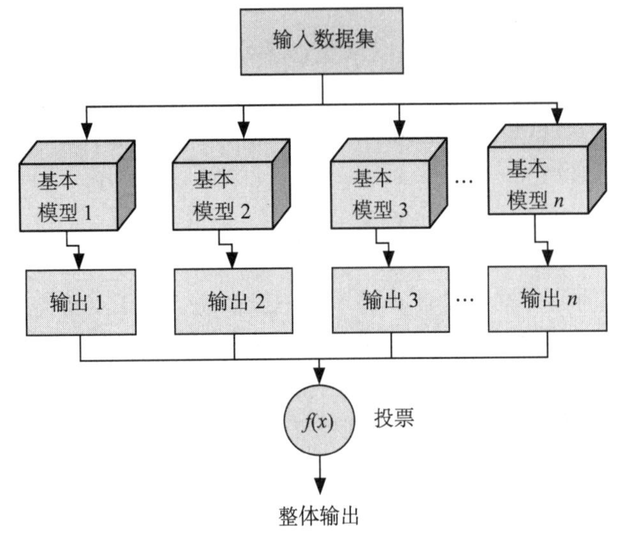

图4.59　集成模型

从基础学习器中获得更多投票的预测类是组合集成模型的输出。基本模型预测结果的准确率各不相同。因此，可以通过单个模型的准确率来衡量投票，这使得准确率较高的基础模型在最终的汇总中比准确率较低的模型具有更高的代表性（Dietterich, 2007）。

预测干旱

干旱是一个地区的平均供水量远远低于正常平均供水量的时期。随着气候变化的开始，世界许多地区干旱情况的频率和持续时间都有所增加。干旱是由于高压地区的发展而引起的，从而抑制了云的形成，导致降水少，湿度低。预测一个地区的干旱状况是一项极具挑战性的任务。干旱持续时间没有明确的起点和终点。有太多的变量会影响导致干旱的气候模式。因此，没有一个强模型可以提前很好地预测干旱（Predicting Drought, 2013）。提前预测干旱季节将为区域行政当局减轻干旱后果提供时间。

干旱涉及多种因素，包括地下水位、气流、土壤湿度、地形以及厄尔尼诺和拉尼娜等大规模全球气候模式（Patel, 2012）。由于有成千上万的属性和许多影响干旱条件的未知变量，因此没有一个“银弹”大型模型来预测干旱何时会袭击一个高海拔地区这一事件的准确性的程度。是许多不同的“弱”模型使用了数千个可用属性中的一些，这使得预测比纯粹的随机预测稍微好一些。这些弱模型可能为同一地区和同一时间提供不同的干旱预测，基于每个模型的不同输入变量。结合各模型的预测结果，可以对预测结果进行总结。集成模型提供了一种将多个弱模型组合成一个较好的模型的系统方法。部署在生产应用程序中的大部分的数据科学模型是集成模型。

4.7.1　工作原理

这是一个假设的有三名董事会成员的公司董事会的例子。假设每个董事会成员都有 20% 的时间做出错误的决定。董事会需要根据项目的是非曲直，对一项重大的项目建议做出决定。如果所有的董事会成员每次都做出一致同意的决策，那么董事会的整体错误率为 20%。但是，如果每个董事会成员的决策是独立的，如果他们的结果不相关，那么只有当两个以上的董事会成员同时犯错时，董事会才会犯错。董事会只有在大多数成员犯错时才会犯错。董事会的错误率可用二项式分布来计算。

在二项分布中，n 个独立试验中 k 次成功的概率均为 p，由概率质量函数给出：

$$p(k)=\binom{n}{k}p^k(1-p)^{n-k}$$

$$\begin{aligned}P(\text{董事会的错误})&=\binom{n}{3}p^k(1-p)^{n-k}+\binom{n}{2}p^k(1-p)^{n-k}\\&=\binom{3}{3}0.2^3(1-0.2)^0+\binom{3}{2}0.2^2(1-0.2)^1\\&=0.008+0.96\\&=0.104\\&=10.4\%\end{aligned}\tag{4.21}$$

在这个例子中，董事会的错误率（10.4%）小于个人的错误率（20%）！因此，人们可以看到集体决策的影响。给出了计算集成错误率的一般公式：

$$P(\text{集成错误})=P(k\geqslant \text{round}(n/2))=\sum_{k=n/2}^{n}\binom{n}{k}P^k(1-P)n-k$$

其中 n 是基础模型的个数。需要注意的一些重要准则是：

- 全体成员应该是独立的。
- 对于二元分类器，单个模型的错误率应小于 50%。

如果基础分类器的错误率大于 50%，那么它的预测能力比纯概率差，因此它不是一个好的适合开始使用的模型。实现基础分类器之间的第一个独立准则是困难的。然而，有一些技术可以使基础模型尽可能多样化。在董事会的类比中，拥有一个多样化和独立成员的董事会在统计学上是有意义的。当然，在超过一半的时间里，他们都必须做出正确的决定。

实现集成建模的条件

只有当基础模型一开始就很好时，才能利用集成模型的组合决策权。元学习器可以从几个较弱的学习器中形成一个较强的学习器，而这些较弱的学习器应该比随机猜测的学习器更好。由于所有的模型都是基于相同的训练集开发的，因此很难实现模型的多样性和独立性。虽然不能实现基础模型的完全独立性，但是可以通过改变每个基础模型的训练集、改变输入属性、构建不同类别的建模技术和算法、改变建模参数来构建基础模型，从而提高独立性。为了实现基础模型的多样性，可以改变基础模型构建的条件。最常用的情况是：

1）不同的模型算法：相同的训练集可以用来构建不同的分类器，如使用多种算法的决策树、朴素贝叶斯、*k*-NN、ANN等。这些模型的固有特性各不相同，产生了不同的错误率和不同的基础模型集。

2）模型中的参数：改变决策树模型的树深、增益比、最大分割等参数可以生成多个决策树。可以使用相同的训练集来构建所有的基础模型。

3）改变训练记录集：由于训练数据是造成模型误差的关键因素，因此改变训练集来建立基础模型是建立多个独立基础模型的有效方法之一。一个训练集可以分为多个集合，每个集合可以用来构建一个基础模型。然而，这种技术需要足够大的训练集，很少使用。相反，可以使用数据集中的替换数据对训练数据进行采样，并对每个基础模型重复相同的过程。

4）更改属性集：与更改用于构建每个基础模型的记录样本的训练数据类似，可以对每个基础模型的属性进行采样。如果训练数据具有大量的属性，这种技术就可以工作。

在接下来的几节中，将根据前面提到的促进基础模型之间独立性的技术，审查构建集成模型的具体方法。使用集成模型有一些限制。如果对基础模型使用不同的算法，它们对可使用的输入数据类型施加不同的限制。因此，可以为集成模型的输入创建约束的一组超集。

4.7.2　实现过程

在数据科学工具中，集成建模操作符可以在元学习或集成学习分组中找到。在RapidMiner中，由于集成建模是在预测上下文中使用的，所以，所有的操作符都位于路径Modeling>Classification and Regression>Meta Modeling中。建立集成模型的过程类似于建立决策树或神经网络等分类模型。有关在RapidMiner中开发单个分类过程和模型的步骤，请参考以前的分类算法。接下来，将回顾通过简单的投票和其他一些技术实现的集成建模，通过更改训练集的示例使基础模型独立。

1. 投票集成

实现集成分类器首先要构建一个简单的基础分类过程。在本例中，可以使用鸢尾花数据集构建决策树过程，如4.1节所示。标准的决策树过程包括数据检索和决策树模型，然后将模型应用于来自鸢尾花数据集的未知测试数据集，并使用性能评估操作符。为了使它成为一个集成模型，必须用元学习文件夹中的“投票”(Vote)操作符替换“决策树”(Decision Tree)操作符。所有其他操作符将保持不变。集成过程将类似于图4.60所示的过程。

“投票”操作符是一个集成学习器，它在内部子过程中包含多个基础模型。投票过程的模型输出的行为与任何其他分类模型类似，它可以应用于任何可以使用决策树的场景。在应用模型阶段，预测类在所有基础分类器中盘算，投票数最高的类是集成模型的预测类。

双击嵌套的“投票”元模型操作符，可以在嵌套操作符中添加多个基础分类模型。所有这些模型都接受相同的训练集，并提供一个单独的基础模型作为输出。在这个例子中，添加了三个模型：决策树、*k*-NN和朴素贝叶斯。图4.61为“投票”元模型操作符的内部子过程。统计这些基础学习器的所有预测并提供大多数预测的行为是元模型（“投票”建模操作符）的工作。这是集成建模中的聚合步骤，在RapidMiner中称为堆叠模型。在“投票”操作符中构建了一个堆叠模型，在屏幕上不可见。

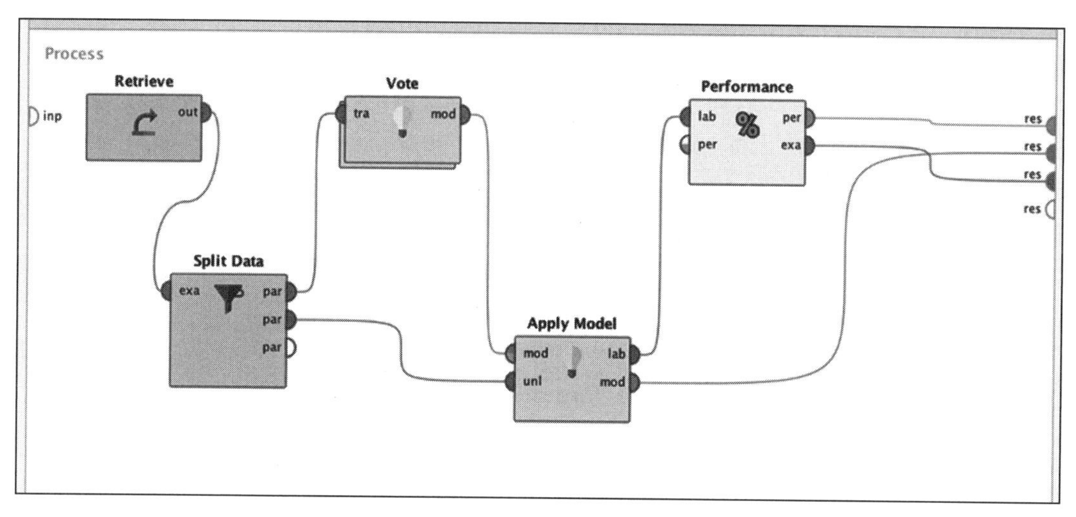

图 4.60　使用集成模型的数据挖掘过程

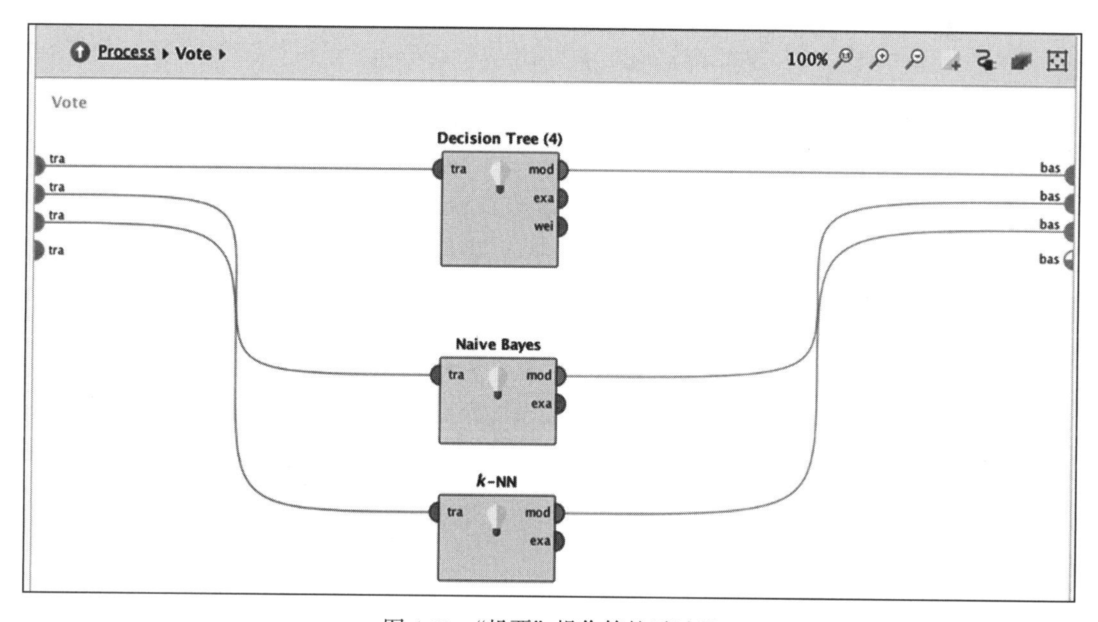

图 4.61　“投票”操作符的子过程

使用“投票”元模型的集成过程可以保存并执行。一旦过程被执行，性能向量的输出面板与普通性能向量没有什么不同。由于这个过程有一个元模型，结果窗口中的模型面板显示了新的信息（见图 4.62）。模型子过程显示了所有单独的基础模型和一个堆叠模型。在可以独立使用单个基础模型的地方，使用“投票”元模型非常简单。该模型的局限性在于，所有的基础学习器都使用相同的训练数据集，不同的基础模型对它们能够接受的数据类型施加了限制。

2. 自举聚合或套袋法[⊖]

套袋法是一种通过改变每个基础模型的训练集来开发基础模型的技术。在给定的训练

⊖ Bootstrap Aggregating 缩写为 Bagging。

集 T（有 n 条记录）中，通过抽样和替换，用 n 条记录建立 m 个训练集。各训练集 T_1，T_2，$T_3,\cdots,T_m$ 有 n 条记录，与原始训练集 T 相同。因为它们是经过替换采样的，所以可以包含重复的记录。这称为自举（bootstrapping）。然后，将每个采样的训练集用于基础模型的准备。通过自举，得到一组 m 个基础模型，并将每个模型的预测结果聚合为一个集成模型。这种自举和聚合的组合称为套袋法（bagging）。

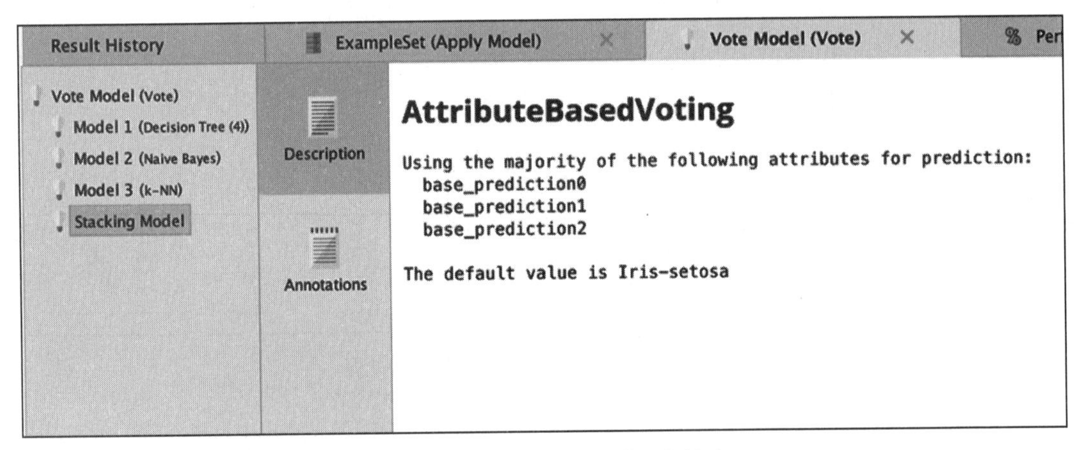

图 4.62　基于投票的集成模型的输出

与原始训练集 T 相比，每个基础训练集 T_i 平均包含 63% 的唯一训练记录。抽样和替换后的 n 条记录包含 $1-(1-1/n)^n$ 条唯一记录。当 n 足够大时，平均得到 $1-1/e=63.2\%$ 的唯一记录。其余数据包含已采样数据的副本。套袋法过程提高了不稳定模型的稳定性。决策树和神经网络等不稳定模型对训练数据的微小变化非常敏感。因为套袋法集成结合了相同数据的多个假设，所以新的聚合假设有助于中和这些训练数据的变化。

实现

在元学习文件夹（位于 Modeling>Classification and Regression>Meta modeling>Bagging）中可以找到“套袋”（Bagging）操作符。与“投票”元操作符一样，“套袋”也是一个嵌套操作符，带有一个内部子过程。与投票过程不同，套袋在内部子过程中只有一个模型。通过在内部更改训练数据集，可以生成多个基础模型。“套袋”操作符有两个参数。

- 样本比率：表示用于训练的记录的比例。
- 迭代次数（m）：需要生成的基础模式的数量。

图 4.63 显示了 RapidMiner 过程的“套袋”操作符。图 4.64 为一个指定模型的“套袋”操作符的内部子过程。在内部，根据在套袋参数中配置的迭代次数（m）生成多个基础模型。可以保存并执行用于套袋的 RapidMiner 过程。与“投票”元模型类似，“套袋”元模型充当一个模型，其中包含多个基础模型。结果窗口显示已标记的示例集、性能向量和套装模型描述。在结果窗口中，基于训练集的 m 次迭代，所有开发的 m 个（本例中为 10 个）模型都可以被检查。基础模型结果使用简单投票聚合。当训练数据集中出现严重影响单个模型的异常时，套袋法特别有用。套袋法为所有基础学习器提供了一个有用的框架，其中使用了相同的数据科学算法。然而，每个基础模型都是不同的，因为基础学习器使用的训练数据是不同的。图 4.65 为包含决策树的“套袋”元模型的模型输出。

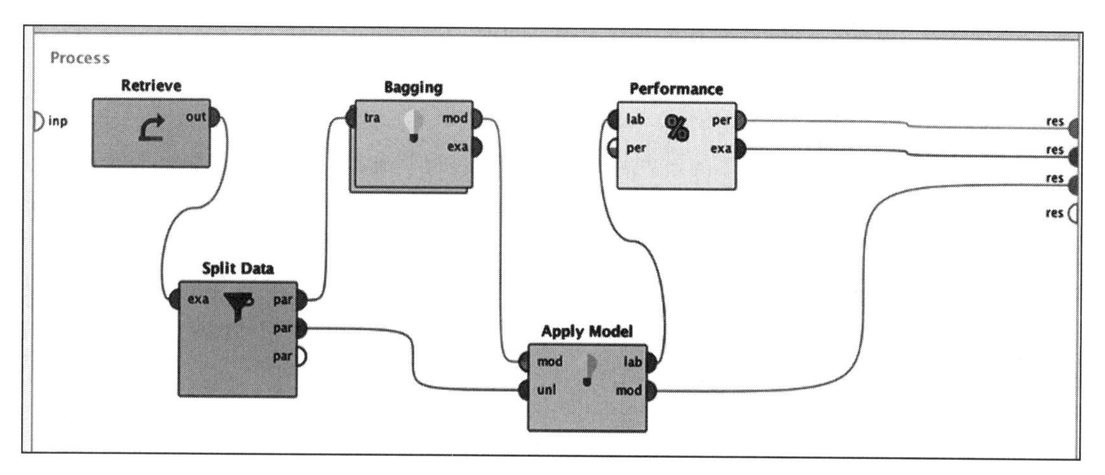

图 4.63　使用套袋法的集成过程

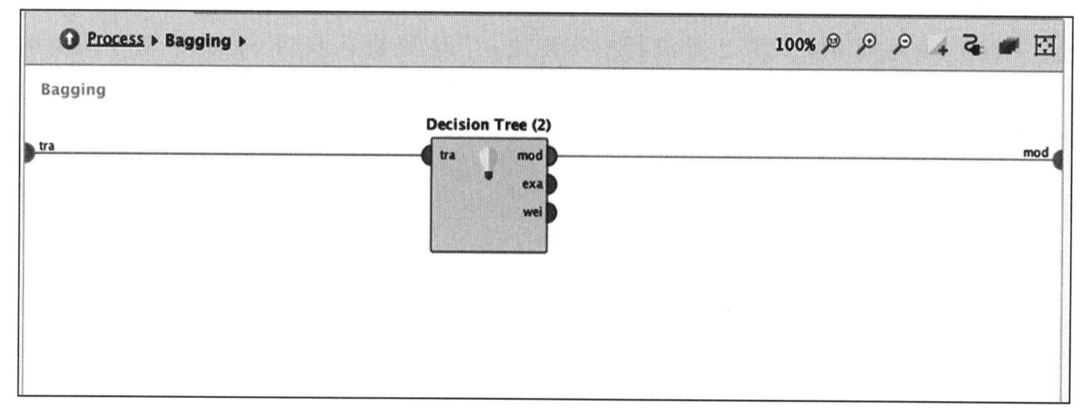

图 4.64　套袋的子过程

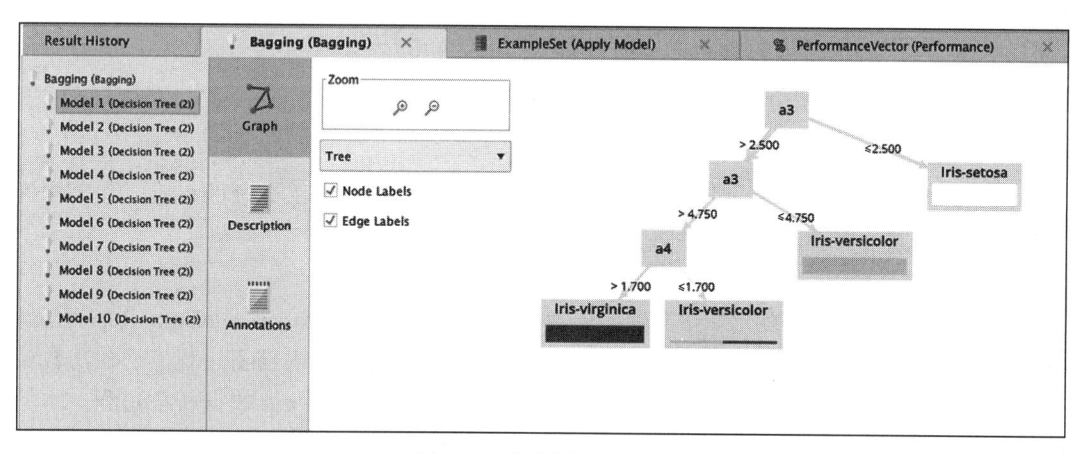

图 4.65　套袋模型的输出

3. 提升法

提升法（boosting）提供了另一种构建集成模型的方法，类似于套袋法，它也是通过操作训练数据实现的。与套袋法一样，它提供了一个解决方案，通过最小化由于训练记录引起的偏差或方差，将许多弱学习器组合成一个强学习器。与套袋法不同，提升法按顺序逐个训练基础模型，并为所有训练记录分配权重。提升过程集中于难以分类的训练记录，并在下一次迭代的训练集中过多地表示它们。

提升模型是通过迭代和顺序的过程建立的，其中一个基础模型是建立和测试所有训练数据。在此基础上，建立了下一个基础模型。起初，所有的训练记录都有同等的权重。记录的权值用于抽样选择和替换。根据权重选取训练样本，用于模型构建。然后使用整个样本训练集对该模型进行测试。分类错误的记录被分配了更高的权重，因此难以分类的记录具有更高的下一轮选择倾向。下一轮的训练样本将会被前一轮迭代中错误分类的记录过度表示。因此，下一个模型将关注难以分类的数据空间。

提升法为每个训练记录分配权重，并且必须根据分类的难度自适应地更改权重。这就产生了一群基础学习器，它们专门对容易分类和难分类的记录进行分类。在应用该模型时，通过一个简单的投票聚合将所有的基础学习器组合起来。

（1）AdaBoost

AdaBoost 是提升集成方法最流行的实现之一。它是自适应的，因为它基于模型的准确性为基础模型（α）赋予权重，并基于预测的准确性改变训练记录的权重（w）。这是 AdaBoost 集成模型的框架，其中包含 m 个基础分类器和 n 条训练记录（(x_1,y_1), (x_2,y_2),⋯, $(x_n\ y_n)$）。AdaBoost 的步骤包括：

1）为每条训练记录分配统一的权重 $w_i=1/n$。

2）抽样训练记录，建立第一个基础分类器 $b_k(x)$。

3）基础分类器的错误率可由式（4.22）计算：

$$e_k=\sum\nolimits_{k=1}^{n} w_i \times I(b_k(x_i)\neq y_i) \tag{4.22}$$

其中，预测正确时 $I(x)=1$，预测不正确时 $I(x)=0$。

4）分类器的权重可以计算为 $\alpha_k=\ln(1-e_k)/e_k$。如果模型错误率较低，则分类器权重较高，反之亦然。

5）接下来，所有训练记录的权重更新如下：

$$w_{k+1}(i+1)=w_k(i)\times e^{\alpha_k F(bk(xi)\neq yi)}$$

其中，预测正确时 $F(x)=-1$，预测错误时 $F(x)=1$。

因此，AdaBoost 模型根据预测和基础分类器的错误率更新训练记录的权重。如果错误率超过 50%，则不更新记录权重并将其返回到下一轮。

（2）实现

AdaBoost 操作符可以在元学习文件夹中找到（位于 Modeling>Classification and Regression>Meta modeling>AdaBoost）。操作符的功能类似于套袋，并有一个内部子过程。迭代次数或基础模型是 AdaBoost 操作符的一个可配置参数。图 4.66 为 AdaBoost 数据科学过程。本例使用带有“分割数据”操作符的鸢尾花数据集生成训练数据集和测试数据集。将 AdaBoost 模型的输出应用于测试集，并通过“性能”操作符对性能进行评估。

AdaBoost 中使用的迭代次数为 10 次，这在参数中指定。在内部过程中，可以指定模型类型。在本例中使用决策树模型。保存并执行完整的 RapidMiner 过程。结果窗口包含输出集成模型、基础模型、预测记录和性能向量。模型窗口显示了作为基础分类器的决策树。图 4.67 为 AdaBoost 模型的结果输出。

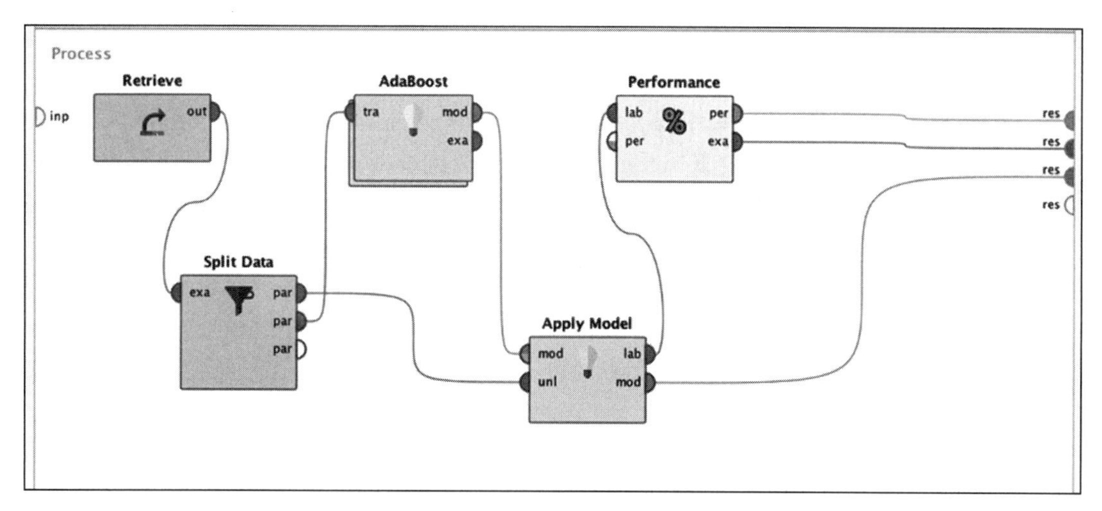

图 4.66 使用 AdaBoost 的数据挖掘过程

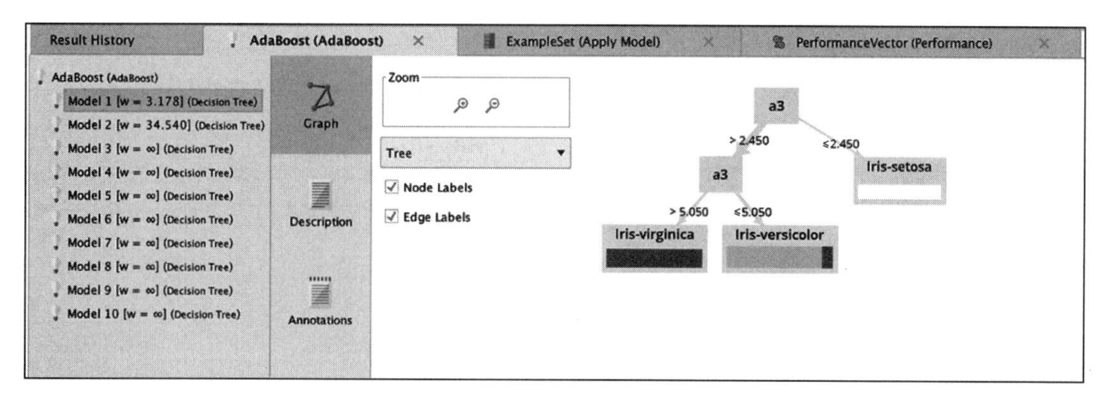

图 4.67 AdaBoost 模型的输出

4. 随机森林

回想一下，在套袋技术中，对于每次迭代，都要考虑一个训练记录样本来构建模型。随机森林技术使用了一个类似于套袋法的概念。在决策树中，当决定对每个节点进行分割时，随机森林只考虑训练集中属性的一个随机子集。为了减少泛化误差，在每个基础分类器的内部工作中，将算法随机分为训练记录选择和属性选择两个层次。随机森林的概念最早由 Leo Breiman 和 Adele Cutler（Breiman, 2001）提出。

通常，模型按如下步骤工作。如果有 n 条训练记录，每条记录有 m 个属性，随机森林有 k 棵树，然后，对于每一棵树：

1）抽样替换 n 个随机样本。这个步骤类似于套袋法。

2）选择一个数字 D，其中 $D \ll m$。D 决定要考虑的用于节点分割的属性数量。

3）开始一棵决策树。对于每个节点，我们不考虑所有 m 个属性来获得最佳分割，而是考虑随机数量的 D 个属性。对每个节点重复此步骤。

4）与任何集成一样，基础树的多样性越大，集成的误差就越小。

一旦森林中所有的树都建好了，对于每一条新的记录，所有的树都预测一个类，并以相同的权重投票给这个类。基础树预测的最准确的类就是森林的预测（Gashler, Giraud-Carrier,

& Martinez, 2008）。

实现

“随机森林”（Random Forest）操作符位于 Modeling>Classification and Regression>Tree Induction>Random Forest。它的工作原理类似于其他集成模型，其中用户可以指定基础树的数量。由于内部基础模型始终是一棵决策树，因此没有显式的内部子过程规范。套袋法或提升法集成模型，需要显式的内部子过程规范。所有特定于树的参数，如叶子大小、深度和分割准则，都可以在“随机森林”操作符中指定。指定基础树数量的关键参数是“树的数量”（Number of Tress）参数。图 4.68 为使用鸢尾花数据集的 RapidMiner 过程、“随机森林”建模操作符和“应用模型”操作符。对于本例，基础树的数量指定为 10。该过程的外观和功能类似于一个简单的决策树分类器。

一旦过程被执行，结果窗口将显示模型、预测输出和性能向量。与其他元模型输出类似，随机森林模型显示了所有基础分类器的树。图 4.69 为“随机森林”操作符的模型输出。注意，每棵树中的节点是不同的。由于每个节点的属性选择是随机的，所以每棵基础树是不同的。因此，随机森林模型努力降低决策树模型的泛化误差。随机森林模型作为比较目的的基线集成模型非常有用。

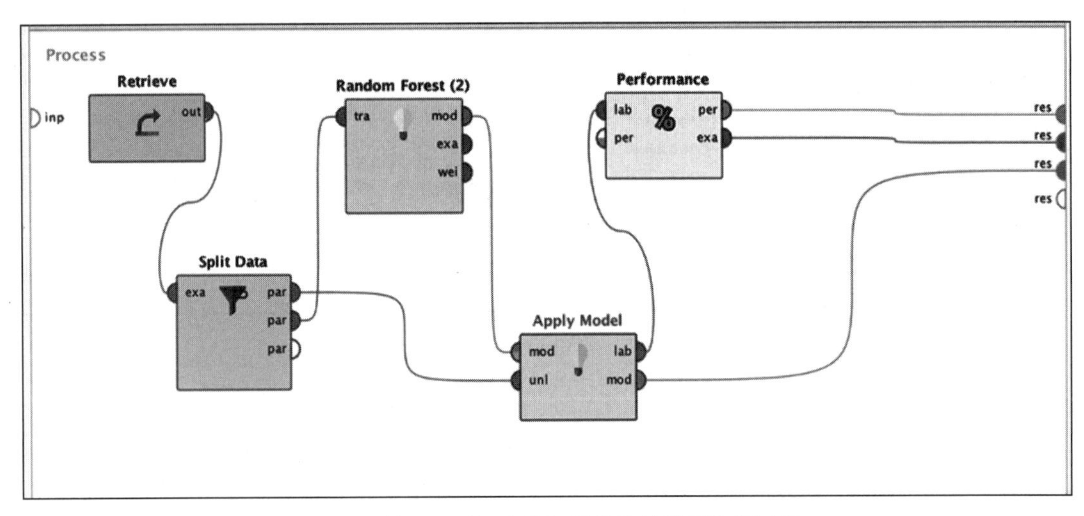

图 4.68 使用“随机森林”操作符的数据挖掘过程

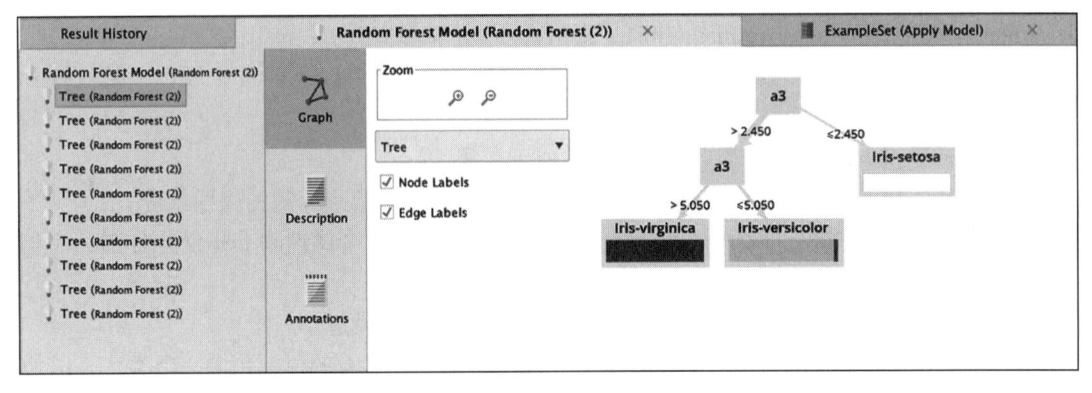

图 4.69 随机森林模型的输出

4.7.3 小结

为生产应用开发的大多数数据科学模型都建立在集成模型的基础上。它们被广泛应用，包括政治预测（Montgomery，Hollenbach，& Ward，2012）、天气模式建模、媒体推荐、网页排名（Baradaran Hashemi，Yazdani，Shakery，& Pakdaman Naeini, 2010）等。由于许多算法处理建模输入和输出之间的关系的方法不同，因此聚合不同方法集的预测是有意义的。集成建模减少了由于过度拟合训练数据集而产生的泛化误差。这里讨论的四种集成技术提供了通过选择不同的算法、更改参数、更改训练记录、采样和更改属性来开发基础模型队列的基本方法。所有这些技术都可以组合成一个集成模型。集成建模没有单一的方法；本章讨论的所有技术都证明，只要它们是多样化的，就比基础模型表现得更好（Polikar, 2006）。在数据科学中，只要"群体思维"是通过促进基础模型之间的独立性来控制的，群体的智慧就是有意义的。

参考文献

Altman, N. S. (1992). An introduction to kernel and nearest-neighbor nonparametric regression. *The American Statistician, 46*(3), 175–185.

Baradaran Hashemi, H., Yazdani, N., Shakery, A., & Pakdaman Naeini, M. (2010). Application of ensemble models in web ranking. In: *2010 5th International symposium on telecommunications* (pp. 726–731). doi:10.1109/ISTEL.2010.5734118.

Breiman, L. (2001). Random forests. *Machine Learning, 45*, 5–32.

Brieman, L. F. (1984). *Classification and regression trees*. Chapman and Hall.

Cohen W.W. (1995). Fast effective rule induction. Machine learning. In: *Proceedings of the twelfth international conference*.

Cortes, C. A. (1995). Support vector networks. *Machine Learning*, 273–297.

Cover, T. A. (1991). Entropy, relative information, and mutual information. In T. A. Cover (Ed.), *Elements of information theory* (pp. 12–49). John Wiley and Sons.

Dietterich, T.G. *Ensemble methods in machine learning*. (2007). Retrieved from <http://www.eecs.wsu.edu/~holder/courses/CptS570/fall07/papers/Dietterich00.pdf>.

Fisher, R. A. (1936). The use of multiple measurements in taxonomic problems. *Annals of Human Genetics, 7*, 179–188. Available from https://doi.org/10.1111/j.1469-1809.1936.tb02137.x.

Fletcher, R. (1987). *Practical methods of optimization*. New York: John Wiley.

Gashler, M., Giraud-Carrier, C., & Martinez T. (2008) Decision tree ensemble: small heterogeneous is better than large homogeneous. In: *2008 Seventh international conference on machine learning and applications* (pp. 900–905). doi:10.1109/ICMLA.2008.154.

Grabusts, P. (2011). The choice of metrics for clustering algorithms. In: *Proceedings of the 8th international scientific and practical conference II* (1) (pp. 70–76).

Haapanen, R., Lehtinen, K., Miettinen, J., Bauer, M.E., & Ek, A.R. (2001). Progress in adapting *k*-NN methods for forest mapping and estimation using the new annual forest inventory and analysis data. In: *Third annual forest inventory and analysis symposium* (p. 87).

Hill, T., & Lewicki, P. (2007). Statistics methods and applications methods. StatSoft, Inc. Tulsa, OK.

Hsu, C.-W., Chang, C.-C., & Lin, C.-J. (2003). *A practical guide to support vector classification* (4th ed.). Taipei: Department of Computer Science, National Taiwan University.

Laine, A. (2003). *Neural networks. Encyclopedia of computer science* (4th ed., pp. 1233–1239). John Wiley and Sons Ltd.

Langley, P., & Simon, H. A. (1995). Applications of machine learning and rule induction. *Communications of the ACM, 38*(11), 54–64. doi:10.1145/219717.219768.

Li, E. Y. (1994). Artificial neural networks and their business applications. *Information & Management, 27*(5), 303–313. Available from https://doi.org/10.1016/0378-7206(94)90024-8.

Matan, O., et al. (1990). Handwritten character recognition using neural network architectures. In: *4th USPS advanced technology conference* (pp. 1003–1011).

McInerney, D. (2005). Remote sensing applications *k*-NN classification. In: *Remote sensing workshop*. <http://www.forestry.gov.uk/pdf/DanielMcInerneyworkshop.pdf/$FILE/DanielMc-Inerneyworkshop.pdf> Retrieved on April 27, 2014.

Meagher, P. *Calculating entropy for data mining. PHP Dev Center*. (2005). <http://www.onlamp.com/pub/a/php/2005/01/06/entropy.html?page = 1> Retrieved from O'Reilly OnLamp.com.

Mierswa, I., Wurst, M., Klinkenberg, R., Scholz, M., & Euler, T. (2006). YALE: Rapid prototyping for complex data mining tasks. In: *Proceedings of the ACM SIGKDD international conference on knowledge discovery and data mining* (Vol. 2006, pp. 935–940). doi:10.1145/1150402.1150531.

Montgomery, J. M., Hollenbach, F. M., & Ward, M. D. (2012). Improving predictions using ensemble Bayesian model averaging. *Political Analysis, 20*(3), 271–291.

Patel, P. *Predicting the future of drought prediction. IEEE Spectrum*. (2012). <http://spectrum.ieee.org/energy/environment/predicting-the-future-of-drought-prediction> Retrieved April 26, 2014.

Peterson, L. *k-Nearest neighbors. Scholarpedia*. (2009). Retrieved from <http://www.scholarpedia.org/article/K-nearest_neighbor>.

Polikar, R. (2006). Ensemble based systems in decision making. *IEEE Circuits and Systems Magazine*, 21–45.

National Drought Mitigation Center. *Predicting drought*. (2013). <http://drought.unl.edu/DroughtBasics/PredictingDrought.aspx> Retrieved April 26, 2014.

Process Software, (2013). Introduction to Bayseian filtering. In: PreciseMail whitepapers (pp. 1–8). Retrieved from <www.process.com>.

Quinlan, J. R. (1986). Induction of decision trees. *Machine Learning, 1*(1), 81–106.

Rish, I. (2001). An empirical study of the naïve Bayes classifier. In: *IBM research report*.

Sahami, M., Dumais, S., Heckerman, D., & Horvitz, E. (1998). A Bayesian approach to filtering junk e-mail. Learning for text categorization. In: *Papers from the 1998 workshop*. vol. 62, pp. 98–105.

Saian, R., & Ku-Mahamud, K. R. (2011) Hybrid ant colony optimization and simulated annealing for rule induction. In: *2011 UKSim 5th European symposium on computer modeling and simulation* (pp. 70–75). doi:10.1109/EMS.2011.17.

Shannon, C. (1948). A mathematical theory of communication. *Bell Systems Technical Journal*, 379–423.

Smola, A. J., & Schölkopf, B. (2004). A tutorial on support vector regression. *Statistics and Computing, 14*(3), 199–222.

Tan, P.-N., Michael, S., & Kumar, V. (2005). Classfication and classification: Alternative techniques. In P.-N. Tan, S. Michael, & V. Kumar (Eds.), *Introduction to data mining* (pp. 145–315). Boston, MA: Addison-Wesley.

Zdziarski, J. A. (2005). *Ending spam: Bayesian content filtering and the art of statistical language classification*. No Starch Press.

第5章
回归方法

在本章中，我们将探讨最常用的数据科学技术之一——用函数拟合数据，或*函数拟合*。函数拟合背后的基本思想是通过将预测器属性X组合成函数$y=f(X)$来预测依赖属性y的值（或类）。函数拟合涉及许多不同的技术，最常见的是用于数值预测的线性回归和用于分类的逻辑回归。这两部分构成了本章的大部分内容[⊖]。回归模型仍然是当今实践者最常用的分析工具之一。

回归是一种可追溯到维多利亚时代（19世纪30年代至20世纪初）的相对古老的技术。大部分的开创性工作都是由查尔斯·达尔文的远房亲戚弗朗西斯·高尔顿爵士完成的，他提出了*均值回归*的概念，同时系统地将儿童的身高与父母的身高进行比较。他观察到，高大的父母有一种强烈倾向，让孩子比自己矮一些，而对于矮一点的父母而言，他们的孩子比自己略高。即使父母的身高位于钟形曲线或正态分布的尾端，他们的孩子的身高也趋向于分布的平均值。因此，最终所有样本都向人口平均值回归。因此，这种趋势被高尔顿称为*回归*（Galton，1888），从而奠定了线性回归的基础。

在5.1节中，将介绍最简单的函数拟合方法的理论框架：*线性回归模型*。主要焦点是一个案例研究，演示如何建立回归模型。由于函数拟合方法的性质，建模者必须处理的一个限制是所谓的*维数灾难*。随着预测变量X的数量增加，不仅我们获得良好模型的能力降低，而且还增加了计算和解释的复杂性。我们将引入*特征选择*方法，其可以将所需的预测器或因子的数量减少到最小，并且仍然获得良好的模型。还将探索实施机制，以进行数据准备、模型构建和验证。最后以描述一些检查点结束，以确保正确使用线性回归。

在5.2节中，将讨论*逻辑回归*。严格地说，它是一种分类技术，更接近于决策树或贝叶斯方法的应用。但它在函数拟合方法中具有线性回归的一个重要特征，因此值得包含在本章中，而不是放在前面的分类章节。

5.1 线性回归

预测房屋售价

什么特征在决定房屋价格的时候扮演重要角色？比如说，位置、房间的个数、房子年限、附近的学校、工作资源、高铁的方便程度都是重要的参考因素，许多潜在客户都

⊖ 回归分析的综述可以从 http://www.rexeranalytics.com 获得。

会把这些考虑在内。但是这其中哪一个是最重要的影响因素呢？有什么方法去确定吗？一旦这些因素已知，可以把它们并入一个用来做预测的模型中吗？我们将在本章后半部分讨论一个案例以解决这个问题，将用多线性回归来预测一个已知房屋许多属性的城市区域中的房屋价格。

所有商人为了成功必须解决的问题就是发展。顾客将会在营业额和利润方面做出贡献，因此，理解并增加一些可能会再次购买的人对公司而言是至关重要的。其他的问题将会在策略上做出贡献，比如说，对顾客进行划分，根据他们之前的消费习惯，可以预测出什么样的顾客将会花费多少钱。在这里需要指出两个很重要的区分：理解为什么从某公司进行购买的消费者属于**解释模型**，而预测消费者能花费多少钱则属于预测模型。这两个模型都属于另一个更广泛的**代替**或者经验模型，它依赖历史数据形成规则以**支撑**模型，这个模型用基本的准则实现分类（就像法律、物理和化学那样）。下图展示了数据科学的一个分类，在本章中，模型的预测能力将会聚焦于作为解释能力的对立面。历史上，许多在统计学中应用的线性回归都用在解释需求上了，在本章的后面会用到逻辑回归来描述解释，线性回归和逻辑回归会在后面的模型分析解释中演示。

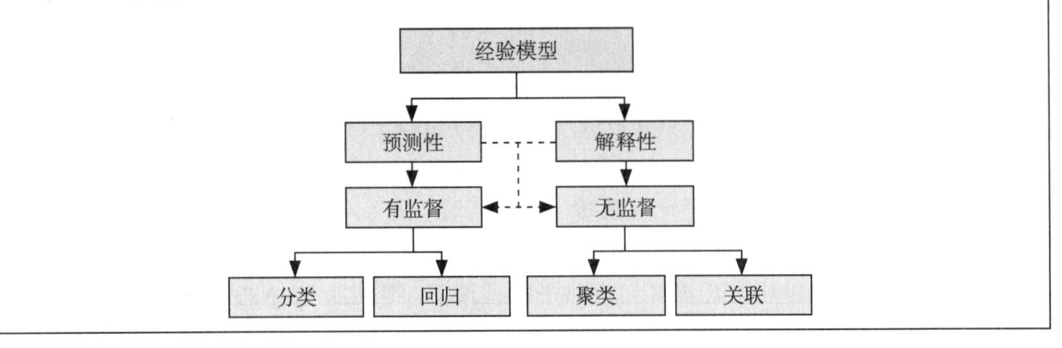

线性回归不仅是最古老的数据科学方法之一，而且也是最容易解释的、演示函数拟合的方法。基本思想是在给定预测变量的值时，提出一个解释和预测目标变量值的函数。

5.1.1　工作原理

一个简单的例子如图5.1所示：如果想知道房屋里房间的数量（预测变量）对其销售价格（目标变量）中值的影响。图上的每个数据点对应一个房屋（Harrison，1978）。很明显，平均而言，增加房间数量往往也会增加销售价格中值。可以通过在数据中绘制直线来得到此情况下的一般结论。因此，线性回归中的问题是找到最能解释这种趋势的直线（或曲线）。如果有两个预测器，则问题是找到一个表面（在三维空间中）。由于有两个以上的预测变量，因此可视化变得困难。回顾一般情况，其中因变量表示为独立变量的线性组合：

$$y = b_0 + b_1x_1 + b_2x_2 + \cdots + b_nx_n \tag{5.1}$$

考虑一个预测变量的问题。显然，对于给定的一组点，人们可以用无限数量的直线拟合，如图5.1所示。如何知道哪一个最好？需要一个指标，该指标有助于量化不同直线拟合这些数据。找到该指标后，选择最佳直线就转变成为找该定量指标的最优值的问题。

常用的度量指标是基于误差函数的概念。假设一条直线穿过数据。在单个预测变量的情况下，对于数据集中存在的 x 值，其预测值 $\hat{y}$ 由下式给出：

$$\hat{y} = b_0 + b_1x \tag{5.2}$$

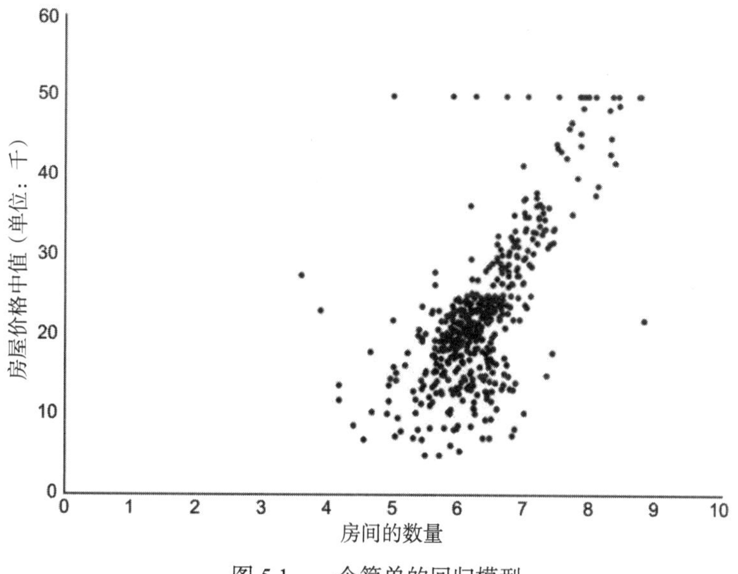

图 5.1　一个简单的回归模型

然后，误差只是实际目标值和预测目标值之间的差异：

$$e = y - \hat{y} = y - (b_0 + b_1 x) \tag{5.3}$$

该等式定义数据集中单个位置（x，y）的误差。人们可以很容易地计算出所有现有点的误差，从而得出一个总误差。一些误差是正的，而另一些误差是负的。可以将差值平方以消除符号的偏差，并且给定拟合的平均误差可以计算为：

$$\frac{J}{n} = \frac{\sum e^2}{n} = \frac{\sum (y_i - \hat{y}_i)^2}{n} = \frac{\sum (y_i - b_0 - b_i x_i)^2}{n} \tag{5.4}$$

其中，n 表示数据集中的点数，J 是总的误差平方和。对于给定的数据集，可以找到（b_0，b_1）的最佳组合，它们最小化总误差 e。这是一个经典的最小化问题，可以用微积分方法处理。斯蒂格勒提供了关于最小二乘法起源的一些有趣的历史细节，这是一种众所周知的方法（Stigler，1999）。使用微积分的方法可以找到 b 的值，这使得总误差 J 最小化。具体而言，可以取 J 相对于 b_1 和 b_0 的偏导数并将它们设置为零。微积分的链式规则使我们得到：

$$\begin{aligned}
&\partial J / \partial b_1 = \partial J / \partial \hat{y} \quad \partial \hat{y} / \partial b_1 \\
&\Rightarrow \partial J / \partial b_1 = 2(\sum (y_i - b_0 - b_1 x_i)) \partial \hat{y} / \partial b_1 = 0 \\
&\Rightarrow \sum (y_i - b_0 - b_1 x_i)(-x_i) = 0 \\
&\Rightarrow -\sum (y_i x_i) + \sum (b_0 x_i) + \sum (b_1 x_i^2) = 0 \\
&\Rightarrow \sum (y_i x_i) = b_0 \sum (x_i) + b_1 \sum (x_i^2)
\end{aligned} \tag{5.5}$$

或者

$$\begin{aligned}
&\partial J / \partial b_0 = 2(\sum (y_i - b_0 - b_1 x)) \partial \hat{y} / \partial b_0 = 0 \\
&\Rightarrow \sum (y_i - b_0 - b_1 x_i)(-1) = 0 \\
&\Rightarrow -\sum (y_i) + \sum (b_0 .1) + \sum (b_1 x_i) 1 = 0 \\
&\Rightarrow -\sum (y_i) + b_0 \sum (1) + b_1 \sum (x_i) = 0 \\
&\Rightarrow \sum (y_i) = b_0 N + b_1 \sum (x_i)
\end{aligned} \tag{5.6}$$

式（5.5）和式（5.6）是关于两个未知数（b_0 和 b_1）的两个方程，可以进一步简化和求解，得到表达式：

$$b_1 = (\sum \Sigma x_i y_i - \bar{y}\sum x_i)/(\sum x_i^2 - \bar{x} - \sum x_i) \tag{5.7}$$

$$b_0 = (\bar{y}\sum x_i^2 - \bar{x}\sum x_i y_i)/(\sum x_i^2 - \bar{x}\sum x_i) \tag{5.8}$$

b_1 也可写作式（5.9a）:

$$b_1 = \text{Correlation}(y, x) \times \frac{s_y}{s_x} \tag{5.9a}$$

$$b_0 = y_{\text{mean}} - b_1 \times x_{\text{mean}} \tag{5.9b}$$

其中，Correlation(x, y) 是 x 和 y 的相关性，s_y 和 s_x 分别是 y 和 x 的标准差。最后，x_{mean} 和 y_{mean} 是各自的均值。

实用的线性回归算法使用称为梯度下降的优化技术（Fletcher，1963；Marquardt，1963）来识别 b_0 和 b_1 的组合，这将最小化式（5.4）中给出的误差函数。使用这种方法的优点是，即使有几个预测变量，优化也能相当鲁棒地工作。当这样的过程应用于上述简单示例时，可以得到如下形式的等式：

$$\text{价格中值} = 9.1 \times (\text{房间的数量}) - 34.7 \tag{5.10}$$

其中，b_1 是 9.1，b_0 是 −34.7。根据这个等式，可以计算出对于有六个房间的房子，价格中值约为 20（价格以千美元表示，c.1970）。在图 5.1 中，显而易见的是，对于有六个房间的房子，实际价格可以在 10.5 到 25 之间。在这个范围中可以有无限数量的直线，它们可能都预测到这个范围内的价格中值——但是，算法选择在自变量的整个取值范围内使平均误差最小的直线，因此，它是给定数据集的最佳拟合。

对于图 5.1 中所示的一些点（房屋）（在图 5.1 的顶部，价格中值为 50），价格中值似乎与房间数量无关。这是因为可能还有其他因素也会影响价格。因此，需要对多个预测变量进行建模，并且需要使用*多元线性回归*（MLR），这是简单线性回归的扩展。找到回归方程（式（5.1））的系数的算法可以很容易地扩展到多个维度。

式（5.4）中误差函数的单变量表达式可以非常容易地推广到多个变量，$\hat{y}_i = b_0 + b_1 x_1 + \cdots + b_D x_D$。如果令 $x = [x_0, x_1, \cdots, x_D]$，并且考虑到截距项可以写成 $b_0 x_0$，其中 x_0=1，那么我们可以将式（5.4）写为 $E = \sum_{i=1}^{N}(y_i - \boldsymbol{B}^{\mathrm{T}} x_i)^2$，其中，对于具有 D 个列或特征和 N 个样本的数据集，$\boldsymbol{B}$ 是一个权重向量 $[b_0, b_1, \cdots, b_D]$。类似于计算式（5.7）和式（5.8）的方式，我们可以得到关于每个权重 $\boldsymbol{B}$ 的函数 E 的导数，并且最终将得到 D 个方程，以求解 D 个权重（每个特征对应一个）。每个权重的偏导数是：

$$\partial E / \partial b_j = \partial E / \partial \hat{y} * \partial \hat{y}_i / \partial b_j$$

$$\Rightarrow \partial E / \partial b_j = 2\sum (y_i - \boldsymbol{B}^{\mathrm{T}} x_i) \partial \hat{y}_i / \partial b_j$$

$$\Rightarrow \partial E / \partial b_j = 2\sum (y_i - \boldsymbol{B}^{\mathrm{T}} x_i)(-x_i)$$

$$\Rightarrow \sum y_i(-x_i) - \boldsymbol{B}^{\mathrm{T}} \sum (x_i)(-x_i)$$

当我们同时考虑所有 D 个权重值时，这可以非常简单地以矩阵形式写成：

$$\partial E / \partial \boldsymbol{B} = -(\boldsymbol{Y}^{\mathrm{T}} \boldsymbol{X}) + \boldsymbol{B}(\boldsymbol{X}^{\mathrm{T}} \boldsymbol{X}) \tag{5.11}$$

这里 $\boldsymbol{B}$ 是 $1 \times D$ 的矩阵或向量。与简单线性回归的情况一样，我们可以将此导数设为零，求解权重 $\boldsymbol{B}$，得到表达式 $-(\boldsymbol{Y}^{\mathrm{T}}\boldsymbol{X})+\boldsymbol{B}\,(\boldsymbol{X}^{\mathrm{T}}\boldsymbol{X})=0$。在这种情况下，求解 $\boldsymbol{B}$ 现在变为矩阵求逆问题，并导致 $\boldsymbol{B}=(\boldsymbol{X}^{\mathrm{T}}\boldsymbol{X})^{-1}\boldsymbol{Y}^{\mathrm{T}}\boldsymbol{X}$。读者可以验证该矩阵在维度大小上是否一致（提示：$\boldsymbol{X}$ 的矩阵形状为 $N \times D$，$\boldsymbol{Y}$ 为 $N \times 1$ 且 $\boldsymbol{B}$ 为 $1 \times D$）。MLR 可以应用于需要数值预测的任何情况，例如“需要卖多少钱”。这与使用诸如决策树或逻辑回归模型之类的分类工具进行分类预测（例如“有人购买 / 不购买”或“会 / 不会失败”）形成对比。为了确保回归模型不是任意部署的，必须对模型进行多次检查，以确保回归是准确的，这将成为本章后面部分的重点。

可以扩展房屋示例以包括附加变量。这来自 20 世纪 70 年代后期对城市环境的研究（Harrison，1978）(http://archive.ics.uci.edu/ml/datasets/Housing)。这样做的目标是：

1）确定为了准确预测房屋价格中值需要几个属性中的哪一个。

2）构建多元线性回归模型，以使用最重要的属性预测价格中值。

原始数据由 13 个预测变量和 1 个响应变量（这是需要预测的变量）组成。预测变量包括房屋的物理特征（如房间数、年限、税收和位置）和社区特征（学校、工业、区域划分）等。响应变量当然是房屋价值的中值（MEDV），以千美元为单位。表 5.1 显示了数据集的快照，其中共有 506 个示例。表 5.2 描述了数据集的特征或属性。

表 5.1　经典波士顿房屋数据集的样本视图

CRIM	ZN	INDUS	CHAS	NOX	RM	AGE	DIS	RAD	TAX	PTRATIO	B	LSTAT	Target =MEDV
0.006 32	18	2.31	0	0.538	6.575	65.2	4.09	1	296	15.3	396.9	4.98	24
0.027 31	0	7.07	0	0.469	6.421	78.9	4.967 1	2	242	17.8	396.9	9.14	21.6
0.027 29	0	7.07	0	0.469	7.185	61.1	4.967 1	2	242	17.8	392.83	4.03	34.7
0.032 37	0	2.18	0	0.458	6.998	45.8	6.062 2	3	222	18.7	394.63	2.94	33.4
0.069 05	0	2.18	0	0.458	7.147	54.2	6.062 2	3	222	18.7	396.9	5.33	36.2
0.029 85	0	2.18	0	0.458	6.43	58.7	6.062 2	3	222	18.7	394.12	5.21	28.7
0.088 29	12.5	7.87	0	0.524	6.012	66.6	5.560 5	5	311	15.2	395.6	12.43	22.9
0.144 55	12.5	7.87	0	0.524	6.172	96.1	5.950 5	5	311	15.2	396.9	19.15	27.1

表 5.2　波士顿房屋数据集的属性

1	CRIM	城镇居民人均犯罪率
2	ZN	25 000 平方尺以上土地的住宅用地比例
3	INDUS	每个城镇非零售营业面积的比例
4	CHAS	查尔斯河虚拟变量（如果靠近河，则为 1，否则为 0）
5	NOX	一氧化氮浓度（百万分之几）
6	RM	每个住宅的平均房间数
7	AGE	1940 年之前建造的自有住房的比例
8	DIS	到五个波士顿就业中心的加权距离
9	RAD	径向公路通达性指数
10	TAX	每 $ 10 000 美元的全值财产税率
11	PTRATIO	各镇师生比例
12	B	1000（Bk—0.63）^ 2，其中 Bk 是按城镇划分的黑人比例
13	LSTAT	下层经济阶层占比
14	MEDV	业主自住房屋中值（单位为千美元）

5.1.2 实现过程

在本节中，将演示如何设置 RapidMiner 过程以构建波士顿房屋数据集的多元线性回归模型。下面将描述：

1）构建线性回归模型。

2）测量模型的性能。

3）了解线性回归操作符的常用选项。

4）应用该模型预测未见数据的 MEDV 价格。

步骤 1：数据准备

作为第一步，数据被分成训练集和未见的测试集。我们的想法是使用训练数据构建模型，并在未见的数据上测试其性能。在"检索"(Retrieve) 操作符的帮助下，将原始数据（在配套网站 www.IntroDataScience.com 中提供）导入 RapidMiner 过程。应用"洗牌"（Shuffle）操作符随机化数据的顺序，以便在分隔两个分区时它们在统计上是相似的。接下来，使用"过滤实例范围"（Filter Examples Range）操作符，将数据分成两组，如图 5.2 所示。原始数据有 506 个示例，它们将使用这两个操作符线性地分割为训练集（从第 1 ～ 450 行）和测试集（第 451 ～ 506 行）。

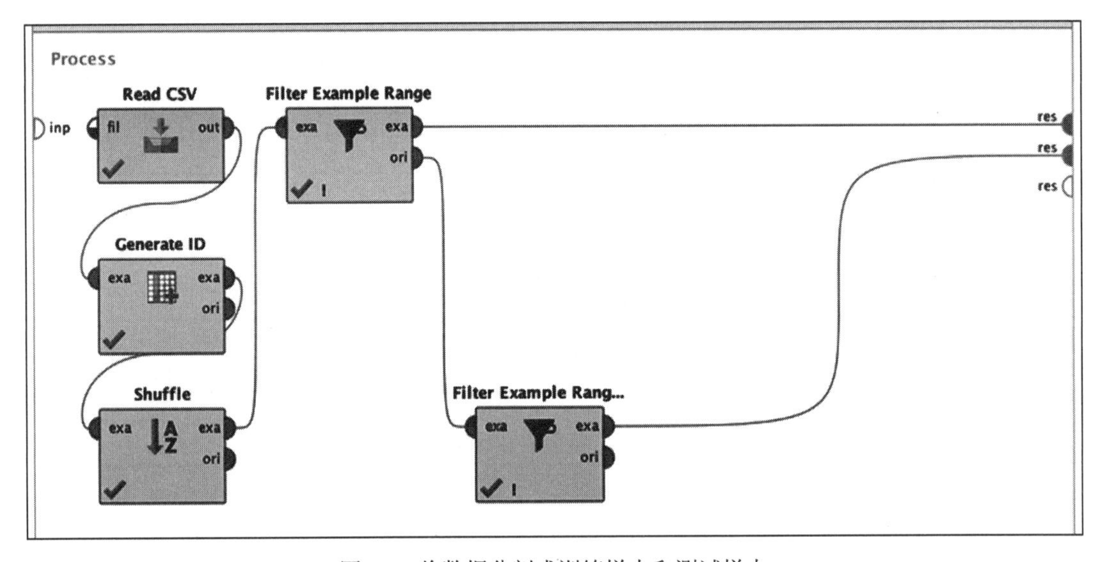

图 5.2 将数据分割成训练样本和测试样本

插入"设置角色"（Set Role）操作符，将 MEDV 的角色更改为标签，并将输出连接到"分割验证"（Split Validation）操作符的输入训练端口，如图 5.3 所示。现在，训练数据将进一步分为训练集和验证集（保持默认的分割验证选项，即 relative、0.7 和 shuffled）。为了测量线性回归模型的性能，这是需要的。设置本地随机种子（默认值为 1992）也是一个好主意，这可确保 RapidMiner 在以后运行此过程时选择相同的样本。

完成此步骤后，双击"验证"（Validation）操作符以进入嵌套过程。在此过程中，在左侧窗口中插入"线性回归"（Linear Regression）操作符，并在右侧窗口中插入"应用模型"（Apply Model）和"性能（回归）"(Performance（Regression）)，如图 5.4 所示。单击"性能"（Performance）操作符，勾选右上侧参数选项选择器内的平方误差、相关性和平方相关性

（见图 5.5）。

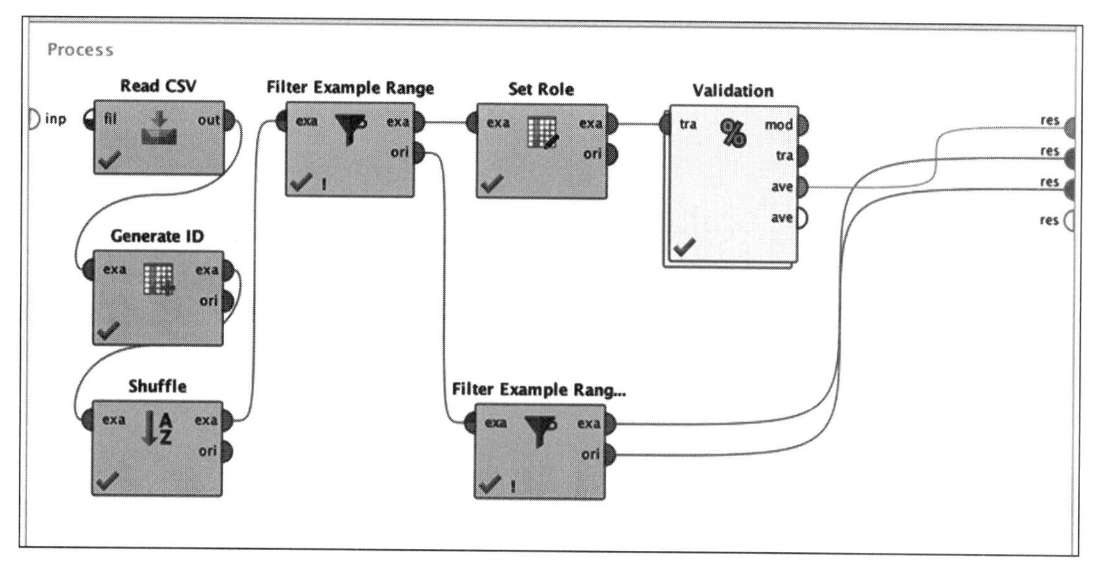

图 5.3 使用“分割验证”操作符

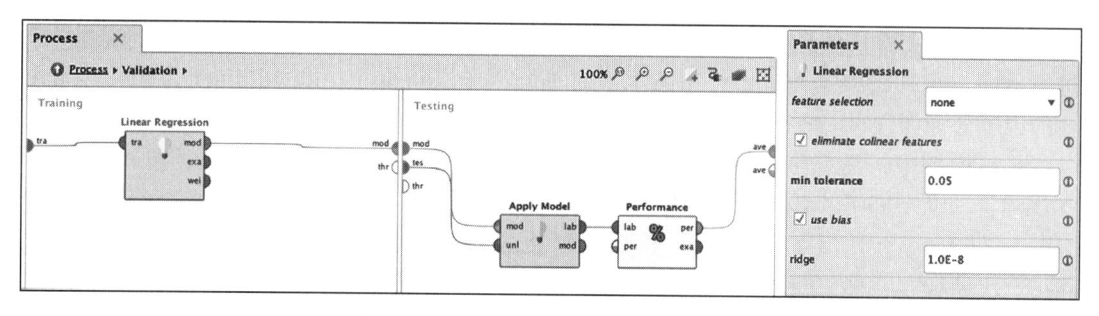

图 5.4 应用线性回归操作符并测量性能

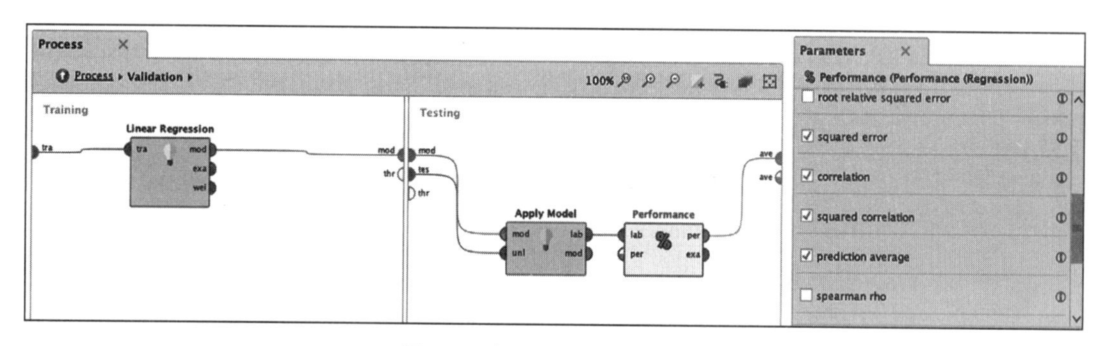

图 5.5 为 MLR 选择性能标准

步骤 2：建模

选择“线性回归”操作符，然后将特征选择选项更改为“none”。保持勾选默认的消除共线特征，这将删除来自建模过程的线性相关的因子。当两个或更多个属性彼此相关时，所得到的模型将倾向于具有不能被直观解释的系数，此外，系数的统计显著性也趋于非常低。同时，保持勾选使用偏差以构建具有截距（式（5.2）中的 b_0）的模型。保持其他默认选项不变（见图 5.4）。

运行此过程时，将生成图 5.6 中所示的结果。

Result History　LinearRegression (Linear Regression)

Data　Description　Annotations

LinearRegression

```
- 0.119 * CRIM
+ 0.050 * ZN
+ 0.018 * INDUS
+ 2.433 * CHAS
- 16.919 * NOX
+ 3.670 * RM
- 0.002 * AGE
- 1.575 * DIS
+ 0.296 * RAD
- 0.012 * TAX
- 0.920 * PTRATIO
+ 0.009 * B
- 0.554 * LSTAT
+ 37.281
```

a)

Result History　LinearRegression (Linear Regression)　Examp

Data　Description　Annotations

Attribute	Coefficient	Std. Error	Std. Coefficient
CRIM	-0.119	0.039	-0.103
ZN	0.050	0.014	0.128
INDUS	0.018	0.065	0.014
CHAS	2.433	0.911	0.068
NOX	-16.919	4.106	-0.215
RM	3.670	0.453	0.277
AGE	-0.002	0.014	-0.007
DIS	-1.575	0.216	-0.362
RAD	0.296	0.070	0.281
TAX	-0.012	0.004	-0.216
PTRATIO	-0.920	0.143	-0.214
B	0.009	0.003	0.084
LSTAT	-0.554	0.055	-0.431
(Intercept)	37.281	5.489	?

b)

图 5.6　a）线性回归模型的说明；b）模型的表格视图。通过双击 Code 列，根据重要性对表进行排序

步骤 3：执行与解释

可以在“线性回归”输出选项卡中查看两个视图：描述视图，它实际显示拟合的函数（见图 5.6a）；以及更有用的数据视图，它不仅显示线性回归函数的系数，而且也提供了有关这些系数的重要性的信息（见图 5.6b）。读取此表的最佳方法是通过双击名为 Code 的列对其进行排序，该列将根据其重要性递减水平对不同因子进行排序。RapidMiner 为任何非常重要的因子分配四颗星（****）。

在该模型中，没有使用特征选择方法，因此模型中包含所有 13 个因子，包括 AGE 和 INDUS，这两个因子都具有非常低的显著性。但是，如果要通过选择“特征选择参数”下拉菜单中可用的任何选项来运行相同的模型，则 RapidMiner 将从模型中删除最不重要的因子。在下一次迭代中，使用贪婪的特征选择，这将从函数中去除最不重要的因子 INDUS 和 AGE（见图 5.7a 和图 5.7b）。

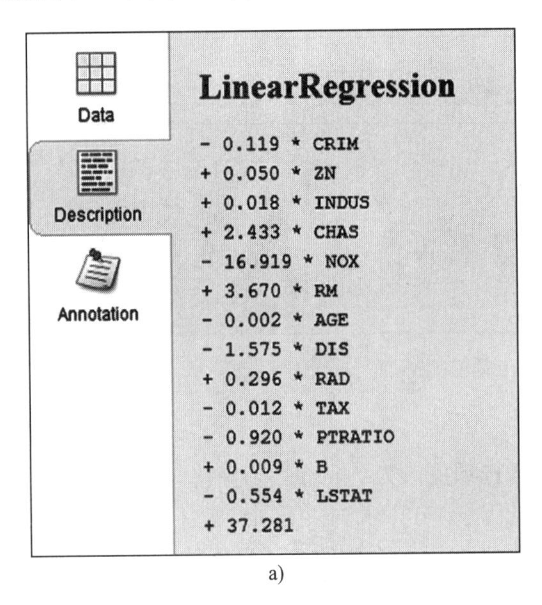

a)

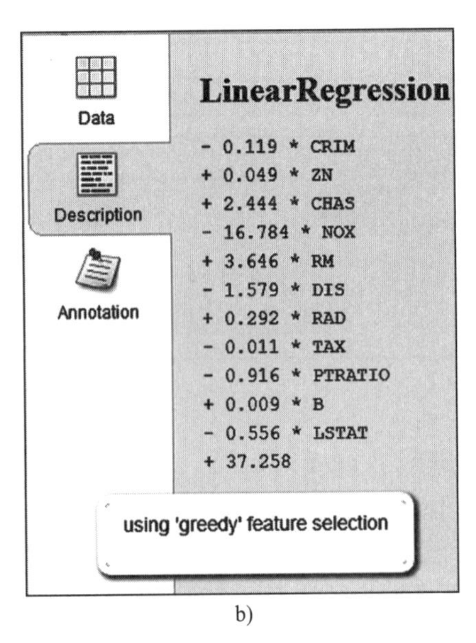

b)

图 5.7　a）没有任何特征选择的模型；b）贪婪特征选择模型

RapidMiner 中的特征选择可以在“线性回归”操作符中自动完成，如前所述，或者使用外部包装函数，如前向选择和后向消除。这些将在第 14 章中单独讨论。

要注意的第二个输出是性能：在回归模型中检验拟合优度的便捷检查是平方相关性。通常，这与模型调整后的 r^2 相同，其可以取 0.0 到 1.0 之间的值，值越接近 1 表示模型越好。对于上面显示的任意模型，可以获得大约 0.822 的值（见图 5.8）。还要求平方误差输出：原始值本身可能不会揭示太多信息，但这在比较两个不同模型时很有用。在这种情况下，值大约是 25。

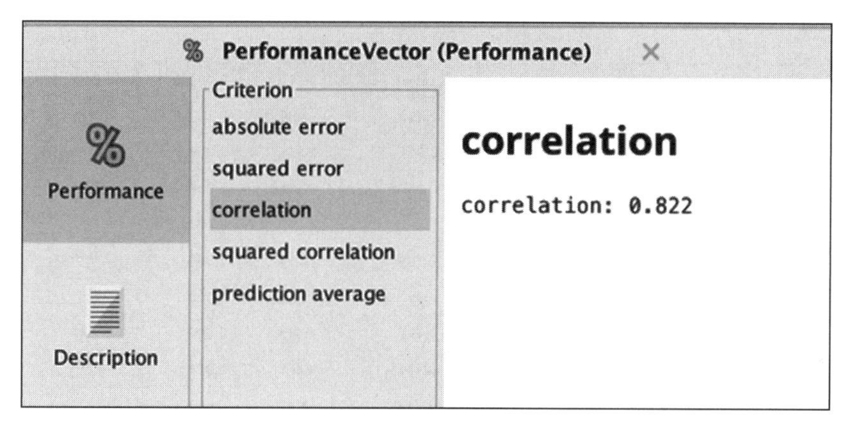

图 5.8　为模型生成 r^2

可以从建模过程中提取的另一个切入点是对因子的排名。检查这一项的最简单方法是按 *p* 值排名。如图 5.9 所示，RM、LSTAT 和 DIS 似乎是最重要的因子。这也反映在它们的绝对 *t*-stat 值中。*t*-stat 值和 *p* 值是对回归系数进行假设检验的结果。出于预测分析的目的，关键的一点是，可以安全地拒绝更高的 *t*-stat 信号，即零假设——假设系数为零。相应的 *p* 值表示错误地拒绝原假设的概率。已经注意到房间数（RM）是一个很好的房价预测指标，但它无法解释价格中值的所有变化。对于单变量模型的 r^2 和平方误差分别为 0.405 和 45。这可以通过仅使用一个自变量（房间数 RM）重新运行截止到目前所构建的模型来验证。这是通过使用“选择属性”操作符完成的，该操作符必须在“设置角色”操作符之前的过程中插入。运行此模型时，前面显示的式（5.10）将在模型“描述”中获得。通过将 MLR 模型的相应值（0.676 和 25）与简单线性回归模型的进行比较（显然这两个量都得到了改善），从而肯定了使用多个因子的决策。

现在有一个更全面的模型可以解释响应变量 MEDV 的大部分变化。最后，补充一点关于系数符号的说明：LSTAT 是指邻近地区低收入家庭的百分比。较低的 LSTAT 与较高的房屋价格中值相关，这是 LSTAT 负系数的原因。

步骤 4：应用到未见的测试数据上

现在，此模型已经就绪，可以开始部署，并应用到未见的测试数据上，这些数据是在本节开头使用第二个“过滤器示例”操作符（见图 5.2）所创建的。需要添加新的“设置角色”操作符，在参数下选择 MEDV 并从下拉菜单中将其设置为目标角色预测。添加另一个“应用模型”操作符，并将“设置角色”的输出连接到其未标记的端口；此外，将“验证”过程中的输出模型连接到新的“应用模型”的输入模型端口。属性 MEDV 已经从未见的 56 个示例变为一个预测。当模型应用于此示例集时，可以将预测（MEDV）值与原始 MEDV 值（存在于集合中）进行比较，以测试模型在新数据上的表现。预测（MEDV）和实际MEDV之间的差值称为残差。图5.10显示了快速检查模型应用的残差的一种方法。当下一个操作符“生成属性”（Generate Attributes）被用于计算残差时（尝试不使用“重命名”操作符以理解这个问题，因为在“生成属性”被使用时，它可以在其他实例中弹出），需要使用“重命名”操作符，以将“预测（MEDV）”的名称更改为“predictMEDV”，从而避免混淆RapidMiner。图5.11显示了新属性“残差”的统计数据，表明均值接近0（−0.27），但4.350处的标准差（或方差）不是很小。直方图似乎也表明残差不是很符合正态分布，这将是继续改进模型的另一个动机。

Attribute	Coefficient	Std. Error	Std. Coeff...	Tolerance	t-Stat	p-Value ↑	Code
LSTAT	-0.556	0.052	-0.432	0.490	-10.661	0	****
RM	3.646	0.443	0.275	0.581	8.236	0.000	****
DIS	-1.579	0.199	-0.363	0.823	-7.928	0.000	****
(Intercept)	37.258	5.440	?	?	6.849	0.000	****
PTRATIO	-0.916	0.140	-0.213	0.793	-6.547	0.000	****
NOX	-16.784	3.794	-0.213	0.812	-4.424	0.000	****
RAD	0.292	0.068	0.276	0.769	4.318	0.000	****
ZN	0.049	0.014	0.128	0.877	3.465	0.001	****
TAX	-0.011	0.004	-0.208	0.749	-3.219	0.001	***
CRIM	-0.119	0.039	-0.103	0.843	-3.088	0.002	***
B	0.009	0.003	0.083	0.905	2.953	0.003	***
CHAS	2.444	0.905	0.068	0.991	2.701	0.007	***

图5.9　依据属性的p值对变量排序

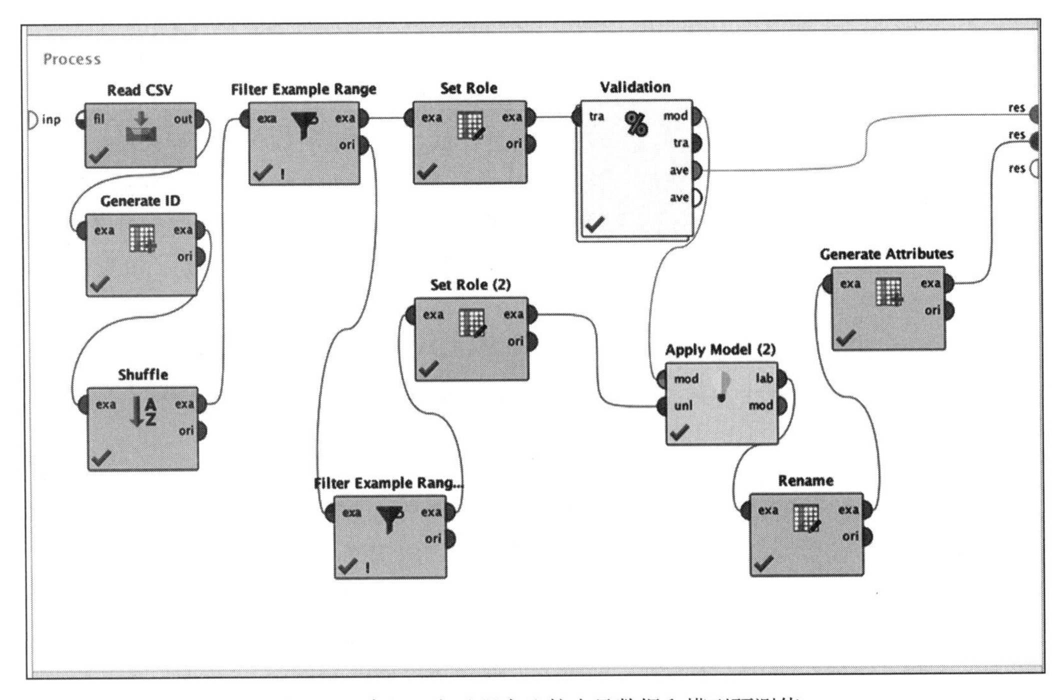

图5.10　建立一个过程来比较未见数据和模型预测值

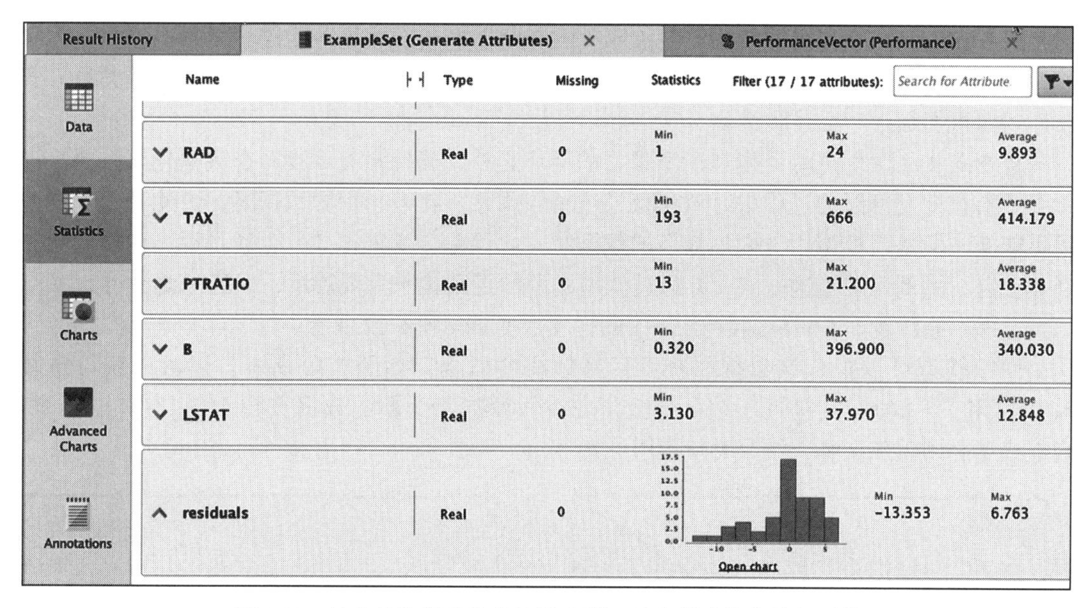

图 5.11 对未见数据残差的统计表明，某些模型优化是必要的

5.1.3 检查点

关于线性回归的这一部分可以简单讨论几个检查点，以确保任何模型都有效。这是分析过程中的关键步骤，因为所有建模都遵循“如果你输入的是垃圾，那么输出的也一定是垃圾”（GIGO）的格言。数据科学家有责任确保完成这些检查。

检查点 1：在接受任何回归模型之前要考虑的第一个检查点是量化 r^2，r^2 也称为确定系数，它有效地解释了因变量在自变量中解释了多少变异性（Black，2008）。在大多数线性回归的情况下，r^2 值介于 0 和 1 之间，r^2 的理想范围因应用而异；例如，在社会和行为科学模型中，通常较低的值是可接受的。通常，极低的值（～＜ 0.2）表明模型中的变量不能令人满意地解释结果。关于过分强调 r^2 值的警告：当截距设置为 0 时（在 RapidMiner 中，当取消勾选“使用偏差”时，如图 5.5 所示），由于所采用的计算方式，r^2 值往往会膨胀。在需要零截距的情况下，使用其他检查（例如残差的均值和方差）是有意义的。

用于测量回归模型与数据拟合程度的最常用度量是使用确定系数 r^2。这被定义为：

$$r^2 = 1 - \mathrm{SSE} / \mathrm{SSYY} \tag{5.12}$$

SSE 只是式（5.4）中由 $\sum e^2$ 给出的误差平方之和。SSYY 是由下式定义的总平均偏差：

$$\mathrm{SSYY} = \sum (y - \overline{y})^2 \tag{5.13}$$

直觉上很容易看出，如果 SSE 接近零，那么 r^2 接近 1——完美拟合。如果 SSE 接近 SSYY，则 r^2 接近零——模型只是对于 x 的所有值预测 y 的平均值。因为 r^2 只依赖于 y 而不是权重或自变量，所以可以用于任何形式的（单变量或多变量）回归模型。

检查点 2：第二个检查点是确保模型中的所有错误项都是正态分布的。为了在 RapidMiner 中执行这个检查，生成一个名为 error 的新属性，它是预测的 MEDV 与测试数据集中实际 MEDV 之间的差异。这可以使用“生成属性”操作符完成。这是在上一节的步骤 5 中完成的。通过检查点 1 和 2 将确保自变量和因变量相关。然而，这并不意味着自变量是原因而因变量是效果。请记住，相关性不是因果关系！

检查点 3：高度非线性关系，导致简单的回归模型未通过这些检查。但是，这并不意味着两个变量不相关。在这种情况下，可能有必要采用更先进的分析方法来测试这种关系。安斯库姆四重奏最好地描述和推动了这一点，见第 3 章。

检查点 4：除了使用 r^2 测试模型拟合的好坏之外，确保没有过度拟合数据也很重要。过拟合是指在开发模型的过程中，该模型经过精心调整，在表示训练数据时，会使其平方误差尽可能低，但是当模型用于未见或新的数据时，此误差会变得很高。也就是说，该模型无法泛化。以下示例说明了这一点，并通过使用所谓的正则化来直观展示，以避免此类行为。

考虑一些代表基本简单函数 $y=3x+1$ 的样本数据，如图 5.12 所示。

回归模型可以拟合该数据并获得良好的线性拟合，如图 5.12 所示。还可以获得系数 $b_0=1.13$ 和 $b_1=3.01$，其接近于基础函数。现在假设有一个新的数据点 [3,30]，它有点异常，现在模型必须重新调整，结果类似于图 5.13 所示。

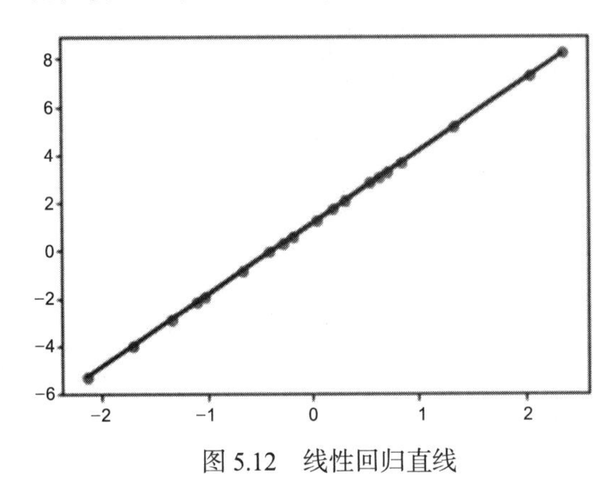

图 5.12 线性回归直线

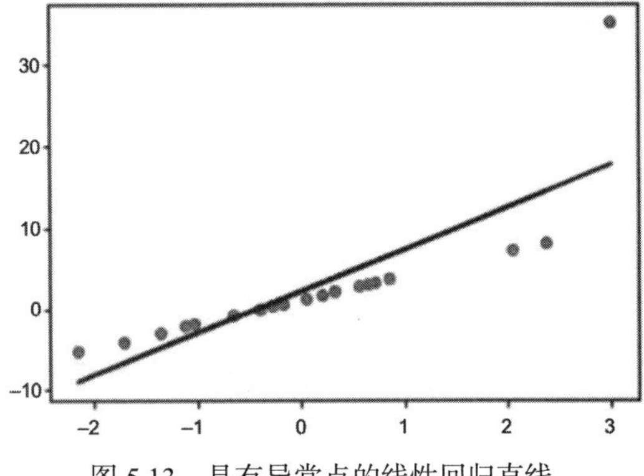

图 5.13 具有异常点的线性回归直线

与先前的拟合相比，异常值倾向于将拟合线向上拉向外围点。换句话说，当模型试图最小化与每个点之间距离的平方时，一些外围点往往会对模型的特征产生不成比例的影响。

另一种看待这种情况的方法是，模型试图将所有训练数据点尽可能地拟合，或导致过拟合。过拟合的结果是训练数据的总体误差将被最小化，但如果在新数据点（未用于训练）上尝试相同的模型，则误差趋于增加，且这种增加不成比例。过拟合的一个症状是产生大系数。在上面的例子中，这些系数现在是 $b_0=2.14$ 和 $b_1=6.93$，也就是说，它们在每种情况下都增加了近 2 倍或更多。

为了通过确保没有任何权重或系数变大来避免过拟合，可以将惩罚因子添加到成本函数中，用于惩罚较大权重。此过程称为岭回归（ridge regression）或 L2 范数正则化。惩罚因子包括所有权重的大小平方之和，$||b||^2=b_1^2+b_2^2+\cdots$，即 b_m 的 L2 范数，其中 m 是属性的数量。

对成本函数进行修改，如下所示：

$$\boldsymbol{J}_{\text{RIDGE}}=\sum \boldsymbol{N}_i=(y_i-\boldsymbol{B}^{\text{T}}x_i)^2+\lambda\,|\,b\,|^2 \tag{5.14}$$

通过遵循常规步骤并切换到前面所示的矩阵形式，可以得到权重的新解决方案：

$$\boldsymbol{B}=(\lambda\boldsymbol{I}+\boldsymbol{X}^{\text{T}}\boldsymbol{X})^{-1}\boldsymbol{X}^{\text{T}}\boldsymbol{Y} \tag{5.15}$$

其中 $\boldsymbol{I}$ 是单位矩阵，λ 是惩罚因子，且 $\lambda>0$。

可以将此与从式（5.11）得出的标准解决方案进行比较：

$$\boldsymbol{B}=(\boldsymbol{X}^{\text{T}}\boldsymbol{X})^{-1}\boldsymbol{Y}^{\text{T}}\boldsymbol{X} \tag{5.16}$$

在实现 L2 范数时，拟合看起来大大改善，系数为 b_0=1.5 和 b_1=4.02，它们更接近于基础函数（如图 5.14 所示）。

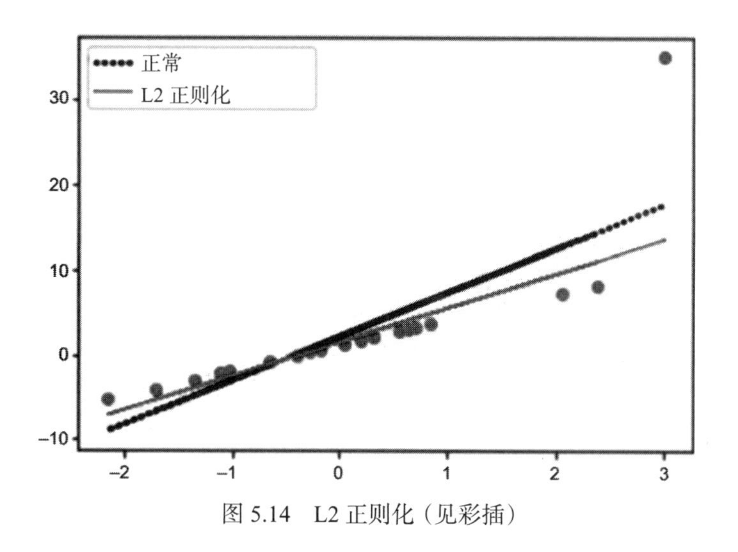

图 5.14　L2 正则化（见彩插）

岭回归倾向于将所有权重推向零，以便最小化成本函数。

存在另一种过拟合的情况，其涉及选择多于最佳数量的自变量（并因此选择权重）。并非所有特征对预测结果都产生相同的影响，某些特征比其他特征具有更大的影响。但是，随着模型中包含更多功能，训练误差将继续减少。但是测试误差可能会失控，并导致另一种形式的过拟合。

*套索回归*或 *L1 范数正则化*解决了这个问题，其目标是选择最佳数量的特征。该公式类似于岭回归，但使用 L1 范数 $||b||=|b_1|+|b_2|+\cdots$：

$$\boldsymbol{J}_{\text{LASSO}} = \sum \boldsymbol{N}_i = (y_i - \boldsymbol{B}^{\mathrm{T}} x_i)^2 + \lambda |b| \tag{5.17}$$

有时这些特征是相互关联的——当发生这种情况时，$\boldsymbol{X}^{\mathrm{T}}\boldsymbol{X}$ 矩阵变为降秩（矩）阵，并且不能使用解析形式的解决方案。但是，如果使用梯度下降来近似求解，这应该不是问题。当无法获得 $\mathrm{d}\boldsymbol{J}/\mathrm{d}\boldsymbol{b}$ 的解析形式导数时，梯度下降是一种允许我们递增地评估系数 $\boldsymbol{b}$ 从而使误差 $\boldsymbol{J}$ 被最小化的技术。我们的想法是通过选择最快的路径，朝着最小化 $\boldsymbol{J}$ 的方向，采取小的计算步骤。这种情况下，我们可以以解析形式得到误差函数的导数，结果证明是：

$$\partial \boldsymbol{J} / \partial \boldsymbol{b} = -2\boldsymbol{X}^{\mathrm{T}}\boldsymbol{Y} + 2\boldsymbol{X}^{\mathrm{T}}\boldsymbol{X}\boldsymbol{b} + \lambda \operatorname{sign}(\boldsymbol{b}) = 0 \tag{5.18}$$

这里，$\operatorname{sign}(\boldsymbol{b}) = \begin{cases} 1, & \boldsymbol{b}>0 \\ 0, & \boldsymbol{b}=0 \\ -1 & \boldsymbol{b}<0 \end{cases}$

通常，对于实际情况，这种解析形式的导数很少可用，并且梯度下降公式是替代方案。两种正则化的最终梯度下降为：

套索回归或 L1 范数：

$$\boldsymbol{b}_{i+1} = \boldsymbol{b}_i - \eta \boldsymbol{X}^{\mathrm{T}}(\boldsymbol{Y} - \hat{\boldsymbol{Y}}) + \lambda \times \operatorname{sign}(\boldsymbol{b}_i) \tag{5.19}$$

岭回归或 L2 范数：

$$\boldsymbol{b}_{i+1}=\boldsymbol{b}_i-\eta \boldsymbol{X}^{\mathrm{T}}(\boldsymbol{Y}-\hat{\boldsymbol{Y}})+\lambda\times \boldsymbol{b}_i \tag{5.20}$$

其中 η 是与神经网络（第 4 章）和深度学习（第 10 章）中相同的学习速率参数。步数 i 由解决方案的收敛速度或其他停止判据确定。在 RapidMiner 中，通过在参数下的“ ridge”框中提供非零惩罚因子来实现岭回归，如图 5.4 所示。

5.2 逻辑回归

从历史角度来看，有两类主要的数据科学技术：从统计学（如回归）发展而来的技术（Cramer，2002），从统计学、计算机科学和数学（如分类树）混合发展而来的技术。逻辑回归在 20 世纪中期出现，它是生物统计学领域分对数（logit）概念与数字计算机的出现（使得这些项的计算更容易）同时发展的结果。因此，要了解逻辑回归，首先需要探索分对数概念。图 5.15 改编自 Cramer（2002）中显示的数据，显示了从 20 世纪 50 年代中期开始接受分对数概念到 20 世纪后半期对这一概念的引用激增的演变趋势。该图显示了过去几十年中各种科学和商业应用中逻辑回归的重要性。

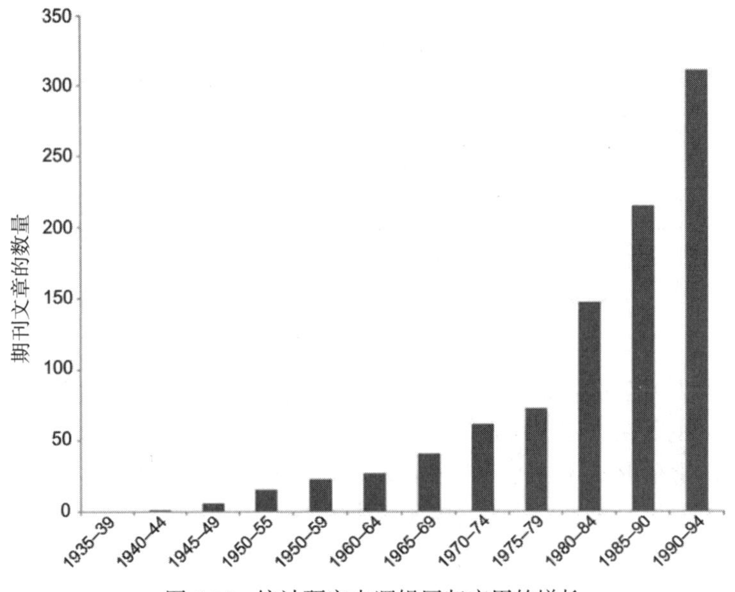

图 5.15　统计研究中逻辑回归应用的增长

为了介绍分对数，将使用一个简单的例子。回想一下，线性回归是找到一个函数来拟合 x 的过程，x 随 y 线性变化，目的是能够将函数用作预测模型。这里的关键假设是预测变量和目标变量都是连续的，如图 5.16 所示。直观地说，当 x 增加时，y 沿着直线的斜率增加，例如广告支出和销售。

如果目标变量不连续会发生什么？假设目标变量是对广告活动的响应，例如，如果超过阈值数量的客户购买，则响应为 1；如果不超过，则响应为 0。在这种情况下，目标（y）变量是离散的（如图 5.17 所示）；在图中直线不再合适。虽然人们仍然可以（近似地）估计当 x（广告支出）增加时，y（对邮寄活动的响应或没有响应）也会增加，没有逐渐过渡；y 值突然从一个二值结果跳到另一个。因此，直线不适合这些数据。

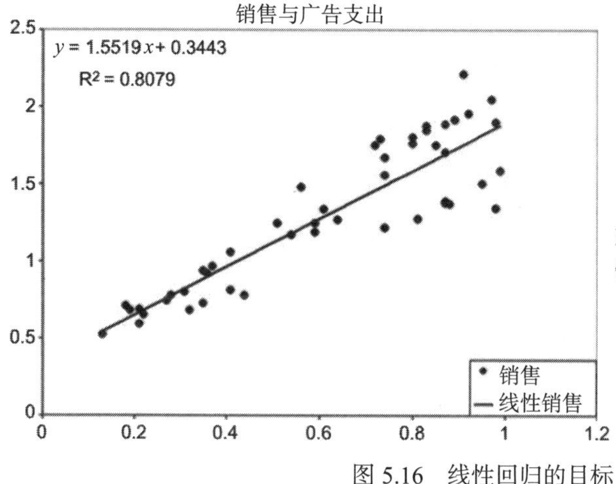

图 5.16 线性回归的目标

线性回归模型。我们可以做一个直观的评估，广告支出的增加也会增加销售。利用直线，我们也可以预测。

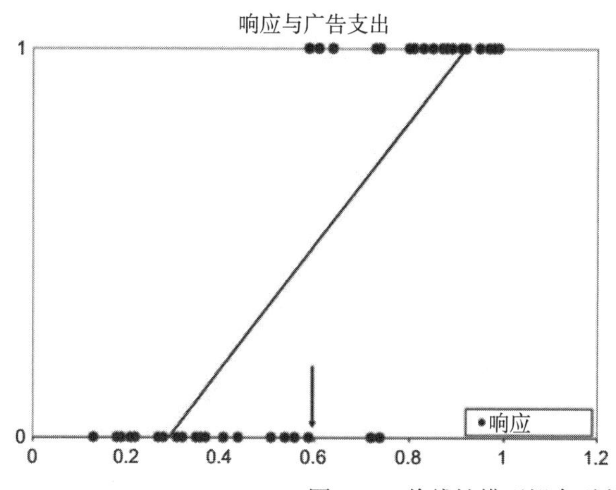

图 5.17 将线性模型拟合到离散数据

线性拟合以得出二值结果：尽管我们可以做出直观的评估，即广告支出的增加会增加响应，但转变突然发生——约在 0.6 处。此时若使用直线，我们无法真正预测结果。

另一方面，看一下图 5.18 中的 S 形曲线。这肯定更适合所显示的数据。如果已知该“S形”曲线的方程，那么它可以像在线性回归的情况下使用直线一样有效。

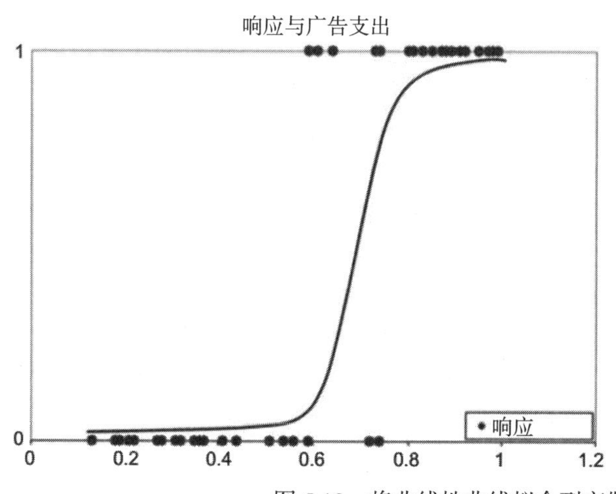

图 5.18 将非线性曲线拟合到离散数据

逻辑回归模型。S 形曲线显然更适合大多数数据。我们可以说明广告支出增加了销售额，也可以使用此模型进行预测。

因此，当目标变量是离散的时，逻辑回归是获得适当的非线性曲线以拟合数据的过程。如何获得 sigmoid（S 形）曲线？它与预测变量有什么关系？

5.2.1　工作原理

让我们重新考虑因变量 y。如果它是二值的，也就是说，它只能接受两个值（是 / 否，通过 / 失败，响应 / 不响应，等等），那么 y 可以假设仅被编码为两个值，即 1 或 0。

挑战在于找到一个将预测变量 x 与结果 y 函数式地连接起来的等式，其中 y 只能取两个值：0 或 1。但是，预测变量本身可能没有限制：它们可以是连续的或分类的。因此，这些不受限制的预测变量的函数范围也可能不受限制（在 $-\infty$ 到 $+\infty$ 之间）。要克服这个问题，必须将连续函数映射到离散函数。这就是分对数有助于实现的目标。

1. 逻辑回归如何找到 S 形曲线？

如在式（5.1）中所观察到的，直线只需用两个参数表示：斜率（b_1）和截距（b_0）。可以通过 b_0 和 b_1 轻松指定 x 和 y 彼此相关的方式。然而，S 形曲线是一个更复杂的形状，并且参数化表示它并不那么简单。那么如何找到将 x 与 y 相关联的数学参数呢？

事实证明，如果目标变量 y 被转换为 y 的几率的对数，则变换的目标变量与预测变量 x 线性相关。在大多数需要使用逻辑回归的情况下，y 通常是响应“是 / 否”的类型。这通常被解释为事件发生（$y=1$）或不发生（$y=0$）的概率。这可以解构为：

- 如果 y 是事件（响应，通过 / 失败等）。
- 并且 p 是事件发生的概率（$y=1$）。
- （$1-p$）是事件未发生的概率（$y=0$）。
- $p/(1-p)$ 是事件发生的几率。

几率的对数 $\log(p/(1-p))$ 是预测变量 X 的线性函数，$\log(p/(1-p))$ 或者几率的对数称为分对数（logit）函数。

分对数可以表示为预测变量 X 的线性函数，类似于式（5.1）中所示的线性回归模型：

$$\text{logit}=\log p/(1-p)=b_0 x+b_1 \tag{5.21}$$

对于更一般的情况，涉及多个自变量 x，有：

$$\text{logit}=b_0+b_1 x_1+b_2 x_2+\cdots+b_n x_n \tag{5.22}$$

分对数可以取 $-\infty$ 到 $+\infty$ 之间的任何值。对于数据集中的预测变量的每一行，现在可以计算分对数。从分对数开始，很容易计算响应 y 的概率（发生或未发生），如下所示：

$$p=\mathrm{e}^{\text{logit}}/(1+\mathrm{e}^{\text{logit}}) \tag{5.23}$$

来自式（5.22）的回归模型最终给出 y 发生（即 $y=1$）的概率，通过式（5.23）给定 x 的具体值。在这种情况下，逻辑回归的一个很好的定义是，它是一种数学建模方法，其中选择最佳拟合但最少限制的模型来描述几个独立解释变量和依赖的二值响应变量之间的关系。因为它是式（5.22）的右侧，所以它是最不具有限制性的，可以假设是从 $-\infty$ 到 $+\infty$ 的任何值。Cramer（2002）提供了有关分对数函数历史的更多背景知识。

根据给出的数据，x 已知并且使用式（5.22）和式（5.23）可以计算任何给定 x 的 p 值。但要做到这一点，首先需要确定式（5.22）中的系数 b。这是怎么做到的？假设一个人开始尝试 b 的值。给定训练数据样本，可以计算如下值：

$$p^{y}\times(1-p)^{(1-y)}$$

其中 y 是原始结果变量（可以取 0 或 1），p 是由 logit 方程（式（5.23））估计的概率。对于特定的训练样本，如果实际结果是 y=0 并且 p 的模型估计值很高（比如 0.9），也就是说，模型是错误的，则该量减少到 0.1。如果模型概率估计值较低（比如 0.1），即模型是好的，则该量增加到 0.9。因此，该量是似然函数的简化形式，对于良好的估计最大化并且对于差的估计最小化。如果计算所有训练数据样本的简化似然函数的总和，则高值表示良好模型（或良好拟合），反之亦然。

实际上，梯度下降或其他非线性优化技术用于搜索系数 b，目的是最大化正确估计的可能性（或 $p^{y}\times(1-p)^{(1-y)}$，对所有训练样本求和）。在实践中使用了更复杂的似然估计公式（Eliason，1993）。

2. 一个简单而悲惨的例子

在 1912 年的泰坦尼克号沉船事故中，当船体在北大西洋撞上一座冰山时数百人丧生（Hinde，1998）。在对数据进行冷静分析时，会出现一些基础模式。75% 的女性和 63% 的头等舱乘客幸免于难。如果乘客是女性，而且她在头等舱，她的生存概率是 97%！图 5.19 以易于理解的方式描述了这一点（参见左下方的簇）。

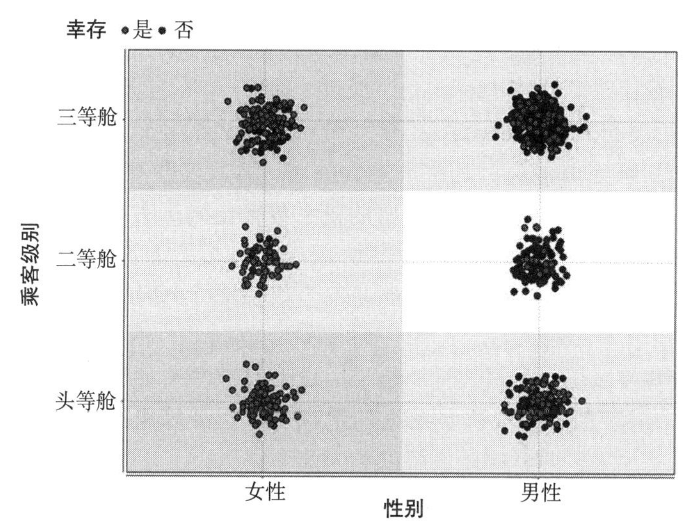

图 5.19 在泰坦尼克号残骸中幸存的概率取决于性别和旅行级别（见彩插）

数据科学竞赛使用了这次事件的信息，并要求分析师开发一种算法，可以将乘客名单分类为幸存者和非幸存者（http://www.kaggle.com/c/titanic-gettingStarted）。提供的训练数据集将用作示例，以演示如何使用逻辑回归来进行此预测以及如何解释模型中的系数。

表 5.3 显示了仅由三个变量组成的简化数据集的一部分：乘客的旅行级别（pclass 为头等舱（1st）、二等舱（2nd）或三等舱（3rd）），乘客的性别（男性为 0，女性为 1），标签变量“survived”（真或假）。当逻辑回归模型拟合由 891 个样本组成的数据时，获得以下等式来预测类 survived=false（通用设置过程的细节将在下一节中描述）：

$$\text{logit}=-0.6503-2.6417\times \text{性别}+0.9595\times \text{旅行级别} \tag{5.24}$$

表 5.3 数据集的一部分，来自泰坦尼克号的示例

旅行级别	性别	是否幸存	旅行级别	性别	是否幸存
3.0	男	0.0	1.0	女	1.0
1.0	女	1.0	3.0	男	0.0
3.0	女	1.0	3.0	男	0.0

（续）

旅行级别	性别	是否幸存	旅行级别	性别	是否幸存
1.0	男	0.0	3.0	男	0.0
3.0	男	0.0	3.0	男	0.0
3.0	女	1.0	3.0	女	0.0
2.0	女	1.0	2.0	女	1.0
3.0	女	1.0	3.0	男	0.0
1.0	女	1.0			

将此与式（5.22）进行比较，b_0=−0.6503，b_1=−2.6417，b_2=0.9595。这些系数如何解释？为了解释这些系数，需要回忆式（5.23），

$$p=e^{logit}/[1+e^{logit}]$$

这表明当分对数增加到一个大的正数时，乘客没有幸存（幸存为假）的概率接近1。更具体地说，当分对数接近 $-\infty$ 时，p 接近0，当分对数接近 $+\infty$ 时，p 接近1。性别变量的负数系数表示女性的这种概率降低（sex为1），而变量 p 的正系数表明旅行级别的数量越多，没有幸存（幸存为假）的概率会增加。这验证了由图5.19所示的散点图提供的直观理解。

还可以检查逻辑回归模型的几率形式，如下：

$$\text{odds(survived=false)}=e^{-0.6503}\times 2.6103^{\text{pclass}}\times 0.0712^{\text{sex}} \quad (5.25)$$

回想一下，分对数简单地由对几率求对数给出，并且实质上与使用的式（5.24）相同。需要注意的一个关键事实是，分对数模型中的正系数转化为几率模型中大于1的系数（上式中的数字2.6103为 $e^{0.9595}$ 且0.0712为 $e^{-2.6417}$），且分对数模型的负系数在几率模型中转换为小于1的系数。同样，很明显，没有幸存的几率会随着旅行级别的增加而增加，且当性别是女性时会减少。

几率比例分析将揭示以这种格式计算结果的价值。考虑一名女乘客（sex为1）。如果她在头等舱（pclass为1）中，那么这名乘客的幸存度可以计算出来，而如果她在二等舱中，同样的值也可以计算出来，两者的比值可以作为几率比例：

$$\begin{aligned}&\text{odds(survived = false 2nd class) / odds(survived = false 1st class)}\\&= 2.6103^2 / 2.6103^1 = 2.6103\end{aligned} \quad (5.26)$$

根据泰坦尼克号数据集，女性乘客在二等舱时无法幸存的几率比她在头等舱时的几率增加2.6倍。同样，如果在三等舱，女性乘客无法幸存的几率增加了近7倍！在下一节中，将讨论逻辑回归的机制以及使用RapidMiner实现简单分析的过程。

5.2.2 实现过程

使用的数据来自信用评分练习的示例。目标是根据两个预测变量（贷款年限（商业年龄）和过期还款天数）预测违约率（Y或N）。表5.4中有100个样本。

表5.4 来自贷款缺省数据集的样本

贷款年限 [Busage]	过期还款天数 [Daysdelq]	缺省值 [Default]	贷款年限 [Busage]	过期还款天数 [Daysdelq]	缺省值 [Default]
87.0	2.0	N	90.0	2.0	N
89.0	2.0	N	101.0	2.0	N
90.0	2.0	N	110.0	2.0	N

（续）

贷款年限 [Busage]	过期还款天数 [Daysdelq]	缺省值 [Default]	贷款年限 [Busage]	过期还款天数 [Daysdelq]	缺省值 [Default]
115.0	2.0	N	115.0	2.0	N
115.0	2.0	N	117.0	2.0	N

步骤 1：数据准备

将电子表格加载到 RapidMiner 中。请记住将“缺省值”列设置为标签。使用“分割验证”操作符将数据拆分为训练样本和测试样本。

步骤 2：建模操作符和参数

在“分割验证”操作符的训练子过程中添加“逻辑回归”操作符。在“分割验证”操作符的测试子过程中添加“应用模型”操作符。只需使用默认参数值。在“分割验证”操作符的测试子过程中添加“性能（二项式）”Performance（Binominal）评估操作符。检查参数设置中的准确度、AUC、精确度和召回率。连接所有端口，如图 5.20 所示。

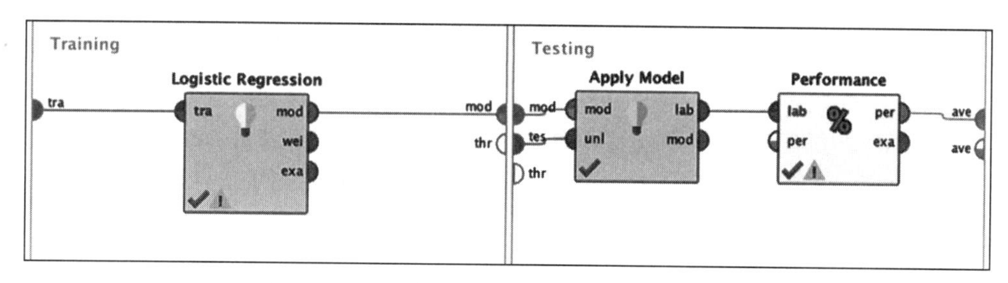

图 5.20　为逻辑回归模型建立 RapidMiner 过程

步骤 3：执行和解释

运行模型并查看结果。特别是检查核模型，它显示两个预测变量的系数和截距。偏差（偏移）为 −1.820，系数由下式给出：w[Busage]=0.592 和 w[Daysdelq]=2.045。同时检查准确度、精确度和召回率的混淆矩阵，最后查看 ROC 曲线并检查曲线下面积或 AUC。第 8 章提供了有关这些重要性能指标的更多细节。

基于 30% 测试样本的模型的准确度为 83%。（ROC 曲线的 AUC 为 0.863。）下一步是检查核模型并准备部署此模型。这些数字可以接受吗？特别要注意类召回率（图 5.21 中混淆矩阵的底行）。该模型非常准确地预测某人不是违约者（91.3%），但是，在确定某人是违约者时，其表现是值得怀疑的。对于大多数预测应用，错误的类预测的成本并不统一。也就是说，假阳性（当他们不是违约者时，将这些人识别为违约者的情况）可能比假阴性更便宜（当他们确实是违约者时，将这些人识别为非违约者的情况）。有一些方法可以减少错误分类的成本，RapidMiner 允许通过使用 MetaCost 操作符来实现这一点。

准确度：83.33%

	真实 N 值	真实 Y 值	类精确度
预测 N 值	21	3	87.50%
预测 Y 值	2	4	66.67%
类召回率	91.30%	57.14%	

图 5.21　测试样本的混淆矩阵

步骤 4：使用 MetaCost

将“逻辑回归”操作符嵌入 MetaCost 操作符中以改善类召回率。MetaCost 操作符现在位于“分割验证”操作符中。配置 MetaCost 操作符，如图 5.22 所示。注意，这时假负类成本是假正类的两倍。这些成本的实际值可以使用优化循环进一步优化——优化将在第 15 章中针对一般情况进行讨论。

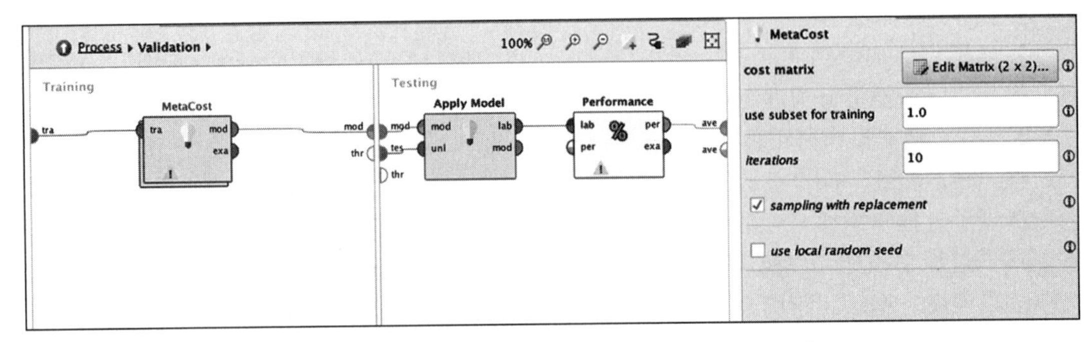

图 5.22　配置 MetaCost 操作符以改进类召回率的性能

运行此过程时，产生的新混淆矩阵如图 5.23 所示。总体准确度没有太大变化。请注意，虽然 Default =Yes 类的类召回率已从 57% 增加到 71%，但这是以将 Default=No 的类召回率从 91% 减少到 87% 为代价的。这可以接受吗？同样，对此的答案来自检查实际的业务成本。第 8 章提供了有关解释混淆矩阵和评估分类模型性能的更多详细信息。

准确度：83.33%

	真实 N 值	真实 Y 值	类精确度
预测 N 值	20	2	90.91%
预测 Y 值	3	5	62.50%
类召回率	86.96%	71.43%	

图 5.23　使用 MetaCost 操作符改进的分类性能

步骤 5：应用模型到未见的数据集

在 RapidMiner 中，逻辑回归是通过创建具有修改的损失函数的支持向量机（SVM）来计算的（见图 5.24）。SVM 在第 4 章中介绍过。这就是会看到支持向量的原因。

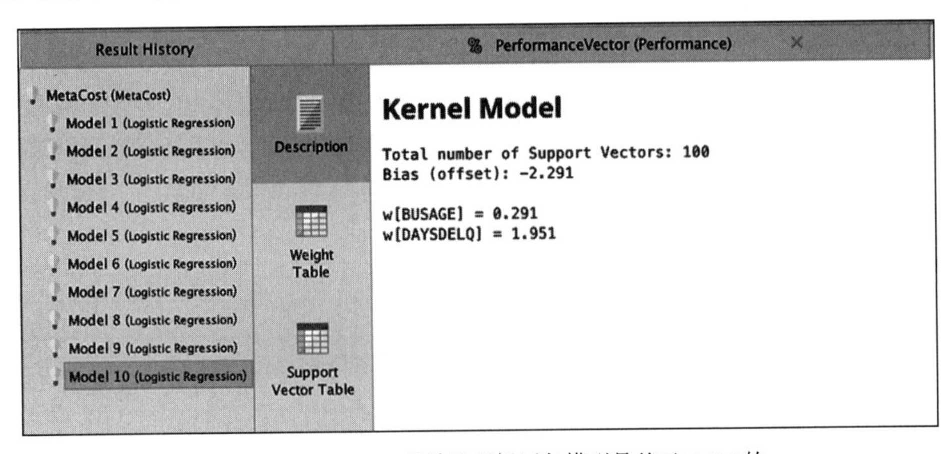

图 5.24　RapidMiner 的默认逻辑回归模型是基于 SVM 的

5.2.3 总结要点

- 对于目标（或依赖）变量是离散的（即不连续的）情况，逻辑回归可以被认为等同于使用线性回归。原则上，响应变量或标签是二项式的。二项式响应变量有两个类：是/否，接受/不接受，默认/非默认，等等。逻辑回归非常适用于目标变量是二元决策（失败/通过、响应/无响应等）的业务分析应用。
- 逻辑回归来自分对数的概念。分对数是响应几率 y 的对数，表示为独立或预测变量 x 和常数项的函数。例如，log（y=Yes 的几率）$=b_1x+b_0$。
- 此分对数给出 Yes 事件的几率，但是如果想得到概率，则需要使用转换后的等式：

$$p(y = "\text{Yes}") = 1/(1+e^{(-b_1x-b_0)})$$

- 对于标准逻辑回归，预测变量可以是数值的，也可以是分类的。但是，在 RapidMiner 中，预测变量只能是数值，因为它基于 SVM 公式。

5.3 总结

本章探讨了两种最常见的函数拟合方法。函数拟合方法是基于有监督学习概念的最早的数据科学技术之一。多元线性回归模型使用数字预测变量和数字标签，因此是数值预测任务的首选方法之一。逻辑回归模型适用于数字或分类预测变量以及分类（通常为二项式）标签。使用微积分方法解释了如何开发简单的线性回归模型，并讨论了特征选择如何影响模型的系数。解释了如何使用 t-stat 和 p 值解释系数的重要性，最后确定了建立高质量模型必须遵循的几个检查点。然后通过比较两种函数拟合方法的相似结构性质引入逻辑回归。讨论了 S 形曲线如何更好地拟合二项式标签的预测变量，并引入了分对数的概念，这使得能够将复杂函数转换为更易识别的线性形式。讨论了如何解释逻辑回归的系数，以及如何测量和改善模型的分类性能。

参考文献

Black, K. (2008). Multiple regression analysis. In K. Black (Ed.), *Business statistics* (pp. 601–610). Hoboken, NJ: John Wiley and Sons.

Cramer, J. (2002). *The origins of logistic regression* (pp. 1–15). Tinbergen Institute Discussion Paper.

Eliason, S. (1993). *Maximum likelihood estimation: Logic and practice*. Newbury Park, CA: Sage Publishers.

Fletcher, R. A. (1963). A rapidly convergent descent method for minimization. *The Computer Journal*, *6*(2), 163–168.

Galton, F. (1888). Co-relations and their measurement, chiefly from anthropometric data. *Proceedings of the Royal Society of London*, *45*(273-279), 135–145.

Harrison, D. A. (1978). Hedonic prices and the demand for clean air. *Journal of Environmental Economics and Management*, *5*(1), 81–102.

Hinde, P. (1998). Encyclopedia titanica. Retrieved from <http://www.encyclopedia-titanica.org/>.

Marquardt, D. (1963). An algorithm for least-squares estimation of nonlinear parameters. *Journal of the Society for Industrial and Applied Mathematics*, *11*(2), 431–441.

Stigler, S. (1999). *Statistics on the table: The history of statistical concepts and methods*. Cambridge: Harvard University Press.

第6章
关联分析

分析圈中关于啤酒与尿布之间关联的故事是（都市的）传奇（Power，2002）。这个故事有很多变体，但基本情节是一家超市公司发现购买尿布的顾客也倾向于购买啤酒。啤酒和尿布的关系预示着可以从超市的交易数据中学到不寻常的、未知的且古怪的金块。超市是如何确定产品之间存在这种关系的？答案是——数据科学（它在2000年代被称为数据挖掘）。具体来说，称为关联分析。

关联分析测量一个项与另一个项之间共现的强度。这类数据科学算法的目的不是预测项的发生，如分类或回归算法，而是在项的共现中找到可用的模式。关联规则学习是无监督学习过程的一个分支，它以易于识别的规则的形式发现数据中隐藏的模式。

关联算法广泛用于交易的零售分析、推荐引擎和跨网页的在线点击流分析等。这种技术的一种流行应用被称为市场购物篮分析，它认定一个零售商品与同一零售购买交易中的另一个商品共同出现（Agrawal，Imieliński，& Swami，1993）。如果交易数据中的模式告诉我们婴儿配方奶粉和尿布通常在同一交易中一起购买，零售商就可以利用这种关联来进行捆绑定价、产品放置，甚至商店布局中的货架空间优化。同样，在线商业环境中，此信息可用于实时交叉销售、推荐、购物车优惠和售后营销策略。关联分析的结果是众所周知的，例如汉堡搭配薯条或婴儿配方奶粉搭配尿布；然而，不寻常的关系是珍贵的发现，企业可以充分利用它。关联分析的缺点是它也可能产生项之间的虚假关系。当处理包含数十亿个交易数据时，可以找到具有奇怪项组合（例如，尼古丁贴片和香烟）的各种可能性的交易。它需要分析技能和业务知识才能成功地应用关联分析的结果。关联分析的模型结果可以表示为一组规则，如下所示：

$$\{项\ A\} \rightarrow \{项\ B\}$$

该规则表明，基于所有的交易历史，当在交易或篮子中找到项A时，存在强烈的倾向项B也发生在同一交易中。项A是规则的前驱或前提，项B是规则的结果或结论。规则的前驱和结果可以包含多个项，如项A和项C。要从数据中挖掘这些类型的规则，需要分析先前的客户购买交易。在零售业务中，每天将有数百万个交易，其中包含数千个库存单位，这些单位对于商品来说是唯一的。因此，关联分析的两个关键考虑因素是计算时间和资源。然而，在过去的二十年中，已经开发出了更新且更有效的算法来缓解这个问题。

交叉销售：买这个的顾客也买了……

考虑一个在线销售大量产品的电子商务网站。管理电子商务业务的目标之一是提高浏览商品的平均订单价值。当企业通过搜索引擎营销、在线广告和联盟营销支付购买流量时，优化订单规模更为重要。企业试图通过交叉销售和向客户销售相关产品来增加平均订单价值，这基于他们在当前交易中购买或正在购买的东西。(一种常见的快餐等价物：“你想要炸薯条搭配汉堡吗?”）企业需要谨慎权衡提出一个极其相关的产品的利益与激怒已经执行交易的客户的风险。在产品有限的企业（例如快餐业）中，与其他产品交叉销售产品很简单并且非常容易嵌入业务中。但是，当独特产品的数量达到数千或数百万且客户查看产品时，确定一组**亲和力产品**是非常具有挑战性的。

为了更好地了解产品亲和力，了解购买历史数据是有帮助的。关于一种产品如何与另一种产品产生亲和力的信息依赖于这两种产品出现在同一交易中的事实。如果两种产品一起购买，那么可以假设这些产品同时出现在客户身上的必要性。如果这两种产品是由大量客户一起购买的，那么这些产品中很可能存在亲和力模式。在新的后续交易中，如果客户选择其中一种亲和产品，则在同一交易中，客户可能也会选择另一种产品。

亲和力分析的关键输入是包含产品信息的过去交易的列表。基于对这些交易的分析，可以确定最频繁的产品对。另外需要为“频繁”定义阈值，因为产品对的少数外观不符合模式。亲和力分析的结果是一个规则集，即“如果购买产品A，产品B将在同一交易中购买的可能性增加。”可以利用此规则集在产品A的产品页面上提供交叉销售建议。亲和力分析是Web部件背后的概念，其说明了：“购买此产品的客户也购买了……”

6.1 挖掘关联规则

基本的关联分析只处理一个项与另一个项同时发生的情况。更高级的关联分析可以考虑发生的数量、价格和发生顺序等。通过数据科学查找关联规则的方法涉及以下步骤：

第1步：准备交易格式的数据。关联算法需要以交易格式 $t_x=\{i_1,i_2,i_3\}$ 来格式化输入数据。

第2步：列出经常出现的项集。项集是项的组合。关联算法将分析限制为最常出现的项，以使在下一步骤中提取的最终规则集更有意义。

第3步：从项集生成相关的关联规则。最终，该算法基于利益度量生成和筛选规则。

首先，考虑一个媒体网站，如BBC或雅虎新闻，其中包括新闻、政治、金融、娱乐、体育和艺术等类别。此示例中的会话或事务是网站的一次访问，其中同一用户在特定会话时段内访问来自不同类别的内容。通常在30分钟不活动后新会话开始。会话与传统实体模型中的交易非常相似，所访问的页面可能与购买的商品有关。在线新闻网站中，项是对新闻、金融、娱乐、体育和艺术等类别的访问。可以如表6.1所示收集数据，其中列出了在给定会话期间访问的会话和媒体类别。该数据科学任务的目标是找到媒体类别之间的关联。

表6.1 点击流

会话ID	已访问的媒体类别列表
1	{新闻，金融}
2	{新闻，金融}
3	{体育，金融，新闻}
4	{艺术}

（续）

会话 ID	已访问的媒体类别列表
5	{体育，新闻，金融}
6	{新闻，艺术，娱乐}

对于这些媒体类别的关联分析，将需要特定事务格式的数据集。要开始进行关联分析，以表6.2中所示的格式表示数据会很有帮助。

表6.2 点击流数据集

会话 ID	新闻	金融	娱乐	体育	艺术
1	1	1	0	0	0
2	1	1	0	0	0
3	1	1	0	1	0
4	0	0	0	0	1
5	1	1	0	1	0
6	1	0	1	0	1

这种二值格式表示了文章类别的存在与否，并忽略了诸如查看花费的分钟数或访问顺序等特性，这在某些序列分析中可能很重要。目前，重点是基础关联分析，并将审查关联规则中使用的术语。

6.1.1 项集

在到目前为止讨论的关联规则的例子中，规则的前驱和结果只有一个项。但是，如前所述，它们可能涉及多个项。例如，规则可以是以下类型：

$$\{新闻，金融\} \rightarrow \{体育\}$$

该规则意味着，如果用户在同一会话中访问了新闻和金融，他们很可能也会根据历史事务访问体育文章。新闻和金融项的组合称为*项集*。项集可以出现在规则的先行部分或后续部分中；但是，这两部分应该脱节，这意味着规则的双方都不应该有任何共同的项。显然，“新闻和金融用户最有可能访问新闻和体育页面”这样的规则没有实际意义。相反，规则如“如果用户访问金融页面，他们更有可能访问新闻和体育页面”则更有意义。带有多个项的项集的引入，极大地增加了要考虑的规则的排序和对关系强度的测试。

关联规则的强度通常通过规则的*支持度*和*置信度*度量来量化。还有一些量化，例如可以在特殊情况下使用的*提升度*和*确信度*度量。所有这些度量都基于用于训练的事务数据集中特定项集出现的相对频率。因此，用于规则生成的训练集是无偏的并且真正代表事务的范围是很重要的。这些频率指标中的每一个都将在接下来的部分中详细说明。

1. 支持度

*项的支持度*只是事务集中项集出现的相对频率。在表6.2显示的数据集中，{新闻}的支持度是六个事务中的五个，5/6=0.83。同样，项集{新闻，金融}的支持度是相对于所有事务，新闻和金融共同出现的事务的比例：

$$\text{Support}(\{新闻\}) = 5/6 = 0.83$$
$$\text{Support}(\{新闻，金融\}) = 4/6 = 0.67$$
$$\text{Support}(\{体育\}) = 2/6 = 0.33$$

规则的支持度是衡量规则中所有项如何在整个事务中表示的度量。例如，在规则{新闻}→{体育}中，新闻和体育在六个事务的两个中出现，因此，{新闻}→{体育}规则的支持度为0.33。规则的支持度度量表明规则是否值得考虑。由于支持度度量偏好高发生率的项，因此它揭示了值得利用和调查的模式。这对于商业来说尤为有趣，因为利用大批量商品中的模式可以带来增量收入。低支持度的规则包含不频繁发生的项或偶然发生的项关联，这些都可能产生虚假规则。在关联分析中，指定支持度阈值以过滤掉不常见的规则。然后考虑任何超过支持度阈值的规则进行进一步分析。

2. 置信度

规则的置信度衡量包含规则前提的所有事务中规则的结果发生的可能性。置信度提供了规则的可靠性度量。规则 $(X \to Y)$ 的置信度由下式计算：

$$\text{Confidence}(X \to Y) = \frac{\text{Support}(X \cup Y)}{\text{Support}(X)} \tag{6.1}$$

对于{新闻，金融}→{体育}规则，置信度度量所回答的问题是：如果事务同时包含新闻和金融，那么看体育的可能性是多少？

$$\begin{aligned}\text{Confidence}(\{新闻，金融\} \to \{体育\}) &= \frac{\text{Support}(\{新闻，金融，体育\})}{\text{Support}(\{新闻，金融\})} \\ &= \frac{2/6}{4/6} \\ &= 0.5\end{aligned}$$

包含新闻和金融的一半事务也包含体育。这意味着访问新闻和金融页面的用户中有50%也会访问体育页面。

3. 提升度

规则的置信度被广泛使用，但是规则结果（结论）的发生频率在很大程度上却被忽略了。在某些事务项集中，由于规则中存在不常见的项，因此可以提供虚假的严格规则集。为了解决这个问题，可以将结果的支持度放在置信度计算的分母中。这项度量被称为规则的提升度。规则的提升度可以通过下式计算：

$$\text{Life}(X \to Y) = \frac{\text{Support}(X \cup Y)}{\text{Support}(X) \times \text{Support}(Y)}$$

在我们的示例的情况下：

$$\begin{aligned}\text{Life}(\{新闻，金融\} \to \{体育\}) &= \frac{\text{Support}(X \cup Y)}{\text{Support}(X) \times \text{Support}(Y)} \\ &= \frac{0.333}{0.667 \times 0.33} = 1.5\end{aligned} \tag{6.2}$$

如果预期{新闻，金融}和{体育}在运用中完全独立，则提升度是{新闻，金融}和{体育}可观测到的支持度比率。提升度值接近1意味着前提和规则的结果是独立的，并且规则不是有趣的。提升度的值越高，规则越有趣。

4. 确信度

规则 $X \to Y$ 的确信度是在不考虑 Y 的出现时，X 的预期频率与可观测到的错误预测频率的比率。确信度考虑了规则的方向。$(X \to Y)$ 的确信度与 $(Y \to X)$ 的确信度不同。规则

$(X \rightarrow Y)$ 的确信度可以通过下式计算：

$$\text{Conviction}(X \rightarrow Y) = \frac{1-\text{Support}(Y)}{1-\text{Confidence}(X \rightarrow Y)}$$

对于我们的例子，

$$\text{Conviction}(\{新闻，金融\} \rightarrow \{体育\}) = \frac{1-0.33}{1-0.5} = 1.32 \quad (6.3)$$

如果 { 新闻，金融 } 和 { 体育 } 之间的关系纯粹是随机的，那么 1.32 的确信度意味着规则 ({ 新闻，金融 } → { 体育 }) 的错误率会高出 32%。

6.1.2　规则生成

从数据集生成有意义的关联规则的过程可以分解为两个基本任务。

1）查找所有频繁项集。对于 n 个项的关联分析，可以找到除空项集之外的 2^n-1 个项集。随着项数量的增加，项集的数量呈指数增长。因此，设置最小支持度阈值以丢弃事务域中不常发生的项集是至关重要的。所有可能的项集都可以用视觉格子形式表示，如图 6.1 所示。在该图中，项集生成中排除了一个项——{ 艺术 }。排除项以使关联分析可以集中在重要的相关项的子集上的策略并不罕见。在超市示例中，可以从分析中排除诸如食品袋之类的一些填充物。项集树（或格子）有助于演示轻松查找频繁项集的方法。

2）从频繁项集中提取规则。对于具有 n 个项的数据集，可以找到 $3^n-2^{n+1}+1$ 个规则（Tan，Steinbach，&Kumar，2005）。此步骤以高于最小置信度阈值的置信度提取所有规则。

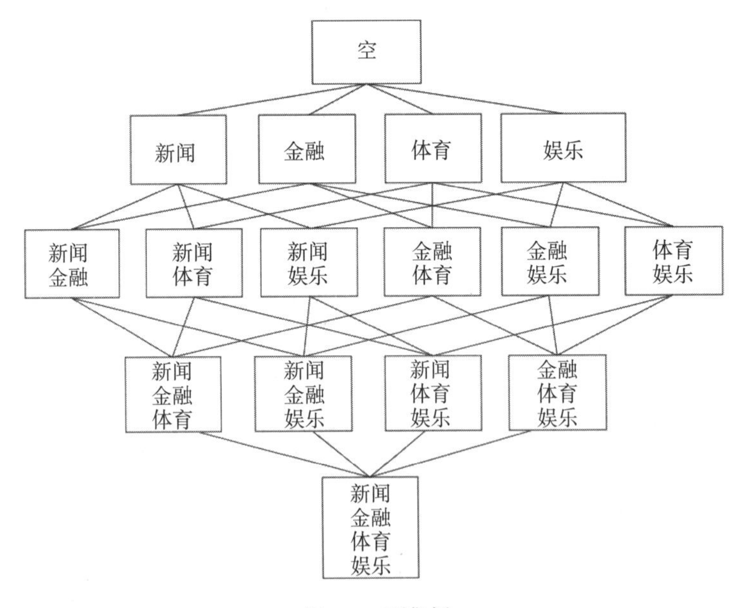

图 6.1　项集树

即使对于具有数十个项的小型数据集，这两个过程也会生成数百条规则。因此，设置合理的支持度和置信度阈值以过滤搜索空间中不太频繁且不太相关的规则是非常重要的。生成的规则也可以通过支持度、置信度、提升度和确信度度量来评估。就计算要求而言，找到高于支持度阈值的所有频繁项集比提取规则代价更昂贵。幸运的是，有一些算法方法可以有效地找到频繁项集。Apriori 和频繁模式增长（Frequent Pattern（FP）-Growth）算法是两种最流行的关联分析算法。

6.2 Apriori 算法

所有关联规则算法都应该能有效地从所有可能项集的值域中找到频繁项集。Apriori 算法利用格子项集上的一些简单逻辑原理来减少要测试的项集的数量（Agrawal & Srikant，1994）。Apriori 原理指出“如果一个项集是频繁的，那么它的所有子集项都将是频繁的”(Tan et al，2005）。如果对项集的支持超过支持度阈值，则项集“频繁”。

例如，如果表 6.2 显示的数据集中的项集｛新闻，金融，体育｝是一个频繁的项集，也就是说，其支持度度量（0.33）高于阈值支持度度量 k（比如 0.25），那么其所有子集项或子项集将是频繁项集。子项集的支持度度量大于或等于父项集。图 6.2 显示了 Apriori 原理在格子中的应用。｛新闻，金融，体育｝的子项集的支持度度量是：

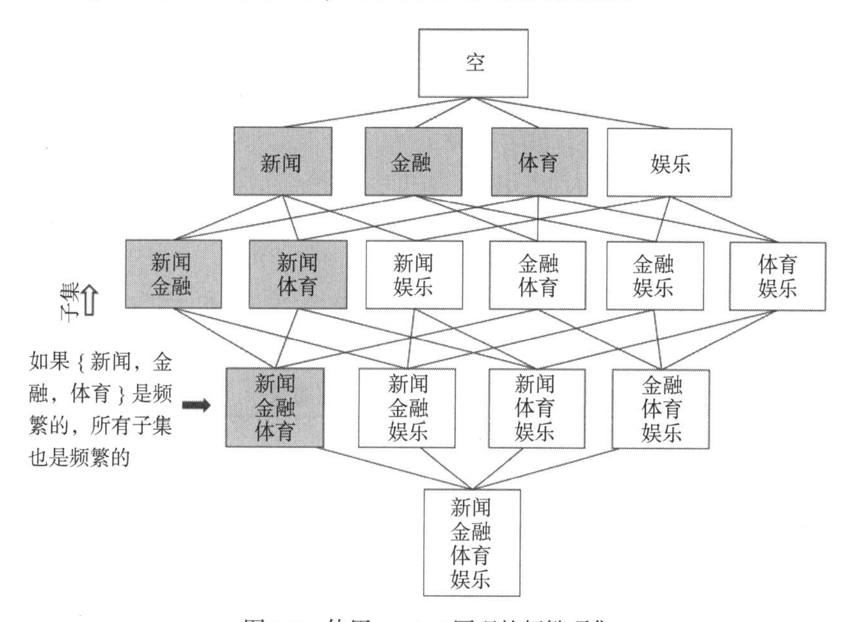

图 6.2 使用 Apriori 原理的频繁项集

Support{新闻，金融，体育} = 0.33(高于阈值支持)
Support{新闻，金融}=0.66
Support{新闻，体育}=0.33
Support{新闻}=0.83
Support{体育}=0.33
Support{金融}=0.66

相反，如果项集不频繁，那么它的所有超集都不频繁。在此示例中，对｛娱乐｝的支持度为 0.16，并且包含“娱乐”作为项的所有超集的支持度将小于或等于 0.16，当与支持度阈值 0.25 相比时，它是不频繁的。排除不频繁项的超集如图 6.3 所示。

Apriori 原理是有用的，因为不是所有项集都必须考虑进行支持度计算并测试支持度阈值。因此，通过消除一堆具有不频繁项的项集，可以有效地处理频繁项集的生成（Bodon，2005）。

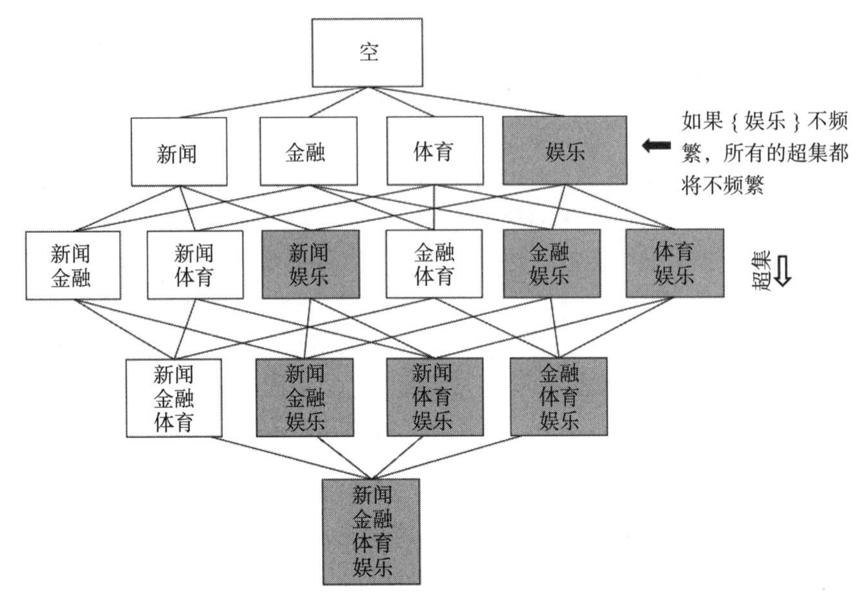

图 6.3　使用 Apriori 原理的频繁项集：排除

工作原理

考虑表 6.3 中显示的数据集，这是前面讨论的示例集的压缩版本。在此数据集中有六个事务。如果假设支持度阈值为 0.25，那么预计所有项将出现在六个事务的至少两个中。

表 6.3　点击流数据集：精简版

会话	新闻	金融	娱乐	体育	会话	新闻	金融	娱乐	体育
1	1	1	0	0	4	0	0	0	0
2	1	1	0	0	5	1	1	0	1
3	1	1	0	1	6	1	0	1	0

1. 频繁项集的生成

现在可以计算所有项集的支持度计数和支持度。*支持度计数*是事务的绝对计数，支持度是支持度计数与总事务计数的比率。可以从进一步处理中消除低于支持度计数阈值（在该示例中为 2）的任何一个项集。表 6.4 显示了每个项的支持度计数和支持度的计算。由于｛娱乐｝的支持度计数小于阈值，因此可以在项集生成的下一次迭代中将其消除。下一步是为｛新闻｝、｛金融｝和｛体育｝生成可能的二项集，这将生成三个二项集。如果未消除｛娱乐｝项集，则将获得六个二项集。图 6.4 是消除｛娱乐｝项的项集的直观表示。

表 6.4　频繁项集支持度计算

项	支持度计数	支持度
｛新闻｝	5	0.83
｛金融｝	4	0.67
｛娱乐｝	1	0.17
｛体育｝	2	0.33

（续）

二项集	支持度计数	支持度
{新闻，金融}	4	0.67
{新闻，体育}	2	0.33
{金融，体育}	2	0.33
三项集	支持度计数	支持度
{新闻，金融，体育}	2	0.33

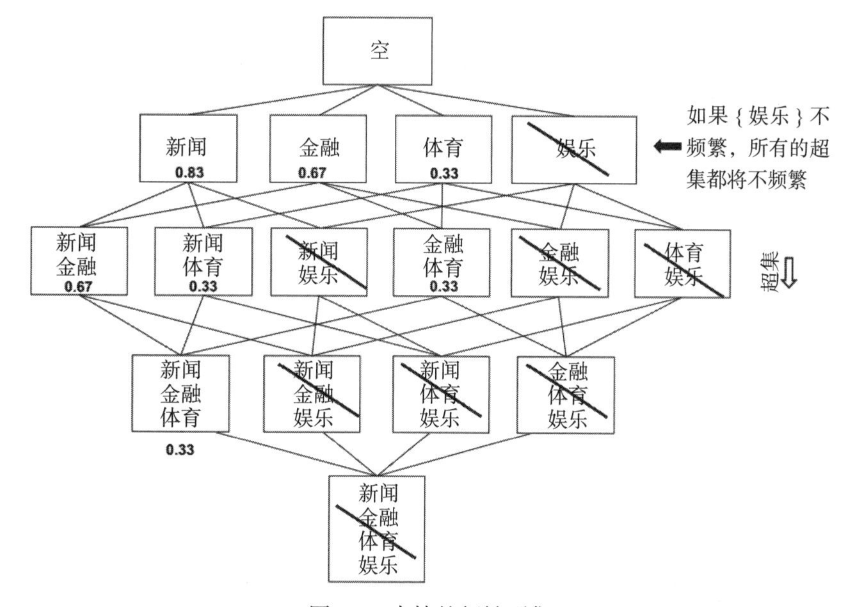

图 6.4　支持的频繁项集

继续该过程直到从先前集合中考虑到所有 n 项集。最后，有七个频繁项集通过了支持度阈值。项集的总可能数量为 $15(=2^4-1)$。通过在第一步中消除{娱乐}项，将不必再生成七个额外的项集，因为它们无论如何都不会通过支持度阈值（Witten & Frank，2005）。

2. 规则生成

生成频繁项集后，关联分析的下一步是生成有用的规则，这些规则具有明确的前驱（前提）和结果（结论），以规则的格式：

{项 A} → {项 B}

规则的有用性可以通过客观的兴趣度量（例如置信度、确信度或提升度）来近似。规则的置信度通过式（6.1）中给出的各个项的支持度得分来计算。n 个项的每个频繁项集可以生成 2^n-2 个规则。例如，{新闻，体育，金融}可以生成带有置信度得分的规则，如下所示。

规则和置信度得分：

$$\{新闻，体育\} \rightarrow \{金融\} - 0.33/0.33 = 1.0$$
$$\{新闻，金融\} \rightarrow \{体育\} - 0.33/0.67 = 0.5$$
$$\{体育，金融\} \rightarrow \{新闻\} - 0.33/0.33 = 1.0$$
$$\{新闻\} \rightarrow \{体育，金融\} - 0.33/0.83 = 0.4$$
$$\{体育\} \rightarrow \{新闻，金融\} - 0.33/0.33 = 1.0$$
$$\{金融\} \rightarrow \{新闻，体育\} - 0.33/0.67 = 0.5$$

由于已经在项集生成步骤中计算了所有支持度得分，因此不需要另一组数据来计算置信度。但是，可以使用相同的 Apriori 方法修剪潜在的低置信度规则。对于给定的频繁项集 { 新闻，金融，体育 }，如果规则 { 新闻，金融 } → { 体育 } 是一个低置信度规则，则可以得出结论：先行子集中的任何规则都是低置信度的规则。因此，{ 新闻 } → { 体育，金融 } 和 { 金融 } → { 新闻，体育 } 这类的规则都可以被丢弃，这些规则属于规则前提的子集。原因是所有三个规则在置信度得分计算中具有相同的分子（式（6.1）），即 0.33。分母计算取决于先行词的支持度。由于子集的支持度总是大于或等于原集，因此可以得出结论：前提中的项集的子集内的所有其他规则将是低置信度规则，因此可以被忽略。

通过特定置信度阈值的所有规则，连同它们的支持度和置信度量都被考虑作为输出。我们还应进一步评估这些规则的合理有效性，以确定是否发现了有用的关系，是否偶然发生，或者规则是否确认了已知的直观关系。

6.3　频繁模式增长算法

频繁模式增长（FP-Growth）算法通过使用称为频繁模式树（FP-Tree）的特殊图形数据结构压缩事务记录，提供了另一种计算频繁项集的方法。FP-Tree 可以被认为是数据集到图形格式的转换。FP-Growth 不是 Apriori 算法中使用的生成和测试方法，而是首先生成 FP-Tree 并使用此压缩树生成频繁项集。FP-Growth 算法的效率取决于生成 FP-Tree 可以实现多少压缩（Han，Pei，& Yin，2000）。

6.3.1　工作原理

考虑表 6.5 中的数据集，其中包含四个项（新闻、金融、体育和娱乐）的六个事务。为了在树形图（见图 6.6）中可视化地表示该数据集，需要将事务列表转换为树图，保留所有信息并表示频繁路径。接下来逐步分析此数据集的 FP-Tree。

表 6.5　事务列表：会话和项

会话	项
1	{ 新闻，金融 }
2	{ 新闻，金融 }
3	{ 新闻，金融，体育 }
4	{ 体育 }
5	{ 新闻，金融，体育 }
6	{ 新闻，娱乐 }

1）第一步是按频率（或支持度计数）对每个事务中的所有项降序排序。例如，根据表 6.5 中的数据，新闻是最常见的项，而体育是事务中最不频繁的项。{ 体育，新闻，金融 } 的第三个事务必须重新排列为 { 新闻，金融，体育 }。这将有助于简化后续步骤中的频繁路径映射。

2）一旦事务中的项重新排列，事务就可以映射到 FP-Tree。从空节点开始，第一个事务 { 新闻，金融 } 可以用图 6.5 表示。项名称旁边的括号内的数字是路径后面的事务数。

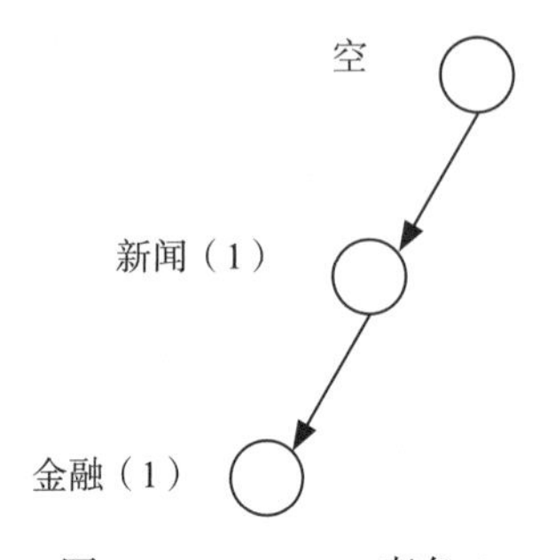

图 6.5　FP-Tree：事务 1

3）由于第二个事务 { 新闻，金融 }

与第一个事务相同，因此它遵循与第一个事务相同的路径。在这种情况下，数字可以简单地递增。

4）第三个事务包含｛新闻，金融，体育｝。树现在扩展为包含体育并且项路径计数递增的树（见图 6.6）。

5）第四个事务仅包含｛体育｝项。由于体育之前没有新闻和金融，因此应从空项创建新路径，并注明项计数。体育这个节点与金融旁边的体育节点不同（后者与新闻和金融同时发生）。但是，由于两个节点都指示相同的项，因此它们应该用虚线链接。

6）此过程将继续，直到扫描完所有事务。现在，所有事务记录都可以用紧凑的 FP-Tree 表示（见图 6.7）。

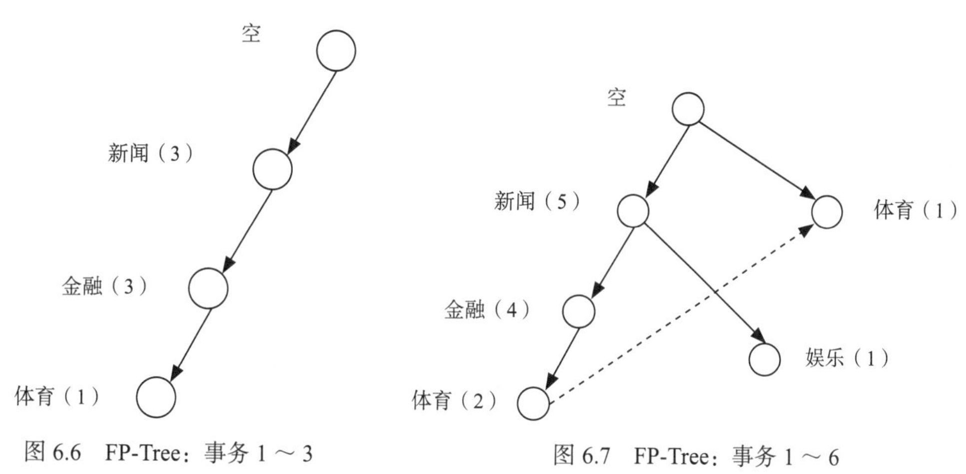

图 6.6 FP-Tree：事务 1 ～ 3

图 6.7 FP-Tree：事务 1 ～ 6

FP-Tree 的压缩取决于路径在给定事务集中发生的频率。由于关联分析的关键目标是识别这些常见路径，因此从该分析中使用的数据集包含许多频繁路径。在最坏的情况下，所有事务都包含唯一的项集路径，并且不会有任何压缩。在这种情况下，规则生成本身对于关联分析没有意义。

频繁项集的生成

一旦事务集由紧凑的 FP-Tree 表示，就可以有效地从 FP-Tree 生成最频繁的项集。为了生成频繁项集，FP-Growth 算法采用自下而上的方法来生成所有项集，以最不频繁的项开始。由于树的结构按支持度计数排序，因此可以在树的叶子中找到最不频繁的项。在图 6.8 中，最不频繁的项是｛娱乐｝和｛体育｝，因为支持度计数只是一个事务。如果｛娱乐｝确实是一个频繁的项，因为支持度超过了阈值，算法将通过遵循自下而上的路径找到所有以娱乐结束的项集，如｛娱乐｝和｛新闻，娱乐｝。由于支持度计数映射到节点，因此计算对｛新闻，娱乐｝的支持度将是即时的。如果｛娱乐｝不频繁，则算法会跳过该项，然后选择下一项｛体育｝，并找到所有可能以体育为结尾的项集：｛体育｝，｛金融，体育｝，｛新闻，金融，体育｝。

通过为一个项生成前缀路径和条件 FP-Tree，实际上可以找到以特定项编号结尾的整个项集，如图 6.9 所示。项的前缀路径是一个子树，只包含感兴趣项的路径。项的条件 FP-Tree（例如｛体育｝）类似于 FP-Tree，但删除了｛体育｝项。基于条件 FP-Tree，该算法重复执行查找叶节点的过程。由于体育条件树的叶节点与｛体育｝共存，因此该算法找到与金融的关联并生成｛金融，体育｝。

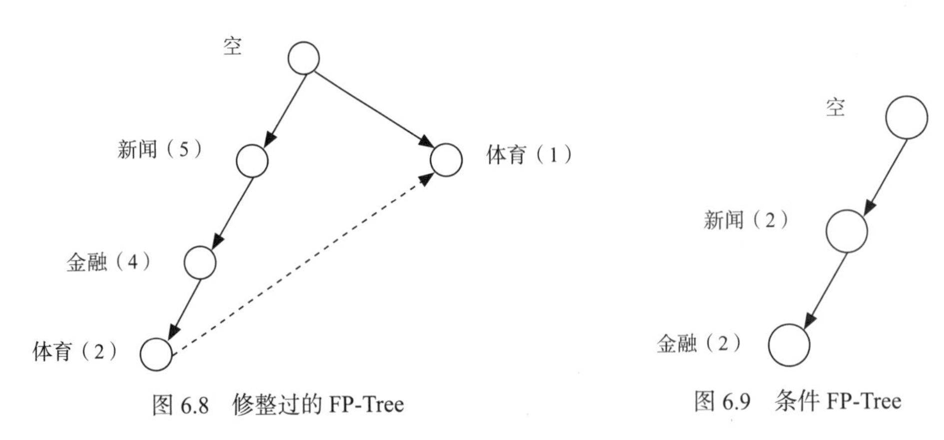

图 6.8　修整过的 FP-Tree　　图 6.9　条件 FP-Tree

FP-Growth 算法中的规则生成与 Apriori 算法非常相似。由于目的是查找频繁出现的项，根据定义，许多事务应该具有基本相同的路径。因此，在许多实际应用中，压缩率非常高。在这些场景中，FP-Growth 算法提供了有效的结果。由于 FPGrowth 算法使用图形来映射频繁项之间的关系，因此它找出的具体应用已经超出了关联分析的范畴。它目前应用于科研中文档聚类、文本挖掘和情感分析（Akbar & Angryk，2008）的预处理阶段。然而，尽管存在执行差异，FP-Growth 和 Apriori 算法都会产生类似的结果。频繁项集的规则生成类似于 Apriori 算法。即使概念和解释包括分析图形和子图，FP-Growth 算法也可以轻松移植到编程语言，特别是关系数据库之上的 SQL 和 PL/SQL 程序，在这些编程语言中事务通常被存储起来（Shang，Sattler，&Geist，2004）。

6.3.2　实现过程

从数据集中检索关联规则是通过 RapidMiner 中的 FP-Growth 算法实现的。由于建模参数和结果与大多数关联算法相同，因此 FP-Growth 算法将用于观测关联分析实现的输入、过程和结果。

步骤 1：数据准备

关联分析过程期望事务采用特定格式。输入网格及列中的项应具有二值（true 或 false）的数据，且每个事务作为一行。如果数据集包含事务 ID 或会话 ID，则可以忽略它们或将其标记为 RapidMiner 中的特殊属性。必须使用数据转换操作符将任何其他格式的数据集转换为此事务格式。在此示例中，使用了表 6.3 中的数据，每行上有会话 ID，列中访问的内容由 1 和 0 表示。此整数格式必须通过“数字到二项式”操作符转换为二项式格式。然后将“数字到二项式”的输出连接到 FP-Growth 操作符，以生成频繁项集。用于关联分析的数据集和 RapidMiner 过程可以从本书的配套站点 www.IntroDataScience.com 访问。图 6.10 显示了使用 FP-Growth 算法进行关联分析的 RapidMiner 过程。

步骤 2：建模操作符和参数

RapidMiner 中的 FP-Growth 操作符从满足特定参数判据的输入数据集生成所有的频繁项集。建模操作符在路径 Modeling>Association and itemset Mining 中提供。此操作符可以在两种模式下工作，一种具有指定数量的高支持度项集（默认），另一种具有最低支持度判据。可以在此操作符中设置这些参数，从而影响模型的行为：

- *最低支持度*：支持度度量的阈值。超过此阈值的所有频繁项集将在输出中提供。
- *最大项*：项集中的最大项数。指定此参数会限制项集中的项的最大数量。

- 必须包含：正则表达式用于过滤项集以包含指定的项。使用此选项可过滤多个项。
- 查找项集的最小数量：如果使用给定阈值生成的项集较少，则此选项允许 FP-Growth 操作符降低支持度阈值。每次重试时支持度阈值降低 20%。
  - 最小项集数量：要生成的最小项集数量的值。
  - 最大重试次数：实现最小项集时允许的重试次数。

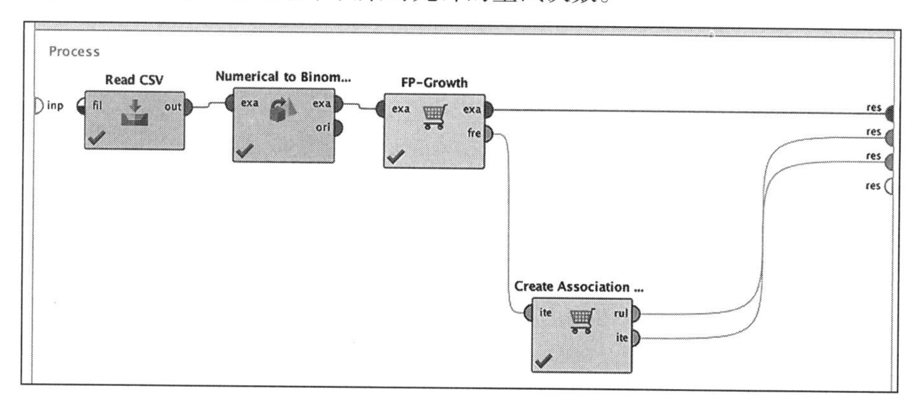

图 6.10　FP-Growth 算法的数据科学过程

在此示例中，最低支持度设置为 0.25。FP-Growth 操作符的结果是生成的项集集合，可以在结果页面中查看。报告选项包括基于项数的过滤和基于支持度阈值的排序。图 6.11 显示了频繁项集操作符的输出，其中可以看到支持度高于阈值的所有可能项集。

Result History | FrequentItemSets (FP-Growth) | AssociationRules (Create Association Rules) | ExampleSet (Numerical to Binominal)

Data　Annotations

No. of Sets: 7
Total Max. Size: 3
Min. Size: 1
Max. Size: 3
Contains Item:
Update View

Size	Support	Item 1	Item 2	Item 3
1	0.833	News		
1	0.667	Finance		
1	0.333	Sports		
2	0.667	News	Finance	
2	0.333	News	Sports	
2	0.333	Finance	Sports	
3	0.333	News	Finance	Sports

图 6.11　频繁项集的输出

步骤 3：创建关联规则

关联分析的下一步是从 FP-Growth 操作符创建的频繁项集生成最有趣的规则。“创建关联规则”操作符根据频繁项集生成相关规则。可以通过基于调查中的数据集提供正确的兴趣判据来指定规则的兴趣度量。“创建关联规则”操作符的输入是来自 FP-Growth 操作符的频繁项集，并且输出生成的满足兴趣判据的所有关联规则。以下参数控制此操作符的功能：

- 判据：用于选择兴趣度量来过滤关联规则。所有其他参数基于判据选择而改变。置信度、提升度和确信度是常用的兴趣标准。
- 最小判据值：指定阈值。不符合阈值的规则将被丢弃。
- 增益 θ 和拉普拉斯参数：是在使用增益和拉普拉斯参数进行兴趣度量时指定的值。

在此示例过程中，我们使用置信度作为判据，置信度值为 0.5。图 6.10 显示了完成的关联分析 RapidMiner 过程。该过程可以保存并执行。

步骤 4：解释结果

可以在结果窗口中查看从输入事务中提取的过滤关联分析规则（见图 6.12）。列出的关联规则在一个表格中，其中包括规则的前提和结论，以及规则的支持度、置信度、增益、提升度和确信度。屏幕左侧的交互式控制窗口允许用户过滤处理的规则以包含所选项，并且存在用于增加置信度或判据阈值的滑动条，从而显示更少的规则。

AssociationRules (Create Association Rules)

No.	Premises	Conclusion	Support	Confidence	LaPlace	Gain	p-s	Lift	Convic...
1	Finance	Sports	0.333	0.500	0.800	-1	0.111	1.500	1.333
2	Finance	News, Sports	0.333	0.500	0.800	-1	0.111	1.500	1.333
3	News, Finance	Sports	0.333	0.500	0.800	-1	0.111	1.500	1.333
4	News	Finance	0.667	0.800	0.909	-1	0.111	1.200	1.667
5	Finance	News	0.667	1	1	-0.667	0.111	1.200	∞
6	Sports	News	0.333	1	1	-0.333	0.056	1.200	∞
7	Sports	Finance	0.333	1	1	-0.333	0.111	1.500	∞
8	Sports	News, Finance	0.333	1	1	-0.333	0.111	1.500	∞
9	News, Sports	Finance	0.333	1	1	-0.333	0.111	1.500	∞
10	Finance, Sports	News	0.333	1	1	-0.333	0.056	1.200	∞

图 6.12　关联规则的输出

关联分析的主要目的是了解项之间的关系。由于这些项既有前提也有结论，所以通过规则可以直观地表示所有项之间的关系，有助于理解分析。对于选定的项，图 6.13 显示了文本格式的规则以及通过结果窗口的互连图形格式。图 6.13b 显示了所选项，通过箭头与规则相关联。规则的传入项是规则的前提，传出项是关联规则的结论。

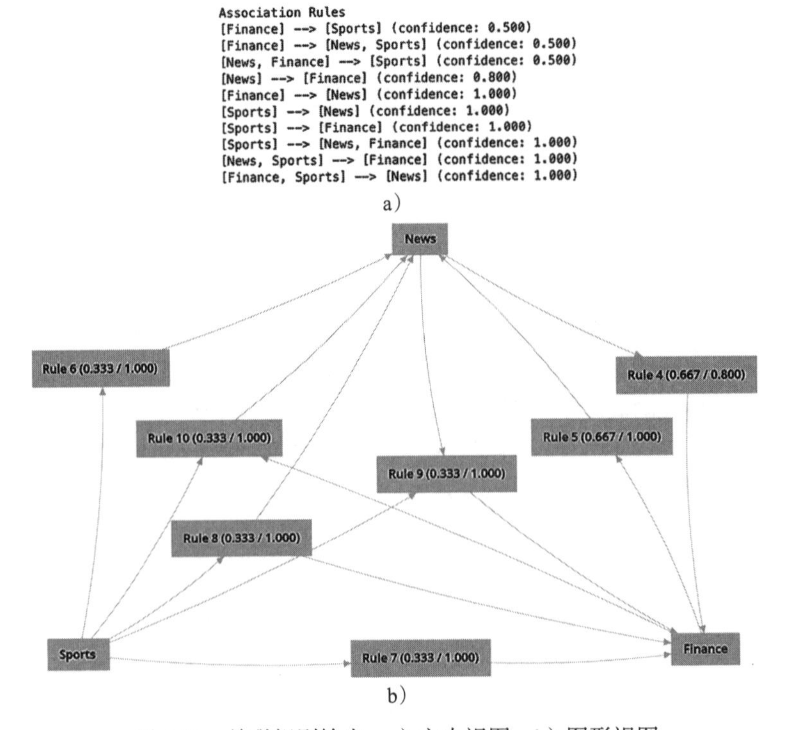

图 6.13　关联规则输出：a）文本视图；b）图形视图

6.4 总结

关联规则分析在过去二十年中很受欢迎，特别是在零售、在线交叉销售、推荐引擎、文本分析、文档分析和 Web 分析方面。通常，商业数据科学工具在其工具包中提供关联分析。尽管在每个商业包中如何实现算法可能存在差别，但是使用支持度阈值生成频繁项集并使用兴趣判据从项集生成规则的框架是相同的。涉及大量项和实时决策的应用需要采用有效且可扩展的关联分析新方法（Zaki，2000）。关联分析也是应用于使用大数据技术、数据流和大型数据库进行信息存储的流行算法之一（Tanbeer，Ahmed，Jeong，&Lee，2008）。

参考文献

Agrawal, R., Imieliński, T., & Swami, A. (1993). Mining association rules between sets of items in large databases. In *SIGMOD '93 proceedings of the 1993 ACM SIGMOD international conference on management of data* (pp. 207–216).

Agrawal, R., & Srikant, R. (1994). Fast algorithms for mining association rules. *The international conference on very large databases*, 487–499.

Akbar, M., & Angryk, R. (2008). Frequent pattern-growth approach for document organization. In *Proceeding of the 2nd international workshop on Ontologies and information systems for the semantic web, ACM* (pp. 77–82). Available from http://dl.acm.org/citation.cfm?id = 1458496.

Bodon, F. (2005). A trie-based APRIORI implementation for mining frequent item sequences. In *Proceedings of the 1st international workshop on open source data science frequent pattern mining implementations – OSDM '05* (pp. 56–65). http://dx.doi.org/10.1145/1133905.1133913.

Han, J., Pei, J., & Yin, Y. (2000). Mining frequent patterns without candidate generation. In *SIGMOD '00 proceedings of the 2000 ACM SIGMOD international conference on management of data* (pp. 1–12).

Power, D.J. (2002, Nov 10). *DSS News*. Retrieved Jan 21, 2014, from Desicion Support Systems (DSS). Retrieved Jan 21, 2014, from Desicion Support Systems (DSS), http://www.dssresources.com/newsletters/66.php.

Shang, X., Sattler, K.U., Geist, I. (2004). SQL based frequent pattern mining without candidate generation. In *2004 ACM symposium on applied computing – Poster Abstract* (pp. 618–619).

Tan, P.-N., Steinbach, M., & Kumar, V. (2005). *Association analysis: Basic concepts and algorithms. Introduction to data mining* (pp. 327–404). Boston, MA: Addison Wesley.

Tanbeer, S.K., Ahmed, C.F., Jeong, B.-S., Lee, Y.-K. (2008). Efficient frequent pattern mining over data streams. In *Proceeding of the 17th ACM conference on information and knowledge mining – CIKM '08* (Vol. 1, pp. 1447–1448). http://dx.doi.org/10.1145/1458082.1458326.

Witten, I. H., & Frank, E. (2005). *Algorithms: The basic methods: Mining association rules. Data science: Practical machine learning tools and techniques* (pp. 112–118). San Francisco, CA: Morgan Kaufmann.

Zaki, M. Jk (2000). Scalable algorithms for association mining. *IEEE Transactions on Knowledge and Data Engineering, 12*(3), 372–390. Available from https://doi.org/10.1109/69.846291.

第7章
聚　　类

聚类是在数据中发现有意义组的过程。聚类的目标不是去预测目标类的变量，而是去简单地捕捉数据中可能的自然分组。例如，公司可以根据客户的购买行为对客户进行分组。在过去的几年里，聚类甚至被用于政治的选举（Pearson & Cooper, 2012）。预期的选民可以被分为不同的组，候选人可以调整信息，从而使其在每个组中产生共鸣。分类和聚类的区别可以用一个例子来说明：根据之前获得的标签数据，决定是否将给定的选民分类为“足球妈妈”(一个已知的群体)，这种方式就是有监督学习——分类；根据相似的人口统计，将选民分为不同的组，这种方式则是无监督学习——聚类。确定一个数据点是否属于特定的已知组的过程是分类；将数据集划分为有意义组的过程则是聚类。绝大多数情况下，人们是不知道前方需要寻找什么样的组的，因此，推断出的组可能会很难解释。聚类有两种不同的应用：描述给定的数据集或者作为其他数据科学算法的预处理步骤。

1. 用于描述数据的聚类

聚类最常见的应用就是探索数据，在数据中寻找所有可能有意义的组。将公司的客户记录聚在一起可以产生几个组，这样一来，同一个组的用户将比不同组的用户彼此之间更为相似。组或簇的数量由用户定义或者由算法依据数据集自动确定，具体取决于使用的聚类技术。由于聚类不是关于预测客户是否是在定义好的有意义的组（例如，频繁的大量购买者）中的成员，所以需要仔细研究组中客户的相似性，以便从整体上研究这个组。用于描述数据的基本自然结构的聚类的常见应用有：

1）市场营销：根据所有过去的客户行为或购买模式，找到共同的客户组。这个任务有助于细分客户，识别原型客户（描述组中的典型客户），并为组中的客户定制营销信息。

2）文档聚类：一个常见的文本挖掘任务就是自动将文档（或文本块）分组到具有相似主题的组中。文档聚类提供了一种不必读取整个文档就可以识别关键主题、理解和总结这些簇组的方法。文档聚类一般被用于路由客户支持事件、在线内容站点、取证调查等。

3）会话分组：在Web分析中，聚类有助于理解相同的点击流模式组，并发现不同的点击流概要。一种点击流概要可能是客户知道自己想要什么，并直接进行付款。另一种概要可能是客户研究过产品，阅读过客户评论，然后在之后的会话中进行购买。通过概要对Web会话进行聚类，有助于电子商务公司提供适合每位客户概要的特征。

2. 用于预处理的聚类

由于聚类过程考虑了数据集的所有属性，并将信息简化为一个簇，这实际上是另一个属性（即记录所属簇的ID），聚类也可以被用于数据压缩技术。聚类输出的是每个记录的簇

ID，它可以被用作其他数据科学任务的输入变量。因此，聚类可以作为其他数据科学过程的预处理技术。通常，聚类作为预处理有两种类型：

1）*聚类用于降低维数*：在 n 维数据集中（n 个属性），计算的复杂度和维数或“n”成正比。使用聚类，可以将 n 维的属性转换或简化为一个分类属性——“簇 ID”。虽然由于将维度简化为一个属性会造成一些信息损失，但是降低了复杂度。第 14 章对特征选择技术做了深入的研究。

2）*聚类用于减少对象*：假设组织的客户数量为数百万，簇组的数量为 100。对于这 100 个簇组中的每一个，都可以识别出一个代表簇组中所有客户的典型特征的典型客户。这个典型客户可以是一个真实的客户，也可以是一个虚构客户。簇的原型是一个组中所有客户最常见的表现形式，这提供了一个明显的好处，就是可以将数百万条客户记录减少到 100 条原型记录。在一些应用中，不需要处理数百万条记录，仅需要处理原型就可以进行进一步的分类或回归任务。这极大地减少了记录的数量，数据集可以变得适合诸如 k-NN 算法的分类，这些分类算法的计算复杂度取决于记录数量。

3. 聚类技术的类型

不管聚类应用的类型是什么，聚类的过程都是在数据中寻找分组，用这种方法，使得簇中的数据点彼此之间比其他簇中的数据点更相似（Witten & Frank, 2005）。衡量相似性的常用的方法是在 n 维空间中进行欧几里得距离度量。在图 7.1 中，簇 2 中所有的数据点都比簇 1 中的数据点更接近簇 2 中的其他数据点。在解释实现聚类的不同方法之前，必须定义不同类型的簇，根据数据点对于已标识组的成员关系，簇可以分为：

- *互斥或者严格分区的簇*：每个数据对象属于一个互斥的簇，如图 7.1 所示，这是最常见的簇类型。
- *重叠簇*：簇组是不互斥的，每一个数据对象可能属于多个簇，这些也被称为多视图簇。例如：一个公司的一位客户可以同时在高利润客户簇和高容量客户簇。
- *层次簇*：每一个子簇可以被合并成一个父簇。例如，最盈利的客户簇可以被进一步分为长期客户簇和高消费的新客户簇。
- *模糊或概率簇*：每个数据点都属于所有的簇组，隶属度在 0 到 1 之间。例如，在一个有簇 A、B、C、D 的数据集中，每一个数据点可以与所有的簇相关，相关度为 A=0.5，B=0.1，C=0.4，D=0。模糊簇不是将一个数据点与一个簇确定关联，而是将所有簇的成员关系以概率的形式表达。

聚类技术也可以依据在数据集中寻找簇的算法方法来进行分类。每一个聚类算法根据它们所利用的数据对象之间的关系而有所不同。

- *基于原型的聚类*：在基于原型的聚类中，每个簇用一个中心数据对象（也称为原型）来表示。每个簇中的原型通常是这个簇的中心，因此，这种聚类也被称为质心聚类或基于中心的聚类，例如，在聚类客户细分的应用中，每个客户簇都有一个中心原型客户，并且具有相似属性的客户与簇的原型客户相关联。
- *密度聚类*：在图 7.1 中，可以看到，簇占据了单位空间中数据点较多的区域，且这些簇被稀疏空间分割。簇还可以被定义为一个密集区域，该区域内的数据对象被稀疏的低密度区域包围。每个密集区域可以被指定为一个簇，低密度区域被指定为噪声而丢弃。在这种形式的聚类中，并不是所有的数据对象都在簇中，因为噪声对象并没有被分配给任何簇。

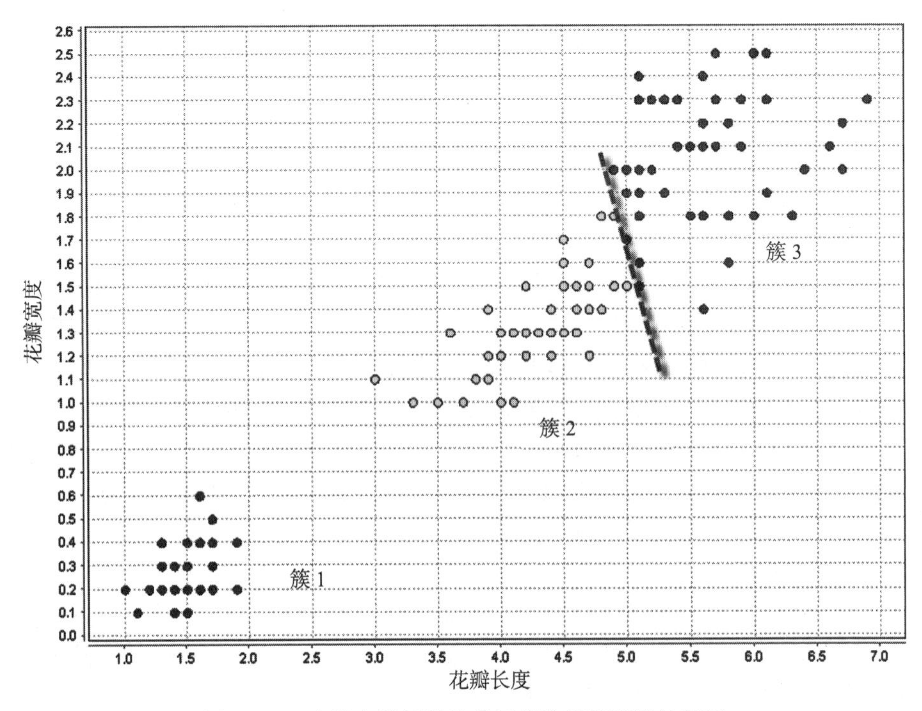

图7.1　一个没有类标签的鸢尾花数据集聚类的例子

- *层次聚类*：层次聚类是根据数据点之间的距离来创建簇的层次结构的过程。层次聚类输出的是一个树状图（dendrogram），即一个可以显示用户指定的任何精度点上的不同簇的树状图。创建层次聚类的方法有两种，自底向上的方法是将每个数据点看作一个簇，然后将这些簇合并，最终成为一个大的簇。自顶向下的方法是将一个数据集看作一个簇，之后递归地将其划分为不同的子簇，直到单独的数据对象被定义为单独的簇为止。当数据的大小有限制的时候，层次聚类非常实用。将树状图切割到给定的精度水平，也需要一定的交互反馈。
- *基于模型的聚类*：基于模型的聚类是基于统计和概率的分布模型，这种技术也被称为基于分布的聚类。簇可以被视为具有相同概率分布数据点的组。因此，每个簇可以用分布模型（如高斯分布和泊松分布）来表示，分布参数可以在簇数据和模型之间迭代优化。通过这种方法，整个数据集可以由混合的分布模型表示。高斯混合模型是基于模型的聚类技术中的一种，可以用于初始化固定数据的分布，并优化参数以适应簇数据。

在本章的剩余部分，将讨论聚类的通用实现。首先，是 *k*-means 聚类，它是一种原型聚类技术。然后是基于密度的含噪声的应用的空间聚类（DBSCAN），它提供了一个密度聚类的视图。本章的最后解释了一种称为自组织映射（SOM）的新方法。

细分客户记录

所有业务实体都记录了它们与客户的大部分交互，包括但不限于货币交易、客户服务、客户位置、详细信息、在线交互、产品使用、保修和服务信息等。以电信业为例，电信公司现在已经发展到通过包装产品为不同类型的客户提供多种服务，如手机、无线、互联网、数据通信、企业债券、娱乐内容、家居安全等。为了更好地了解客户，其数量通常在数百万之间，组合关于客户及其与每个产品的交互的多个数据集是有必要的。数据集中吸引人的大量数量和多种种类，为更好地了解客户提供了机会和挑战（Berry & Linoff，2000a，b）。除了简单的客户类型分类（住宅、企业、政府等）或收入量（高收入、中等收入和低收入客户）之外，理解客户的一种逻辑方法是根据使用模式、演示图形、地理位置和产品使用的行为模式对客户进行细分。

对于客户细分任务，数据需要以这样一种方式准备：每条记录（行）都与每个客户相关联，而列包含关于客户的所有属性，包括人口统计数据、地址、使用产品、收入明细、产品使用明细、通话量、通话类型、通话时长、通话时间等。表 7.1 显示了非规范化的客户数据集的示例结构。准备这个数据集将是一项耗时的任务。一个明显的分割方法是基于任何现有的属性分层。例如，可以根据客户的地理位置对数据进行分割。

表 7.1 客户细分数据集

客户 ID	位置	人口特征	通话次数	数据用量（MB）	每月账单（$）
01	加州圣何塞	男	1 400	200	75.23
02	佛罗里达迈阿密	女	2 103	5 000	125.78
03	加州洛杉矶	男	292	2 000	89.90
04	加州圣何塞	女	50	40	59.34

聚类算法使用这些数据，并根据所有属性将具有相似模式的客户分组到簇中。基于这些数据，可以根据电话使用情况、数据模式和每月账单的组合聚类，而产生的簇有可能是一组客户，他们在移动电话覆盖率较低的地方，他们的数据使用率较低，但是他们的账单较高，这可能表明客户不满意。

聚类算法没有明确地指出聚类的原因，也没有直观地标记簇组。虽然可以使用大量的属性来执行聚类，但是要由实践者仔细选择与聚类相关的属性。自动特征选择方法则可以减少聚类练习的规模，通过选择或忽略客户数据集中的其他属性，可以进一步地迭代发展。

7.1 *k*-means 聚类

k-means 聚类是一种基于原型的聚类方法，它将数据集划分为 *k* 个簇。*k*-means 聚类是一种最简单、最常用的聚类算法。在这种技术中，用户指定在数据集中需要被分组的簇数量，*k*-means 聚类的目的就是去为每一个簇找到一个原型数据点，然后将所有的数据点分给最近的原型，形成一个簇。这个原型被称为质心，也就是簇的中心。簇的中心可以是簇中所有数据对象的平均值，如 *k*-means，或者最可以代表的数据对象，如 *k*-medoid 聚类。簇的质心或均值数据对象不一定是数据集中真实的数据点，也可以是表示簇中所有数据点的虚构数据点。

k-means 聚类算法是基于 Stuart Lloyd 和 E.W. Forgy（Lloyd, 1982）的工作，有时也被称为是 Lloyd-Forgy 算法或者 Lloyd 的算法。在可视化上，*k*-means 聚类算法将数据空间划分为 *k* 个分区或边界，每个分区中的质心是簇的原型，而分区内的数据对象属于一个簇，这些分区也被称为 Voronoi（维诺）分区，每个原型是 Voronoi 分区的种子。Voronoi 分区是将

一个空间分割成区域的过程，所围绕的点称为种子，所有其他的点都与最近的种子相关联，所关联的种子来自唯一的分区。如图 7.2 所示，种子周围被标记的黑色的点就是 Voronoi 分区的样例。

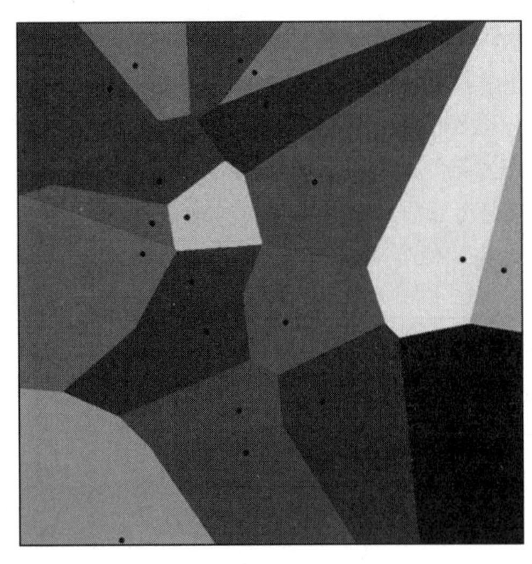

图 7.2　Voronoi 分区。Raincomplex 的“欧几里得 Voronoi 图”——个人作品。根据知识共享零号授权，通过 CC0 维基共享资源获得许可（http://commons.wikimedia.org/wiki/file:euclidean_voronoi_diagram.png#mediaviewer/file:euclidean_voronoi_diagram.png）

k-means 聚类在 *n* 维空间中创造了 *k* 个分区，其中 *n* 是所给数据集中属性的数量。为了划分一个数据集，必须定义一个接近度度量，数据属性最常用的度量是欧几里得距离，图 7.3 展示了只包含花瓣长度和花瓣宽度属性的鸢尾花数据集的聚类。这个鸢尾花数据集是二维的（为了便于可视化），使用数值属性，且 *k* 指定为 3，*k*-means 聚类的结果是：簇 1 有着清晰的分区空间，簇 2 和簇 3 之间则是一个狭窄的空间。

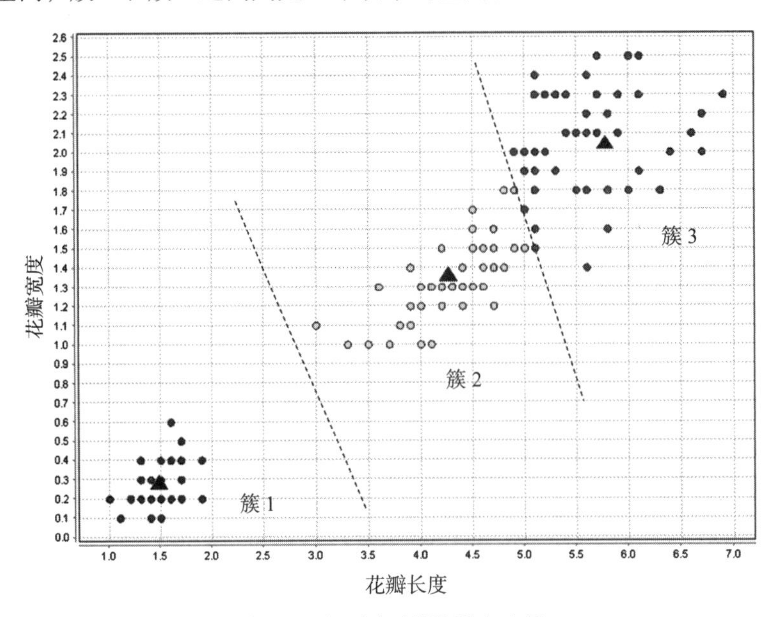

图 7.3　基于原型的聚类和边界

7.1.1　工作原理

在给定的数据集中，查找 k 个簇的逻辑非常简单，它总是会收敛于一个解。但是，在大多数的情况下，最终的结果将是局部最优的，这个解不会是收敛到最佳的全局解。k-means 聚类的过程类似于 Voronoi 迭代，它的目标是将一个空间划分为被点围绕着的区域。区别在于 Voronoi 迭代划分的是空间，而 k-means 聚类划分的是数据空间中的点。以二维数据集为例（见图 7.4），下面提供了逐步寻找三个簇的过程（Tan, Michael, & Kumar, 2005）。

步骤 1：初始化质心

k-means 算法的第一步是初始化 k 个随机质心，簇的数量 k 应当由用户指定。在这个例子中，在给定的数据空间里初始化了三个质心，在图 7.5 中，每个初始化的质心都有一个形状（用一个圆来与其他的数据点区分开），这样，关联质心的数据点就可以被初始化为同一种形状。

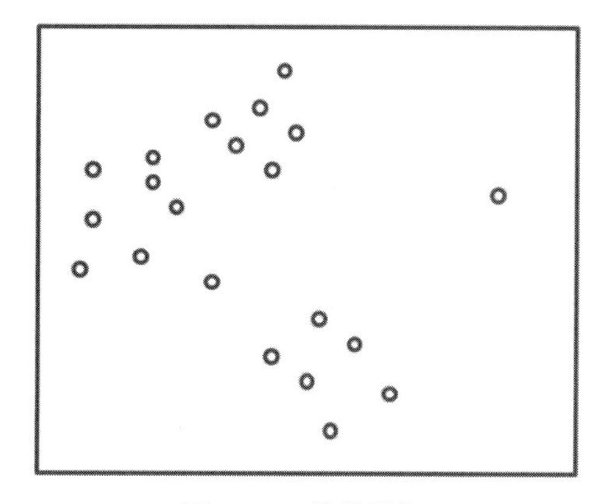

图 7.4　二维数据集

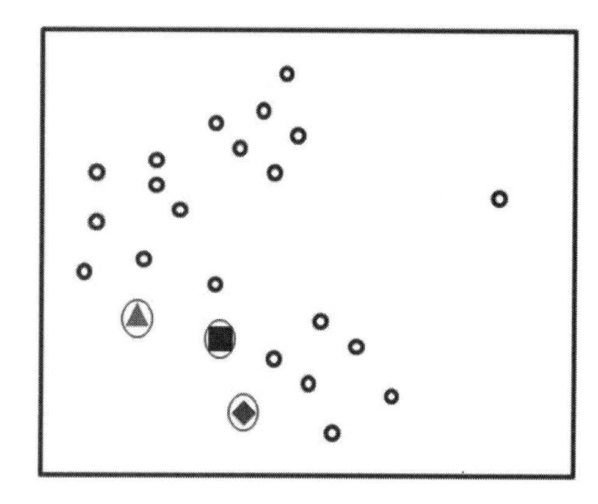

图 7.5　初始化随机质心

步骤 2：分配数据点

一旦质心被初始化后，所有的数据点都会被分配给最近的质心，形成一个簇。文中“最近的”是通过接近度来测量的。欧几里得距离测量是最常见的接近度测量方法，尽管 Manhattan 度量和 Jaccard 系数也可用于测量。在具有 n 个属性的两组数据点 $X(x_1, x_2,\cdots, x_n)$ 和 $C(c_1, c_2,\cdots, c_n)$ 之间的欧几里得距离由式（7.1）中给出：

$$\text{距离}\,d=\sqrt{(x_1-c_1)^2+(x_2-c_2)^2+\cdots+(x_n-c_n)^2} \quad (7.1)$$

现在所有与质心关联的数据点都具有和对应质心相同的形状，如图 7.6 所示，这一步也将数据空间划分为 Voronoi 分区，直线显示为边界。

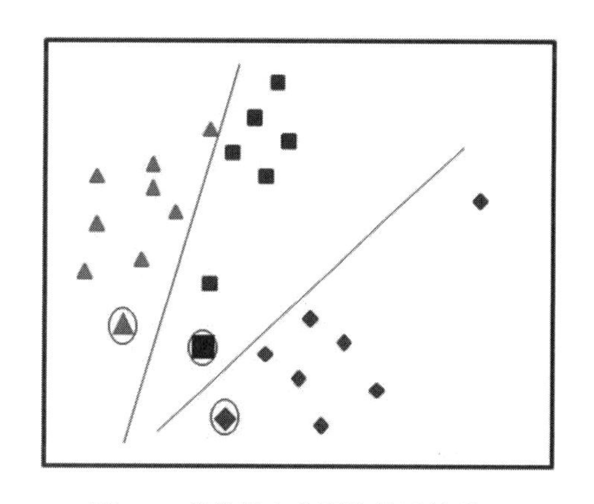

图 7.6　将数据点分配给最近的质心

步骤 3：计算新的质心

对于每个簇，可以计算出一个新的质心，也就是每个簇组的原型，新的质心是簇中所有数据点中最具有代表性的数据点。在数学上，这一步可以表示为最小化簇中所有数据点到簇质心的差的平方和（SSE），这一步的总体目标是使单个簇的 SSE 最小化，簇的 SSE 可以使用式（7.2）

计算，

$$SSE = \sum_{i=1}^{k} \sum_{x_j \in C_i} \left\| x_j - \mu_i \right\|^2 \tag{7.2}$$

其中，C_i 是第 i 个簇，j 是在给定簇里的数据点，μ_i 是第 i 个簇的质心，x_j 是具体的数据对象，在给定簇 i 中，具有最小的 SSE 的质心就是簇新的平均值。簇的平均值可以用式（7.3）进行计算。

$$\mu_i = \frac{1}{j_i} \sum_{x \in C_i} X \tag{7.3}$$

其中 X 为数据对象的向量 $(x_1, x_2, \cdots, x_n)$。在 k-means 聚类的情况下，新的质心是所有数据点的平均值，k-medoid 聚类是 k-means 聚类的一种演变，它计算的是中值而不是平均值，在图 7.7 中展示的是最新的质心。

步骤 4：重复分配并计算新的质心

一旦确定了新的质心，就会重复地将数据点分配给最近的质心，直到所有的数据点都被分配给新的质心为止。在图 7.8 中，注意与上一步中属于不同簇的三组数据点的分配变化。

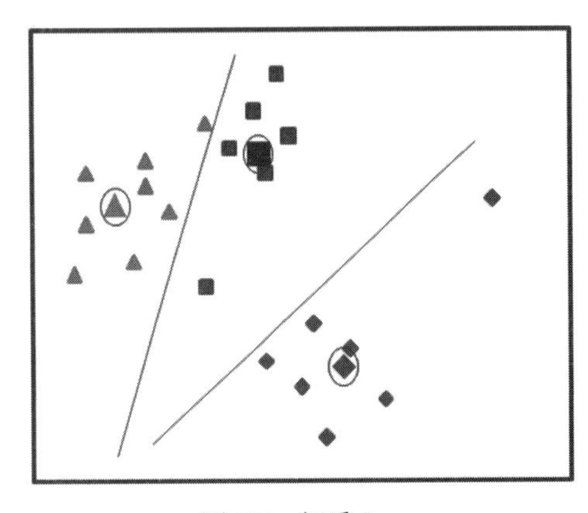

图 7.7　新质心

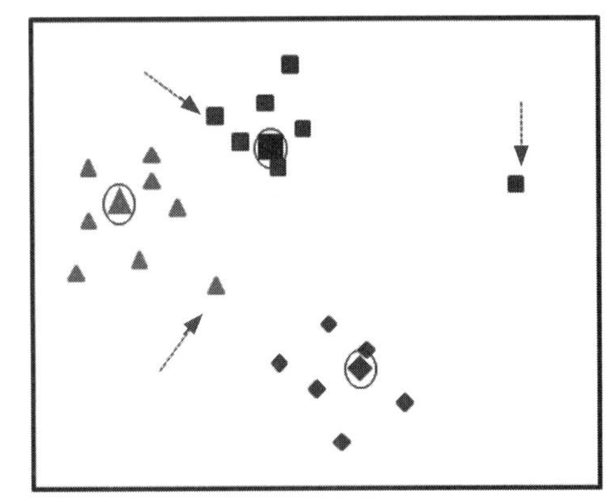

图 7.8　为新质心分配数据点

步骤 5：结束

重复执行步骤 3（计算新的质心）和步骤 4（为新质心分配数据点）直到数据点的分配不再发生变化，换句话说，质心没有明显的变化。最终的质心就被标注为簇的原型，并用于描述整个簇的模型。数据集中的每个数据点都与一个新的可以标识簇的 ID 属性绑定。

特殊情况

虽然 k-means 聚类简单易行，但是 k-means 聚类有一个关键缺点，就是这个算法寻找的是局部的最优解，而这个解不一定是全局最优的。在这种方法中，算法从初始配置（质心）开始，不断改进，为该初始配置找到最佳的解决方案。由于该解是初始配置的最优解（局部最优），所以如果初始配置发生变化，就可能产生更好的最优解。局部最优解可能不是给定聚类问题的最优解。因此，k-means 算法的成功更多地取决于质心的初始化。这种限制可以通过多个随机的初始值来解决，在每次的运行中，簇的内聚性可以通过性能指标来衡量，可以选择性能指标最好的簇运行作为最终的运行。下一节将讨论聚类的评估。将考虑 k-means 聚类中一些关键的问题：

- *初始化*：最终的聚类分组取决于随机的初始化程序和数据集的性质。当随机初始化时，可以用不同的随机初始化程序来运行整个聚类过程（也称为*运行*），并且找到使总 SSE 最小的聚类过程。另一种技术是层次聚类，它将每个簇又分割为多个簇，从而实现最小的 SSE。层次聚类进一步划分为凝聚或自底向上聚类，以及分裂或自顶向下聚类，具体取决于聚类是如何被初始化的。凝聚聚类从每一个作为独立簇的数据点开始，之后将数据点组合成簇。分裂聚类将整个数据集作为一个簇，然后将其分裂为多个簇。
- *空簇*：*k*-means 聚类中有一种情况，就是会形成没有数据对象关联的空簇。如果形成空簇，就会在具有最高的 SSE 的簇中引入一个新的质心，从而将具有最高的 SSE 簇进行分割，或者选择一个距离其他质心最远的新质心。
- *异常值*：由于采用 SSE 作为目标函数，*k*-means 聚类易受到异常值的影响，它们使得质心偏离簇中具有代表性的点。因此，原型不再是它所代表的簇中的最佳代表。虽然异常值可以通过预处理技术进行消除，但是在一些应用中，聚类的目的便是查找异常值，类似于识别欺诈交易。
- *后处理*：由于 *k*-means 聚类是寻求局部最优，因此可以引入一些后处理技术，强制使用一个具有较少 SSE 的新的解决方案。人们总是会增加簇 *k* 的数量，并减少 SSE，但是，这种技术也会开始过拟合数据集，从而也会使得可用的信息减少。可以部署一些方法，例如，将具有最高 SSE 的簇二等分，然后，当 SSE 稍有增加时，可以将两个簇合并为一个。

聚类的评估

k-means 聚类的评估不同于回归和分类算法，因为在聚类中，没有已知的外部标记可以对比。评估参数必须从正在被评估的数据集开发，这被称为无监督或内部评估。聚类的评估可以像计算整个 SSE 一样简单。在簇内，良好的模型将具有较低的 SSE，并且会在所有的簇内具有较低的总 SSE。SSE 也可以称为簇内的平均距离，可以对每个簇进行计算，然后对所有的簇进行平均。

另一种常用的评估方法是 Davies-Bouldin 指数（Davies & Bouldin, 1979）。Davies-Bouldin 指数是衡量簇唯一性的方法，并考虑了簇的内聚性（数据点和簇中心之间的距离）和簇之间的分离性。它是簇内分离和簇间分离的比例的函数。Davies-Bouldin 指数越低，聚类的效果越好。然而，SSE 和 Davies-Bouldin 指数都有限制，就是当它们得分较低的时候不能保证更好的聚类。

7.1.2　实现过程

RapidMiner 中 *k*-means 聚类的实现较为简单明了，一个操作符用于建模，另一个用于无监督评估。在建模的步骤中，簇数量的参数 *k* 是被预期指定的，输出模型是每个簇的质心列表，新属性是附加到原始的输入数据集的簇 ID。簇标签则被附加到每个数据点的原始数据集中，并可以在聚类后进行可视化评估，这需要一个模型评估步骤来计算平均的簇距离和 Davies-Bouldin 指数。

鸢尾花数据集具有四个属性和 150 个数据对象（Fisher, 1936），在此用来作为实现时使用的数据集。尽管聚类不需要类标签，但是仍保留，用于后续解释查看未标记数据集的识别簇，是否与数据集中的自然种类簇相似。

步骤 1：数据准备

k-means 聚类接受数值和多项式的数据类型，但是，距离测量对数值数据类型更加有效。属性数量会增加簇的维度空间。在这个例子中，通过使用“选择属性”操作符，选择花瓣宽度（a3）和花瓣长度（a4），并限制属性数量为 2，如图 7.9 所示。通过查看聚类的二维图，很容易将 *k*-means 算法机制可视化。在实际的实现中，聚类数据集将会有更多的属性。

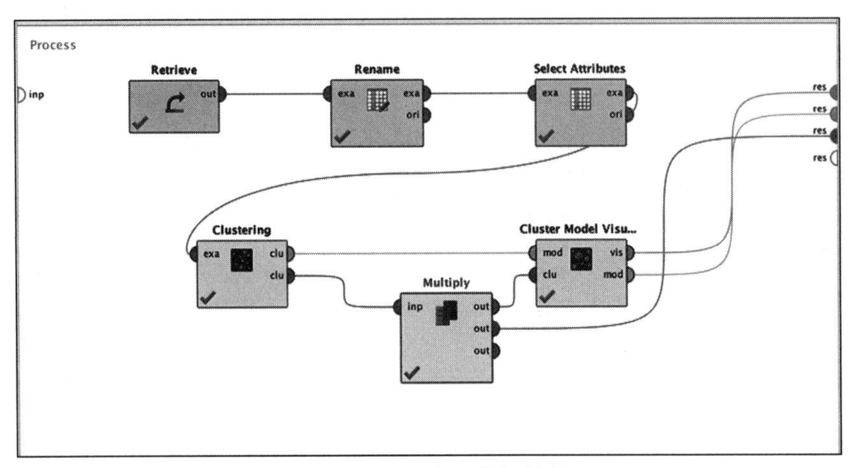

图 7.9　*k*-means 聚类的数据科学过程

步骤 2：聚类操作符和参数

RapidMiner 中 *k*-means 建模操作符位于路径 Modeling>Clustering and Segmentation。以下这些参数可以在模型操作符中配置：

- *k*：*k* 是预期的簇数量。
- *将簇添加为属性*：将簇标签（ID）添加到原始的数据集，建议勾选此选项以供以后的分析。
- *最大运行次数*：因为 *k*-means 聚类的有效性取决于随机的初始质心，因此需要多次运行才可以选择到具有最低 SSE 的聚类。可以在这里指定运行的次数。
- *度量类型*：在此参数中可以指定接近度度量。默认和最常见的度量是欧几里得距离（L2）。这里其他的选项是曼哈顿距离（L1）、Jaccard 系数和用于文档数据的余弦相似度。请参阅第 4 章 *k*-NN 部分关于距离度量的描述。
- *最大优化步骤*：这个参数指定了将数据对象分配给质心和计算新的质心的迭代次数。

建模步骤的输出包括 *k* 个质心数据对象，以及附加了簇标签的初始数据集。簇标签通常命名为 cluster_0，cluster_1，…，cluster_k−1。

步骤 3：评估

由于数据集中使用的属性是数字的，因此需要使用 SSE 和 Davies-Bouldin 指数来评估簇组的有效性。在 RapidMiner 中，“聚类模型可视化”操作符位于 Modeling>Segmentation，用于簇组和可视化的性能评估。“聚类模型可视化”操作符需要两个输入（来自建模步骤）：簇质心向量（模型）和被标记的数据集。评估的两个度量输出是平均的簇间距离和 Davies-Bouldin 指数。

步骤 4：执行和解释

在将“性能”操作符的输出连接到结果端口之后，就可以执行数据科学过程。可以从结果窗口中观察这些输出：

- 聚类模型（聚类）：模型输出包含 k 个簇的每个质心及其属性值。如图 7.10 所示，在文本视图和文件夹视图部分中，可以看到与每个簇关联的所有数据对象。质心图提供了质心的平行图视图（见第 3 章）。质心之间的大分离间隔是可取的，因为良好分离的簇会将数据集清晰地划分开。

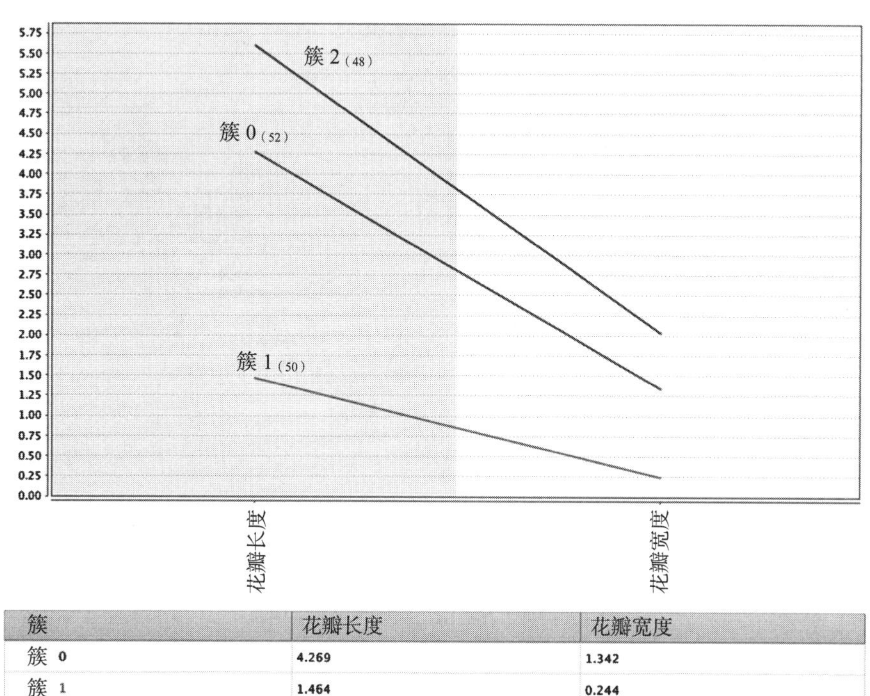

簇	花瓣长度	花瓣宽度
簇 0	4.269	1.342
簇 1	1.464	0.244
簇 2	5.596	2.037

图 7.10　*k*-means 聚类的质心输出

- 已标记示例集：附加数据集有一些关于聚类的重要的信息。通用鸢尾花数据集的 150 个观测值被聚集在三个组中。簇值作为新的特殊多项式属性附加，并采用了通用的标签格式。在输出数据集的散点图视图中，x 轴和 y 轴可以配置为原始数据集的属性，即花瓣长度和花瓣宽度。在图 7.11 中，可以注意到算法如何识别簇。可以将该输出与原始标记（鸢尾花种类）进行比较。只有五个数据点，它们位于 I. versicolor 和 I. virginica 的边界，被错误地聚集！*k*-means 聚类过程几乎准确地识别了数据集中的不同物种。
- 可视化器和性能向量：聚类模型可视化器的输出显示质心图表、表格、散点图、热点图和性能评估指标，如测量的平均距离和 Davies-Bouldin 指数（见图 7.12）。此步骤可用于比较具有不同参数的多个聚类过程。在高级实现中，可以使用“优化参数”操作符，根据各种 k 值和聚类循环运行的次数来确定“k”的值，这是有可能的。在具有多个不同 k 值的聚类运行中，具有最低平均质心距离或 Davies-Bouldin 指数的 k 值将被选择为最优。

k-means 聚类算法很简单，易于实现，并且易于解释。尽管该算法可以有效地处理 n 维数据集，但是随着迭代和运行次数的增加，该操作的成本将是昂贵的。*k*-means 的一个关键限制

是它依赖于用户分配的 k 值（Berry & Linoff，2000a，2000b）。数据集中的簇数量开始时是未知的，任意数字都可能限制在数据集中找到合适数量的自然簇的能力。估计 k 的正确数值有多种方法，范围从贝叶斯信息准则到增加 k 值的层次法，直到分配给簇的数据点是高斯分布的（Hamerly & Elkan，2003）。首先，建议使用低的个位数的 k 值，并增加它直到合适。使用密度算法进行聚类将有助于提供一个簇数量的概念，并可用作 k-means 聚类中的 k 值。

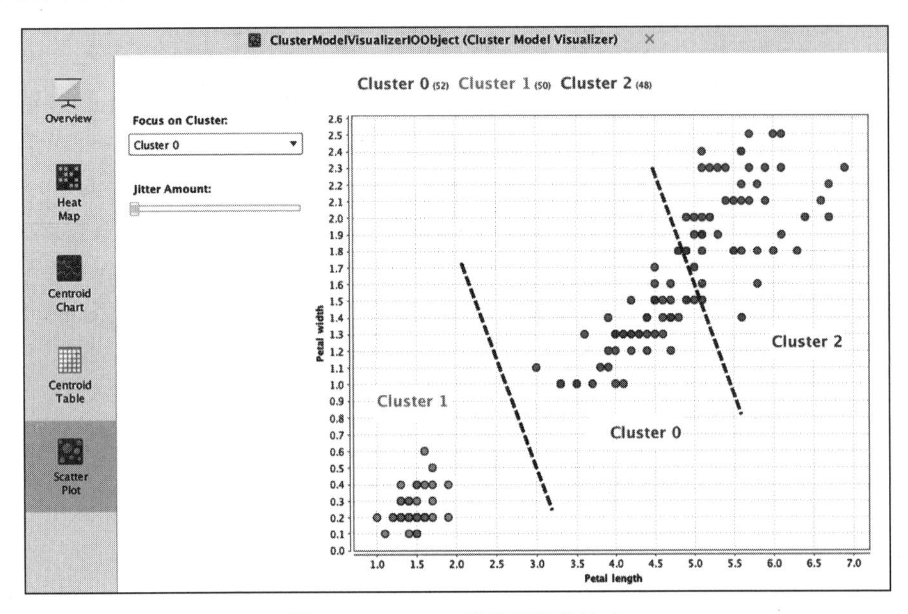

图 7.11　k-means 聚类可视化输出

由于使用了质心原型方法，k-means 倾向于在数据集中找到球状簇。然而，天然簇可以具有各种形状和尺寸。异常值的存在对 k-means 聚类的建模提出了挑战。k-means 聚类技术的简单性使其成为快速评估球状簇的理想选择，也成为了数据科学建模和降维的预处理技术。

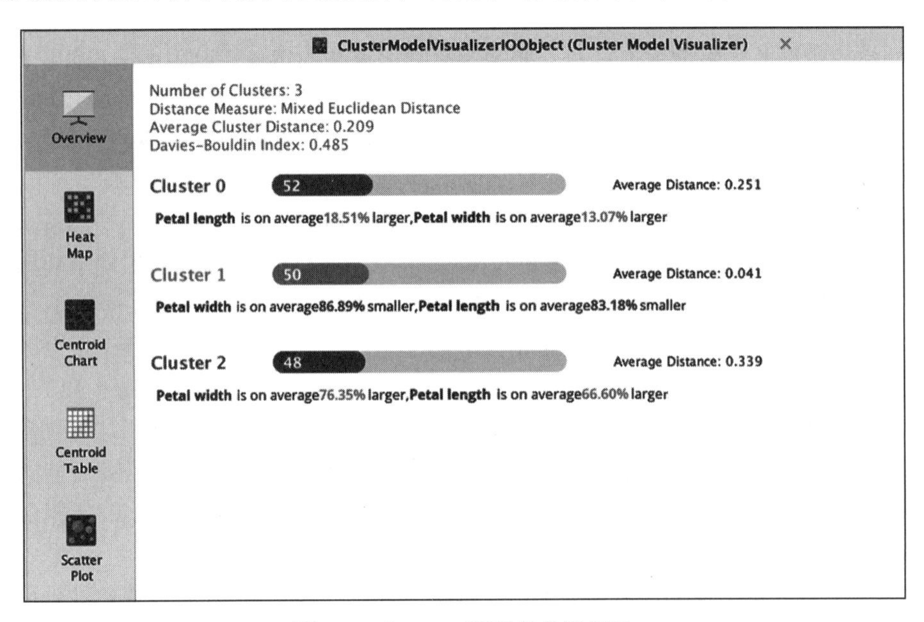

图 7.12　k-means 聚类的性能度量

7.2 DBSCAN 聚类

聚类也可以定义为由低浓度（或密度）数据对象区域围绕的高浓度（或密度）数据对象的区域。密度聚类算法基于 n 维空间中的密度分布的测量来识别数据中的簇。与质心方法不同，基于密度的算法不需要指定簇参数（k）的数量。因此，基于密度的聚类可以作为重要的数据探索技术。DBSCAN 是最常用的密度聚类算法之一（Ester, Kriegel, Sander, & Xu,1996）。要了解算法的工作原理，首先需要定义数据空间中的密度概念。

密度可以定义为单位 n 维空间中的数据点的数量。维数 n 是数据集中的属性数。要简化可视化并进一步了解模型的工作原理，请考虑二维空间或具有两个数字属性的数据集。通过查看图 7.13 中所示的数据集，可以可视化地得出结论，左上部分的密度高于右上、左下和右下部分的密度。从技术上讲，密度与单位空间（本例中是象限）中的点数有关。只要在相对低密度的空间中存在高密度空间，就会有一个簇。

人们还可以测量点周围的圆形空间内的密度，如图 7.14 所示。在数据点 A 周围具有半径 ε（epsilon）的圆形空间内的点的数量是六。这个测量被称为基于中心的密度，因为所考虑的空间是球状的，所以其中心是考虑的点。

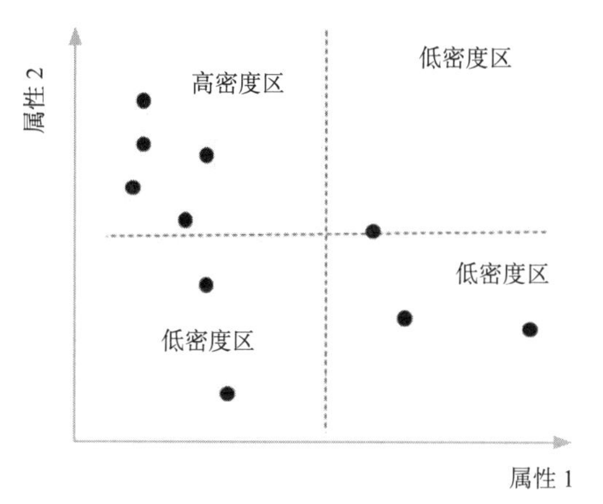

图 7.13　具有 2 个属性的数据集

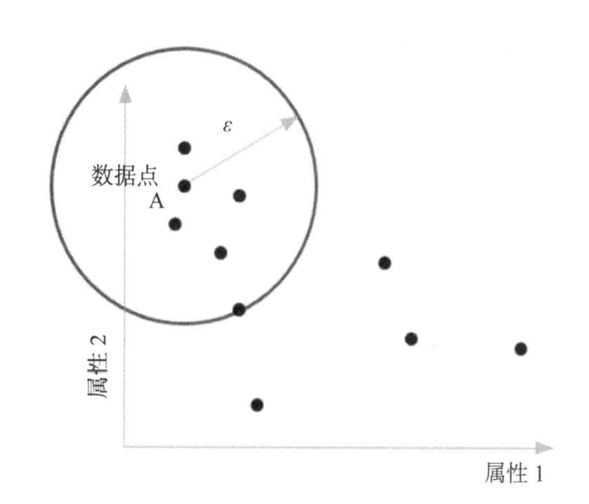

图 7.14　一个数据点周围半径为 ε 范围内的密度

7.2.1 工作原理

DBSCAN 算法通过识别数据集中的高密度和低密度空间来创建簇。与 k-means 聚类类似，优选的属性是数字的，因为仍然使用距离计算。该算法可以简化为三个步骤：定义阈值密度、数据点分类和聚类（Tan et al., 2005）。

步骤 1：定义 ε 和最少点数量（MinPoints）

DBSCAN 算法从计算数据集中所有数据点的密度开始，使用给定的固定半径 ε。为了确定邻域是高密度还是低密度的，必须定义数据点的阈值（MinPoints），超过该阈值，邻域被认为是高密度的。在图 7.14 中，空间内的数据点数由半径 ε 定义。如果 MinPoints 定义为 5，则数据点 A 周围的空间 ε 将被认为是高密度区域。ε 和 MinPoints 都是用户定义的参数，可以针对数据集进行更改。

步骤 2：数据点的分类

在数据集中，使用给定的 ε 和 MinPoints，可以将所有数据点定义到三个桶内（见图 7.15）：

- *核心点*：高密度区域内的所有数据点至少会有一个数据点被视为核心点。高密度区域是指这样的一个空间，对于其中的任何数据点，以其为圆心，半径 ε 内，至少存在 MinPoints 个数据点。
- *边界点*：边界点位于以一个数据点为圆心，半径为 ε 的圆周上。边界点是高密度和低密度空间之间的边界。边界点在高密度空间计算时使用。
- *噪声点*：既不是核心点也不是边界点的任何点都称为噪声点。它们在高密度区域周围形成低密度区域。

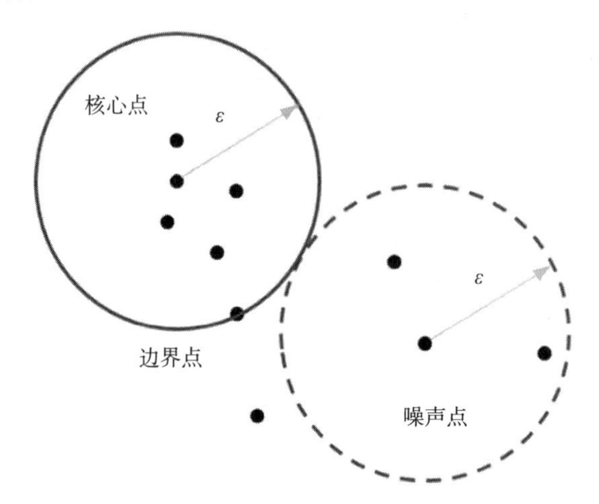

图 7.15　核心、边界和噪声点

步骤 3：聚类

一旦数据集中的所有数据点都被分类为密度点，聚类就会是一项简单的任务。核心点群形成不同的簇。如果两个核心点在彼此的 ε 之内，则两个核心点都在同一个簇内。所有这些簇的核心点形成一个簇，它被低密度噪声点包围。所有噪声点形成高密度簇周围的低密度区域，并且噪声点不被分类在任何簇中。由于 DBSCAN 是部分聚类算法，因此一些数据点未被标记或与默认噪声簇相关联。

参数优化

使用密度算法的一个关键优势是不需要指定簇的数量（k）。簇将在数据集中自动找到。然而，这里存在着问题，就是需要选择距离参数 ε 和最小阈值（MinPoints）以识别密集区域。用于估计 DBSCAN 聚类算法的最佳参数的一种技术涉及 k-NN 算法。可以通过构建 k-分布图来估计参数的初始值。对于用户指定的 k 值（例如，四个数据点），对于一个数据点来说第 k 个近邻的距离可以被计算。如果数据点是高密度区域中的核心点，则第 k 个近邻的距离太小了。对于噪声点来说，这个距离将会更大。类似地，可以为数据集中的所有数据点计算 k-距离。通过降序排列各个数据点的所有 k-距离值，可以建立 k-距离分布图，如图 7.16 所示。这种安排类似于 Pareto 图。图右侧的点将属于簇内的数据点，因为它们的距离更小。在大多数数据集中，k-距离的值在特定值之后会急剧上升。图上升的距离将是最佳值 ε，k 的值可以作为 MinPoints。

特殊情况：变化的密度

DBSCAN 算法基于特定的阈值密度来划分数据。当数据集包含不同数据密度的区域时，此方法会产生问题。图 7.17 中的数据集具有编号 1 ～ 4 的四个不同的区域。区域 1 是高密度区域 A，区域 2 和 4 是中等密度 B，并且在它们之间的是区域 3，其是极低密度的 C。如果密度阈值参数以这样的方式分区，即识别区域 1，那么区域 2 和 4（密度 B）以及区域 3 将被视为噪声。即使区域 4 的密度 B 旁边的区域密度极低，可视化显示清晰可辨，但是 DBSCAN 算法还是会将区域 2 到 4 分类为噪声。*k*-means 聚类算法用于分割具有不同密度的数据集时会更好。

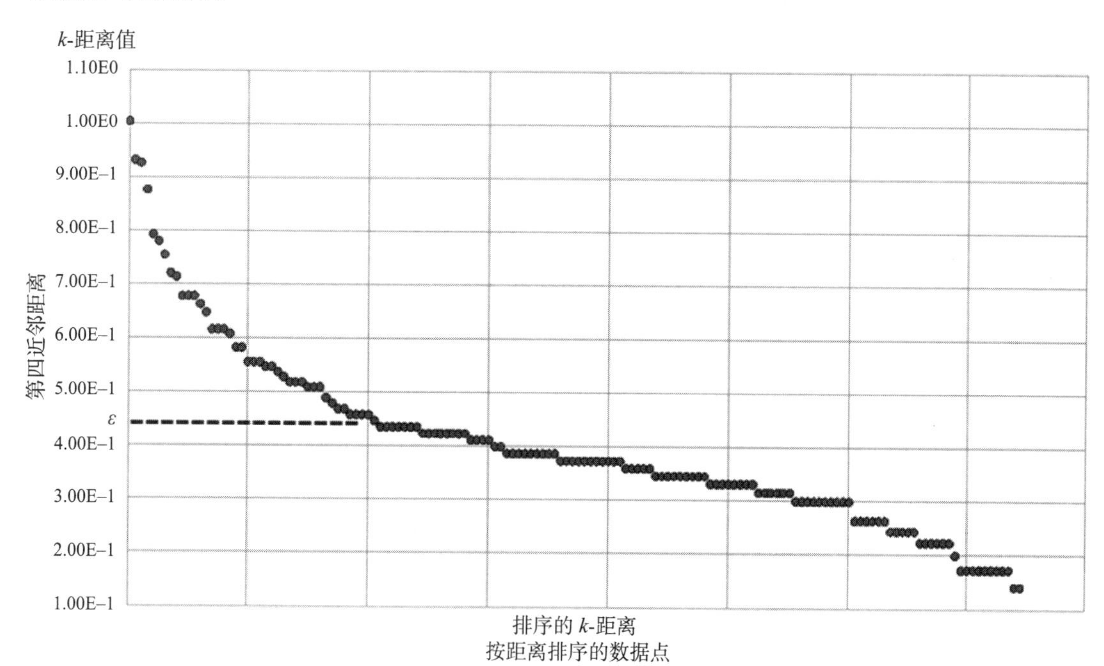

图 7.16　鸢尾花数据集的 *k*-距离图（*k*=4 时获得最佳值 ε）

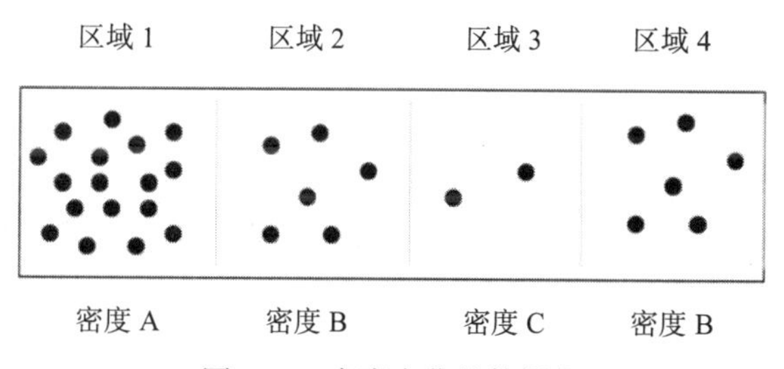

图 7.17　密度变化的数据集

7.2.2　实现过程

RapidMiner 通过 DBSCAN 建模操作符支持 DBSCAN 算法的实现。DBSCAN 操作接受数字和多项式数据集，其中包含用户指定的 ε 和 MinPoints 参数。以下是实施步骤。

步骤 1：数据预处理

与 *k*-means 部分一样，使用“选择属性”操作符将数据集中的属性数量限制为 a3 和 a4（花瓣长度和花瓣宽度），以便可以可视化簇，并更好地理解聚类过程。

步骤 2：聚类操作符和参数

建模操作符位于路径 Modeling>Clustering and Segmentation，被标记为 DBSCAN。以下这些参数可以在建模操作符中配置：

- epsilon（ε）：高密度邻域的大小，默认值为 1。
- MinPoints：可以作为簇的 epsilon 邻域中的最小数据对象数。
- 距离度量：可以在此参数中指定接近度度量。默认和最常见的测量方法是欧几里得距离。这里的其他选项是曼哈顿距离、Jaccard 系数和文档数据的余弦相似度。有关不同距离度量的概述，请参阅第 4 章。
- 将簇添加为属性：将簇的标签添加到原始数据集中。建议勾选此选项以供后续分析。

步骤 3：评估

与 *k*-means 聚类实现类似，可以使用平均的簇内距离来评估簇组的有效性。在 RapidMiner 中，“簇密度性能”操作符位于 Evaluation>Clustering 中，用于由密度算法生成的簇组的性能评估。聚类模型和标记数据集连接到“性能”操作符以进行聚类评估。另外，为了帮助计算，“性能”操作符可用于相似度量对象。相似度度量向量是每个示例数据对象与另一个数据对象的距离值。相似度度量可以通过在示例数据集上通过数据到“相似度”操作符来计算。

步骤 4：执行和解释

将“性能”操作符的输出连接到结果端口后，如图 7.18 所示，便可执行模型。输出结果可以观察为：

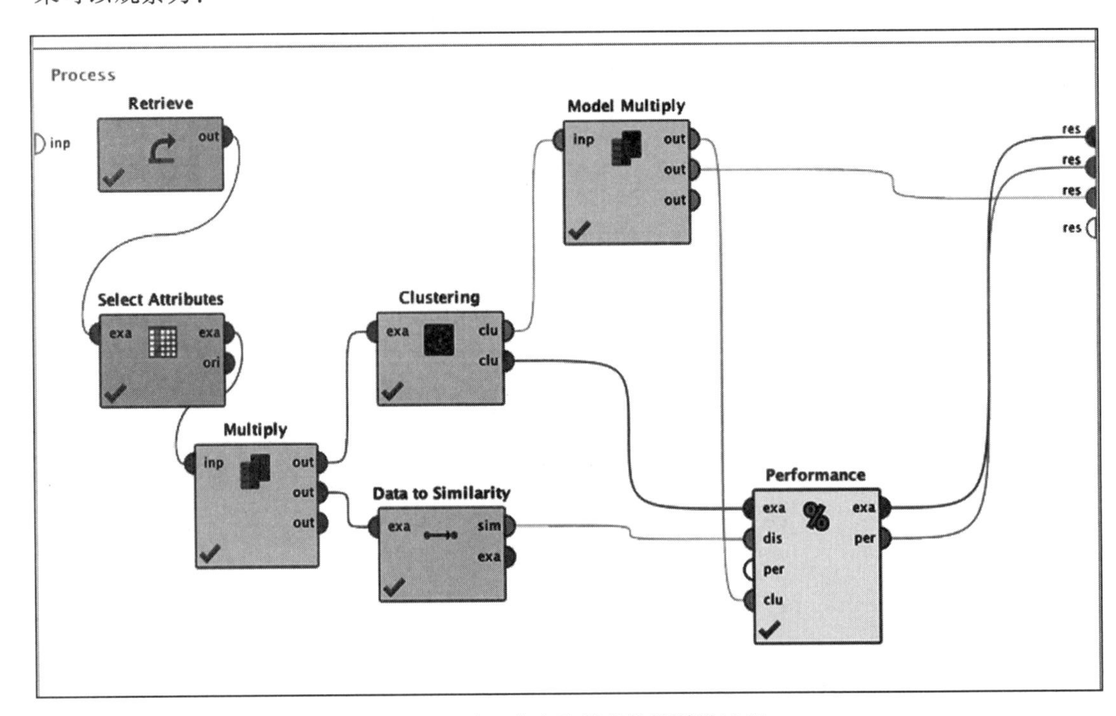

图 7.18　基于密度聚类的数据科学过程

1）模型：簇模型的输出中包含在数据集（簇 1、簇 2 等）中找到的簇数量以及被标识为噪声点（簇 0）的数据对象的信息。如果未找到噪声点，则簇 0 是空簇。如图 7.19 所示，输出窗口中的“文件夹”视图和“图形”视图提供了在不同簇下数据点的可视化。

2）簇示例集：现在示例集具有可用于进一步分析和可视化的簇标签。在该数据集的散点图视图中（见图 7.20），x 轴和 y 轴可以配置为原始数据集的属性——花瓣长度和花瓣宽度。可以将“颜色列”配置为新的簇标签。在图中，可以看到算法是如何在示例集中找到两个簇的。I.setosa 物种的数据对象具有明显的高密度区域，但在 I.versicolor 和 I.virginica 物种数据点之间存在密度桥。没有明确的低密度区域来划分这两种数据点。因此，可以将 I. versicolor 和 I. virginica 自然簇组合成一个人工预测簇。可以调整 epsilon 和 MinPoints 参数以查找簇的不同结果。

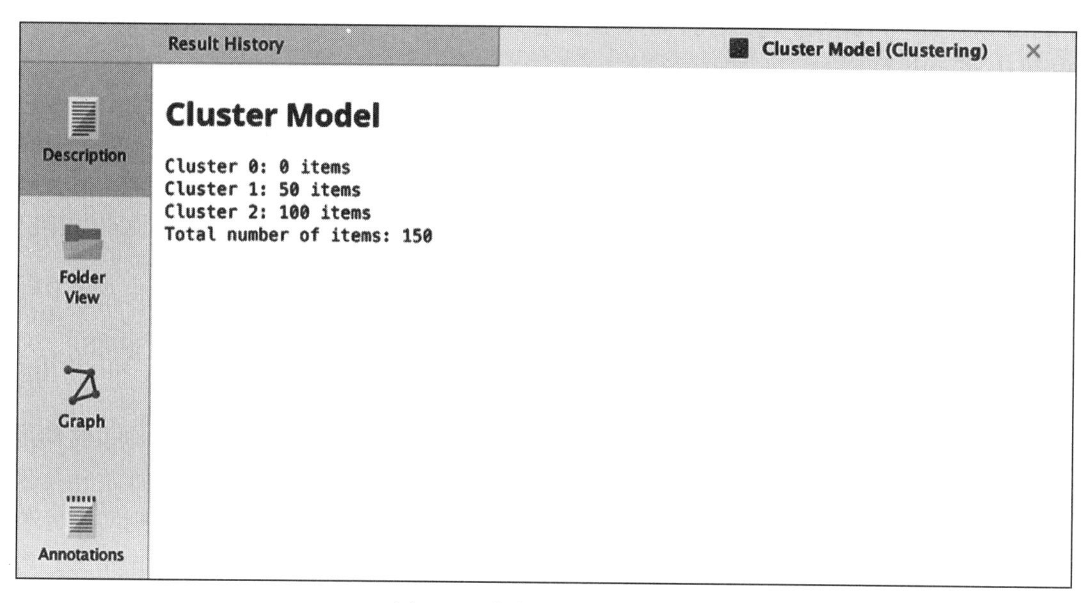

图 7.19　密度聚类的模型输出

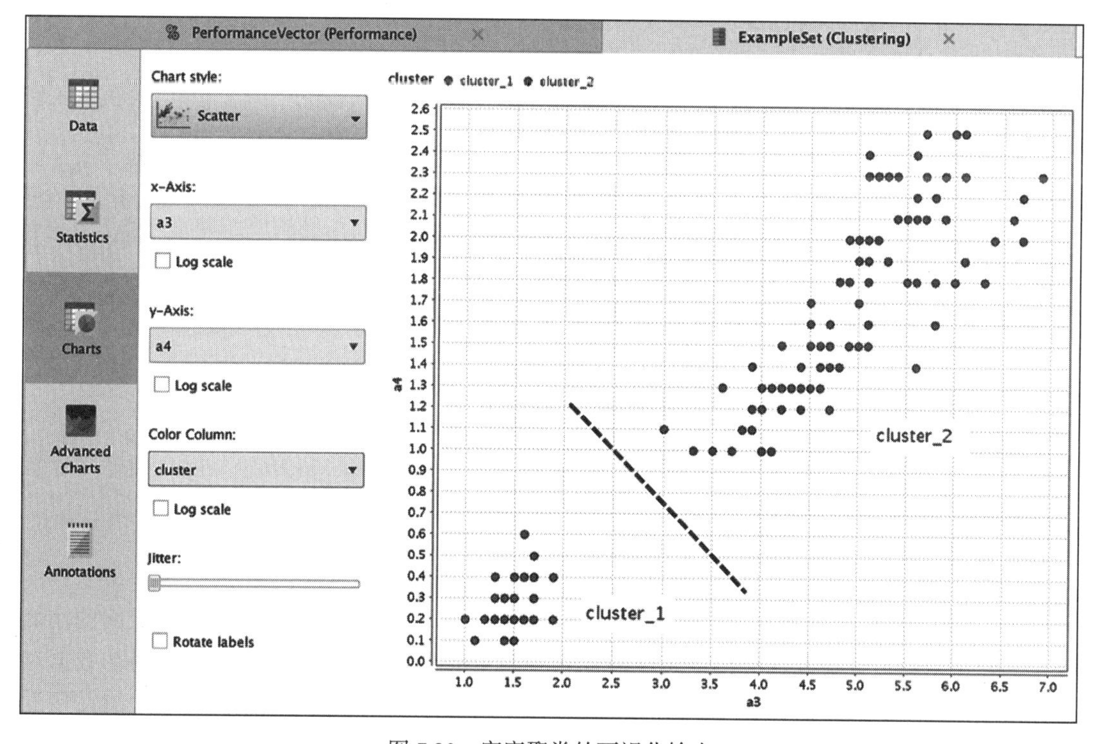

图 7.20　密度聚类的可视化输出

3）性能向量：性能向量窗口显示每个簇内的平均距离和所有簇的平均值。平均距离是簇内所有数据点之间的距离除以数据点的数量。这些值可用于比较多个模型运行的性能。

使用 DBSCAN 聚类的主要吸引力在于，不必指定 k 的值（即要识别的簇数量）。在许多实际应用中，可以发现簇数量都是未知的，例如寻找独特的客户或选举段。DBSCAN 使用数据分布密度的变化来找出数据的结构浓度。这些簇可以是任何形状，并且它们不像 k-means 方法那样局限于球状结构，但密度算法具有在两个自然簇之间找到桥梁并将它们合并为一个簇的风险。

由于密度聚类技术产生部分聚类，DBSCAN 会忽略噪声和异常数据点，并且不会将它们聚集在最终结果中，DBSCAN 聚类技术的主要限制之一是无法识别数据集内不同密度的数据，而质心方法在数据集中寻找不同的密度模式方面更为成功。处理具有大量属性的数据集将是密度聚类方法需要面临的挑战。鉴于 k-means 和 DBSCAN 方法的互补优缺点，建议使用这两种方法对数据集进行聚类，便于理解这两种结果集的模式。

7.3 自组织映射

自组织映射（SOM）是一种强大的可视化聚类技术，它是从神经网络和基于原型的聚类组合演变而来。SOM 是神经网络的一种形式，其输出是有组织的可视化矩阵，通常是具有行和列的二维网格。该神经网络的目的是将具有 n 个属性（n 维）的所有输入数据对象传送到输出格，使得彼此相邻的对象彼此紧密相关。图 7.21 中提供了 SOM 布局的两个示例。该二维矩阵可以通过可视化识别彼此相关的簇对象，提供探索工具。该神经网络的一个关键区别是缺少对输出目标函数的优化或预测，因此，它是一种无监督学习算法。SOM 可以有效地将数据点布置在较低维的空间中，从而有助于通过低维空间可视化高维数据。

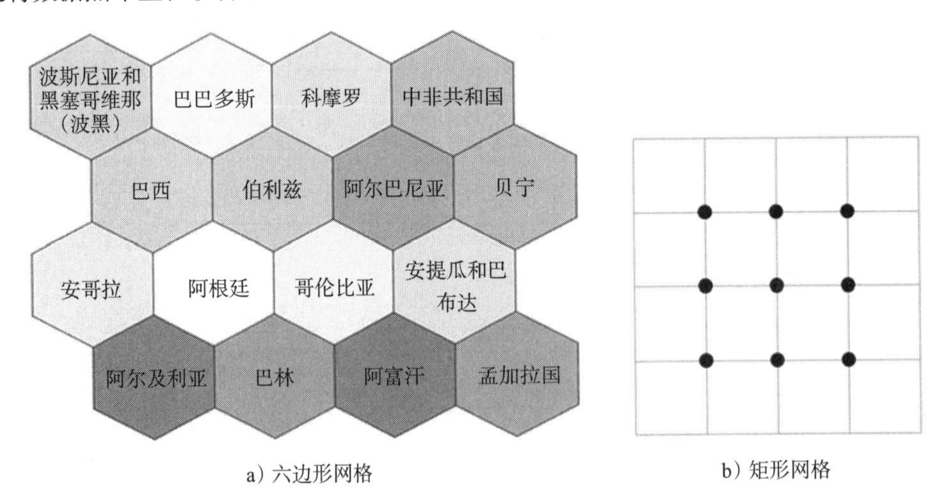

a）六边形网格　　b）矩形网格

图 7.21　通过 GDP 数据自组织映射的国家 / 地区地图

SOM 与聚类相关，因为最常见的 SOM 输出是二维网格，通过基于数据对象之间的相似性，将数据对象放在彼此的旁边，所以彼此相关的对象放置得非常接近。因为没有为数据对象分配指定的聚类标签，所以 SOM 不同于其他的聚类技术。数据对象根据它们的属性接近度来排列，并且聚类的任务被留给用户进行可视化分析。因此，SOM 被用作可视化聚类和数据探索技术（Germano, 1999）。

SOM 最初由 Kohonen（1982）提出的，因此，这种技术也被称为 Kohonen 网络；有时也用更具体的名称——自组织特征映射来表示。SOM 方法用于将数据对象从数据空间（主要是 n 维）中投影到网格空间（通常是二维）。虽然 SOM 也可能有其他的输出格式，但最常见的输出格式是：六边形网格或矩形网格，如图 7.21 所示。数据集中的每个数据点占据输出点阵中的一个单元或一个节点，其中排列约束取决于数据点的相似性。SOM 网格中的每个单元称为神经元，对应于一个或一组数据点。在六边形网格中，每个神经元具有六个邻居，而矩形网格具有四个邻居。

SOM 通常用于分析比较具有大量数字属性的数据点。这种分析的目的是在简单的二维设置中比较数据对象的相对特征，其中对象的放置彼此相关。在图 7.21a 中，SOM 比较了来自不同国家的相对国内生产总值（GDP）数据，其中具有相似 GDP 概况的国家被放置在相同的单元格中或彼此相邻的单元格中。特定小格周围的所有类似的国家都可以被视为分组。虽然单个数据对象（国家）没有簇成员，但是对象放置在一起有助于可视化数据分析。所以这种应用也被称为竞争性 SOM。

7.3.1　工作原理

SOM 的算法类似于基于质心的聚类，但是具有神经网络基础。由于 SOM 本质上是神经网络，因此该模型仅接受数字属性。但是，SOM 中没有目标变量，因为它是一种无监督学习的模型。该算法的目的是找到一组质心（神经元）来表示具有拓扑约束的聚类。拓扑是指输出网格中的质心排列，数据集中的所有数据对象都被分配给每个质心。网格中彼此较近的质心彼此之间的“关系”比网格中较远的质心更为紧密。SOM 将数据从数据空间转换为具有其他拓扑间关系的网格空间。

步骤 1：拓扑结构规范

SOM 的第一步是指定输出的拓扑。尽管可以进行多维输出，但是在 SOM 中，通常使用带有矩形网格的二维行和列或六边形网格来帮助可视化地发现簇。使用六边形网格的一个优点是每个节点或质心可以具有六个邻居，比矩形网格多了两个。因此，在六边形网格中，数据点与另一数据点的关联可以比矩形网格的更精确。可以通过提供的网格中的行数和列数来确定质心数。质心数是网格中行数和列数的乘积。图 7.22 显示了六边形网格的 SOM。

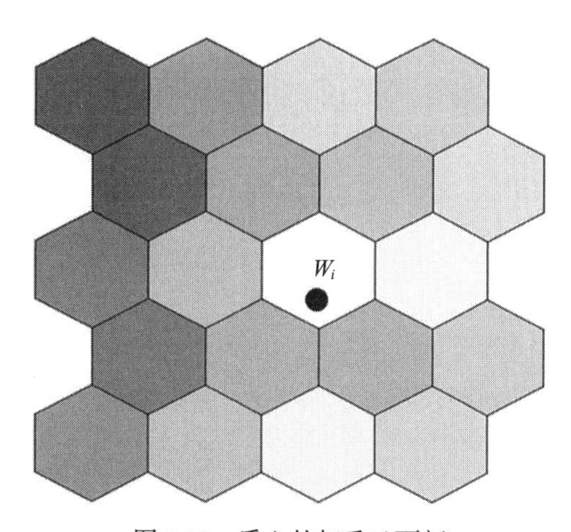

图 7.22　质心的权重已更新

步骤 2：初始化质心

SOM 通过初始化质心来启动该过程。初始质心是数据集随机数据对象的值。这类似于在 k-means 聚类中初始化质心。

步骤 3：分配数据对象

在选定质心点并将其放置在网格上的行与列交叉点之后，将会逐个选择数据对象，并将其分配给最近的质心。最近的质心可以使用距离函数来计算，如用于数值数据的欧几里得距离，或者用于文档或二进制数据的余弦距离。

步骤 4：质心更新

质心更新是 SOM 算法中最重要且最独特的步骤，并且针对每个数据对象重复。质心更新有两个相关的子步骤。

第一个子步骤是更新最近的质心。该方法的目的是更新数据对象的最近质心数据值，其与质心和数据对象之间的差成比例。这类似于在神经网络的反向传播算法中更新权重。在第 4 章的神经网络部分中，讨论了如何根据预测值和实际值之间的误差差异更新神经元的权重。类似地，在 SOM 的上下文中更新质心的值，实际上质心可以被认为是 SOM 中的神经元。通过此更新，在数据空间中，离数据对象最近的质心会移得更近。

质心更新步骤会重复多次迭代，通常为数千次。将 t 表示为更新的第 t 次迭代，其中拾取的数据点为 $d(t)$。设 $w_1,w_2,w_3,\cdots,w_k$ 表示网格空间中的所有质心。图 7.22 显示了具有质心权重的网格。设 r 和 c 是网格中的行数和列数。那么 k 将等于 $r * c$。设 w_i 是数据对象 $d(t)$ 的最近质心。在迭代 t 期间，使用式（7.4）来更新最近的质心 w_i。

$$w_i(t+1)=w_i(t)+f_i(t)\times[d(t)-w_i(t)] \tag{7.4}$$

更新的值由质心和数据空间中的数据点之间的差以及邻域函数 $f_i(t)$ 确定。邻域函数在每次迭代时都会减少，因此在最终迭代中不会发生剧烈变化。除了更新最近的主质心之外，网格空间邻域中主质心邻域的其他所有质心也会更新。这将在下一个子步骤中更详细地解释。

第二个子步骤是更新网格空间邻域中的所有质心，如图 7.23 所示。邻域更新步骤必须与最近的质心到正在更新质心的距离成比例。当距离更近时，更新功能必须更强。考虑到时间衰减和邻域质心之间的距离，常用高斯函数处理：

$$f_i(t)=\lambda_i(t)\mathrm{e}^{\left(-\frac{(g_i-g_j)^2}{2\sigma^2}\right)} \tag{7.5}$$

其中 $\lambda_i(t)$ 是学习速率函数，它取 0 到 1 之间的值，并在每次迭代时衰减。通常它是线性速率函数或时间函数的反函数。指数参数 g_i-g_j 中的变量是被更新的质心与网格空间中数据点的最近质心之间的距离。变量 σ 确定质心更新的半径或邻域效应。通过更新网格中质心的整个邻域，SOM 自组织质心点阵。实际上，SOM 将数据从数据空间转换为位置受限的网格空间。

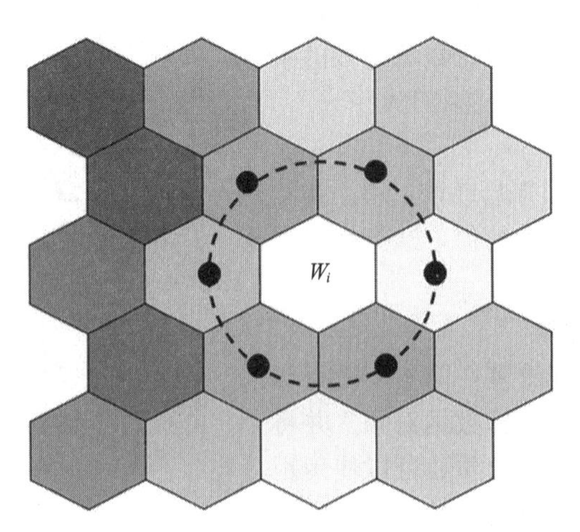

图 7.23　邻域质心的权重已更新

步骤 5：结束

整个算法一直持续到在每次运行中没有发生明显的质心更新，或者直到达到指定的运行计数。如果数据集大小很小，则可以重复选择数据对象。与许多数据科学算法一样，SOM在大多数情况下倾向于收敛到一个解，但不保证是最佳解。为了解决这个问题，有必要进行多次运行且采用各种初始化措施并比较结果。

步骤 6：映射新的数据对象

SOM 模型本身是一种有价值的可视化工具，它可以描述数据对象之间的关系并用于可视化聚类。在构建了具有所需数量的质心网格之后，可以根据其与质心的接近度，在网格空间上快速给出任何新的数据对象的位置。通过研究邻居，可以进一步理解新数据对象的特征。

7.3.2 实现过程

在 RapidMiner 中，SOM 以几种不同方式实现，具有不同的功能和最终输出。

- *数据探索图表*：在第 3 章中，SOM 图表被视为数据探索技术之一。在 RapidMiner 中，任何连接到结果端口的数据集，都在“图表”选项卡下具有 SOM 图表特征。这是一种快速简便的方法，可以指定行数和列数，并展现为 SOM 图。
- 路径 Data Transformation>Attribute set reduction>SOM Operator：在数据转换文件夹下可以用 SOM 操作符来减少数据集中的维数。它类似于主成分分析应用，其中数据集被降低到较低的维度。理论上，SOM 可以帮助将数据减少到数据集维数以下的任意维数。在此操作符中，可以在参数中指定所需输出的维数，如图 7.24 所示。净大小参数表示唯一值，SOM 维度中每一个的被赋予一个值。此操作符在二维中没有可视化的输出，只能通过“SOM 数据转换”操作符实现矩形拓扑。

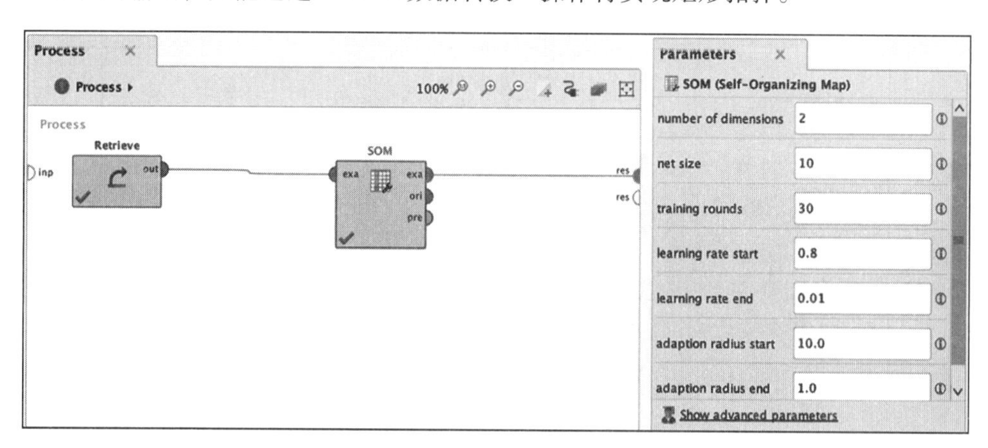

图 7.24　数据转换中的 SOM

- 路径 RapidMiner Extension>SOM Modeling Operator：SOM 建模操作符在 SOM 扩展（Motl, 2012）中可以使用，并提供了丰富的 SOM 可视化效果。SOM 扩展将用于此实现的剩余部分，因此建议在继续进行之前安装 SOM 扩展。

> RapidMiner 为专业的数据科学任务提供了一个名为扩展（Extensions）的市场平台，其中包含操作符、数据科学算法、数据转换操作和可视化探索工具。通过 Help>Updates

> and Extensions 可以轻松安装和卸载。SOM 是其中的一个扩展，还有文本挖掘、R 扩展、推荐、Weka 扩展等。扩展将在接下来的章节中使用。

本节中使用的数据集是由国际货币基金组织在“2012 年 10 月世界经济展望数据库”中按国家（IMF, 2012）提供的相对 GDP 信息。该数据集有 186 条记录，每个国家一条，有四个属性（以占 GDP 的百分比为单位）：相对 GDP 投资、相对 GDP 储蓄、政府收入和流动账户余额。图 7.25 显示了几行实际原始数据，图 7.26 显示了所有属性的四分位数图。

序号	国家	经常账户差额	一般政府收入	国民储蓄总额	总投资
1	Afghanistan	3.877	21.977	30.398	26.521
2	Albania	−11.372	25.835	14.509	25.886
3	Algeria	7.489	36.458	48.947	41.428
4	Angola	9.024	43.479	21.692	12.668
5	Antigua and...	−13.109	22.430	16.194	29.303
6	Argentina	0.658	37.199	22.595	24.451
7	Armenia	−14.653	20.970	16.660	31.313
8	Australia	−2.870	31.846	23.925	26.794
9	Austria	3.009	48.105	24.611	21.602
10	Azerbaijan	28.423	45.652	46.955	18.532

图 7.25　各国 GDP 数据集

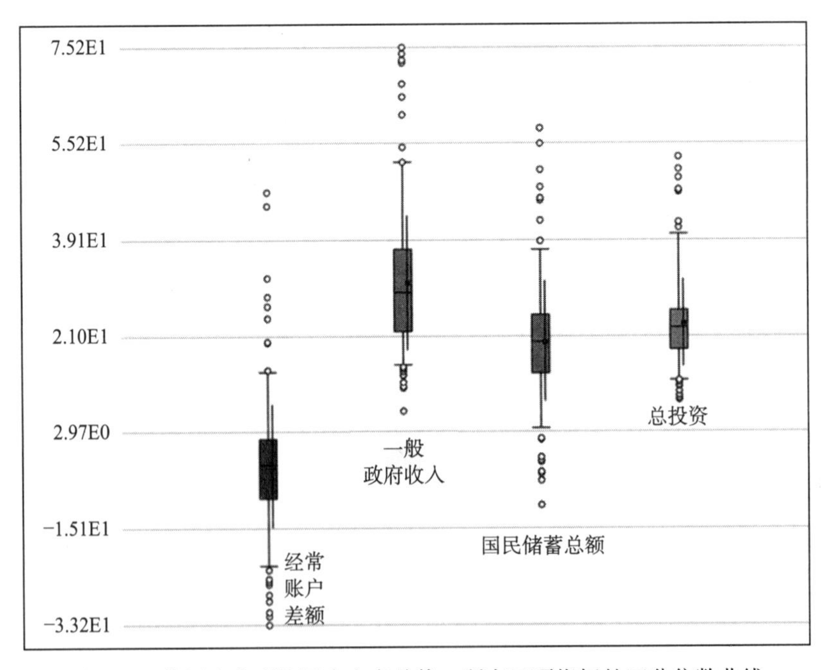

图 7.26　按国家分列的国内生产总值：所有四项指标的四分位数曲线

聚类的目标是根据各国投资和储蓄的 GDP 百分比、政府收入和经常账户差额来比较和对比国家。请注意，它们不是通过绝对 GDP 来比较经济规模，而是通过投资规模、国民储蓄、经常账户和政府规模与 GDP 的比值来进行比较。此建模工作的目标是将国家排列在一个网格中，使得具有投资、储蓄、政府规模和经常账户类似特征的国家彼此相邻。四维信息被压缩成二维图像或网格。数据集和 RapidMiner 过程可以从本书的配套网站 www.IntroDataScience.com 访问。

步骤 1：数据准备

作为神经网络，SOM 不能接受多项式或分类属性，因为质心更新和距离计算仅适用于数值。使用 RapidMiner 中提供的“标称到数值”的类型转换操作符，可以忽略多项式数据信息的丢失或将多项式数据转换为数字属性。使用“设置角色”操作符，可以将国家属性设置为标签。在此数据集中，有些记录（每条记录都是一个国家）在一些属性中没有数据。神经网络无法处理缺失值，因此，需要使用“替换缺失值”操作符将属性替换为 0 或最小值或平均值。在此示例中，选择平均值作为默认缺失值。

步骤 2：SOM 建模操作符和参数

“SOM 建模扩展”操作位于 Self-Organizing Map 文件夹中，标有相同的名称。请注意，仅在安装了 SOM 扩展后，SOM 文件夹才可见。可以在模型操作中配置即将用到的参数。建模操作符接受带有数值数据的示例集和标签属性（如果适用）。在此示例集中，国家名称是标签属性。图 7.27 显示了用于开发 SOM 模型的 RapidMiner 过程。

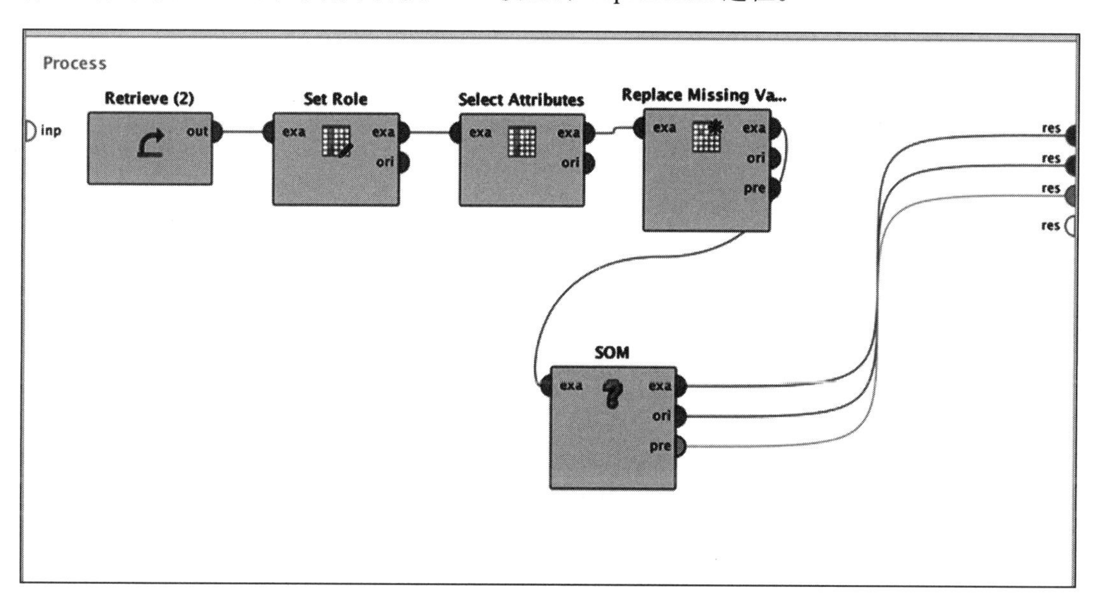

图 7.27　基于 SOM 的聚类

- 训练轮次：默认为 1000。此值表示数据对象选择过程的训练轮次。
- 净大小：指示网格大小是由用户指定还是由系统自动近似。在本练习中，*X* 和 *Y* 选择用户输入。
- *X* 维净大小：指定网格中的列数（水平方向）。这与输出中 SOM_0 属性的可能值相同。在此示例中，此值设置为 10。
- *Y* 维净大小：指定网格中的行数（垂直方向），还指示输出网格中 SOM_1 属性的值。在此示例中，此值设置为 10。
- 学习速率：神经网络学习参数 (λ)，取 0 到 1 的值。λ 的值决定了权重变化对先前权重的敏感程度。接近 0 的值意味着新的权重将主要基于先前的权重，接近 1 的 λ 意味着权重将主要基于纠错。初始 λ 将被指定为 0.9（参见 4.5 节）。

- 学习速率函数：神经网络中的学习速率函数是学习过程的时间衰减函数。默认和最常用的时间衰减函数是时间的倒数。

步骤3：执行和解释

RapidMiner过程可以保存并执行。SOM建模操作符的输出包括一个可视化模型和一个网格数据集。可视化模型是具有质心和映射数据点的网格。网格数据集输出的是标记有网格中每个记录的位置坐标的示例集。

可视化模型

SOM的可视化模型以六边形网格格式显示为最能识别SOM的形式。网格的大小由设置*X*维和*Y*维净大小的输入参数配置。可视化结果窗口中有几种高级的可视化样式。可以使用以下这些参数自定义SOM的可视化输出：

- 可视化样式：此选项控制SOM六边形的可视化布局和背景颜色。所选的度量值表示背景的渐变颜色。默认值U-Matrix表示与相邻六边形的中心数据点的距离成比例的背景渐变颜色。P-Matrix选项显示通过背景渐变颜色的示例数据点的数量。为可视化样式选择单个属性名称会使背景渐变与所选属性的值成比例。可视化样式选择不会重新排列分配给六边形的数据点。
- 标签：选择显示在六边形中的选择的属性值。
- 颜色模式：选择单色或配色方案。

图7.28显示了一个SOM，默认选择标签为Country，可视化样式为U-Matrix。可以观察各国的情况，根据它们之间的关系将它们放置在网格中，根据与GDP相关的四个经济指标进行评估。具有相似特征的国家彼此之间的距离比与网格中的其他国家更接近。如果不止一个国家属于质心（六边形），那么靠近质心的一个国家的标签将显示在网格上。所有国家的网格位置都列在结果窗口的位置坐标部分。

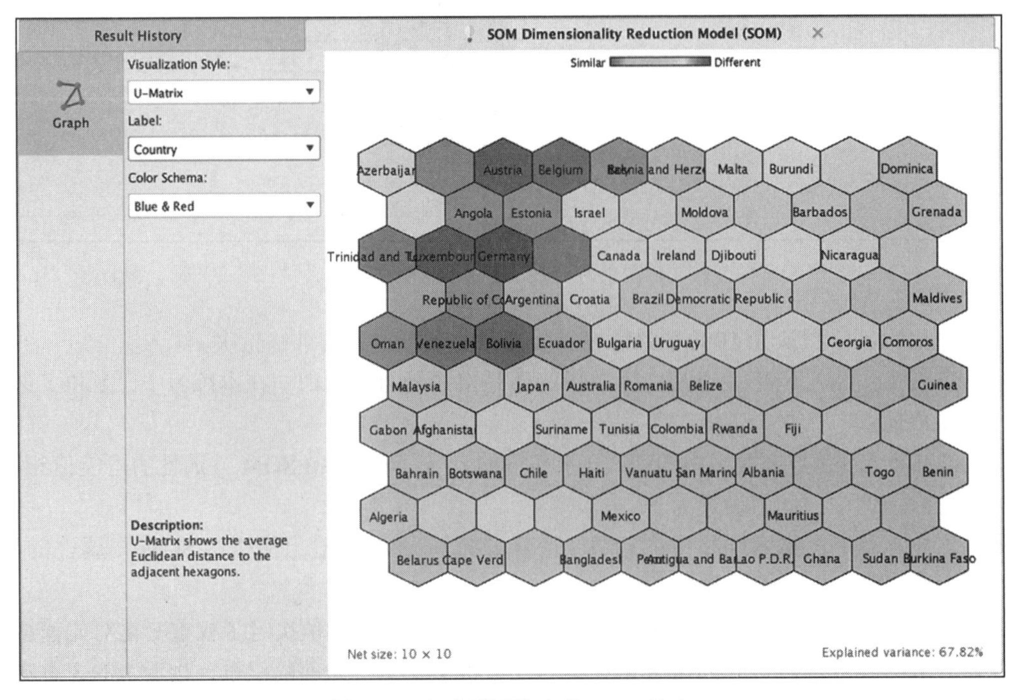

图7.28　六边形网格中的SOM输出

通过将可视化样式更改为数据集中的指标，可以观察到数据中的一些有趣模式。在图 7.29 中，政府收入占 GDP 的百分比被用于可视化上，政府收入占 GDP 百分比高的国家显示在网格的左上方（例如，比利时为 48%），低的政府收入的国家处于网格底部（孟加拉国 11%）。

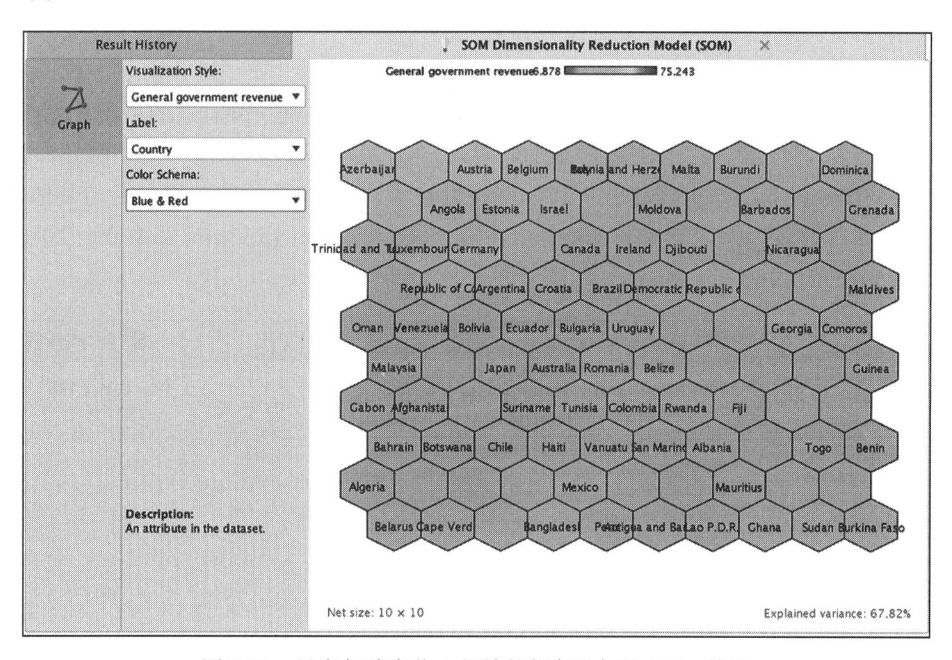

图 7.29　具有与政府收入相关的颜色叠加的 SOM 输出

图 7.30 显示了 SOM 中的国民储蓄率的可视化；储蓄率高的国家（阿尔及利亚 49%）集中在左侧，储蓄率低的国家（马尔代夫 2%）集中在 SOM 的右侧。

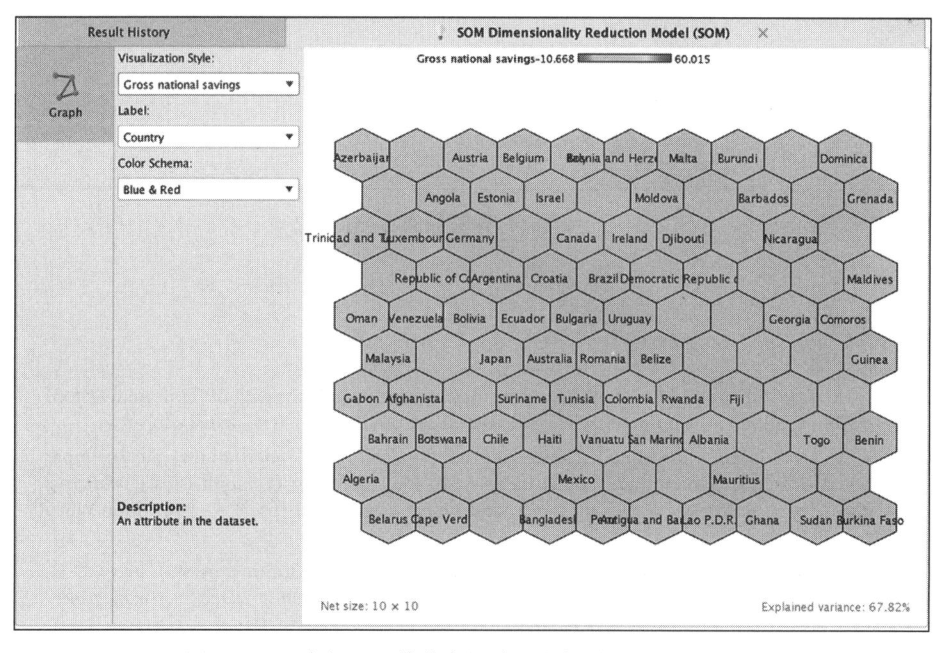

图 7.30　具有与国民储蓄率相关的彩色覆盖的 SOM 输出

位置坐标

SOM 操作符的第二个输出包含带有标签的 SOM_0 和 SOM_1 网格的 x 轴和 y 轴的位置坐标。位置的坐标值范围从 0 到净大小 −1，在模型参数中指定，因为所有数据对象（在本例中为国家）都被分配到网格中的特定位置。如图 7.31 所示，该输出可以进一步用于后处理，例如网格空间中国家之间位置的距离计算。

结论

SOM 的方法源于神经网络和原型聚类方法的基础。SOM 是一种有效的可视化聚类工具，用于理解高维数字数据。它们将数据集的特性减少为两个或三个特性，用于指定布局的拓扑。因此，SOM 主要用作可视化分析和数据探索技术。SOM 的一些应用包括与其他数据科学技术结合使用的方法，如图挖掘（Resta, 2012）、文本挖掘（Liu, Liu, & Wang, 2012）、语音识别（Kohonen, 1988）等。

ExampleSet (Replace Missing Values) | ExampleSet (SOM)

Data | Statistics | Charts | Advanced Charts | Annotations

ExampleSet (186 examples, 1 special attribute, 2 regular attributes) Filter (186 / 186 examples):

Row No.	Country	SOM_0	SOM_1
1	Afghanistan	1	6
2	Albania	6	7
3	Algeria	0	8
4	Angola	1	1
5	Antigua and...	5	9
6	Argentina	2	3
7	Armenia	5	9
8	Australia	3	5
9	Austria	2	0
10	Azerbaijan	0	0
11	Bahrain	0	7
12	Bangladesh	3	9
13	Barbados	7	1
14	Belarus	0	9

图 7.31 具有位置坐标的 SOM 输出

参考文献

Bache, K., & Lichman, M. (2013). *UCI machine learning repository*. University of California, School of Information and Computer Science. Retrieved from <http://archive.ics.uci.edu/ml>.

Berry, M. J., & Linoff, G. (2000a). Converging on the customer: Understanding the customer behavior in the telecommunications industry. In M. J. Berry, & G. Linoff (Eds.), *Mastering data science: The art and science of customer relationship management* (pp. 357–394). John Wiley & Sons, Inc.

Berry, M. J., & Linoff, G. (2000b). Data science techniques and algorithms. In M. J. Berry, & G. Linoff (Eds.), *Mastering data science: The art and science of customer relationship management* (pp. 103–107). John Wiley & Sons, Inc.

Davies, D. L., & Bouldin, D. W. (1979). A cluster separation measure. *IEEE Transactions on Pattern*

Analysis and Machine Intelligence, 1(2), 224–227.

Ester, M., Kriegel, H. -P., Sander, J., & Xu X. (1996). A density-based algorithm for discovering clusters in large spatial databases with noise. In *AAAI Press proceedings of 2nd international conference on knowledge discovery and data science KDD-96* (Vol. 96, pp. 226–231). AAAI Press.

Fisher, R. A. (1936). The use of multiple measurements in taxonomic problems. *Annals of Human Genetics, 7*, 179–188. Retrieved from <https://doi.org/10.1111/j.1469-1809.1936.tb02137.x>.

Germano, T. (March 23, 1999) Self-organizing maps. Retrieved from <http://davis.wpi.edu/~matt/courses/soms/> Accessed 10.12.13.

Hamerly, G., & Elkan, C. (2003). Learning the *k* in *k*-means. *Advances in Neural Information Processing Systems, 17*, 1–8. Available from http://dx.doi.org/10.1.1.9.3574.

IMF, (2012, October). *World economic outlook database*. International Monetary Fund. Retrieved from <http://www.imf.org/external/pubs/ft/weo/2012/02/weodata/index.aspx> Accessed 15.03.13.

Kohonen, T. (1982). Self-organized formation of topologically correct feature maps. *Biological Cybernetics, 43*, 59–69.

Kohonen, T. (1988). The "neural" phonetic typewriter. *Computer, IEEE, 21*(3), 11–22. Available from https://doi.org/10.1109/2.28.

Liu, Y., Liu, M., & Wang, X. (2012). Application of self-organizing maps in text clustering: A review. In M. Johnsson (Ed.), *Applications of self-organizing maps* (pp. 205–220). InTech.

Lloyd, S. (1982). Least squares quantization in PCM. *IEEE Transactions on Information Theory, 28*, 129–137.

Motl, J. (2012). *SOM extension for rapid miner*. Prague: Czech Technical University.

Pearson, P., & Cooper, C. (2012). Using self organizing maps to analyze demographics and swing state voting in the 2008 U.S. presidential election. In N. Mana, F. Schwenker, & E. Trentin (Eds.), *Artificial neural networks in pattern recognition ANNPR'12 Proceedings of the 5th INNS IAPR TC 3 GIRPR conference* (pp. 201–212). Heidelberg: Springer Berlin Heidelberg, Berlin10.1007/978-3-642-33212-8.

Resta, M. (2012). Graph mining based SOM: A tool to analyze economic stability. In M. Johnsson (Ed.), *Applications of self-organizing maps* (pp. 1–26). InTech. Retrieved from <http://www.intechopen.com/books/applications-of-self-organizing-maps>.

Tan, P.-N., Michael, S., & Kumar, V. (2005). Clustering analysis: Basic concepts and algorithms. In P.-N. Tan, S. Michael, & V. Kumar (Eds.), *Introduction to data science* (pp. 487–555). Boston, MA: Addison-Wesley.

Witten, I. H., & Frank, E. (2005). *Algorithms: The basic methods. Data science: Practical machine learning tools and techniques* (pp. 136–139). San Francisco, CA: Morgan Kaufmann.

第8章
模型评估

在本章中，将正式介绍用于测试数据科学模型质量的最常用方法。在本书中，用各种验证技术来将可用数据分成训练集和测试集。在实现部分中，使用了与验证相关的不同类型的性能操作符，但没有详细说明这些操作符的实际功能。现在将讨论几种评估预测数据科学模型性能的方法。

有一些主要工具可用于测试分类模型的质量：混淆矩阵（或真值表），提升图，ROC（Receiver Operator Characteristic，接受者操作特性）曲线，AUC（Area Under the Curve，曲线下面积）。我们将详细定义如何构造这些工具，并将描述如何实现性能评估。为了评估回归模型的数值预测，可以应用许多常规统计检验（Black，2008），其中一些在第5章中讨论过。

直销

直销（DM）公司（会发送邮件给潜在客户）是应用数据科学技术的早期先驱之一（Berry，1999）。营销活动的关键绩效指标当然是他们使用了预测模型而带来的底线的提高。

假定直接邮件活动的典型平均响应率为10%。进一步假设：发送每封邮件的成本 = 1美元，每个响应的潜在收入 = 20美元。

如果他们向10 000个人发送邮件，那么他们可以期望获得10 000 × 10% × \$ 20 = \$ 20 000的潜在收入，这将产生10 000美元的净回报。通常，邮件是分批发送出去的，以在一段时间内分摊成本。进一步假设邮件以1000个为单位批量发送。有人会问的第一个问题是，如何将名单分批次。如果平均预期响应率为10%，那么仅仅发送一批邮件给那些占10%的潜在客户并且完成广告活动不是比较有意义吗？显然，这将节省大量时间和金钱，并且净回报将跃升至19 000美元！

我们可以确定所有这10%的人吗？尽管这显然是不现实的，但分类技术可用于根据潜在客户对邮件的响应可能性对他们进行排名或评分。毕竟，预测分析是可以将未来的不确定性转换为可用概率的（Taylor，2011）。然后，我们可以使用预测方法对这些概率进行排序，并将邮件发送给那些得分高于特定阈值（比如85%的响应率）的人。

最后，某些技术可能比其他技术更适合于此问题。如何根据性能比较不同的可用方法？逻辑回归是否会比支持向量机更好地捕获前10%的比例？有哪些不同的指标可用于选择效果最好的方法？这些是本章将更详细讨论的内容。

8.1 混淆矩阵

描述分类性能最好的方法是使用名为*混淆矩阵*或真值表的工具。理解混淆矩阵需要熟悉几个定义。但在引入定义之前，必须首先查看二元或二项分类的基本混淆矩阵，其中存在两个类（例如，Y 或 N）。我们可以通过以下四种可能的方式之一来看待具体示例的分类准确率（accuracy）：

- 预测类是 Y，实际的类也是 Y——这是*真阳性*（True Positive）或 TP。
- 预测类是 Y，实际的类是 N——这是*假阳性*（False Positive）或 FP。
- 预测类是 N，实际的类是 Y——这是*假阴性*（False Negative）或 FN。
- 预测类是 N，实际的类也是 N——这是*真阴性*（True Negative）或 TN。

一个基本的混淆矩阵传统上被设置为一个 2×2 矩阵，如表 8.1 所示。预测类水平排列成行，而实际类垂直排列成列，但有时这个顺序是相反的（Kohavi & Provost, 1998）。检查这个矩阵（也称为真值表）的一种快速方法是从左上角到右下角扫视对角线。在理想的分类性能下应该只有沿主对角线的条目，非对角线的元素应该为零。

表 8.1 混淆矩阵

		实际类（观测值）	
		Y	N
预测类（期望值）	Y	TP，正确识别的正确结果	FP，被误认为正确的结果
	N	FN，被误认为错误的结果	TN，正确识别的错误结果

注：TP，真阳性；FP，假阳性；FN，假阴性；TN，真阴性。

现在将使用这四种情况介绍几个常用术语，以便理解和解释分类性能。正如前面提到的，一个完美的分类器不会有 FP 和 FN 条目（即 FP 数 = FN 数 = 0）。

1）*敏感度*（sensitivity）是分类器选择所有需要选择的情况的能力。一个完美的分类器会选择所有实际的 Y，而且不会遗漏任何实际的 Y。换句话说，它没有 FN。实际上，任何分类器都会漏掉一些实际的 Y，从而会有一些 FN。敏感度表示为比例（或百分比），计算如下：TP / (TP + FN)。然而，仅凭敏感度不足以评估分类器。比如在信用卡欺诈的情况中，通常只有 0.1% 的案例为欺诈交易，而一个普通分类器可以通过将几乎所有案例选为合法交易或 TP，以达到高达 99.9% 的敏感度。然而检测非法或欺诈交易（TN）的能力也是必要的。这是忽略 TP 的下一个措施——特异性的由来。

2）*特异度*（specificity）是分类器拒绝所有需要拒绝的情况的能力。一个完美的分类器会拒绝所有实际的 N，并且不会产生任何意外的结果。换句话说，它没有 FP。实际上，任何分类器都会选中一些需要被拒绝的实例，从而会有一些 FP。特异度以比例（或百分比）表示，计算方法为：TN / (TN + FP)。

3）*相关性*（relevance）是一个在文档搜索和检索场景中更易于理解的术语。假设为特定的术语运行搜索，该搜索返回 100 个文档。其中，我们假设只有 70 个是有用的，因为它们与搜索相关。此外，搜索实际上遗漏了另外 40 个可能有用的文档。在此上下文中，可以定义附加术语。

4）*精确率*（precision），也称为*查准率*，定义为被预测的正例中实际正例的比例。在本例中，这个数字是 70，因此，查准率是 70/100 或 70%。70 份文件为 TP，其余 30 份为 FP。查准率为 TP/(TP+FP)。

5）召回率（recall），也称为查全率，是指在所有相关正例中被预测的实际相关正例所占的比例。同样，在这个例子里，总共有 110 例（70 例被发现 +40 例遗漏）的相关正例，实际上只找到 70 例，因此，查全率为 70/110=63.63%。很明显，查全率与敏感度相同，因为查全率也由 TP/(TP+FN) 给出。

6）准确率（accuracy）定义为分类器选择所有需要选择的案例并且拒绝所有需要拒绝的案例的能力。准确率为 100% 的分类器意味着 FN = FP = 0。注意，在文档搜索示例中，TN 没有被指出，因为它可能非常大。准确率由 (TP+TN)/(TP+FP+TN+FN) 给出。最后，误差只是准确率的补充，用（1– 准确率）来衡量。

表 8.2 总结了所有主要定义。幸运的是，分析人员不需要记住这些等式，因为计算总是在被选择的任何工具中自动进行。不过，对这些术语有一个良好的基本理解是很重要的。

表 8.2 评估措施

术语	定义	公式
敏感度	选择需要选择的内容的能力	TP / (TP + FN)
特异度	拒绝需要拒绝的内容的能力	TN / (TN + FP)
精确率（查准率）	被发现的案例中相关案例的比例	TP / (TP + FP)
召回率（查全率）	被发现的相关案例与总相关案例的比例	TP / (TP + FN)
准确率	分类器性能的总体度量	(TP + TN) / (TP + FP + TN + FN)

注：TP, 真阳性；FP, 假阳性；FN, 假阴性；TN, 真阴性。

8.2 ROC 和 AUC

准确率或精确率之类的度量本质上是聚合的，因为它们提供了分类器在数据集上的平均性能。分类器可以在某个数据集上具有高准确率，但会有较差的类召回率和精确率。假设 fraud = yes 的类为阳性（Positive）类，显然，如果检测 TP（真阳性）的能力很低（即类召回率很低），那么该检测欺诈的模型就是不好的。因此，查看不同衡量指标以确定是否要进行权衡是很重要的：例如，是否可以牺牲一点总体准确率来获得更多的类召回率？我们可以检查模型检测 TP 的比率，并将其与检测 FP 的能力进行对比。接受者操作特性曲线（Receiver Operator Characteristic，ROC）可以满足这一需求，它最初是在信号检测领域发展起来的（Green, 1966）。通过绘制 TP 比例（TP 率）和 FP 比例（FP 率），可以创建 ROC 曲线。当生成这些值的表时，可以在横轴上绘制 FP 率，在纵轴上绘制 TP 率（与敏感度或召回率相同）。FP 也可以表达为（1– 特异度）或 TN 率。

考虑一个可以预测网站访问者是否可能点击横幅广告的分类器：该模型很可能是使用基于访问页面、在某些页面上花费的时间和网站访问者的其他特征的历史点击率来构建的。为了评估该模型对测试数据的性能，可以生成一个表，如表 8.3 所示。

表 8.3 建立 ROC 曲线所需的分类器性能数据

实际类	预测类	“响应”置信度	类型?	TP 数	FP 数	FP 比例	TP 比例
响应	响应	0.902	TP	1	0	0	0.167
响应	响应	0.896	TP	2	0	0	0.333
响应	响应	0.834	TP	3	0	0	0.500
响应	响应	0.741	TP	4	0	0	0.667

（续）

实际类	预测类	“响应”置信度	类型?	TP 数	FP 数	FP 比例	TP 比例
未响应	响应	0.686	FP	4	1	0.25	0.667
响应	响应	0.616	TP	5	1	0.25	0.833
响应	响应	0.609	TP	6	1	0.25	1
未响应	响应	0.576	FP	6	2	0.5	1
未响应	响应	0.542	FP	6	3	0.75	1
未响应	响应	0.530	FP	6	4	1	1
未响应	未响应	0.440	TN	6	4	1	1
未响应	未响应	0.428	TN	6	4	1	1
未响应	未响应	0.393	TN	6	4	1	1
未响应	未响应	0.313	TN	6	4	1	1
未响应	未响应	0.298	TN	6	4	1	1
未响应	未响应	0.260	TN	6	4	1	1
未响应	未响应	0.248	TN	6	4	1	1
未响应	未响应	0.247	TN	6	4	1	1
未响应	未响应	0.241	TN	6	4	1	1
未响应	未响应	0.116	TN	6	4	1	1

注：ROC, 接受者操作特性；TP, 真阳性；FP, 假阳性；TN, 真阴性。

第一列“实际类”由特定示例的实际类组成（在本例中是一个网站访问者，他单击了横幅广告）。下一列“预测类”是模型预测，第三列“‘响应’置信度”是该预测的置信度。为了创建 ROC 图，需要对预测数据按照置信度递减的顺序进行排序，在本例中就是这样做的。通过比较列的实际类和预测类，可以确定预测的类型：例如，表格第 2 行到第 5 行都是 TP，第 6 行是 FP 的第一个实例。正如在“TP 数”和“FP 数”两栏中所观察到的，我们可以保持 TP 和 FP 的运行计数，也可以计算 TP 和 FP 的概率，这在“TP 比例”和“FP 比例”两列中显示。

通过观察“TP 数”和“FP 数”两列，可以明显看出，模型一共发现了 6 个 TP 和 4 个 FP（其余 10 个例子都是 TN）。还可以看出，模型在失败并命中第一个 FP（表格第 6 行）之前，已经识别了近 67% 的 TP。最后，在下一个 FP 运行之前，所有的 TP 都已被识别（即 TP 比例 = 1）。如果现在绘制 FP 比例（FP 率）与 TP 比例（TP 率），将会看到类似于图 8.1 所示的 ROC 曲线。显然，一个理想的分类器的准确率应该是 100%（也就是可以 100% 识别所有 TP）。因此，理想分类器的 ROC 曲线如图 8.1 所示。最后，一个普通或随机分类器（只有 50% 的准确率）可能能够为每个 TP 找到一个 FP，所以看起来会像图中所示的 45 度线。

随着测试样本数量的增加，ROC 曲线会变得更加平滑：随机分类器看起来就像点 (0,0) 与点 (1,1) 之间画的一条直线——曲线的阶梯会变得非常小。该随机分类器的 ROC 曲线下的面积基本上是直角三角形（边长 1，高为 1）的面积，即 0.5。这个量称为曲线下面积（Area Under the Curve，AUC）。理想分类器的 AUC 是 1.0。因此，分类器的性能也可以通过其 AUC 来量化：显然任何 AUC 大于 0.5 的分类器都比随机分类器好，AUC 越接近 1.0，分类器性能越好。一个常见的经验法则是，选择的分类器不仅具有最接近理想的 ROC 曲线，而且 AUC 大于 0.8。AUC 和 ROC 曲线的典型应用是对不同分类算法在同一数据集上的性能的比较。

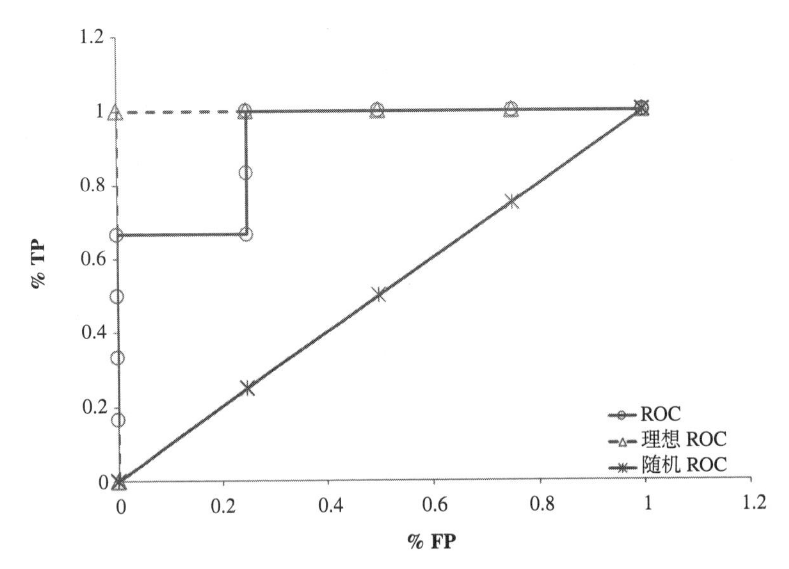

图 8.1　将表 8.3 中所示示例的 ROC 曲线与随机和理想分类器进行比较（见彩插）

8.3 提升曲线

提升曲线或提升图最初应用于直接营销，其问题在于确定某个特定的潜在客户是否值得打电话或通过邮件发送广告。在本章开头的例子中提到，使用预测模型，可以根据人们对广告活动做出响应的倾向来为列表中的潜在客户打分。当预测按照这个分数排序（按其响应倾向的递减顺序）时，就有了一种机制，可以在一开始系统地选择最有价值的预测，从而最大化它们的回报。因此，现在可以将广告发送给第一批“最有可能的响应者”，然后是下一批，以此类推，而不是将广告随机发送给一组潜在客户。

没有分类时，“最有可能的响应者”在整个数据集中随机分布。假设有一个包含 200 个预测的数据集，它总共包含 40 个响应者或 TP。如果将数据集划分为 10 个大小相同的批次（一个批次称为一个十分位），那么在每个批次中找到 TP 的可能性也为 20%，即每个十分位中有 4 个样本为 TP。然而，当一个预测模型被用来对预测进行分类时，一个好的模型往往会将这些“最有可能的响应者”拉进前几个十分位中。因此，在这个简单的示例中，我们可能会发现前两个十分位包含所有 40 个 TP，而其余八个十分位没有 TP。

提升图是为了以图形化的方式演示这一点而开发的（Rud，2000）。提升图再次将重点放在 TP 上，因此可以认为，与 ROC 曲线不同的是，提升图展示模型的敏感度，而 ROC 曲线可以显示敏感度和特异度之间的关系。

构建提升图的动机是描述分类器的性能要比随机选择 $x\%$ 的数据（用于预测调用）好多少，而随机选择 $x\%$ 的数据将生成 $x\%$ 的目标（无论调用与否）。提升是对这种随机选择的改进，预测模型由于其得分或排名能力而可能会产生这种改进。例如，在表 8.3 中，20 个测试用例中总共有 6 个 TP，如果取未得分的数据，随机抽取 25% 的样本，则预计其中 25% 为 TP（即有 $6 \times 25\% = 1.5$ 个 TP）。然而，根据置信度对数据集进行评分和重新排序将改进这一点。如表 8.4 所示，得分（重新排序）数据的前 25% 或第一个四分位中现在包含 4 个 TP。这意味着提升了 $4 / 1.5 = 2.67$。同样，未得分数据的第二个四分位可以包含全部 TP 的 50%

（即 3 个 TP）。如表 8.4 所示，得分的 50% 的数据包含全部 6 个 TP，故提升了 6 / 3 = 2.00。

表 8.4 评分预测和置信度排序是生成提升曲线的基础

实际类	预测类	“响应”置信度	类型?	累积 TP	累积 FP	四分位数	增益	提升
响应	响应	0.902	TP	1	0	第一个	67%	2.666667
响应	响应	0.896	TP	2	0	第一个		
响应	响应	0.834	TP	3	0	第一个		
响应	响应	0.741	TP	4	0	第一个		
未响应	响应	0.686	FP	4	1	第一个		
响应	响应	0.616	TP	5	1	第二个	100%	2
响应	响应	0.609	TP	6	1	第二个		
未响应	响应	0.576	FP	6	2	第二个		
未响应	响应	0.542	FP	6	3	第二个		
未响应	响应	0.530	FP	6	4	第二个		
未响应	未响应	0.440	TN	6	4	第三个	100%	1.333333
未响应	未响应	0.428	TN	6	4	第三个		
未响应	未响应	0.393	TN	6	4	第三个		
未响应	未响应	0.313	TN	6	4	第三个		
未响应	未响应	0.298	TN	6	4	第三个		
未响应	未响应	0.260	TN	6	4	第四个	100%	1
未响应	未响应	0.248	TN	6	4	第四个		
未响应	未响应	0.247	TN	6	4	第四个		
未响应	未响应	0.241	TN	6	4	第四个		
未响应	未响应	0.116	TN	6	4	第四个		

注：TP, 真阳性；FP, 假阳性；TN, 真阴性。

制作提升图的步骤如下：

1）使用训练好的模型为测试集中的所有数据点（预测）生成分数。

2）根据得分或响应置信度递减对预测进行排序。

3）计算数据集的前 25%（四分位）中的 TP，然后计算前 50%（添加下一个四分位），依此类推；见表 8.4 中的累积 TP 和四分位列。

4）在给定的四分位水平上的**增益**（gain）是该四分位中 TP 的累积数量与整个数据集中 TP 总数的比值（示例中为 6）。因此，第一个四分位增益为 4/6 或 67%，第二个四分位增益为 6/6 或 100%，依此类推。

5）**提升**（lift）是在给定的四分位数水平上增益与随机期望的比率。请记住，第 x 个四分位的随机期望值为 x%。在该示例中，随机期望是在第一个四分位中找到的 6 * 25%= 1.5 个 TP，在第二个四分位中找到 50%（即 3 个）TP，依此类推。因此，相应的第一个四分位的提升为 4 / 1.5 = 2.667，第二个四分位的提升为 6 / 3 = 2.00，依此类推。

简单示例的相应曲线如图 8.2 所示。通常，提升图是在十分位而非四分位上创建的。这里选择四分位是因为它们有助于使用比较小的 20 个样本的测试数据集来说明概念。不过，对于十分位或任何其他分组，逻辑仍然相同。

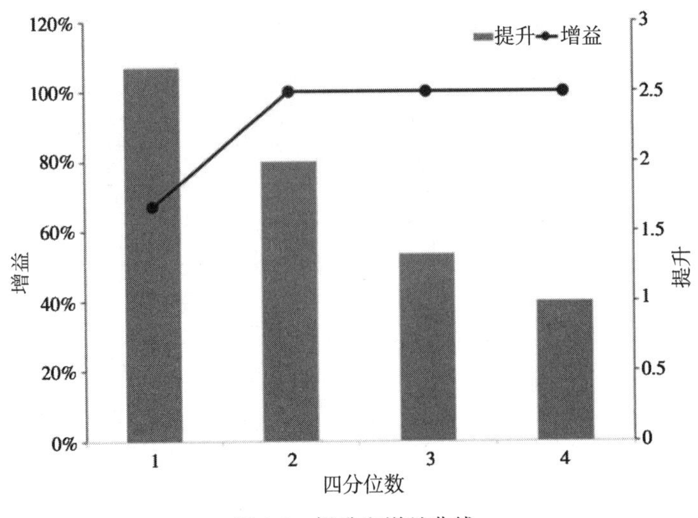

图 8.2　提升和增益曲线

8.4 实现过程

RapidMiner 中内置的数据集将用于演示如何评估三种分类的性能（混淆矩阵、ROC/AUC 和提升 / 增益图表）。图 8.3 所示的过程使用“生成直接邮件数据”（Generate Direct Mailing Data）操作符创建具有 10 000 个记录的数据集。建模的目的（这里使用朴素贝叶斯）是基于人口统计属性（年龄、生活方式、收入、汽车类型、家庭状况与运动爱好度）来预测一个人是否可能对直接邮件营销做出反应。

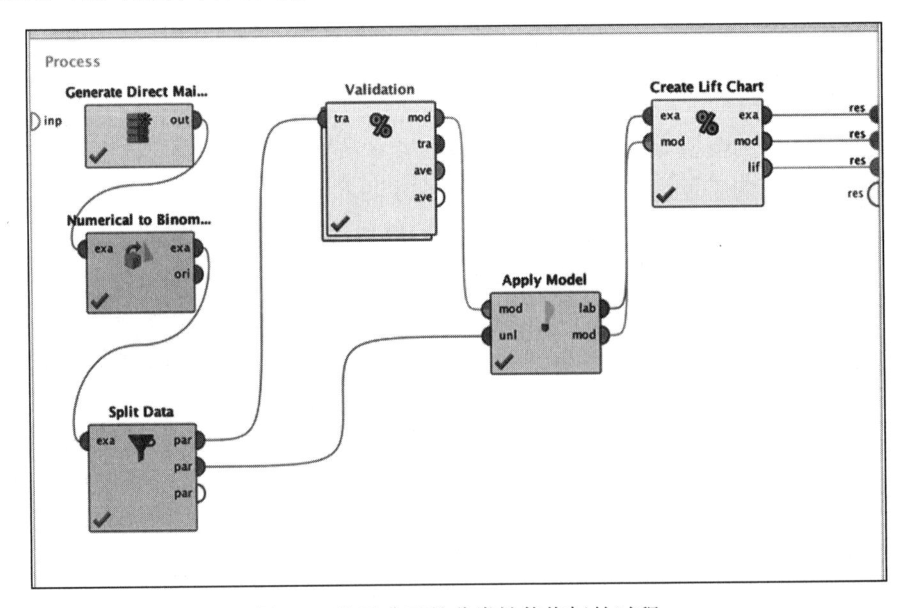

图 8.3　演示典型的分类性能指标的过程

步骤 1：数据准备

通过设置本地随机种子（default = 1992），使用“生成直接邮件数据”操作符创建一个包含 10 000 个示例的数据集，以确保可重复性。使用如下所示的相应操作符将标签属性从多项式（标称的）转换为二项式。这使我们能够选择特定的二项分类性能度量。

将数据分割为两个分区：占比为 80% 的分区（8000 个示例）用于模型构建和验证，占比为 20% 的分区用于测试。需要注意的重要一点是，数据分区不是一门精确的科学，这个比例可能会随着数据的不同而变化。

将“分割数据”操作符的 80% 输出（上输出端口）连接到“分割验证”操作符。选择比率为 0.7（70% 用于训练）的相对分割和随机抽样。

步骤 2：建模操作符和参数

在“分割验证”操作符的训练面板中插入朴素贝叶斯操作符，在测试面板中插入常用的应用模型操作符。添加一个“性能（二项分类）”操作符。在“性能”操作符中选择以下选项：准确率、FP、FN、TP、TN、敏感度、特异度和 AUC。

步骤 3：评估

在“分割验证”操作符之外添加另一个“应用模型”操作符，并将模型交付给它的 mod 输入端口，同时将步骤 3 中的 2000 个示例数据分区连接到 unl 端口。添加一个“创建提升图”操作符，选择以下选项：target class = response、binning type = frequency 和 number of bins = 10。注意端口连接，如图 8.3 所示。

步骤 4：执行和解释

当运行上述过程时，验证样本应生成混淆矩阵和 ROC 曲线（原样本总数 × 80% × 30%=2400 个样本），而测试样本（2000 个样本）应生成提升曲线。我们没有理由不为测试样本添加另一个“性能（二项分类）”操作符或为验证示例创建一个提升图。（读者应该将此作为练习来尝试——当“创建提升图”操作符的输出被插入到“分割验证”操作符中时，它将如何传递？）

图 8.4 所示的混淆矩阵用于计算几个常见的度量，这些度量使用表 8.1 中的定义。将它们与 RapidMiner 输出进行比较，以验证理解。

	真实未响应	真实响应	类精确率
预测未响应	1231	146	89.40%
预测响应	394	629	61.49%
类召回率	75.75%	81.16%	

图 8.4　直销数据集的验证集的混淆矩阵

TP=629，TN=1231，FP=394，FN=146

术语	定义	计算
敏感度	TP/(TP+FN)	629/(629+146)=81.16%
特异度	TN/(TN+FP)	1231/(1231+394)=75.75%
精确率	TP/(TP+FP)	629/(629+394)=61.5%
召回率	TP/(TP+FN)	629/(629+146)=81.16%
准确率	(TP+TN)/(TP+TN+FP+FN)	(629+1231)/(629+1231+394+146)=77.5%

注意，RapidMiner 在计算精确率和召回率时对这两个类进行了区分。例如，为了计算“未响应”的类召回率，将“未响应”定义为阳性类，则对应的 TP 为 1231，FN 为 394，因此，对于“未响应”的类召回率为 1231/(1231+394)=75.75%，而上面表中的计算则假设“响应”为阳性类。在处理高度不平衡的数据时，类召回率是要记住的一个重要指标。如果两个

类的比例有偏差，则认为数据是不平衡的。当模型在不平衡的数据上训练时，产生的类召回率也趋向于不平衡。例如，在只有 2% 响应的数据集中，生成的模型对“未响应”的召回率很高，而对“响应”的类召回率很低。这种偏差在整体模型准确率中没有体现出来，对未见数据使用这种模型可能会导致严重的分类错误。

解决这个问题的方法是：要么平衡训练数据，使类的比例或多或少相等；要么使用 Metacost 操作符插入错误分类的惩罚或代价，如第 5 章中讨论的那样。数据平衡在第 13 章中有更详细的解释。

AUC 与 ROC 曲线如图 8.5 所示。如前所述，模型的 AUC 值接近 1 时表示良好。ROC 获取预测的排序置信度。只要对实例的预测是正确的，曲线就会向上移动一步（TP 增加）。如果预测错误，则曲线向右移动一步（FP 增加）。RapidMiner 可以显示另外两个被称为乐观和悲观的 AUC。乐观曲线和悲观曲线之间的差异出现在具有相同置信度的例子中，但预测有时是错误的，有时是正确的。乐观曲线显示了一种可能性，即先选择正确的预测，然后曲线向上变陡。悲观曲线显示了另一种可能性，即首先选择了错误的预测，因此曲线会逐渐变缓。

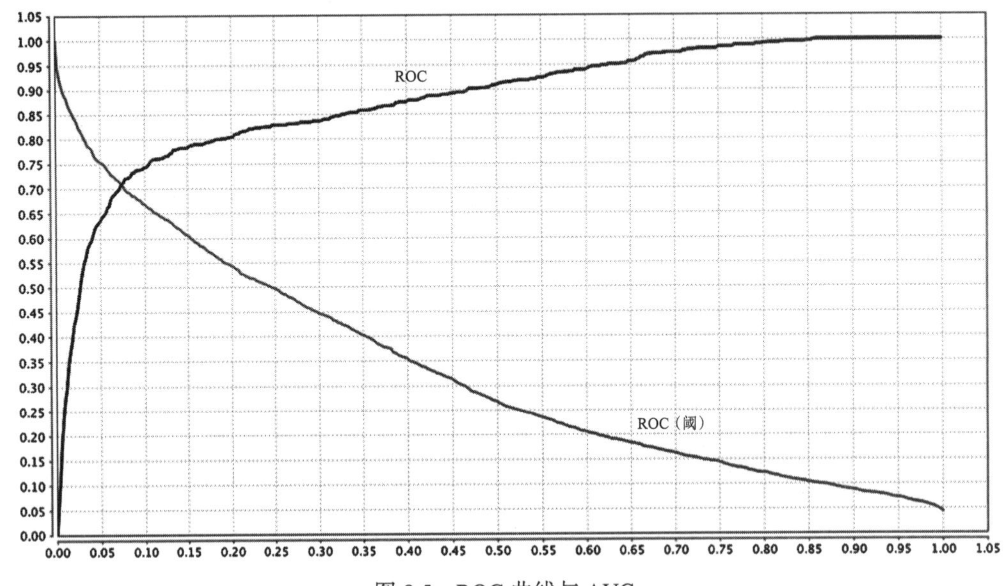

图 8.5　ROC 曲线与 AUC

最后，提升图输出并不像前面的简单范例所演示的那样可以直接得出提升值。在流程的第 5 步中，我们为图选择了 10 个桶，因此，每个桶中将有 200 个例子（即一个十分位）。回想一下，要创建一个提升图，所有的预测都需要根据阳性类（响应）的置信度进行排序，如图 8.6 所示。

如图 8.7 所示，提升图中的第一栏对应于排序后 200 个样本的第一个桶。该栏显示在这个桶中有 181 个 TP（比如从图 8.6 的表中可以看出，第二个例子中第 1973 行是 FP）。从前面的混淆矩阵可以看出，在这个例子集中有 629 个 TP。一个随机分类器可以识别其中的 10%，或者也可以说在前 200 个例子中识别出 62.9 个 TP。因此，第一个十分位的提升是 181/62.9=2.87。同样，前两个十分位的提升是（181+167）/（2×62.9）=2.76，以此类推。同样，第一个十分位包含 181/629=28.8% 的 TP，前两个十分位包含（181+167）/ 629=55.3% 的 TP，以此类推。这显示在提升图输出的右侧 y 轴上的累积（百分比）增益曲线中。

Row No.	label	prediction(l...	confidence(no response)	confidence(response)	name	age	lifestyle	zip code
1	no response	no response	0.881	0.119	iHHbMWkc	27	cozily	70096
2	response	response	0.090	0.910	ZWkb86b8	69	active	96274
3	no response	response	0.389	0.611	C1JDpJQO	49	active	37767
4	no response	no response	0.681	0.319	FjYd8PWL	42	healthy	59235
5	no response	no response	0.911	0.089	y7rkBg7t	22	active	57999
6	response	response	0.125	0.875	sPJLeRoJ	68	cozily	66375
7	response	response	0.066	0.934	etE6NiMS	67	cozily	95286
8	no response	no response	0.515	0.485	goA20OUe	45	healthy	60108
9	no response	no response	0.861	0.139	WQkOyMLF	32	healthy	78263
10	response	response	0.248	0.752	A1KrhHiP	51	healthy	98457

图 8.6　用于构建提升图的被评分的响应数据

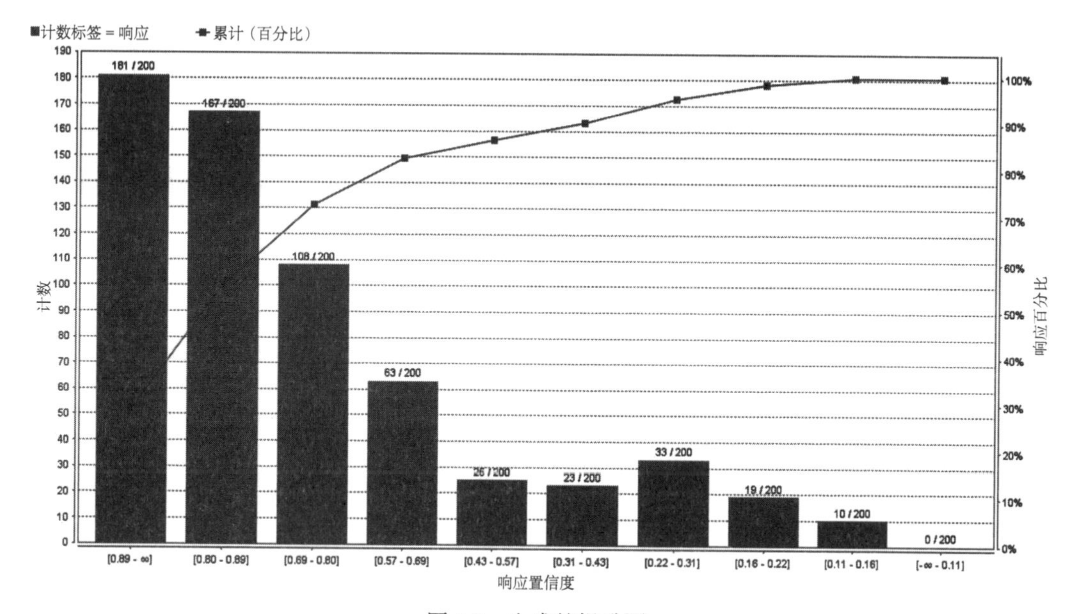

图 8.7　生成的提升图

如前所述，一个好的分类器将在前几个十分位中积累到所有的 TP，并且在堆的顶部会有非常少的 FP。这将导致增益曲线在前几个十分位内迅速上升到 100% 水平。

8.5　总结

本章介绍了在分类方法中通常使用的基本性能评估工具。我们首先描述了混淆矩阵的基本要素，然后详细探讨了对理解混淆矩阵非常重要的概念，如敏感度、特异度和准确率。然后，我们描述了 ROC 曲线，ROC 曲线起源于信号检测理论，现在已经被用于数据科学；还描述了同样有用的 AUC 聚合度量。最后，我们描述了两个有用的工具，它们起源于直接营销的应用：提升图和增益图。我们讨论了如何构造这些曲线，以及如何利用 RapidMiner 构造这些曲线。总之，这些工具是一些最常用的度量标准，用于评估预测模型，学会用这些工具开发技能是发展数据科学专业知识的先决条件。

开发好的预测模型的一个关键是知道何时使用哪些度量。正如前面所讨论的，依赖于单一的测量方法（如准确率）可能会产生误导。对于高度不平衡的数据集，除了准确率外，还需要依赖多个度量，如类查全率和查准率。ROC 曲线常被用来比较几种算法。此外，正如拥有相同面积的三角形的数量是无限的一样，AUC 不应该单独用来判断一个模型——AUC 和 ROC 应该结合使用来评估一个模型的性能。最后，提升图和增益图最常用来评价应用程序，其中数据集中的示例需要根据它们属于特定类别的倾向进行排序。

参考文献

Berry, M. A. (1999). *Mastering data mining: The art and science of customer relationship management*. New York: John Wiley and Sons.

Black, K. (2008). *Business statistics for contemporary decision making*. New York: John Wiley and Sons.

Green, D. S. (1966). *Signal detection theory and psychophysics*. New York: John Wiley and Sons.

Kohavi, R., & Provost, F. (1998). Glossary of terms. *Machine Learning, 30*, 271–274.

Rud, O. (2000). *Data mining cookbook: Modeling data for marketing, risk and customer relationship management*. New York: John Wiley and Sons.

Taylor, J. (2011). *Decision management systems: A practical guide to using business rules and predictive analytics*. Boston, Massachusetts: IBM Press.

第9章 文本挖掘

本章探讨并规范了如何通过应用到目前为止所学到的许多技术来提取模式和发现新知识，这些技术不是应用在有序数据上，而是应用在非结构化自然语言上。这构成了文本和Web挖掘的广泛领域。对于到目前为止所描述的所有技术，将由行和列数据组成的整洁有序的表作为输入馈送到算法。算法的输出是一个模型，然后可用于预测新数据集的结果或查找数据模式。但是，当输入数据看起来像正常的书面通信时，相同的技术是否适用于提取模式和预测结果？这可能看起来令人困惑，但正如本章所述，有一些方法可以将文本数据呈现给处理普通数据的相同算法。

首先对文本挖掘领域进行简要的历史介绍，以建立一些语境。在9.1节中，我们将介绍可以将公共文本转换为半结构化格式的技术，并且到目前为止介绍的算法都可以识别。在9.2节中，文本挖掘概念将使用两个案例研究实现：一个涉及无监督（聚类）模型，另一个涉及有监督的支持向量机（SVM）模型。本章将在结束时考虑到在实现文本挖掘时要牢记的一些关键注意事项。

非结构化数据（包括文本、音频、图像、视频等）是数据科学的新前沿。Eric Siegel在他的著作《预测分析》（Siegel,2013）中提供了一个有趣的类比：如果世界上的所有数据都相当于地球上的水，那么文本数据就像海洋一样，占了总量的绝大部分。文本分析是由处理自然人类语言的需求驱动的，但与数字或分类数据不同，自然语言不存在由行（示例）和列（属性）组成的结构化格式。因此，文本挖掘是非结构化数据科学的领域。

这是NLP啊，我亲爱的华生（Watson）！

也许文本挖掘最著名的应用是IBM的Watson程序，它在晚间游戏节目《危险边缘》(Jeopardy!)与人类竞争时表现十分出色。Watson如何进行文本挖掘？Watson可以即时访问数以亿计的结构化和非结构化文档，包括Wikipedia条目的全部内容。

当一个“Jeopardy!”的问题被转录给Watson时，它会搜索并识别出与该问题相近的候选文档。它使用的搜索和比较方法与搜索引擎使用的方法类似，并包含许多技术，如n元（n-grams）和词干分析，这些将在本章中讨论。一旦它识别出候选文档，就会再次使用其他文本挖掘（也称为自然语言处理或NLP）方法对它们进行排序。例如，如果答案是，关于这个装置，阿基米德说，“给我一个支点，我能撬动整个地球。”

数据库可能会在它的候选文档中发现几个带有“杠杆”一词的文档。Watson可能会在答案文本中插入单词“lever”，然后重新运行一个新的搜索，看看是否有其他带有新组合词汇的文档。如果搜索结果与句子中的术语有许多匹配项（在本例中很可能是这样），则为插入的术语分配一个高分。

如果像Watson这样一个广泛的、不专注于领域的程序（它严重依赖于文本挖掘和NLP）能够以接近100%的准确率回答开放式智力竞赛节目的问题，那么可以想象专业的NLP工具会有多么成功。事实上，IBM已经成功地部署了一个Watson类型的程序来帮助医疗中心的决策制定（Upbin, 2013）。

文本挖掘还可以应用于许多商业活动，如垃圾邮件过滤、消费者情绪分析和专利挖掘等。本章将探讨其中的一些。

文本挖掘的一些最初应用是在人们试图组织文档时出现的（Cutting,1992）。Hearst（1999）认识到文本分析不要求人工智能，而是“计算驱动和用户引导分析的混合物”，这是迄今为止已经讨论过的预测分析中有监督模型的核心。

数据管理域中的人们可以在略微不同的上下文中欣赏文本挖掘。在这里，目标不是发现新的趋势或模式，而是清理存储在业务数据库中的数据。例如，当人们手动输入条目到客户关系管理软件时，拼写错误的范围很广：销售人员的姓名可能在几个实例中拼写为“Osterman”（也许是正确的拼写），在一些实例中拼写为“Ostrerman”，这是一个拼写错误。可以在这种情况下使用文本挖掘来识别正确的拼写并将其建议给入口操作员以确保维持数据一致性。类似的应用逻辑可用于识别和精简呼叫中心服务数据（McKnight, 2005）。

文本挖掘比数据挖掘中的任何其他技术更适合挖掘一词的隐喻。传统上，挖掘是指从有价值的金属中分离污垢的过程，在文本挖掘的情况下，它试图将有价值的关键词与大量其他词语（或来自文档海洋的相关文档）分开，并用它们来识别有意义的模式或做出预测。

9.1 工作原理

文本挖掘的基本步骤是将文本转换为半结构化数据。一旦非结构化文本转换为半结构化数据，就没有什么可以阻止用户应用任何分析技术进行分类、聚类和预测。非结构化文本需要转换为半结构化数据集，以便找到模式，甚至可以更好地训练模型来检测新文本和未见的文本中的模式。图9.1在较高级别上确定了此过程的主要步骤。

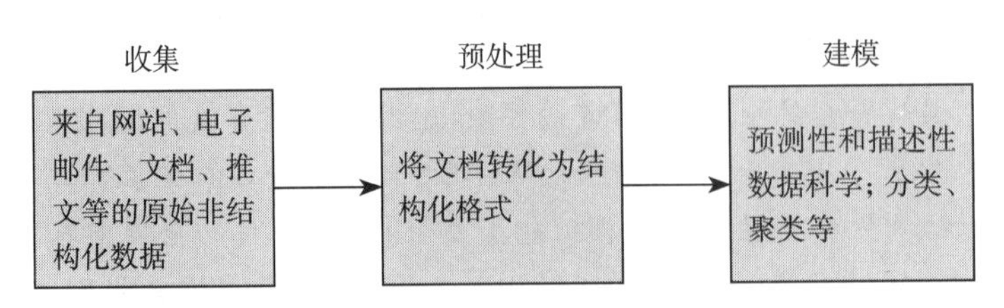

图9.1 文本挖掘的一个高级处理

现在将详细审查每个主要过程，并介绍一些必要的术语和概念。但在描述这些过程之前，需要定义文本分析所必需的一些核心想法。

9.1.1 词频-逆文档频率

考虑Web搜索问题，其中用户键入一些关键字，搜索引擎提取包含这些关键字的所有文档（实质上是网页）。搜索引擎如何知道要提供哪些网页？除了使用网络排名或页面排名之外，搜索引擎还运行某种形式的文本挖掘以识别最相关的网页。例如，假设用户键入以下关键字：“描述文本挖掘的 RapidMiner 书籍。”在这种情况下，搜索引擎运行以下基本逻辑：

1）给那些相对罕见的关键字赋予很高的权重。

2）为那些包含大量罕见关键字实例的网页赋予高权重。

在这种情况下，什么是罕见的关键字？显然，诸如“that”“books”“describe”和“text”之类的英语单词可能出现在大量网页中，而“RapidMiner”和“mining”可能出现在相对较少数量的网页中。（快速 Web 搜索为“books”一词返回了 77 亿条结果，而在撰写本文时，“RapidMiner”仅返回了 584 000 条结果。）因此，根据逻辑 1，这些稀有关键字将获得更高的评级。接下来，在包含罕见关键字的所有页面中，只有那些包含稀有关键字实例数最多的页面可能与用户最相关，并且根据逻辑 2 将获得高权重。因此，最高权重的网页是这两个权重的乘积最高的网页。因此，只有那些不仅包含稀有关键字，而且稀有关键字实例数量较多的网页应显示在搜索结果的顶部。

计算该加权的技术简称为词频 - 逆文档频率（TF-IDF）。

计算词频（TF）非常简单：它只是关键字在给定文档中出现的次数 n_k（其中 k 是关键字）与文档中词语总数 n 的比率：

$$\mathrm{TF}=\frac{n_k}{n} \tag{9.1}$$

考虑到所提到的例子，诸如“that”的普通英语单词将具有相当高的 TF 分数并且诸如“RapidMiner”之类的单词将具有低得多的 TF 分数。

逆文档频率（IDF）定义如下：

$$\mathrm{IDF}=\log_2\left(\frac{N}{N_k}\right) \tag{9.2}$$

其中 N 是所考虑的文档数量（在搜索引擎上下文中，N 是所有索引网页的数量）。对于大多数文本挖掘问题，N 是一个人试图挖掘的文档数，N_k 是包含关键字 k 的文档数。同样，诸如“that”之类的词可以在每个文档中出现，因此，比率（N/N_k）将接近 1，并且 IDF 分数将接近于 0。然而，像“RapidMiner”这样的词可能会出现在相对较少数量的文档中，因此比率（N/N_k）将远大于 1。因此，对于这种不太常见的关键词，IDF 分数会很高。

最后，TF-IDF 表示为如下所示的简单乘积：

$$\mathrm{TF-IDF}=\frac{n_k}{n}\times\log_2\left(\frac{N}{N_k}\right) \tag{9.3}$$

回到上面提到的例子，当“that”的高 TF 乘以其相应的低 IDF 时，将达到低（或零）TF-IDF，而当“RapidMiner”的低 TF 乘以其相应的相当高时 IDF 是一个相对较高的 TF-IDF。

通常，在前面描述的三步过程的预处理步骤中，计算文档集中的每个单词的 TF-IDF 分数。执行此计算将有助于应用本书中到目前为止讨论的任何标准数据科学技术。下一节将描述文本挖掘中常用的其他概念。

9.1.2 词语

请考虑以下两句话：“This is a book on data mining”和“This book describes data mining and text mining using RapidMiner”。假设目标是在它们之间进行比较，或者进行相似性映射。为此，每个句子都是需要分析的一个文本单元。

这两个句子可以嵌在电子邮件消息中，或在两个单独的网页中，或在两个不同的文本文件中，或者它们可以是同一文本文件中的两个句子。在文本挖掘上下文中，每个句子被视为不同的文档。此外，在最简单的情况下，单词由特殊字符分隔：空格。每个单词称为一个令牌（token），文档中离散化单词的过程称为令牌化（tokenization）。出于此目的，每个句子可以被视为单独的文档，尽管被认为是单个文档可能取决于上下文。目前，这里的文档只是令牌的顺序集合。

文档 1　This is a book on data mining（这是一本有关数据挖掘的书）
文档 2　This book describes data mining and text mining using RapidMiner（本书介绍了使用 RapidMiner 进行数据挖掘和文本挖掘）

通过创建矩阵，可以对此原始数据施加某种形式的结构，其中，列由两个文档中找到的所有令牌组成，矩阵的单元格是令牌出现次数的计数，如表所示 9.1。

表 9.1　从非结构化原始文本构建术语矩阵

	This	is	a	book	on	data	mining	describes	text	rapidminer	and	using
文档 1	1	1	1	1	1	1	1	0	0	0	0	0
文档 2	1	0	0	1	0	1	2	1	1	1	1	1

现在，每个令牌都是标准数据科学术语的一个属性，每个文档都是一个示例。因此，一个具有结构化示例集，以使用标准术语。基本上，非结构化原始数据现在被转换为一种格式，该格式不仅被人类用户识别为数据表，而且更重要的是被所有需要这些训练表的机器学习算法识别。该表称为文档向量或词文档矩阵（TDM），是文本挖掘所需的预处理的基石。假设添加了第三个语句“RapidMiner is offered as an open source software program”。这个新文档将矩阵的行数增加一个（文档 3）；但是，它将列数增加了七个（引入了七个新单词或令牌）。这导致在第 3 行的其他 9 个列中记录零。随着更多新的语句的添加，而几乎没有共同点，最终会得到一个非常稀疏的矩阵。

注意，人们也可以选择对每个令牌使用词语频率，而不是简单地计算出现次数，它仍然是稀疏矩阵。可以通过将表 9.1 的每一行除以行（文档）中的字数来获得 TF。如表 9.2 所示[⊖]。

表 9.2　在 TDM 中使用词语频率代替词语数量

	This	is	a	book	on	data	mining	describes	text	rapidminer	and	using
文档 1	1/7=0.1428	0.1428	0.1428	0.1428	0.1428	0.1428	0.1428	0	0	0	0	0
文档 2	1/10=0.1	0	0	0.1	0	0.1	0.2	0.1	0.1	0.1	0.1	0.1

TDM, 词 - 文档矩阵

类似地，人们也可以选择使用每个词的 TF-IDF 分数来创建文档向量。如图 9.2 所示。

⊖ RapidMiner 在计算 TF 分数时会进行双重归一化。例如，在文档 1 的案例下，术语“数据”的 TF 分数将为 $(0.1498)/\sqrt{(0.1498^2+0.1498^2+\cdots+0.1498^2)}=0.1498/\sqrt{7\times(0.1498^2)}=0.3779$。对于所有其他术语，类似地，双重归一化使得更容易应用诸如 SVM 的算法。TF 计算的这种变化反映在 TF-IDF 分数中。

ExampleSet (2 examples, 0 special attributes, 12 regular attributes)

Row No.	RapidMiner	This	a	and	book	data	describes	is	mining	on	text	using
1	0	0	0.577	0	0	0	0	0.577	0	0.577	0	0
2	0.447	0	0	0.447	0	0	0.447	0	0	0	0.447	0.447

图 9.2　计算样本 TDM 的 TF-IDF 分数

在两个示例文本文档中要注意的一件事是常见词的出现，例如“a”“this”“and”和其他类似词语。显然，在较大的文档中，预计会有更多这样的词语，但这些词语并没有真正传达具体含义。在进行额外分析之前，可能需要过滤大多数语法必需品，如冠词、连词、介词和代词。这些词语称为*停用词*，通常包括大多数冠词、连词、代词和介词。停用词过滤通常是在令牌化之后立即执行的第二步。请注意，应用标准英语停用词过滤后，文档向量的大小会大大减小（见图 9.3）。

Row No.	RapidMiner	book	data	describes	mining	text	using
1	0	1	1	0	1	0	0
2	1	1	1	1	2	1	1

图 9.3　停止词过滤明显减少 TDM 的大小

除了过滤标准停用词之外，还可能需要过滤掉一些特定词汇。例如，在分析与汽车工业有关的文本文档时，可能想要过滤掉该行业常用的术语，例如“车”“汽车”“车辆”等。这通常通过创建单独的字典来实现，其中可以定义特定于这些上下文的词汇，然后可以应用词汇过滤以从数据中移除它们。（*词汇替换*是在子句的上下文中为单词找到替代词的过程，用于根据正在分析的字段或主题将所有词汇与同一词汇对齐——这在具体特定行话的区域中尤为重要，例如，在临床环境中。）

在不同的用法中可能会遇到诸如“recognized”“recognizable”或“recognition”之类的词语，但在上下文中，它们可能都意味着相同的含义。例如，“Einstein is a *well-recognized* name in physics”或“The physicist went by the easily *recognizable* name of Einstein”或“Few other physicists have the kind of name *recognition* that Einstein has”。所有这些标出的词的所谓根源是“recognize”。通过将文档中的词语减少到它们的基本词干，可以简化非结构化文本到结构化数据的转换，因为现在只需要考虑根词语的出现。这个过程叫做*提取词干*（stemming）。用于英文文本挖掘的最常见的词干技术是 Porter 方法（Porter，1980）。Porter 词干提取适用于一系列规则，其基本思想是删除或替换单词的后缀。例如，一条规则是将所有以“ies”结尾的词语替换为“y”，例如将词语“anomalies”替换为“anomaly”。类似地，另一条规则是通过删除“s”提取所有以“s”结尾的词语，如“algorithms”替换“algorithm”。虽然 Porter 词干提取器非常有效，但它可能会犯错，而且可能会造成代价很大的错误。例如，“arms”和“army”都将词干设为“arm”，这将导致一些不同的语境含义。还有其他的词干提取器，选择哪一个通常由各个领域的经验指导。词干提取通常是词语过滤后的下一个过程。（需要注意的一点是：词干提取完全取决于正在处理的人类语言以及正在处理的语言的时期。历史使用的变化如此广泛以至于比较几代人之间的文本（例如莎士比亚与现今的文献）会引起关注。）

通常，一系列的口语和书面语言单词会一块使用。例如，“Good”这个词后面通常是“Morning”“Afternoon”“Evening”“Night”，或者在澳大利亚会使用“Day”。将这些词语分组，称为 *n* 元组（*n*-grams），并在统计上对其进行分析可以提出新的见解。搜索引擎将单词 *n* 元组模型用于各种应用，例如自动翻译、识别语音模式、检查拼写错误、实体检测、信息提取以及许多其他不同用途。谷歌已经处理了超过一万亿字（早在 2006 年就已经处理 1 024 908 267 229 个字）的运行文本，并且公布了至少出现 40 次的所有 1 176 470 663 个五字序列的计数（Franz，2006）。虽然大多数文本挖掘应用程序不需要 5 元组，但是二元组（bigrams）和三元组（trigrams）非常有用。最终的预处理步骤通常涉及形成这些 *n* 元组并将它们存储在文档向量中。而且，提供 *n* 元组的大多数算法在计算上变得花费巨大并且结果变得巨大，因此在实践中“*n*”的数量将基于文档和语料库的大小而变化。

图 9.4 显示了来自示例的用二元组（*n*=2）处理后的基于 TF 的文档向量，并且可以看出，诸如“data mining”和“text mining”以及“using RapidMiner”之类的术语在该上下文中可能是非常有意义的。表 9.3 总结了将非结构化数据转换为半结构化格式的典型预处理步骤序列。

Row...	label	RapidMiner	book	book_data	book_descr...	data	data_mining	describes	describes_data	mining	mining_text	mining_usi...	text_0	text_mining	using	using_RapidMiner
1	text1	0	0.447	0.447	0	0.447	0.447	0	0	0.447	0	0	0	0	0	0
2	text2	0.243	0.243	0	0.243	0.243	0.243	0.243	0.243	0.485	0.243	0.243	0.243	0.243	0.243	0.243

图 9.4　有意义的 *n* 元组显示较高的 TF-IDF 分数

表 9.3　文本挖掘中使用的预处理步骤的典型顺序

步骤	动作	结果
1	令牌化	将文档中的每个单词或术语转换为不同的属性
2	停用词	删除高度常见的语法标记 / 单词
3	过滤	删除其他非常常见的令牌
4	词干提取	将每个令牌修剪到最基本的最小值
5	*n* 元组	合并常见的令牌对或元组（多于 2 个）

通常在令牌化之前有一个预处理步骤，例如删除特殊字符，更改大小写（大写化和小写化），或者有时甚至预先执行简单的拼写检查。文本挖掘中的数据质量与其他领域一样重要。

9.2　实现过程

上节引入了一些基本文本挖掘项目所需的基本概念。在以下部分中，将检查两个应用文本挖掘的案例研究。在第一个示例中，将获取多个文档（网页），其中找到的关键字将被分组到类似的簇中。在第二个示例中，将尝试博客性别分类。从男性和女性作者撰写的几篇博客（文档）开始，将用作训练数据。使用文章关键字作为特征，将训练若干分类模型，包括几个 SVM，以识别作者的风格特征，并将新的未见的博客分类为属于两个作者类别（男性或女性）之一。

9.2.1　实现 1：关键词聚类

在第一个示例中，将介绍 RapidMiner 的一些 Web 挖掘功能，然后将使用从网站挖掘的关键字数据创建聚类模型。本案例研究的目的是扫描给定网站的几个页面，并识别这些页面中最常用的单词，这些单词也用于表征每个页面，然后使用聚类模型识别最常用的单词。这个简单的例子可以很容易地扩展到更全面的文档聚类问题，其中文档中出现的最常见的单词将被用作标记以对多个文档进行分组。此练习的预测目标是使用该过程来识别任何随机网页，并确定该页面是否与模型已被训练识别的两个类别之一相关。

正在研究的网站（http://www.detroitperforms.org）由一家公共电视台掌管，旨在作为与艺术和文化感兴趣的当地社区成员联系的平台。该网站作为电台的媒介，不仅可以与社区成员互动，还可以最终帮助有针对性的营销活动，以吸引捐助者参与公共广播。该网站有几个相关类别的页面：音乐、舞蹈、戏剧、电影等。每个页面都包含与该类别相关的文章和事件。这里的目标是对网站上的每个页面进行特征描述，并确定每个页面上显示的顶级关键字。为此，将对每个类别页面进行爬取，提取内容，并将信息转换为由关键字组成的结构化文档向量。最后，将运行 *k*-medoids 聚类过程来对关键字进行排序并对其进行排名。中心点聚类类似于第 7 章中描述的 *k*-means 聚类。中心点是簇中最中央的对象（Park & Jun, 2009）。与 *k*-means 相比，*k*-medoids 不易受噪声和异常值的影响。这是因为 *k*-medoids 试图最小化不相似度而不是 *k*-means 所关注的欧几里得距离。

在 RapidMiner 中开始网页聚类之前，请确保安装了 Web 挖掘和文本挖掘扩展。(通过访问主菜单栏上的 *Help→Updates and Extensions*，可以轻松完成此操作)。RapidMiner 提供了三种不同的方法来从网站爬取和获取内容。“网络爬虫”(Crawl Web) 操作符将允许设置简单的爬取规则，并根据这些规则将爬取的网页面存储在目录中以进行进一步处理。“获取页面”(Get Pages) 操作符检索单个页面并将内容存储为示例集。“获取页面”操作符的工作方式类似，但可以访问由输入文件中包含的 URL 标识的多个页面。此示例中将使用“获取页面”操作符。两个“获取页面”操作符都允许选择 GET 或 POST HTTP 请求方法来检索内容。[⊖]

步骤 1：收集非结构化数据

此过程的第一步是创建一个输入文本文件，其中包含要由“获取页面”操作符扫描的 URL 列表。这在“读取 CSV”(在图 9.6 所示的“读取 URL 列表”中重新命名) 操作符中指定，该操作符启动整个过程。文本文件由三行组成：获取页面的链接属性参数所需的标题行和包含两个要进行爬取的 URL 的行，如图 9.5 所示[⊜]。

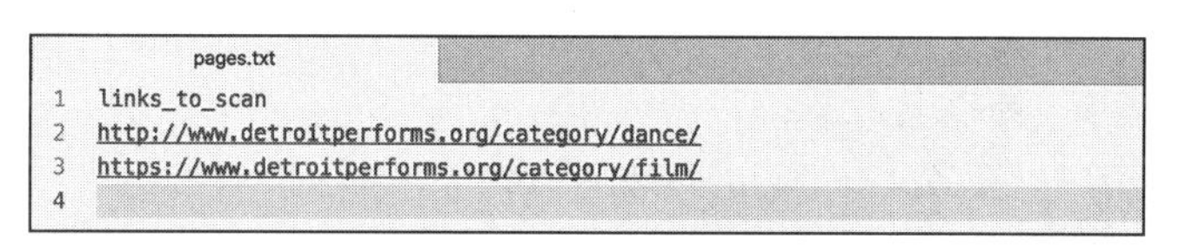

图 9.5　创建 URL 阅读列表

第一个 URL 是舞蹈类别页面，第二个 URL 是网站上的电影类别页面。将文本文件另存为 pages.txt，如图所示。

“获取页面”操作符的输出包含一个示例集，该示例集将包含两个主要属性：URL 和提取的 HTML 内容。此外，它还添加了一些本示例中不需要的元数据属性，例如内容长度(字符)、日期等。可以使用“选择属性”操作符过滤掉这些额外属性。

步骤 2：数据准备

接下来，将此输出连接到“根据数据处理文档”操作符。这是一个嵌套的操作符，这意

⊖ 有关两种方法之间的差异以及何时使用哪种类型的请求的详细信息，请参阅有关 www.w3schools.com 的教程。

⊜ 请注意，网站可能会经常更改其结构或内容，或者被完全删除。此示例显示的结果是在撰写本文时对列出的网站进行爬网时获得的。你的结果可能会有所不同，具体取决于执行该过程的时间。

味着此操作符包含一个内部子过程，其中进行所有预处理。此预处理的第一步是删除所有HTML标记，仅保留实际内容。这是由“提取内容”操作符启用的。将此操作符放在“根据数据处理文档”操作符中，并连接不同的操作符，如图9.6和图9.7所示。请参阅前面的表9.3以查看要使用的操作符。图9.7显示了“根据数据处理文档”操作符中嵌套的操作符。在这种情况下，需要将单词出现次数用于聚类。因此，在配置“根据数据操作符配置处理文档”操作符时，为向量创建参数选项选择词汇出现次数。

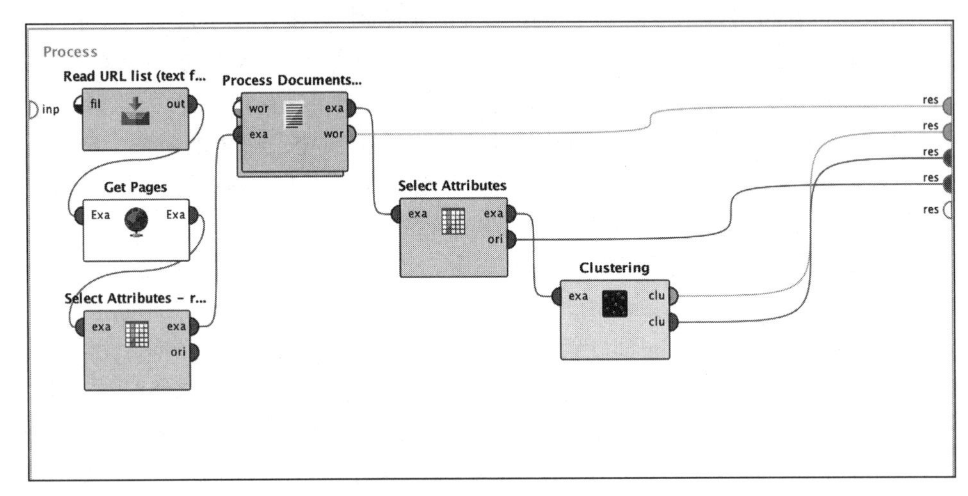

图9.6　从网站创建关键字簇的总体过程

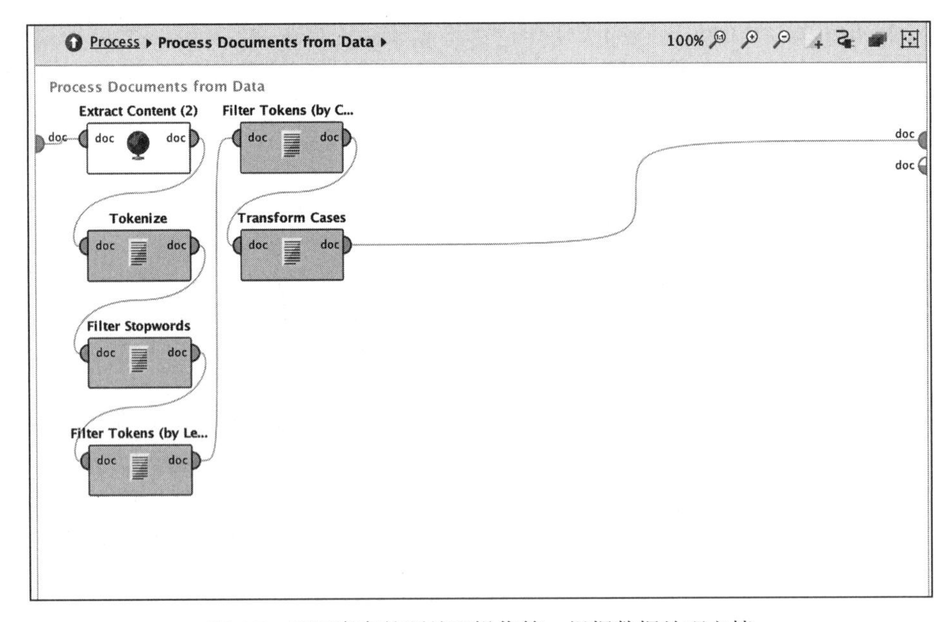

图9.7　配置嵌套的预处理操作符：根据数据处理文档

步骤3：应用聚类

“根据数据处理文档”操作符的输出包括单词列表和文档向量或TDM。聚类不需要单词列表，但是需要文档向量。回想一下，两者之间的区别在于：在文档向量中，每个单词都被视为一个属性，每个行或示例都是一个单独的文档（在这种情况下，网页被抓取）。文档向量的单元格中的值当然可以是单词出现次数、单词频率或 TF-IDF 分数，但是如步骤 2 中所述，在这种情况下，单元格将具有单词出现次数。进一步过滤“根据数据处理文档”操作符的输出以删除小于 5 的属性（即在两个文档中出现少于五次的所有单词）。请注意，RapidMiner 将仅删除在两个文档中出现少于五次的属性（单词）——例如，单词“dance”在电影类别中仅出现两次，但是却是在舞蹈类别中最常见的单词；它不会且也不应该被删除！最后，将这个清理后的输出送入 *k*-medoids 聚类操作符，其配置如图 9.8 所示。

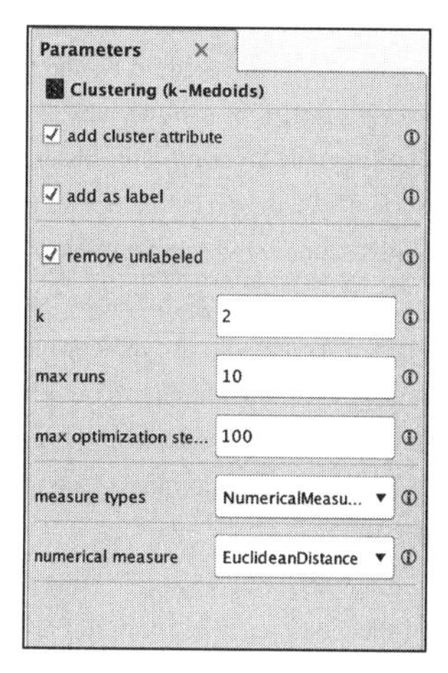

图 9.8 配置 *k*-medoids 操作符

运行该过程后，RapidMiner 将对列出的两个 URL 进行爬取并执行不同的操作，最终生成两个簇。要查看这些聚类输出，请在“聚类模型（聚类）结果”选项卡中选择“质心表”或“质心图”视图，这将清楚地显示已爬取的两个页面中的每个页面的顶级关键字。在图 9.9 中，查看表征每个簇的前几个关键字。然后，可以使用该模型来识别任何随机页面的内容是否属于任意类别。

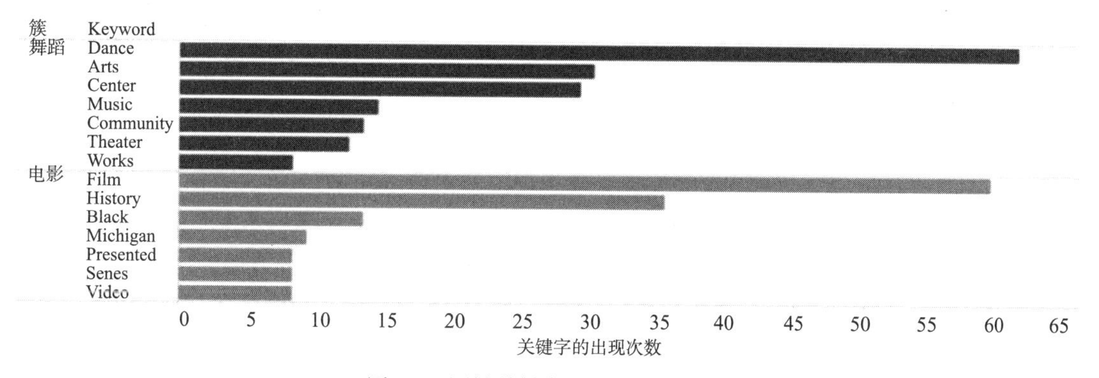

图 9.9 网站关键字聚类过程的结果

9.2.2 实现 2：预测博客作者的性别

本案例研究的目的是尝试根据博客的内容预测博客作者的性别（是否应该预测？为什么？可以预测吗？）

步骤 1：收集非结构化数据

本案例研究的数据集包括来自世界各地的男性和女性的 3000 多篇个人博客日志（文章）（Mukherjee，2010）。数据[⊖]被组织成一个由 3227 行和两列组成的电子表格，如表 9.4 所示。第一列是实际的博客内容，第二列是已标记的作者的性别。

⊖ 可以从评价挖掘、情绪分析和主观垃圾邮件检测网站（http://www.cs.uic.edu/～liub/FBS/sentiment-analysis.html）下载此数据的压缩版本。该数据集称为与论文关联的博客作者性别分类数据集（Mukherjee，2010）。除了一些其他用途的数据集之外，该站点还包含许多与文本挖掘和情感分析有关的相关信息。

表 9.4 博客日志分类学习的数据

博 客	性别
This game was a blast. You (as Drake) start the game waking up in a train that is dangling over the side of a cliff. You have to climb up the train car, which is slowly teetering off the edge of the cliff, ready to plummet miles down into a snowy abyss. From the snowy beginning there are flashbacks to what led Drake to this predicament. The story unfolds in a very cinematic manner, and the scenes in between levels, while a bit clichéd by Hollywood standards, are still just as good if not better than your average brainless Mel Gibson or Bruce Willis action movie. In fact, the cheese is part of the fun and I would venture to say it's intentional	M
My mother was a contrarian, she was. For instance, she always wore orange on St. Patrick's Day, something that I of course did not understand at the time, nor, come to think of it do I understand today. Protestants wear orange in Ireland, not here, but I'm pretty sure my mother had nothing against the Catholics, so why did she do it? Maybe it had to do with the myth about Patrick driving the snakes, a.k.a. pagans, out of Ireland. Or maybe it was something political. I have no idea and since my mother is long gone from this earth, I guess I'll never know	F
LaLicious Sugar Soufflé body scrub has a devoted following and I now understand why. I received a sample of this body scrub in Tahitian Flower and after one shower with this tub of sugary goodness, I was hooked. The lush scent is deliciously intoxicating and it ended up inspiring compliments and extended sniffing from both loved ones and strangers alike. Furthermore, this scrub packs one heck of a punch when it comes to pampering dry skin. In fact, LaLicious promises that this body scrub is so rich that it will eliminate the need for applying your post-shower lotion. This claim is true—if you follow the directions	F
Stopped by the post office this morning to pick up a package on my way to the lab. I thought it would be as good a time as any to clean up my desk and at the very least make it appear that I am more organized than I really am (seriously, it's a mess). It's pretty nice here on the weekends, it's quiet, there's less worry of disturbing undergrad classes if I do any experiments in the daytime	M
Anyway, it turns out the T-shirt I ordered from Concrete Rocket arrived! Here's how the design looks. See here's the thing: Men have their neat little boxes through which they compartmentalize their lives. Relationship over? Oh, I'll just close that box. It's not that easy for women. Our relationships are not just a section of our lives—they run through the entire fabric, a hot pink thread which adds to the mosaic composing who we are. Take out a relationship and you grab that thread and pull. Have you ever pulled a thread on a knit sweater? That's what it's like. The whole garment gets scrunched and disfigured just because that one piece was removed. And then you have to pull it back apart, smooth it out, fill in the gaps. See here's the thing: men have their neat little boxes through which they compartmentalize their lives. Relationship over? Oh, I'll just close that box. It's not that easy for women	F

为了本案例研究的目的，原始数据将分为两半：前 50% 的数据被视为具有已知标签的训练数据，剩余的 50% 用于验证训练算法的性能。

在开发涉及大量数据的模型时（这是非结构化文本分析中常见的），将过程分成几个不同的过程并存储每个过程的中间数据、模型和结果，以便在稍后阶段进行调用，这是一种很好的做法。RapidMiner 通过提供名为"存储和提取"的特殊操作符来促进这一点。"存储"操作符将输入输出（I/O）对象存储在数据存储库中，"提取"操作符从数据存储库中读取对象。在接下来的部分中将介绍这些操作符的使用。

步骤 2：数据准备

下载并解压数据后，它会生成一个 MS Excel 文件，然后可以使用"读取 Excel"操作符将其导入 RapidMiner 数据库。原始数据包含 290 个没有标签的示例和一个没有博客内容但有标签的示例！这个示例需要清理。在原始数据中删除此条目更容易——只需删除包含此缺失条目的电子表格中的行（# 1523），并在将文件读入 RapidMiner 之前保存该文件。还要确保将"读取 Excel"操作符配置为将第一列中的数据类型识别为文本而不是多项式（默认），如图 9.10 所示。将“读取 Excel”的输出连接到“过滤示例”操作符，然后删除缺少标签的条目。(如果倾向于存储这些缺失标签的条目以用作测试样本——这可以通过另一个“过滤示例”操作符来完成，通过勾选“反向过滤”框然后存储输出。在这种情况下，可以很容易地丢弃缺少标签的示例。)现在可以使用“分裂数据”操作符以 50/50 分割来分离已清理的数据。使用“写入 Excel”操作符将后 50% 的测试数据(1468 个样本)保存到新文件，并将剩余的 50% 训练部分传递给“根据数据处理文档”操作符。

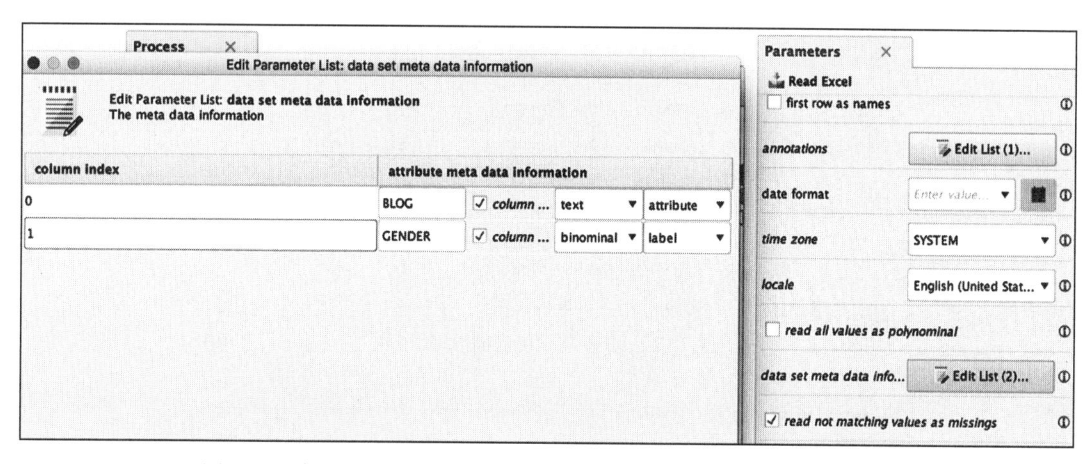

图 9.10 合理配置“读取 Excel”操作符以接收数据(不是多项式的)

这是一个嵌套的操作符，其中所有预处理都会在这里处理。回想一下，这是将非结构化数据转换为结构化格式的地方。连接不同的操作符，如图 9.13 所示。这里要注意的唯一要点是，需要使用“过滤停用词(字典)”操作符来删除任何可能已插入内容的“nbsp”(“ ”用于表示不间断空格)词汇。在其中创建一个包含此关键字的简单文本文件，并通过正确配置操作符让 RapidMiner 知道该字典存在。要配置“根据数据处理文档”操作符，请使用如图 9.11 所示的选项。

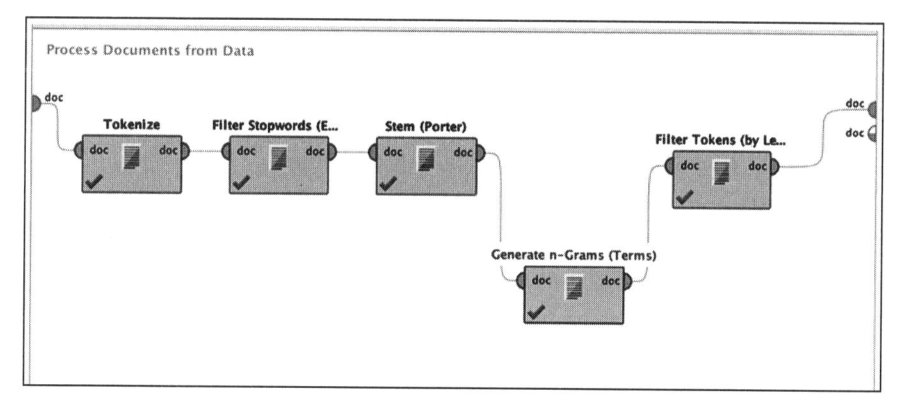

图 9.11 配置预处理操作符

步骤 2 的过程输出包括文档向量和单词列表。虽然单词列表在后续步骤中可能不会立即使用，但最好将其与非常重要的文档向量一起存储。最终过程如图 9.12 所示。

步骤 3.1：确定关键特征

步骤 2 中过程结果的文档向量是由 2055 行组成的结构化表(在训练集中的每个博客条

目对应一行)，有 2815 个属性或列（满足由“处理文档”操作符内部定义的过滤和词干提取标准的文章中的每个令牌，被转换为一个属性)。使用 2815 个特征或变量训练学习算法显然是一项繁重的任务。正确的方法是使用特征选择方法进一步过滤这些属性。

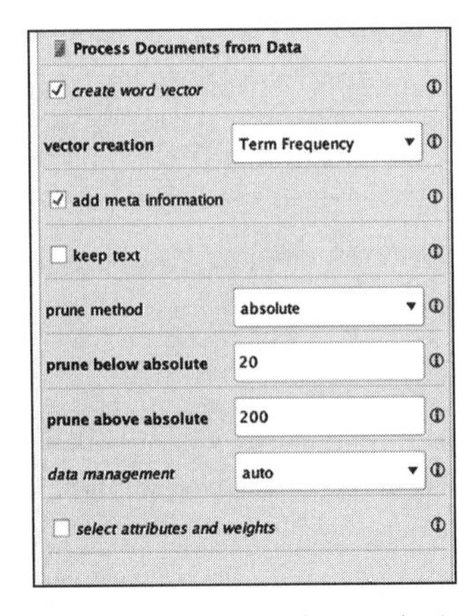

图 9.12　博客性别分类的整个过程

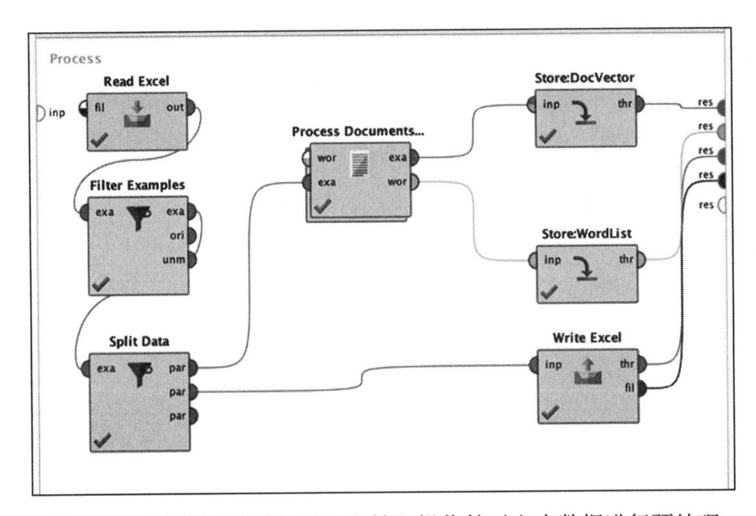

图 9.13　使用“根据数据处理文档”操作符对文本数据进行预处理

将使用“信息增益权重”操作符和“SVM 权重”操作符配置两种可用的特征选择方法。信息增益权重（更多细节见第 14 章）将根据信息增益比率对特征或属性与标签属性（在本例中为性别）的相关性进行排名，并相应地为其分配权重。SVM 权重将 SVM 超平面的系数设置为属性权重。一旦使用这些技术对它们进行排名，就可以仅选择少数属性（例如，前 20 个）来构建模型。这样做可以合理地降低建模成本。

该中间过程的结果将生成两个权重表，对应于每个特征选择方法。通过提取步骤 2 中保存的文档向量开始该过程，然后通过存储在步骤 3.2 中使用的权重表来结束该过程（见图 9.14）。

该数据集来自 Mukherjee 和 Liu（Mukherjee，2010）的论文，在该论文中展示了其他几种特征选择方法，包括作者开发的一种新颖的特征选择方法，其显示出比股票算法（例如此处演示的算法）更高的预测精度。

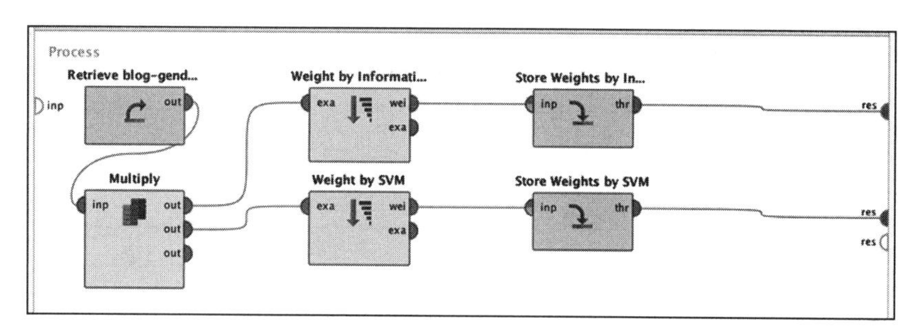

图 9.14 使用特征选择方法从 TDM 中筛选属性

步骤 3.2：构建模型

现在准备好文档向量和属性权重，可以使用几种不同的机器学习算法进行实验，以了解哪种算法能够提供最佳准确度。该过程如图 9.15 和图 9.16 所示，生成模型并将其（以及相应的性能结果）存储以供以后应用。这是 RapidMiner 的关键优势：一旦为预测建模建立了必要的数据，在各种算法之间来回切换只需拖放所需的操作符并建立连接。如图 9.16 所示，“X-Validation”操作符内嵌有四种不同的算法，可以根据需要方便地来回切换。表 9.5 显示“LibSVM（线性）”和“W-Logistic”操作符（通过 RapidMiner 的 Weka 扩展可用）似乎提供了最佳性能。请记住，这些准确度仍然不是最高的，并且与 Mukherjee 和 Liu 在他们的遗传算法论文中报告的性能一致。

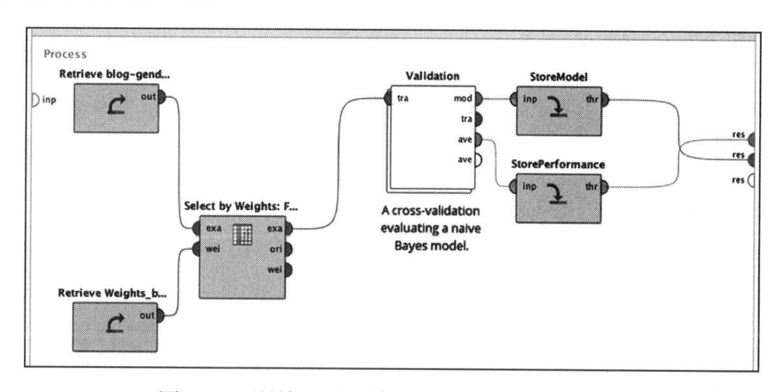

图 9.15 训练和测试博客性别分类的预测模型

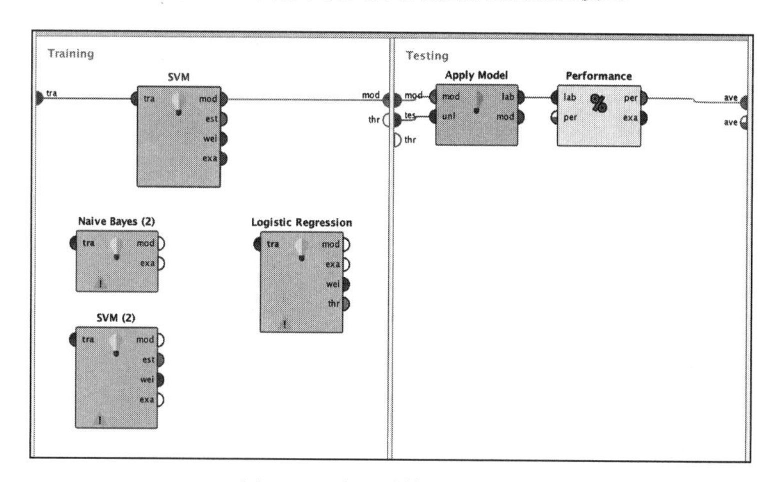

图 9.16 在几种算法之间切换

表 9.5 比较不同的博客性别分类训练算法的性能

算法	类召回率（M）	类召回率（F）	准确率
LibSVM（线性）	87	53	72
W-Logistic	85	58	73
朴素贝叶斯	86	55	72
SVM（多项式）	82	42	63

为了改进这些，我们可能需要通过将整个验证过程嵌套在优化操作符中来进一步优化最佳性能。有关优化的部分，请参见第 15 章。

步骤 4.1：为模型应用准备测试数据

回到为测试目的而保存的原始 50% 的未见的数据，实际上可以通过作者性别对博客进行分类来评估最佳算法的真实性能。但是，请记住，原样保留的原始数据不能使用（如果这样做了会怎么样？）。此原始测试数据也需要首先转换为文档向量。换句话说，需要在为测试留出的 50% 数据上重复步骤 2 的过程（没有过滤和拆分数据操作符）。可以简单地从步骤 2 中的过程复制和粘贴“根据数据处理文档”操作符的过程文档。（或者，可以在拆分之前预处理整个数据集！）存储文档向量以供下一步骤使用。该过程如图 9.17 所示。

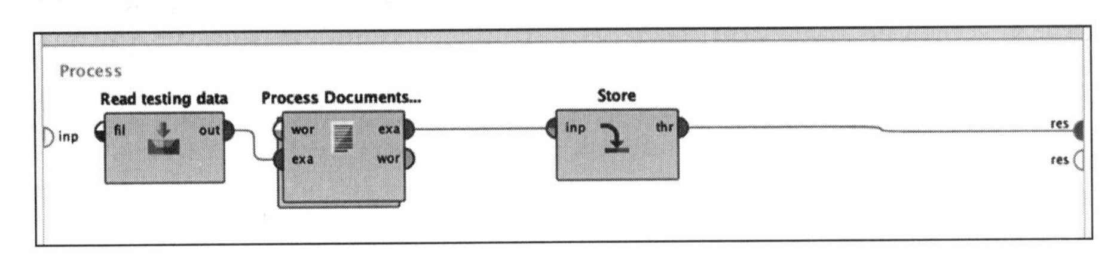

图 9.17 为模型部署准备未见的数据

步骤 4.2：将训练模型应用于测试数据

这一步就是发挥实际应用的地方！最后一步将采用步骤 3.2 中创建的任何已保存模型和步骤 4.1 中新创建的文档向量，并将模型应用于此测试数据。该过程如图 9.18 和图 9.19 所示。要添加的一个有用的操作符是“设置角色”操作符，它将用于向 RapidMiner 指示标签变量。这样做将允许使用“结果”透视图中的“视图过滤器”从“正确预测应用模型”和“错误预测”中对结果进行排序，如此处所示。

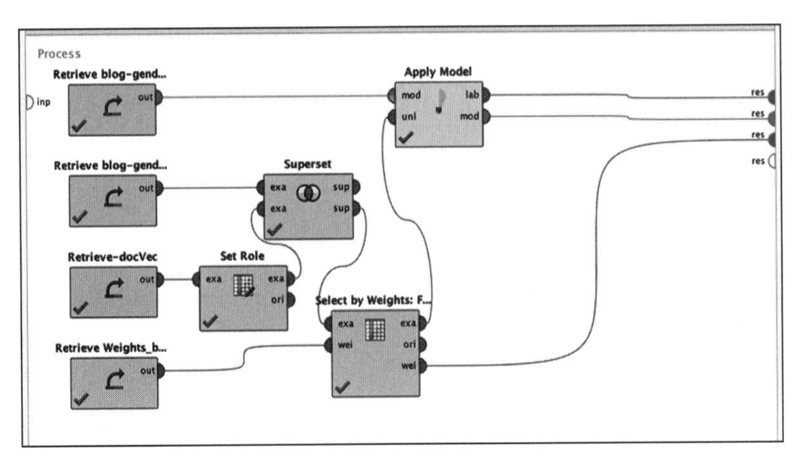

图 9.18 对未见的数据应用步骤 3 中构建的模型

Row No.	GENDER	predict...	confide...	confide...	abil	activ	adapt	admir	ador	adult	advanc	ahead	amount
1	M	M	1	0	0	0	0	0	0	0	0	0	0
2	M	M	1	0	0	0	0	0	0	0	0	0	0
3	M	M	0.500	0.500	0	0	0	0	0	0	0	0	0
4	M	M	1	0	0	0	0	0	0	0	0	0	0
5	M	M	0.500	0.500	0	0	0	0	0	0.186	0	0	0
6	M	M	1	0	0	0	0	0	0	0	0	0	0
7	M	M	0.500	0.500	0	0	0	0	0	0	0	0	0
8	M	M	0.500	0.500	0	0	0	0	0	0	0	0	0
9	M	M	1	0	0	0	0	0	0	0	0	0	0
10	M	M	0.500	0.500	0	0	0	0	0	0	0	0	0
11	M	M	0.500	0.500	0	0	0	0	0	0	0	0	0
12	M	M	1	0	0	0	0	0	0	0	0	0	0

图 9.19　结果视图

运行此过程时，可以观察到 LibSVM（线性）模型只能正确预测 1468 个示例中的 828 个，这意味着很差的仅有 56% 的精度！其他模型的情况更糟。显然，模型和过程需要优化和进一步改进。使用 RapidMiner 的优化操作符，可以轻松提高此基线精度。第 15 章中提供了有关如何使用优化操作符的讨论。真正具有冒险精神的人可以根据 Mukherjee 和 Liu 的论文中的说明，在 RapidMiner 中实现其算法，来进行特征选择！虽然这种实现并没有带来出色的预测性能（并且这种分类的动机是数字广告，如本文所述），但需要注意的是：算法变得越来越强大并且鲁莽地应用机器学习可能会导致歧视的不良后果（在这种情况下，通过性别）。数据科学家有责任确保其产品以道德和非歧视的方式使用。

机器学习中的偏见

数据科学是一种从数据中提取价值的强大工具。就像任何其他工具一样，它可以被很好地使用、不当使用、恶意使用或以产生意想不到的后果的方式使用它。最近，开发用于过滤和分类求职者简历的数据科学模型开始歧视女性（Gershgorn，2018）。数据科学建模过程最初将作为解决正确业务问题的一个解决方案，即管理简历的涌入并将最相关的简历排序到顶部。在这样做时，利用数据中的一些虚假模式，文本挖掘模型会倾向于一个申请者类。如果训练数据存在偏见，则机器学习模型将存在偏见。具体而言，如果训练数据来自有偏见的过程，则机器学习自动化仅放大该现象。贷款审批模式可能不会要求申请人的竞争（这将是不道德和非法的）。但是，申请人的位置可以作为此竞争的代理。测试和审核模型是否为所有类别的用户提供公平预测非常重要。这些机器学习模型具有现实世界的后果。数据科学家的责任在于建立一个遵循道德原则的透明模型。创建可靠的测试以检查模型中的潜在不公平性对于获得对数据科学学科的信任是必不可少的（Loukides et al.，2018）。

9.3　总结

非结构化数据（其中文本数据是主要部分）似乎每三年翻一番（Mayer-Schonberger，2013）。从这些数字数据中自动处理和挖掘信息的能力将成为未来的一项重要技能。这些技术可以用来对整本书中的其他技术进行分类和预测，除了现在正在处理文本文档甚至是已经转录为文本的录音。

本章描述了如何使用本书中介绍的任何可用算法挖掘非结构化数据。能够应用这些技术的关键是将非结构化数据转换为半结构化格式。引入了一个能够实现这一目标的高级三步过程。讨论了一些用于转换非结构化数据的关键工具，例如令牌化、词干化、*n* 元化和停止词删除。诸如 TF-IDF 之类的概念如何允许我们将文本语料库最终转换为数字矩阵，这可以通过标准机器学习算法来处理。最后，介绍了几个实现示例，这将使人们能够探索令人兴奋的文本挖掘世界。

参考文献

Cutting, D. K. (1992). Scatter/gather: A cluster-based approach to browsing large document collections. In: *Copenhagen proceedings of the 15th annual international ACM SIGIR conference on research and development in information retrieval* (pp. 318–329). Copenhagen.

Franz, A. A. (2006, August 3). *All our N-gram are belong to you*. Research blog. Retrieved from <http://googleresearch.blogspot.com/2006/08/all-our-n-gram-are-belong-to-you.html> Accessed 01.11.13.

Gershgorn, D. (2018). Companies are on the hook if their hiring algorithms are biased – Quartz. Retrieved October 24, 2018, from <https://qz.com/1427621/companies-are-on-the-hook-if-their-hiring-algorithms-are-biased/>.

Hearst, M. (1999, June 20–26). Untangling text data mining. In: *Proceedings of Association for Computational Linguistics, 37th annual meeting 1999*. University of Maryland.

Loukides, M., Mason, H., & Patil, D. J. (2018). *Ethics and Data Science*. Sebastopol. CA: O'Reilly Media.

Mayer-Schonberger, V. A. (2013). *Big data: A revolution that will transform how we live, work and think*. London: John Murray and Co.

McKnight, W. (2005, January 1). *Text data mining in business intelligence*. Information Management. Retrieved from <http://www.information-management.com/issues/20050101/1016487-1.html#Login> Accessed 01.11.13.

Mukherjee, A. L. (2010). Improving gender classification of blog authors. In: *Proceedings of conference on Empirical Methods in Natural Language Processing (EMNLP-10)*. Cambridge, MA.

Park, H. S., & Jun, C. H. (2009). A simple and fast algorithm for *K*-medoids clustering. *Expert Systems with Applications, 36*(2), 3336–3341.

Porter, M. F. (1980). An algorithm for suffix stripping. *Program, 14*(3), 130–137.

Siegel, E. (2013). *Predictive analytics: The power to predict who will click, buy, lie or die*. Hoboken, NJ: John Wiley and Sons.

Upbin, B. (2013, February 8). IBM's Watson gets its first piece of business in healthcare. *Forbes*. Retrieved from <https://www.forbes.com/sites/bruceupbin/2013/02/08/ibms-watson-gets-its-first-piece-of-business-in-healthcare/#7010113b5402/>.

第10章
深度学习

为了让深度学习系统识别一个热狗，你可能需要让它学习4000万张热狗的照片。为了让一个两岁的孩子认出一个热狗，你会给她看一个热狗[⊖]。

数据科学算法工具箱中最新的、最闪亮的成员便是深度学习。如今，深度学习已经吸引了科学家、商业领袖和非专业人士的想象力。一位当地的银行出纳员可能不了解什么是深度学习，但是与她谈论人工智能（AI）——无处不在的深度学习的化身，会令人惊讶地了解到她听说过如此多的内容。上面提到的这句话幽默地捕捉到了今天的AI方法的本质。深度学习是一个巨大且迅速崛起的知识领域，考虑到它所涵盖的广泛的体系结构和实现细节，需要一本关于其自身价值的书。

本章旨在提供对这一复杂话题的直观理解。希望这将为更加深入地理解该主题建立一个坚实的框架。首先，将讨论构成深度学习核心的内容，为此，将涵盖一些计算机的历史。然后将讨论深度学习和熟悉的算法（如回归）之间的相似性，并论证深度学习是第4章中讨论的回归和人工神经网络的一种延伸。通过引入深入学习的核心概念，可以指出“传统”算法（如多元线性回归）、人工神经网络和深度学习之间的本质区别。其中将详细研究一种深度学习技术，并提供使用这种知识来解决现实生活中问题的实现过程。最后，将简要介绍其他一些新兴技术，这些技术现在被视为深度学习技术的一部分。

将人工智能带入工程

计算机辅助工程（CAE）是工程师使用的分析方法的主流（见图10.1）。CAE通过求解高阶偏微分方程来预测工程产品对服务负载的响应。这有助于工程师设计形状，并为不同的部件选择材料。举个例子，F-15机翼在超音速下表现如何？在碰撞事件中汽车的前保险杠能吸收多少能量？

那么，在如此复杂的活动中，AI能提供什么帮助呢？要理解这一点，需要剖析CAE的组成步骤。CAE不是一个整体的努力，而是涉及设计师、工程师以及计算机系统人员之间的互动。核心活动包括：创建产品的几何模型，将几何模型细分为应用物理定律的离散“有限元”，将这些物理定律转化为数学方程或公式，解出这些公式，并在原始几何模型上进行可视化（使用直观的点图，如图10.1所示[⊜]）。这整个过程不仅耗时，而且需要

⊖ https://www.technologyreview.com/s/608911/is-ai-riding-a-one-trick-pony/。

⊜ https://commons. wikimedia. org/wiki/File: Static_Structural_Analysis_of_a_Gripper_Arm.jpg.

几何学、力学、数学和高性能计算方面的较深的领域知识。

所有这些都表明，如今最先进的AI可能不会有太大的帮助。毕竟，从目前的情况来看，在大众媒体上听到的AI主要是聊天机器人和在互联网上识别猫！然而，这只是一个浅显的评估。在上面提到的每一个过程中都有许多较小的步骤，这些步骤是本章将要学习的一些技术。

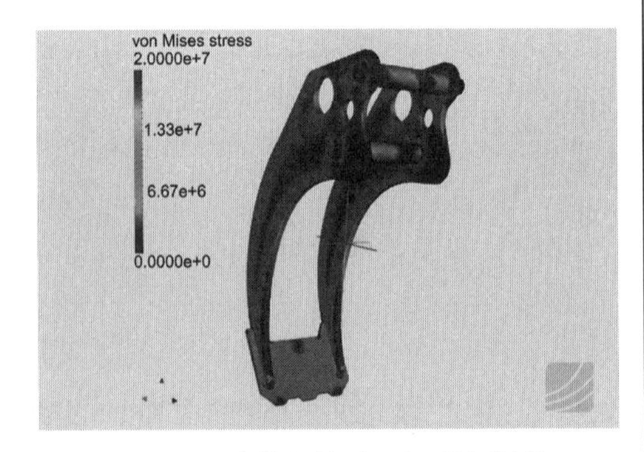

图10.1　计算机辅助工程（见彩插）

作为一个例子，我们可以扩展一下：在CAE中细分几何图形。这是一个至关重要的步骤，如果处理不当，将影响接下来的所有活动。不幸的是，它也高度依赖于实际工作中设计师的离散化技巧。幸运的是，CAE过程工程师已经开发了许多“内行”规则，甚至初级设计师也可以使用这些规则来确保他们设计的最终产品可以符合严格的标准。一个规则是这样的：“如果一个零件看起来像橡胶垫片，使用方法A来切分几何形状；如果它看起来像铝扣件，就用方法B。”例如，人们可以想象在现代汽车上，有数百个类似的部分，对整车采用正确的离散化方法进行正确的部件识别，这是一项费时的工作。如果在让自动化过程应用适当的方法进行离散化之前，AI能够接管“零件看起来像什么”的判断，这将是真正的增值。在某种程度上，这本质上是一个“猫识别”AI在一个新的、更重要的领域的应用。

但这并不是AI能够加速推进的唯一工作。正如本章所述，神经网络是深度学习的核心。但是神经网络到底是做什么的呢？ANN建立了一个复杂系统的行为与其所处环境之间的映射关系。例如，它们帮助创建客户行为（生产和保持）和客户的购物和购买习惯之间的映射。或者它们建立了交易的性质（欺诈与合法交易）和交易环境的特征（地点、金额、频率等）之间的映射。

CAE的另一个挑战性任务是确定在给定高可变环境条件下的系统性能。机身在飞行10 000小时或1000小时后是否需要维修？在热带气候下，安全气囊是否会按照设计展开？钢板厚度的减少还能满足碰撞安全的要求吗？今天，CAE通过利用基于物理的计算模型做出预测来帮助回答这些问题——这是早期确定的数学公式和求解阶段。这样的计算可能是昂贵的（在CPU时间上）和烦琐的（模型建立的时间上），所以在设计中的微小变化不能很快地研究。如果有足够的数据，深度学习可以通过在产品的设计元素和最终的现场性能之间创建映射生成的最初实施模型来加速这些过程。

这个想法不是新的——旧的CAE可以用来开发所谓的响应曲面来帮助解决这个问题。响应曲面的目标是有效地映射设计空间，并试图找到最优解。但响应曲面的一个关键问题是物理系统经常表现出高度非线性或不连续的行为，这就使得无法用传统数学技术找到最优解，因此，简化响应曲面也仅仅是一个玩笑。在工程环境中，自变量可以表示金属零件的厚度等几何学的设计特征，因变量可以表示能量吸收等性能指标[⊖]。如果数据是线性可分的，那么我们前面遇到的许多传统分类算法都可以处理这些数据。

⊖ 实际示例请见以下链接：https://pdfs. semanticscholar. org/2f26/c851cab16ee20925c4e556eff5198d92ef3c.pdf。

然而，复杂的物理系统很少表现出这种行为。如果没有 ANN，更确切地说，没有“深层”神经网络，将这些响应分类（或映射）是不可能的。我们将在本章中看到，深度学习网络的一个关键优势是生成非线性映射。

10.1 AI 冬天

第一个 ANN 是 20 世纪 50 年代开发的感知器，它是一类模式识别元素，它对证据进行权衡，并测试证据是否超过某个阈值以便做出决定，即对模式进行分类。图 10.2 显示了单个感知器（后来称为神经元）的架构，该架构多年来一直保持其基本结构。

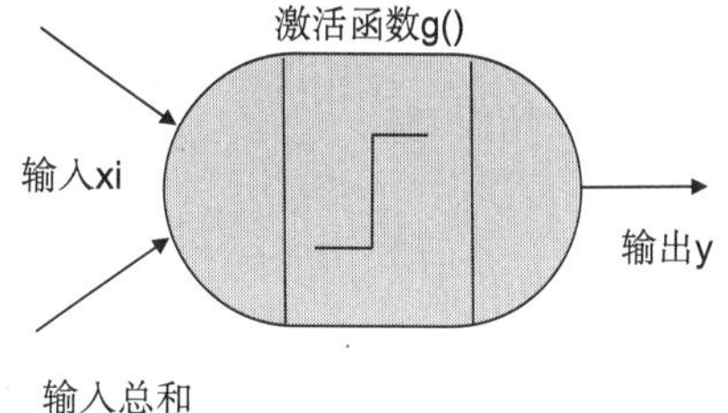

图 10.2 一个感知器的概念架构

每个输入 x_i 具有与其相关联的权重 w_i，并且在感知器处计算点积 $\Sigma w_i x_i$，并将其传递给激活函数 g。如果 $g(\Sigma w_i x_i)$ 的评估高于阈值，则将输出设置为 1（真），否则设置为 0（假）。获得权重 w_i 的过程被称为“学习”或“训练”感知器。感知器学习规则最初由 Frank Rosenblatt（1957）开发。训练数据作为网络输入，并以此计算输出。权值 w_i 的修改量与实际输出（y）与期望输出（d）之差和输入（x_i）的乘积成正比。

感知器学习的基础规则：

1）初始化权重和阈值为小的随机数。

2）将输入 x_i 馈入感知器并计算输出。

3）根据以下公式更新权重：$w_i(t+1)=w_i(t)+\eta(d-y)x$。

其中：

d 是期望输出值。

t 是时间步长。

η 是学习率，其中 $0.0 < \eta < 1.0$。

4）重复步骤 2 和 3 直到：

a）迭代错误小于用户指定的错误阈值。

b）已完成迭代的预定次数。

请注意，仅在错误高于预设阈值时才会进行学习，否则不会更新权重。而且，每次权重需要更新时，都需要读取输入数据（即步骤 2）。

10.1.1 AI 冬天：20 世纪 70 年代

感知器能够解决一系列决策问题，特别是它们能够表示逻辑门，例如“AND”“OR”和“NOT”。感知器学习规则倾向于收敛到最优权值集（对于多个输入模式类别）。但是，这并不总是确定的。当数据不是线性可分时会出现另一个限制——例如，经典的“XOR”。如果两个输入不同，则 XOR 解析为“真”，如果两个输入相同，则解析为“假”（见图 10.3）。Minsky 和 Papert 在 1969 年出版的一本名为《感知器》的书中，发表了感知器的这些及其他核心的局限性，这本书可以说是降低了人们对这类人工神经网络的兴趣，所谓的 AI 冬天就开始了。

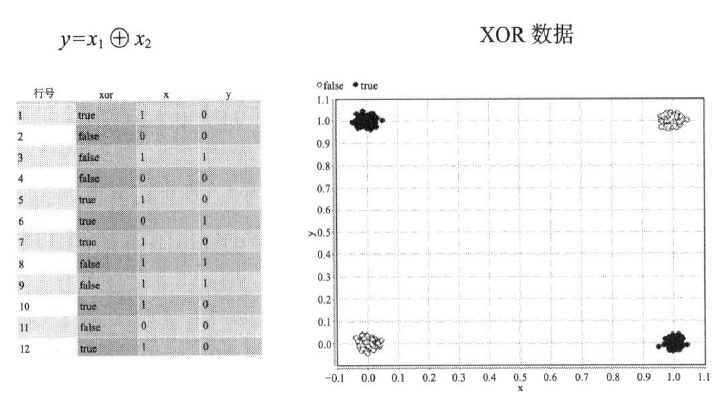

行号	xor	x	y
1	true	1	0
2	false	0	0
3	false	1	1
4	false	0	0
5	true	1	0
6	true	0	1
7	true	1	0
8	false	1	1
9	false	1	1
10	true	1	0
11	false	0	0
12	true	1	0

感知不会找到一个完美划分类的超平面

图 10.3　RapidMiner XOR 的例子

10.1.2　冬季解冻：20 世纪 80 年代

然而，ANN 在 20 世纪 80 年代随着多层感知器（MLP）的发展有了短暂的复苏，MLP 被认为是非线性可分离函数的解决方案：例如，将 MLP 中的激活函数从线性阶跃函数改为非线性类型（如 S 形函数），可以克服在 XOR 情况下的决策边界问题。

图 10.4 显示了在 TensorFlow playground 中（playground.tensorflow.org）使用线性激活函数，双层的 MLP 仍然无法在 XOR 问题上实现超过 50% 的准确度。然而，将激活函数简单地切换到非线性“S 形”函数有助于在相同的架构下实现 80% 以上的精度（见 图 10.5）。

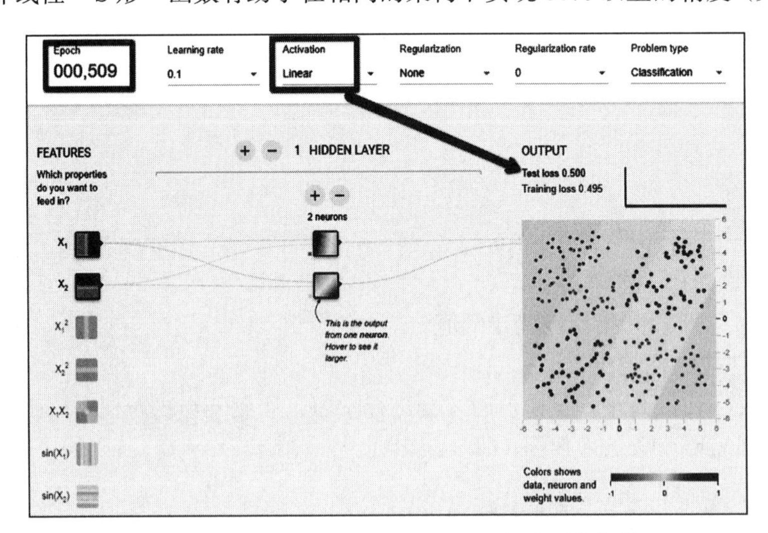

图 10.4　使用 TensorFlow playground 探索网络架构

另一项重要创新是在 20 世纪 80 年代，使用“反向传播”去计算或更新权重（而不是每次出现错误时都回到输入——步骤 2 的感知器学习规则），能够克服感知器训练规则的一些局限性。感知器学习规则更新权重的数量与输入的错误次数成正比（步骤 2 中的量 $\eta(d-y)x$）。这些权重 w_i 是网络的核心，训练多层感知器（MLP）或 ANN 实际上就是找到这些权重，所以找到一个鲁棒的且可重复的更新权重的过程至关重要。为此，在输入节点和输出节点之间添加了额外的神经元层。现在误差量 $(d-y)$ 变为一个总和，为了避免符号偏差，误差可以平方，即 $\Sigma(d_j-y_j)^2$。现在的挑战是确定改变权重 w_i 的方向，以便使该误差量最小化。该算法现在涉及以下步骤：

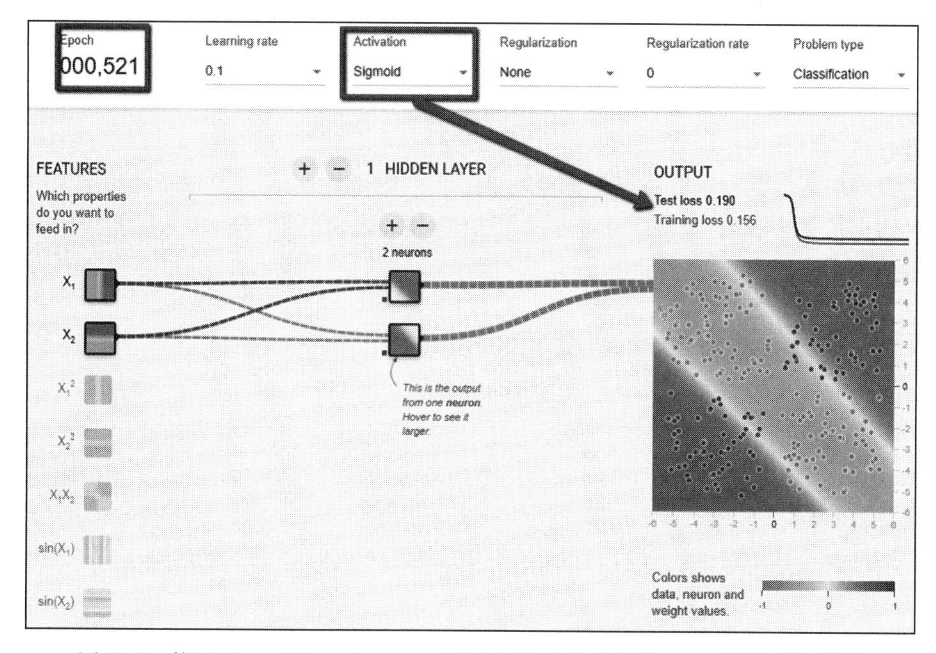

图 10.5 使用 TensorFlow playground 修改网络架构来解决 XOR 问题（见彩插）

1）在给定输入的情况下计算输出向量，并在“前向”计算流程中随机选择权重。

2）计算误差量。

3）更新权重以减少输出层的此次误差。

4）对于隐藏层，重复步骤 2 和 3，反向进行计算。

这种反向传播方法由 Rumelhart、Hinton 和 Williams（1986）引入[⊖]，他们的网络可以训练检测镜面对称；当给出两个单词时可以预测三元组中的另一个单词和其他这样的基本应用。更复杂的 ANN 是使用反向传播构建的，可以训练手写字体的识别（LeCun，1989）。然而，ANN 成功的商业应用仍然有限，它未能以当前的影响力的强度吸引到公众的注意力。

部分原因是在引入这些算法时计算硬件的状态。但有人可能会说，在 20 世纪 80 年代和 90 年代，阻碍更广泛应用的一个最大障碍是缺乏数据。在此期间开发并成功演示了许多机器学习算法：在 1984 年和 1989 年分别介绍的隐马尔可夫模型和卷积神经网络。然而，直到近十年后才成功地在实际业务规模上部署这些算法。数据（或缺乏数据）是造成这种情况的主要原因。只有在 1993 年引进互联网之后，数据才变得更加容易获得。Wissner-Gross（2016）引用了几个有关 AI 算法突破的有趣例子，得出有效的结论：AI 创新变为实用的平均时间为 18 年（在引入算法之后），但在第一个大规模数据集（可用于训练该算法）之后仅 3 年就可用了[⊜]。这就把我们带到了深度学习短暂而迅速发展的历史上的决定性时刻。2006

⊖ https://www.iro.umontreal.ca/Bvincentp/ift3395/lectures/backprop_old.pdf。

⊜ http://www.spacemachine.net/views/2016/3/datasets-over-algorithms。

年，Hinton（同时Hinton也是引入反向传播的团队的一员）和Salakhutdinov证明，通过添加更多层计算来使神经网络“深入”，可以更好地利用更大的数据集来解决手写识别等问题（Hinton and Salakhutdinov，2006）。与第5章中讨论的传统单隐层ANN相比，这些三隐层深度学习网络的误差显著降低。通过这项创新，AI领域从漫长的冬季中脱颖而出。这种现象最好用作者自己的话来概括：[⊖]

自20世纪80年代以来，显而易见的是，通过深度自动编码器的反向传播将是非常有效的……只要计算机足够快，数据集足够大，并且初始权重足够接近良好的解决方案。而现在满足所有的这三个条件。

使用大规模数据集，以及在全新的且功能强大的图像处理单元（GPU最初是为视频游戏开发的）的支持下，深度网络架构使得现实AI应用（如面部识别、语音处理和生成、机器在棋盘游戏中击败人类）成为可能。

10.1.3 人工智能的春夏：2006年至今

尽管有这些令人兴奋的发展，但今天的AI距离通用人工智能（AGI）还很远。本章开头的引用总结了当今AI的主要方面：需要大量的数据来训练机器识别对一个两岁大的人脑来说很简单的概念。目前有两个主要问题：一个是今天的AI与AGI距离有多远？阻碍我们前进的障碍是什么？

美国国防高级研究计划局（DARPA）基于反映系统能力的主要方面将AI的进化划分为三个“波”：学习能力、抽象能力和推理能力[⊜]。

AI演变第一波包括“手工制作的知识”系统。这些是20世纪80年代和90年代的专家系统和国际象棋比赛项目。人类可以根据特定域的输入数据做出决策的能力对机器进行编码。换句话说，这些系统的推理能力有限，没有学习能力，更不用说抽象了。

第二波系统包括当今的机器学习和深度学习系统，通常是能够“统计学习”的术语系统。这些系统的独特之处在于能够通过依赖大量数据的学习将数据分成不同的集合或模式。虽然规则引擎可以添加到这些统计学习中，但这些系统仍然缺乏抽象知识的能力。为了澄清这一点：考虑到人脸识别系统成功识别面部时，它无法明确解释为什么特定面部被归类为这样。另一方面，例如，由于面部毛发和身体尺寸，人可以解释特定面部被归类为男性。

在尚未开发的第三波系统中，AI不仅可以应用编码规则并从数据中学习，还可以解释为什么特定数据点以特定方式分类。这被称为“上下文自适应”系统。DARPA还将这些系统称为“可解释AI”或XAI[⊜]，即“产生更多可解释的模型，同时保持高水平的学习性能（预测准确性）”。开发XAI的第一步是将现有的传统深度机器学习与强化学习（RL）相结合，这将在本章后面介绍。

总之，在解释深度学习的技术要点之前，知道/认识以下这些事实是有帮助的：

⊖ https://www.cs.toronto.edu/Bhinton/science.pdf。

⊜ https://www.darpa.mil/attachments/AIFull.pdf。DARPA还列出了第4个维度：感知能力。但是，这个维度非常接近“学习能力”。韦伯斯特认为，“学习”与“感知”之间的差异与感官息息相关。学习被定义为通过练习或经验进行理解，感知被定义为通过感官进行理解或认识。为简洁起见，我们忽略了这些细微的差异。

⊜ https://www.darpa.mil/program/explainable-artificial-intelligence。

- 今天大多数 AI 都是机器学习和深度学习。
- 大多数学习都是有监督学习。
- 有监督学习的大部分是分类。

10.2 工作原理

在本节中，将进一步讨论传统机器学习和深度学习之间的联系。首先，我们将更仔细地研究线性回归以及如何用 ANN 表示线性回归，然后讨论逻辑回归，以加强传统机器学习技术和深度学习之间的相似性。这将作为一个切入点来介绍 ANN 和扩展到深度学习中的一些基本概念。这种深入的理解对于自信地驾驭一些稍后出现的更复杂和专业的深度学习技术是至关重要的。

首先，ANN（和深度学习）应被视为一个数学过程。ANN 基本上创建了使用基于微积分的优化技术建立的输出和输入之间的数据映射。在简化的数学公式中，ANN 可以基本上表示为：

$$
\begin{aligned}
Y &= f(X) \\
Y &= f(g(b)) \quad \text{其中} X = g(b)
\end{aligned}
\tag{10.1}
$$

其中 b、X 和 Y 是向量或更一般地说是张量。在这种情况下，向量是一维数字数组，矩阵是二维数组，张量是更一般的 n 维数组。训练 ANN 的过程主要是找到系数 b 的值，以完成映射。通过对误差函数进行约束来优化计算系数（误差是预测输出 y' 和已知输出 y 之间的差）。迭代执行此优化的技术称为反向传播，这将在本节中讨论。深度学习和“浅层”机器学习之间的基本区别在于系数 b 的计数。深度学习处理的权重或系数数量在数十万到数百万之间，而传统的机器学习最多只能处理几百个。这种计算中的变量数量的增强使得深度学习能够有效地检测数据中的模式。

10.2.1 神经网络的回归模型

式（10.1）是式（5.1）的向量化形式，这是多元线性回归问题的一般陈述。5.1.1 节讨论了如何使用微积分方法，特别是梯度下降来解决线性回归问题。梯度下降技术是所有深度学习算法的基石，建议在此时回顾 5.1.1 节以熟悉它。5.1.1 节的线性回归模型可以重写为 ANN：图 10.6 显示了网络的简单线性回归模型。请注意，当 x_0=1 时，这会变为式（5.2）。该网络只有两层深：它有一个输入层和一个输出层。若有多个回归模型，只需要在输入层中加入额外节点（每个变量 / 特征一个节点），而不需要增加额外 / 中间层。

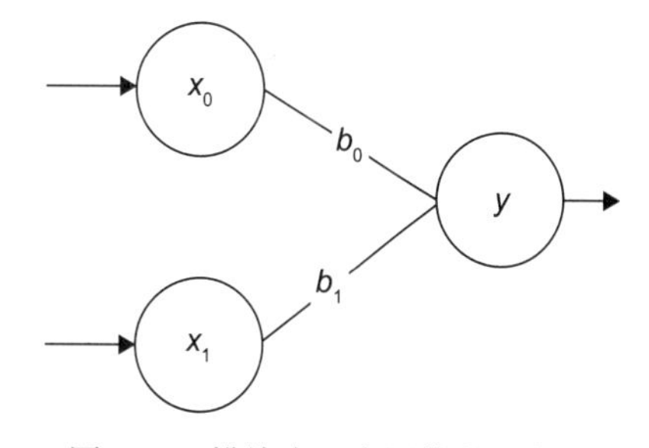

图 10.6 描绘为一个网络的回归器

类似地，逻辑回归模型也可以由具有关键差异的简单双层网络模型来表示。正如 5.2.2 节中关于逻辑回归的讨论，逻辑回归的输出是事件的概率 p，而不是线性回归中的真实数值。因此，需要做的是以一种方式转换输出变量，使其定义域变为 0 到 1 而不是 $-\infty$ 到 $+\infty$。据观察，通过将式（5.6）的右边表达式替换为比值比的对数或分对数，可以实现这种转换[⊖]。

⊖ 请注意，为了缩短该行的记号，我们正在将 y 的概率缩短，即将 $p(y)$ 缩短为 p。

$$\log\left(\frac{p}{1-p}\right)=b_0+b_1x_1 \tag{10.2}$$

$$\Rightarrow p=\left(\frac{1}{1+\mathrm{e}^{-z}}\right) \quad \text{在重新安排各项之后，} z=b_0+b_1x_1 \tag{10.3a}$$

更普遍地，输出总结为：

$$p(y)=\sigma(z) \tag{10.3b}$$

因此，可以对上述网络中的输出节点进行重写，如图 10.7 所示。

式（10.3a）和式（10.3b）代表 S 形函数。对于 $z\varepsilon=[-\infty,\infty]$，S 形函数的域为 [0,1]，因此对于任意的 b 和 x，将始终有 $p(y_n)=[0,1]$。请注意，$p(y_n)$ 是样本 n 的逻辑回归模型的预测，需要与该样本的实际类值 p_n 进行比较，以便评估模型。如何在所有数据样本中对这两者进行定量比较？回想一下，在线性回归中使用了误差平方 $\sum(y_n-y_n')^2$。然而 p_n 的二进制特性要求当预测的 $p(y_n)$ 和实际 p_n 相反时误差最大，反之亦然。

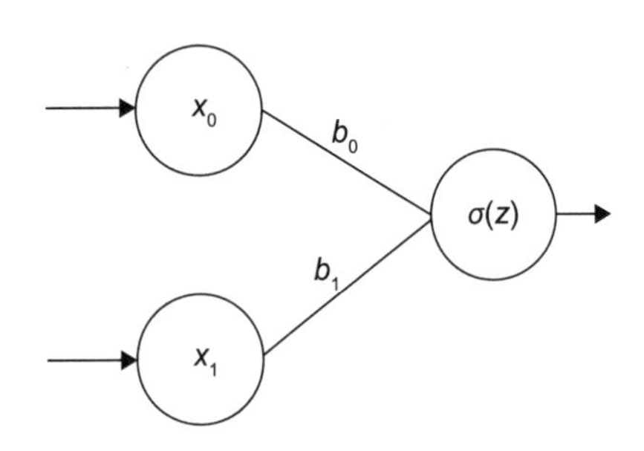

图 10.7　向回归“网络”添加一个激活函数

10.2.2　梯度下降法

在 5.2.2 节中，引入了误差函数或成本函数，这些函数可以通过对项执行对数（log）运算实现泛化，这样当需要计算所有样本时就可以得到一个和，而不是乘积。注意，y_n 是基于模型的概率的计算值，可以在 [0, 1] 之间取值，p_n 是目标值，可以为 0 或 1。N 是样本的数量。

$$J=-\sum_{n=1}^{N}[p_n\log(y_n)+(1-p_n)\log(1-y_n)] \tag{10.4}$$

J 称为交叉熵成本函数。本着将其视为成本函数的想法，在前面添加了一个负号，其目的是使价值最小化。因此，需要找到最小化该函数的 b [⊖]。这在线性回归中使用微积分之前就已经做过了（见 5.1.1 节）。很容易使用微分链规则来计算导数。但是可以看出这是一个常数，因此，b 不能通过设置等于 0 来解决。相反，一旦获得初始斜率，梯度下降将被用来迭代地找到它最小的位置。

注意，交叉熵成本函数可以容易用权重 b 的式子表达，通过替换实现：

$$y=\sigma(z)=\frac{1}{(1+\mathrm{e}^{-z})}\text{，其中} z=b_0x_0+b_1x_1$$

权重 b 现在可以通过最小化 J(用 b 表示) 来找到，利用微积分链式规则，将导数设为 0：

$$\begin{aligned}&\frac{\mathrm{d}J}{\mathrm{d}b}=0\\&\Rightarrow\frac{\mathrm{d}J}{\mathrm{d}y}\times\frac{\mathrm{d}y}{\mathrm{d}z}\times\frac{\mathrm{d}z}{\mathrm{d}b}=0\end{aligned} \tag{10.5}$$

⊖ 为什么不能使用与线性回归相同的成本函数，即 $1/2\times(p_n-y_n)^2$？事实证明，此函数不是“凸”函数，换句话说，不一定具有单个全局最优值。

按照以下三个步骤计算式（10.5）中列出的每一个导数：

步骤1 $\frac{\mathrm{d}J}{\mathrm{d}y}=\left(\frac{p_n}{y_n}\right)-\left(\frac{1-p_n}{1-y_n}\right)$，使用式（10.3a）和式（10.3b）

步骤2 $y=1/(1+\mathrm{e}^{-z})$

$\Rightarrow\frac{\mathrm{d}y}{\mathrm{d}z}=\frac{-\mathrm{e}^{-z}}{(1+\mathrm{e}^{-z})}$

通过适当替换和重新排列，可以将导数的右边约简为：

$$\Rightarrow\frac{\mathrm{d}y}{\mathrm{d}z}=\frac{y_n}{(1-y_n)}$$

步骤 3 $z=b_0x_0+b_1x_1=b_0+b_1x_1$，注意，对于偏置项 b_0，x_0 通常设置为 1。

使用下标表示：

$$\Rightarrow\frac{\mathrm{d}z}{\mathrm{d}b}=x_i\text{，其中}i=1,2,\cdots,n$$

把它们放在一起，导数可以写成：

$$\frac{\mathrm{d}J}{\mathrm{d}b}=-\sum_{n=1}^{N}\left[\left(\frac{p_n}{y_n}\right)-\left(\frac{1-p_n}{1-y_n}\right)\right]\times[y_n(1-y_n)]\times[x_1]$$

它简化为：

$$\frac{\mathrm{d}J}{\mathrm{d}b}=-\sum_{n=1}^{N}(p_n-y_n)x_1$$

将其展开为一般矩阵形式，其中 $\boldsymbol{B}$、$\boldsymbol{P}$、$\boldsymbol{X}$、$\boldsymbol{Y}$ 为向量：

$$\frac{\mathrm{d}\boldsymbol{J}}{\mathrm{d}\boldsymbol{B}}=(\boldsymbol{P}_n-\boldsymbol{Y}_n)^{\mathrm{T}}\cdot\boldsymbol{X}\tag{10.6}$$

注意，$\boldsymbol{B}$ 是一个 $(d\times1)$ 向量，其中 d 是自变量的数量，而其他三个向量是 $(n\times1)$ 的，其中 n 是样本的数量。$\boldsymbol{J}$ 及其导数是标量。式（10.6）中两个向量之间的点积将计算总和。

如上所述，不是令上述等式为 0，而是采用迭代方法来使用梯度下降求解向量 $\boldsymbol{B}$。从权重向量的初始值 $\boldsymbol{B}_j$ 开始，其中 j 是迭代步骤，步长称为学习速率，使用式（10.6），迭代直到求得使 $\boldsymbol{J}$ 最小化的点。

$$\boldsymbol{B}_{j+1}=\boldsymbol{B}_j-\text{学习速率}\times[\boldsymbol{P}_n-\boldsymbol{Y}_n]^{\mathrm{T}}\cdot\boldsymbol{X}\tag{10.7}$$

在实践中，会在经过一定数量的迭代之后，或当 $\boldsymbol{B}_j$ 和 $\boldsymbol{B}_{j+1}$ 之间的增量差异非常小的时候停止。通常，对于任何误差函数，可以使用类似于式（10.6）的公式计算权值。关键是计算成本函数的梯度 $\mathrm{d}\boldsymbol{J}/\mathrm{d}\boldsymbol{B}$，并将其代入下式计算：

$$\boldsymbol{B}_{j+1}=\boldsymbol{B}_j+\text{学习速率}\times\frac{\mathrm{d}\boldsymbol{J}}{\mathrm{d}\boldsymbol{B}}\cdot\boldsymbol{X}\tag{10.8}$$

请注意，对于逻辑回归，等式（10.6）中梯度计算的迭代更新组件与线性回归得到的迭代更新组件 $X^{\mathrm{T}}(\hat{Y}-Y_i)$ 非常相似——见 5.1.1 节。它们都具有相同的形式：

（预测向量 − 目标向量）×（输入数据矩阵）

如果忽略 $\boldsymbol{Y}$ 命名的轻微不一致。关键的区别在于 $\boldsymbol{Y}$ 和 $\boldsymbol{P}$ 的计算方式。在逻辑回归中，这些使用S形变换 ($y=\sigma(b_0+b_1x)$) 来评估，而在线性回归中使用单位变换 ($y=b_0+b_1x$) 来评估，即不对计算的输出应用缩放或变换。

这基本上是ANN和深度学习中激活函数的概念。考虑激活函数，如基于加权平均方案的规则。如果加权平均值 (b_0+b_1x) 超过预设阈值，则输出值为1，否则值为0——如果激活函数为sigmoid（S形）函数则会发生这种情况。显然，有许多候选函数可以使用（S形函数只是其中简单的一个）。下面显示的是深度学习中最常用的激活函数的示例：S形函数、双曲正切和修正线性单元 (RELU)(见图10.8)。

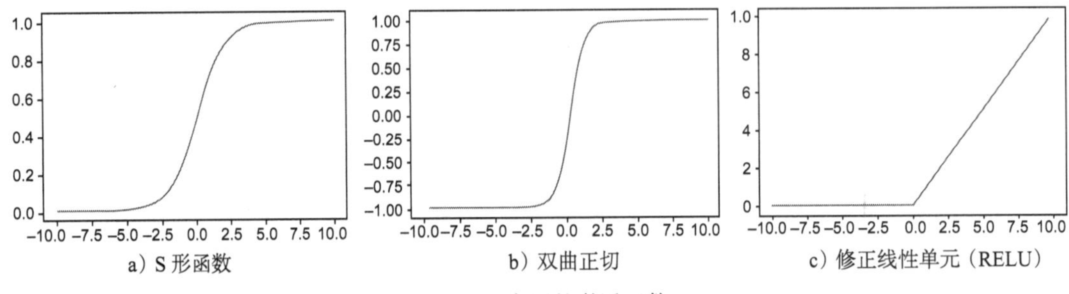

图10.8　常用的激活函数

观察S形函数和双曲正切之间形状的相似性——两者之间的唯一区别是缩放范围，双曲正切将输出缩放到 $[-1,1]$ 之间。RELU也是一个有趣的函数——如果加权平均值超过设定的阈值，则输出线性增加，否则设置为0。注意，这三个都是非线性函数，这是一个重要的特性，使ANN和深度学习网络能够分类那些在10.2节中讨论的线性不可分离数据。

下表总结了应用梯度下降法进行线性回归和逻辑回归时出现的一些常见定量公式。对于在一般ANN中出现的成本函数，如5.1.1节所述，以解析形式计算梯度是不可行的，必须使用数值近似来计算。实际上，这就是TensorFlow（TF）等软件包帮助实现的功能。这种实现在梯度计算和相关张量或矩阵方法统计方面严重依赖TF。

方式	成本函数	成本函数的导数	封闭式解决方案	梯度式解决方案
线性回归	$J=1/N\sum_{i=1}^{N}(y_i-b^{\mathrm{T}}x_i)^2$	$\mathrm{d}J/\mathrm{d}b=2/N\sum_{i=1}^{N}$ $(y_i-b^{\mathrm{T}}x_i)(-x_i)$	$B=(X^{\mathrm{T}}X)^{-1}Y^{\mathrm{T}}X$	$b_{i+1}=b_i-\eta\mathrm{d}J/\mathrm{d}B$，其中$\eta$是学习速率且$\mathrm{d}J/\mathrm{d}B=X^{\mathrm{T}}\cdot(\hat{Y}-Y_i)$
逻辑回归	$J=-\sum(p_n\log y_n+(1-p_n)\log(1-y_n))$	$\frac{\mathrm{d}J}{\mathrm{d}b}=\frac{\mathrm{d}J}{\mathrm{d}y}\frac{\mathrm{d}y}{\mathrm{d}z}\frac{\mathrm{d}z}{\mathrm{d}b}$ 其中 $y=\sigma(z)$且 $z=\Sigma b_i x_i$	无	$b_{i+1}=b_i-\eta\mathrm{d}J/\mathrm{d}B$；其中 $\mathrm{d}J/\mathrm{d}B=(P_n-Y_n)^{\mathrm{T}}\cdot X$

10.2.3　需要反向传播

加权平均是一种直觉，它允许从简单的逻辑和线性回归的两层模型开始概念化完整的ANN。如上所述，在10.2.2节中，梯度下降是基于前面的一次迭代生成输出逐步更新权重。通过随机选择权重开始第一次迭代。通过并行选择一系列起始权重，可以使这个过程更加高效和“全面”吗？也就是说，假设3个逻辑（或线性）回归单元或模型并行，而不是把 (b_1,

b_2) 作为初始权重，可以吗？这里有 3 组权重：(b_{11}, b_{21})、(b_{12}, b_{22}) 和 (b_{13}, b_{23})。这里第一个下标指的是输入节点或特征，第二个下标指的是中间或所谓的“隐藏”层中的节点。这在图 10.9 中有说明。事实证明，通过这样做，可以在每次迭代时付出小的计算代价，但是通过减少迭代次数可以更快地输出。最后，在最终输出之前，隐藏层的输出再次被另外 3 个权重（c_1、c_2 和 c_3）加权平均计算。

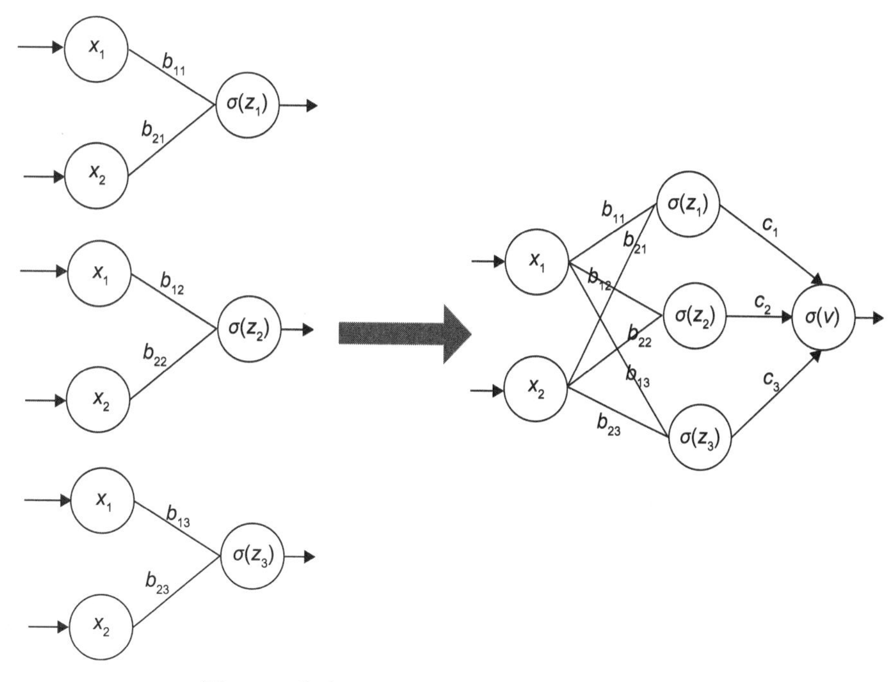

图 10.9　将多个逻辑回归模型组合到神经网络中

还要注意右侧的图形与左侧的图形完全相同，但表示上更简单。隐藏层就位后，首先从左到右计算输出：即 $\sigma(z_1)$、$\sigma(z_2)$ 和 $\sigma(z_3)$ 照常计算，c_1:c_3 的权重按顺序排列计算最终的 S 形函数 $\sigma(v)$，这将是第一次迭代。现在可以将输出与正确的响应进行比较，并使用交叉熵成本函数评估模型性能。现在的目标是减少这个误差函数，首先需要逐步更新权重 c_1:c_3，然后向后工作，再更新权重 b_{11}:b_{23}。这个过程被称为“反向传播”，原因很明显。无论有多少隐藏层或输出节点存在问题，反向传播仍然具有相关性，这个对于理解所有 ANN 的工作原理至关重要。这个计算的实际机制在 4.6 节中用一个简单的例子描述了，这里不再重复。这种情况下使用的例子和现在这个例子的主要区别在于误差函数的计算。

10.2.4　分类超过 2 个：softmax

回想一下，通过使用逻辑回归，可以解决二元分类问题。但是，大多数真实世界的分类都需要将其分类为两个以上的类别之一。例如，识别人脸、数字或对象等。人们需要一个方便的工具来识别给定样本属于几个类中的哪一个。还要记得，在本章到目前为止讨论的网络模型中，只有一个输出节点，可以得到给定样本属于一个类的概率。通过扩展，可以为每个需要分类的类添加一个输出节点，并且可以简单地计算样本属于该特定类的概率（见图 10.10）。这直观地说明了“softmax”功能是如何工作的。

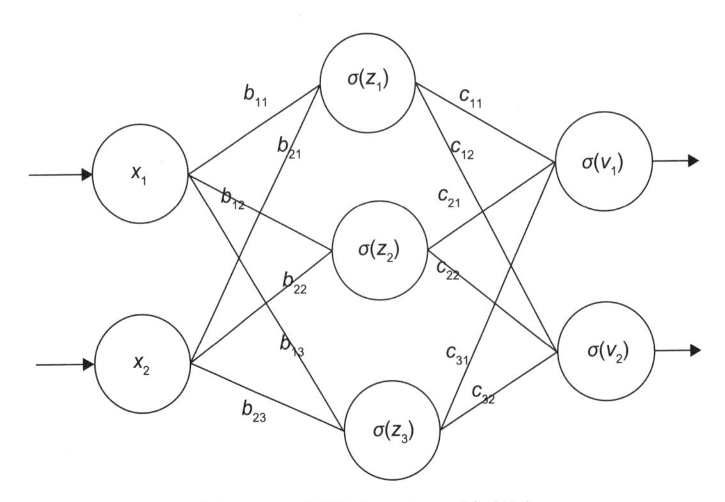

图 10.10 网络中 softmax 输出层

softmax 进行两次计算：它对在输出层的每个节点处接收的值进行取指，然后通过用所有输出节点接收到的指数值的和对该值进行标准化。例如，当输出层有两个节点（第一类和第二类各一个）时，每个类的概率可表示为：

$$p(Y=\text{第一类}):\ \frac{e^{z_1}}{(e^{z_1}+e^{z_2})}$$

$$p(Y=\text{第二类}):\ \frac{e^{z_2}}{(e^{z_1}+e^{z_2})}$$

第一类分子分母同时除以 e^{z_1}，得到：

$$p(Y=\text{第一类}):\ \frac{1}{(1+e^{z_2-z_1})}$$

这是与 S 形函数（式（10.3a））相同的表达式，S 形函数只用于一个输出节点，用来实现二进制分类问题（即 $z_2=0$）。通常，对于 k 分类问题，softmax 计算如下：

$$p(Y=k)=\frac{e^{zk}}{\sum_{i=1}^{k}[e^{zi}]} \tag{10.9}$$

请注意，并没有说明 z_i 是什么。在实践中，它们具有与式（10.3a）相同的形式。即 $z_i=\Sigma b_i x_i$。另外要记住的是，在基于 S 形函数的逻辑回归中，使用阈值或输出概率的截止值来分配最终类——如果值为 0.5，则应用“硬最大值”将它分配给另一个类。

激活函数、反向传播和（基于微积分的）梯度下降的三重概念形成了可以被宽泛地称为深度学习的“ABC”，并且仍然是这些算法的数学核心。希望本节使用的简单网络（如线性和逻辑回归模型），可以直观地理解这些重要概念。结合第 4 章关于 ANN 的内容，我们现在应该有足够的能力来掌握利用这些技术扩展到更大规模的网络，如卷积神经网络。

构成“深度”学习网络的内容并没有严格的定义。一个共同的理解是，在输入和输出层之间具有三个或更多隐藏层的任何网络都被认为是“深层的”。基于前面章节中的数学描述，应该很容易理解如何去添加更多的隐藏层，如何增加权重参数 b_{ij} 的数量。在实践中，具有权重参数（称为可训练参数）的数量达到数百万的网络并不罕见。在接下来的几节中，将探讨深度学习方法的一些典型用例或应用，并讨论实际实现。

10.2.5 卷积神经网络

卷积是两个矩阵之间的简单数学运算。

考虑一个 6×6 矩阵 ***A*** 和一个 3×3 矩阵 ***B***。

$$\boldsymbol{A}=\begin{bmatrix}10 & 9 & 8 & 8 & 7 & 7\\ 9 & 8 & 8 & 7 & 6 & 6\\ 9 & 8 & 8 & 7 & 6 & 6\\ 1 & 1 & 1 & 0 & 0 & 0\\ 1 & 1 & 1 & 0 & 0 & 0\\ 0 & 0 & 0 & 1 & 0 & 0\end{bmatrix}$$

$$\boldsymbol{B}=\begin{bmatrix}1 & 1 & 1\\ 0 & 0 & 0\\ -1 & -1 & -1\end{bmatrix}$$

A 和 ***B*** 之间的卷积在数学上表示为 ***A*** (*) ***B***，产生新的矩阵 ***C***，其元素通过 ***A*** 和 ***B*** 的各个元素之间的和积获得。如下例所示，

$$c_{11}=10\times1+9\times1+9\times1+9\times0+8\times0+8\times0+9\times-1+8\times-1+8\times-1=3$$

$$c_{12}=9\times1+8\times1+8\times1+8\times0+8\times0+7\times0+8\times-1+8\times-1+7\times-1=3$$

以此类推。

通过可视化更容易理解该操作，如图 10.11 所示。矩阵 ***B*** 是较浅的阴影，它基本上是从较大的矩阵 ***A***（较暗的阴影）从左（和顶部）到右（和底部）滑动。在每个重叠位置，将 ***A*** 和 ***B*** 的相应元素相乘，并且如图中所示将所有乘积求和以获得 ***C*** 的对应元素。所得到的输出矩阵 ***C*** 的尺寸将小于 ***A*** 但大于 ***B***。那么，这个卷积操作的作用是什么？矩阵 ***A*** 通常是原始图像，其中矩阵中的每个单元是像素值，矩阵 ***B*** 称为滤波器（或核），当与原始图像卷积时产生新图像，其仅突出显示原始图像的某些特征。

c_{ij} = 重叠单元的和积

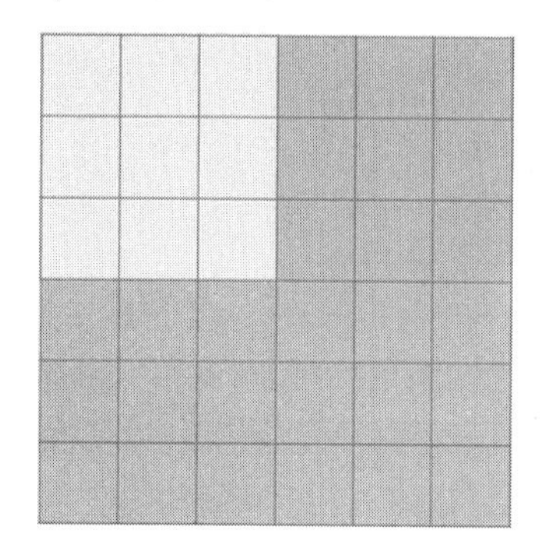

$c_{11} = a_{11}b_{11}+a_{12}b_{12}+a_{13}b_{13}+\ldots+a_{33}b_{33}$

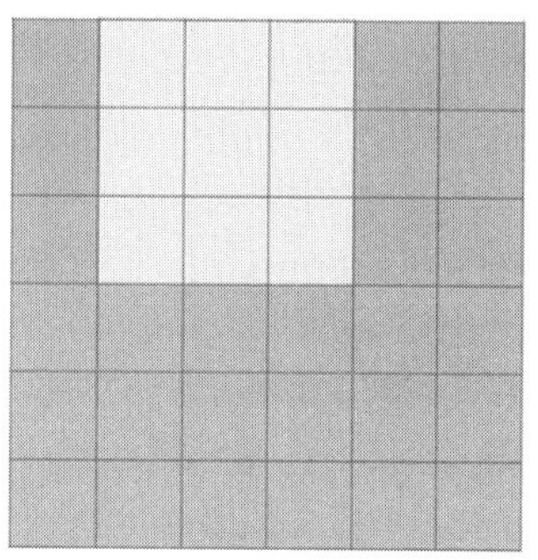

$c_{12} = a_{12}b_{11}+a_{13}b_{12}+a_{14}b_{13}+\ldots+a_{34}b_{33}$

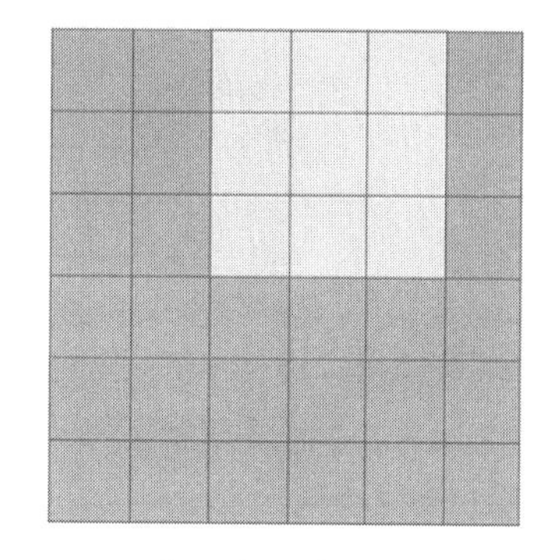

$c_{13} = a_{13}b_{11}+a_{14}b_{12}+a_{15}b_{13}+\ldots+a_{35}b_{33}$

图 10.11 计算一个卷积

如图 10.12 所示，***A*** 和 ***B*** 主要是像素图，当卷积在一起时产生另一个像素图 ***C***。可以看出 ***C*** 强调或突出 ***A*** 中的水平边缘，其中像素从高值跳到一个低值。在这种情况下，重阴影

看起来很厚——但是在真实图像的情况下，矩阵大小在 1000s 的量级（例如，一百万像素图像大约是 1000×1000 像素的矩阵），重阴影线条将更精细，清晰地划分或检测图片中的任何水平边缘。关于滤波器的另一个注意事项是当它被翻转 90 度或转置（即使用 $\boldsymbol{B}^{\mathrm{T}}$ 而不是 $\boldsymbol{B}$）时，对原始图像进行卷积可以检测垂直边缘。可以通过明智地选择 $\boldsymbol{B}$，以识别任何方向的边缘。

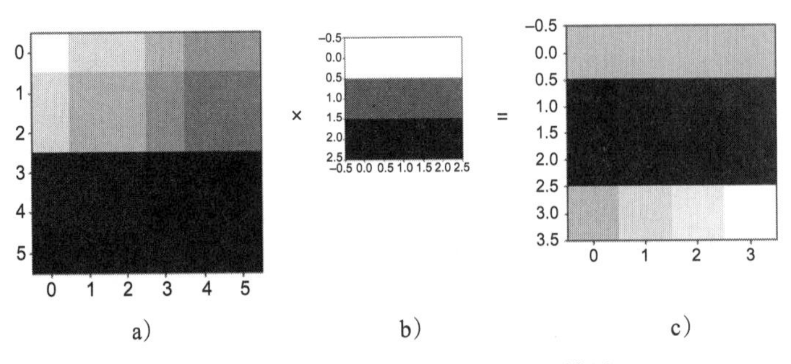

图 10.12　对原始图像执行卷积的效果

因此，卷积对于识别和检测图像中的基本特征（例如边缘）是极有用的。挑战当然是为给定图像确定正确的滤波器。在该示例中，这是直观地做的——然而，机器学习可以用于确定最佳的滤波器值。请注意，确定滤波器的问题是找到示例中矩阵 $\boldsymbol{B}$ 的 3×3=9 个值。需要注意几点：矩阵 $\boldsymbol{A}$ 在灰度图像的像素方面是 $n_{\text{width}} \times n_{\text{height}}$。标准彩色图像有三个通道：红色、绿色和蓝色。通过考虑三维矩阵 $n_{\text{width}} \times n_{\text{height}} \times n_{\text{channels}}$，与具有颜色通道的多个不同滤波器卷积，可以较容易地处理彩色图像。

在图 10.12 中，可以观察到 $\boldsymbol{C}$ 小于原始图像 $\boldsymbol{A}$。如果已知 $\boldsymbol{A}$ 和 $\boldsymbol{B}$ 的尺寸，则可以确定 $\boldsymbol{C}$ 的尺寸。为简单起见，假设 $n_{\text{width}}=n_{\text{height}}=n$ 在实际应用中非常常见。如果滤波器也是大小为 f 的方阵，则输出 $\boldsymbol{C}$ 是维度为 $n-f+1$ 的平方。在本例中，$n=6$，$f=3$，因此，$\boldsymbol{C}$ 是 4×4。

由于卷积过程减小了原始图像大小，因此有时使用虚拟像素放大原始图像以保留原始大小。该过程称为“填充”，如图 10.13 所示。如果 p 是填充像素的数量，则输出维数由 $n+2p-f+1$ 给出。因此，在该示例中，如果添加一个填充单元，则 $\boldsymbol{C}$ 的输出将是 6×6。

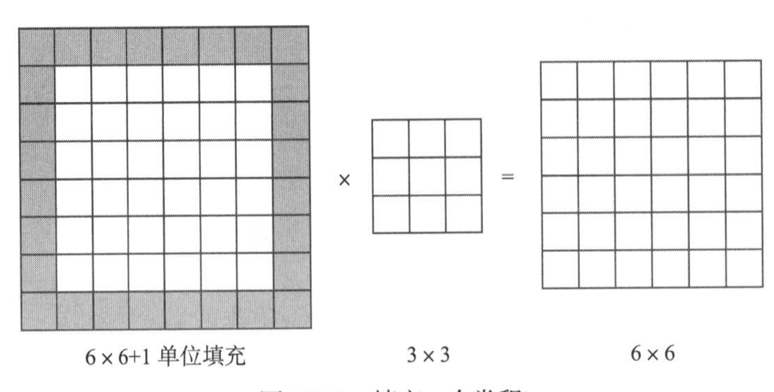

图 10.13　填充一个卷积

计算卷积的另一个重要考虑因素是“步长”。这是每次计算下一个元素的输出时，滤波器前进的像素数。在到目前为止讨论的例子中，假设步长为 1。图 10.14 说明了这一点，使用步长 s，则输出的维数可以计算为 $(n+2p-f)/s+1$。

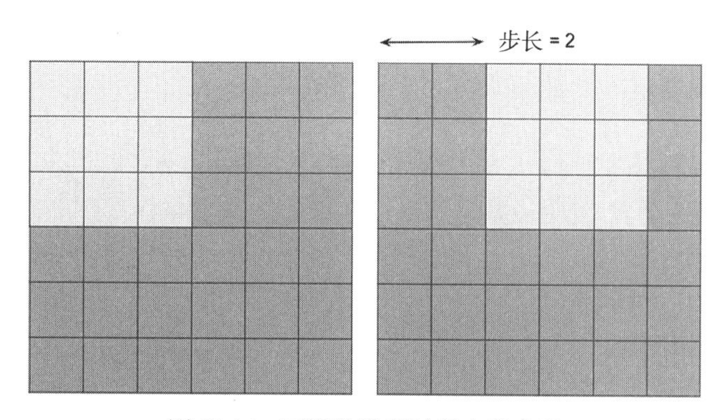

图 10.14 可视化卷积过程中的步长

到目前为止，人们一直认为卷积有助于识别边缘等基本图像特征。因此，滤波器遍历图像，在输出的每个位置上，可以计算图像和滤波器之间相应元素的和积。但是，如果只是在每个计算位置的重叠单元中使用最高像素值（见图 10.15），那么将获得一个称为最大池化的过程，而不是执行和积。最大池化可以被认为是突出图像中最主要特征的操作（例如，脸部的眼睛）。最大池化是另一种广泛应用在图像处理中的特征检测策略。与最大池化相似，平均池化也可以实现某些“粉饰”原始图像，其中的值是重叠单元格的平均值，而不是做和积。合并后的输出维数的计算仍然是 $(n+2p-f)/s+1$。

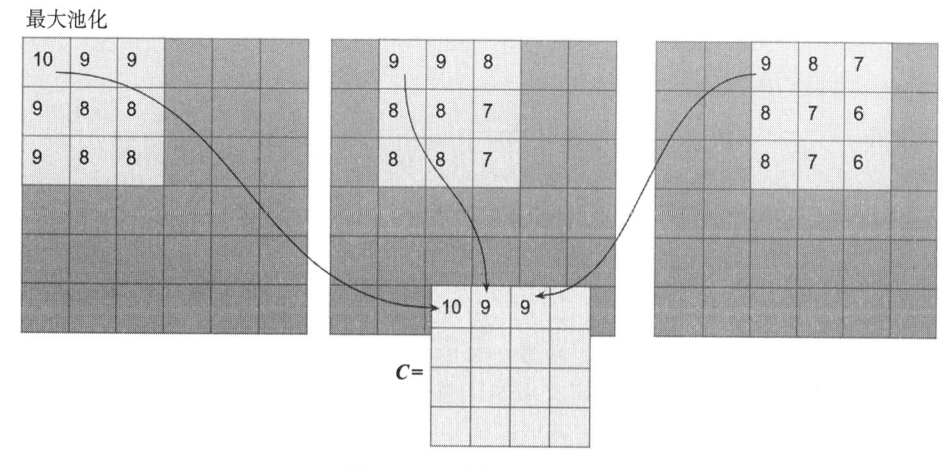

图 10.15 最大池化可视化

卷积是类似于式（10.1）的线性函数，是任何神经网络的一般形式，其中权重 ***B*** 现在是滤波器矩阵的像素，输入 ***A*** 是图像像素值，和积 ***C*** 类似于式（10.3a）中的 z。类似于在式（10.3b）中将非线性操作应用于 z，***C*** 的元素通常通过一个 RELU 非线性传递。正如我们将要总结的，这整个过程形成了一个卷积层。该卷积层的输出被发送到下一层，该层可以是另一个卷积层（具有不同的滤波器）或“扁平化”并发送到规则的节点层（被称为“全连接”层），稍后将对此进行描述。

在图 10.16 中，***A***[0] 是原始图像，***C*** 是与滤波器 ***B*** 卷积的结果。***A***[1] 是向 ***C*** 中的每个元素添加偏置项，并将它们传递给 RELU 激活函数的结果。***B*** 类似于式（10.1）的权重矩阵 ***b***，而 ***C*** 类似于式（10.2b）中的 $\sigma(z)$。进行这些比较的目的是强调如何将卷积用作深度学习网络的一部分。在神经网络中，反向传播可以用于计算权重矩阵 $\boldsymbol{b}$ 的元素，并且可以应用类似的过程来确定滤波器矩阵 $\boldsymbol{B}$ 的元素。

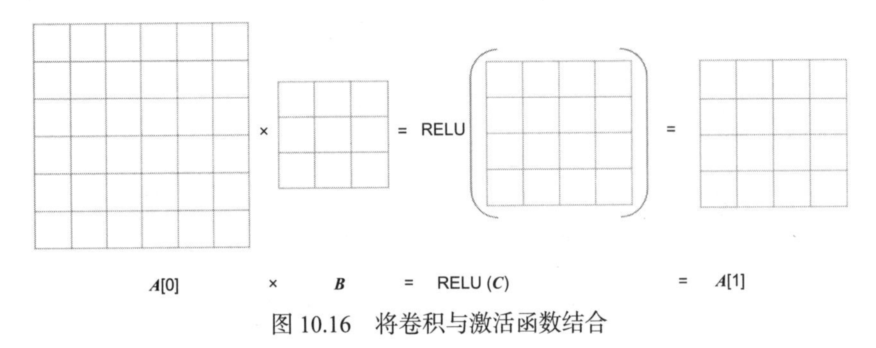

图 10.16　将卷积与激活函数结合

另外一个注意事项：TF 和此类工具允许在同一层中应用多个滤波器。因此，例如，可以让 $\boldsymbol{B}_1$ 为水平边缘检测器，$\boldsymbol{B}_2$ 为垂直边缘检测器，并在 $\boldsymbol{A}[0]$ 上应用两个滤波器，输出 $\boldsymbol{C}$ 可以是张量地表示为卷积。在这个例子中，$\boldsymbol{C}$ 的尺寸为 4 × 4 × 2，基本上是两个 4 × 4 矩阵的堆叠，每个矩阵是 $\boldsymbol{A}$ 和 $\boldsymbol{B}_i$（i=1,2）之间卷积的结果。图 10.17 显示了如何在一个层中添加多个滤波器从而生成一个体网络。

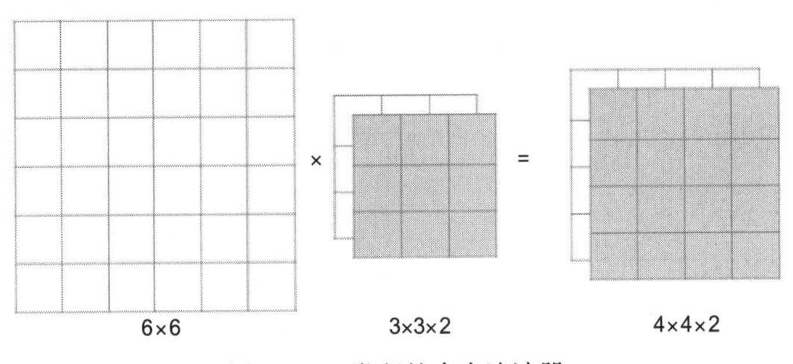

图 10.17　卷积的多个滤波器

为了确定滤波器的元素，记住使用反向传播。因此，需要计算成本函数，例如式（10.3）中的成本函数，并使用梯度下降最小化或最大化它。现在，成本函数取决于此示例中的 3 × 3 × 2=18 个参数。为了完全定义成本函数，可以将输出 4 × 4 × 2 矩阵“平展”到 32（=4 × 4 × 2）个节点，并将每个节点连接到逻辑回归的输出节点或 softmax 的输出节点。

图 10.18 显示了 LeCun（1989）引入的经典 CNN 架构。它由几个卷积层组成，这些卷积层之间穿插着最大池化层，最后是所谓的全连接层，其中最后一个卷积输出矩阵被平展化为它的组成元素，并通过几个隐藏层，最后到达一个 softmax 输出层。这是最早的 CNN 之一，用于识别手写数字。

CNN 是由于某些原因而高效运行的高度有效的深度学习网络。特征检测层（例如 Conv1、Conv2 等），在计算上非常快，因为训练的参数很少（例如，每个 Conv1 滤波器为 5 × 5，其产生 25+1 个参数，有 1 个用于偏置，乘以 6 个滤波器，一共 156 个参数），并且并非输出矩阵中的每个参数都连接到下一层的每个其他参数，就像在典型的神经网络中那样（例如沿网络向前时的全连接层中发生的那样）。因此，全连接层 FC1 和 FC2 具有 576 × 120=69 120 个参数用于训练。由于其灵活性和计算效率，CNN 现在是实际应用中最常用的深度学习技术之一。

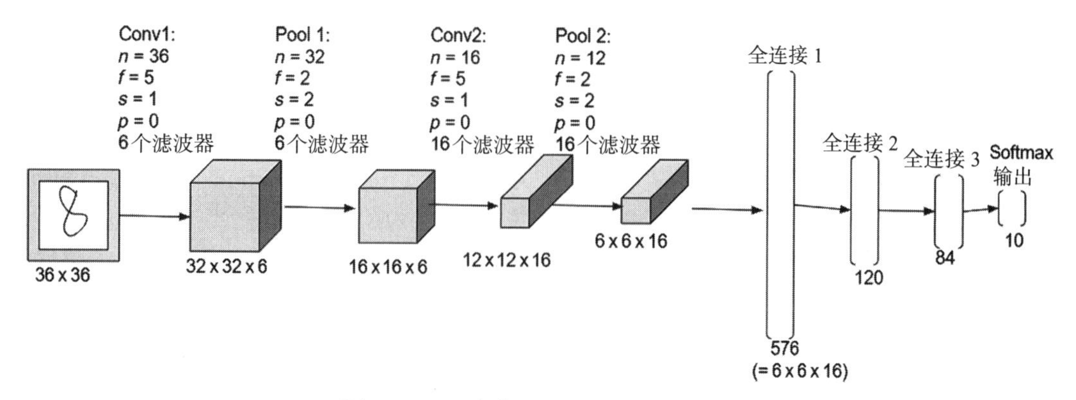

图 10.18 一个典型的 CNN 模型的架构

图层是深度学习的高级构建块。如图 10.18 所示，有几个卷积层和几个全连接层（也称为“密集”层），每个层接收来自前一层的输入，应用权重和利用激活函数聚合。这里总结了在深度学习中使用的一些其他关键概念。

10.2.6 密集层

密集或全连接层是前一层中的所有节点都连接到下一层中的所有节点的层。几个密集层在数据中形成不同级别的表示（见图 10.19）。

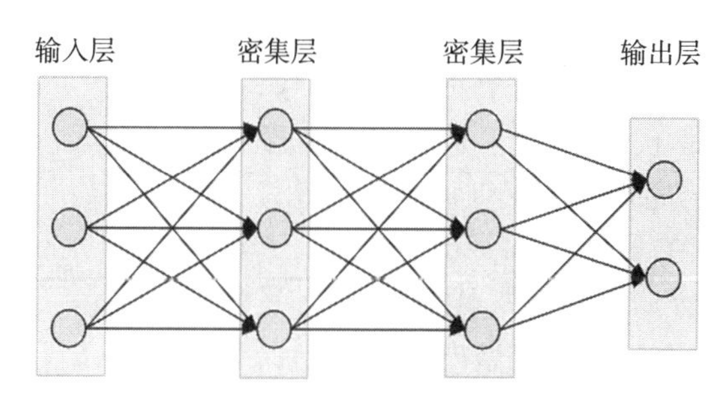

图 10.19 密集或全连接层的示例

10.2.7 随机失活层

随机失活层有助于通过在层中随机丢弃节点来防止模型过拟合。丢弃节点的概率由范围从 0 到 1 的因子控制。更接近 1 的丢失因子会从该层丢弃更多节点。这是一种正则化形式，可降低模型的复杂性。这个概念如图 10.20 所示。

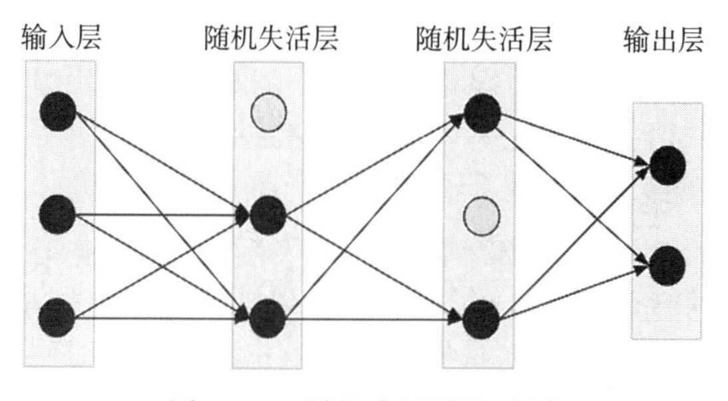

图 10.20 随机失活层的示例

10.2.8　循环神经网络

由于前面各节所述的各种原因，深度学习领域在过去十年中出现了爆炸式的增长。本章提供了最常见的深度学习方法中较直观的一种：CNN。这些只是深层神经网络架构的一种表示。广泛使用的另一种突出的深度学习方法称为循环神经网络（Recurrent Neural Network，RNN）。RNN 可以在数据具有时间因素的任何情况下找到应用。一些突出的例子是来自财务数据或传感器数据的时间序列、语言相关数据（例如分析构成句子的一系列单词的情感）、句子中的实体识别、将一系列单词从一种语言翻译成另一种语言等。在这些实例中，网络的核心仍然包括与激活函数耦合的处理节点，如图 10.1 所示。

假设时间序列问题是一个文本实体识别问题。下面是一组由句子组成的训练示例，从中可以识别出每个句子中的命名实体，如专有名词、地点、日期等。因此，训练集看起来是这样的：

示例	$x^{<1>}$	$x^{<2>}$	$x^{<3>}$	$x^{<4>}$
1	This	is	an	egg
2	I	love	scrambled	eggs
3	Do	you	like	omelettes?
4	Green	eggs	and	Ham
5	My	name	is	Sam
...	...	...	...	...

这里的目标是预测 $y^{<j>}$，它是一个命名实体，如专有名词。所以，$y^{<4>}$ 将是 1，而 $y^{<1,2,3>}$ 是 0。RNN 背后的想法是通过按顺序来传递训练数据以训练网络（其中每个示例是有序序列）。在图 10.21 中，$x^{<t>}$ 是输入，其中 $<t>$ 表示序列中的位置。请注意，样本与序列一样多。$y^{<t>}$ 是基于训练数据为每个位置做出的预测。训练完成了什么？它将确定该（垂直描绘的）网络的权重集 b_x，b_x 与 $x_i^{<t>}$ 线性组合，并且通过非线性激活（通常为 tanh）产生一个激活矩阵 $a^{<t>}$。所以：

$$a^{<t>}=g(b_x x^{<t>})$$

然而，RNN 也使用前一时间步骤（或序列中的前一个词）中的激活值，因为通常在大多数序列（例如句子）中下一个词的预测通常取决于前一个词或一组词。例如，前面的单词“My”“name”和“is”几乎肯定会使下一个单词成为专有名词（即 y=1）。该信息有助于加强预测。因此，激活矩阵的值可以通过将前面步骤的激活值乘以另一个系数 b_a 来修改：

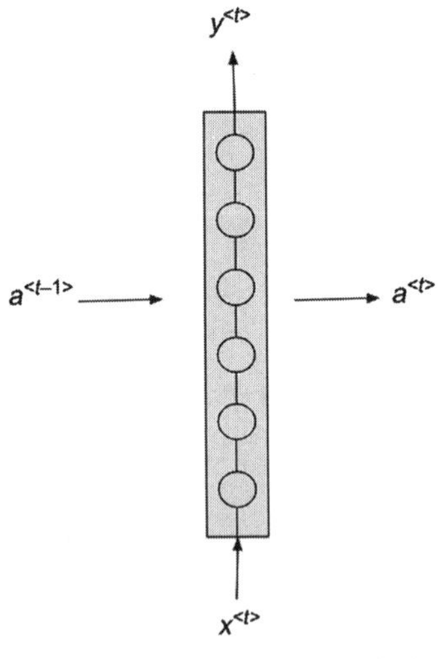

$$a^{<t>}=g(b_a a^{<t-1>}+b_x x^{<t>})$$

图 10.21　循环神经网络的基本表示

最后，位置 $<t>$ 的预测本身是由 $y^{<t>}=g(b_y a^{<t>})$ 得到的。其中 b_y 是另一组系数。通过使用反向传播的标准过程在学习过程中获得所有系数。由于数据的时间性质，RNN 通常不具有与 CNN 中那样深的结构。通常不会看到超过 45 个层都是时序连接的。

10.2.9 自动编码器

到目前为止，已经在有监督学习的背景下讨论了深度学习，其中使用明确标记的输出数据集来训练模型。深度学习也可以在无监督的上下文中使用，这是自编码器有用的地方。

自编码器适用于降维的深度学习（详见第 14 章）。这个想法非常简单：通过一系列隐藏层转换输入，但是得确保最终输出层与输入层的尺寸相同。然而，插入的隐藏层具有逐渐减少的节点数量（因此，减小了输入矩阵的维度）。如果输出与输入匹配或对它紧密编码，那么就可以将最小的隐藏层节点视为有效的降维数据集。

这个概念如图 10.22 所示。

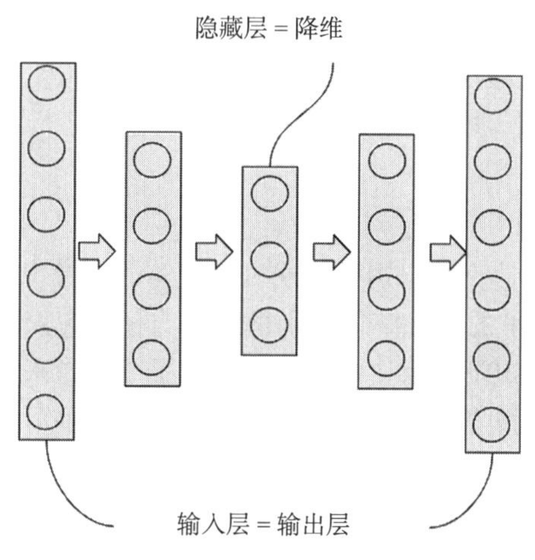

图 10.22 自动编码器的概念

10.2.10 相关 AI 模型

将简要提及另外两种算法，这些算法更多地涉及 AI 领域而不是迄今为止使用的直接函数逼近目标。然而，许多研究人员和专家倾向于将这些视为深度学习的新应用，因为深度网络可能被用作算法的一部分。

强化学习（RL）是一种基于代理的目标搜寻技术，其中（AI）代理试图根据奖励来确定在给定环境中采取的最佳动作。代理可以访问与环境中的各种状态相对应的数据以及每个活动的标签。可以使用深度学习网络来接收观察状态的数组，并为每个动作（或标签）输出概率。最流行的 RL 实现是谷歌的 AlphaGo AI，它击败了一名顶级人类围棋选手。例如，RL 的实际应用包括自动驾驶车辆的路径优化策略。在本书中，大多数此类应用都是实验性的。

生成对抗网络（GAN）处于深度学习实现的最前沿——它们最初于 2014 年推出，尚未找到主流的应用。建议将 GAN 用于生成类似于最初训练数据的新样本。例如，在接受大量人脸识别数据训练后，创建新的“人脸照片”。GAN 由两部分组成：生成器和鉴别器。这两者都是深度神经网络，生成器“混合”新样本，而鉴别器评估新样本是否“有效”。我们可以把它比作伪造货币，造假者试图在一开始就把伪造得很差的钞票作为假钞，然后被某个卖主拒收。伪造者从这种经验中学习并且将他的伪造过程变得越来越复杂，直到卖主不再能够区分伪造的纸币和真实的纸币，从而接受新纸币作为已知分布的有效样本。

10.3　实现过程

RapidMiner中的深度学习架构可以通过几种不同的路径实现。具有多个隐藏层的简单人工神经网络可以通过4.5节中介绍的“神经网络”操作符来实现。操作符参数可以配置为包括每个层内的多个隐藏层和节点。默认情况下，层结构密集。该操作符缺乏区分深度学习体系结构和简单神经网络的不同层次的设计。

RapidMiner的Keras扩展提供了一组专门用于深度学习的操作符。它利用了Python的Keras神经网络库。Keras主要是运行在流行的深度学习框架之上，如TensorFlow和Microsoft Cognitive Toolkit。RapidMiner中的Keras扩展支持顶级的、可视化的深度学习过程以及数据科学的预处理和后处理。Keras扩展需要安装Python和相关库[㊀]。在生产应用程序中，深度学习过程的建模和执行需要运行GPU的机器，而使用普通机器进行计算可能很耗时。以下实现使用Keras扩展操作符，可以在通用机器上运行[㊁]。

手写图像识别

光学字符识别是一种由计算机识别手写或机写字符的图像识别技术。本节提出了一种基于深度学习（卷积神经网络）的数字字符识别模型。与任何深度学习模型一样，学习器需要大量的训练数据。在这种情况下，需要大量被标记的手写图像来开发深度学习模型。MNIST数据库（修改的国家标准和技术研究所数据库）是有标记的手写数字的大型数据库，通常用于训练图像处理系统。该数据集由70 000个手写数字图像（0,1,2，…，9）组成。图10.23显示了数字2、8和4的示例训练图像。[㊂]

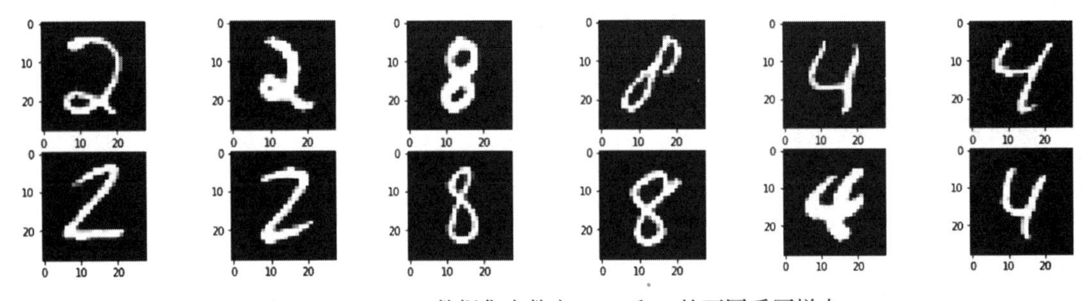

图10.23　MNIST数据集中数字2、8和4的不同手写样本

在MNIST数据集上实现手写图像识别的完整RapidMiner过程如图10.24所示。该过程有一个执行Python的操作符，用于将28×28图像像素转换为数据帧。Keras模型包含一个具有多个卷积层和密集层的深度学习模型。将该模型应用于测试数据集并评估性能。数据集和过程可在www.IntroDataScience.com上获得。[㊃]

㊀ https://community.rapidminer.com/t5/RapidMiner-Studio-Knowledge-Base/Keras-Deep-Learningextension/ta-p/40839。

㊁ 请注意，在CPU上，运行时间可能比在GPU上慢100到1000倍。对于此示例，在2.5 GHz核心i7上的运行时间为37小时。

㊂ MNIST数据库http://yann.lecun.com/exdb/mnist/。

㊃ 此实现示例由澳大利亚迪肯大学的Jacob Cybulski博士慷慨提供。

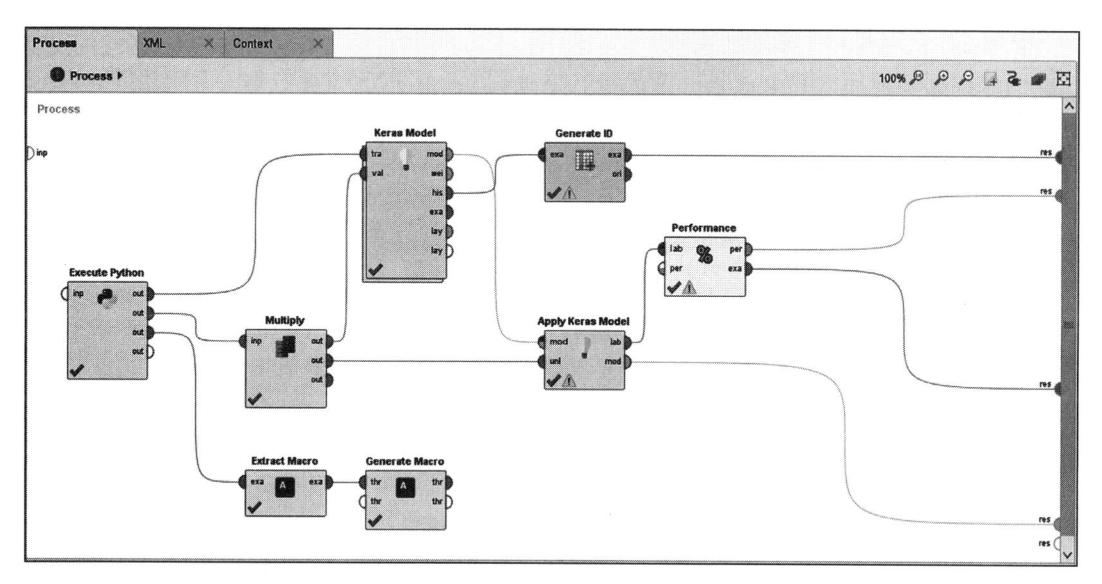

图 10.24 用于深度学习的 RapidMiner 过程

步骤 1：准备数据集

使用 RapidMiner 实现这个著名模型的关键挑战在于准备数据集。RapidMiner 期望数据以标准数据框架（表中的行作为示例，列作为属性）的形式组织成行和列，并且在当前版本（截至本书出版）中不能使用原始图像数据。原始数据包括 70 000 张 28 × 28 像素的图像。这就需要转换为 Pandas 数据帧，即 70 000 行（或样本）× 784 列（像素值），然后分成 60 000 个训练样本和 10 000 个测试样本。28 × 28（像素）产生 784 像素值。此过程中的第一个操作符是 Python 脚本执行器，它接收原始数据并对其进行转换。在执行 Python 操作符中（注：这非常类似于第 15 章中讨论的“执行 R”操作符，并且类似地工作），从 MNIST 数据集中读取数据集，保存其形状，像素数据从整数转换为浮点数，最后训练和测试“x”和“y”向量都“展开”并合并到 Pandas 数据帧中，“y”列定义为“标签”(使用 rm_metadata 属性)。图 10.25 以图形方式显示了执行 Python 块所完成的功能。形状信息也被转换为数据帧，以便稍后可以用于在卷积网络中设置图像大小和形状。执行 Python 块的结果由三个数据帧组成：训练数据帧 60 000 行 × 785 列；测试数据帧 10 000 × 785；存储有关数据的信息的形状信息数据帧（每个图像是 28 × 28 × 1 的张量，1 是指通道）。在展平 28 × 28 的图像后，我们有 784 列，我们再添加一列以包含“标签”信息（即指出哪个数字由这 784 列编码）。

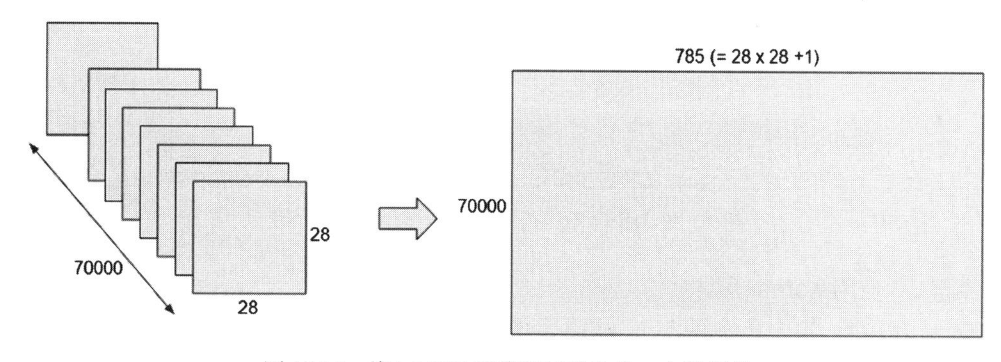

图 10.25 将 MNIST 图像张量改造为一个数据帧

步骤 2：使用 Keras 模型建模

图像数据转换后，其余过程非常简单。它通过 Keras 模型训练数据，并将模型应用于测试数据集（应用 Keras 模型），然后检查模型性能。“提取宏和生成宏”操作符将形状信息输入称为 img_shape、img_row，img_cols 和 img_channels 的变量中，这些变量用于将数据帧重新塑造为“ Keras 模型”操作符随后可以使用的张量。深度学习的主要建模操作符是位于路径 Keras> Modeling 文件夹下的“ Keras 模型”操作符。Keras 操作符是一种元操作符，其中包含深度学习层的一个子过程。选择的 Keras 建模操作符的主要参数是：输入形状（img_size(=img_rows*img_cols*img_channels)），损失（categorical_crossentropy），优化器（Adadelt）。学习速率、回合数（Epochs）、批处理大小最初分别设置为 1.0、12 和 128。这些可以在以后调整，以获得最佳性能。

Keras 深度学习网络的架构如图 10.26 所示。需要注意的主要事项是，我们需要包含一个额外的初始步骤（添加重塑），根据传递给 RapidMiner 的大小和形状信息，将数据折叠回原始形式（28 × 28 × 1）。有两个 Conv2D 层：第一个使用 32 个滤波器（n=32），第二个使用 64 个滤波器。所有滤波器均为 3 × 3（即 f=3）和步长（s=1）。最大池化层（使用 f=2 和 s=2）和随机失活层随机消除 25% 的节点（见图 10.20），完成网络的 CNN 部分，然后将二维图像转换为一个包含 9216 个节点的列。这连接到一个具有 128 个节点的层，应用另一个随机失活层（50%），最后终止于一个具有 10 个单元的 softmax 输出层。作为练习，鼓励读者将此过程编写为类似于图 10.18 的示意图，以确保网络的内部工作更清晰。当你从一个层移动到下一层时，Keras 会自动计算输出大小（即该层的输出节点数）。用户必须通过指定正确的 input_size 来确保上一层的输出与下一层的输入兼容。读者还应尝试计算每层需要学习的权重或参数的数量。图 10.27 显示了模型摘要，该模型具有超过一百万个权重（称为“可训练的参数”），需要进行训练或学习，使其成为真正的深度学习模型。观察到在第一密集层中出现最大数量的权重。

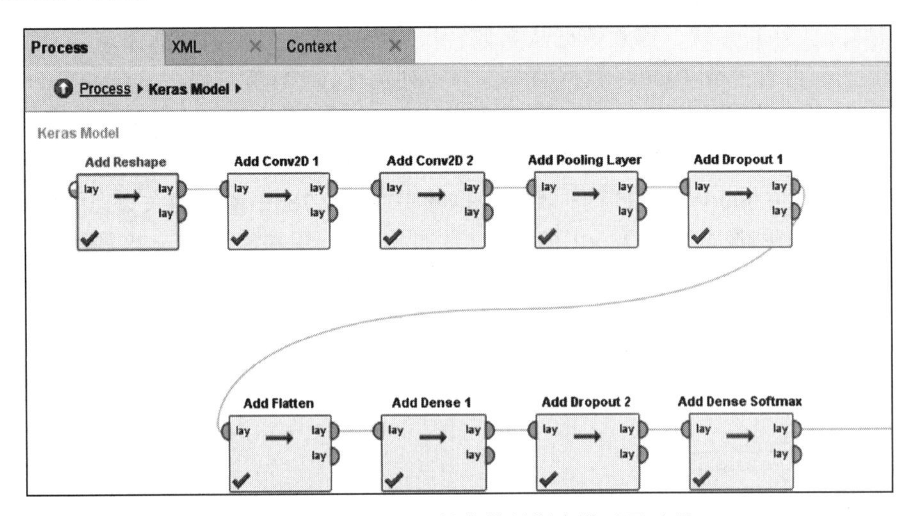

图 10.26　用于 Keras 操作符的深度学习子过程

步骤 3：应用 Keras 模型

Keras 建模操作符开发的模型可用于测试数据集，该数据集可以使用路径 Keras> Scoring 文件夹下的应用 Keras 模型。此操作符与其他应用模型操作符类似。操作符的输入是具有 10 000 个标记图像数据帧和模型的测试数据集。输出是评分数据集，然后将得分的输出连接到“性能（分类）”操作符，以将基于深度学习的数字识别与标签的实际值进行比较。

KerasModelIOObject

Layer (type)	Output Shape	Param #
reshape_1 (Reshape)	(None, 28, 28, 1)	0
conv2d_1 (Conv2D)	(None, 26, 26, 32)	320
conv2d_2 (Conv2D)	(None, 24, 24, 64)	18496
max_pooling2d_1 (MaxPooling2	(None, 12, 12, 64)	0
dropout_1 (Dropout)	(None, 12, 12, 64)	0
flatten_1 (Flatten)	(None, 9216)	0
dense_1 (Dense)	(None, 128)	1179776
dropout_2 (Dropout)	(None, 128)	0
dense_2 (Dense)	(None, 10)	1290

Total params: 1,199,882
Trainable params: 1,199,882
Non-trainable params: 0

图 10.27　深度学习模型及其组成层的概述

步骤 4：结果

图 10.28 显示了基于 CNN 的深度学习模型执行的预测结果。从混淆矩阵中可以看出，通过召回率、精确率或整体准确度度量的性能在所有数字上约为 99% 左右，表明该模型性能非常好。该实现显示了深度学习过程的强大功能和复杂性。

accuracy: 99.04%

	true 7	true 2	true 1	true 0	true 4	true 9	true 5	true 6	true 3	true 8	class precision
pred. 7	1015	4	0	1	0	0	0	0	0	1	99.41%
pred. 2	5	1023	1	0	0	0	0	0	2	2	99.03%
pred. 1	2	1	1130	0	0	1	0	2	0	0	99.47%
pred. 0	1	1	0	975	0	1	3	4	0	3	98.68%
pred. 4	0	1	0	0	969	3	0	1	0	0	99.49%
pred. 9	2	0	0	0	6	994	0	0	0	4	98.81%
pred. 5	0	0	0	1	0	5	881	1	1	1	98.99%
pred. 6	0	0	2	2	5	0	3	949	0	0	98.75%
pred. 3	2	1	2	0	0	3	5	0	1006	1	98.63%
pred. 8	1	1	0	1	2	2	0	1	1	962	99.07%
class recall	98.74%	99.13%	99.56%	99.49%	98.68%	98.51%	98.77%	99.06%	99.60%	98.77%	

图 10.28　深度学习预测值与实际值的比较

10.4　总结

深度学习是一个快速发展的研究领域，其应用涵盖结构化和非结构化的数据（文本、语音、图像、视频和其他）。每天都会有深层架构新的变体，并带来新的应用。在广泛的数据科学专题书的范围内很难公正地对待这个领域。本章简要概述了一系列的深度学习技术。概述了当今大多数 AI 应用是如何仅通过深度学习来支持的。演示了深度学习与多元线性回归、逻辑回归等函数拟合方法的基本相似性。还讨论了深度学习与传统机器学习之间的本质区别。然后花了一些时间详细介绍了一种最常见的深度学习技术——卷积神经网络以及如何使用 Rapidminer 实现它。最后，突出了一些其他深度学习技术，这些技术正在学术界和工业界中正迅速发展。

参考文献

Explainable Artificial Intelligence. (2016). *Broad agency announcement*. Defense Advanced Research Projects Agency. <https://www.darpa.mil/program/explainable-artificial-intelligence>.

Hinton, G. E., & Salakhutdinov, R. R. (2006). Reducing the dimensionality of data with neural networks. *Science, 313*, 504–507.

Le Cun, Y. (1989). Generalization and network design Strategies. *University of Toronto technical report CRG-TR-89-4*.

Marczyk, J., Hoffman, R., Krishnaswamy, P. (1999). *Uncertainty management in automotive crash: From analysis to simulation*. <https://pdfs.semanticscholar.org/2f26/c851cab16ee20925-c4e556eff5198d92ef3c.pdf>.

Minsky, M., and Papert, S (1969). *Perceptrons: an introduction to computational geometry*. Cambridge, Massachusetts: MIT Press.

Rosenblatt, F. (1957) The perceptron: A Probabilistic model for Visual Perception, Procs. of the 15th International Congress of Psychology, North Holland, 290-297.

Rumelhart, D. E., Hinton, G. E., & Williams, R. J. (1986). Learning representations by back-propagating errors. *Nature, 323*(9), 533–536.

Somers, J. (2017). Is AI riding a one-trick pony? MIT Technology Review, September 29, 2017. <https://www.technologyreview.com/s/608911/is-ai-riding-a-one-trick-pony/>.

Wissner-Gross, A. (2016). Datasets over algorithms. Edge <https://www.edge.org/response-detail/26587>.

第11章
推荐引擎

现在，每个人都受到利用机器学习的产品和应用日益增长的影响。在机器学习的所有应用中，推荐引擎技术为日常体验中一些最多产的实用程序提供了支持。推荐引擎是一类机器学习技术，它可以预测用户对某个项目的偏好；用户是商品或产品的客户或潜在客户。本质上，企业的目的是将客户与客户想要的产品连接起来。推荐引擎影响客户和产品之间的这种重要联系。因此，推荐引擎在如何将相关产品引入客户方面起着重要作用。无论是社交媒体主页上的新闻片段、流媒体服务中接下来要观看的内容、在线新闻门户中的推荐文章、新朋友推荐，还是从电子商务网站的推荐产品，都能体现自动推荐引擎在当今的数字经济中不可避免的影响。

1. 我们为什么需要推荐引擎?

实体店的空间有限，这就决定了它能容纳的独特产品的数量也有限；而一个只有几十种产品的企业，从设计上来说，给顾客的选择同样是有限的。无论是前者还是后者，预测客户想要购买的可用产品都相对容易。我们通常会看到零售商向其客户推荐其畅销产品。为了充分地从读者最可能经常购买的东西中获利，书店经常会在显眼位置处展示畅销书、新书或商店推荐购买的书籍。报纸在头版刊登政治、商业、体育和娱乐方面的头条新闻，也是因为预计它们将是读者最有可能阅读的文章。这种策略整体上成了客户的消费建议或产品预测。在这种方法中，所有客户都有一个共同的推荐列表。它为客户提供了良好的服务，因为客户中的大多数人购买了最畅销的产品（这些产品也正因此成了畅销产品），并为企业提供了良好的服务，因为它使客户能够轻松购买畅销产品。

服务于实体环境的传统推荐策略没有考虑单个客户的偏好。毕竟，不是所有的顾客都是一样的。有些人可能更喜欢商业书籍，而不是推理小说，有些人可能喜欢阅读体育新闻，而并不真正关心时事或政治。在更深的层次上来说，没有一个用户是相同的，每个人对于他们想要消费的产品都有自己独特的兴趣和偏好。考虑到每个用户的独特兴趣和需求，最好为每个用户提供一个独特的推荐列表。顾客和企业都想拥有更个性化的店面，以最大限度地增加顾客与产品互动的积极体验。编辑精选和畅销产品排行榜都很好地反映了全球消费者的购买意愿。然而，除非该用户是典型的普通用户，否则这两种方法都不符合个人用户的偏好。

在线业务的出现大大扩展了企业可以提供的产品选择。在短短几年的时间里，用户可以通过流媒体服务即时观看50万部电影、浏览电子商务平台上的数百万种产品、阅读数百万篇新闻文章和用户生成的内容。货架空间不再是限制因素，大量独一无二的产品可以任由客户选择。然而，并不是所有产品的消费速度都是一样的。既然有轰动一时的大片，那么就会有一大堆消费频率较低的默默无闻的电影，而这些长尾产品往往服务于兴趣独特的客户。对恐怖片感兴趣的客户可能看过电影《龙纹身的女孩》（The Girl with the Dragon Tattoo），这是2011年上映的一部瑞典裔美国心理惊悚片。已知看过了《龙纹身的女孩》的客户，那么这些客户就可能会对斯堪的纳维亚犯罪小说的一个鲜为人知的亚流派非常感兴趣，这样，他们就会发现诸如《猎头》（Headhunters）、《杀戮》（The Killing）、《桥》（The Bridge）等作品。当有大量可立即消费的产品可供选择时，这种消费模式就会成为可能。在这种情况下，适用于所有畅销产品排行榜的方法和普通编辑工作者的挑选都是远远不够的。企业建立的客户与产品之间的联系越多，就越能保证客户的参与。此外，长尾产品的授权费往往比最畅销产品的更便宜。在这种情况下，用长尾产品留住客户会让企业获得更多的利润。

只有当用户知道要查找的内容时，搜索引擎才能提供一个很好的解决方案来发现长尾产品中的项目。信息检索系统的工作原理是，用户输入一个特定的电影标题（比如“猎头”），或者在某些推荐引擎的应用情况下，如果信息检索系统有能力进行搜索，用户可以搜索“斯堪的纳维亚犯罪小说”并获得电影列表。但是，如果没有斯堪的纳维亚犯罪小说亚流派这样的东西，或者用户不知道这类流派，又该怎么办呢？毕竟电影谢幕时可不会自动冒出什么推荐用于搜索内容的。

对于大多数客户来说最好的服务就是个性化店面，在那里他们可以从数以百万计的可用产品中发现最相关的产品。如果企业能够预测用户接下来将消费什么，那么它将同时为客户和自己服务。推荐引擎使个性化体验成为可能。

2. 推荐引擎的应用

推荐引擎已经成为在线体验不可或缺的一部分，在某些情况下，对离线体验也是如此。我们很难避免每天使用推荐引擎应用的影响。这些模型存在于数字生活中一些常见短语的背后：你可能认识的朋友、要关注的人、推荐的联系人、新闻推送、推特推送、购买该商品的顾客还购买了的商品、特色产品、推荐日期、你也可能喜欢的、相关的故事、推荐的电影、接下来要看什么等等。推荐引擎为这些在线体验提供动力（Underwood，2017）。推荐器的一些应用包括：

产品推荐：电子商务网站或任何拥有数千种产品的组织都使用产品推荐引擎，它是数字领域最早的推荐应用之一（Schafer，Konstan，& Riedl，2001）。推荐清单将（公司预测为与特定客户最相关的产品清单）显示在主页、产品页面、购物车、结账，甚至在订单确认页面上。推荐列表基于客户的过去购买或过去的点击流数据。电子商务公司经常将畅销排行、新产品和精选产品填入列表。一旦客户进入某产品页面，假设客户对该产品感兴趣，则新修改的推荐列表将会显示为“相关产品”或“其他客户也购买此产品”列表。类似的功能可以在一定程度上扩展到线下企业。可定制的营销优惠、与客户相关的优惠券代码和动态呼叫中心脚本是推荐引擎在离线体验中使用的一些方式。

内容推荐：个性化的新闻提要是增加内容站点粘性的一种方法。无论是使用台式机、移动设备还是任何其他设备，用户消费内容的时间都是有限的。内容公司通过向用户提供最相关的新闻故事、朋友的社交更新或一条推特来激励用户留在网站上。所有这些建议都基于用户过去的行为和其他用户在网站上的行为（Thorson，2008）。

娱乐推荐：就在几年前，人们还不知道追剧这种现象。娱乐产品的数字化消费已经

成为许多细分市场中媒体消费的主导方式。音乐流媒体提供商拥有大量的曲目，可以迎合用户对音乐的独特品位。它们可以向听众推荐一首新歌，因为这首歌与水牛春田（Buffalo Springfield）的那首已经被听众所喜爱的歌曲“For What it is Worth”具有相同的特点。

2006 年，Netflix 公司宣布了 Netflix 奖，这是一项公开竞赛，旨在评选出能够击败该公司自己的推荐引擎 CineMatch 的最佳推荐引擎模型，同时使推荐引擎的研究成为人们关注的焦点。就其本身而言，Netflix 发布了大约 50 万个匿名用户对 17 000 部电影的评级（用户可能会在观看电影后对电影进行 1 ～ 5 星评级）。尽管在此之前存在推荐引擎，但新的研究开始研究预测用户 - 产品交互的问题（Koren，Bell，& Volinsky，2009）。

11.1 推荐引擎的概念

无论是什么应用，推荐引擎都应该预测客户对特定产品的兴趣，并为客户提供高度个性化的推荐。为此，推荐引擎需要一些关于客户、产品和客户产品偏好的信息。推荐引擎的输入信息采用客户对产品的偏好的过去倾向的形式，例如，客户对内容流媒体服务的电影评级。客户公开这一评级信息时，隐含着一种理解，即认为公司将会继续向他们提供高度相关的作品，并倾听他们的意见。该公司将此数据点和从其他用户处收集的数据点输入推荐引擎。公司投资推荐引擎，努力为客户提供高度个性化的内容，维持客户的参与，并保持客户的信任，为客户提供关于他们喜欢的产品的信息。

推荐引擎的一般模型如图 11.1 所示。在本章中，客户被称为*用户*（user），产品被称为*项目*（item）。项目可以是产品、电影、歌曲、相册、艺术家、主题、新闻文章等。用户的项目偏好以评级的形式量化。评级可以是任何序数级别：1 ～ 5 星评级，分数，喜欢或不喜欢的标志，等等。

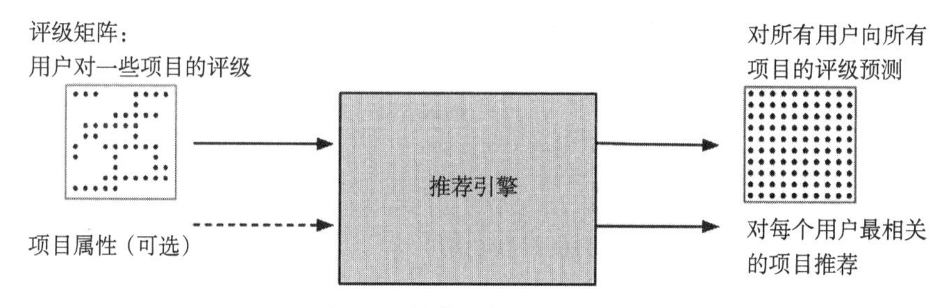

图 11.1　推荐引擎的一般模型

推荐引擎最常见的输入格式是*效用矩阵*或*评级矩阵*。它是一个简单的二维交叉表，列代表项目，行代表用户，单元格中是评级。评级矩阵中的一些单元格表示用户对某项目的偏好的评分。表 11.1 即是一个评级矩阵，其中可以看出用户 Josephine 按 1 ～ 5 星评级方法将电影《教父》(The Godfather）评为 5 星。或者，评级矩阵中的单元格可以显示为布尔标志，以指明用户是否购买、查看或搜索了某个项目。在带有评级数据的评级矩阵中，空白单元格或许表示几种可能性，最大的可能性就是用户还没有使用或体验过该项目，但也可能是用户在使用该项目后没有费心给出评级。在这两种情况下，都不能假定没有评级时用户就不喜欢该项目。

表 11.1　已知评级矩阵

	教父	2001 太空漫游	猎杀红色十月	冰血暴	模仿游戏	……
Josephine	5	4	1		1	
Olivia			2	2	4	
Amelia	5	1	4	4	1	
Zoe	2	2	5	1	1	
Alanna	5	5		1	1	
Kim		4	1	2	5	
…						

幸运的是，在表 11.1 所示的评级矩阵中，用户对项目进行了如此多的评级。然而，在现实中，评级矩阵中的大多数单元格都是空的。假设有一家“Etsy”风格的电子商务公司拥有 500 000 件商品和数百万用户，每个用户都可以对他们熟悉的产品给出 1 ～ 5 星的评级。如果所有的用户都对所有的项目进行评级，那将可能会有 10^{12} 个评级！一个典型的用户会购买多少种不同的产品？也许是 100 种。其中，用户会对多少项目进行评级？也许只有 10 个。那么，用户剩余的 499 990 个项目将在评级矩阵中表现为空白单元格。稀疏矩阵为推荐引擎提供了挑战和机会。模型必须筛选用户对其他 499 990 个项目的潜在偏好，并提供用户最感兴趣的十几个项目的列表。推荐引擎的目标是用每个用户和项目的预测评级填充评级矩阵的空白单元格，即使用户可能还没有使用或体验过这些项目。

在第 6 章中讨论的关联分析技术在方法上类似于推荐引擎。毕竟，这两种技术都向用户推荐项目，而且都使用机器学习算法。然而，关联分析技术的结果并不会针对特定的用户进行个性化。如果关联分析模型在尿布被放进用户购物篮的那一刻就推荐啤酒，那么同样的推荐也会被提供给所有用户，无论用户是否喜欢啤酒，甚至是否曾经买过啤酒。它是一个面向所有用户的基于规则的全局推荐。此外，在关联分析模型中，会话窗口的考虑范围仅限于当前对超市的访问，而不会考虑用户个人在以前访问时的购买历史。在推荐引擎的情况下，特定用户的过去评级或购买历史是构建未来用户 – 项目推荐的核心。当用户以匿名用户身份进入超市或访问网站时，不容易访问过去的历史数据。在这些情况下，关联分析的全局推荐提供了用户 – 项目偏好的良好近似。

1. 构建评级矩阵

表 11.1 所示的评级矩阵可用评级函数 f 表示。

$$\text{评级函数 } f\text{: } U \times I \rightarrow \boldsymbol{R} \tag{11.1}$$

其中 U 是用户集，I 是项目集，$\boldsymbol{R}$ 是评级矩阵。矩阵 $\boldsymbol{R}$ 中的初始已知评级是稀疏的，因为与所有可能的项目 – 用户组合相比，真正的用户 – 项目交互是非常少的。推荐的目的是用预测的未知评级填充空白单元格。建立一个完整的评级矩阵的过程包括三个步骤：

1）组合已知评级。

2）预测未知评级。

3）预测评估。

步骤 1：组合已知评级

以评级矩阵的形式收集和组合已知评级是最耗时的步骤，充满了数据捕获方面的挑战。评级可以是显式的，用户可以直接提供有关项目的评级。我们可以向用户提供以前使用过的项目列表，也可以让用户从预先选定的列表中选择自己喜欢的项目。当用户是新用户时，选择列表有助于进行某些评级。评级还可以从用户表示对某个项目感兴趣的愿望列表中得到。但显式评级面临的挑战在于它是不可扩展的。一个典型用户并不擅长主动提供评级，毕竟对于已购买或看过的产品，有多少人会对其进行评级？典型的响应率非常低，在 1% ～ 10% 的范围内（Weise，2017）。这限制了可用于构建可靠推荐引擎的数据量。

隐式评级收集提供了显式数据收集的替代或补充方法。隐式数据收集是从过去的用户动作推断出对项目的偏好，例如，搜索项目、先前的购买记录（非评级）、观看电影、产品视图等。虽然使用隐式收集可以获得大量关于用户 - 项目交互的数据，但其挑战在于很难从隐式行为中去推断评级的低或高。举例来说，用户可能看过某电影，但完全不喜欢该电影，我们不能仅仅因为用户看过就认为用户喜欢这部电影。显式评级和隐式评级的混合组合用于大规模生产部署，以克服个别方法的局限性（Hu，Koren，& Volinsky，2008）。

无论是显式数据收集还是隐式数据收集，对于新用户或新项目来说都没有可用的已知评级。因此，当新用户或新项目被引入系统时，我们很难提供相关的建议。这就是所谓的*冷启动问题*。当系统没有获得足够的用户或项目的数据时，推荐引擎不能从用户或项目中得出任何推论。因为新项目和用户不断地添加到系统中，所以冷启动成为推荐引擎面临的一个主要问题。在本章中讨论的用于构建推荐引擎的算法中，有一些算法非常容易处理冷启动问题，而有些算法则具有健壮性。

步骤 2：预测未知评级

预测未来用户 - 项目交互的评级是推荐引擎的关键目标。在某些情况下，我们的目标是显示目录中所有电影的 1 ～ 5 星级评级，以显示用户对电影的喜爱程度。然而，在大多数情况下，预测所有用户 - 项目交互的评级并不重要，我们想要的是只显示大量电影目录中最热门的推荐项目。因此，显示预测评级最高的项目，而不是显示所有预测评级的项目，可能就足够了。

步骤 3：预测评估

任何基于机器学习的预测模型都需要经过一个评估步骤来检查预测是否泛化，模型是否对训练数据集过拟合。一些已知的评级数据可以作为测试数据集来评估训练预测。推荐引擎的性能通常用评级的 RMSE（均方根误差）或 MAE（平均绝对误差）来衡量，它们衡量的是实际评级和预测评级之间的差值。RMSE 对较大的误差有惩罚，MAE 则具有易于解释的优点。当系统中捕获一个新的已知评级时，必须不断地测量所部署的推荐引擎的准确性，将新的实际评级结果与之前的预测结果进行比较。

2. 平衡

一个好的推荐引擎具有合理的预测评级准确度，与其他一些次要目标相平衡。有时，用户可能没有发现特定的类型，但可以从推荐列表中偶然发现的条目中获益。一部新的流行电影中也许没有用户最喜欢的演员或导演，但可能值得推荐，因为这部电影很受欢迎。推荐引擎强调了一种叫做过滤气泡（filter bubble）的现象，即用户被一些单一的观点包围（Bozdag，2013）。推荐的文章倾向于某一政治派别或所有推荐的电影都来自某一类型，这并不罕见，因为用户碰巧选取了某一特定的新闻文章或观看了某一特定类型的电影。相似的用户可能喜欢不同的类型，比如经典戏剧——如果他们有机会观看的话。提供多种选择和实现偶然发现的组合可以补充推荐引擎对用户 - 项目偏好的预测。公司通过创建混合列表（如内含新的、值得注意的或受欢迎的项目）以及推荐引擎列表来处理过滤气泡问题。

推荐引擎的类型

构建推荐引擎的机器学习方法可以分为图11.2所示的分类。构建推荐引擎的算法有很多种，每种算法都有自己的优势和局限性（Bobadilla，Ortega，Hernando，& Gutiérrez，2013）。关联分析作为推荐引擎方法的一种类型包含在该分类中，但是由于缺乏用户个性化和为推荐考虑的数据窗口，因此关联分析是不同的（Cakir & Aras，2012）。推荐引擎方法大致分为协同过滤（collaborative filtering）和基于内容的过滤（content-based filtering）。

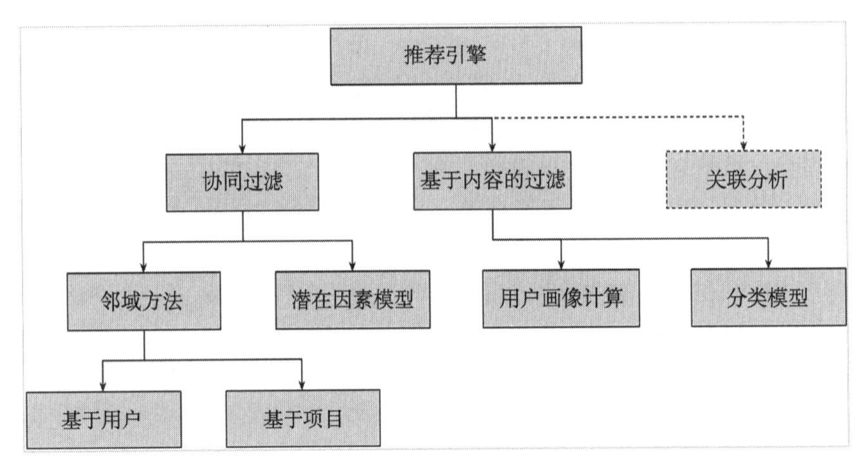

图11.2　推荐引擎分类

协同过滤：协同过滤是一类推荐器，它只利用过去的用户－项目交互，以评级矩阵的形式出现。它的运作方式假设是相似的用户会有相似的偏好。它使用来自所有其他用户的评级信息来提供用户－项目交互的预测，从而从完整的项目集中削减用户的项目选择。因而，得名为“协同过滤”。协同过滤技术可以进一步分为：

1）*邻域方法*：邻域方法（neighborhood method）首先找到一组用户或项目，这些用户或项目与要预测评级的用户或项目相似，从而预测用户－项目偏好。在*基于用户*的邻域方法的情况下，该算法的目的是找到一组用户，这些用户具有与所讨论的用户相似的评级模式，并且对所讨论的项目进行了评级。预测的评级是从这些类似用户的群组中推断出来的。这种情况与基于项目的邻域方法是一样的，即找到一组相似的项目，这些项目在同一用户对其进行评级时得到了相似的评级。相似项目的评级近似于用户对相关项目的评级。这两种技术都利用了4.3节中讨论的相似度评级。

2）*潜在因素模型*：积极管理的共同基金经理会寻找合适的公司进行投资，以追求超越市场平均水平。在数十万家上市公司中，基金经理们使用特定的标准或因素挑选了数十家公司。这些因素可以是管理的稳定性、市场定位、资产负债表的强度、现金流指标或产品的市场份额。他们甚至用这些因素来解释为什么在几十家公司中会优先考虑这些公司。因素拥有与公司的排名标准（Acme公司拥有高市场份额的产品）和基金经理对该因素的偏好（Cash Cow基金寻找具有高市场份额的公司）相同的广义维度。潜在因素模型倾向于通过同时表示一组公共因素上的用户和项目来解释评级。这组因素是从已知的用户－项目评级矩阵中推断出来的。因素可以采取可解释维度（比如“有外星人的科幻电影”）或不可解释维度的形式。它将用户和项目映射到同一组因素。例如，如果科幻电影的情节与外星人有关，并且用户偏好与外星人有关的电影，则会给出推荐；电影和用户在一定程度上都与同一个因素（外星人）

相关。

基于内容的过滤：除了协同过滤方法使用的评级矩阵外，基于内容的过滤还利用了项目的属性数据。例如，它可以使用关于电影（项目）内容的所有可用信息：演员、制片人、导演、发行年份、类型、描述等，以及用户－项目评级矩阵。基于内容的过滤使用*项目概要*（item profile）格式中的关于项目的信息。在获取项目偏好之后，基于内容的推荐器使用两种不同的方法预测用户－项目偏好：

1）*用户画像方法*：一旦开发了一个项目概要，就可以开发一个用户画像（user profile）来显示用户与项目概要中使用的属性的关联性。例如，如果用户对电影《冰血暴》（Fargo）、《谋杀绿脚趾》（The Big Lebowski）和《老无所依》（No Country for Old Men）给予了很高的评价，那么就可以说其用户画像中表现出对科恩兄弟（制片人 Joel Coen 和 Ethan Coen）作品的偏爱，因为他们执导了上述电影。用户画像方法就利用了这种技术。用户－项目的预测评级是通过用户画像和项目概要的相似性来计算的。由于电影《大地惊雷》（True Grit）在项目简介中与科恩兄弟相关，并且用户在用户画像中表现出了与科恩兄弟的关联，因此可以对该用户推荐此项目。

2）*有监督学习（分类或回归）模型*：我们可以考虑一种用户的情况，即该用户通过提供评级表现出对几部电影的明确偏好。而电影的项目概要有一组属性（例如演员、导演、类型、情节描述中的关键词等），所有的项目都有这组属性。如果将这两个数据集（用户的评级矩阵和项目概要）通过公共链接（项目）连接起来，那么将为用户获得电影评级（响应或标签）和项目属性（输入或预测器）。连接的数据集类似于用于创建分类或回归模型的训练数据。使用项目概要和评级矩阵，可以为每个用户开发一个分类或回归模型（比如决策树），并使用其属性预测一个未见项目的评级。我们可以采用有监督学习的方法，为系统中的每一个用户建立一个个性化的分类或回归模型，模型根据用户对特定项属性的关联性对项目进行评级。

11.2 协同过滤

协同过滤基于一个很简单的想法——如果某个项目是由志同道合的朋友推荐的，用户会更喜欢它。假设城里有一家新餐馆。如果一个恰好和用户有相同兴趣的朋友对它赞不绝口，那么用户可能也会喜欢它。这个想法很直观。协同过滤利用了这种对算法的洞察，通过找到与用户有相同偏好的一组用户，预测用户对某项目的偏好。对一个项目的偏好或预测评级可以由一组相似用户给出的评级来推断。

协同过滤方法的特点是算法只考虑评级矩阵，即过去的用户－项目交互。因此，协同过滤方法是独立于项目域的。同样的算法也可以用于预测电影、音乐、书籍和园艺工具的评级。事实上，除了用户给出的评级外，该算法并不知道任何关于项目的信息。

协同过滤的一些实际应用包括谷歌新闻推荐（Das，Datar，Garg，& Rajaram, 2007）、Last.fm 音乐推荐（Gupta et al.，2013）以及 Twitter 关注推荐等。协同过滤的总体框架如图 11.3 所示。评级矩阵的处理和评级预测的提取有两种不同的方法。邻域方法是找到一组相似的用户或项目，而潜在因素法则通过一组称为潜在因素的维度来解释评级矩阵。*矩阵分解*是潜在因素法的一种常见实现，其中用户和项目都映射到一组公共的自提取因素。

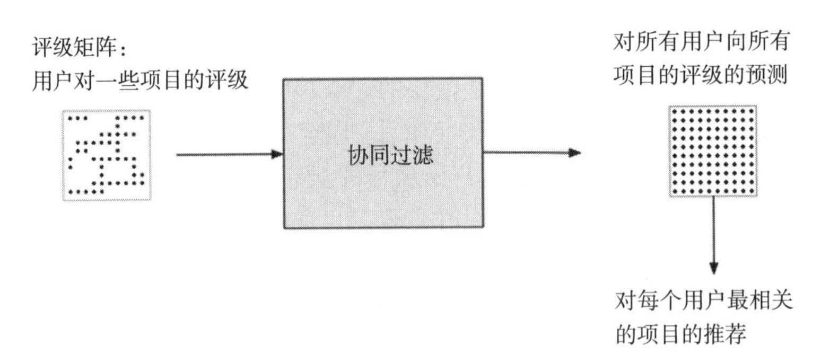

图 11.3 协同过滤推荐

11.2.1 基于邻域的方法

邻域方法计算的是用户（或项目）在已知评级矩阵中的相似性。在 4.3 节中讨论过的相似度分数或邻近度测量，被用于基于邻域的方法来识别相似的用户和项目。常用的相似性度量方法有：Jaccard 相似度、余弦相似度和 Pearson 相关系数。

基于邻域的方法的一般方法包括两个步骤以找到用户 - 项目的预测评级：

1）找到对相关项目（或用户）进行了评级的其他相似用户（或项目）群组。

2）从相似用户（或项目）的评级中推断评级。

基于邻域的系统有两种方法，即基于用户的方法和基于项目的方法，这两种方法是非常相似的。前者始于识别相似的用户，而后者始于识别相似用户的相似评级项目。对于表 11.1 中所示的评级矩阵，这两种方法共享相同的技术，一种是从查找相似的行开始，另一种则从查找相似的列开始。

1. 基于用户的协同过滤

基于用户的协同过滤方法假设相似的用户有相似的喜好。识别新的未见的用户 - 项目偏好的两步过程包括过滤相似的用户和从相似的用户中推断评级。基于用户的协同过滤方法与 *k*-NN 分类算法非常相似。

1）对于每个用户 x，找到一组与用户 x 相似的其他 N 个对项目 i 进行了评级的用户。

2）通过聚合（平均）这 N 个相似用户的评级，近似得出用户 x 对项目 i 的评级。

考虑表 11.2 中所示的已知评级矩阵。假设任务是判断用户 Olivia 是否会喜欢电影《2001 太空漫游》(2001 : A Space Odyssey)。第一步将是找到 N 个用户，这些用户与 Olivia 相似，且他们已经为电影《2001太空漫游》评级。第二步是从相似用户的群组中推断出用户 Olivia 的评级。

表 11.2 已知评级矩阵

	教父	2001 太空漫游	猎杀红色十月	冰血暴	模仿游戏
Josephine	5	4	1		1
Olivia		?	2	2	4
Amelia	5	1	4	4	1
Zoe	2	2	5	1	1
Alanna	5	5		1	1
Kim		4	1	2	5

步骤 1：识别相似用户

如果根据距离度量，用户的评级向量是接近的，则用户是相似的。将表 11.2 所示的评级矩阵视为一组评级向量。用户 Amelia 的评级表示为 $r_{\text{Amelia}}=\{5,1,4,4,1\}$。两个用户之间的相似性就是评级向量之间的相似性。为了度量用户向量之间的相似性，需要一个量化度量。Jaccard 相似度、余弦相似度和 Pearson 相关系数是常用的距离和相似性度量指标。由式（11.2）给出用户 Olivia 和用户 Amelia 两个非零值用户向量之间的余弦相似度度量。

$$\text{余弦相似度}(|x\cdot y|)=\frac{xy}{\|x\|\|y\|}$$

$$\text{余弦相似度}(r_{\text{Olivia}},r_{\text{Amelia}})=\frac{0\times5+0\times1+2\times4+2\times4+4\times1}{\sqrt{2^2+2^2+4^2}\times\sqrt{5^2+1^2+4^2+4^2+1^2}}=0.53 \tag{11.2}$$

请注意，余弦相似度将未评级视作零值评级，也可以看作低值评级。该假设适用于判断用户是否购买物品的应用，但在电影推荐的例子中，这个假设可能会产生错误的结果，因为没有评级并不意味着用户不喜欢这部电影。因此，需要增强相似性度量，以考虑某项目缺少评级和低评级的不同。此外，评级中的偏好也应该得到处理。有些用户在评级时比其他人更慷慨，而有些人则更挑剔。用户在评级时的偏好会扭曲用户之间的相似度评级。

中心余弦相似度度量通过标准化所有用户的评级来解决这个问题。为此，需要从用户的所有评级中减去用户的平均评级。因此，负数表示低于平均评级，正数表示高于相似用户给出的平均评级。评级矩阵的标准化版本如表 11.3 所示。评级矩阵的每个值都用用户的平均评级进行归一化。

表 11.3　归一化评级矩阵

	教父	2001 太空漫游	猎杀红色十月	冰血暴	模仿游戏
Josephine	2.3	1.3	−1.8		−1.8
Olivia			−0.7	−0.7	1.3
Amelia	2.0	−2.0	1.0	1.0	−2.0
Zoe	−0.2	−0.2	2.8	−1.2	−1.2
Alanna	2.0	2.0		−2.0	−2.0
Kim		1.0	−2.0	−1.0	2.0

用户奥利维亚（Olivia）和阿米莉亚（Amelia）的评分之间的中心余弦相似度或 Pearson 相关系数的计算公式为：

$$\text{中心余弦相似度}(r_{\text{Olivia}},r_{\text{Amelia}})$$
$$=\frac{0\times2.0+0\times-2.0+-0.7\times1.0+0.7\times1.0+1.3\times-2.0}{\sqrt{(-0.7)^2+(0.7)^2+(1.3)^2}*\sqrt{(2.0)^2+(-2.0)^2+(1.0)^2+(1.0)^2+(-2.0)^2}}=-0.65$$

可以预先计算所有可能的用户对之间的相似度分数，并且可以将结果保存在表 11.4 中所示的用户对用户矩阵中，以便在后续步骤中计算。此时，必须声明邻域或群组大小 k，类似于 k-NN 算法中的 k。在这个例子中，假设 $k=3$，则这一步的目标是找到三个用户，他们与电影《2001 太空漫游》的评级者 Olivia 相似。从表中可以发现，排名前三的用户与用户 Olivia 相似，分别是 Kim（0.90）、Alanna（−0.20）和 Josephine（−0.20）。

表 11.4　用户对用户相似度矩阵

	Josephine	Olivia	Amelia	Zoe	Alanna	Kim
Josephine	1.00	−0.20	0.28	−0.30	0.74	0.11
Olivia		1.00	−0.65	−0.50	−0.20	0.90
Amelia			1.00	0.33	0.13	−0.74
Zoe				1.00	0.30	−0.67
Alanna					1.00	0.00
Kim						1.00

步骤 2：从邻域用户中推断评级

$$\text{评级}R = \sum_{\text{邻居}}(\text{相似度评分}\times\text{评级}) \tag{11.3}$$

一旦找到用户群组，就可以直接推断出预测的评级。Olivia 对电影《2001太空漫游》的预期评级是 Kim、Alanna 和 Josephine 对同一部电影给出的平均评级。可以使用基于相似度评级的加权平均来获得更高的准确度，预测评级的一般公式如式（11.4）所示。

$$r_{xi} = \frac{\sum_{u\in N} s_{xu} r_{ui}}{\sum_{u\in N} s_{xu}} \tag{11.4}$$

其中 N 是与用户 x 类似且已对项目 i 进行评级的 k 个用户的集合，r 是用户 x 对项目 i 的预测评级。s_{xu} 是用户 x 和用户 u 的相似度分数。使用式（11.4）和相似度矩阵，可以为 Olivia 计算第 2 部电影《2001太空漫游》的预测评级：

$$r_{xi} = \frac{(0.9\times 1)+(-0.2\times 2)+(-0.2\times 1.25)}{(0.9-0.2-0.2)} = 0.05$$

Olivia 的预测评级比平均评级（2.7）高 0.05。因此，这部电影的最终预测评级为 2.75 星。如果 $k=1$，那么评级就是 3.7 星。

基于用户的邻域技术提供了一种直观的方法来填充评级矩阵，即，对于评级矩阵中的每个空白评级单元格，重复查找相似用户和评级推断的步骤。不过，协同过滤过程可能会很耗时。加速该过程的一种方法是对所有用户预先计算一次表 11.4 中所示的用户对用户相似度矩阵，然后重用结果作为识别相似用户的第一步。我们应该为每一个新用户更新用户对用户的相似度矩阵。然而，只有当用户的偏好信息已知时，才能计算出新用户与其他用户的相似度——这就遇到了冷启动问题！

冷启动问题是协同过滤技术最大的限制（Isinkaye，Folajimi，& Ojokoh，2015）。系统的新用户不会有项目偏好评级。系统可以要求新用户通过提供关于他们最喜欢的项目的信息来声明偏好，但无论如何，开始时新用户的项目评级是最少的。对于新用户，相似者邻域将会很小，因此，将该用户与其他群组用户进行匹配将会受到限制，从而导致推荐更少。类似地，新项目不属于以前的任何用户 - 项目交互中的一部分，并且这将导致用户对新项目的推荐更少。有些情况下，由于推荐次数较少，新项目就不会那么受欢迎了。对于现有用户或项目，邻域方法需要更多的数据才能使算法更有效，这对完全依赖于显式数据收集方法的应用来说可能是一个限制因素。

冷启动问题可以通过几个策略来缓解。首先，系统可以要求所有新用户在注册后选择或输入他们喜欢的项目。这可以是从电影列表中选择一些电影，或者在电影目录中标记它们。

新用户登录流程包含此步骤，因此推荐引擎具有关于新用户的一些种子信息。其次，系统可以通过搜索或点击流活动，在极大程度上依赖于隐式数据收集，直到可以构建一个可靠的偏好项目概要为止。

流行项目会受到广大用户的青睐。协同过滤倾向于向用户推荐受欢迎的项目，因为相似者群组可能会更倾向于对受欢迎的项目进行更高的评级。推荐受欢迎的商品并不一定是一个糟糕的决定，然而，推荐引擎的目标之一是发现独特的项目和用户的个性化。此外，非个性化的流行项目通常在畅销排行或热门趋势列表中显示，而这些列表为所有用户提供相同的内容。

2. 基于项目的邻域方法

基于项目的邻域方法基于这样的假设：用户更喜欢与以前喜欢的项目相类似的项目。在此背景下，相似的项目往往会由相同的用户进行相似的评级。如果用户喜欢黑色喜剧犯罪电影《冰血暴》，那么他可能喜欢犯罪惊悚片《老无所依》，前提是他对这两部电影的评级相似。这两部电影都是由同样的编剧和导演创作的，如果一个用户给《冰血暴》打了高分，那么该用户也可能给《老无所依》打了高分。如果两个项目的评级模式相似，则这两个项目在邻域内，且它们的项目向量彼此相近。因此，该项目的邻域是一组其他项目——当同一用户对这些项目进行评级时，这些项目往往得到类似的评级。使用基于项目的协同过滤识别新的用户 – 项目偏好的两步过程包括识别相似的项目和从相似的项目中推断出评级。

1）对于每个项目 i，被同一用户评级时，找到一组 N 个具有相似评级的其他项目。

2）通过聚合（平均）用户评定的 N 个类似项目的评级来近似得到项目 i 的评级。

使用基于项目的方法时，表 11.2 所示的评分矩阵可以用于计算同一未知单元（用户 Olivia 和电影《2001 太空漫游》）的预测评级。要实现基于项目的邻域方法，必须对表 11.2 中所示的评级矩阵进行转置（交换行和列），并继续执行与基于用户（或基于行）的邻域方法相同的步骤。表 11.5 显示了原始评级矩阵的转置版本。

表 11.5 转置的评级矩阵

	Josephine	Olivia	Amelia	Zoe	Alanna	Kim
教父	5		5	2	5	
2001 太空漫游	4	?	1	2	5	4
猎杀红色十月	1	2	4	5		1
冰血暴		2	4	1	1	2
模仿游戏	1	4	1	1	1	5

中心余弦或 Pearson 相关系数度量用于根据评级模式计算电影之间的相似度。由于目标是找到《2001太空漫游》的评级，因此需要为《2001太空漫游》寻找得分相似的所有电影。

表 11.6 与一部电影的归一化评级和相似度

	Josephine	Olivia	Amelia	Zoe	Alanna	Kim	与电影《2001 太空漫游》的相似度
教父	2.3		2.0	−0.2	2.0		**−0.10**
2001 太空漫游	1.3		−2.0	−0.2	2.0	1.0	**1.00**
猎杀红色十月	−1.8	−0.7	1.0	2.8		−2.0	**−0.36**
冰血暴		−0.7	1.0	−1.2	−2.0	−1.0	**0.24**
模仿游戏	−1.8	1.3	−2.0	−1.2	−2.0	2.0	**−0.43**

表 11.6 显示了与《2001 太空漫游》相关的所有电影的中心评级值以及相似度分数。我们采用式（11.2）对中心评分值进行计算，从而得到相似度分数。由于中心评级可以是负的，所以相似度分数可以是正的，也可以是负的。根据指定的邻居数量，电影《2001 太空漫游》的前 k 个相邻项目现在可以根据相似度分数的大小来缩小范围。假设 k=2。

从表 11.6 中可以看出，与 Olivia 对《2001 太空漫游》的评级最相近的两部电影分别是《冰血暴》和《猎杀红色十月》。根据式（11.4），Olivia 对《2001 太空漫游》的预测中心评级为：

$$r_{xi} = \frac{(0.24 \times -0.7) + (-0.36 \times -0.7)}{(0.24 - 0.36)} = -0.67$$

Olivia 对《2001太空漫游》的标准评分为 −0.67，而 Olivia 对《2001太空漫游》的真实评分为 2。注意，当使用基于用户的协同过滤时，相同用户 – 项目的预测评级是不同的。

3. 使用基于用户还是基于项目的协同过滤?

用于预测用户 – 项目组合的邻域技术，无论是基于用户的还是基于项目的，其实都非常类似。毕竟，如果在开始时对评级矩阵进行转置，那么基于项目的方法与基于用户的方法完全相同。然而，当这两种方法用于相同的评级矩阵时，预测的评级是不同的。

从概念上讲，查找相似的项目比查找相似的用户相对容易。项目往往会与其特定体裁或类型相对齐。一部电影既可以属于经典电影，也可以属于科幻电影，或者不太可能同时属于这两种类型。然而，用户可能同时喜欢经典作品和科幻小说。对于用户来说，对多种体裁有兴趣并开发出独特的口味是很常见的。找到相似的法庭剧情片很容易，但当用户同时喜欢法庭剧、科幻小说、弗朗西斯・福特・科波拉（Francis Ford Coppola）导演的电影和皮克斯（Pixar）电影时，就很难找到与其相似的用户了。如果所有用户都只喜欢一种类型，那么就很容易将偏好分离开来，从而不会混淆评级。实际上，这是行不通的，当用户有多个重叠的偏好时，我们很难从评级矩阵中提取用户偏好。因此，在大多数应用中，查找相似的项目比查找相似的用户更有效，并且性能更好。

在一些业务应用中，推荐引擎的目标是为每个用户提供一个顶层推荐项目列表。为了在基于用户的方法中实现这一点，对于每个用户，我们都可以预先计算找到相似用户的步骤，然后聚合项目的评级，这极大地缩小了搜索空间。然而，在基于项目的方法中，在进入用户级推荐之前，需要预先计算所有项目到项目的相似度组合。基于用户的方法在计算时间方面有优势，因为大多数应用都更致力于在用户级提供建议。

4. 基于邻域的协同过滤——如何实现

基于邻域的方法涉及的计算相对简单，尽管很耗时。找到相似的用户（或相似的评级项目）并推断评级的整个逐步过程可以在编程工具中实现，也可以使用 RapidMiner 实现。如果使用后者，则应以评级矩阵的形式编制评级数据，以查找相似的用户或项目。相似用户可以余弦相似度作为参数使用“数据到相似数据”操作符找到。另外，还可以利用使用推荐者扩展（Mihelčić，Antulov-Fantulin，Bošnjak，& Šmuc，2012）的推荐引擎的预构建操作符。扩展所附带的操作符扩展了可用的库，并将低级任务抽象为适合于推荐引擎应用程序的高级任务。

5. 数据集

本章使用的数据集来自 MovieLens 数据库。它是来自 GroupLens 公司的真实匿名数据样本[⊖]。评级数据可以从 GroupLens 网站下载，该网站提供多种数据大小选项。下面的实现使用了 1000 个用户对 1700 部电影给出的 100 000 个评级。下载的每个包中都有两个数据集，第一个数据集（评级数据集）包含评级、用户 ID 和电影 ID 属性，第二个数据集（项目数据集）包含关于每部电影的有限元数据——电影 ID、电影标题和相关类型属性。可以使用电影名称从其他第三方数据库（如 IMDB[⊜]）进一步扩展电影的属性。表 11.7 显示了 MovieLens 的输入数据。

表 11.7　MovieLens 数据库——评级和电影属性

用户 ID	电影 ID	评级	时间戳	电影 ID	标题	类型
1	31	2.5	1260759144	1	玩具总动员（1995）	冒险 | 动画 | 儿童 | 喜剧 | 幻想
1	1029	3	1260759179	2	勇敢者的游戏（1995）	冒险 | 儿童 | 幻想
1	1061	3	1260759182	3	斗气老顽童（1995）	喜剧 | 浪漫
1	1129	2	1260759185	4	待到梦醒时分（1995）	喜剧 | 戏剧 | 浪漫
1	1172	4	1260759205	5	新岳父大人 2（1995）	喜剧
1	1263	2	1260759151	6	盗火线（1995）	动作 | 犯罪 | 惊悚
1	1287	2	1260759187	7	情归巴黎（1995）	喜剧 | 浪漫
1	1293	2	1260759148	8	汤姆历险记（1995）	冒险 | 儿童
1	1339	3.5	1260759125	9	突然死亡（1995）	动作
1	1343	2	1260759131	10	007 之黄金眼（1995）	动作 | 冒险 | 惊悚

6. 实现步骤

整个 RapidMiner 过程的概述如图 11.4 所示。推荐引擎的高级流程与其他预测分析过程没有什么不同。它包含数据准备、建模、将模型应用于测试集，以及预测用户 – 项目评级的性能评估步骤。

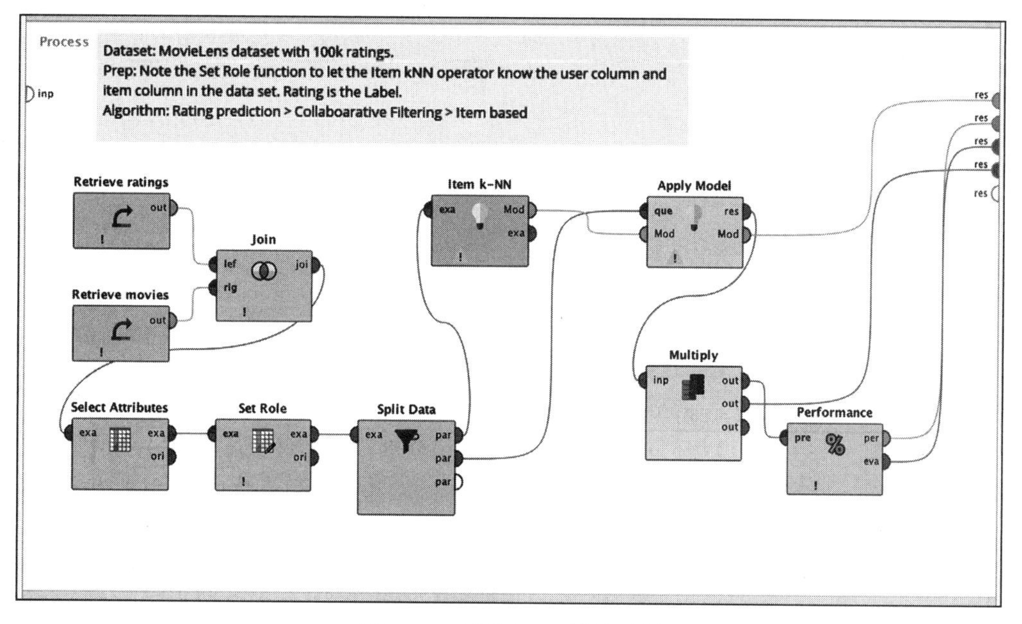

图 11.4　项目 k-NN 推荐过程

⊖ http://grouplens.org/datasets/movielens。

⊜ http://imdb.com。

1）数据准备：基于邻域的推荐过程中的中心操作符是建模操作符，称为User-KNN或Item-KNN。前者实现基于用户的邻域推荐，后者则实现基于项目的邻域推荐。作为一种协同过滤方法，建模操作符只需要输入评级矩阵。评级矩阵的形式包括用户标识、项目标识和标签（评级）。核心建模操作符中不使用数据集中的任何其他属性。无论输入数据的格式如何，都需要将其转换为具有用户标识、项目标识和数字评级标签的数据集。

建模所需的所有信息都可以在MovieLens评级数据集中找到。不过，通过将评级数据集与项目数据集连接，可以向电影添加更多上下文。我们可以使用“选择属性”操作符丢弃过程不需要的属性。“设置角色”操作符用于声明哪个属性是“用户标识”“项目标识”或标签。“用户标识”和“项目标识”是推荐操作符使用的自定义角色。将用户ID属性映射到“用户标识”角色，并将项目ID映射到“项目标识”角色，这是在“设置角色”操作符的参数设置中指定的。此外，我们使用“分割数据”操作符在训练数据集（95%）和测试数据集（5%）之间随机分割评级数据。

2）建模：本推荐过程中使用的建模操作符K-NN可以在路径Recommenders > Item rating prediction > Collaborative Filtering Rating Prediction中找到。其中有几个参数需要根据应用进行配置。

a. *k*：近邻群组规模。这与*k*-NN分类中的“*k*”相同。本过程的群组大小设置为10。

b. 最小和最大评级：训练数据集中的评级范围。电影评级数据集的评级范围是从0到5。

c. 相似性度量：Pearson或余弦相似度是推荐器常用的相似性度量。本推荐过程采用余弦相似度。

3）将模型应用于测试集：使用路径Recommenders > Recommender Performance > Model Application中的“应用模型（评级预测）”操作符将训练模型应用于测试数据集。保留用于测试的原始数据集的一部分用作“应用模型”操作符的输入，“应用模型”操作符计算测试数据集中每个用户－项目组合的预测评级。在最后的部署中也使用了“应用模型”操作符，其中可以提供预测评级所需的用户－项目组合。

4）性能评估：将“应用模型”操作符预测的测试数据集的输出连接到Recommender扩展文件夹下的“性能（评级预测）”操作符，用以评估预测评级是否接近用户提供的实际评级。与在“应用模型”操作符中一样，评级范围在“性能（评级预测）”操作符的参数中声明。

整个过程如图11.4所示，可以保存并执行，结果窗口显示测试数据集的预测值。除了原始测试数据集中的属性外，数据集中还将添加一个新的预测列。前10条记录的样本如图11.5所示，其中可以观察到推荐模型的预测评级和用户给出的实际评级。

结果窗口中的“性能向量”选项卡显示“性能评估”操作符的输出。对于使用MovieLens数据集的基于邻域的推荐，评级预测的RMSE为0.873星，MAE为0.665星。平均而言，预测的星级将与实际预测相差0.665星。这对于一个简单的推荐模型来说还不错！

7. 结论

基于邻域的推荐系统只使用评级矩阵作为训练模型的输入。它与内容无关或独立于域，不需要预先了解项目的细节。此外，我们可以使用相同的模型来推荐不同类型的项目。电子商务平台可以使用相同的推荐引擎推荐书籍、电影和其他产品。使用邻域方法的模型并不关心项目的含义，它只关注使用评过级的用户－项目交互。与所有的协同过滤技术一样，邻域方法也存在冷启动问题和流行项目偏好问题。

邻域技术的一个限制是处理复杂性和可扩展性。当有数百万用户和项目时，为每个用户

或项目找到相似的用户或相似的项目的计算就过于密集了。由于实际上不可能在运行时执行这些计算，因此可以预先进行为每个用户或项目查找邻居的邻域计算。如果 $\boldsymbol{R}$ 是评级矩阵，则基于邻域的方法的处理复杂度为 $O(|\boldsymbol{R}|)$。计算前处理复杂度增加到 $O(n \cdot |\boldsymbol{R}|)$，其中 n 为项目数（Lee，Sun，& Lebanon, 2012）。因此，随着系统中项目或用户数量的增加，需要进行协同过滤方法所需的计算。在目前的形式下，协同过滤方法不能很好地适应系统中用户和项目的增加。

Row No.	rating	userId	movieId	title	genres	prediction
1	2.500	1	2455	Fly, The (1986)	Drama|Horror|Sci-Fi|Thriller	2.292
2	3	2	339	While You Were Sleeping (1995)	Comedy|Romance	3.382
3	3	2	410	Addams Family Values (1993)	Children|Comedy|Fantasy	3.447
4	3	2	539	Sleepless in Seattle (1993)	Comedy|Drama|Romance	3.232
5	3	2	550	Threesome (1994)	Comedy|Romance	3.399
6	3	2	588	Aladdin (1992)	Adventure|Animation|Childr...	3.954
7	4	2	661	James and the Giant Peach (1996)	Adventure|Animation|Childr...	3.418
8	4	2	720	Wallace & Gromit: The Best of Aardman ...	Adventure|Animation|Comedy	3.777
9	3	4	431	Carlito's Way (1993)	Crime|Drama	4.608
10	5	4	1194	Cheech and Chong's Up in Smoke (1978)	Comedy	4.297

图 11.5 项目 k-NN 推荐器的预测评级

比如一包燕麦片和一包即食燕麦片看起来很相似，但是它们是不同的东西。同义词是特别相似的项但有区别的趋势。协同过滤技术很难将这两个项目等同起来，因为它们没有关于项目内容的任何信息。理想情况下，偏爱于两个类似项目的两个用户应该被视为是相同的。协同过滤技术很难管理项目的同义词。

全局基准

到目前为止，本章讨论的推荐引擎方法都是机器学习的基础。首先，有一种简单（朴素）的方法来计算用户－项目交互的预测评级——全局基准，如式（11.5）所示。

$$r_{ui}=\mu+b_u+b_i \tag{11.5}$$

其中 μ 是所有评级的全局平均值，b_u 是用户偏好。平均而言，由用户 u 给出的评级是 $\mu+b_u$，b_i 是项目偏好。平均而言，所有用户对项目 i 的评级为 $\mu+b_i$。b_u 和 b_i 是所有评级相对于全局平均值的增量，由所有用户 u 和项目 i 给出。例如，考虑所有电影的平均星级是 2.5。用户 Amelia 在评级时比较慷慨，她给自己评级的所有电影平均打了 3.5 星。用户偏好为 +1.0 星。平均而言，电影《星际穿越》获得了所有用户的 2.0 星。项目偏好为 −0.5。使用全局基准，用户 Amelia 为电影《星际穿越》预测的星级是 3.0

$$r_{ui}=2.5+1.0-0.5=3.0$$

全局平均值可作为衡量本章中讨论的更复杂的基于机器学习的推荐器的性能的基准。

11.2.2 矩阵分解

本章到目前为止讨论的评级矩阵包含关于用户、项目和用户－项目交互强度的信息。对于每个用户，评级信息都处于单独项目的水平上，也就是处于每一个电影、音轨、产品的水平上。项目数量的范围通常为数千到数百万个唯一值。如果有人问某人喜欢看什么电影或书，得到的答案通常在某种广义的维度上。例如，表达对科幻电影、Christopher Nolan 导演的电影、女性领衔主演的电影、犯罪小说或 20 世纪 20 年代的文学作品的偏爱。后续可能会提供属于这些分类的特定项目示例，例如《星际穿越》(*Interstellar*)、《铁娘子》(*Iron Lady*)、《了不起的盖茨比》(*The Great Gatsby*) 等。广义类别可以是预定义的类型、创作者的作品，有时也可以是尚未命名或模糊的类别。也许用户只是喜欢一组没有特定概括类别的项目。

与邻域方法一样，潜在因素模型仅使用评级矩阵作为唯一的输入。它试图用一组潜在因素或广义维度来概括和解释评级矩阵。只要指定了因素的数量，这些因素（通常从十几个到几百个）就可以从评级矩阵中自动被推断出来。模型中没有提供预先分类的类型或因素的单独输入。事实上，这些潜在因素没有可解释的名称。推断出的因素可能类似于类别（科幻小说或家庭电影），在某些情况下，它们只是无法解释的项目分组。研究和概括为什么一组项目对一个因素的评价很高是很有趣的。一旦发现了这些因素，模型就会将项目的成员关系关联到一个因素，并将用户的倾向关联到同一个因素。当用户和项目在一个因素或一组因素的作用下相互接近时，就会产生强势的用户 - 项目偏好。

图 11.6 显示了用户（圆圈）和项目（正方形）对应的两个说明性因素：制作规模和喜剧内容。项目或电影是根据表达自己的潜在因素的方式绘制在图上的，用户则根据他们对相同潜在因素的偏好绘制在图上。从图中可以看出，用户 Amelia 更喜欢电影《老无所依》，因为用户和电影在表达潜在因素的时候都很接近。同样，Alanna 更喜欢电影《猎头》，而不是《泰坦尼克号》。用户 - 项目偏好是由用户向量和表示潜在因素的项目向量的点积来计算的。用户向量和项目向量之间的相似度决定了用户对项目的偏好（Koren et al.，2009 ）。

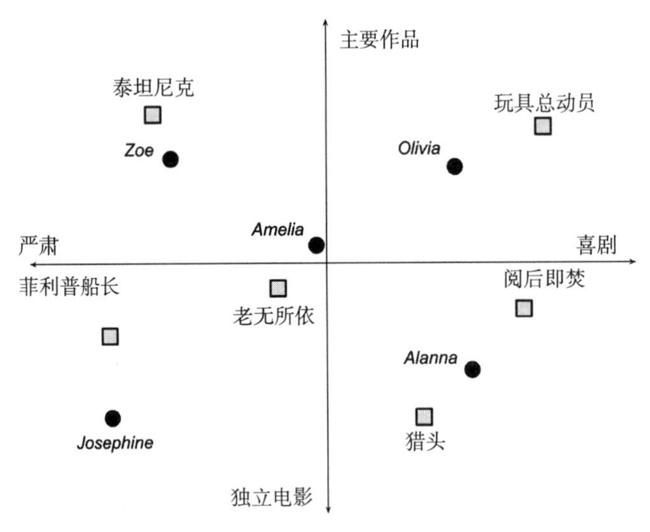

图 11.6　潜在因素空间中的项目和用户

矩阵分解（matrix factorization）是一种从评级矩阵中发现潜在因素并根据这些因素映射项目和用户的技术。考虑一个由 n 个用户对 m 个项目进行评级的评级矩阵 $\boldsymbol{R}$，则评级矩阵 $\boldsymbol{R}$ 为 $n\times m$ 矩阵。假设存在两个矩阵 $\boldsymbol{P}$ 和 $\boldsymbol{Q}$，其中 $\boldsymbol{P}$ 为 $n\times f$ 矩阵，$\boldsymbol{Q}$ 为 $m\times f$ 矩阵，f 为潜在因素个数（在图 11.6 所示的例子中，有两个潜在因素），则矩阵 $\boldsymbol{R}$ 可以分解为两个**瘦矩阵**（thin matrix）$\boldsymbol{P}$ 和 $\boldsymbol{Q}$，即矩阵 $\boldsymbol{P}$ 与矩阵 $\boldsymbol{Q}^{\mathrm{T}}$ 的点积将产生一个与原始评级矩阵 $\boldsymbol{R}$ 非常接近的

$n \times m$ 矩阵（见图 11.7）。

$$\boldsymbol{R} \approx \boldsymbol{P} \cdot \boldsymbol{Q}^{\mathrm{T}} \tag{11.6}$$

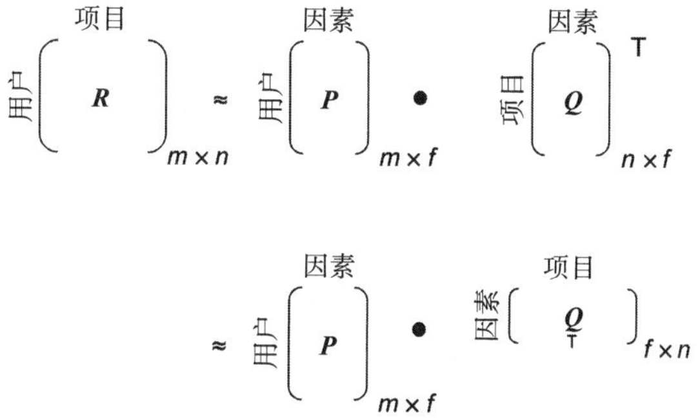

$$\text{用户}\underset{m\times n}{\overset{\text{项目}}{(\boldsymbol{R})}} \approx \text{用户}\underset{m\times f}{\overset{\text{因素}}{(\boldsymbol{P})}} \bullet \text{项目}\underset{n\times f}{\overset{\text{因素}}{(\boldsymbol{Q})}}^{\mathrm{T}}$$

$$\approx \text{用户}\underset{m\times f}{\overset{\text{因素}}{(\boldsymbol{P})}} \bullet \text{因素}\underset{f\times n}{\overset{\text{项目}}{(\boldsymbol{Q}^{\mathrm{T}})}}$$

图 11.7　将评级矩阵分解为潜在因素矩阵

将评级矩阵分解为用户矩阵和项目矩阵是很直观的。比如，Olivia 对《玩具总动员》的评价可以从 Olivia 对喜剧电影的偏爱以及《玩具总动员》在喜剧内容方面是否广受好评等方面来解释。这种泛化方法大大减小了矩阵的大小。具有 200 万用户和 50 万项目的大规模 $m \times n$ 维评级矩阵可以分解为两个瘦矩阵：涵盖 100 个因素、200 万用户的矩阵 $\boldsymbol{P}$，以及涵盖 100 个因素、50 万项目的 $\boldsymbol{Q}$。$\boldsymbol{P}$ 和 $\boldsymbol{Q}$ 的点积将会很接近原始的评级矩阵，有 200 万用户和 50 万项目，但是会包含更多的信息！通过使用 P 和 Q 的矩阵点积，评级矩阵中的单元格将被点积的预测评级填充，包括稀疏已知的评级和大量未知的评级。

这种方法类似于将数字 61 表示为两个数字的乘积。61 作为质数，不可能分解为两个数的乘积，但原数可以近似为 6×10。这个分解的误差是 1。同样，每个评级 r 可以由用户 u 和项目 i 表示为：

$$\hat{r}_{ui} = \boldsymbol{p}_u \cdot \boldsymbol{q}_i^{\mathrm{T}} \tag{11.7}$$

其中 $\boldsymbol{p}_u$ 为 f 维用户向量，$\boldsymbol{q}_i$ 为 f 维项目向量。对于每个项目 i，向量 $\boldsymbol{q}_i$ 都会衡量该项目拥有的潜在因素的程度。对于每个用户 u，向量 $\boldsymbol{p}_u$ 会衡量该用户对拥有这些因素较多的项目的偏好。向量 $\boldsymbol{p}_u$ 和 $\boldsymbol{q}_i^{\mathrm{T}}$ 的点积给出了用户对项目的偏好近似值。

矩阵分解法的目的是从评级矩阵 $\boldsymbol{R}$ 中学习向量 $\boldsymbol{P}$ 和 $\boldsymbol{Q}$，其中 $\boldsymbol{P}$ 用因素 f 表示项目的评级，$\boldsymbol{Q}$ 表示用户对因素的兴趣。$\boldsymbol{P}$ 和 $\boldsymbol{Q}$ 应该以这样一种方式来学习，即可以最小化已知评级和预测评级之间的差值。假设 K 是评级矩阵 $\boldsymbol{R}$ 中已知的非空白单元格的集合，目标是最小化式（11.8）中的预测误差或损失函数。

$$\begin{gathered}\min \sum_{(u,i)\in K} (r_{ui} - \hat{r}_{ui})^2 \\ \min \sum_{(u,i)\in K} (r_{ui} - \boldsymbol{p}_u \boldsymbol{q}_i^{\mathrm{T}})^2\end{gathered} \tag{11.8}$$

其中 K 是已知评级的（u，i）对的集合。

与所有用于预测任务的机器学习算法相似，过拟合是推荐算法使用矩阵分解方法过程中的一个问题。其关键目标是预测未评级项目的评级，而不是准确预测已知项目的评级。为了减少过拟合的影响，可以引入正则化模型（见第 5 章）。正则化是一种惩罚学习更复杂灵活的模型以避免过拟合风险的技术。正则化通过最小化如式（11.9）所示的正则化平方误差来避免过拟合。它使系数估计值趋于零。因此，我们通过正则化来补偿学习参数（系数）的大小。正规化的程度通过调优参数 λ 来控制，其范围从 0（没有影响）到 ∞（最大效应）。

$$\min \sum_{(u,i)\in K} (r_{ui} - \boldsymbol{p}_u \boldsymbol{q}_i^{\mathrm{T}})^2 + \lambda(\|\boldsymbol{p}_u\|^2 + \|\boldsymbol{q}_i\|^2) \tag{11.9}$$

在评级矩阵中观察到的许多方差可以用用户 – 项目交互来解释。然而，在实际应用中，存在着影响用户 – 项目偏好的显著偏置。毕竟，有些用户在提供评级时比其他人更挑剔。而一些卖座电影获得了很高的收视率，仅仅因为它们是卖座大片。为了考虑偏置对总体评级的影响，可以使用式（11.5）给出的全局基准模型作为系统总体偏置的代理。

$$b_{ui} = \mu + b_u + b_i \tag{11.10}$$

除了使用矩阵分解方法计算的用户 – 项目交互之外，偏置的影响还可以用于预测评级。式（11.11）为考虑了偏置的预测评级。

$$\hat{r}_{ui} = \mu + b_u + b_i + \boldsymbol{p}_u \cdot \boldsymbol{q}_i^{\mathrm{T}} \tag{11.11}$$

矩阵分解方法的总体目标函数如式（11.12）所示。学习算法的参数为：正则化参数 λ、用户偏置 b_u、项目偏置 b_i 和全局平均评级 μ

$$\min \sum_{(u,i)\in K} (r_{ui} - (\mu + b_u + b_i + \boldsymbol{p}_u \cdot \boldsymbol{q}_i^{\mathrm{T}})^2 + \lambda(\|\boldsymbol{p}_u\|^2 + \|\boldsymbol{q}_i\|^2 + b_u^{\ 2} + b_i^{\ 2}) \tag{11.12}$$

通过最小化损失函数来学习因素向量 $\boldsymbol{p}_u$ 和 $\boldsymbol{q}_i$ 的常用算法是随机梯度下降法（Stochastic Gradient Descent，SGD）。SGD 是第 5 章和第 10 章中提到的一种基于梯度下降的迭代优化方法，其目的是使目标函数最小化，如式（11.9）所示。对于给定的因素维数 f，SGD 算法初始化向量 $\boldsymbol{P}$ 和 $\boldsymbol{Q}$，并计算误差率，即实际评级和预测评级之间的差值。算法缓慢改变 $\boldsymbol{P}$ 和 $\boldsymbol{Q}$ 的值，使误差最小化，当误差率没有明显变化时停止（Gemulla, Nijkamp, Haas，& Sismanis, 2011）。

1. 矩阵分解——如何实现

从零开始实现基于矩阵分解的推荐器是一个需要大量工作的过程。推荐系统扩展（Mihelčić 等，2012）提供了预构建的操作符来实现有偏矩阵分解推荐引擎。与基于邻域的推荐实现一样，来自 GroupLens[⊖]的 MovieLens 数据集包含由 1000 个用户为 1700 部电影提供 100 000 个评级，用于使用矩阵分解构建推荐器。

2. 实现步骤

基于矩阵分解的推荐器的 RapidMiner 过程框图如图 11.8 所示。该过程类似于基于邻域的方法中使用的过程，唯一的变化是建模操作符——有偏矩阵分解（Biased Matrix Factorization，BMF）。

1）数据准备：该过程中的中心操作符是建模操作符 BMF。作为一种协同过滤方法，建模操作符只需要输入评级矩阵。“设置角色”操作符用于声明“用户标识”“项目标识”和标签的属性。数据随机分为训练数据（95%）和测试数据（5%）。

2）建模：建模操作符 BMF 在路径 Recommenders > Item rating prediction > Collaborative Filtering Rating Prediction 下。这些参数可以在建模操作符中配置，以适应应用程序：

a. 最小和最大评级：训练数据集中的评级范围。电影评级数据集的评级范围是从 0 到 5。

b. 因素个数（f）：从评级数据集中推断出的潜在因素的数量。在矩阵分解建模中，确定

⊖ http://grouplens.org/datasets/movielens。

潜在因素的个数至关重要。然而，与 k-NN 和聚类技术类似，指定一个最优的因素数量也很棘手。因此，可能需要使用第 15 章中讨论的参数优化技术来为数据集找到最佳的潜在因素数量，从而获得最佳性能。在本过程中，潜在因素的数量设为 12。

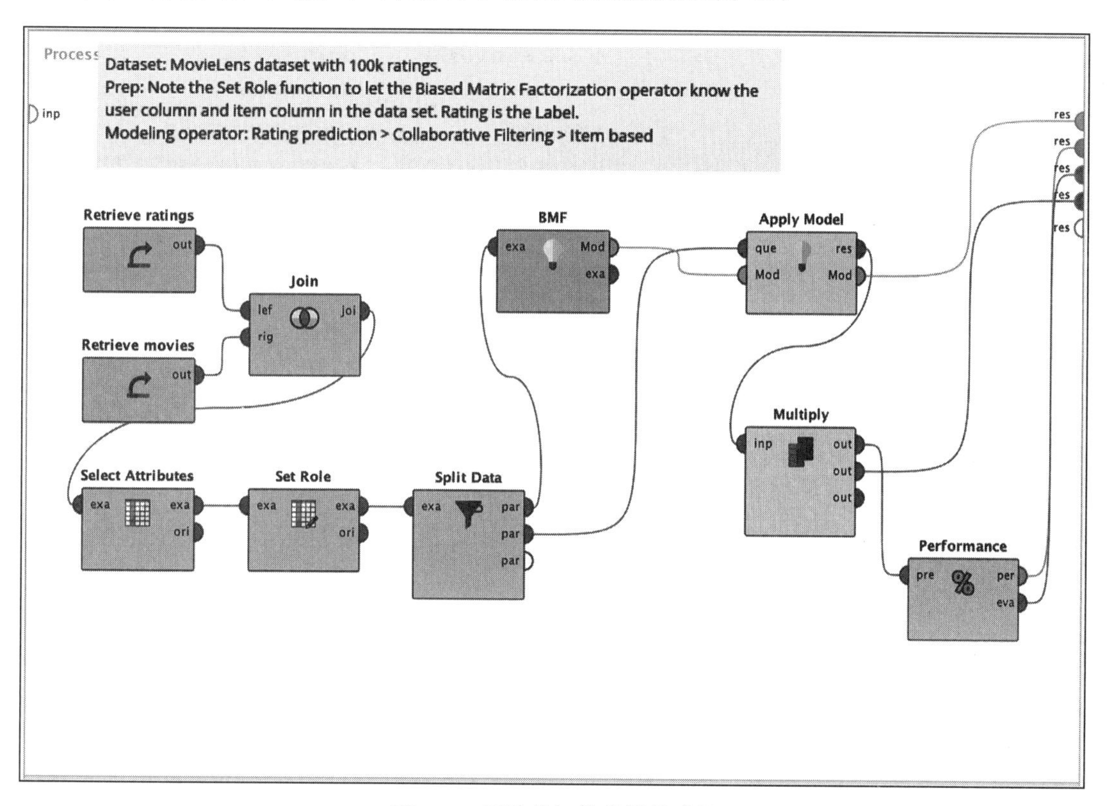

图 11.8　矩阵分解推荐器的过程

c. 偏置：偏置正则化参数。默认值设置为 0.0001。

d. 学习速率（α）：随机梯度下降算法的学习速率。采用 SGD 对参数进行优化，使式（11.12）中的函数最小化。在本过程中，其值设置为 0.005。

e. 正则化（λ）：正则化的调优参数。默认值设置为 0.015。

3）将模型应用于测试集："应用模型（评级预测）"操作符用于将训练模型应用于测试数据集。模型和测试数据集作为"应用模型"操作符的输入，输出是所有测试记录的预测评级。

4）性能评估：将"应用模型"操作符的预测测试数据集输出连接到"性能（评级预测）"操作符，评估预测评级是否接近用户提供的实际评级。

图 11.8 所示的 RapidMiner 过程可以保存并执行。结果窗口显示预测数据集、推荐模型和性能向量。除了测试数据集中的属性外，还将向数据集中添加一个新的评级预测列。图 11.9 为 10 条测试记录的样本，原始未见评级和预测评级如图 11.9 所示。

结果窗口还包含性能向量，其中显示用于测试数据集评级预测的 RMSE 和 MAE。BMF 模型的 RMSE 为 0.953 星，MAE 为 0.730 星。

Row No.	rating	userId	movieId	title	genres	prediction
1	2.500	1	2455	Fly, The (1986)	Drama|Horror|Sci-Fi|Thriller	2.854
2	3	2	339	While You Were Sleeping (1995)	Comedy|Romance	3.078
3	3	2	410	Addams Family Values (1993)	Children|Comedy|Fantasy	2.813
4	3	2	539	Sleepless in Seattle (1993)	Comedy|Drama|Romance	3.059
5	3	2	550	Threesome (1994)	Comedy|Romance	2.838
6	3	2	588	Aladdin (1992)	Adventure|Animation|Childre...	3.505
7	4	2	661	James and the Giant Peach (19...	Adventure|Animation|Childre...	3.158
8	4	2	720	Wallace & Gromit: The Best of A...	Adventure|Animation|Comedy	3.733
9	3	4	431	Carlito's Way (1993)	Crime|Drama	4.411
10	5	4	1194	Cheech and Chong's Up in Smok...	Comedy	4.444

图 11.9　使用矩阵分解推荐器进行预测评级

11.3　基于内容的过滤

协同过滤方法使用过去的用户－项目交互数据作为构建推荐器的唯一输入。基于内容或属性的推荐器除了使用过去的用户－项目交互数据外，还使用项目（属性）的显式特征作为推荐器的输入。它们是在这样的假设下运行的：具有相似属性的项目在用户层面具有相似的评级。这个假设很直观。如果用户喜欢《冰血暴》《老无所依》和《阅后即焚》等电影，那么用户很可能也喜欢《谋杀绿脚趾》，因为这些电影的导演都是科恩兄弟。基于内容的推荐引擎不断向用户推荐与同一用户评价较高的项目相似的项目。用户很可能会得到与他过去喜欢的演员或导演相同的电影推荐。

基于内容的推荐引擎的一个显著特征是，它可以获取项目的属性，也称为项目概要（item profile）。关于电影的属性数据很容易在公共数据库（如 IMDB[⊖]）中找到，在那里可以找到演员、导演、类型、描述和标题的年份。项目属性可以从结构化目录、标记或来自项目描述和图像的非结构化数据派生。

基于内容的推荐引擎的总体框架如图 11.10 所示。该模型使用评级矩阵和项目概要。模型的输出可以填充整个评级矩阵，也可以为每个用户提供最合适的项目推荐。

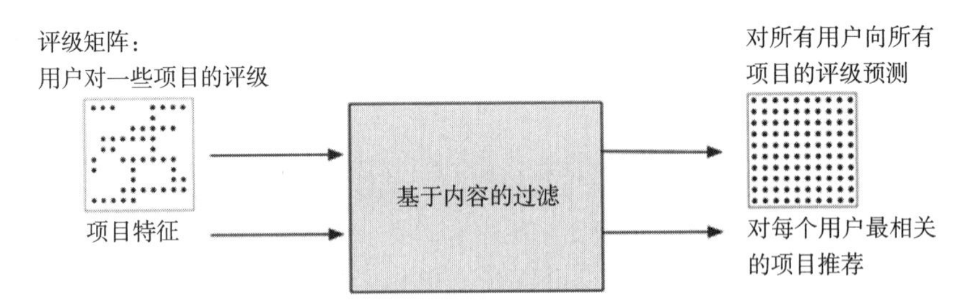

图 11.10　基于内容的推荐引擎模型

使用基于内容的推荐方法预测评级涉及两个步骤。第一步是构建一个良好的项目概要。目录中的每个项目都可以表示为其特征属性的向量。第二步是从项目概要和评级矩阵中提取推荐。有两种不同的方法用于提取推荐：基于用户画像的方法和基于有监督学习的方法。

⊖ https://www.imdb.com/

用户画像方法从评级矩阵计算用户对项目属性的偏好。以用户和项目对项目属性空间的接近程度表示用户对项目的偏好。而有监督学习方法将属性的用户偏好作为用户级分类或回归问题，将评级矩阵作为标签（目标），将项目属性作为预测变量（特征）。如果使用决策树作为有监督学习技术，那么每个用户都会有一个个性化的决策树。决策树中的节点将检查项目属性，以预测用户是否喜欢该项目。

建立一个项目概要

项目概要是以矩阵形式表示的关于项目的特征集合或离散的特点。特征也称为属性，用以提供项目的描述。每个项目都可以看作一组属性的向量。对于书籍，属性可以是出版者、作者、流派、子流派等。就电影而言，属性可以是演员、年份、类型、导演、制片人等。可以用多列构建一个矩阵，作为所有项目的属性的论域，其中每一行都是一个不同的项目。单元格可以是布尔类型的标志，以指示项目是否与属性关联。与第 9 章中讨论的文档向量类似，列或属性的数量会很大，矩阵也会很稀疏。表 11.8 显示了带有演员、导演、类型等属性的电影的样例项目概要或项目概要矩阵。

表 11.8　项目概要

电影	Tom Hanks	Helen Miren	…	Joel Coen	Kathryn Bigelow	…	浪漫	动作
冰血暴				1				
阿甘正传	1							
女王		1						
西雅图夜未眠	1						1	
天空之眼		1						1

项目概要可以来自项目的提供者（例如，电子商务平台中的产品销售商）或第三方元数据提供者（IMDB 拥有大量电影的元数据）。项目描述提供了关于产品的大量特性。第 9 章讨论了相关的工具，如词频 - 逆向文档频率（Term Frequency−Inverse Document Frequency，TF-IDF）指数，以从项目描述等文档中提取特征。如果项目是在线新闻门户中的新闻文章，则使用文本挖掘从新闻文章中提取特性。在本例中，列中包含项目概要中的重要单词，矩阵的单元格则指示这些单词是否出现在单个项目的文档中。在创建最终项目概要的过程中，将有一组属性可以最好地描述每个项目的特性。矩阵包含关于每个项目是否具有这些属性的信息。一旦项目概要建立好，就可以使用用户画像计算方法或有监督学习方法提取推荐。

11.3.1　用户画像的计算

用户画像方法通过在项目特征矩阵之外构建一个用户特征矩阵来计算用户 - 项目画像。用户特征矩阵或用户画像，将用户偏好映射到项目特征矩阵中使用的相同特征，从而度量用户对特征的偏好强度。与项目概要向量一样，用户画像也可以在特征空间中以向量形式表示，用户向量和项目向量的接近程度表示项目对用户的偏好程度。在基于邻域的方法中讨论的中心余弦度量等邻近度度量可以用于度量用户和项目之间的偏好，而用户和项目之间的邻近度量可以用于向用户提供项目推荐。这种方法类似于矩阵分解，因为这两种方法都根据用户对一组特征和与相同特征关联的项目的偏好来表示评级。使用用户画像计算的基于内容的推荐器与矩阵分解方法的不同之处在于如何导出特征。基于内容的推荐器从项目的已知特征集开始，矩阵分解从评级矩阵中推断出一组指定的特征。

用户画像是由项目概要和已知评级矩阵的组合构建的。假设 $\boldsymbol{R}$ 是包含 m 个用户和 n 个项目的评级矩阵。***I*** 是包含 *n* 个项目和 *f* 个特性或属性的项目概要矩阵。提取的用户画像将是矩阵 ***U***，其中有 *m* 个用户，并且与项目概要中的特征 *f* 完全相同。图 11.11 为矩阵运算的可视化表示。

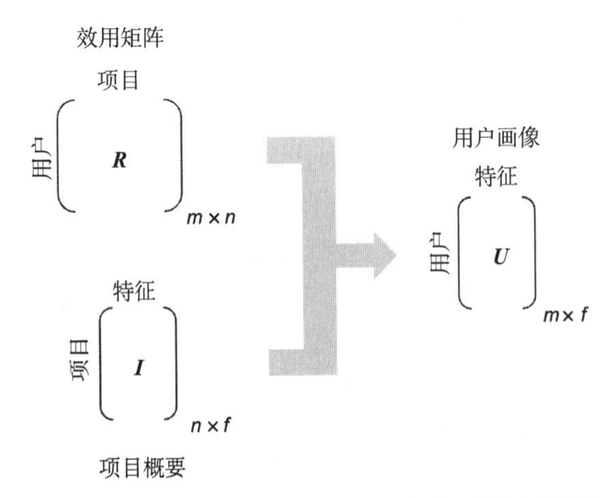

图 11.11　从效用矩阵和项目概要中得到的用户画像

我们来考虑表 11.9 和表 11.10 中所示的两个矩阵。矩阵 ***R*** 是包含 6 个用户和 5 部电影的评级矩阵。这是一个布尔矩阵，其中 1 表示用户喜欢该电影，而空白表示不喜欢该电影。矩阵 ***I*** 是带有 *f* 列的项目概要，以演员，…，导演，电影类型开始。实际上，*f* 将涵盖数千列，这是一个包含了目录中所有电影的所有演员、导演和类型的超集。

表 11.9　评级矩阵 ***R***

	冰血暴	阿甘正传	女王	西雅图夜未眠	天空之眼
Josephine		1		1	
Olivia	1		1		1
Amelia		1			
Zoe	1				
Alanna					
Kim		1			

表 11.10　项目概要 ***I***

电影	Tom Hanks	Helen Mirren	…	Joel Coen	Kathryn Bigelow	…	浪漫	动作
冰血暴				1				
阿甘正传	1							
女王		1						
西雅图夜未眠	1						1	
天空之眼		1						1

我们可以以这样的方式导出用户画像 ***U***，即所显示的用户画像是该特征出现在用户喜欢的电影中的时间百分比。例如，Olivia 喜欢电影《冰血暴》《女王》和《天空之眼》。Olivia 喜欢的三分之二的电影都有 Helen Mirren 出演（《女王》与《天空之眼》）。Josephine 喜欢的所有电影（《阿甘正传》和《西雅图夜未眠》）都有 Tom Hanks 参演。用户画像 ***U*** 中的单元格的通用公式是该特性出现在用户喜欢的电影中的次数除以用户喜欢的电影的数量。表 11.11 显示了用户画像 ***U***。

表 11.11 用户画像 U

	Tom Hanks	Helen Mirren	…	Joel Coen	Kathryn Bigelow	…	浪漫	动作
Josephine	1						1/2	
Olivia		2/3						1/3
Amelia	1							
Zoe				1				
Alann								
Kim	1							

Amelia 的用户特征向量为 **U**={1，0，…，0，0，…，0，0}。《冰血暴》的项目特征向量为 **I**={0，0，…，1，0，…，0，0}，《阿甘正传》为 **I**={1，0，…，0，0，0，0}，而在这两个项目向量中，《阿甘正传》与 Amelia 的用户向量更接近（实际上，在本例中它们是完全匹配的），因此得到了推荐。

随着对用户偏好的了解越来越多（当用户“喜欢”某个标题时），用户画像将会被更新。因此，我们将更新用户特征矩阵的权重，并使用最新的用户画像与项目概要中的所有项目进行比较。注意，与协同过滤方法不同，在这种方法中不需要利用来自其他用户的信息来提出推荐。这一特性使得基于内容的推荐系统非常适合解决冷启动问题，特别是在向系统添加新项目时。当我们向系统添加新的电影标题，项目属性是已经预先知道的，因此，新项目可以立即推荐给相关用户。然而，基于内容的方法需要关于每个项目的更一致的信息，以便向用户提出有意义的建议。基于内容的推荐器并不能完全解决新用户的冷启动问题。对于新用户的项目偏好，我们仍然需要一些信息才能为新用户提供推荐。

1. 基于内容的过滤——如何实现

除了标准的评级矩阵，基于内容的推荐还需要项目概要。获取项目属性数据集是在数据科学工具中构建的另一个附加数据预处理步骤，用于创建基于内容的推荐引擎。在 RapidMiner 中，可以使用推荐扩展操作符来实现基于内容的推荐器。

2. 数据集

使用之前在协同过滤中使用的 MovieLens 评级矩阵数据集实现基于内容的推荐。MovieLens 提供了两个数据集。第一个数据文件包含一个评级矩阵，其中包含用户 ID、电影 ID 和评级。评级矩阵包含 1000 个用户对 1700 个作品给出的 100 000 个评级。电影数据文件包含关于电影 ID 的有限的元数据：标题和相关类型。第二个数据集将作为项目概要来构建基于内容的筛选。

3. 实现步骤

推荐器的 RapidMiner 过程概要如图 11.12 所示。构建基于内容的推荐引擎的高级流程包括准备评级矩阵、准备项目概要、构建推荐模型、将模型应用于已知的测试评级以及性能评估。

1）*数据准备*：基于内容的推荐过程的建模操作符为项目属性 *k*-NN，可以在路径 Recommenders > Item rating prediction > Attribute-based Rating Prediction 中找到。建模操作符的输入是评级矩阵和项目概要。评级矩阵采用用户标识（User ID）、项目标识（movie ID）和标签（Rating），类似于协同过滤中使用的过程。“设置角色”操作符用于声明哪个属性是“用户标识”“项目标识”或标签。

2）*项目概要准备*：基于内容的推荐器需要项目概要来建立推荐器模型。MovieLens 的第二个数据集是电影 ID、标题和类型，如图 11.14a 所示。列“类型”（Genre）是标题所属的类型的串联列表，每个类型由 | 字符分隔。例如，电影《玩具总动员》属于冒险、动画、儿

童、喜剧和幻想类。然而，项目属性 *k*-NN 建模操作符需要的项目概要的格式如图 11.14c 所示，其中每个记录都有一个不同的电影类型组合。电影《玩具总动员》(movieID=1）被分成五行，每一行对应一个类型（Genre = 4，5，6，7，11）。图 11.14a 所示的项目概要数据集需要转换为图 11.15c 所示的项目概要。下面的部分强调数据科学过程中最耗时的部分是收集和处理数据。将原始项目概要转换为建模操作符所需的子过程如图 11.13a 所示。这个数据转换任务的关键步骤是：

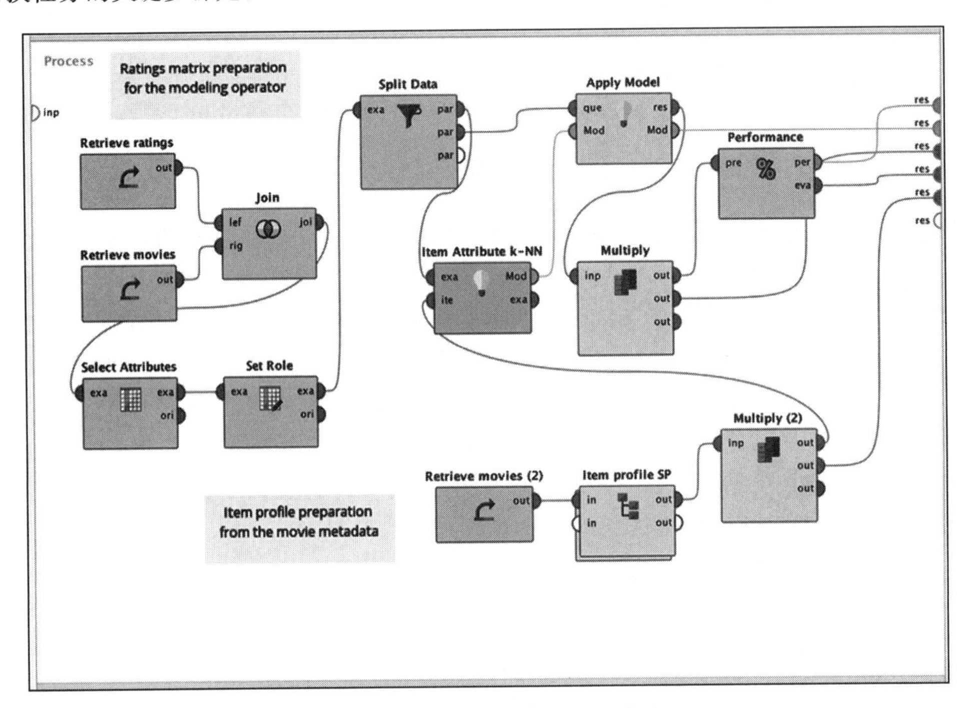

图 11.12　使用基于内容过滤的推荐流程

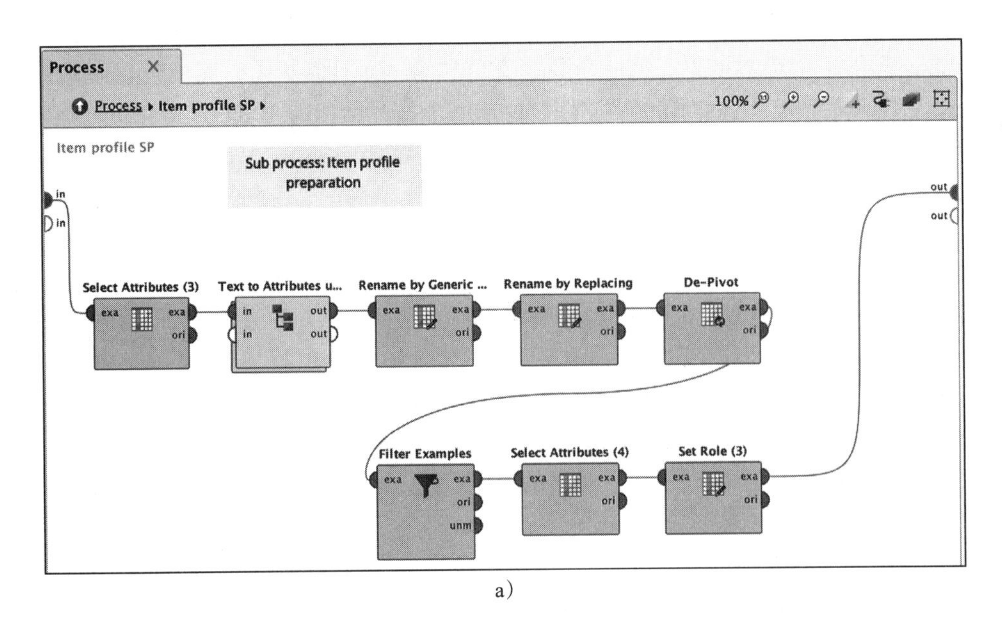

a)

图 11.13　a）创建项目概要的子过程；b）文本挖掘子过程，用于将文本转换为属性

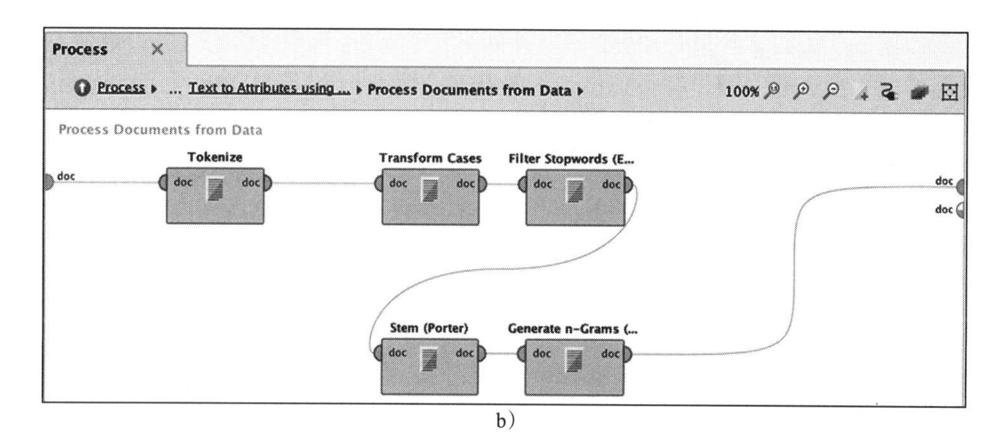

b)

图 11.13 （续）

Row No.	movieId	title	genres
1	1	Toy Story (1995)	Adventure|Animation|Children|Comedy|Fantasy
2	2	Jumanji (1995)	Adventure|Children|Fantasy
3	3	Grumpier Old Men (1995)	Comedy|Romance
4	4	Waiting to Exhale (1995)	Comedy|Drama|Romance
5	5	Father of the Bride Part II (19...	Comedy
6	6	Heat (1995)	Action|Crime|Thriller
7	7	Sabrina (1995)	Comedy|Romance
8	8	Tom and Huck (1995)	Adventure|Children
9	9	Sudden Death (1995)	Action
10	10	GoldenEye (1995)	Action|Adventure|Thriller

a)

movieId	(no genres ...	?	action	adventur	anim	children	comedi	crime	documentari
1	0	0	0	1	1	1	1	0	0
2	0	0	0	1	0	1	0	0	0
3	0	0	0	0	0	0	1	0	0
4	0	0	0	0	0	0	1	0	0
5	0	0	0	0	0	0	1	0	0
6	0	0	1	0	0	0	0	1	0
7	0	0	0	0	0	0	1	0	0
8	0	0	0	1	0	1	0	0	0
9	0	0	1	0	0	0	0	0	0
10	0	0	1	1	0	0	0	0	0

b)

Row No.	movieId	Genre
1	1	4
2	1	5
3	1	6
4	1	7
5	1	11
6	2	4
7	2	6
8	2	11
9	3	7
10	3	17

c)

图 11.14　a）具有相关类型的项目概要；b）具有属性的项目概要；c）以行表示的属性信息的项目概要

a. 文本挖掘：类型属性包含“冒险类 | 动画类 | 儿童类 | 喜剧类 | 奇幻类”等值。“使用文本挖掘的文本到属性”操作符将连接值转换为独立属性，如图 11.14b 所示。这个过程在第 9 章中讨论。文本挖掘子过程中的关键操作符是“令牌化”——将类型词转换为属性。拆分单词的参数是字符（|），它在“令牌化”操作符中指定。

b. De-Pivot 属性命名：在将列转置为行之前，应该对列重新命名，以便 De-Pivot 操作符可以处理这个数据集。这些列被重命名为一般的 attr1, attr2, …。

c. De-Pivot：De-Pivot 操作符将列信息转换为行。每部电影的列中的类型现在是一个单独的行。该操作符将表的行数从 count（movieID）扩展为 count [movieID × distinct (genre)]。

d. 过滤和设置角色：De-Pivot 的输出既有负样例，也有正样例。我们只需要正样例，负样例可以过滤掉。“设置角色”操作符用于将电影 ID 声明为“项目标识”，类型声明为“属性标识”。该数据集现在适合用于建模操作符。项目的属性列被折叠成一个列（“类型”），表示项目拥有的所有属性。

3）推荐器建模：建模操作符“项属性 K-NN”，接收评级矩阵和项目概要作为输入。可以根据应用程序和输入数据配置几个参数：

a. k：最近邻群组规模。预测评级基于用户向量和项目向量之间的距离。k 在本过程中被设为 10。

b. 最小和最大评级：数据集中的评级范围。最小评级设置为 0，最大评级设置为 5。

4）将模型应用于测试集：“应用模型（评级预测）”操作符用于将训练模型应用于测试数据集。保留用于测试的原始数据集的一部分用作“应用模型”操作符的输入，“应用模型”操作符计算测试数据集中每个用户 - 项目组合的预测评级。

5）性能评估：将“应用模型”操作符的预测测试数据集输出连接到“性能（评级预测）”操作符，评估预测评级是否接近用户提供的实际评级。

图 11.12 所示的 RapidMiner 过程可以保存并执行。“结果”窗口显示原始数据集，数据集后面附加了一个新的预测列。图 11.15 显示了 10 条记录的样本。结果选项卡也有性能向量。

“性能评估”操作符的结果所示的性能向量反映了评级预测的 RMSE 和 MAE。对于使用 MovieLens 数据集的基于邻域的推荐器，评级预测的 RMSE 为 0.915 星，MAE 为 0.703 星。

Row No.	rating	userId	movieId	title	genres	prediction
1	2.500	1	2455	Fly, The (1986)	Drama|Horror|Sci...	2.367
2	3	2	339	While You Were Sleeping (1995)	Comedy|Romance	3.174
3	3	2	410	Addams Family Values (1993)	Children|Comedy...	3.003
4	3	2	539	Sleepless in Seattle (1993)	Comedy|Drama|R...	3.359
5	3	2	550	Threesome (1994)	Comedy|Romance	2.999
6	3	2	588	Aladdin (1992)	Adventure|Anima...	3.429
7	4	2	661	James and the Giant Peach (1996)	Adventure|Anima...	3.737
8	4	2	720	Wallace & Gromit: The Best of A...	Adventure|Anima...	4.053
9	3	4	431	Carlito's Way (1993)	Crime|Drama	4.746
10	5	4	1194	Cheech and Chong's Up in Smok...	Comedy	4.186

图 11.15　基于内容过滤的预测评级

表 11.12 具有对某一用户的类标签的项目概要

电影	Tom Hanks	Helen Mirren	...	Joel Coen	Kathryn Bigelow	...	浪漫	动作	Olivia 的类标签
冰血暴				1					1
阿甘正传	1								0
女王		1							1
西雅图夜未眠	1						1		0
天空之眼		1						1	1

11.3.2 有监督学习方法

基于有监督学习模型的推荐器在个体用户层次上解决了用户－项目偏好预测问题。如果用户对一些项目表示了兴趣，并且这些项目具有特征，则可以推断出用户对这些特征的兴趣。考虑表 11.8 中所示的用户－项目评级矩阵和表 11.10 中所示的项目概要矩阵。我们可以为一个用户定制项目概要矩阵，比如 Olivia，即通过在项目概要中引入一个新的列来指示 Olivia 是否喜欢这部电影。这将生成一个用户（Olivia）的项目概要矩阵，如表 11.12 所示。这个矩阵与第 4 章和第 5 章中讨论的有监督模型中使用的训练数据惊人地相似。除了第一列（电影标题）可以忽略为 ID 外，项目概要表中的所有属性都是训练集中的特征或自变量。最后一列是一个用户新引入的指示器，是类标签或因变量。可以建立一个分类模型来概括属性与用户偏好之间的关系，并使用生成的模型来预测特定用户对任何未见的新项目的偏好。

分类模型（例如决策树）可以通过学习 Olivia 的属性偏好来构建，并且该模型可以应用于 Oliva 没有看过的所有电影的目录。分类模型预测用户对项目属性的偏好。基于有监督学习模型的方法将推荐任务视为一个特定于用户的分类或回归问题，并根据产品特性学习用户喜欢和不喜欢的分类器。

在基于有监督学习模型的方法中，每个用户都有一棵个性化的决策树。假设一个人对电影有直接的偏好：他们只喜欢 Helen Mirren 出演的电影，或者科恩兄弟导演的电影。他们的个性化决策树如图 11.16 所示。

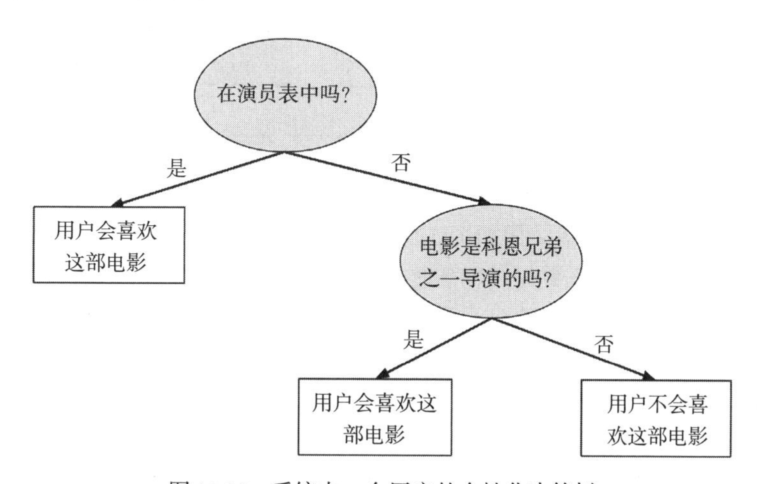

图 11.16 系统中一个用户的个性化决策树

图 11.16 所示的决策树是用户 Oliva 使用表 11.12 所示的项目概要的分类树。对于另一

个用户，树将是不同的。对于评级预测问题，我们可以使用回归模型来预测数值评级。假设用户只为少数几个项目提供显式的评级，那么挑战在于从这些项目的几个积极评级和这些项目的数千个属性中推断出一种模式。使显性评分与隐性结果（观看电影、产品视图、购物车中的商品）相互补充，将有助于提高推荐能力。

1. 有监督学习模型——如何实现

基于内容的推荐引擎的有监督学习（分类）模型方法为每个用户构建分类模型。因此，它将为一个用户显示模型构建，并且可以在循环中为评级矩阵中的每个用户重复该过程。实现步骤与第4章中讨论的建模过程非常相似。该推荐器的实现采用了规则归纳建模技术。它可以被其他各种分类或回归建模技术所替代，以适应应用和数据。

2. 数据集

用于该过程的数据集来自具有两个数据集的MovieLens数据库。第一个数据集（评级数据集）包含评级、用户ID和电影ID属性。第二个数据集（项目数据集）包含关于每部电影的有限的元数据——电影ID、电影标题和连接类型属性。要创建有监督学习模型，必须将这两个数据集合并到一个数据集中，对于一个用户，该数据集具有标签和属性。

3. 实现步骤

整个RapidMiner过程的概述如图11.17所示。基于模型的方法实现基于内容的推荐引擎的高级流程包括：分类建模的数据准备、模型构建、将模型应用于测试集和性能评估。

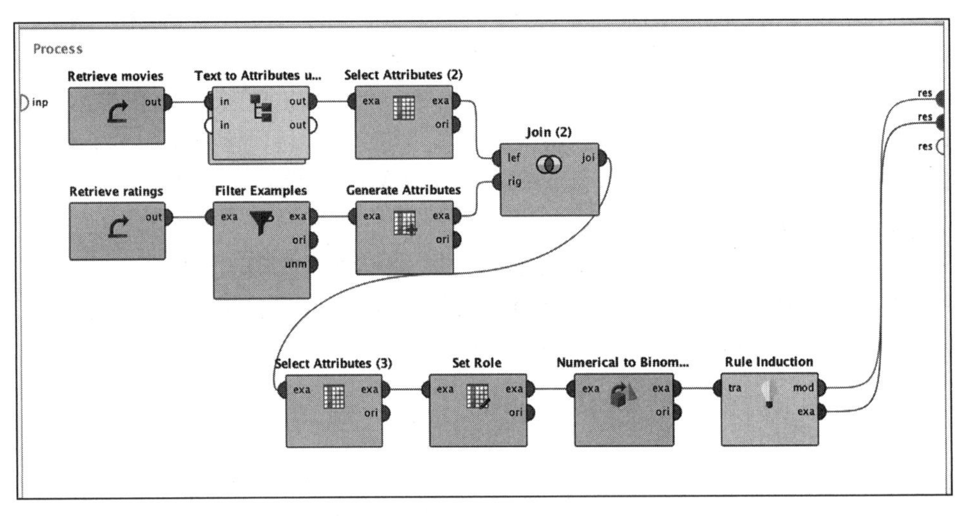

图11.17　系统中一个用户的分类过程

1）*数据准备*：电影数据集结构如图11.18a所示。每部电影都有一个标题和由 | 符号分隔的相关类型。第一步是将该数据结构转换为图11.18b所示的结构。图11.18b所示的结构有利于分类建模，其中每个类型都显示为单独的属性，值为0或1（根据电影是否属于该类型）。例如，电影《玩具总动员》(movieId=1）被列在以下类别中：冒险、喜剧、动画、儿童和幻想。

文本挖掘数据过程将数据结构从图11.18a转换为图11.18b。在文本挖掘子过程中，将“genres”属性转换为Text。每个单词都使用分隔符 | 从连接的类型文本中进行标记。然后对每个标记进行大小写转换并使其为每部电影提供词向量。文本挖掘子过程如图11.19所示。

Row No.	movieId	title	genres
1	1	Toy Story (1995)	Adventure|Animation|Children|Comedy|Fantasy
2	2	Jumanji (1995)	Adventure|Children|Fantasy
3	3	Grumpier Old Men (1995)	Comedy|Romance
4	4	Waiting to Exhale (1995)	Comedy|Drama|Romance
5	5	Father of the Bride Part II (19...	Comedy
6	6	Heat (1995)	Action|Crime|Thriller
7	7	Sabrina (1995)	Comedy|Romance
8	8	Tom and Huck (1995)	Adventure|Children
9	9	Sudden Death (1995)	Action
10	10	GoldenEye (1995)	Action|Adventure|Thriller

a)

movieId	(no genres ...	?	action	adventur	anim	children	comedi	crime	documentari
1	0	0	0	1	1	1	1	0	0
2	0	0	0	1	0	1	0	0	0
3	0	0	0	0	0	0	1	0	0
4	0	0	0	0	0	0	1	0	0
5	0	0	0	0	0	0	1	0	0
6	0	0	1	0	0	0	0	1	0
7	0	0	0	0	0	0	1	0	0
8	0	0	0	1	0	1	0	0	0
9	0	0	1	0	0	0	0	0	0
10	0	0	1	1	0	0	0	0	0

b)

Row No.	userId	rating_b	(no genres ...	?	action	adventur	anim	children
1	549	false	0	0	0	0	0	0
2	549	true	0	0	0	0	0	0
3	549	false	0	0	0	0	0	0
4	549	true	0	0	0	0	0	0
5	549	true	0	0	0	0	0	0
6	549	false	0	0	0	0	0	0
7	549	true	0	0	0	0	0	0
8	549	true	0	0	0	0	0	0
9	549	true	0	0	0	0	0	0
10	549	true	0	0	0	0	0	0

c)

图 11.18　a）带有相关类型的项目概要；b）以类别为属性的项目概要；b 对于用户 549，带有类别标签的项目概要

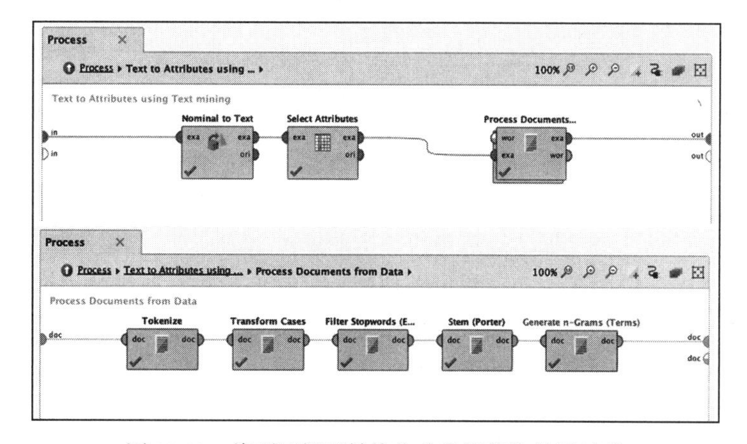

图 11.19　将项目概要转换为分类训练集的子过程

图 11.18b 所示的电影类型向量现在可以与用户的偏好信息合并。使用“过滤示例”操作符对一个用户（用户 549）的评级矩阵进行过滤。为了简化评估量表，使用生成属性中的公式将 0 ～ 5 量表转换为 boolean 类型的 true（3 及以上）或 false（3 以下）。在生产模型中，数字评级标签比 boolean 类型的 true/false 更可取，因为它包含的信息更多，而 5 点评级从数值级转换为类别级，只是为了说明这个实现的一个简单的分类模型。用户的评级信息可以使用内部“连接”操作符合并到电影概要中。在这个过程中，结果集将只包含用户评价的标题。得到的数据集如图 11.18c 所示，其中 rating_b 是偏好类标签，其余列是预测变量。

2）建模：使用规则归纳进行分类建模。我们在第 4 章讨论了规则归纳模型和参数。该过程中指定的参数为：判据 = 信息增益，样本比 = 0.9。可以使用决策树或逻辑回归作为规则归纳的替代方法。

整个过程如图 11.17 所示，可以保存并执行；结果窗口显示了来自规则归纳的模型（见图 11.20）。理想情况下，我们应该使用测试数据集测试该模型并评估性能。基于规则归纳模型可以看出，用户 549 对犯罪类型有偏好。此模型可针对目录中所有未评级的其他电影运行，预测的评级可用于向用户 549 推荐电影。

使用 RapidMiner 过程构建的模型是为某个用户（用户 549）定制的。整个过程可以为每个用户循环，模型可以存储在单独的数据集中。循环过程将在第 15 章中讨论。系统中的每个用户都有一个个性化的模型，该模型的有效性依赖于每个用户过去的评级，与其他用户的评级无关。

基于内容的推荐引擎能够更好地解释为什么系统要进行推荐，因为它概括了用户感兴趣的特征。例如，系统可能会推荐《阿波罗 13 号》、《拯救大兵瑞恩》和《菲利普斯船长》，因为用户对有 Tom Hanks 参演的电影感兴趣。与协同过滤方法不同，基于内容的系统不需要来自其他用户的数据，但是来自项目的附加数据是必不可少的。这个特性很重要，因为存在此特性时，新用户被引入系统后，推荐引擎不会出现冷启动问题。即当引入一个新项目时（比如一个新电影），电影的属性是已知的。因此，添加新项目或新用户时，对于推荐器来说是非常无缝衔接的。

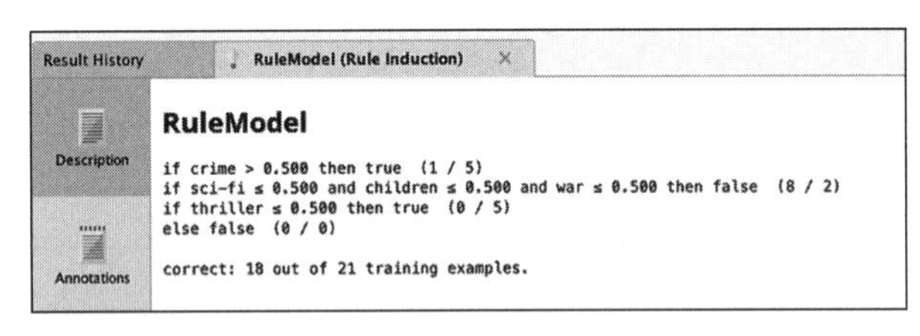

图 11.20 系统中一个用户的规则归纳模型

推荐中涉及的关键数据集（即项目概要、用户画像或分类模型，以及推荐列表）是可以预先计算的。由于在许多情况下，我们的主要目标是找到最热门的推荐项目，而不是填充完整的评级矩阵，因此决策树只能关注与用户相关的属性。

基于内容的推荐器倾向于为用户提供独特的偏好。例如，对斯堪的纳维亚犯罪惊悚片感兴趣的用户。因为需要大量的用户来选择这些独特的类型和目录中的其他项目，所以当喜欢这种子类型的用户不够多时，可能无法有效地进行协同过滤。

尽管不需要从其他用户处获得评级信息，但是一个详尽的项目概要对于从基于内容的系统获得相关推荐时是必不可少的。项目的特性从一开始就很难获得，一些属性（如类型分类）

也很难被掌握。从定义上讲，大片是由更广泛的观众观看的，而不仅仅是某一特定流派的狂热者。例如，看《阿凡达》并不需要是科幻小说迷。仅仅因为用户观看了《阿凡达》，并不意味着推荐器会被其他科幻电影淹没。我们需要一些特殊处理，这样系统就不会将大片的成功与用户对大片中特定属性的偏好混为一谈。

基于内容的推荐器是特定于内容的。例如，如果用户对关注北非美食的书籍表现出兴趣，若是电子商务平台同时提供这两种类别，那么向用户推荐摩洛哥厨具是合乎逻辑的。在基于内容的系统中这个任务很困难，因为从书籍类别中获得的知识很难转化为厨房用具类别。协同过滤与内容无关。

11.4 混合推荐器

本章讨论的每个推荐引擎都有一个中心思想，并通过一种独特的方法解决了预测未见用户－项目评级的问题。每种推荐模型都有自己的优点和局限性，也就是说，每种模型在特定的数据设置中都可以比其他模型工作得更好。一些推荐器在处理冷启动问题时具有健壮性，具有模型偏差，并且倾向于过拟合训练数据集。与集成分类器一样，混合推荐器将多个基本推荐器的模型输出合并为一个混合推荐器。该方法在基础模型相互独立的情况下，限制了泛化误差，提高了推荐器的性能，克服了单一推荐技术的局限性。通过选择不同的建模技术，如基于邻域 BMF、基于内容和基于有监督的模型推荐器，可以赋予基础模型多样性。

图 11.21 为混合推荐器的快速挖掘过程，具有 BMF、用户 K-NN、项目 K-NN 等基本推荐器。“模型混合”操作符是将三个模型组合成一个元算子的集成操作符。它平等地对基础模型进行加权。所有的基本推荐都在相同的训练数据集上运行。该混合推荐过程对 MovieLens 数据集的性能为 RMSE = 0.781，MAE = 0.589。在这种情况下，混合推荐器的性能优于单独使用邻域或矩阵分解的结果。

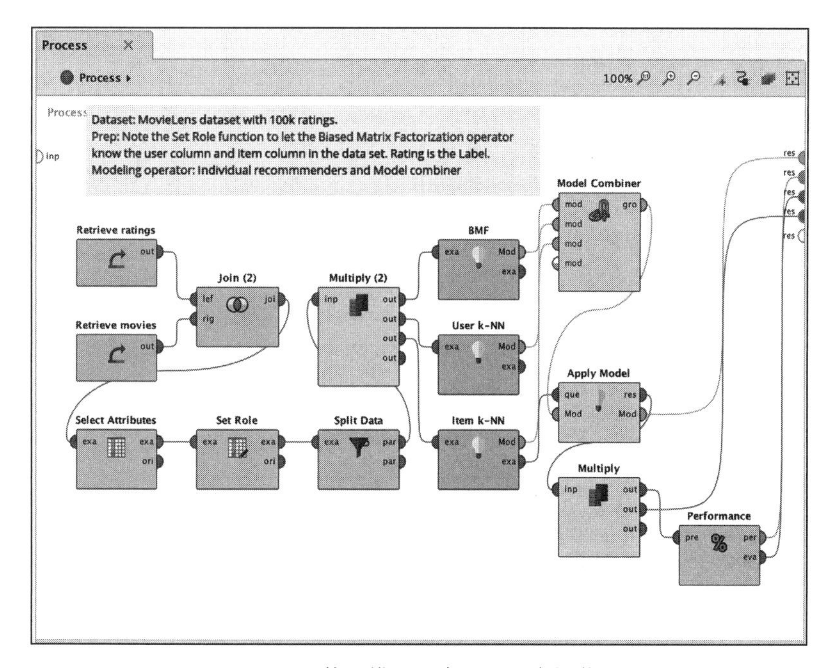

图 11.21 使用模型组合器的混合推荐器

11.5 总结

如何知道这些推荐是否与用户相关？人们希望看到用户接受并使用推荐的项目（观看、购买、阅读等），而不是随机选择项目。对"有"和"没有"推荐引擎的A/B实验测试可以帮助确定推荐引擎在系统中的总体影响。

推荐引擎使用的数据在任何标准下都被认为是敏感的，因为它位于用户级别，并指示用户的偏好。当一个人知道他读什么书、看什么电影、买什么产品时，他就能推断出自己的很多信息，更不用说这三者的结合了（Siegel，2016）。用户通过隐式或显式同意条款和条件，暗中委托企业保护其私人信息。用户更喜欢个性化的体验，他们愿意通过显式的评分信息和隐式的视图或搜索信息来提供一些关于自己的信息。个性化需求与用户隐私之间如何平衡？透明度可以是在隐私和个性化好处之间取得平衡的推动者。用户有权知道他们的哪些输入被用于推荐：以前喜欢的作品列表、搜索，或任何其他作为推荐输入的点击流数据。用户可以查看或删除他们对作品的偏好。推荐的可解释性增强了用户对系统的信任。例如，一个人可能喜欢某个作品列表，因为他们看过《冰血暴》。在某些司法管辖区，对于某些应用，用户有法律权利知道为什么要对某个用户进行推荐或处理。

个性化会导致过滤器气泡，这是一种智力孤立的状态（Bozdag，2013）。超级个性化的推荐引擎不断提供用户感兴趣的项目，并减少对更多样化的项目集的使用。新闻提要的个性化会增强一个人的政治倾向，并导致观点的回音室。个性化在某种程度上扮演着审查者的角色，过滤掉用户不喜欢的观点。控制个性化的算法，尤其是在新闻网站和社交媒体中，在塑造人们的政治观点方面发挥着重要作用。企业通过引入等价的畅销产品来回应过滤器气泡的偏见：热门话题、热门新闻等，除了个性化推荐之外，还为用户提供非个性化的商品选择。

推荐引擎的类型摘要

不同类型的推荐引擎的摘要见表11.13。

表11.13　推荐引擎的比较

类型	输入	假设	方法	优点	局限	实例
协同过滤	带有用户－项目偏好的评级矩阵	相似的用户或项目有相似的偏好	从具有相同思想的用户（或项目）和相应的已知用户－项目交互中获取评级	唯一需要的输入是评级矩阵。域不可知论者。在大多数应用程序中比基于内容的过滤更精确	新用户和项目的冷启动问题。评分矩阵中的稀疏条目导致较差的覆盖率和推荐。计算量随项目和用户的数量线性增长	电子商务、音乐、亚马逊的新连接推荐。Last.fm、Spotify、LinkedIn和Twitter
基于用户的CF（邻域）	评级矩阵	相似的用户对项目进行相似的评分	找到一组提供类似评级的用户。从群组用户中获得结果评级	用户与用户之间的相似度可以预先计算		
基于项目的CF（邻域）	评级矩阵	用户更喜欢与以前偏好相似的项目	查找由相同用户给出相似评级的项目的群组。从群组项目中获得评级	比基于用户的CF更精确		

（续）

类型	输入	假设	方法	优点	局限	实例
潜在矩阵分解	评级矩阵	用户对某项目的偏好可以通过他们对某项目特性的偏好得到更好的解释	将用户项矩阵分解为具有潜在因素的两个矩阵（**P** 和 **Q**）。用 **P** 和 **Q** 的点积填充评级矩阵中的空白值	适用于稀疏矩阵。比基于邻域的协同过滤更精确	不能解释为什么会做出这样的预测	
基于内容的过滤	用户-项目评级矩阵和项目概要	推荐与用户过去喜欢的内容相似的内容	抽象项目特性并构建项目概要。使用项目概要评估用户对项目概要中的属性的偏好	解决了新项目和新用户的冷启动问题。可就为何推荐作出解释	除评级矩阵外，还需要项目概要数据集。推荐是特定于领域的。受欢迎的项目会影响结果	Pandora 音乐推荐，CiteSeer 'scitation 索引
基于用户画像	用户-项目评级矩阵和项目概要	用户对项目的偏好可以通过其对项目属性的偏好来表示	使用与项目概要相同的属性构建用户画像。根据用户画像和项目概要的相似性计算评级	提供描述性的建议		
基于有监督学习模型	用户-项目评级矩阵和项目概要	每次用户选择一个项目时，都是对该项目属性的偏好的投票	系统中每个用户的个性化分类或回归模型。根据用户喜欢或不喜欢的项目及其与项目属性的关系学习分类器	每个用户都有一个单独的模型，可以独立定制		

参考文献

Bobadilla, J., Ortega, F., Hernando, A., & Gutiérrez, A. (2013). Recommender systems survey. *Knowledge-Based Systems, 46,* 109–132. Available from https://doi.org/10.1016/J.KNOSYS.2013.03.012.

Bozdag, E. (2013). Bias in algorithmic filtering and personalization. *Ethics and Information Technology, 15*(3), 209–227. Available from https://doi.org/10.1007/s10676-013-9321-6.

Cakir, O., & Aras, M. E. (2012). A Recommendation engine by using association rules. *Procedia–Social and Behavioral Sciences, 62,* 452–456. Available from https://doi.org/10.1016/j.sbspro.2012.09.074.

Das, A.S., Datar, M., Garg, A., & Rajaram, S. (2007). Google news personalization. In: *Proceedings of the 16th international conference on World Wide Web–WWW '07* (p. 271). New York: ACM Press. <https://doi.org/10.1145/1242572.1242610>.

Gemulla, R., Nijkamp, E., Haas, P.J., & Sismanis, Y. (2011). Large-scale matrix factorization with distributed stochastic gradient descent. In: *Proceedings of the 17th ACM SIGKDD international conference on Knowledge discovery and data mining–KDD '11* (p. 69). New York: ACM Press. <https://doi.org/10.1145/2020408.2020426>.

Gupta, P., Goel, A., Lin, J., Sharma, A., Wang, D., & Zadeh, R. (2013). WTF: The who to follow service at twitter. In: *Proceedings of the 22nd international conference on World Wide Web - WWW '13* (pp. 505–514). New York: ACM Press. <https://doi.org/10.1145/2488388.2488433>.

Hu, Y., Koren, Y., & Volinsky, C. (2008). Collaborative filtering for implicit feedback datasets. In

2008 eighth IEEE international conference on data mining (pp. 263–272). IEEE. <https://doi.org/10.1109/ICDM.2008.22>.

Isinkaye, F. O., Folajimi, Y. O., & Ojokoh, B. A. (2015). Recommendation systems: Principles, methods and evaluation. *Egyptian Informatics Journal, 16*(3), 261–273. Available from https://doi.org/10.1016/J.EIJ.2015.06.005.

Koren, Y., Bell, R., & Volinsky, C. (2009). Matrix factorization techniques for recommender systems. *Computer, 42*(8), 30–37. Available from https://doi.org/10.1109/MC.2009.263.

Lee, J., Sun, M., & Lebanon, G. (2012). *A comparative study of collaborative filtering algorithms*, pp. 1–27. Retrieved from <http://arxiv.org/abs/1205.3193>.

Mihelčić, M., Antulov-Fantulin, N., Bošnjak, M., & Šmuc, T. (2012). Extending RapidMiner with recommender systems algorithms. In: *RapidMiner community meeting and conference.*

Schafer, J. Ben, Konstan, J. A., & Riedl, J. (2001). E-commerce recommendation applications. *Data Mining and Knowledge Discovery, 5*(1/2), 115–153. Available from https://doi.org/10.1023/A:1009804230409.

Siegel, Eric (2016). *Predictive analytics: The power to predict who will click, buy, lie, or die.* John Wiley & Sons Incorporated.

Thorson, E. (2008). Changing patterns of news consumption and participation. *Information, Communication & Society, 11*(4), 473–489. Available from https://doi.org/10.1080/13691180801999027.

Underwood, C. (2017). *Use cases of recommendation systems in business—current applications and methods.* Retrieved on June 17, 2018, From <https://www.techemergence.com/use-cases-recommendation-systems/>.

Weise, E. (2017). That review you wrote on Amazon? Priceless. Retrieved on October 29, 2018, From <https://www.usatoday.com/story/tech/news/2017/03/20/review-you-wrote-amazon-priceless/99332602/>.

第12章 时间序列预测

时间序列是按时间顺序列出的一系列观测结果。时间序列中的数据点通常以恒定的连续时间间隔记录。时间序列分析是从时间序列中提取有意义的非平凡信息和模式的过程。时间序列预测是基于过去的观测结果和其他输入来预测时间序列数据的未来值的过程。时间序列预测是已知的最古老的预测分析技术之一。它广泛应用于每个组织环境，具有深厚的统计基础。时间序列的一个例子如图12.1所示，它展示了几年内某种产品的时间序列值和每月收入。

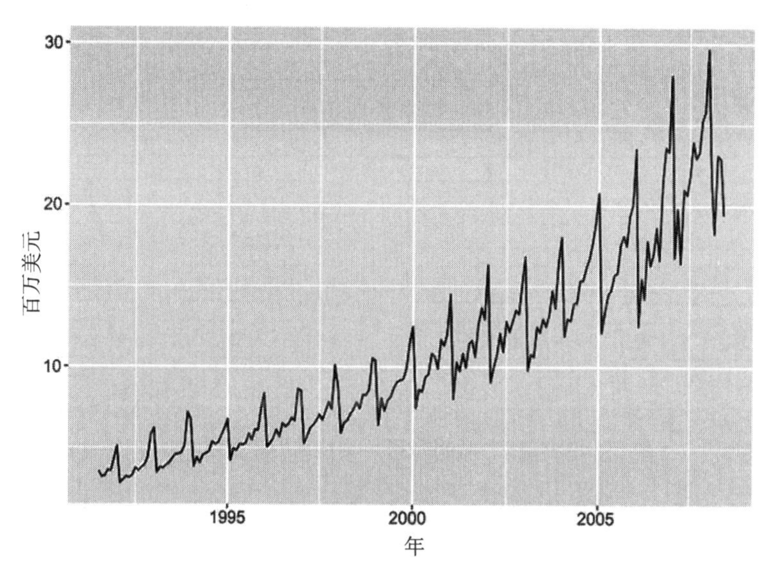

图12.1　抗糖尿病药物每月销售的时间序列

到目前为止，在本书中，有监督模型构建一直是从系统的几个不同属性中收集数据，并使用这些属性来拟合预测所期望值或目标变量的函数。例如，如果系统是房屋市场，则属性可以是房屋的价格、位置、房屋面积、房间数、楼层数、房屋年龄等。可以构建多元线性回归模型或神经网络模型，以在给定独立（预测）变量的情况下预测房价（目标）变量。同样，采购经理可以使用来自几种不同原材料商品价格的数据来建模产品的成本。这些预测模型中的共同点是，预测变量或自变量潜在影响着用于预测目标变量的目标（房价或产品成本）。时间序列预测的目标略有不同：使用有关特定量的历史信息来预测未来同样量的值。

一般而言，时间序列分析与其他有监督预测模型之间存在两个重要差异。首先，时间是许多应用中的重要预测指标。在时间序列分析中，我们关注预测特定变量，该变量在过去的时间如何变化是已知的。在目前为止讨论的所有其他预测模型中，数据的时间要素是被忽略的或不可用的，这些数据称为*剖面数据*。考虑根据位置、面积、房间数、楼层数和房屋年限预测房价的问题。在一个时间点观察预测变量（类似图 12.2 中木块的横截面），并在该时间点预测价格。然而，重要的是采用时间变量（木材长度）来预测一些信息，比如房价。它依据经济条件、供需等要素而上下波动，这些都受时间要素的影响。

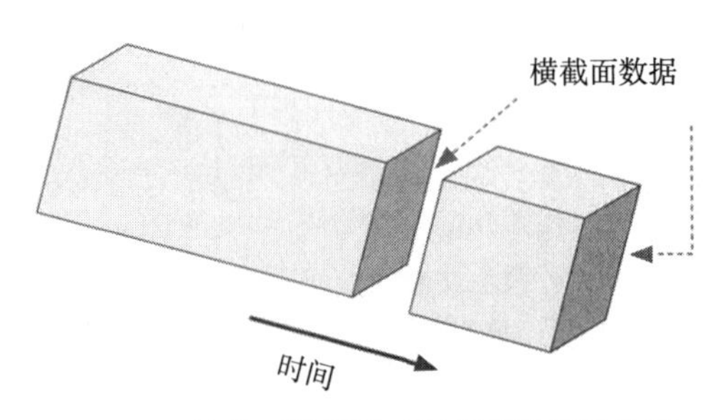

图 12.2　横截面数据是时间序列数据的子集

其次，人们对其他潜在影响目标变量的属性可能不感兴趣，甚至没有数据。换句话说，自变量或预测变量对于单变量时间序列预测并非严格必要，但强烈建议将其用于多变量时间序列。

时间序列预测的分类

时间序列的研究也可以大致分为*描述性建模*（称为时间序列分析）和*预测建模*（称为时间序列预测）。时间序列预测可以进一步分为四大类技术：基于时间序列分解的预测、基于平滑的技术、基于回归的技术和基于机器学习的技术。图 12.3 显示了时间序列预测技术的分类。

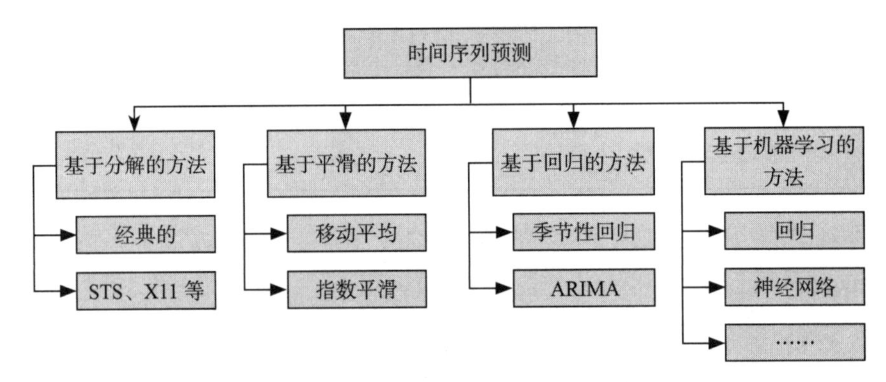

图 12.3　时间序列预测技术的分类法

时间序列分解是将时间序列解构为很多构成要素的过程，每个构成要素代表潜在的现象。分解将时间序列分为趋势要素、周期性要素和噪声要素。趋势要素和周期性要素是可预测的（并且被称为系统要素），而根据定义，噪声是随机的（并且被称为非系统要素）。在预测时间序列之前，了解和描述构成时间序列的要素非常重要。可以使用回归或与之类似的技术更好地预测这些单独的要素，并将它们组合在一起作为聚合的预测时间序列。这种技术称为预测与分解。

时间序列可以被认为是通过过去观测来预测未来。为了预测未来的数据，人们可以平滑过去的观测结果并将其投射到未来。这种时间序列预测方法称为基于平滑的预测方法。在平滑方法中，时间序列的未来值是过去观测的加权平均值。

基于回归的预测技术类似于传统的有监督预测模型，它具有自变量和因变量，但有一个转折点：自变量现在是时间。这种方法最简单的应用当然是线性回归模型的形式：

$$y_t = a \times t + b \quad (12.1)$$

其中 y_t 是时间 t 的目标变量的值。给定训练集，可以估计系数 a 和 b 的值以预测未来的 y 值。基于回归的技术可能会变得非常复杂，它的函数是用于建模未来值和时间之间关系的函数类型。常用函数是指数函数、多项式函数和幂函数。

大多数人都熟悉电子表格程序中的趋势线功能，它提供了几种不同的功能选择。基于回归的时间序列预测模型与可以选择自变量的常规函数拟合预测模型不同。一种更复杂的技术是基于自相关的概念。自相关是指来自相邻时间段的数据在时间序列中相关的事实。这些技术中最著名的是 ARIMA（Auto Regressive Integrated Moving Average，自动回归综合移动平均）。

如果时间序列数据被转换为具有目标标签和输入变量的特定格式，那么任何有监督的分类或回归预测模型也可用于预测时间序列。这类技术基于有监督的机器学习模型，其中输入变量使用窗口技术从时间序列导出。窗口技术将时间序列转换为类似剖面的数据集，其中输入变量是观测的滞后数据点。基于人工神经网络的时间序列预测因其与 ARIMA 技术的相似性而具有特殊的相关性。

预测产品的需求

时间序列的一种常见应用是预测产品的需求。一家制造公司生产用于天然气和石油管道的防腐蜡带。该公司使用少量装配线生产十几种蜡带产品。对这些产品的需求取决于几个要素。例如，常规的管道维修通常在温暖的季节进行。因此，需求可能出现季节性飙升。此外，在过去几年中，新兴经济体的增长意味着对其产品的需求一直在增长。最后，公司可能提前宣布的任何定价上即将发生的变化也可能引发客户囤货，导致需求突然跳跃。因此，可能存在趋势要素和季节性要素，如图 12.4 所示。

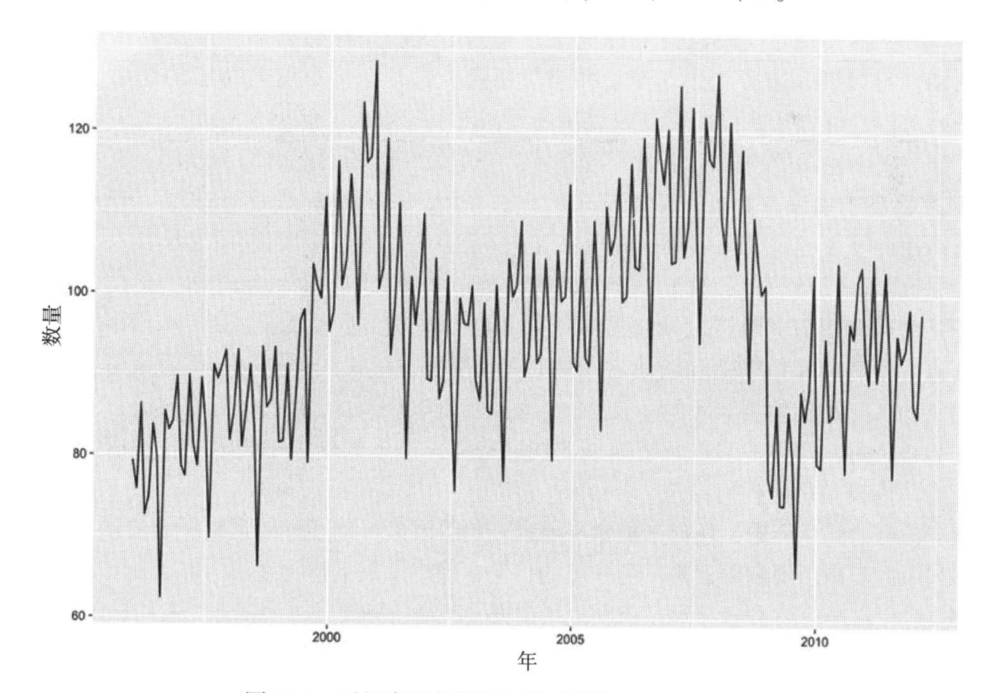

图 12.4　时间序列分析可以揭示趋势和周期性模式

产品经理需要能够按月、按季度和按年计算产品需求，以便使用有限的资源和部门的预算来计划产品。他们利用时间序列预测模型来预测每个产品线的潜在需求。通过研究季节性模式和增长趋势，可以更好地准备生产线。例如，研究在寒冷气候中大量使用的2号蜡带的销售季节性，数据显示3月和4月是订单数量最多的月份，因为顾客往往在维修季节（夏季）到来之前的月份购买。除非进行时间序列分析和预测，否则不会得出这种见解。

12.1 时间序列分解

时间序列数据是单变量的，是多重潜在现象的融合。考虑图12.1中所示的例子。这是每月抗糖尿病药物销售的时间序列。关于这个时间序列可以做一些观察。首先，整体药品销售呈上升趋势，并且上升趋势在21世纪初加速。其次，药品销售的时间序列有明显的周期性，特别是呈现出一年一度的周期性。每年年初的药品销售量出现飙升，2月出现下降。这种周期性变化每年都是一致的。然而，即便考虑到趋势和季节性变化，还有一个无法解释的现象。例如，与前几年或2008年相比，2007年的模式是奇数。这种不可归因的现象可以假设为时间序列中的噪声。现在已经研究出对时间序列的基本现象的直观理解，可以讨论构成时间序列的不同要素的形式定义。

趋势：趋势是指数据的长期趋势，代表从一个时期到下一个时期的变化。如果趋势线已插入到电子表格的图表上，则为回归方程线，表示时间序列的趋势要素。趋势可以进一步分为零基趋势和数据水平。时间序列中的数据水平不会随时间而变化，而零基趋势会随时间变化。

周期性：周期性是指一段时间内的重复行为。这些是在时间序列中反复出现的重复模式。周期性可以进一步分为每小时、每日、每周、每月、每季度和每年的周期性。考虑一个在线财务门户网站（如雅虎财经或晨星公司）产生的收入。访问量将清楚地表明每日的周期性，即一天中访问门户或应用的人数差异，特别是在商场营业时间和夜间。工作日的流量（和收入）将高于周末。此外，随着广告客户在季度末调整营销支出，在线广告支出呈现为季度周期性。收入也将显示每年的周期性，在圣诞节后，年底因假期而显示收入疲软。

循环性：循环要素表示长于一年的模式，其中循环之间没有特定的时间范围。这里的一个例子是繁荣和崩溃的经济周期。虽然繁荣和崩溃呈现出重复的模式，但繁荣时期的长度、经济衰退的长度、随后繁荣和崩溃之间的时间（甚至连续两次崩溃——双重下降）都是不确定和随机的，与周期性要素不同。图12.1显示了2000年后抗糖尿病药物的销售情况呈加速上升的趋势，可以用来代表循环要素或非线性趋势。由于数据集中的时间范围有限，因此很难在此时间序列中得出任何结论。

噪声：在时间序列中，任何未被水平要素、趋势要素、周期性要素或循环要素表示的都是时间序列中的噪声。噪声要素是不可预测的，但在理想情况下遵循正态分布。所有时间序列数据集都会产生噪声。图12.5显示了季度生产数据分解为趋势要素、周期性要素和噪声要素。

趋势和周期性是时间序列的系统要素，系统要素可以被预测。然而预测噪声（时间序列的非系统要素）是不可能的。基于不同要素的性质以及它们的组成方式，时间序列分解可以分为*加法分解*和*乘法分解*。在加法分解中，要素以这样的方式分解：当它们被加在一起时，可以获得原始时间序列。

$$时间序列 = 趋势 + 周期性 + 噪声$$

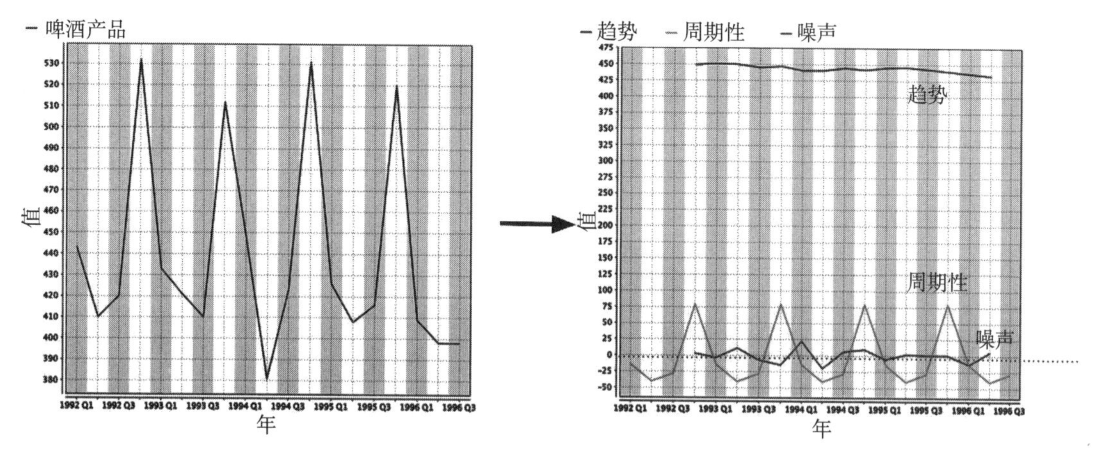

图 12.5 时间序列分解（见彩插）

在乘法分解的情况下，要素以这样的方式分解：当它们相乘时，可以返回原始时间序列。

时间序列 = 趋势 × 季节性 × 噪声

加法和乘法时间序列分解都可以用这些方程表示：

$$y_t = T_t + S_t + E_t \quad (12.2)$$

$$y_t = T_t \times S_t \times E_t \quad (12.3)$$

其中 T_t、S_t 和 E_t 分别是趋势、周期和误差要素。原始时间序列 y_t 只是要素的加法或乘法组合。如果周期性波动的幅度或趋势的变化随时间序列的变化而变化，那么乘法时间序列分解是更好的模型。图 12.1 中的抗糖尿病药物销售时间序列显示了长期趋势下的周期性波动增长和指数上升。因此，乘法模型更合适。图 12.6 显示了抗糖尿病药物销售时间序列的加法分解和乘法分解。请注意，两种分解的周期性要素的比例都不同。2005 年后，加法分解中的噪声较高，因为它无法有效地表示周期变化和趋势变化的增加。乘法分解中的噪声要小得多。

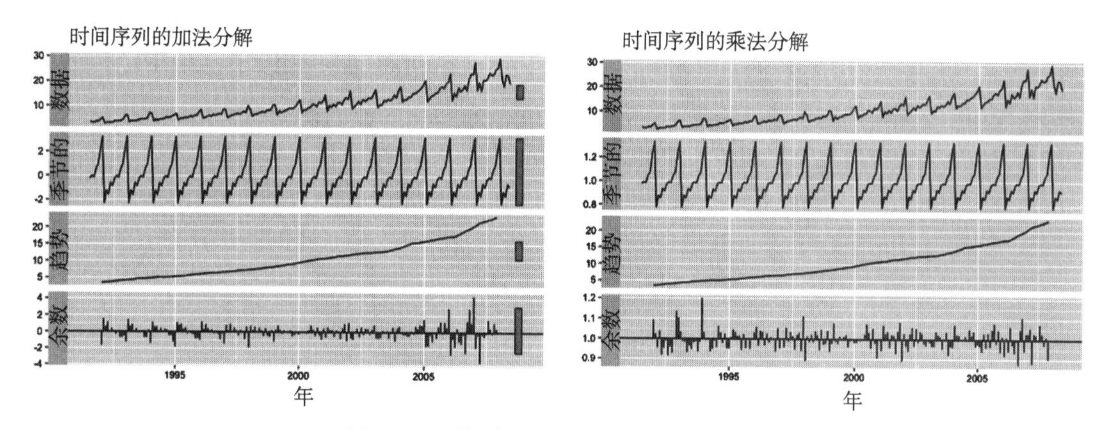

图 12.6 时间序列的加法分解和乘法分解

为了将时间序列数据分解为各个要素，可以使用一些不同的技术。在本节中，将回顾一些描述时间序列数据的常用方法，以及如何将知识用于预测未来时间段的时间序列。

12.1.1　经典分解

经典分解技术简单、直观，并且是所有其他高级分解方法的基准。假设时间序列具有年度周期性的月度数据，如图 12.1 所示。*m* 代表周期时长，对于年度周期性的月度数据，*m* 为 12。经典分解技术首先通过计算长期（比如 12 个月）移动平均值来估计趋势要素。从时间序列中删除趋势要素以获得剩余的周期性和噪声要素。周期性要素可以通过 1 月、2 月、3 月等剩余的月份的均方差来估算。一旦趋势和周期性要素被移除，剩下的就是噪声。经典加法分解的算法是：

1）估计趋势 T_t：如果 *m* 是偶数，则计算 $2\times m$ 移动平均（*m*-MA，然后是 2-MA）；如果 *m* 是奇数，则计算 *m*- 移动平均。移动平均是最后 *m* 个数据点的平均值。

2）计算去除趋势的序列：计算序列中每个数据点的 y_t-T_t。

3）估算周期性要素 S_t：每 *m* 个数据点的时间序列的 (y_t-T_t) 值的平均值。例如，计算 1 月份的所有 (y_t-T_t) 的平均值并重复计算其余所有月份。以均值为零的方式归一化周期性的值。

4）计算噪声要素 E_t：序列中每个数据点的 $E_t=(y_t-T_t-S_t)$。

乘法分解类似于加法分解：在所述算法中用除法替换减法。另一种方法是通过在式（12.3）的两侧应用对数函数将乘法分解转换为加法。

12.1.2　实现过程

分解算法非常简单，可以在电子表格中实现。接下来将简要描述使用 RapidMiner 进行时间序列加法分解的实际例子。图 12.7 所示的过程具有简单的数据预处理操作，用于估计趋势、周期性和误差要素。此过程中使用的数据是澳大利亚每个季度啤酒生产的数据集，该数据集可在配套网站 www.IntroDataScience.com 上找到。将时间序列转换为要素的步骤如下：

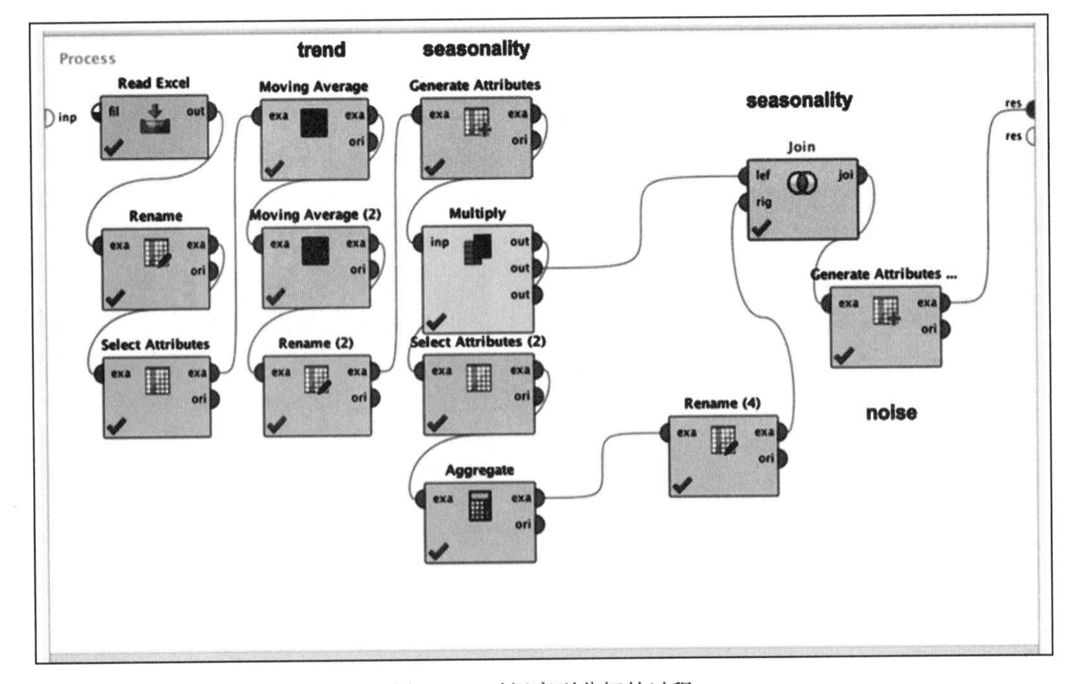

图 12.7　时间序列分解的过程

- **趋势**：由于数据显示四个季度的季节性，因此使用四期移动平均操作符和两期移动平均操作符来估计趋势要素。
- **周期性**：使用“生成属性”操作符通过查找时间序列与 2×4 个月移动平均值之间的差来计算去除趋势的序列。同样的操作符还可以从年份（例如，1996 年 Q1）属性中提取季度值（Q1, Q2, Q3, Q4）。去除趋势的序列具有周期性和噪声。要计算周期性，必须使用“聚合”操作符对季度值求平均。这给出了一年的周期性值。“联结”操作符用于为每个 Q1、Q2、Q3 和 Q4 记录重复周期性要素。
- **噪声**：噪声是根据时间序列与趋势和周期性的组合之间的差异来计算的。

该过程的结果如图 12.8 所示。初始时间序列被分解为各要素。请注意，噪声是随机分布的，其均值为零。尽管经典分解是直截了当的，但有严重的局限性。经典分解假设在整个时间序列中出现相同的周期性模式。这对于实际使用案例的假设来说过于紧缩。当使用 $2 \times m$ 移动平均时，在建模中不使用前 $m/2$ 和后 $m/2$ 个数据点。而且，经典分解无法处理数据中的异常。

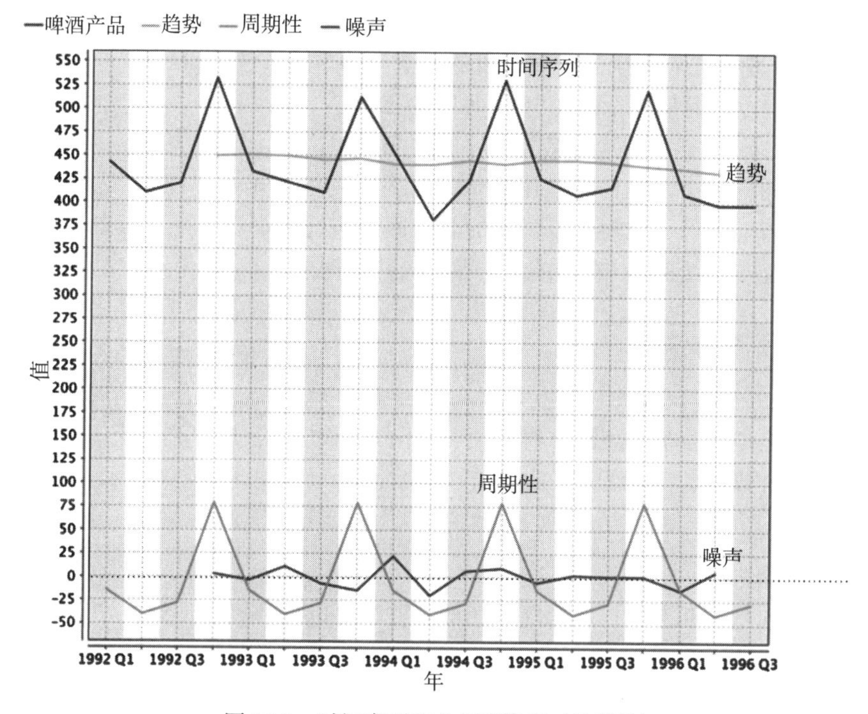

图 12.8 时间序列和分解的数据（见彩插）

有许多先进的时间序列分解技术。STL（使用损失进行周期性和趋势分解）、SEATS（ARIMA 时间序列中的周期性提取）和 X11（来自美国人口普查局）是一些先进的分解技术。所有这些方法都有额外的步骤来处理经典分解技术的局限性，特别是处理周期性变化，分解季度、月度、每周和每日周期性，以及处理趋势的变化。

使用分解的数据进行预测

分解时间序列不仅用于描述和增加对时间序列数据的理解，而且对预测也很有用。我们的想法是将时间序列细分为小段，预测每个小段，并将其重新组合在一起，以预测未来的时间序列值。为什么要这样做呢？因为通过要素预测时间序列是一项更容易的任务。

$$\hat{y}_t = \hat{S}_t + \hat{T}_t \tag{12.4}$$

假设时间序列的周期性要素不会改变。因此，周期性要素的预测与从时间序列中提取的值相同。没有周期性要素的时间序列数据称为周期性调整的时间序列。它的数据中仅包含趋势要素和噪声。经周期性调整的时间序列可以通过相对简单的方法预测：线性或多项式回归、Holt方法或ARIMA。例如，可以使用线性回归来扩展图12.6和图12.8中的趋势要素。噪声通常以零均值分布，因此没有被预测。未来值的时间序列预测是周期性预测和趋势要素的周期性调整预测之和。

12.2 基于平滑的方法

在基于平滑的方法中，一次观测是过去几次观测的函数。考虑对时间序列使用基本符号系统是有帮助的，以便了解不同的平滑方法。

- 时间段：t=1, 2, 3, …, n。时间段可以是秒、天、周、月或年，取决于具体问题。
- 数据序列：对应于上述每个时间段的观测 $y_1, y_2, y_3, \cdots, y_n$。
- 预测：F_{n+h} 是 n 之后的第 h 个时间段的预测。通常为 h=1，即最后一个数据点之后的下一个时间段。但是 h 可以大于1。h 称为范围。
- 预测误差：$e_t=y_t-F_t$ 为任何给定时间 t 的预测误差。

为了解释不同的方法，我们将使用简单的时间序列数据函数 $Y(t)$。Y 是在任何时间 t 的时间序列的观测值。此外，观察是以恒定的时间间隔进行的。在断断续续的数据的情况下，可以假设应用插值方案以获得（在时间上）等间隔的数据点。

12.2.1 简单预测方法

1. 朴素方法

朴素方法可能是最简单的预测“模型”。这里只假设 F_{n+1}，即序列中下一个周期的预测，由序列的最后一个数据点 y_n 给出。

$$F_{n+1} = y_n \tag{12.5}$$

2. 周期性朴素方法

如果时间序列是周期性的，那么周期性朴素方法可以比朴素点估计更好地实现预测。该预测方法可以将值假设为按周期间隔的先前值。例如，下个1月的收入可以假设为最后一个已知的1月的收入。

$$F_{n+1} = y_{n-s} \tag{12.6}$$

其中 s 是周期长度。对于具有年度周期性的月度数据，周期性时长为12。

3. 平均法

向上移动一个层级，可以计算序列中所有数据点的平均值作为下一个数据点。换句话说，该模型计算预测值 F_{n+1} 如下：

$$F_{n+1} = \text{Average}(y_n, y_{n-1}, y_{n-2}, \cdots, y_1) \tag{12.7}$$

假设某些人拥有从2010年1月到2010年12月的月度数据，并且想要预测2011年1月的值，他们将会直接求从2010年1月到2010年12月的月度数据的平均值以作为预测值。

4. 移动平均平滑

简单平均值的明显问题是如何确定平均值计算中要使用的点数。随着观测数据的增长（随 n 增加），是否仍然需要使用所有 n 个时间段来计算下一个预测？为了解决这个问题，可以选择最后一个“k”周期的窗口来计算平均值，随着实际数据随时间的增长，可以总是将最后的 k 个样本（即 $n, n-1, \cdots, n-k+1$）取平均。换句话说，平均窗口继续向前移动，从而返回移动平均值。假设在窗口 k=3 的简单示例中，预测 2021 年 1 月的数据将会采用过去三个月的平均值。当 1 月份的实际数据出现时，预测 2021 年 2 月的值使用 2021 年 1 月（n）、2020 年 12 月（$n-1$）和 2020 年 11 月（$n-3+1$ 或 $n-2$）的数据。当数据存在周期性时（例如，12 月零售或 1 月医疗保险），这种模型将出现问题，这可能会扭曲平均值。移动平均使时间序列中的周期性信息变得平滑。

$$F_{n+1} = \text{Average}(y_n, y_{n-1}, \cdots, y_{n-k}) \tag{12.8}$$

5. 加权移动平均平滑

对于某些情况，最近的值可能比某些早期值具有更大的影响力。由于这种简单效应的影响，多数指数增长出现了。对下一时段的预测由以下模型给出：

$$F_{n+1} = (a \times y_n + b \times y_{n-1} + c \times y_{n-k})/(a+b+c) \tag{12.9}$$

这里的系数通常是 $a>b>c$。图 12.9 比较了前面介绍的简单时间序列的预测结果。请注意，由于其公式化的性质，所有提到的方法都只能提前一步预测。系数 a、b 和 c 可以是任意的，但通常基于时间序列的一些先前知识。

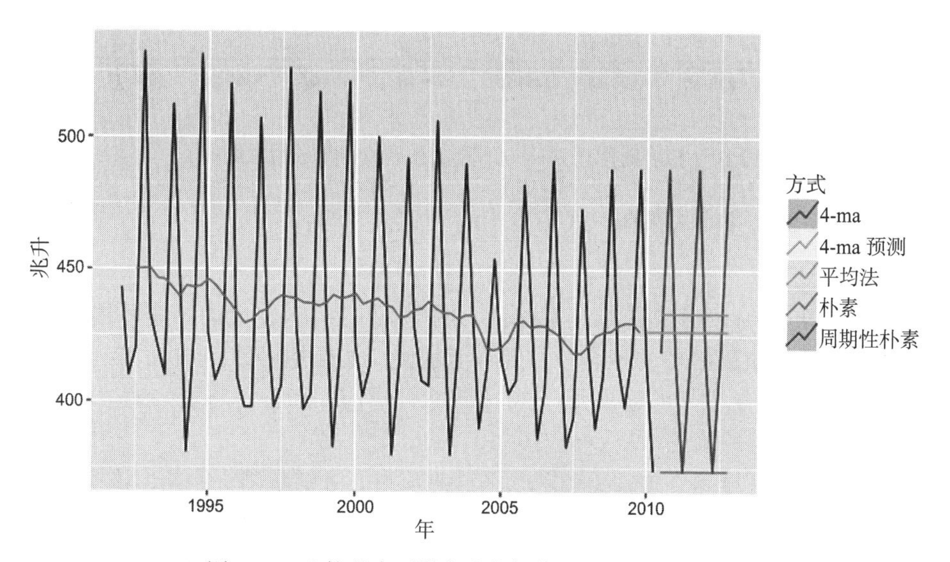

图 12.9 比较基本平滑方法的提前一步预测（见彩插）

12.2.2 指数平滑

指数平滑是过去数据的加权平均值，最近的数据点比早期数据点更重要。权重以指数方式向较早的数据点衰减，由此得名。指数平滑由式（12.10）给出。

$$F_{n+1} = \alpha y_n + \alpha(1-\alpha) y_{n-1} + \alpha(1-\alpha)^2 y_{n-2} + \cdots \tag{12.10}$$

α 通常在 0 到 1 之间。注意 α=1 返回式（12.5）的朴素预测。如图 12.10 所示，使用较大的

α会导致对实际值赋予更多权重，并且得到的曲线更接近实际曲线，但使用较小的α会导致更加强调先前预测的值并导致更平滑但不太准确的拟合。在实践中，α的典型值范围为0.2至0.4。

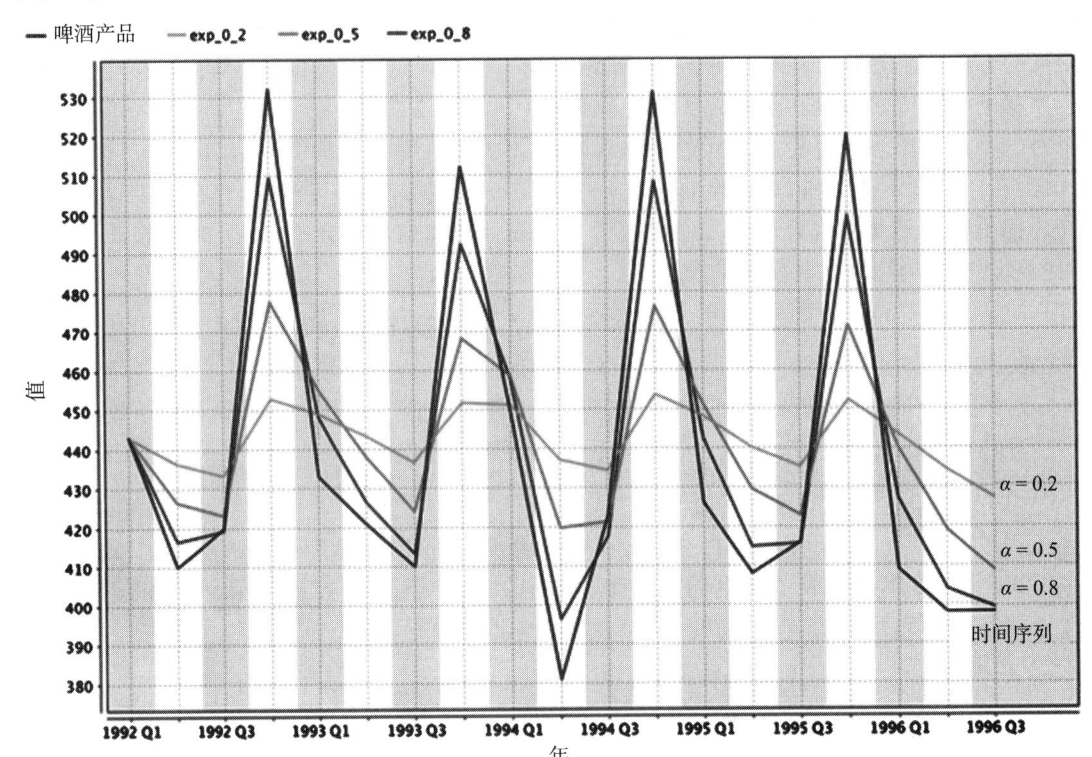

图12.10　拟合时间序列——不同α水平的指数平滑（见彩插）

要使用指数平滑来预测未来值，式（12.10）可以改写为：

$$F_{n+1}=\alpha\times y_n+(1-\alpha)\times F_n \tag{12.11}$$

式（12.11）更有用，因为它涉及实际值y_n和预测值F_n。较大的α值可提供精确的拟合，较小的α值可提供更平滑的拟合。回到月度示例，如果想要使用2011年1月的实际值以及之前预测的2011年1月的值来预测2011年2月的值，新预测将更好地“学习”数据。这是基本指数平滑背后的概念（Brown，1956）。

这种简单的指数平滑是许多常见的基于平滑的预测方法的基础。但是，该模型仅适用于没有明显趋势或周期性的时间序列。平滑模型只有一个参数α，它可以使时间序列中的数据变平滑，以便于推断和预测。与前面讨论的许多方法一样，预测将是平坦的，即没有趋势或周期性要素掺杂在里面，仅预测水平。另外，如果检查式（12.10），可以看出预测不能超过一步，因为要对步骤（n +1）进行预测，需要前一步骤（n）的数据。使用前面所描述的方法（简单地假设为$F_{n+h}=F_{n+1}$），其中h是范围，不可能提前几步（即步骤（n+h））预测。这显然用途有限。为了进行更长的范围预测，也就是说，还需要考虑h>>1、趋势和周期性信息。一旦捕获了趋势和周期性，就可以预测未来任何时间的值，而不仅仅是前一步的值。

1. Holt的双参数指数平滑

使用电子表格在散点图上创建趋势线，可直观地了解趋势的含义。趋势线是时间序列的平均长期趋势。前面描述的简单指数平滑模型在捕获趋势方面不是特别有效。为实现这一目标，需要对此技术进行扩展，一种称为 Holt 的双参数指数平滑应运而生。

回想一下，指数平滑（式（12.10））简单地计算了时间序列的平均值作为在 n+1 处的值。如果序列也有趋势，那么也需要估计序列的平均斜率。这就是 Holt 的双参数平滑，是借助另一个参数 β 来实现的。它类似于式（12.10）的平滑方程，是针对 n+1 处的平均趋势构造的。借助两个参数 α 和 β，任何具有趋势的时间序列都可以被建模并因此被预测。预测可以表示为两个要素的总和（序列的平均值或"水平" L_n 和趋势 T_n），递归地表示为：

$$F_{n+1} = L_n + T_n \quad (12.12)$$

其中

$$L_n = \alpha \times y_n + (1-\alpha) \times (L_{n-1} + T_{n-1}) \text{ 且 } T_n = \beta \times (L_n - L_{n-1}) + (1-\beta) \times T_{n-1} \quad (12.13)$$

为了使未来能够在一个范围上进行预测，可以将式（12.12）修改为：

$$F_{n+h} = L_n + h \times T_n \quad (12.14)$$

可以基于与训练（过去）数据的最佳拟合来估计参数的值。

2. Holt-Winters 的三参数指数平滑

当时间序列除了趋势之外还包含周期性时，还需要另一个参数 γ 来估计时间序列的周期性要素（Winters，1960）。现在通过周期性指数调整值（或水平）的估计值，周期性指数使用包含 γ 的第三个等式进行计算（Shmueli，2011；Hyndman，2014；Box，2008）。

$$F_{t+h} = (L_t + hT_t)S_{t+h-p} \quad (12.15)$$

$$L_t = \alpha y_t / S_{t-p} + (1-\alpha)(L_{t-1} + T_{t-1}) \quad (12.16)$$

$$T_t = \beta(L_t - L_{t-1}) + (1-\beta)T_{t-1} \quad (12.17)$$

$$S_t = \gamma(y_t / L_t) + (1-\gamma)S_{t-p} \quad (12.18)$$

其中 p 是周期时长。可以通过平滑方程与训练数据的拟合来估计参数 α、β 和 γ 的值。

12.2.3 实现过程

Holt-Winters 的三参数平滑提供了一个良好的框架来预测具有水平、趋势和周期性的时间序列数据，只要周期时长得到明确定义。我们可以使用 R 扩展在 RapidMiner 中实现时间序列预测模型。R[⊖]是一种功能强大、应用广泛的统计工具，此用例保证了 RapidMiner 与 R 功能的集成。此过程中的关键操作符是"执行 R"，它接收数据作为输入，处理数据，并从 R 输出数据帧。

该过程中使用的数据是先前时间序列处理中使用的澳大利亚啤酒生产时间序列数据集。经过一些数据预处理，如重命名属性和选择生产数据，调用 R 操作符用于 Holt 和 Holt-Winters 的预测功能（见图 12.11）。

"执行 R"操作符运行在操作符中输入的 R 脚本上。Holt-Winters 预测的 R 脚本如下所示。它使用预测包链接库，并为 Holts 调用预测函数 holt（inp，h=10），为 Holt-Winters 的预测调用 hw（inp，h=10）。将最终数据帧（R 中的数据集）返回到 RapidMiner 过程。

⊖ https://www.r-project.org/。

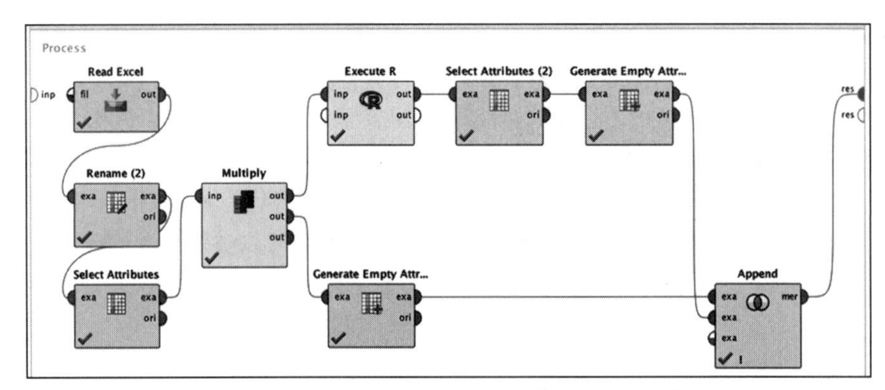

图 12.11　Holts 和 Holt-Winters 使用 R 的预测

Holt-Winters 预测的 R 脚本

```
rm_main = function(data)
{
library(forecast)
  inp <- ts(data, freq = 4)
    y <- holt(inp, h = 10)  # or hw(inp, h = 10) for Holt Winters' smoothing
    df <- as.data.frame(y)
    return(list(df))
}
```

“执行 R”操作符的输出分为点预测和区间预测。对于此实现，使用“选择属性”操作符选择点预测。预测数据集附加了原始数据集，以便使用“生成属性”和“附加”操作符进行更好的可视化。图 12.12 显示了 Holt 和 Holt-Winters 指数平滑预测的预测结果。请注意，在 Holt 的预测中，只预测趋势和水平，而在 Holt-Winters 的预测中可以预测趋势和周期性。

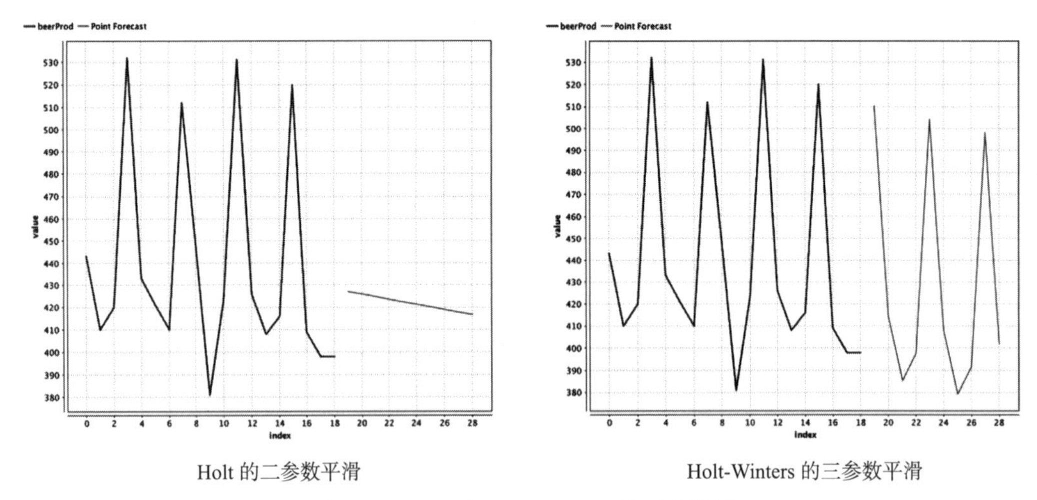

Holt 的二参数平滑　　Holt-Winters 的三参数平滑

图 12.12　Holt 和 Holt-Winters 的平滑效果

12.3　基于回归的方法

在基于回归的方法中，时间变量是预测变量或自变量，时间序列值是因变量。当时间序列看起来具有全局模式时，基于回归的方法通常是优选的。我们的想法是，模型参数将能够捕获这些模式，从而在假设重复此模式的情况下，人们能够对未来的任何步骤进行预测。对于具有局部模式而不是全局模式的时间序列使用基于回归的方法，需要我们指定模式何时变化以及如何变化，这是很困难的。对于这样的序列，平滑方法最有效，因为这些方法通常依赖于推断最新的局部模式，如前所述。

图 12.13 显示了两个时间序列：图 12.13a 显示了抗糖尿病药物收入，图 12.13b 显示了悉尼—墨尔本路线[⊖]的经济舱客流量。基于回归的预测方法适用于抗糖尿病药物收入序列，因为它具有全局模式。然而，乘客量序列显示任何模式都没有明确的开始或结束。最好使用基于平滑的方法来尝试预测第二个序列。

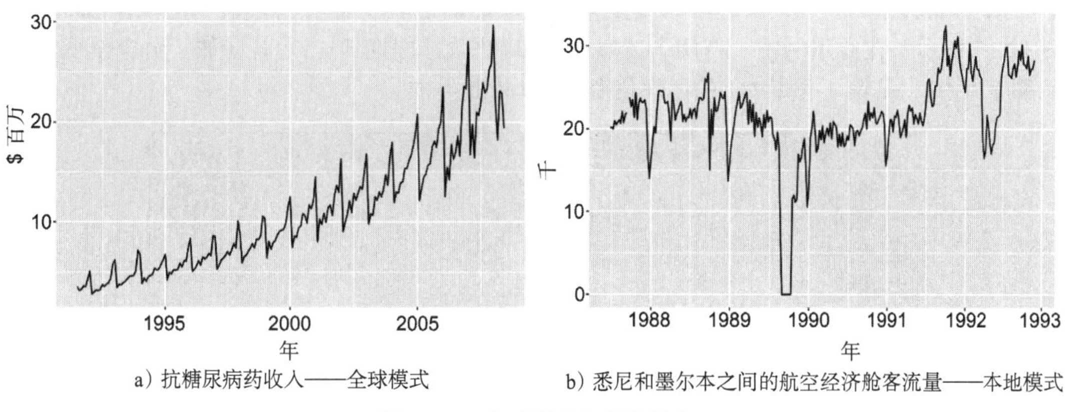

a）抗糖尿病药物收入——全球模式

b）悉尼和墨尔本之间的航空经济舱客流量——本地模式

图 12.13 全球模式和本地模式

12.3.1 回归

用于分析时间序列的最简单的基于回归的方法是线性回归。正如本章中所提到的，假设时间段是自变量，并尝试使用它来预测时间序列值。对于迄今使用的澳大利亚啤酒数据集，图 12.14 显示了线性回归拟合。可以看出，线性回归模型能够捕获序列的长期趋势，但它在拟合数据方面做得很差。

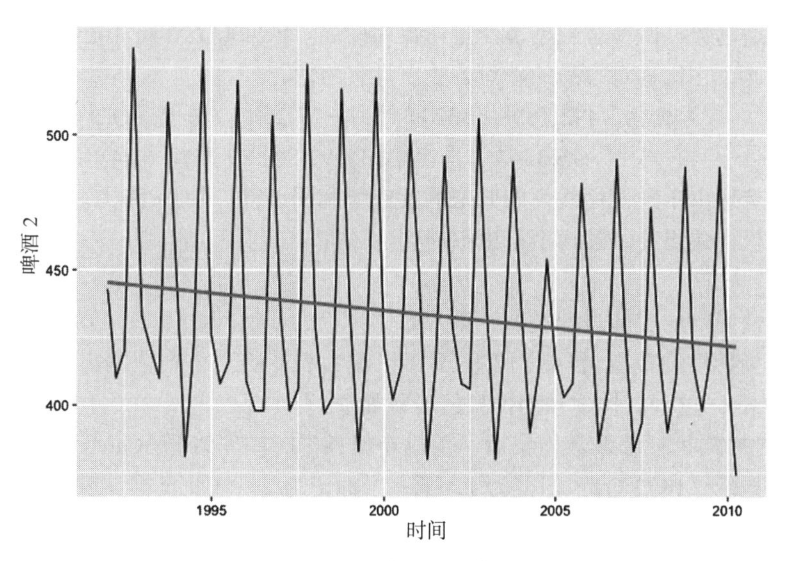

图 12.14 线性回归模型

⊖ 安捷航空（已停产）。下降显示了 1989 年的工业纠纷。R 中的 FPP2 程序包。

复杂的多项式函数可用于改善拟合。多项式回归类似于线性回归，除了使用了带有自变量的高次函数（时间变量上的二次和三次函数）。由于这里的全局趋势是直线下降的，因此很难说三次多项式能够做得更好。然而，在这两种情况中，任何一种都不限于简单平滑方法的提前一步预测。

12.3.2　周期性回归

通过简单地考虑周期性，可以显著改善线性回归趋势拟合模型。这是通过为序列的每个周期（四分之一）引入周期性虚拟变量来完成的，这些变量在属性值中触发1或0，如图12.15所示。在此示例中，将四个新属性添加到原始数据集以指示记录属于哪个季度。如果季度为Q1，则第1季度Q1的属性值变为1，依此类推。

年	时间	季度 = Q1	季度 = Q2	季度 = Q3	季度 = Q4	啤酒产品
1992 Q1	1	1	0	0	0	443
1992 Q2	2	0	1	0	0	410
1992 Q3	3	0	0	1	0	420
1992 Q4	4	0	0	0	1	532
1993 Q1	5	1	0	0	0	433
1993 Q2	6	0	1	0	0	421
1993 Q3	7	0	0	1	0	410
1993 Q4	8	0	0	0	1	512
1994 Q1	9	1	0	0	0	449
1994 Q2	10	0	1	0	0	381

图12.15　季节性属性

对于线性回归模型的预测因子而言，这种微不足道的补充可以在具有明确周期性的大多数数据集中产生令人惊讶的良好拟合。尽管模型方程可能看起来有点复杂，但实际上它只是一个带有四个变量的线性回归模型：时间段和一年中每个季度的四个虚拟变量。时间自变量捕获水平和长期趋势。四个虚拟季节变量捕捉周期性。该回归方程可用于预测超过 $n+1$ 的任何未来值，因此，它比相对容易的平滑方法更具实用性。

$$\begin{aligned}\text{预测值} =& 442.189-1.132\times \text{时间} -27.268\times(\text{季度}=\text{Q2})\\&-16.336\times(\text{季度}=\text{Q3})+92.882\times(\text{季度}=\text{Q4})\end{aligned}$$

当然，没有理由单独使用线性回归来捕捉趋势和周期性。使用多项式方程以及正弦和余弦函数可以轻松构建更复杂的模型来模拟周期性。

如何实现

周期性线性回归的实施过程类似于第5章中讨论的线性回归模型。另外一步是设置数据预处理以添加周期性虚拟变量。图12.16显示了澳大利亚啤酒生产数据集的周期性线性回归的完整RapidMiner过程。构建预测模型的步骤如下：

1）*添加时间属性*：读取数据集后，生成新属性“时间”以指示每个示例记录的连续时间段。第一个记录“1992 Q1”标记为1，下一个标记为2，依此类推。这在所有基于回归的预测中都是必不可少的，因为时间是自变量，并且将成为回归方程的一部分。在添加顺序时间属性之前对数据集进行排序非常重要。

2）*提取周期性属性*：下一步是从“1992 Q1”属性中提取“Q1”。可以使用“生成属性”和cut()函数来从文本中提取Q1。如果时间序列具有每周或每月的周期性，则必须提取诸如工作日或月份 id 的对应标识符。

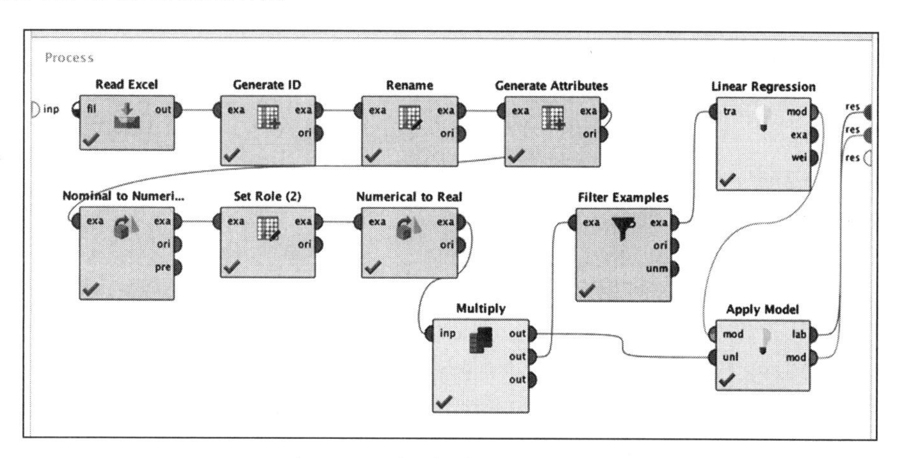

图 12.16 季节性线性回归的过程

3）生成独立周期属性：必须将季节属性转换为“是 Q1”“是 Q2”等属性。“标量到数字的转换”操作符用于生成这些属性。属性的值为 1 或 0，具体取决于记录的季节周期。

4）建模：线性回归模型用于使方程与训练数据拟合。多项式回归学习器可用于更好的拟合。

5）预测：数据集还包含未来时段的占位符。“应用模型”操作符用于可视化模型在训练期间的拟合度以及预测未来范围。

该过程可以保存并执行。结果窗口显示实际和预测数据的时间序列。如图 12.17 所示，周期性线性回归预测很好地拟合了过去数据的模型，并预测了未来时段的周期性。将此结果与图 12.14 进行对比，其中线性回归模型仅捕获水平和长期趋势。

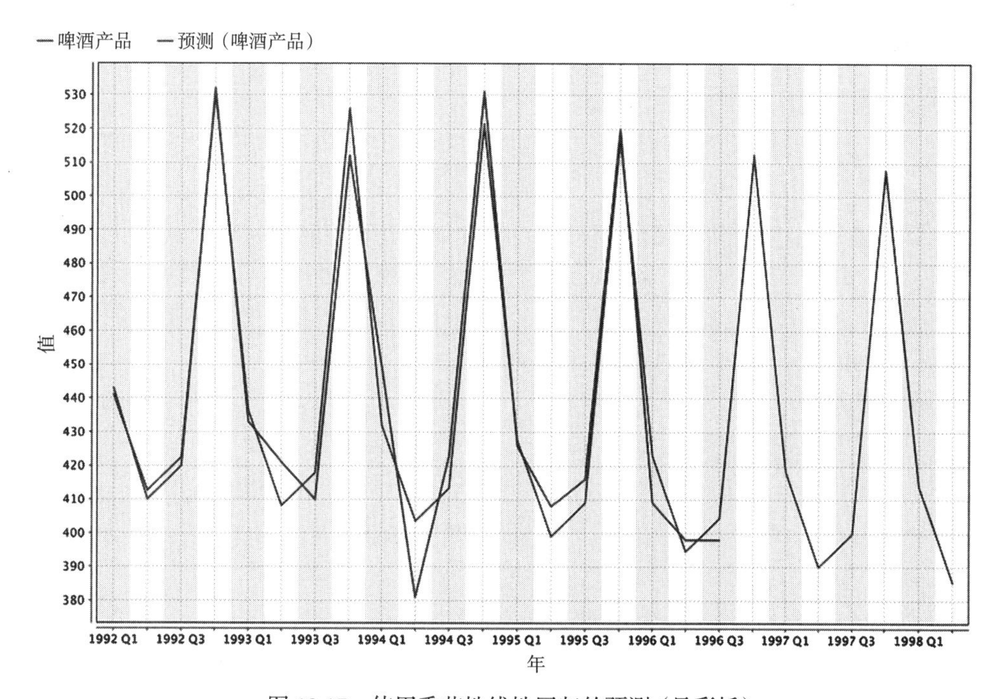

图 12.17 使用季节性线性回归的预测（见彩插）

12.3.3 集成移动平均自回归模型

ARIMA（Auto Regressive Integrated Moving Average）模型是时间序列预测中最受欢迎的模型之一。ARIMA 方法最初由 Box 和 Jenkins 在 20 世纪 70 年代开发（Box，1970）。尽管训练 ARIMA 模型的步骤更为复杂，但使用支持 ARIMA 功能的统计软件包实现起来相对简单。在本节中，介绍了自相关、自回归、平稳数据、微分和移动平均误差的概念，这些概念用于增加对时间序列的理解，并作为 ARIMA 模型的构建块。

1. 自相关

相关性测量两个变量如何相互依赖或者它们是否彼此具有线性关系。考虑图 12.18 中所示的时间序列。第二列“产品”显示简单时间序列的数据。在第三列中，数据滞后一步。1992 Q1 数据显示在 1992 Q2。这一序列新值被称为“1- 滞后”序列。数据集中还有额外的 2- 滞后，3- 滞后，…，*n*- 滞后序列。请注意，原始时间序列“产品”和 4- 滞后“产品 -4”之间存在很强的相关性。它们倾向于一起移动。这种现象称为自相关，其中时间序列与其自身的数据点相关，具有滞后性。

Year	prod	prod-1	prod-2	prod-3	prod-4	prod-5	prod-6
1992 Q1	443	?	?	?	?	?	?
1992 Q2	410	443	?	?	?	?	?
1992 Q3	420	410	443	?	?	?	?
1992 Q4	532	420	410	443	?	?	?
1993 Q1	433	532	420	410	443	?	?
1993 Q2	421	433	532	420	410	443	?
1993 Q3	410	421	433	532	420	410	443
1993 Q4	512	410	421	433	532	420	410
1994 Q1	449	512	410	421	433	532	420
1994 Q2	381	449	512	410	421	433	532
1994 Q3	423	381	449	512	410	421	433
1994 Q4	531	423	381	449	512	410	421
1995 Q1	426	531	423	381	449	512	410

图 12.18　滞后序列和自相关

如在多变量相关矩阵（第 3 章）中，我们可以测量原始时间序列和所有滞后序列之间的相关强度。结果相关矩阵的图称为自相关函数（ACF）图。ACF 图表用于研究时间序列中的所有可用的周期性。从图 12.19 可以得出结论，由于年度周期性，时间序列与第 4、第 8 和第 12 滞后季度相关。同样明显的是，Q1 与 Q2 和 Q3 呈负相关。

2. 自回归模型

自回归模型是应用于使用原始时间序列生成的滞后序列的回归模型。回想一下，在多元线性回归中，输出是多个输入变量的线性组合。在自回归模型的情况下，输出是未来的数据点，它可以表示为过去的 *p* 个数据点的线性组合。*p* 是滞后窗口。自回归模型可以表示为：

$$y_t = l + \alpha_1 y_{t-1} + \alpha_2 y_{t-2} + \cdots + \alpha_p y_{t-p} + e \tag{12.19}$$

其中，*l* 是数据集的水平，*e* 是噪声。α 是需要从数据中学习的系数。这可以称为具有 *p* 滞后或 AR(*p*) 模型的自回归模型。在 AR(*p*) 模型中，滞后序列是用于拟合因变量的新预测变量，其仍然是原始序列值 Y_t。

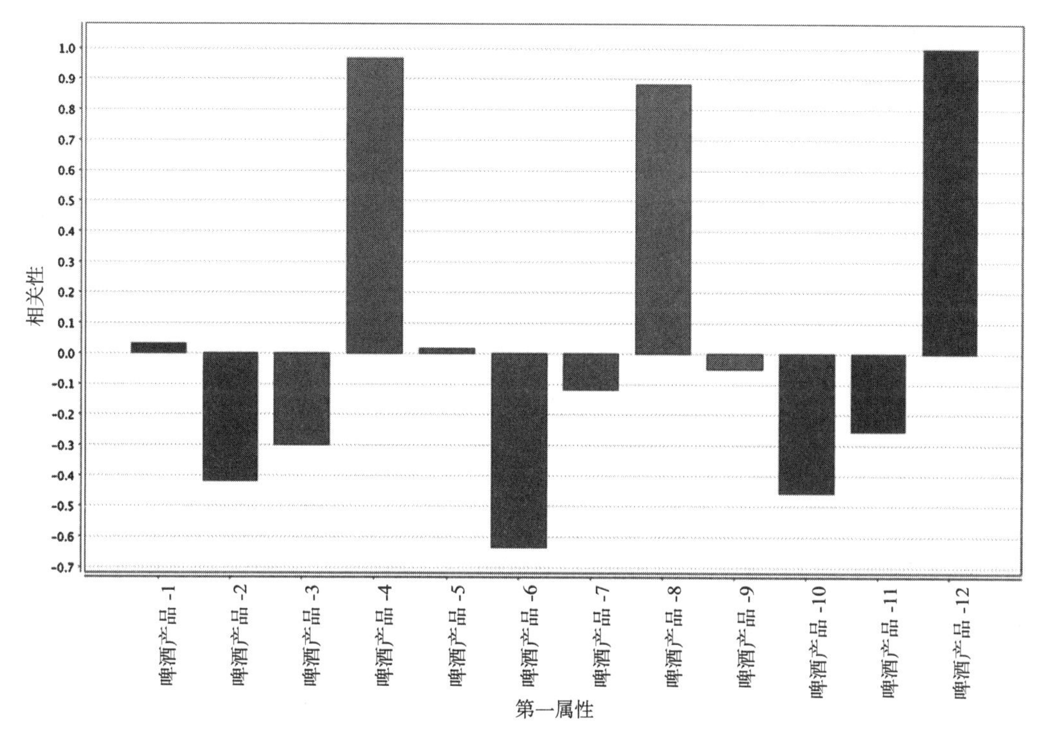

图 12.19 ACF 图表（见彩插）

3. 平稳数据

在具有趋势或周期性的时间序列中，预测值受时间影响（因此，人们会对该主题感兴趣）。当时间序列的值不依赖于时间时，该时间序列被称为平稳的。例如，随机白噪声是平稳的时间序列。一个地方的每日温度不是平稳的，因为会有周期性趋势，并且受时间的影响。同时，时间序列的噪声要素是平稳的。平稳的时间序列没有任何预测手段，因为它们是完全随机的。图 12.20a 是非平稳数据的一个例子，因为存在趋势和周期性；图 12.20b 是平稳数据的一个例子，因为没有明显的趋势或周期性。

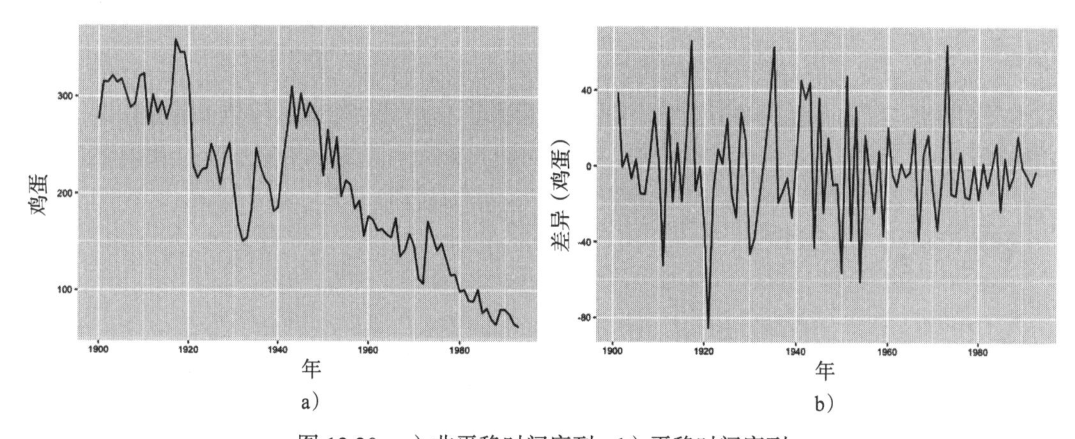

图 12.20 a）非平稳时间序列；b）平稳时间序列

4. 差分

可以通过称为差分的技术将非平稳时间序列转换为平稳时间序列。差分序列是序列中连续数据点之间的变化。

$$y_t' = y_t - y_{t-1} \tag{12.20}$$

这称为一阶差分。图 12.20 显示了时间序列和一阶差分时间序列。在某些情况下，一阶差分仍然会产生非平稳的时间序列。在那种情况下，需要二阶差分。二阶差分是一阶差分时间序列中两个连续数据点之间的变化。总之，使用 d 阶差分可以将非平稳时间序列转换为平稳时间序列。

周期性差分是两个不同周期同一时期之间的变化。假设一个周期的时间段为 m。

$$y_t' = y_t - y_{t-m} \tag{12.21}$$

这类似于商业财务报告中常用的年度指标。它也被称为 m- 滞后一阶差分。图 12.21 显示了澳大利亚啤酒生产数据集的周期性差异和同一序列的周期性滞后是一年中季度数 4 倍的周期性一阶差分。

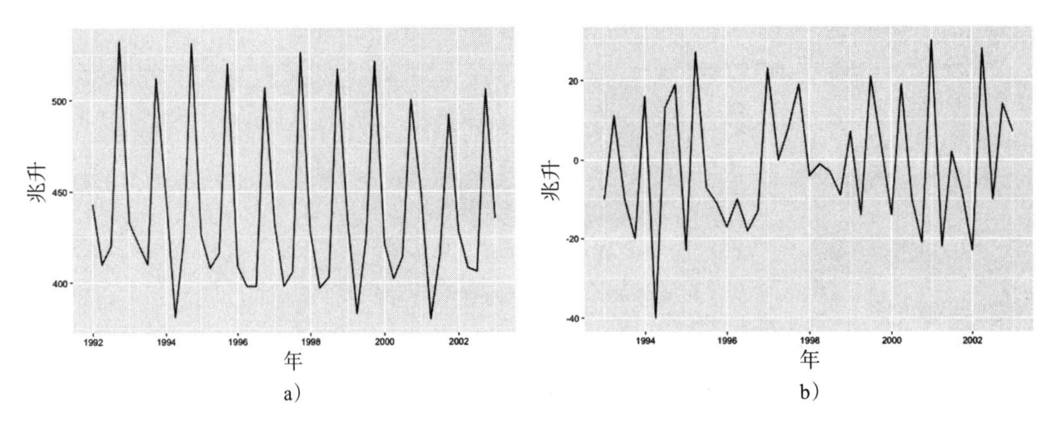

图 12.21 a）时间序列；b）时间序列的季节性差异

5. 移动平均误差

除了创建如式（12.19）所示的实际过去的“p”值回归之外，我们还可以创建一个涉及过去数据预测误差的回归方程，并将其用作预测因子。考虑这个等式：

$$y_t = I + e_t + \theta_1 e_{t-1} + \theta_2 e_{t-2} + \cdots + \theta_q e_{t-q} \tag{12.22}$$

其中 e_i 是数据点 i 的预测误差。这对于过去的数据点有意义，但对数据点 t 没有意义，因为它仍在预测中。因此，e_t 被假定为白噪声。y_t 的回归方程可以理解为过去 q 个预测误差的加权（θ）移动平均。这称为具有 q- 滞后模型或 MA(q) 的移动平均。

6. 集成移动平均自回归

ARIMA 模型是微分自回归模型与移动平均模型的组合。它表示为：

$$y_t' = I + \alpha_1 y_{t-1}' + \alpha_2 y_{t-2}' + \cdots + \alpha_p y_{t-p}' + e_t + \theta_1 e_{t-1} + \theta_2 e_{t-2} + \cdots + \theta_q e_{t-q} \tag{12.23}$$

ARIMA 的 AR 部分显示时间序列是根据自己过去的数据回归的。ARIMA 的 MA 部分表明预测误差是过去各自误差的线性组合。ARIMA 的 I 部分显示数据值已被 d 阶差分值替换以获得平稳的数据，这是 ARIMA 模型方法的要求。为什么需要达到这种复杂程度呢？因为 ARIMA 模型可以有效地使用这种组合方法拟合过去的数据，并帮助预测时间序列中的未来点。

式（12.23）显示的预测变量是自回归部分的 p 滞后数据点和移动平均部分的 q 滞后误差，它们都是可微的。预测值是 d 阶差分 y_t。这称为 ARIMA（p, d, q）模型。给定 p、d、q，估计系数 α 和 θ，是 ARIMA 在从时间序列中的训练数据中学习时所做的事情。指定 p、d、q 可能很棘手（并且是一个关键的局限性），但是我们可以尝试不同的组合并且评估模型的性能。一旦 ARIMA 模型指定好 p、d、q 的值，就需要估计式（12.23）的系数。最常见的估计方法是极大似然估计。除去最大似然估计以最大化找到实际数据的机会的方式找到模型的系数的特点，它类似于回归方程的最小二乘估计。

ARIMA 是一个广义模型。本章讨论的一些模型是 ARIMA 模型的特例。例如：

- ARIMA(0,1,0) 表示为 $y_t=y_{t-1}+e$。它是带有误差的朴素模型，称为随机游走模型。
- ARIMA(0,1,0) 表示为 $y_t=y_{t-1}+e+c$。它是一个具有恒定趋势的随机游走模型，称为随机游走漂移。
- ARIMA(0,0,0) 是 $y_t=e$ 或白噪声。
- ARIMA(p,0,0) 是自回归模型。

7. 如何实现

用于构建 ARIMA 训练器的数据集是澳大利亚啤酒生产数据集。任务是预测十个季度的产量。RapidMiner 为时间序列操作符提供了一个扩展（时间序列扩展）来描述和预测时间序列。ARIMA 建模和预测由 ARIMA 训练器实施，建立模型和应用预测，并且将模型和预测应用于十个季度。该过程如图 12.22 所示。

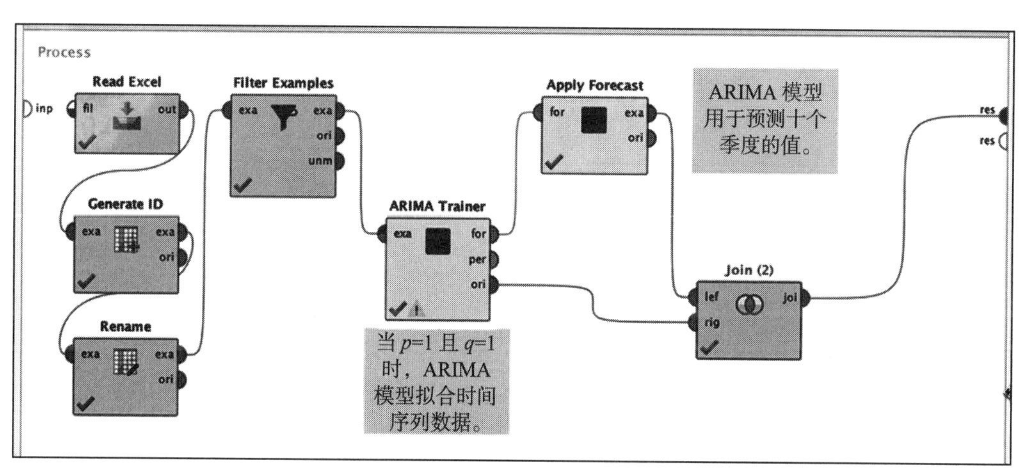

图 12.22　实施 ARIMA 模型的过程

步骤 1。澳大利亚啤酒生产数据集有两个属性：年份和啤酒产量值（兆升）。年份的角色应设置为 ID，数据集中的唯一属性应为时间序列值。生成顺序时间段并将其作为图表的锚添加到数据集。

步骤 2。“ARIMA 训练器”操作符可以在路径 Extension>Time Series>Forecast>ARIMA 里找到。操作符具有以下参数：

- p：自回归部分的顺序，设置为 1。
- d：微分的阶数，设置为 0。
- q：移动平均误差部分的顺序，设置为 1。
- 准则：最小化系数选择的标准，设为 aic。

首先，模型参数指定为 ARIMA(1,0,1)。可以使用“优化参数”操作符进一步优化 p、d、q 的值，其中尝试 p、d、q 的所有组合以选择最佳组合。

步骤 3。“应用预测”操作符获取预测模型的输入并将模型应用于未来范围。预测范围设置为 10，以在时间序列结束时预测 10 个以上的数据点。然后使用“联结”操作符将预测数据与原始数据集连接，以便可以将预测数据与原始数据集一起显示（见图 12.23）。

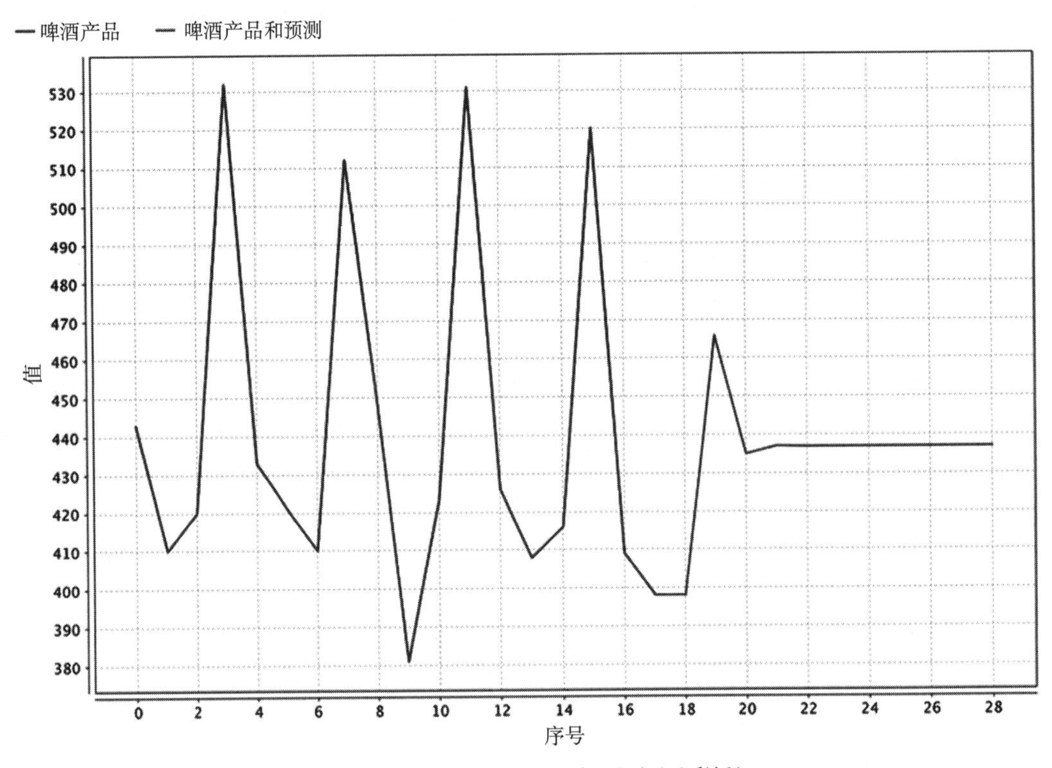

图 12.23　使用 ARIMA 进行预测（见彩插）

可以保存和运行图 12.22 所示的过程。结果窗口具有“联结”操作符的输出。时间序列图提供时间序列划分，包括原始值和预测值。该模型在捕获数据的水平和趋势方面做得不错，但与实际数据不同，预测值没有任何周期性。这是因为模型中没有表现出周期性。到目前为止讨论的 ARIMA 模型没有考虑周期性要素。为了将周期性纳入 ARIMA 建模，我们需要完成一些额外的步骤。

12.3.4　周期性 ARIMA

ARIMA 模型可以进一步增强，以考虑时间序列中的周期性。周期性 ARIMA 可以由 ARIMA$(p,d,q)(P,D,Q)_m$ 表示，其中：

- p 是非周期性自回归的顺序。
- d 是微分的阶数。
- q 是误差的非周期性移动平均的顺序。
- P 是周期性自回归的顺序。
- D 是周期性微分的阶数。
- Q 是周期性移动平均的误差。

- m 是一年中观测的数量（对于年度周期性而言）。

就等式而言，ARIMA 的周期性部分类似于非周期性部分中使用的术语，除了它是回溯 m 次，其中 m 是周期时长。例如，差分不是使用连续数据点而是使用具有 m 滞后的数据点执行的。如果每月的粮食具有按季节的周期性，则每个数据点与上个季度相同月份的数据进行差分。

如何实现

为了实施周期性 ARIMA，使用来自 RapidMiner 的 R 扩展的“执行 R”操作符。图 12.24 中显示的 RapidMiner 过程看起来类似于为 Holt-Winters 的平滑模型构建的过程。不同之处在于“执行 R”操作符内的 R 代码。该过程在将数据馈送到 R 之前具有数据准备步骤，以及一个将预测和原始数据结合起来进行可视化的后期处理操作。澳大利亚啤酒生产数据集被用于此过程。

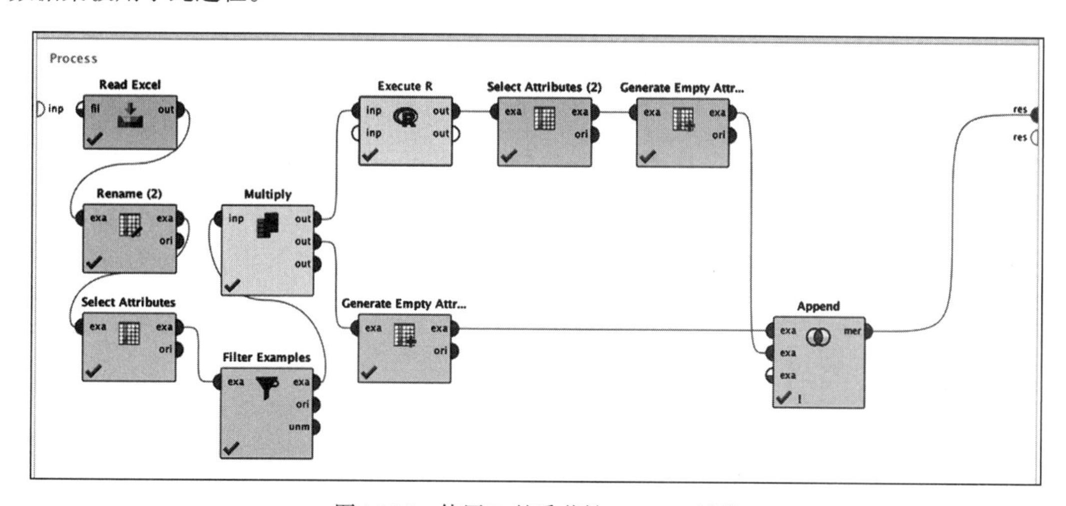

图 12.24　使用 R 的季节性 ARIMA 过程

这里显示了“执行 R”操作符中的 R 代码。它使用 R 中的预测包来激活 arima() 函数。在此过程中，使用 auto.arima() 函数，该函数自动选择 $(p,d,q)(P,D,Q)_m$ 的最佳参数。啤酒生产数据集的最佳参数是 ARIMA(1,0,0)(1,1,0)$_4$。周期性 ARIMA 模型用于使用 forecast() 函数预测未来的 12 个数据点。

```
rm_main = function(data)
{
library(forecast)
  inp <- ts(data, freq = 4)
  y <- auto.arima(inp)
    df <- as.data.frame(forecast(y, h = 12))
    return(list(df))
}
```

该过程可以保存和执行。预测输出如图 12.25 所示。该模型似乎既考虑了时间序列中的趋势又考虑了周期性。ARIMA 是当今企业中最常用的预测技术之一。它在统计学方面具有深厚的基础，经过数十年的现场测试，并且能有效地模拟周期性和非周期性时间序列。预先指定 ARIMA 建模参数似乎是任意的。但是，我们可以测试模型对许多组合的拟合，或者对“优化参数”操作符使用诸如 auto.arima() 之类的元函数。还有一类时间序列预测获得了当代的普及，即基于机器学习的时间序列预测。

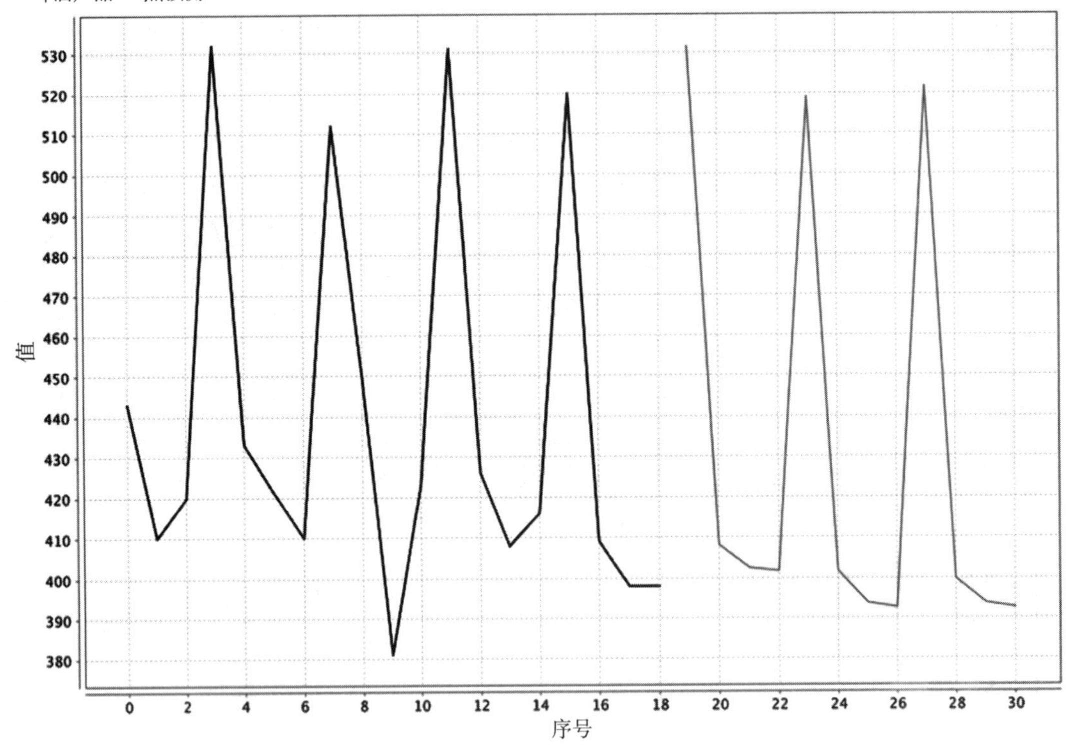

图 12.25　使用周期性 ARIMA 的预测

12.4　机器学习方法

时间序列是独特性的数据集，其中可以从过去的数据点提取用于预测未来数据点的信息。过去已知数据点的子集可以用作推断模型的输入，计算出的未来数据点作为输出。图 12.26 显示了该方法的一般框架，类似于有监督学习技术。使用标准机器学习技术基于输入（过去数据）和目标（未来数据）之间的推断关系来构建模型。

为了将有监督学习用于时间序列数据，使用称为窗口的技术将该序列变换为横截面数据。该技术将一组连续时间序列数据定义为窗口，其中最新记录形成目标，而与目标相比滞后的其他序列数据点形成输入变量（见图 12.27）。当定义连续窗口时，序列中的相同数据点可以用作一个横截面窗口的目标和其他横截面窗口的输入变量。一旦从数据集中提取了足够数量的窗口，就可以基于滞后输入变量和目标变量之间的推断关系来学习有监督模型。这类似于自回归模型，其中过去的数据点 p 用于预测下一个数据点。分类或回归章节中讨论的任何有监督学习都可以应用于学习和预测目标变量——时间序列的下一个数据点。使用推断的模型以基于时间序列的最后一个窗口来预测未来的时间序列数据点。这样可以查看一个未来的数据点。新的预测数据点可用于定义新窗口和预测未来的更多数据点。可以重复该子例程，直到执行完所有的未来预测。

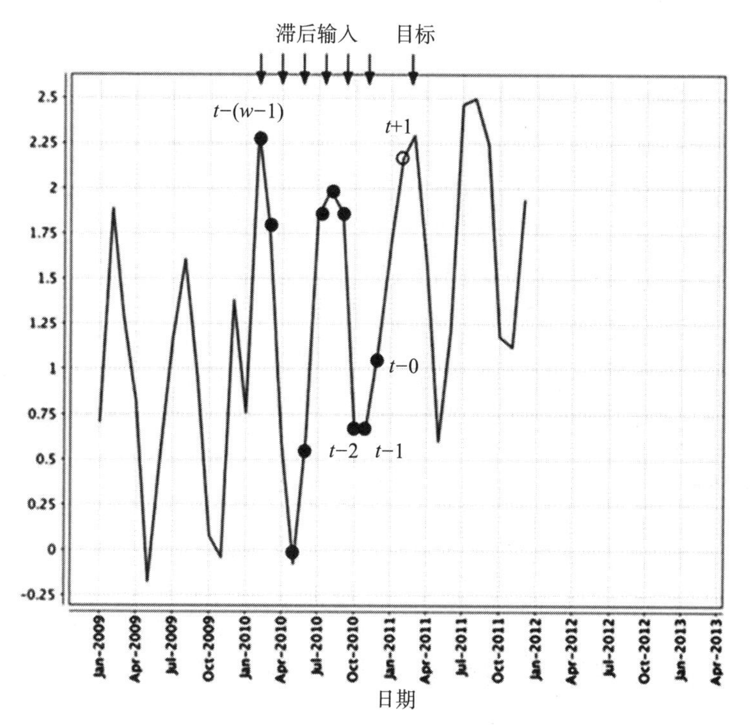

图 12.26　滞后的输入和目标

图 12.27　时间序列的机器学习模型

12.4.1　窗口化

窗口化的目的是将时间序列数据转换为通用机器学习输入数据集。图 12.28 显示了从时间序列数据集中提取的样本窗口和横截面数据。

窗口的特征和横截面数据提取由窗口化过程的参数指定。以下窗口参数允许改变窗口的大小、连续窗口之间的重叠，以及用于预测的预测范围。

- 窗口大小：一个窗口中除目标数据点之外的滞后点数量。
- 步长：两个连续窗口的第一个值之间的数据点数。如果步长为 1，则可以从时间序列数据集中提取最大窗口数。
- 范围的宽度：预测范围控制着时间序列中有多少记录最终作为目标变量。范围的宽度的通常值为 1。
- 忽略数：窗口和范围之间的偏移。如果忽略数为零，则来自窗口的连续数据点用于范围。

Date	InputYt
Jan 1, 2009	0.709
Feb 1, 2009	1.886
Mar 1, 2009	1.293
Apr 1, 2009	0.822
May 1, 2009	-0.173
Jun 1, 2009	0.552
Jul 1, 2009	1.169
Aug 1, 2009	1.604
Sep 1, 2009	0.949
Oct 1, 2009	0.080
Nov 1, 2009	-0.040
Dec 1, 2009	1.381
Jan 1, 2010	0.761
Feb 1, 2010	2.312
Mar 1, 2010	1.795
Apr 1, 2010	0.586
May 1, 2010	-0.077
Jun 1, 2010	0.613
Jul 1, 2010	1.845

a)

Window id	InputYt + 1 (horizon)	InputYt - 5	InputYt - 4	InputYt - 3	InputYt - 2	InputYt - 1	InputYt - 0
0	1.169	0.709	1.886	1.293	0.822	-0.173	0.552
1	1.604	1.886	1.293	0.822	-0.173	0.552	1.169
2	0.949	1.293	0.822	-0.173	0.552	1.169	1.604
3	0.080	0.822	-0.173	0.552	1.169	1.604	0.949
4	-0.040	-0.173	0.552	1.169	1.604	0.949	0.080
5	1.381	0.552	1.169	1.604	0.949	0.080	-0.040
6	0.761	1.169	1.604	0.949	0.080	-0.040	1.381
7	2.312	1.604	0.949	0.080	-0.040	1.381	0.761
8	1.795	0.949	0.080	-0.040	1.381	0.761	2.312
9	0.586	0.080	-0.040	1.381	0.761	2.312	1.795
10	-0.077	-0.040	1.381	0.761	2.312	1.795	0.586
11	0.613	1.381	0.761	2.312	1.795	0.586	-0.077
12	1.845	0.761	2.312	1.795	0.586	-0.077	0.613
13	1.984	2.312	1.795	0.586	-0.077	0.613	1.845
14	1.861	1.795	0.586	-0.077	0.613	1.845	1.984
15	0.661	0.586	-0.077	0.613	1.845	1.984	1.861

b)

图 12.28　窗口化过程　a）原始时间序列数据集；b）具有连续窗口的横截面数据集

在图 12.28 中，窗口大小为 6，步长为 1，范围的宽度为 1，略过数为 0。

因此，序列数据现在转换为通用横截面数据集，可以使用回归、神经网络或支持向量机等学习算法进行预测。一旦窗口化过程完成，机器学习算法的真正力量就可以用于时间序列数据集。

1. 模型训练

考虑图 12.28a 中所示的时间序列数据集。该数据集是指 2009 年 1 月至 2012 年 6 月期间产品的历史月度利润。假设此练习的目标是制定未来 12 个月的收入预测。可以使用第 5 章中描述的线性回归模型来拟合图 12.28b 中所示的横截面数据集。该模型将是：

$$\text{输入}Y_{t+1}(\text{标签}) = 0.493\times\text{输入}Y_{t-5} + 0.258\times\text{输入}Y_{t-4} + 0.107\times\text{输入}Y_{t-3} - 0.098\times\text{输入}Y_{t-2} - 0.073\times\text{输入}Y_{t-1} + 0.329\times\text{输入}Y_{t-0} + 0.135$$

训练模型非常简单。建立时间序列中的数据点与前六个数据点之间的推断关系。换句话说，如果有人知道时间序列中的六个连续数据点，他们可以使用该模型来预测第七个未见的数据点。由于已经预测了新的数据点，因此可以将其与前面的五个数据点一起用于预测另一个数据点，依此类推。这样时间序列每次都能预测出一个数据点！

2. 如何实现

使用有监督学习实施时间序列预测过程类似于分类或回归过程。时间序列预测中与之有区别的步骤是将时间序列数据集转换为横截面数据集，并将每次预测的数据点入栈。RapidMiner 过程如图 12.29 所示。它使用时间序列扩展中的操作符。虽然这个过程看起来很复杂，但它可分为三个功能块：转换为横截面数据；训练机器学习模型；在循环中每次预测一个数据点。该过程中使用的数据集是产品利润数据集（数据集可以从 www.IntroDataScience.com 上下载），如图 12.28 所示。时间序列有两个属性：日期和输入 Y_t。

步骤 1：设置窗口

图 12.29 中的过程窗口显示了窗口化的必要操作符。时间序列数据集具有日期列，必须特别小心处理。必须通知操作符，数据集里的哪一列是日期，并且应该被视为“id”。这是通过“设置角色”操作符完成的。如果输入数据具有多个时间序列，则可以使用“选择属性”

操作符来选择要预测的数据。在这种情况下，仅使用一个值序列，严格来说并不需要该操作符。但是，为了使过程通用，它已被包括在内，并且已选择标记为“输入 Y_t”的列。或者，可能希望使用“过滤实例”操作符来删除可能具有缺失值的任何数据点。此步骤的核心操作符是时间序列扩展中的“窗口化”操作符。“窗口化”操作符的主要参数是：

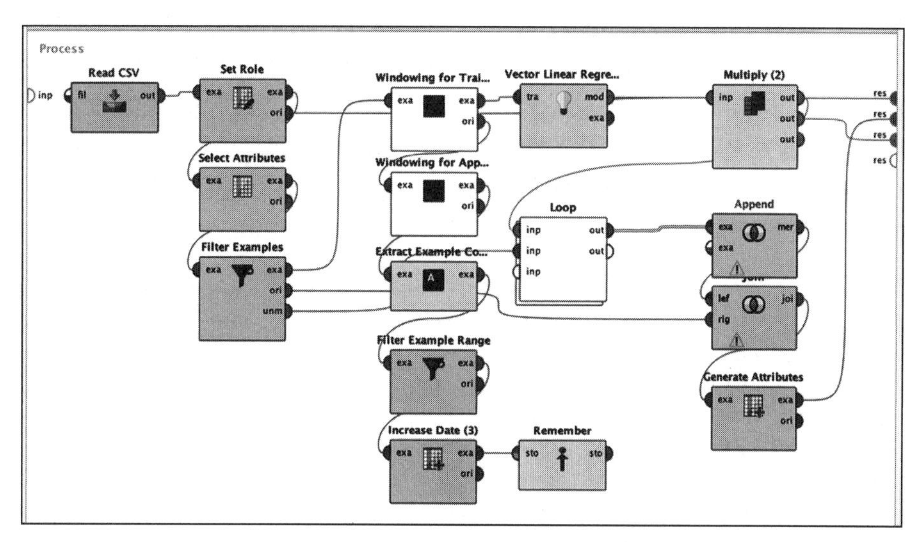

图 12.29　使用机器学习进行时间序列预测的过程

- 窗口大小：确定为横截面数据创建的“属性”数。窗口大小内原始时间序列的每一行都将成为一个新属性。在这个例子中，设置为 w=6；
- 步长：确定如何推进窗口，设置为 s=1；
- 范围的宽度：确定进行预测的距离。如果窗口大小为 6 且范围为 1，则原始时间序列的第七行将成为“标签”变量的第一个样本，设置为 h–1。

图 12.28 显示了原始数据和窗口化过程的变换输出。“窗口化”操作符添加了六个名为“输入 Y_{t-5}”到“输入 Y_{t-0}”的新属性。

步骤 2：训练模型

当使用该数据训练任何有监督模型时，标记为“输入 Y_{t-5}”到“输入 Y_{t-0}”的属性形成自变量。在这种情况下，线性回归用于拟合名为“标签”的因变量，使用自变量“输入 Y_{t-5}”到“输入 Y_{t-0}”。“向量线性回归”操作符用于推断六个自变量和因变量之间的关系。数据集的模型输出是：

$$\text{标签} = 0.493\times \text{输入}Y_{t-5} + 0.258\times \text{输入}Y_{t-4} + 0.107\times \text{输入}Y_{t-3} - 0.098 \times\text{输入}Y_{t-2} - 0.073\times \text{输入}Y_{t-1} + 0.329\times \text{输入}Y_{t-0} + 0.135$$

步骤 3：在循环中生成预测

完成模型拟合后，下一步是开始预测过程。请注意，根据窗口大小和范围的配置，现在只能对下一步进行预测。在该示例中，变换数据集的最后一行对应于 2011 年 12 月。自变量是 2011 年 6 月至 2011 年 11 月的值，目标或标签变量是 2011 年 12 月。回归方程用于预测 2011 年 12 月的值。相同的回归方程也用于预测 2012 年 1 月的值。所有我们需要做的是将 7 月到 12 月的值插入回归方程中，以生成 2012 年 1 月的预测。接下来，需要生成一个新的数据行，该数据行将运行从 2011 年 8 月到 2012 年 1 月的值，以使用回归方程预测 2012 年 2

月的数据。2011年8月到2011年12月的所有（实际）数据，以及2012年1月的预测数据都是可用的。一旦获得2012年2月的预测值，就可以使用2011年9月到2011年12月的实际数据加上2012年1月到2012年2月的预测数据来预测2012年3月的数据。

要在RapidMiner过程中实现这一点，需要将其分解为两个独立的部分。首先，取最后一个预测行（在本例中为2011年12月），丢弃输入 Y_{t-5} 的当前值（当前值为1.201），将输入 Y_{t-4} 重命名为输入 Y_{t-5}，将输入 Y_{t-3} 重命名为输入 Y_{t-4}，将输入 Y_{t-2} 重命名为输入 Y_{t-3}，将输入 Y_{t-1} 重命名为输入 Y_{t-2}，将输入 Y_{t-0} 重命名为输入 Y_{t-1}，最后将预测标签（当前值为1.934）重命名为输入 Y_{t-0}。使用这一新的数据行，可以应用回归模型来预测序列中的下一个日期：2012年1月。图12.30显示了示例的步骤。接下来，整个过程需要放在一个“循环”操作符中，这个操作符允许根据需要重复运行这些步骤。

Date	prediction(l...	inputYt-5	inputYt-4	inputYt-3	inputYt-2	inputYt-1	inputYt-0
Dec 1, 2011...	1.694	1.201	2.466	2.497	2.245	1.179	1.119
Jan 1, 2012 ...	2.597	2.466	2.497	2.245	1.179	1.119	1.694
Feb 1, 2012...	2.693	2.497	2.245	1.179	1.119	1.694	2.597
Mar 1, 2012...	2.196	2.245	1.179	1.119	1.694	2.597	2.693
Apr 1, 2012...	1.457	1.179	1.119	1.694	2.597	2.693	2.196
May 1, 201...	1.457	1.119	1.694	2.597	2.693	2.196	1.457
Jun 1, 2012 ...	2.087	1.694	2.597	2.693	2.196	1.457	1.457
Jul 1, 2012 ...	2.784	2.597	2.693	2.196	1.457	1.457	2.087
Aug 1, 2012...	2.807	2.693	2.196	1.457	1.457	2.087	2.784
Sep 1, 2012...	2.265	2.196	1.457	1.457	2.087	2.784	2.807
Oct 1, 2012...	1.720	1.457	1.457	2.087	2.784	2.807	2.265
Nov 1, 2012...	1.816	1.457	2.087	2.784	2.807	2.265	1.720
Dec 1, 2012...	2.433	2.087	2.784	2.807	2.265	1.720	1.816
Jan 1, 2013 ...	2.974	2.784	2.807	2.265	1.720	1.816	2.433
Feb 1, 2013...	2.911	2.807	2.265	1.720	1.816	2.433	2.974

图12.30　先一步预测

“循环”操作符将包含完成重命名的所有机制，当然也可以执行预测（见图12.31）。将“循环”操作符中的迭代器设置为要预测的未来的月数（范围）。在这种情况下，有一个名为“futureMonths”的过程变量被定义，在过程执行之前其值可以由用户更改。如果选中了“设置迭代器宏”复选框，我们也可以捕获宏中的循环计数。RapidMiner中的宏只是一个过程变量，可以被过程中的其他操作符调用。当选中了“设置迭代器宏”并且在“宏名称”输入框中提供了名称时，将创建一个具有该名称的变量，其值将在每次循环完成时更新。此宏的初始值由“宏起始值”选项设置。可以通过指定超时来终止循环，该超时通过勾选“限制时间框”来启用。任何其他操作符都可以使用格式%{宏名称}代替数值来使用宏变量。

在开始循环之前，最后预测的行需要存储在单独的数据结构中。这是通过一个新的“窗口”操作符和名称为“提取示例集”的宏来完成的。“过滤实例”操作符只删除除最后一个预测行之外的所有已转换数据集的行。最后，“存储”操作符将其存储在内存中，并允许其他操作符在循环内“重新调用”存储的值。

迭代器的循环参数将决定内部过程的重复次数。图12.31显示了在每次迭代期间，模型应用于最后的预测行，并且执行簿记操作以准备模型应用于预测下个月的数据。这包括将月份（日期）递增 1，将预测标签的角色更改为常规属性的角色，最后重命名所有属性。存储新的重命名的数据，然后在下一次迭代开始之前调用。

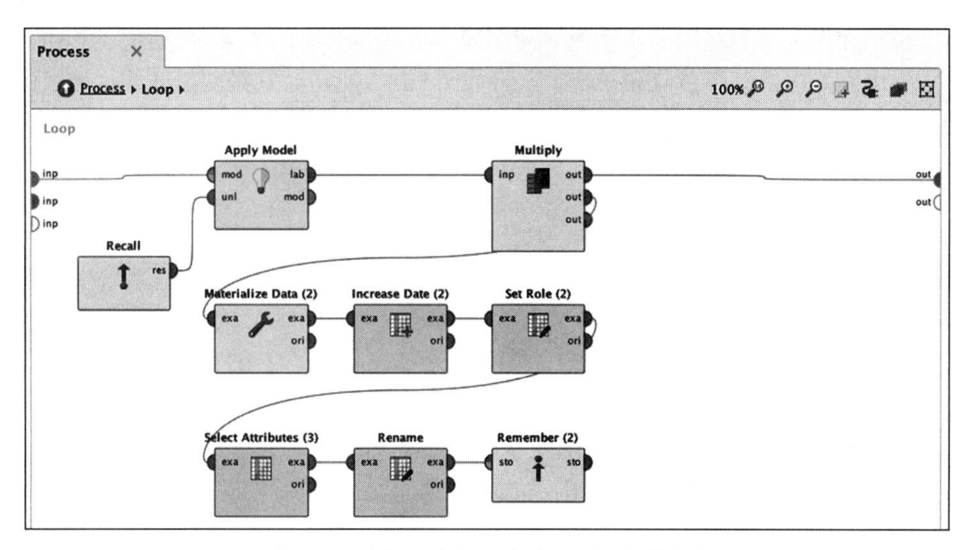

图 12.31　循环子例程，每次预测一个数据点

该过程的输出如图 12.32 所示，其实现了在实际数据之上的叠加。如图所示，简单的线性回归模型似乎充分捕捉了基础数据的趋势和周期性。步骤 2 的“线性回归”操作符使其可以快速交换到“支持向量机”操作符，并且其性能测试无需进行任何其他编程或过程修改。

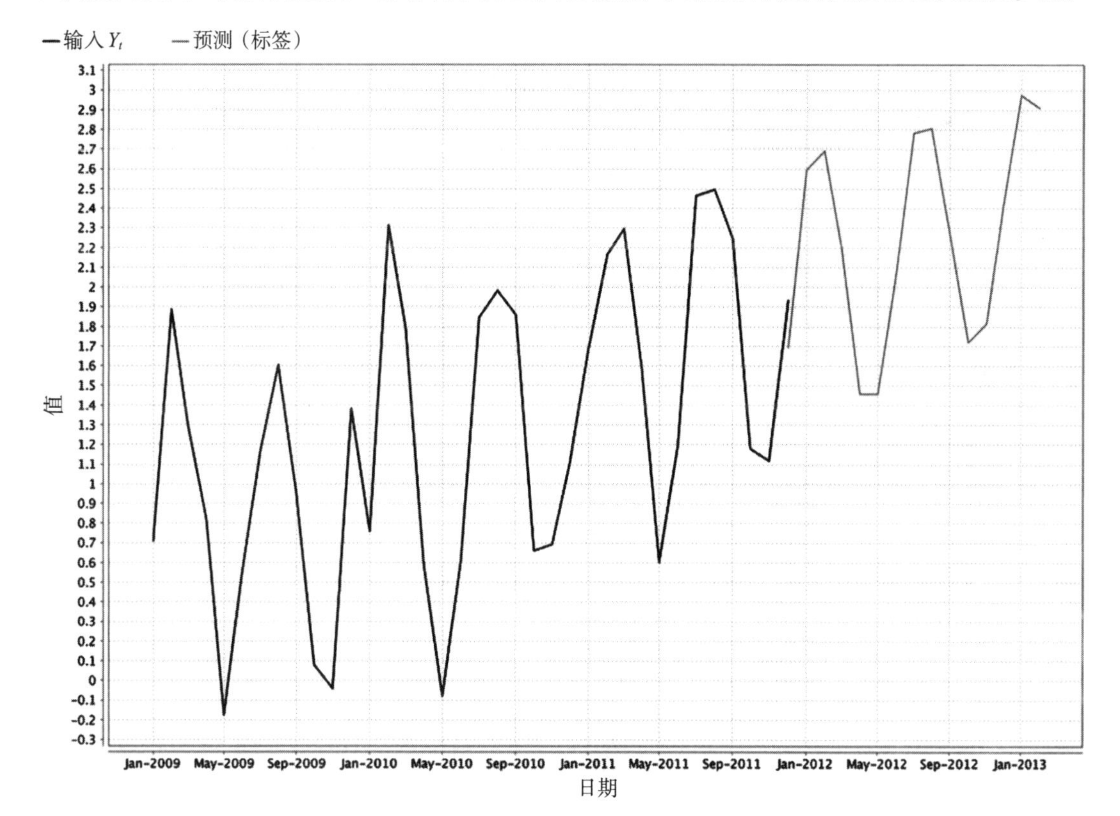

图 12.32　时间序列预测

12.4.2 神经网络自回归

窗口化过程允许将时间序列数据集转换为横截面范围数据集，这有助于学习器创建预测模型。其包括使用人工神经网络来预测时间序列。考虑一个简单的 ANN 架构，其中包含六个输入、一个隐藏层、五个节点和一个输出，如图 12.33 所示。它是映射非线性函数的多层前馈网络。

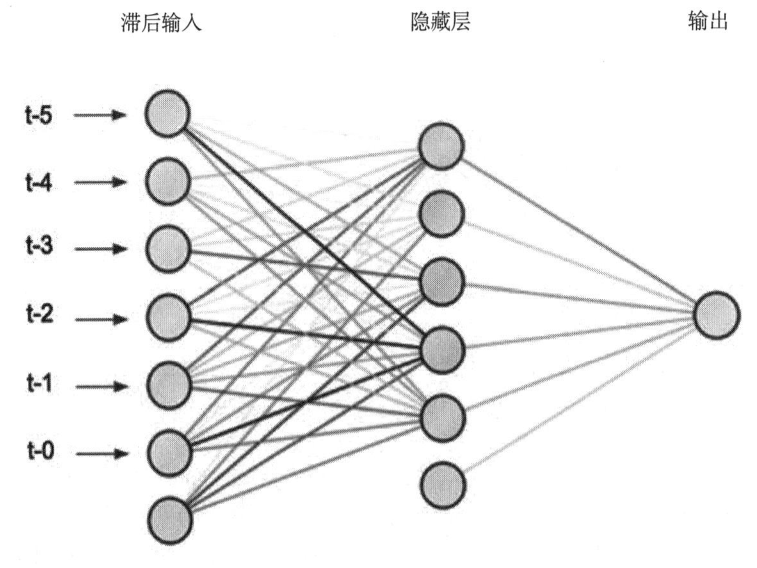

图 12.33　神经网络自回归模型

被转换为横截面数据集的时间序列数据可以作为馈入神经网络的输入，以预测输出。可以使用训练数据集估计链接的权重，再加上滞后的输入和标签来构建神经网络模型。在时间序列的上下文中具有一个隐藏层的前馈神经网络被表示为神经网络自回归——$\mathrm{NNAR}(p,P,k)_m$，其中 p 是滞后输入的数量（自回归模型的阶数），k 是隐藏层中的节点数量，P 是周期性要素的自回归部分，m 是周期时长。神经网络 $\mathrm{NNAR}(p,P,k)_m$ 在时间序列预测方面具有特殊的相关性。$\mathrm{NNAR}(p,P,k)_m$ 的功能类似于周期性 ARIMA $(p,0,0)$ $(P,0,0)_m$ 模型（Hyndman & Athanasopoulos，2018）。

如何实现

神经网络自回归的实现与图 12.29 中所示的先前的窗口化过程相同，“神经网络”操作符替换了“向量线性回归”建模操作符。“神经网络”操作符具有称为*隐藏层*的参数，该参数可以指定每个层内的隐藏层和节点数量。对于神经网络自回归模型，隐藏层的数量为 1，节点数量比输入节点数量少一个（Hyndman & Athanasopoulos，2018）。图 12.34 显示了神经网络自回归的 Rapidminer 过程。此过程有六个滞后输入，隐藏层中的节点数为 5。

预测提前一步完成。“循环”操作符获取最新输出并将其应用于下一次迭代的输入。该过程可以保存和执行。时间序列预测如图 12.35 所示。可以观察到，神经网络自回归预测与使用线性回归模型实现的预测结果不同。

关于任意时间序列预测的一个重要观点是，不应过分强调点预测。像产品的销售需求这样的复杂量受到太多要素的影响，因此声称任何预测可以提前三个月预测需求的确切值是不现实的。然而，更有价值的是，可以有效地捕获和预测需求中的近期波动。

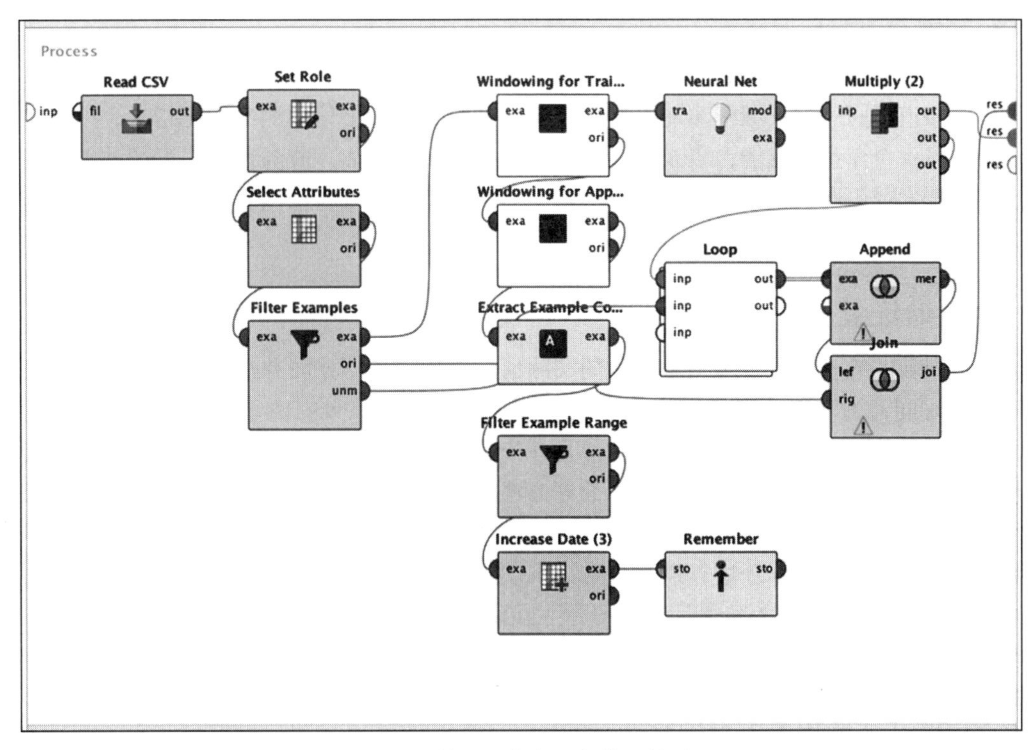

图 12.34 神经网络自回归模型的过程

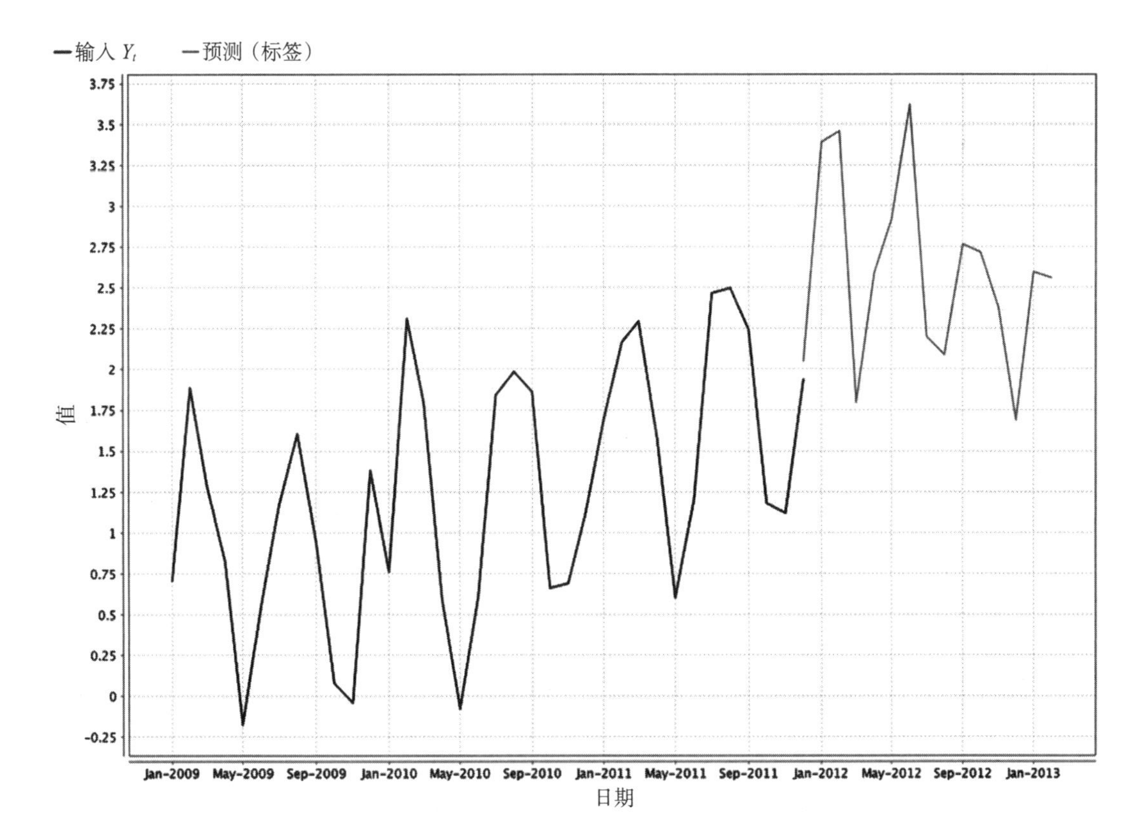

图 12.35 使用神经网络自回归的预测

12.5 性能评估

如何知道时间序列预测模型能否提供准确的预测？必须创建预测准确度指标，以比较一个模型与另一个模型的性能，以及比较不同用例的模型。例如，收益预测模型的性能可以与通过不同技术或不同参数构建的其他模型形成对比，甚至可以与预测客户对产品的投诉的模型进行比较。

12.5.1 验证数据集

衡量准确度的一种方法是测量事后的实际值，与预测进行比较并计算误差。但是，我们必须等待时间流逝才能测量实际数据。当预测模型拟合训练数据时，计算其残差。无论如何，该模型可能已经过拟合训练数据，并且在未见的未来预测中表现不佳。因此，训练残差不是衡量预测模型在现实世界中的表现的好方法。回想一下，在有监督学习的情况下，保留一组已知数据用于模型验证。类似地，可以在时间序列中保留一些数据点作为**验证数据集**，以测试模型的准确性。训练过程通过将数据限制在某一点来使用数据，而后续时间序列的其余部分用于验证，如图 12.36 所示。由于模型无法看到验证数据集，实际值与预测值的偏差是模型的预测误差。预测误差是实际值 y_i 和预测值 $\hat{y}_i$ 之间的差。第 i 个数据点的误差或残差由式（12.24）给出。

$$e_i = y_i - \hat{y}_i \tag{12.24}$$

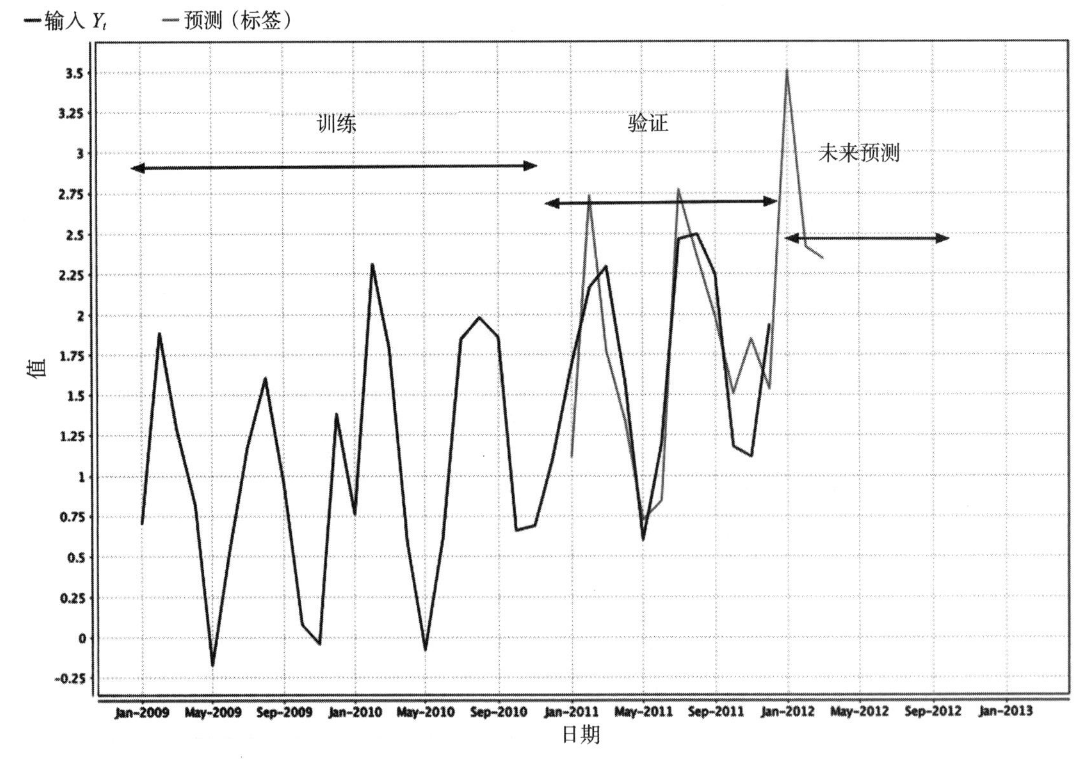

图 12.36 验证数据集（见彩插）

式（12.24）中显示的预测误差依赖于规模。针对每个数据点测量的误差可以聚合到一个度量以指示预测模型的误差。下面是一些常用的预测准确性聚合指标。

1. 平均绝对误差

单个数据点的误差可以是正的也可以是负的，并且可以相互抵消。要导出模型的总体预测，请计算绝对误差以汇总所有残差并对其求平均值。

$$\text{平均绝对误差} = \text{mean}(|e_i|) \tag{12.25}$$

平均绝对误差是一个简单的度量标准，它取决于规模。传达收入预测模型的误差是方便的，例如每天 ±900 000 美元的误差。

2. 均方根误差

在某些情况下，用较高残差惩罚单个点的误差是有利的。即使两个模型具有相同的平均绝对误差，一个可能具有一致性误差；另一个可能针对某些点具有低误差，针对其他点具有高误差。均方根误差适合惩罚后者。

$$\text{均方根误差} = \sqrt{\text{mean}(e^2)} \tag{12.26}$$

均方根误差取决于规模，用于需要惩罚高相对残差的情况。另一方面，理解独立模型的均方根误差有点困难。

3. 平均绝对百分比误差

数据点的百分比误差为$p_i = 100\dfrac{e_i}{y_i}$。它是一个与比例无关的误差，可以聚合形成平均绝对百分比误差。

$$\text{平均绝对百分比误差} = \text{mean}(|p_i|) \tag{12.27}$$

平均绝对百分比误差（MAPE）可用于比较不同预测应用中的多个模型。例如，汽车品牌的季度收入预测（以美元计算）误差可能为 ±5%，而按数量计算的全球汽车需求预测可能为 ±3%。该公司预测汽车需求的能力高于汽车品牌的收入预测。尽管平均绝对百分比误差易于理解且与比例无关，但平均绝对百分比误差在应用于间歇性数据时具有显著的局限性，其中在实际时间序列中可能存在零值，例如，产品的利润或缺陷。时间序列中的零值会产生无限错误率（如果预测非零）并且会导致结果偏差。当零点未定义或是任意定义时，平均绝对百分比误差也没有意义，如非开尔文温标。

4. 平均绝对标度误差

平均绝对标度误差（MASE）与规模无关，其预测值与朴素预测相比，克服了平均绝对百分比误差的关键限制。朴素预测是一个简单的预测，其中下一个数据点具有与先前数据点相同的值（Hyndman & Koehler，2006）。标度误差定义为：

$$\text{MASE} = \frac{\sum_{i=1}^{T}|e|}{\dfrac{T}{T-1}\sum_{i=2}^{T}|\bar{y}_i - \bar{y}_{i-1}|} \tag{12.28}$$

T是数据点的总数。如果该预测优于朴素预测，则标度误差小于 1；如果该预测比朴素预测差，则标度误差大于 1。对于良好的预测模型，人们会希望其标度误差远小于 1。

12.5.2 滑动窗口验证

滑动窗口验证是对通过基于机器学习的方法构建的时间序列模型进行回测的过程。通过指定窗口宽度将整个横截面数据集划分为不同的训练窗口。使用训练窗口训练模型并将其应用于测试窗口以计算第一次运行的性能。对于下一次运行，将训练窗口滑动到新的训练记录集，并且重复该过程直到使用过所有训练窗口。通过这种技术，可以在整个数据集中计算平均性能指标。通过滑动窗口验证得出的性能度量通常比分裂验证技术更稳健。

12.6 总结

时间序列预测仍然是数据科学技术的基石之一。它是商业和组织中使用最广泛的分析工具之一。所有组织都具有前瞻性，并希望为未来做好计划。因此，时间序列预测成了研究最可能的未来并做出相应计划的关键。与任何其他数据科学技术一样，时间序列预测具有多种技术和方法。本章介绍了在商业环境中具有实际意义的最重要技术。

单变量时间序列预测基本上将预测视为单变量问题，而多变量时间序列可以使用许多时间相关的值序列进行预测。如果一个点具有一系列随时间推移的点，则传统预测使用平滑和平均来预测下一个点可能在哪里。然而，对于诸如经济或产品需求的复杂系统，点预测是不可靠的，因为这些系统是数百甚至数千个变量的函数。更有价值或更有用的是预测趋势的能力，而不是预测点的能力。可以更有信心和更可靠地预测趋势（即，数量的趋势是上升还是下降？），而不是这些数量的值或水平。因此，使用不同建模方案的集合，例如人工神经网络或支持向量机或多项式回归，有时可以提供高度准确的趋势预测。如果时间序列非常稳定（因此，更可预测），时间序列预测可以帮助更好地理解变化的基础结构。在这种情况下，趋势或周期性要素比随机要素具有更强的代表性。

预测的最佳实践

虽然本章涵盖了时间序列预测的科学部分，但从时间序列模型中获得稳健的预测还有一些技巧。以下是建立强大预测模型的建议实践列表。

1）*了解度量标准*：调查时间序列度量标准的派生方式。度量标准是否受到其他指标或现象的影响，并且它们是否是预测的更好候选者？例如，相较预测利润，可以预测收入和成本，而利润可以被计算出来。当利润率很低并且可以在正值和负值（损失）之间来回转换时尤其适合。

2）*绘制时间序列*：简单的时间序列折线图显示有关正在调查的度量标准的大量信息。时间序列是否具有周期性模式或是长期趋势？周期性和趋势是线性的还是指数的？该序列是平稳的吗？如果趋势是指数级的，可以导出 log() 序列吗？将每日数据汇总到数周和数月，以查看标准化趋势。

3）*是否可预测*：如果时间序列是可预测的，使用平稳的核对方法进行检查。

4）*分解*：使用分解方法识别趋势和周期性。这些技术显示了如何将时间序列拆分为多个有意义的要素。

5）*全部尝试*：在分割、训练和验证样本之后，尝试图 12.3 预测分类中提到的几种不同方法。

对于每种方法：

a. 使用平均绝对误差（MAE）或平均绝对百分比误差（MAPE）指标执行残差检查。

b. 使用验证期评估预测。

c. 使用优化函数选择性能最佳的方法和参数。

d. 使用完整数据集（训练 + 验证）更新模型以用于将来的预测。

6）维护模型：定期检查模型。时间序列预测模型的保质期有限。除了将最新数据提供给模型外，还应刷新模型以使其与最新数据相关。每天建立模型并不罕见。

参考文献

Box, G. A. (1970). *Time series analysis: Forecasting and control.* San Francisco, CA: Holding Day.

Box, G. J. (2008). *Time series analysis: Forecasting and control.* Wiley Series in Probability and Statistics.

Brown, R. G. (1956). *Exponential smoothing for predicting demand.* Cambridge, MA: Arthur D. Little.

Hyndman R.A. (2014). *Forecasting: Principles and practice.* <Otexts.org>.

Hyndman, R. J., & Athanasopoulos, G. (2018). *Forecasting: Principles and practice.* 2nd edition. <Otexts.org>.

Hyndman, Rob J., & Koehler, Anne B. (2006). Another look at measures of forecast accuracy. *International Journal of Forecasting, 22,* 679–688.

Shmueli G. (2011). *Practical time series forecasting: A hands on guide.* <statistics.com>.

Winters, P. (1960). Forecasting sales by exponentially weighted moving averages. *Management Science, 6*(3), 324–342.

第 13 章
异常检测

异常检测是在给定数据集中查找异常值的过程。异常值是在其他数据对象中异常突出并且不符合数据集中预期行为的数据对象。异常检测算法在商业、科学和安全领域具有广泛的应用，其中隔离和作用于异常值检测的结果是至关重要的。对于异常识别，可以使用前面章节中讨论的算法，例如分类、回归和聚类。如果训练数据集中有已知异常结果的对象，则任何有监督的数据科学算法都可用于异常检测。除了有监督算法之外，还有专门的（无监督）算法，其目的是在不使用标记训练数据集的情况下检测异常值。在无监督异常检测的情况下，算法可以测量与其他数据点的距离或数据点附近的密度。甚至可以利用聚类技术进行异常检测。异常值通常形成一个独立的簇，与其他簇分离开，因为它们远离其他数据点。前面章节中讨论的一些技术将在异常点检测的背景下重新审视。在讨论算法之前，必须定义术语异常值或异常，并且需要理解这些数据点在数据集中出现的原因。

13.1 概念

异常值是与数据集中的其他对象明显不同的数据对象。因此，异常值总是在数据集中的其他对象的上下文中定义。高收入个体可能是中产阶级邻域数据集中的异常值，但在豪华车辆拥有人数据集里并不是。根据事件的性质，异常值也很少见，因此，它们在其他数据点中异常突出。例如，大多数计算机网络流量是合法的，一个恶意网络攻击将是异常值。

13.1.1 异常点的原因

数据集中的异常值可以源自数据中的错误或来自数据中的有效固有变异性。了解异常值的来源非常重要，因为它将指导应对已识别的异常值执行哪些操作（如果有的话）。然而，确切地指出造成异常值的原因是一项单调乏味的工作，并且可能无法找到数据集中异常值的原因。以下是数据集中出现异常值的一些最常见的原因：

- **数据错误**：由于测量错误，人为错误或数据收集错误，异常值可能是数据集的一部分。例如，在人类身高的数据集中，诸如 1.70cm 的读数显然是错误的，并且很可能错误地输入到系统中。这些数据点常常被忽略，因为它们会影响数据科学任务的结论。在回归和神经网络等算法中，异常值的检测是一个预处理的步骤。由于人为错误导致的数据错误可能是故意引入错误或者由于数据输入错误或显著偏差导致的无意错误。

- *数据的正态方差*：在正态分布中，99.7% 的数据点位于与平均值的三个标准偏差之内。换句话说，370 个数据点中的 0.26% 或 1 个数据点位于与平均值的三个标准偏差之外。根据定义，它们不会经常发生，却是合法数据的一部分。一年收入 10 亿美元的个人或身高超过 7 英尺[⊖] 的人分别属于收入数据集或人类身高数据集中的异常值类别。这些异常值会使一些描述性统计数据（例如数据集的平均值）出现偏差。无论如何，它们是数据集中的合法数据点。
- *来自其他分布类的数据*：对于面向客户的网站，来自一个用户 IP 地址的每日页面浏览量通常为一个到几十个不等。但是，在一天内找到几个可以达到数十万页面浏览量的 IP 地址并不罕见。该异常值可以是来自计算机（也称为机器人）的自动程序，它发出调用来抓取站点的内容或者访问站点的某个实用程序，无论是合法或者恶意。尽管它们是异常值，但是机器人在网站上注册数千次页面浏览量是非常“正常”的。所有机器人流量都属于一个不同类别（“来自程序的流量”）的分布，而不是来自属于人类用户类的常规浏览器的流量。
- *分布假设*：异常数据点可能源于对数据或分布的错误假设。例如，如果测量的数据是学校中图书馆的使用情况，那么在学期考试期间，由于图书馆的使用量激增，将会出现异常值。同样，在美国感恩节后的一天，零售额也会出现激增。在这种情况下，异常值是预期的，并不代表典型度量的数据点。

了解异常值发生的原因将有助于确定异常值检测后要执行的操作。在一些应用中，目标是对异常值隔离并采取行动，如信用卡交易欺诈监控中所见。在这种情况下，信用卡交易表现出与大多数正常交易不同的行为（例如连续交易点之间的高频率、高数量或非常大的地理间隔）必须被隔离、警告，并且必须立即联系信用卡的所有者以验证交易的真实性。在其他情况下，必须过滤异常值，因为它们可能会扭曲最终结果。这里异常值检测用作其他数据科学或分析任务的预处理技术。例如，可能需要消除超高收入者，以概括一个国家的收入模式。这里的异常值是合法的数据点，但是为了概括结论而有意忽略。

检测在线广告中的点击欺诈行为

在线广告的兴起已经为成功的互联网商业模式和企业提供了保障。在线广告提供免费的互联网服务（如网络搜索、新闻内容、社交网络、移动应用）和其他可行的服务。在线广告的主要挑战之一是减轻点击欺诈。点击欺诈是指自动程序或个人模仿普通用户点击在线广告的行为，其恶意目的是欺骗广告商、出版商或广告网络。点击欺诈可以由合同方或第三方执行，例如竞争对手试图耗尽广告预算或损害网站的声誉。点击欺诈扭曲了广告的经济性，并对参与在线广告的各方构成了重大挑战（Haddadi，2010）。检测、消除或减少点击欺诈使整个市场值得信赖，甚至为各方提供了竞争优势。

与典型的点击流数据相比，检测点击欺诈利用了欺诈性流量呈现非典型网络浏览模式的事实。欺诈性流量通常不遵循逻辑顺序的操作，并且包含与其他常规流量不同的重复性操作（Sadagopan & Li，2008）。例如。大多数欺诈性流量都表现出以下这些特征中的一个或多个：具有非常高的点击深度（在网站深处访问的网页数量）；每次点击之间的时间非常短；与普通用户相比，单个会话对广告的点击次数较多；发起的 IP 地址与广告

⊖ 1 英尺 =0.3048 米。——编辑注

的目标市场不同；在广告目标网站上花的时间很少；等等。

将欺诈性流量与常规流量区分开来的并不是一个特征，而是特征的组合。检测点击欺诈是一个持续不断发展的过程。越来越多的点击欺诈犯罪者在模仿普通网络浏览用户的特征方面变得越来越复杂。因此，点击欺诈无法完全消除。然而，它可以通过不断开发新算法来识别欺诈性流量。

为了检测点击欺诈异常值，需要准备第一个点击流数据，以便更容易使用数据科学进行检测。可以准备关系列－行数据集，每次访问占据一行，列是特征，如点击深度、每次点击之间的时间、广告点击、在目标网站上花费的总时间等。这个多维数据集可以用于使用数据科学的异常值检测。必须仔细考虑、评估和转换点击流特征或属性，并添加到数据集中。在多维数据空间中，欺诈性流量（数据点）由于其属性（例如会话中的广告点击次数）而远离其他访问记录。定期访问通常会在会话中进行一次或两次广告点击。欺诈性访问会有数十次广告点击。同样，其他属性可以帮助更准确地识别异常值。本章中回顾的异常检测算法为所有点击流数据点分配异常值得分（欺诈得分），并且具有较高得分的记录被预测为异常值。

13.1.2　异常检测技术

人类天生就有能力专注于异常值。每天经历的新闻周期主要取决于异常事件。人们之所以对谁跑得最快、谁赚最多、谁赢得奖牌最多、谁进球最多感兴趣，部分原因是对异常值的关注增加了。如果数据是一维的，如个人的应税收入，则可以使用简单的排序功能来识别异常值。通过散点图、直方图和盒须图可视化数据也有助于在单个属性数据集的情况下识别异常值。更先进的技术将数据与分布模型相匹配，并使用数据科学技术来检测异常值。

1. 使用统计方法进行异常值检测

可以通过创建数据的统计分布模型并识别不适合模型的数据点或占据分布尾部末端的数据点来识别数据中的异常值。许多实际数据集的基础分布属于高斯（正态）分布。可以从数据集估计用于建立正态分布的参数（即，平均值和标准差），并且可以创建如图13.1所示的正态分布曲线。

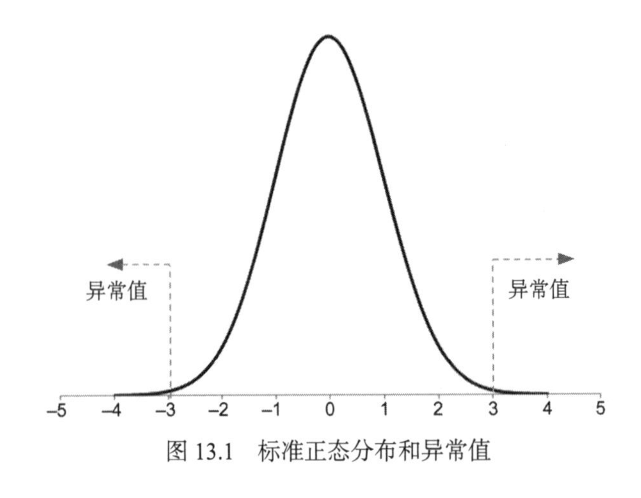

图13.1　标准正态分布和异常值

可以基于数据点落在标准正态分布曲线中的位置来检测异常值。可以指定用于对异常值进行分类的阈值，例如，与平均值相隔三个标准差。任何超过三个标准差的数据点都被识别为异常值。使用此方法识别异常值时一次只考虑一个属性或维度。更高级的统计技术考虑了多个维度，并计算了马氏距离，而不是单变量分布中与平均值的标准差。马氏距离是多变量推广，即发现一个点与多变量分布的平均值有多少标准差的距离。使用统计数据的异常值检测提供了一个简单的框架，用于构建分布模型，并基于数据点与均值的方差进行检测。使用分布模型来查找异常值的一个限制是先前不知道数据集的分布。即使已知分布，实际数据也不总是适合模型的。

2. 使用数据科学进行异常值检测

异常值表现出一组特定的特征，可以利用这些特征来发现它们。以下是通过使用其独特特征来识别异常值的技术类别（Tan，Steinbach，& Kumar，2005）。这些技术都具有多个参数，因此，在一种算法中标记为异常值的数据点可能不是另一种算法的异常值。因此，在标记异常值之前依赖多种算法是明智的。

基于距离：本质上，异常值与数据集中的其他数据对象不同。在多维笛卡儿空间中，它们远离其他数据点，如图 13.2 所示。如果测量最近的 N 个邻居的平均距离，则异常值将具有比其他正常数据点更高的值。基于距离的算法利用此属性来识别数据中的异常值。

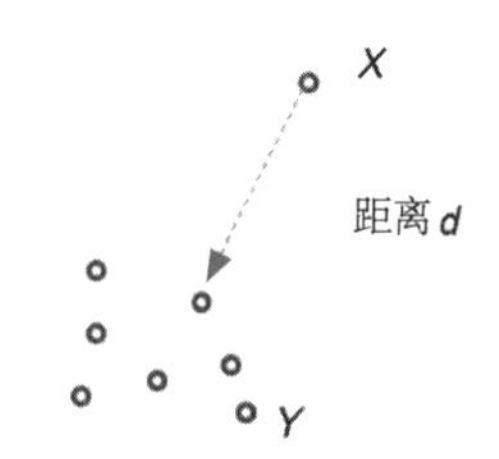

图 13.2 基于距离的异常值

基于密度：相邻数据点的密度与其邻居的距离成反比。异常值占据低密度区域，而常规数据点聚集在高密度区域。这是因为与正常数据点的频率相比，异常值的相对出现率较低。

基于分布：异常值是具有低发生概率的数据点，并且它们占据分布曲线的尾端。因此，如果试图将数据集拟合到统计分布中，这些异常数据点将突出，从而可以被识别。可以使用简单的正态分布，通过计算平均值和标准差来对数据集进行建模。

聚类：根据定义，异常值与数据集中的普通数据点不相似。它们是远离常规数据点的罕见数据点，通常不会形成紧密簇。由于大多数聚类算法具有形成簇的最小数据点阈值，因此异常值是未聚类的独立数据点。即使异常值形成一个簇，它也远离其他簇。

分类技术：如果以前已知的分类数据可用，几乎所有分类技术都可用于识别异常值。在用于检测异常值的分类技术中，需要已知的测试数据集，其中一个类标签应被称为“异常值”。基于测试数据集构建的异常值检测分类模型可以预测未知数据是否是异常值。使用分类模型的挑战是先前标记的数据的可用性。异常数据可能难以获取，因为它们很少见。这可以通过分层抽样部分地解决，其中异常值记录是对正常记录进行过采样。

13.2 基于距离的异常点检测

在以前的章节中已经讨论了有监督分类方法，并且将在后面的章节中讨论无监督的异常检测方法。重点将放在接下来的基于距离和密度的检测技术上。

基于距离或接近度的异常值检测是异常检测的最基本算法之一，它依赖于这样一个事实，即异常值会远离其他数据点。接近度度量可以是实数值的简单欧几里得距离，以及二进制和分类值的余弦或 Jaccard 相似性度量。出于本讨论的目的，请考虑具有数值属性和欧几里得距离作为邻近度量的数据集。图 13.3 显示了样本数据集的二维散点图。异常值是标记为灰色的数据点，可以远离数据组进行可视识别。但是，在处理具有更多属性的多维数据时，可视化技术会很快显示出局限性。

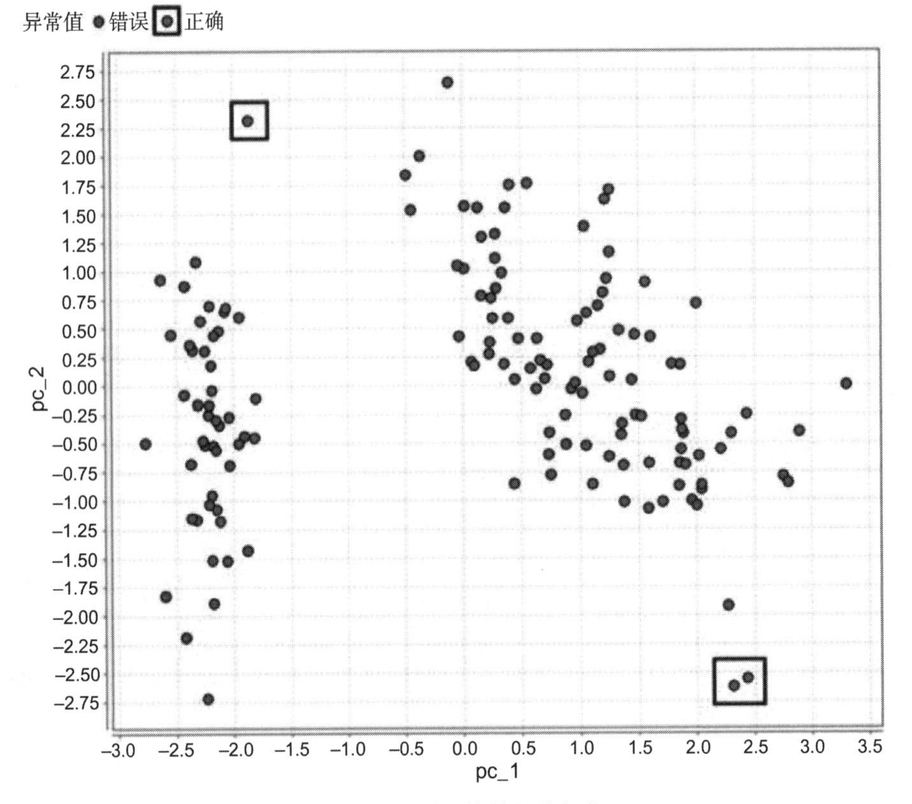

图 13.3　具有异常值的数据集

13.2.1　工作原理

基于距离的异常值检测的基本概念是为数据集中的所有数据点分配距离得分。距离得分应反映数据点与其他数据点分开的程度。在第 4 章的 k-近邻（k-NN）分类技术中回顾了类似的概念。可以为每个数据对象分配距离得分，该距离得分是到第 k 个最近的数据对象的距离。例如，可以为每个数据对象分配距离得分，该距离得分是到第三近的数据对象的距离。如果数据对象是异常值，那么它远离其他数据对象；因此，异常值的距离得分将高于普通数据对象。如果数据对象按距离得分排序，则分数最高的对象可能是异常值。与 k-NN 分类或使用距离度量的任何算法一样，重要的是规范化数字属性，因此具有较高绝对值规模的属性（例如收入）不会支配具有较低规模值的属性（例如信用评分）。

在基于距离的异常值检测中，基于 k 的值存在显著的影响，如在 k-NN 分类技术中那样。如果 k=1，那么两个彼此相邻但远离其他数据点的异常值不会被识别为异常值。另一方面，如果 k 的值很大，则当数据点的个数小于 k 且簇距离其他数据点较远时，一组形成内聚簇的正常数据点将被错误标记为异常点。使用定义的 k 值，一旦计算了距离得分，就可以指定距离阈值来识别异常值或者选择具有最大距离的前 n 个对象，具体取决于应用和数据集的性质。图 13.4 显示了基于鸢尾花数据集距离的两种不同异常值检测算法的结果。图 13.4a 显示了 k=1 的异常值检测，图 13.4b 显示了使用 k=5 检测相同的数据集。

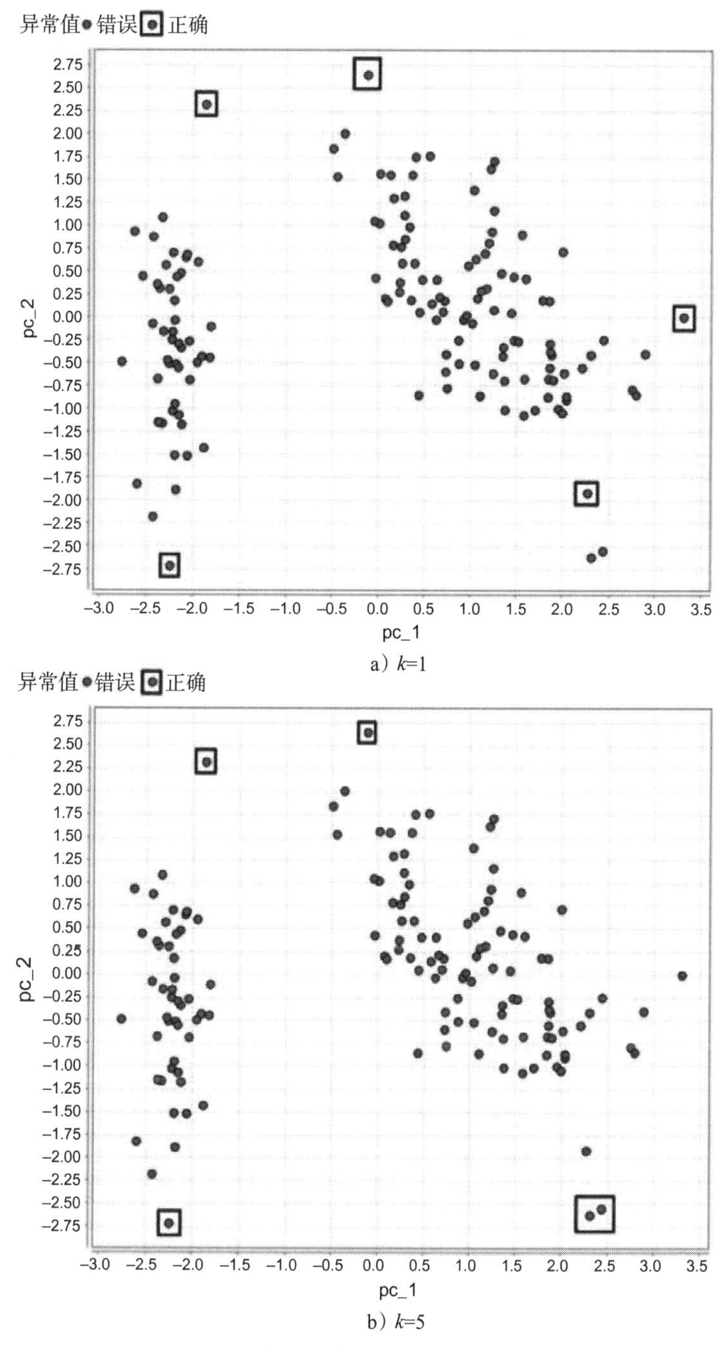

a）k=1

b）k=5

图 13.4　鸢尾花数据集的前五个异常值

13.2.2　实现过程

商业数据科学工具在建模或数据清理部分提供特定的异常检测算法和解决方案作为包的一部分。在 RapidMiner 中，可以在数据转换中找到无监督的异常值检测操作符，它位于路径 Data Transformation>Data Cleansing>Outlier Detection>Detect Outlier Distance。此过程中使用的示例集是具有四个数字属性和 150 个示例的鸢尾花数据集。

步骤1：数据准备

尽管鸢尾花数据集的所有四个属性都测量相同的数量（长度）并且以相同的单位（厘米）进行测量，但是作为涉及距离计算的技术的最佳实践，还是包含了归一化步骤。“归一化”操作符可以在路径 Data Transformation>Value modification>Numerical 中找到。使用 Z 变换将属性转换为均值为 0 和标准差为 1 的等分标度。

出于演示的目的，具有两个属性的二维散点图将有助于可视化异常值。但是，鸢尾花数据集有四个属性。为了有助于可视化目标，使用“主成分分析”(PCA) 操作符将四个数值属性简化为两个属性（主成分）。请注意，PCA 操作符的使用是可选的，不需要检测异常值。在大多数情况下，有或没有 PCA 的异常检测，结果将保持不变。但是使用二维散点图可以轻松地对结果进行可视化。PCA 将在第 14 章中详细讨论。在此过程中，已为 PCA 操作符指定了 0.95 的方差阈值。从结果集中删除任何方差阈值大于 0.95 的主成分。“主成分分析”操作符的结果有两个主成分。

步骤2：检测异常值操作符

“检测异常值（距离）”操作符具有数据输入端口，并使用称为异常值的附加属性输出数据。输出异常值属性的值为 true 或 false。“检测异常值（距离）”操作符具有三个可由用户配置的参数。

- 邻域数：这是算法中 k 的值。默认值为 10。如果值较低，则过程会找到数量较少的异常值簇。
- 异常值的数量：用户看不到单个的异常值分数。相反，算法找到具有最高异常值分数的数据点。可以使用此参数配置要查找的数据点数。
- 距离函数：与 k-NN 算法一样，需要指定距离测量函数。常用的函数是欧几里得和余弦函数（用于文档向量）。

在本例中，k=1，异常值的数量 =10，距离函数被设置为欧几里得距离。此操作符的输出是带有附加异常值属性的示例集。图 13.5 提供了 RapidMiner 过程，包括数据提取、PCA 降维和异常检测操作符。现在可以保存并执行该过程。

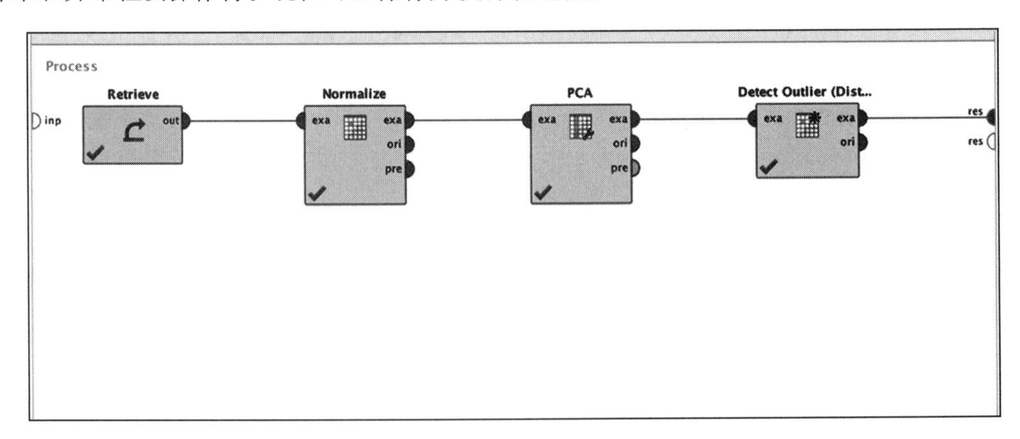

图 13.5 根据距离检测异常值的过程

步骤3：执行和解释

结果数据集可以按异常值属性排序，该属性具有 true 或 false 值。由于在“检测异常值”操作符的参数中指定了 10 个异常值，因此可以在结果集中找到对应数量的异常值。探索异常值的有效方法是查看结果集的“图表”视图中的散点图。可以将 X 轴和 Y 轴指定为主要组件，将颜色指定为异常值属性。输出散点图显示异常值数据点以及所有正常数据点，如图13.6所示。

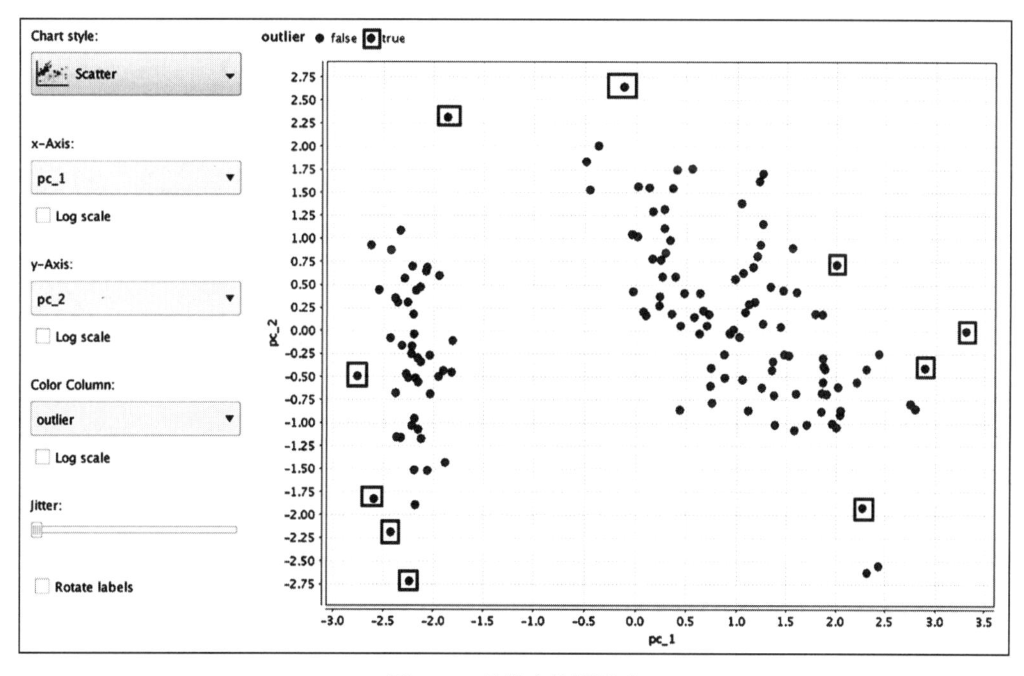

图 13.6 异常点检测输出

基于距离的异常值检测是一种简单的算法，当问题涉及许多数值变量时，该算法易于实现并广泛使用。当数据集涉及大量属性和记录时，执行变得昂贵，因为算法必须计算与高维空间中的其他数据点的距离。

13.3 基于密度的异常点检测

根据定义，与正常数据点相比，异常点的发生频率较低。这意味着在数据空间中，异常点占据低密度区域，而正常数据点占据高密度区域。密度是空间标准化单位的数据点计数，与数据点之间的距离成反比。基于密度的异常点算法的目的是识别来自低密度区域的那些数据点。有几种不同的实现可以为数据点分配异常分值。可以找到所有 k 个邻居的平均距离的倒数。数据点之间的距离和密度成反比。也可以通过从归一化单位距离计算数据点的数量来计算邻域密度。基于密度的异常值的方法类似于针对基于密度的聚类和 k-NN 分类算法所讨论的方法。

13.3.1 工作原理

由于距离是密度的倒数，因此可以用两个参数（即距离（d）和数据点的比例（p））来解释基于密度的异常值。如果至少有 p 比例的数据点离该点的距离大于 d，则点 X 被认为是异常点（Knorr & Ng，1998）。图13.7提供了异常值检测的可视化图示。根据给定的定义，点 X 占据低密度区域。参数 p 指定为高值，大于95%。此实现中的关键问题之一是指定距离。

规范化属性以使距离有意义是很重要的，特别是当属性涉及不同的度量和单位时。如果距离指定得太低，则会检测到更多的异常值，这意味着正常点有被标记为异常点的风险，反之亦然。

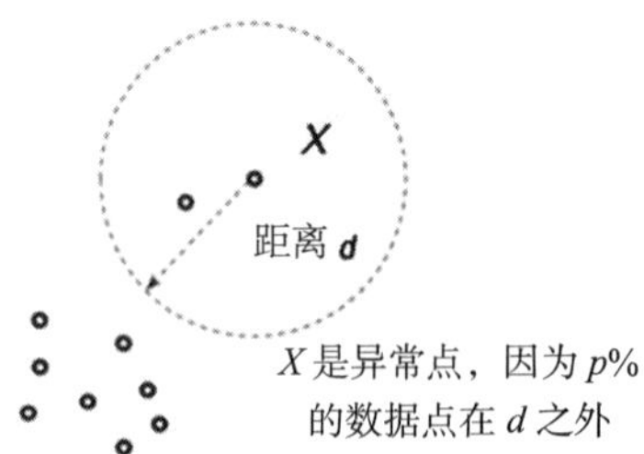

图 13.7 基于距离和倾向的异常值检测

13.3.2 实现过程

基于密度的异常值检测的 RapidMiner 过程类似于距离的异常值检测，这在上一节中进行了讨论。可以使用为以前的基于距离的异常值开发的过程，但“检测异常值（距离）”操作符将替换为“检测异常值（密度）”操作符。

步骤 1：数据准备

数据准备将调节数据，以便“检测异常值（密度）”操作符返回有意义的结果。与通过距离技术检测异常值一样，在鸢尾花数据集中，将同时使用归一化和 PCA 操作符，从而将属性数量减少到两个，以便于可视化。

步骤 2：检测异常值操作符

“检测异常值（密度）”操作符可以在路径 Data Transformation>Data Cleansing>Outlier Detection 中找到，有三个参数：

- 距离（d）：用于查找异常值的阈值距离。在本例中，距离指定为 1。
- 比例（p）：距一个点半径 d 之外的数据点的比例，超过该值，则该点被视为异常点。在本例中，指定的值为 95%。
- 距离测量：测量参数，如欧几里得、余弦或平方距离。默认值为欧几里得距离。

任何超出距离 d 的其他数据点比例超过 95% 的数据点都被视为异常点。图 13.8 显示了具有归一化、PCA 和检测异常值操作符的 RapidMiner 过程。该过程可以保存并执行。

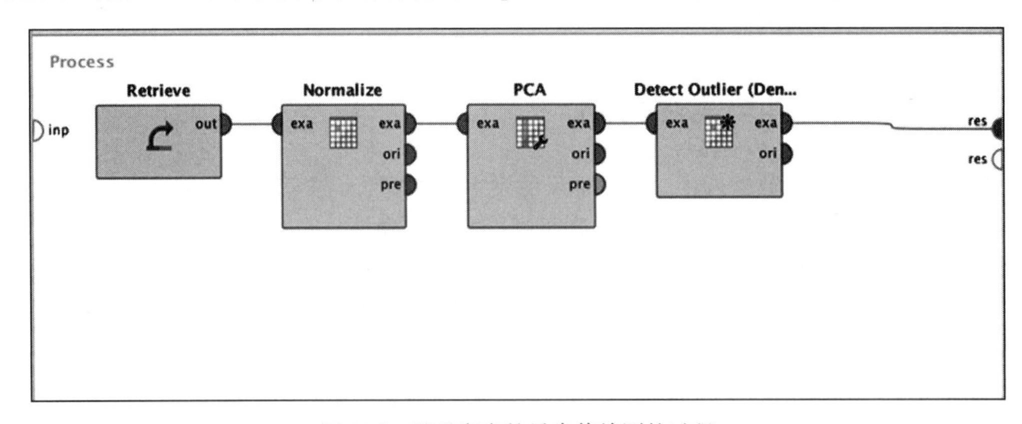

图 13.8 基于密度的异常值检测的过程

步骤 3：执行和解释

该过程为示例集添加了一个异常值属性，可以使用散点图进行可视化，如图 13.9 所示。异常值属性为布尔值，表示数据点是否预测为异常点。在散点图中，可以找到标记为异常点的几个数据点。可以调整“检测异常值”操作符的参数 d 和 p，以找到所需的异常值检测水平。

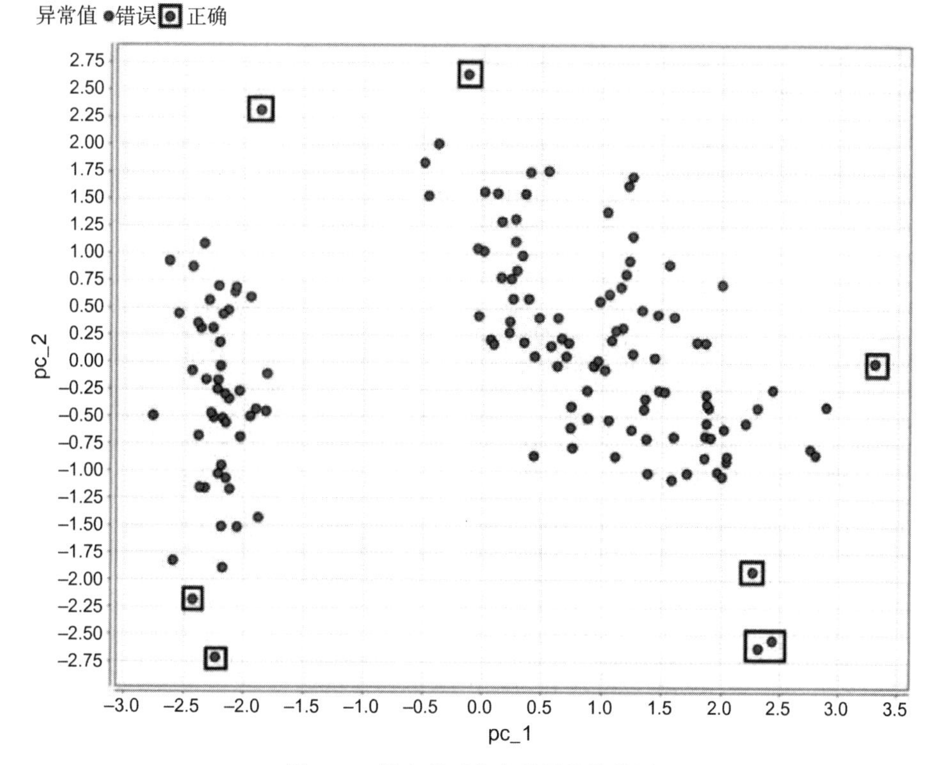

图 13.9　输出基于密度的异常值检测

基于密度的异常值检测与基于距离的异常值方法密切相关，因此，它们的优点和缺点也相同。与基于距离的异常值检测一样，主要缺点是这种方法不适用于变化的密度。下一种方法（局部异常因子（LOF））是为这样的数据集而设计的。指定参数距离（d）和比例（p）将是具有挑战性的，特别是先前不知道数据的特征时。

13.4　局部异常因子

LOF 技术是基于密度的异常值检测的变体，并且解决了其关键限制之一，即可以检测不同密度的异常值。变密度是基于密度的简单方法中的一个问题，包括 DBSCAN 聚类（参见第 7 章）。LOF 技术在论文 *LOF: Identifying Density-Based Local Outliers*（Breunig，Kriegel，Ng，& Sander，2000）中提出。

13.4.1　工作原理

LOF 还考虑了数据点的密度和数据点邻域的密度。LOF 技术的一个关键特征是异常值得分考虑了数据点的相对密度。一旦计算出数据点的异常值得分，就可以对数据点进行排序以找到数据集中的异常值。LOF 的核心在于计算相对密度。具有 k 个邻居的数据点 X 的相对密度由以下等式给出：

$$X\text{的相对密度}=\frac{X\text{的密度}}{\text{邻域内所有数据点的平均密度}} \tag{13.1}$$

其中，X 的密度是最近的 k 个数据点的平均距离的倒数。相同的参数 k 也形成邻域的局部性。通过比较邻域中所有数据点的密度和该点的密度，可以确定数据点的密度是否低于邻域的密度。此方案指明异常值的存在。

13.4.2　实现过程

基于 LOF 的数据科学过程类似于 RapidMiner 中解释的其他异常值过程。“检测异常值（LOF）”操作符在路径 Data Transformation>Data Cleansing>Outlier Detection 中可用。LOF 操作符的输出包含示例集以及数字异常值分数。LOF 算法没有明确地将数据点标记为异常点；而是将分数暴露给用户。该分数可用于可视化与阈值的比较，高于该阈值时，数据点被视为异常点。具有原始分数意味着数据科学从业者可以通过改变比较阈值来“调整”检测标准，而不必重新运行评分过程。

步骤 1：数据准备

与基于距离和密度的异常值检测过程类似，必须使用“归一化”操作符对数据集进行标准化。PCA 操作符用于将四维鸢尾花数据集缩减为二维，以便可以轻松地显示输出。

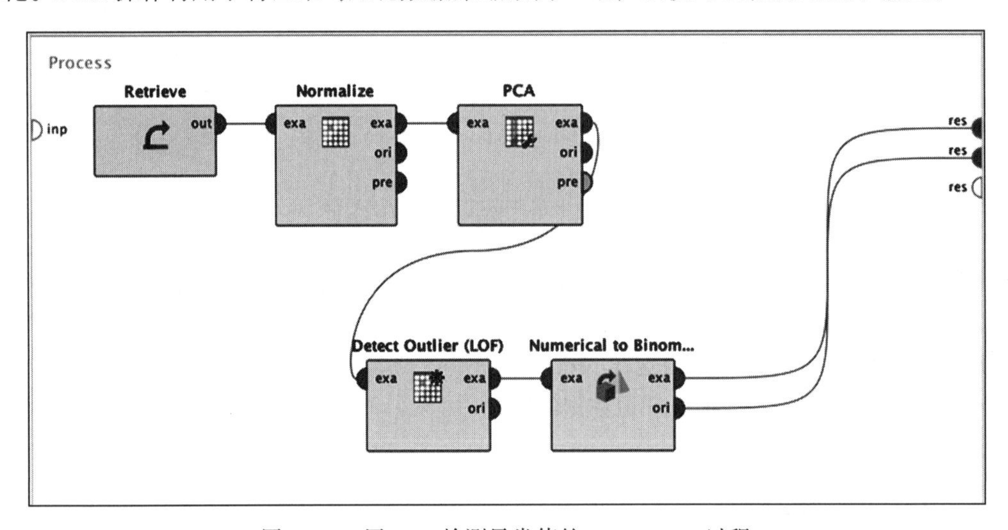

图 13.10　用 LOF 检测异常值的 RapidMiner 过程

步骤 2：检测异常值操作符

LOF 操作符具有最小点（MinPts）下限和上限作为参数。MinPts 下限是 k 值，即邻域数。LOF 算法还考虑了 MinPts 上限以提供更稳定的结果（Breunig et al.，2000）。图 13.10 显示了 RapidMiner 过程。

步骤 3：结果解释

使用“检测异常值”操作符后，将异常值分数附加到结果数据集。图 13.11 显示了结果集，其中异常值分数表示为数据点的颜色。在结果窗口中，异常值分数可用于为数据点着色。散点图表示更接近蓝色光谱的点（图表图例中异常值标度的左侧）预测为常规数据点，并且预测更接近红色光谱的点（图表图例中异常值标度的右侧）是异常点。如果需要另外的布尔标志来指示数据点是否是异常点，则可以将“数值到二项式”操作符添加到结果数据集中。“数值到二项式”操作符根据操作符参数中的阈值规范和 LOF 操作符的分数输出将数字异常值分数转换为二进制 true 或 false。

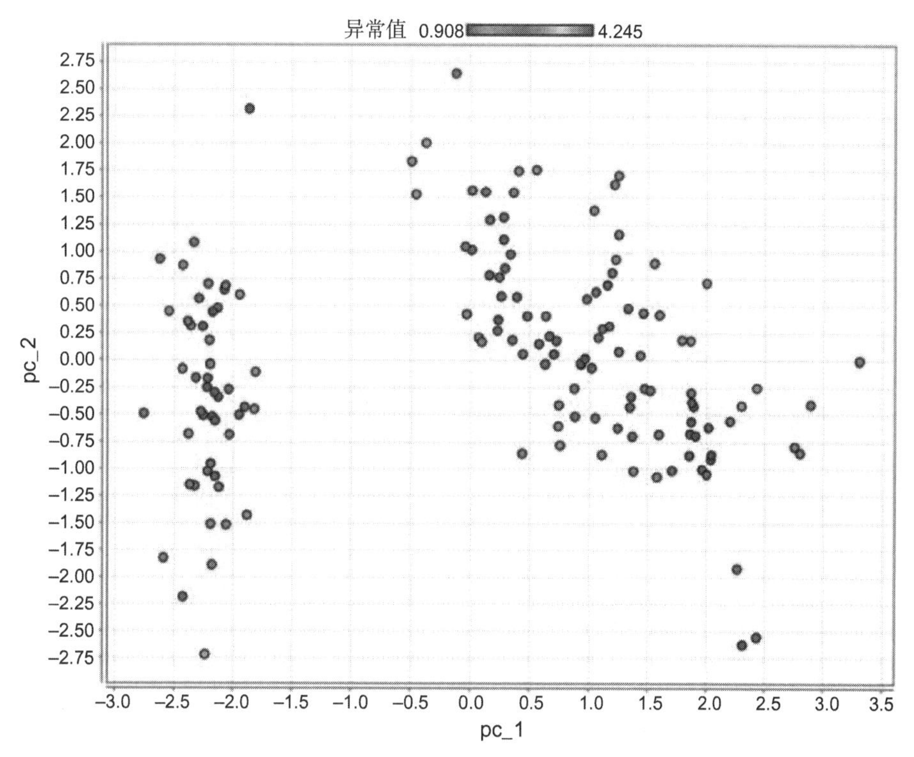

图 13.11 LOF 异常值检测的输出（见彩插）

除了针对异常值检测所讨论的三种数据科学技术之外，RapidMiner 异常检测扩展（RapidMiner Extension: Anomaly Detection，2014）提供了更多算法来识别异常值。可以通过访问路径 Help>Updates and Extensions 来安装 RapidMiner 扩展。

13.5 总结

理论上，如果先前分类的数据集可用，则任何分类算法都可用于异常值检测。广义分类模型试图以与预测数据点的类标签相同的方式预测异常值。但是，使用分类模型存在一个关键问题。由于异常值的发生概率非常低，比如小于 0.1%，因此该模型可以“预测”所有数据点的“常规”类别，并且仍然准确率为 99.9%！这种方法显然不适用于异常值检测，因为召回率度量（参见第 8 章）为 0%。在实际应用中，例如检测大吞吐量交易网络中的网络入侵或欺诈防止，不检测异常值的成本非常高。该模型甚至可以具有可接受的错误警报级别，即将常规数据点标记为异常值。因此，需要特别注意和准备以改进异常值的检测。

分层抽样方法可用于增加训练集中异常记录的发生频率，并减少常规数据点的相对发生。在类似的方法中，可以使用替换对异常值和常规记录的出现进行采样，以便在两个类中都有相同数量的记录。分层抽样相对于常规记录增加了测试数据集中的异常值记录的数量，以试图提高异常值检测的准确性和召回率。在任何情况下，重要的是，要知道可能用于检测异常值的任何算法均存在偏差，需要专门准备训练数据集以使得结果模型有效。在实际应用中，异常值检测模型必须经常更新，因为异常值的特征会随着时间的推移而变化，因此，异常值和正常记录之间的关系也会发生变化。在恒定的实时数据流中，由于数据的动态分布和参考的动态化，异常值检测会产生额外的挑战（Sadik & Gruenwald，2013）。异常检测仍然是数据科学最重要的应用之一，因为它影响大多数人口，特别是在金融交易监控、欺诈预防以及在安全环境中及早确认异常活动中。

参考文献

Breunig, M. M., Kriegel, H., Ng, R. T., & Sander, J. (2000). LOF: Identifying density-based local outliers. In *Proceedings of the ACM SIGMOD 2000 international conference on management of data* (pp. 1–12).

Haddadi, H. (2010). Fighting online click-fraud using bluff ads. *ACM SIGCOMM Computer Communication Review*, *40*(2), 21–25.

Knorr, E. M., & Ng, R. T. (1998) Algorithms for mining distance-based outliers in large datasets. In *Proceedings of the 24th VLDB conference* (pp. 392–403). New York, USA.

RapidMiner Extension: Anomaly Detection. (2014). *German research center for artificial intelligence.* DFKI GmbH. Retrieved from <http://madm.dfki.de/rapidminer/anomalydetection>.

Sadagopan, N., & Li, J. (2008) Characterizing typical and atypical user sessions in clickstreams. In *Proceeding of the 17th international conference on World Wide Web—WWW '08 885.* <https://doi.org/10.1145/1367497.1367617>.

Sadik, S., & Gruenwald, L. (2013). Research issues in outlier detection for data streams. *ACM SIGKDD Explorations Newsletter*, *15*(1), 33–40.

Tan, P.-N., Steinbach, M., & Kumar, V. (2005). *Anomaly detection. Introduction to data mining* (pp. 651–676). Boston, MA: Addison Wesley.

第14章
特征选择

本章关注数据科学数据集准备的一个重要组成部分——特征选择。在数据科学领域，一个被过度使用的规则是80%的分析工作用于数据清理和准备，只有20%的工作通常用于建模。鉴于此，本书花了十多章讨论建模技术，而只花几章讨论数据准备，这似乎有些奇怪。然而，数据清理和准备依赖于经验而不是书本学到的东西。也就是说，熟悉用于这些重要的早期流程步骤的许多技术是非常必要的。在本章中，重点将不像在第2章中部分介绍的那样关注数据清理，而是将数据集缩减到其基本特征或特性。这个过程有很多术语：特征选择（feature selection）、降维（dimension reduction）、变量筛选（variable screening）、关键参数识别（key parameter identification）、属性加权（attribute weighting）或正则化（regularization）。第5章简要介绍了正则化在多元线性回归中的应用。在那里，它作为一个有助于减少过拟合的过程被引入，而过拟合本质上是特征选择技术隐式实现的。从技术上讲，降维和特征选择之间有细微的区别。降维方法（如14.2节中讨论的主成分分析（PCA））组合或合并实际属性，以减少原始数据集的属性数量。特征选择方法的工作原理更像过滤器，可以消除一些属性。

首先，我们将简要介绍特征选择和预处理步骤的必要性。基本有两种类型的特征选择过程：过滤式（filter）类型和包裹式（wrapper）类型。过滤式方法的工作原理是只选择那些在满足某些指定标准方面排名靠前的属性（Blum & Langley，1997；Yu & Liu，2003）。包裹式方法的工作方式是通过反馈循环，迭代地选择那些能够提高算法性能的属性（Kohavi & John，1997）。在过滤式类型方法中，可以进一步根据数据类型进行分类：数值型和标称型。最常见的包裹式方法是与多元回归相关的方法：逐步回归、前向选择和后向消除。本文将探讨几种数值过滤方法：PCA（严格意义上讲是一种降维方法），基于信息增益的过滤，以及基于卡方（Chi-square）的过滤（一种分类过滤器类型方法）。

14.1 分类特征选择方法

需要确定的事项

在数据科学中，特征选择是指识别对模型进行准确预测至关重要的几个最重要的变量或属性的过程。在当今大数据和高速计算的世界里，有人可能会问，为什么要这么麻烦呢？当计算能力足够时，为什么要对属性进行过滤？例如，一些人认为试图将模型与数据相匹配是多余的；相反，应该简单地使用快速的暴力方法来筛选数据，以确定有意义的相关性，并据此做出决策（Bollier, 2010）。

然而，由于许多原因，模型仍然很有用。模型可以改进决策并帮助提高知识。盲目依赖相关性来预测未来状态也有缺陷。现在流行的“我的 TiVo 认为我是同性恋”的例子（Zaslow, 2002）说明了 TiVo 推荐引擎如何处理大量数据和相关性，从而导致出现了一种非常幽默的用户错配。只要模型的使用是必要的，特征选择就将会是这个过程中的一个重要步骤。特征选择有两个目的：它优化了数据科学算法的性能，使分析人员更容易解释建模的结果。它通过减少必须处理的属性或特性的数量来实现这一点。

在数据科学过程中集成特征选择有两个强大的技术动机。首先，数据集可能包含高度相关的属性，比如销售的商品数量和商品销售所获得的收入。通常，包含这两个属性就不会再获得新的信息。此外，在多元回归模型的情况下，如果两个及两个以上的自变量或预测变量是相关的，那么回归模型中系数的估计往往是不稳定的或违反直觉的。这是 5.1 节中讨论的多重共线性（multicollinearity）。在朴素贝叶斯分类器这样的算法中，属性需要彼此独立。此外，算法的速度通常是一个有关属性数量的函数。因此，通过只使用相关属性中的一个，可以提高性能。

其次，数据集还可能包含不直接影响预测的冗余信息：举一个极端的例子，客户 ID 与从客户处获得的收入没有关系。在建模过程开始之前，分析人员可能会过滤掉这些属性。然而，并不是所有的属性关系都是显而易见的。在这种情况下，必须使用计算方法来检测和消除不添加新信息的属性。这里的关键是包含与被预测变量或因变量有很强相关性的属性。

综上所述，需要通过特征选择来剔除相互之间可能存在强相关性的自变量，保留与因变量（或被预测变量）之间可能存在强相关性的自变量。

特征选择方法可以在建模过程开始之前应用，从而过滤掉不重要的属性，或者在数据科学过程流中迭代地应用特征选择方法。根据逻辑，有两种特征选择方案：过滤式方案或包裹式方案。过滤式不需要任何学习算法，而包裹式针对特定的学习算法进行了优化。换句话说，过滤式方案可以被认为是无监督的，而包裹式方案可以被认为是一种有监督的特征选择方法。过滤式模型常用于：

1）当特征或属性的数量非常大时。

2）当计算费用作为衡量标准时。

图 14.1 总结了特征选择方法的高级分类，其中一些将在接下来的小节中进行讨论。这并不是一个全面的分类，而是对数据科学中常用的技术的一个有用描述，本章将对此进行介绍。

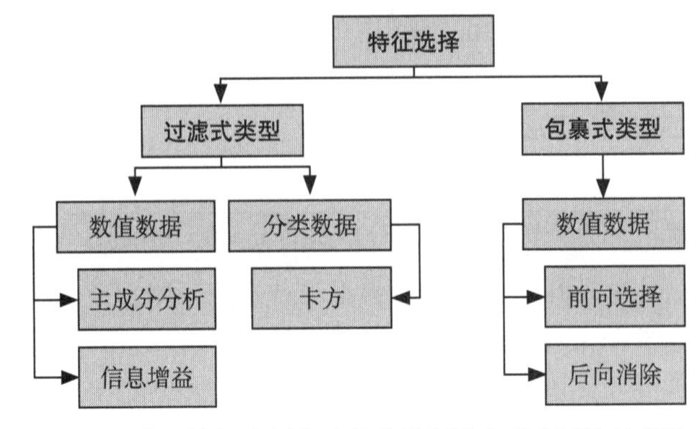

图 14.1　常用特征选择方法的分类以及本章中讨论的部分

14.2 主成分分析

在展示计算背后的数学基础之前，我们将首先介绍 PCA（Principle Component Analysis，主成分分析）的概念，然后我们将演示如何使用 RapidMiner 将 PCA 应用于样本数据集。

假设存在具有 m 个属性的数据集。这些属性可能是商品价格、每周销售数字、装配线工人花费的小时数等；简而言之，任何可能对目标或标签变量捕获的性能产生影响的业务参数都可以是属性。PCA 有助于回答的问题基本上是这样的：这 m 个属性中的哪一个解释了数据集中包含的大量差异？PCA 本质上有助于应用 80/20 规则，即一小部分属性可以解释 80% 或更多的数据差异吗？这种变量筛选或特征选择将使应用其他数据科学技术变得容易，并且使得解释结果的工作更容易。

PCA 捕获数据集中包含最大可变性的属性。它通过将现有变量转换为一组主成分或具有符合以下条件的属性的新变量来实现这一点（van der Maaten，Postma，& van den Herik，2009）：

1）它们彼此不相关。

2）它们累积起来包含 / 解释了数据中的大量差异。

3）它们可以通过权重因子回归到原始变量。

将有效地从数据集中删除主成分中权重因子非常低的原始变量。图 14.2 说明了主成分分析如何用一个假设有 m 个变量的数据集帮助减少数据维度。

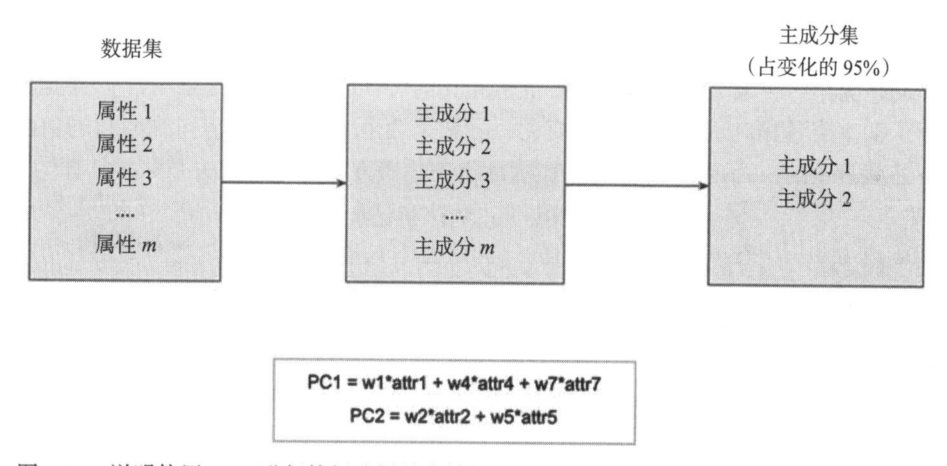

图 14.2 说明使用 PCA 进行特征选择的有效性的概念框架。最后的数据集只包括 PC1 和 PC2

14.2.1 工作原理

关键任务是计算主成分 z_m，它们具有上面所描述的属性。考虑有两个变量的情况，变量分别为 v_1 和 v_2。当使用散点图可视化变量时，将观察到如图 14.3 所示的变量。

可以看出，v_1 和 v_2 是相关的。但是 v_1 和 v_2 可以通过一个简单的线性变换转换为两个新的变量 z_1 和 z_2，它们满足主成分的条件。如图所示，这相当于沿着两个新轴（z_1 和 z_2）绘制点。z_1 轴包含最大的变异度，我们可以正确地得出结论，z_1 解释了数据中出现的大部分差异，并且是第一主成分。由于 z_2 与 z_1 正交，z_2 的变异度仅次于 z_1。在 z_1 和 z_2 之间，可以解释数据中 100% 的总变异度（在本例中是两个变量）。

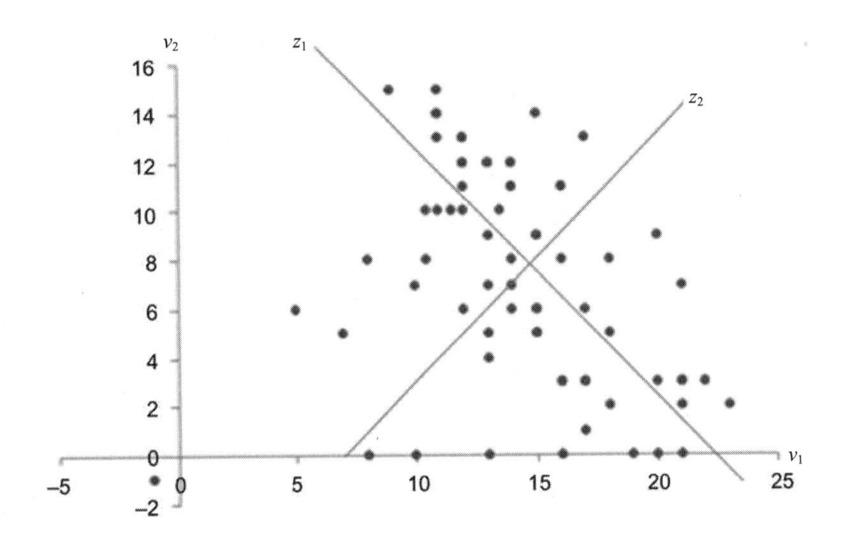

图 14.3　将变量转换为新的基是 PCA 的核心

此外，z_1 和 z_2 是不相关的。随着变量的数量 v_m 增加，可能只需前几个主成分足以解释所有数据差异。主成分 z_m 表示为基础的 v_m 个变量的线性组合：

$$z_m = \sum w_i \times x_i \tag{14.1}$$

当这个逻辑扩展到两个以上的变量时，所面临的挑战在于使用原始变量找到转换后的主成分集。这很容易通过对原始属性的协方差矩阵进行特征值分析来实现[⊖]。与最大特征值相关的特征向量为第一主成分；与第二大特征值相关的特征向量是第二主成分，以此类推。协方差解释了两个变量相对于各自均值的变化——如果两个变量倾向于保持在各自均值的同一侧，协方差就是正的，否则就是负的。（在统计学中，协方差也用于相关系数的计算。）

$$\text{Cov}_{ij}=E[V_iV_j]-E[V_i]E[V_j] \tag{14.2}$$

其中，期望值 $E[v]=v_k P(v=v_k)$。对于特征值分析，创建 v_m 个变量所有对之间的这种协方差的矩阵。关于特征值分析的更多细节，请参考矩阵方法或线性代数的标准教科书（Yu & Liu, 2003）。

14.2.2　实现过程

在本节中，通过使用公开可用的数据集[⊖]，RapidMiner 将用于执行 PCA。此外，出于说明性的原因，我们将使用非标准化或非归一化数据。在下一部分中，我们将对数据进行标准化，并解释为什么有时这样做很重要。

数据集包括 77 种早餐谷物的评级和营养信息。共 16 个变量，包括 13 个数值参数（见表 14.1）。我们的目标是使用 PCA 将这组 13 个数值预测变量减少到一个更小的列表。

⊖ 设 $\boldsymbol{A}$ 是一个 $n\times n$ 矩阵，$\boldsymbol{x}$ 是一个 $n\times 1$ 向量，向量方程 $[\boldsymbol{A}][\boldsymbol{x}]=\lambda[\boldsymbol{x}]$ 的解包括找到满足这个方程的 λ 的值，其中 λ 是标量。λ 的值被称为特征值，与其对应的解 $\boldsymbol{x}$（$\boldsymbol{x}\neq 0$）被称为特征向量。

⊖ https://www.kaggle.com/jeandsantos/breakfast-cereals-data-analysis-and-clustering/data。

表 14.1 使用 PCA 降维的早餐谷物数据集

谷物名称	100%_Bran	100%_Natural_Bran	All-Bran	All-Bran_with_Extra_Fiber	Almond_Delight	Apple_Cinnamon_Cheerios	Apple_Jacks	Basic_4
制造商	N	Q	K	K	R	G	K	G
类型	C	C	C	C	C	C	C	C
卡路里	70	120	70	50	110	110	110	130
蛋白质	4	3	4	4	2	2	2	3
脂肪	1	5	1	0	2	2	0	2
盐	130	15	260	140	200	180	125	210
纤维	10	2	9	14	1	1.5	1	2
碳	5	8	7	8	14	10.5	11	18
糖	6	8	5	0	8	10	14	8
钾	280	135	320	330	−1	70	30	100
维生素	25	0	25	25	25	25	25	25
保质期	3	3	3	3	3	1	2	3
重量	1	1	1	1	1	1	1	1.33
杯量	0.33	1	0.33	0.5	0.75	0.75	1	0.75
评级	68.402 973	33.983 679	59.425 505	93.704 912	34.384 843	29.509 541	33.174 094	37.038 562

步骤 1：数据准备

删除非数值参数，如谷物名称、制造商和类型（热或冷），因为 PCA 只能处理数值属性。即删除表 14.1 中的前三列。（在 RapidMiner 中，如果以后需要引用，可以将这些属性转换为 ID 属性。如有需要，这可以在下一步将数据集导入 RapidMiner 时完成；在这种情况下，这些变量将被简单地删除。在“读取 Excel”操作符之后还可以使用“选择属性”操作符来删除这些变量。）将 Excel 文件读入 RapidMiner：这可以使用前面部分描述的标准的“读取 Excel”操作符来完成。

步骤 2：PCA 操作符

在操作符搜索字段中键入关键字 PCA，并将 PCA 操作符拖放到主过程窗口中。将“读取 Excel”的输出连接到 PCA 操作符的端口。

降维的三个可用参数设置是 none、keep variance 和 fixed number。这里使用 keep variance，将方差阈值设置为默认值 0.95% 或 95%（见图 14.4）。方差阈值只选择那些共同的属性或能够解释数据 95%（或用户设定的任何其他值）差异的属性。将 PCA 操作符的所有输出端口连接到结果端口。

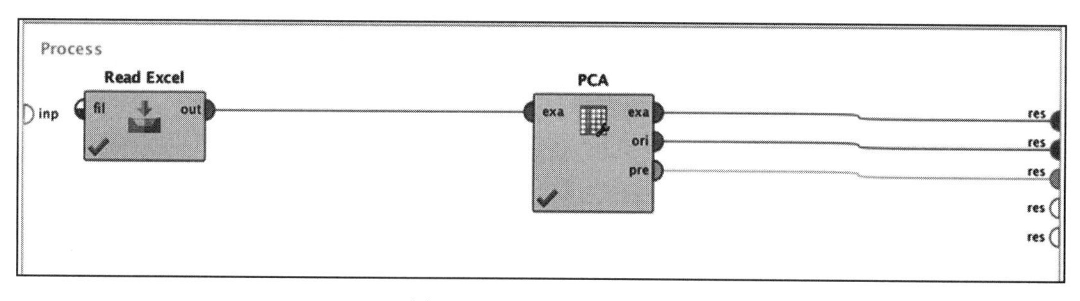

图 14.4 配置 PCA 操作符

步骤 3：执行和解释

通过按上面配置运行分析，RapidMiner 将在结果面板中输出多个选项卡（见图 14.5）。通过单击 PCA 选项卡，将看到三个与 PCA 相关的选项卡——特征值、特征向量和累积方差图。

使用特征值，可以获得关于来自每个主成分的数据方差的贡献的单独和累积的信息。

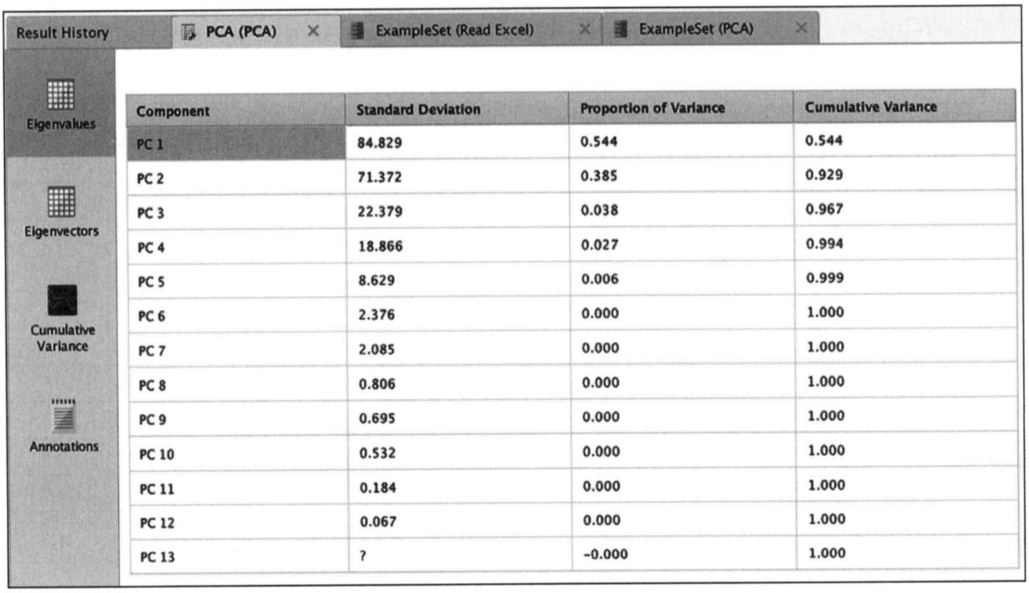

Result History | PCA (PCA) | ExampleSet (Read Excel) | ExampleSet (PCA)

Eigenvalues | Eigenvectors | Cumulative Variance | Annotations

Component	Standard Deviation	Proportion of Variance	Cumulative Variance
PC 1	84.829	0.544	0.544
PC 2	71.372	0.385	0.929
PC 3	22.379	0.038	0.967
PC 4	18.866	0.027	0.994
PC 5	8.629	0.006	0.999
PC 6	2.376	0.000	1.000
PC 7	2.085	0.000	1.000
PC 8	0.806	0.000	1.000
PC 9	0.695	0.000	1.000
PC 10	0.532	0.000	1.000
PC 11	0.184	0.000	1.000
PC 12	0.067	0.000	1.000
PC 13	?	-0.000	1.000

图 14.5 PCA 的输出

例如，如果我们的方差阈值是 95%，那么 PC1、PC2 和 PC3 是唯一需要考虑的主成分，因为它们足以解释近 97% 的差异。其中 PC1 占了大部分，大约 54%。

然后，我们可以深入研究这三种成分，并确定它们如何与数据集中的实际或真实参数线性相关。此时仅可以考虑那些对前三个 PC 中的每一个具有显著权重贡献的实际参数。这些最终将形成进一步预测建模的简化参数子集。

关键问题在于，如何根据这些信息选择实际变量？RapidMiner 允许对每个 PC 的特征向量（权重因子）进行排序，并且可以为 PC1 ～ PC3 选择 2 到 3 个最高（绝对值）的权重因子。从图 14.6 中可以看出，我们选择了在图中突出显示的实际属性（卡路里、钠、钾、维生素和评级）来构成缩减后的数据集。我们可以通过简单地从每个主成分中识别出前三个属性来完成这个选择[⊖]。

对于这个例子来说，PCA 将属性的数量从 13 个减少到 5 个，这比任何模型实际需要考虑的属性数量减少了 50% 以上。可以想象，当处理 PCA 支持的更大的数据集时，性能会因此得到较大改善。在实践中，PCA 是一种有效且广泛使用的降维工具，尤其是当所有属性都是数值型时。它适用于各种实际应用程序，但不应该盲目地应用于变量筛选。对于大多数实际情况，在消除任何变量之前，除了 PCA 分析外，还应该使用领域知识。下面是一些观察结果，解释了使用 PCA 时要考虑的一些风险。

1）必须在数据的上下文中评估 PCA 的结果。如果数据非常嘈杂，那么 PCA 最终可能

⊖ 更常见的是，只直接选择前三个主成分来构建后续模型。本文采用这一方法是为了说明 PCA 作为一种降维方法是如何应用于特征选择的。

会认为最嘈杂的变量是最重要的，因为它们占据了大部分变化。一个类比是摇滚音乐会中的总声能。如果人群噪音淹没了一些高频人声或音符，PCA 可能会认为对总声能的最重要贡献来自人群——这没有错；但是，如果一个人正在试图区分哪些乐器正在影响谐波，这将不会为此次区分提供更多有利的价值。

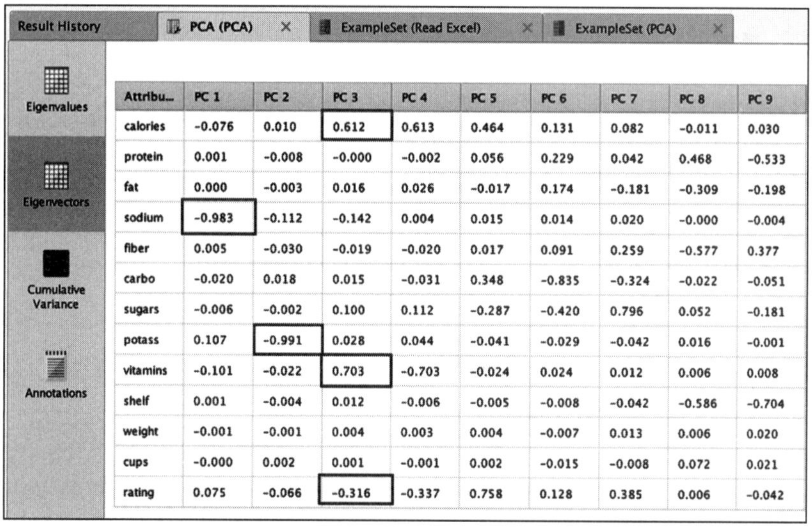

Attribu...	PC 1	PC 2	PC 3	PC 4	PC 5	PC 6	PC 7	PC 8	PC 9
calories	-0.076	0.010	0.612	0.613	0.464	0.131	0.082	-0.011	0.030
protein	0.001	-0.008	-0.000	-0.002	0.056	0.229	0.042	0.468	-0.533
fat	0.000	-0.003	0.016	0.026	-0.017	0.174	-0.181	-0.309	-0.198
sodium	-0.983	-0.112	-0.142	0.004	0.015	0.014	0.020	-0.000	-0.004
fiber	0.005	-0.030	-0.019	-0.020	0.017	0.091	0.259	-0.577	0.377
carbo	-0.020	0.018	0.015	-0.031	0.348	-0.835	-0.324	-0.022	-0.051
sugars	-0.006	-0.002	0.100	0.112	-0.287	-0.420	0.796	0.052	-0.181
potass	0.107	-0.991	0.028	0.044	-0.041	-0.029	-0.042	0.016	-0.001
vitamins	-0.101	-0.022	0.703	-0.703	-0.024	0.024	0.012	0.006	0.008
shelf	0.001	-0.004	0.012	-0.006	-0.005	-0.008	-0.042	-0.586	-0.704
weight	-0.001	-0.001	0.004	0.003	0.004	-0.007	0.013	0.006	0.020
cups	-0.000	0.002	0.001	-0.001	0.002	-0.015	-0.008	0.072	0.021
rating	0.075	-0.066	-0.316	-0.337	0.758	0.128	0.385	0.006	-0.042

图 14.6 使用 PCA 操作符的特征向量选项卡选择属性的约简集

2）添加不相关的数据并不总是有帮助。添加可能相关但实际不相关的数据也是如此。当向数据集中添加更多的参数时，如果这些参数恰好是随机噪声，那么实际情况与第一点相同。另一方面，我们也必须保持谨慎，必须注意甄别虚假的相关性。一个极端的例子是，在某一段时间内，服装厂的工作时间与猪肉（一种不相关的商品）的价格之间可能存在相关性。而很显然，这种相关性可能纯粹是巧合。这种相关性可能会再次混淆 PCA 的结果。在应用 PCA 之类的技术之前，必须仔细筛选数据集，使其包含具有业务意义且不受许多随机波动影响的变量。

3）PCA 对数据的规模影响非常敏感。如果仔细检查示例中的数据，就会发现 PCA 帮助识别为"顶级属性"的那些最重要的属性，其值也同时具有最大的范围（和标准差）。例如，钾在 21 到 330 之间，钠在 1 到 320 之间。相比之下，其他因素大多在个位数或个位数以下。正如所料，这些因素主导了 PCA 的结果，因为它们对数据的最大差异最有贡献。如果还有另外一个因素作为建模练习的考虑因素，比如销售额，它可能在数百万（美元或箱）的范围内，这又会怎样呢？显然，它会掩盖任何其他属性的影响。

为了将规模影响最小化，可以对数据进行范围归一化（如使用"归一化"操作符）。当应用此数据转换时，所有属性都被缩小到 0 到 1 之间的范围，且规模影响将不再重要。但是此时 PCA 结果会怎样呢？

如图 14.7 所示，现在需要 8 个 PC 来解释相同的 95% 的总差异。作为练习，我们使用特征向量来过滤掉这 8 个 PC 中包含的属性，并且可以观察到（当如前所述对每个 PC 应用"前三"规则时），没有任何属性会被消除！

这就引出了下一节关于特征选择方法的内容，这些方法对规模不敏感，并且也适用于非数值数据集，这是 PCA 的两个限制。

PCA (PCA) ExampleSet (Normalize) ExampleSet (PCA)

Eigenvalues Eigenvectors Cumulative Variance Annotations

Component	Standard Deviation	Proportion of Variance	Cumulative Variance
PC 1	0.459	0.306	0.306
PC 2	0.392	0.224	0.530
PC 3	0.302	0.132	0.663
PC 4	0.287	0.120	0.782
PC 5	0.212	0.065	0.848
PC 6	0.187	0.051	0.898
PC 7	0.162	0.038	0.937
PC 8	0.140	0.029	0.965
PC 9	0.122	0.022	0.987
PC 10	0.067	0.006	0.993
PC 11	0.053	0.004	0.997
PC 12	0.043	0.003	1.000
PC 13	?	-0.000	1.000

图 14.7　对用于主成分分析的 RapidMiner 输出的解释

14.3　基于信息理论的过滤

在第 4 章中，我们遇到了信息增益和增益比的概念。回想一下，这两种方法都涉及比较给定属性与目标或标签属性之间交换的信息（Peng，Long，& Ding，2005）。如 14.1 节所述，特征选择的关键是包含与预测变量或因变量具有强相关性的属性。利用这些技术，可以基于信息增益量对属性进行排序，然后仅选择满足或超过某些（任意）选择的阈值的那些属性，或仅简单地选择（同样是任意选择的）前 k 个特征。

回想一下第 4 章中首先讨论的高尔夫球示例。为了方便起见，我们在图 14.8a 中再次给出数据。当将第 4 章中讨论的信息增益计算方法应用于计算所有属性的信息增益时（见表 4.2），我们将得到图 14.8b 中特征对目标变量的影响程度排序。在 RapidMiner 中，利用根据信息增益的权重操作符可以很容易地实现这一点。输出结果与表 4.2 所示几乎相同，只是温度 / 湿度的信息增益值略有不同。原因是，对于该数据集，在计算增益之前，必须将温度和湿度转换为标称值。在这种情况下，数值属性将按原样使用。因此，在过滤前注意属性的离散化是非常重要的。信息增益特征选择的使用也仅限于标称标签的情况。对于完全数值的数据集，由于其标签变量也是数值的，我们通常使用 PCA 或基于关系的过滤方法。

行号	id	打球	景色	温度	湿度	刮风
1	1	no	晴天	85	85	假
2	2	no	晴天	80	90	真
3	3	yes	阴天	83	78	假
4	4	yes	雨天	70	96	假
5	5	yes	雨天	68	80	假
6	6	no	雨天	65	70	真
7	7	yes	阴天	64	65	真
8	8	no	晴天	72	95	假
9	9	yes	晴天	69	70	假
10	10	yes	雨天	75	80	假
11	11	yes	晴天	75	70	真
12	12	yes	阴天	72	90	真
13	13	yes	阴天	81	75	假
14	14	no	雨天	71	80	真

a）

属性	权重 ↓
景色	0.247
温度	0.113
湿度	0.102
刮风	0.048

b）

图 14.8　a）重新访问高尔夫示例以进行特征选择；b）基于信息获取的特征选择结果

图 14.9 描述了在 RapidMiner 中使用可用的示例高尔夫数据集的过程。该过程中的各个步骤将数值属性（温度和湿度）转换为标称属性。在最后一步中，依据"信息增益的权重"操作符应用于原始数据和转换后的数据集，以显示使用不同数据类型计算的增益之间的差异。要注意的要点是增益计算不仅取决于数据类型，还取决于标称数据如何离散化。例如，如果湿度分为三个波段（高、中和低）而不是仅两个波段（高和低），则增益值略有不同（见表 14.2）。使用描述的过程可以很容易地测试这些变体。综上所述，我们选择了排名最靠前的属性，在这种情况下，如果选择非离散化版本，则选择景色和温度；如果选择离散版本，则选择景色和湿度。

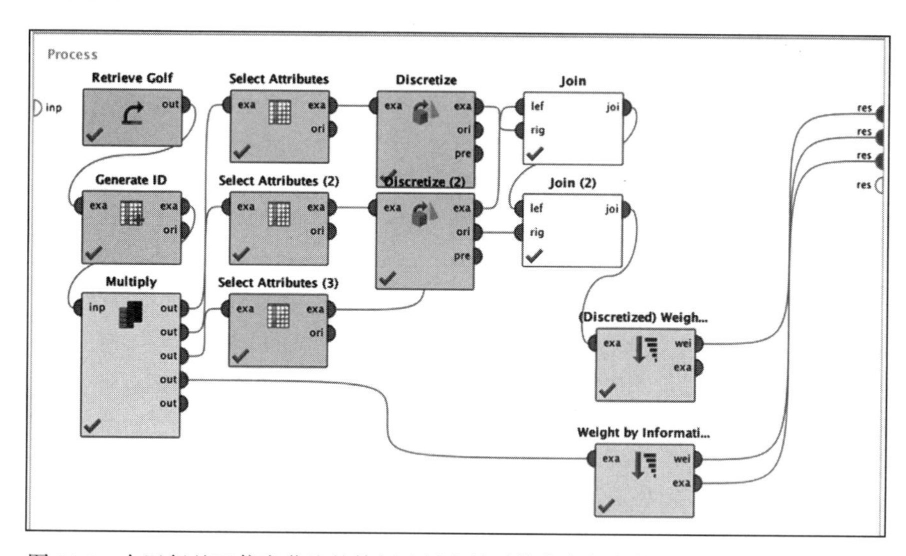

图 14.9　在运行基于信息获取的特征选择之前对数值高尔夫数据集进行离散化的过程

表 14.2　信息增益特征选择的结果

属性	信息增益权重（非离散化）	信息增益权重（离散化）
景色	0.247	0.247
温度	0.113	0.029
湿度	0.102	0.104
刮风	0.048	0.048

14.4　基于卡方的过滤

在许多情况下，数据集可能只包含分类（或标称）属性。在这种情况下，区分高影响属性、低影响属性或无影响属性的好方法是什么？

一个典型的例子就是性别选择偏见。假设一个人拥有关于购买汽车或房子等高价商品的数据，我们能否验证性别对购买决策的影响？在购买高价商品时，主要的决策者是男性还是女性？再比如，性别是影响人们对汽车颜色偏好的因素吗？这里属性 1 是性别、属性 2 是颜色，卡方（Chi-square）检验将揭示这两个属性之间是否确实存在关系。如果有多个属性，并且我们希望对每个属性对目标属性的相对影响进行排序，则仍然可以使用卡方统计量。

回到图 14.10 中的高尔夫球示例，这一次所有数值属性都转换为标称属性。卡方分析包括计数事件（晴天或大风天的数量），并会根据事件发生的频率将这些变量与目标变量进行比较。卡方测试将检查任意一对属性（如景色 = 阴天和打球 = yes）的出现频率是否相关。换句话说，对于给定的景色的类型为阴天，打球 = yes（存在强相关性）的概率是多少？概率的乘法定律表明，如果事件 A 的发生独立于事件 B，那么 A 和 B 同时发生的概率就是 $p_A \times p_B$。下一步是将这个联合概率转换为一个期望频率，由 $p_A \times p_B \times N$ 给出，其中 N 为数据集中所有事件的和。

Row No.	id	打球	湿度	温度	景色	刮风
1	1	no	High	hot	晴天	假
2	2	no	High	hot	晴天	真
3	3	yes	Normal	hot	阴天	假
4	4	yes	High	mild	雨天	假
5	5	yes	Normal	cool	雨天	假
6	6	no	Normal	cool	雨天	真
7	7	yes	Normal	cool	阴天	真
8	8	no	High	mild	晴天	假
9	9	yes	Normal	cool	晴天	假
10	10	yes	Normal	mild	雨天	假
11	11	yes	Normal	mild	晴天	真
12	12	yes	High	mild	阴天	真
13	13	yes	Normal	hot	阴天	假
14	14	no	Normal	mild	雨天	真

图 14.10 将高尔夫球示例集转换为用于卡方特征选择的标称值

对于每个属性，我们都构建一个观察到的频率表，如表 14.3 所示。这称为*列联表*。标题为“总和”的最后一列和行（边距）是可以验证的相应行或列中的总和。利用列联表，我们可以用期望频率定义（$p_A \times p_B \times N$）建立相应的*期望频率表*，通过比较每个属性的观测频率与期望频率的差值，计算卡方统计量。景色的预期频率表如表 14.4 所示。

表 14.3 景色和标签属性“打球”的观察频率的列联表

景色	晴天	阴天	雨天	总和
打球 =no	3	0	2	**5**
打球 =yes	2	4	3	**9**
总和	**5**	**4**	**5**	**14**

表 14.4 期望频率表

景色	晴天	阴天	雨天	总和
打球 =no	1.785 714	1.428 571	1.785 714	**5**
打球 =yes	3.214 286	2.571 429	3.214 286	**9**
总和	**5**	**4**	**5**	**14**

使用期望频率公式 $(5/14 \times 5/14 \times 14) = 1.785$ 计算事件（打球 =no，景色 = 晴天）的期望频率，如表所示输入的第一个单元格。同样，也计算其他期望频率。卡方统计量公式为观测

频率与期望频率之差的平方之和，如式（14.3）所示：

$$\chi^2 = \sum\sum\frac{(f_o - f_e)^2}{f_e} \tag{14.3}$$

其中，f_o 为观测频率，f_e 为期望频率。我们通过检验观察到的卡方是否小于临界值来检验任意两个参数之间的独立性，临界值取决于用户选择的置信水平（Black, 2007）。在这种特征加权的情况下，所有观察到的卡方值都被简单地收集起来，并用于对属性进行排序。高尔夫实例的属性排序是使用图 14.11 所示的过程生成的，如图 14.14 所示的观察卡方值表所示。与信息增益特征选择一样，该过程中所示的操作符大多只是将数据转换为标称值，生成如图 14.10 所示的形式。

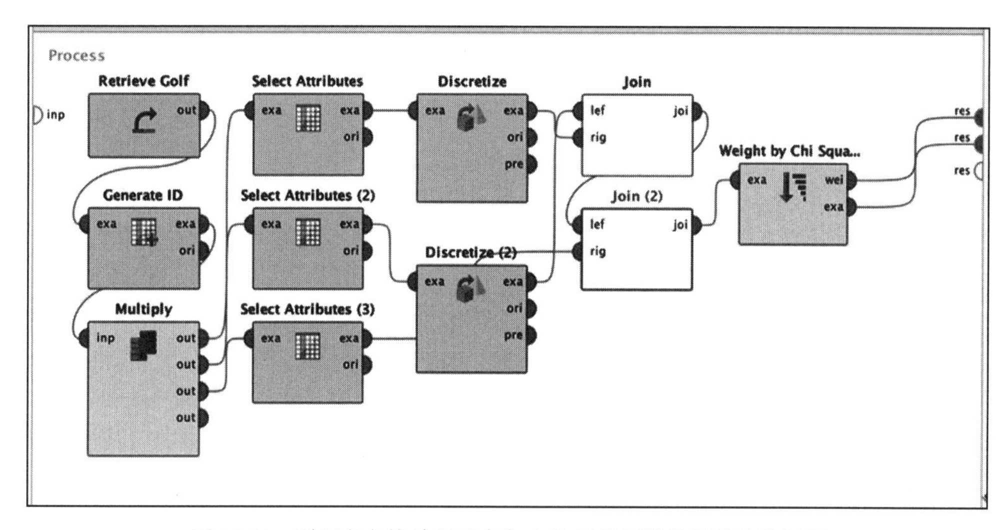

图 14.11　利用卡方统计量对高尔夫数据集属性进行排序的过程

将卡方排序的输出结果与基于信息收益的排序（对于属性的归一化或离散化）进行比较，可以明显看出排序结果是相同的（见图 14.12）。注意，有时也使用正规化权重选项，这是 0 到 1 区间的范围归一化。

14.5　包裹式特征选择

在这一节中，我们将使用一个线性回归示例简要介绍包裹式特征约简方法。如前所述，包裹式方法根据新添加或删除的属性是否提高了准确性，迭代地选择要添加的特性或从当前属性池中删除的特性。

属性	权重 ↓
景色	3.547
湿度	1.998
刮风	0.933
温度	0.570

图 14.12　卡方法属性权重结果

包裹式方法源于减少构建高质量回归模型所需属性的数量的需求。构建回归模型的一种彻底的方法是所谓的“所有可能的回归”搜索过程。例如，使用 v_1、v_2 和 v_3 这三个属性，可以构建表 14.5 中不同的回归模型。

表 14.5 具有三个属性的所有可能的回归模型

模型	使用的独立变量	模型	使用的独立变量
1	只有 v1	5	v1 和 v3
2	只有 v2	6	v2 和 v3
3	只有 v3	7	v1、v2 和 v3
4	v1 和 v2		

一般来说，如果一个数据集包含 k 个不同的属性，那么执行所有可能的回归搜索意味着构建 2^k-1 个单独的回归模型，并在其中选择性能最好的模型。显然，这是不切实际的。

从计算资源消耗的角度来看，更好的搜索方法是从一个变量开始，比如 v_1，并构建一个基准模型。然后添加第二个变量，比如 v_2，并构建一个新的模型来与基准进行比较。如果新模型（例如 R^2（参见第 5 章））的性能优于基准，则可以将该模型作为新基准，添加第三个变量 v_3，然后以类似的方式继续。但是，如果第二个属性 v_2 的添加并没有显著地改进模型（超过任意指定的性能改进级别），那么可以选择一个新的属性 v_3，并构建一个包含 v_1 和 v_3 的新模型。如果此模型优于包含 v_1 和 v_2 的模型，则继续下一步，其中可以考虑下一个属性 v_4，并构建一个包含 v_1、v_3 和 v_4 的模型。通过这种方式，可以一步一步地选择属性，直到达到所需的模型性能级别。这个过程称为*前向选择*[⊖]。

与此相反的过程是，从包含所有属性 v_1，v_2，…，v_k 的基准模型开始，在第一次迭代中删除其中一个变量 v_j，并构建一个新模型。但是，如何选择要删除哪个 v_j 呢？在这里，通常从具有最低 *t*-stat 值的变量开始，如下面的案例研究所示。如果新模型比基准好，那么它就成为新的基准，搜索将继续删除 *t*-stat 值最低的变量，直到满足某个停止条件（通常情况下，该条件为模型的性能没有比前一个迭代显著提高）。这个过程叫做*后向消除*[⊖]。

正如我们所观察到的，变量选择过程围绕着建模过程，因此，这些特征选择类的名称也围绕着建模过程。现在将使用第 5 章中首先介绍的波士顿住房数据集中的数据进行一个案例研究，以演示如何使用 RapidMiner 实现后向消除方法。回想一下，数据由 13 个预测变量和 1 个响应变量组成。预测变量包括房屋的物理特征（如房间数量、年龄、税收和位置）和社区特征（学校、行业、分区）等。响应变量是房屋的中值（MEDV），单位是千美元。这 13 个独立属性被认为是目标或标签属性的预测变量。为了保持知识的连贯性，相应数据将再次显示在表 14.6 中。

表 14.6 波士顿住房数据集的示例视图

CRIM	ZN	INDUS	CHAS	NOX	RM	AGE	DIS	RAD	TAX	PTRATIO	B	LSTAT	MEDV
0.006 32	18	2.31	0	0.538	6.575	65.2	4.09	1	296	15.3	396.9	4.98	24
0.027 31	0	7.07	0	0.469	6.421	78.9	4.967 1	2	242	17.8	396.9	9.14	21.6
0.027 29	0	7.07	0	0.469	7.185	61.1	4.967 1	2	242	17.8	392.83	4.03	34.7
0.032 37	0	2.18	0	0.458	6.998	45.8	6.062 2	3	222	18.7	394.63	2.94	33.4
0.069 05	0	2.18	0	0.458	7.147	54.2	6.062 2	3	222	18.7	396.9	5.33	36.2
0.029 85	0	2.18	0	0.458	6.43	58.7	6.062 2	3	222	18.7	394.12	5.21	28.7

⊖ 前向选择被认为是一种“贪婪”的方法，并不一定产生全局最优解。

⊖ RapidMiner 通常会尝试一个接一个地删除属性。反之亦然：首先，它会尝试所有只有一个属性的模型，选择其中最好的，然后添加另一个变量，再次尝试每个选项。

（续）

CRIM	ZN	INDUS	CHAS	NOX	RM	AGE	DIS	RAD	TAX	PTRATIO	B	LSTAT	MEDV
0.088 29	14.5	7.87	0	0.524	6.012	66.6	5.560 5	5	311	15.2	395.6	14.43	22.9
0.144 55	14.5	7.87	0	0.524	6.172	96.1	5.950 5	5	311	15.2	396.9	19.15	27.1

注：1. CRIM：城镇居民人均犯罪率。
2. ZN：25 000 平方尺以上土地的住宅用地比例。
3. INDUS：每个城镇非零售营业面积的比例。
4. CHAS：查尔斯河虚拟变量（如果靠近河，则为 1；否则为 0）。
5. NOX：一氧化氮浓度（百万分之几）。
6. RM：每个住宅的平均房间数。
7. AGE：1940 年之前建造的自有住房的比例。
8. DIS：到五个波士顿就业中心的加权距离。
9. RAD：径向公路通达性指数。
10.TAX：每 10 000 美元的全值财产税率。
11. PTRATIO：各镇师生比例。
12. B：1000（Bk − 0.63）^ 2，其中 Bk 是按城镇划分的黑人比例。
13. LSTAT：下层经济阶层占比 %。
14. MEDV：业主自住房屋中值（单位为千美元）。

后向消除

本节的目标是构建一个高质量的多元回归模型，其中包含尽可能少的属性，同时不损害模型的预测能力。

RapidMiner 应用这些技术的逻辑不是线性的，而是嵌套的。图 14.13 解释了如何使用这种嵌套设置“线性回归”操作符的训练和测试，以便在第 5 章中对波士顿住房数据进行分析。箭头表示训练和测试过程嵌套在分割验证操作符中。

为了应用包裹式的特征选择方法，例如后向消除，需要将训练和测试过程塞进另一个子过程（一个学习过程）中。学习过程现在嵌套在“后向消除”操作符中。因此，得到了如图 14.13 所示的双嵌套。接下来，可以在 RapidMiner 中配置“后向消除”操作符。双击“后向消除”操作符将打开学习过程，现在可以接受已使用多次的“分割验证”操作符。

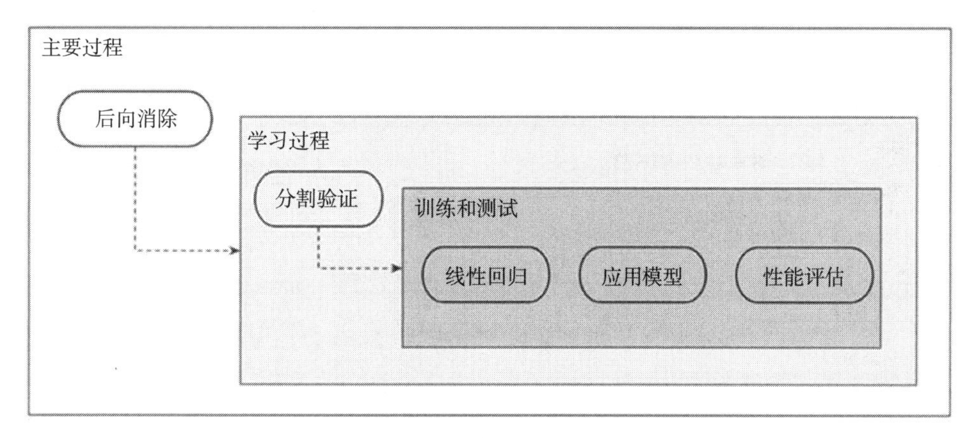

图 14.13　RapidMiner 使用的包裹式方法的逻辑

现在我们可以使用“分割验证”操作符以及构建回归模型所需的所有其他操作符和连接

来填充“后向消除”操作符。设置这些方法的过程与第5章中讨论的过程完全相同，因此这里不再重复。现在将检查“后向消除”操作符的配置。这里可以指定几个参数来启用特征选择。最重要的是停止行为。选项有“with decrease”(下降时)、“with decrease of more than”(下降多于…时)和“with significant decrease”(显著下降时)。第一个选项非常简单——从一个迭代到下一个迭代的下降将停止这个过程。但是，如果选择第二个选项，我们现在就必须指明“maximal relative decrease”(最大相对下降)。在这个例子中，有10%的下降。最后，第三种选项是非常严格的，并且需要通过允许指定 α 水平来实现一些期望的统计显著性，但是并没有明说性能参数应该下降多少！这是在嵌套的最深处指定的：其总是在“分割验证”操作符的测试窗口中选择的“性能”操作符处指定。在这个例子中，性能判据是平方相关的。要完整地描述所有其他后向消除参数，可以参考RapidMiner帮助。

在运行此模型之前，还有一个步骤可能有助于完成模型。简单地将“后向消除”操作符端口连接到输出将不会显示最终的回归模型方程。为了能够看到回归模型方程，需要将“后向消除”操作符的示例端口连接到主过程中的另一个“线性回归”操作符。该操作符的输出将包含模型，并且我们可以在结果透视图中查看该模型。最终过程的顶层如图14.14所示。

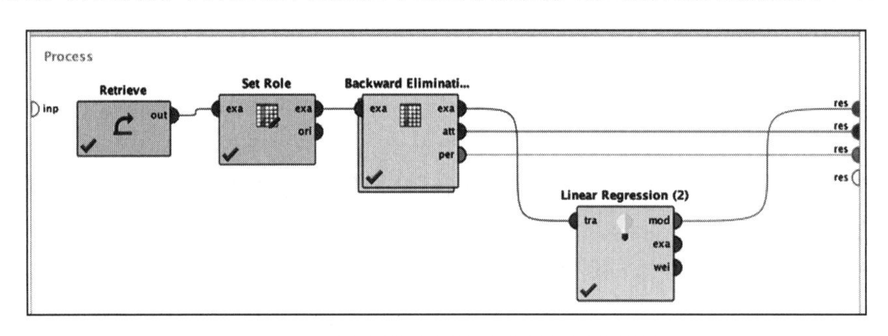

图14.14　后向消除包裹式进程的最终设置

对比两个回归方程(图14.15和第5章中的图5.6a)可以看出，此处剔除了9个属性。也许10%的下降过于激进了。碰巧的是，只有3个属性的最终模型的 R^2 仅为0.678。如果停止条件更改为5%下降，最终 R^2 将为0.812，并且有13个原始属性中的8个(见图14.16)。两种模型的回归系数也存在明显的差异。对于什么是正确的判据及其级别的最终判断只能通过处理数据集的经验和良好的领域知识来完成。

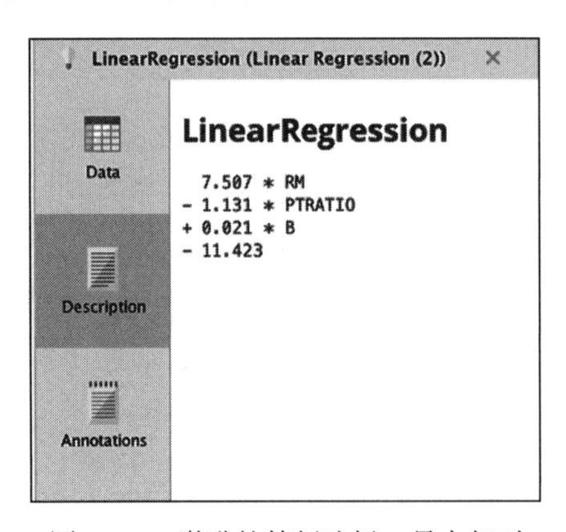

图14.15　激进的特征选择，最大相对下降 = 10%

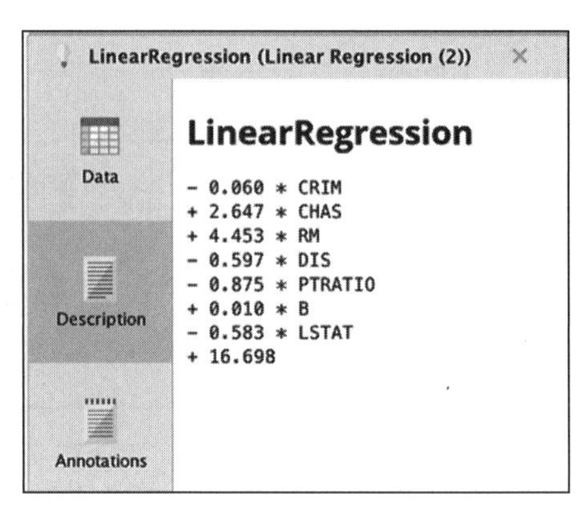

图14.16　更宽松的后向消除特征选择，最大相对下降 = 5%

使用回归模型的每次迭代要么删除一个变量，要么引入一个变量，从而提高模型性能。当达到预先设定的停止判据或性能判据没有变化（如调整 r^2 或 RMS 错误）时，迭代停止。包裹式方法的固有优点是能够自动处理多重共线性问题。然而，我们不会获得关于变量之间实际关系的先验知识。应用前向选择是类似的，建议作为练习。

14.6 总结

本章涵盖了整个数据科学范式的一个重要部分的基础知识：特征选择或降维。在所有的特征选择方法中，一个中心假设是，好的特征选择会产生与类高度相关但彼此不相关的属性或特征（Hall, 1999）。本章中提出了特征选择技术的高级分类方法，并对每种方法进行了详细的探讨。正如本章开头所述，通过实际的实践可以更好地理解降维。为此，我们建议对提供的所有数据集应用本章描述的所有技术。基于分析参数的选择，同样的技术可以产生完全不同的结果。这就是数据可视化可以发挥重要作用的地方。有时，检查不同属性之间的相关图（比如散点图矩阵）可以提供有价值的线索，据此能够了解哪些属性可能是冗余的，哪些属性可能是标签变量的强预测变量。虽然通常不能作为领域知识的替代品，但有时会出现数据太大或机制未知的情况，而实际上，这就是特性选择可以提供帮助的地方。

参考文献

Black, K. (2007). *Business statistics*. New York: John Wiley and Sons.

Blum, A. L., & Langley, P. (1997). Selection of relevant features and examples in machine learning. *Artificial Intelligence, 97*(1–2), 245–271.

Bollier, D. (2010). *The promise and perils of big data*. Washington, D.C.: The Aspen Institute.

Hall, M.A. (1999). *Correlation based feature selection for machine learning* (Ph.D. thesis). University of Waikato: New Zealand.

Kohavi, R., & John, G. H. (1997). Wrappers for feature subset selection. *Artificial Intelligence, 97* (1–2), 273–324.

Peng, H., Long, F., & Ding, C. (2005). Feature selection based on mutual information: Criteria of max-dependency, max-relevance and min-redundancy. *IEEE Transactions on Pattern Analysis and Machine Intelligence, 27*(8), 1226–1238.

van der Maaten, L. J. P., Postma, E. O., & van den Herik, H. J. (2009). Dimensionality reduction: A comparative review. In: *Tilburg University technical report. TiCC-TR*.

Yu, L., Liu, H. (2003). Feature selection for high dimensional data: A fast correlation based filter solution. In: *Proceedings of the twentieth international conference on machine learning (ICML-2003)*. Washington, DC.

Zaslow, J. (December 4, 2002). Oh No! My TiVo thinks I'm gay. *Wall Street Journal*.

第15章
RapidMiner入门

对于从未尝试使用RapidMiner进行任何分析的人来说，本章将是最好的起点。在本章中，我们将注意力从数据科学概念和过程转向数据科学所需的实际工具集。如果你是这个分析领域的新手，本章的目标就是消除你对使用该工具可能产生的任何担忧。如果有人使用RapidMiner做了一些数据科学工作，但是在使用这套功能强大的工具进行自学习的过程中遇到了挫折或陷入了困境，那么本章应该会有所帮助。

RapidMiner是由RapidMiner公司开发和维护的开源数据科学平台。该软件以前称为YALE（Yet Another Learning Environment），由德国多特蒙德大学开发（Mierswa，2006）。

RapidMiner Studio是一个图形用户界面，或称为基于GUI的软件，可以构建和部署数据科学工作流程。一些高级功能需要另外付费才会提供。在本章中，我们将回顾RapidMiner Studio平台的一些常见功能和术语。尽管正在强调的是一种特定的数据科学工具，但其方法、过程和术语都与其他商业和开源数据科学工具类似。

首先，将简要介绍RapidMiner Studio GUI以设置开发环境。任何数据分析练习的第一步当然是将数据带到工具中，接下来将介绍这一点。导入数据后，可能需要实际可视化数据，并在必要时选择子集或转换数据。我们先覆盖基本可视化，然后按子集选择数据。我们将提供基本数据扩展和转换工具的概述，并解释数据采样和缺失值处理工具。然后将介绍RapidMiner的一些高级功能，例如过程设计和优化。

15.1 用户界面和术语

假设RapidMiner软件已经下载并安装在计算机上[⊖]。一旦启动RapidMiner，将看到如图15.1所示的屏幕。

我们首先假设需要创建一个新过程。考虑到这一点，通过单击图15.1顶部的“空白”（Blank）选项开始一个全新的过程。完成此操作后，视图将如图15.2所示。只有两个主要部分：“设计和结果”（Design and Results）面板将被引入，其他（Turbo Prep和Auto Model）在免费版中不可用。

视图（View）：RapidMiner GUI提供两个主要视图。“设计视图”（Design view）是创建和设计所有数据科学过程的地方，可以被视为将创建所有数据科学程序和逻辑的画布，也可以被认为是一个工作台。“结果视图”（Results view）是所有最近执行的分析结果可用的位置。

⊖ 可从http://rapidminer.com下载相应的版本。

在会话期间多次在“设计”(Design) 视图和“结果”(Results) 视图之间来回切换所有用户的预期行为。创建新过程时，将使用空白画布或使用向导式功能启动，该功能允许从应用程序的预定义过程开始，例如直接营销、预测性维护、客户流失建模和情绪分析。

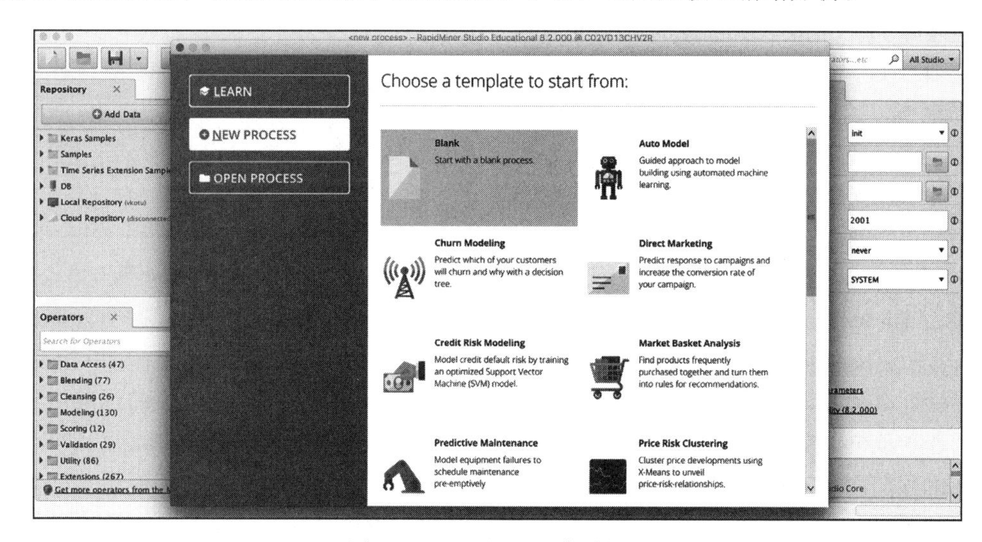

图 15.1　RapidMiner 启动视图

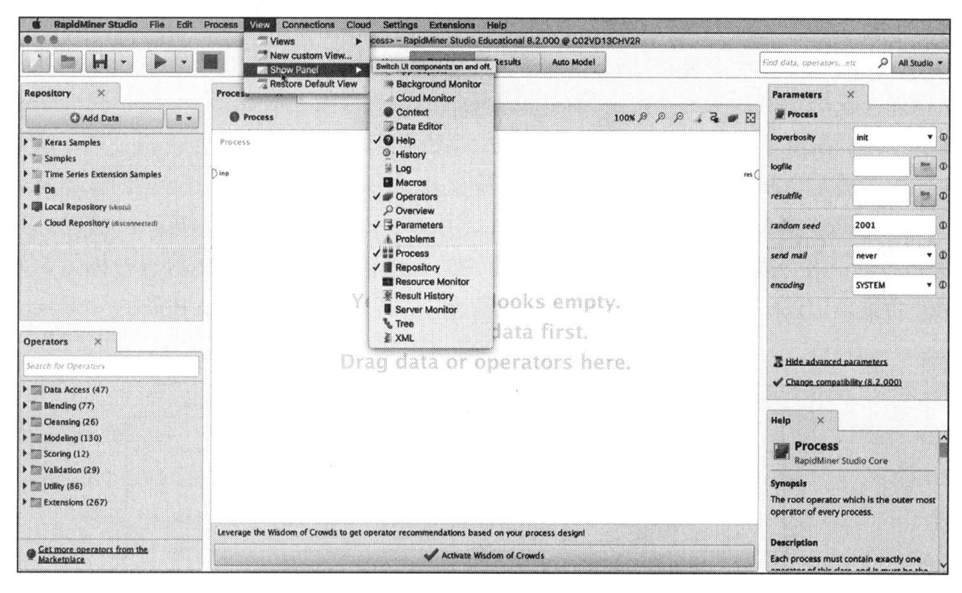

图 15.2　激活 RapidMiner 中的不同视图

面板（Panel）：当进入给定视图时，将有几个可用的显示元素。例如，在“设计”视图中，有一个面板，包含所有可用的操作符、存储过程、操作符帮助等。可以重新排列、调整大小、删除这些面板或将其添加到给定视图中。执行这些操作的控件显示在每个面板选项卡的顶部。

初次使用者有时会意外删除某些面板。恢复面板的最简单方法是使用主菜单项：“视图”(View) > “展示视图”(Show View)，然后选择丢失的视图，或者通过“视图”(View) > “恢复默认视图”(Restore Default View) 来重置视图，参见图 15.2。

术语

为了提高使用 RapidMiner 的熟练程度，必须熟知一些术语。

存储库（repository）：*存储库*是 RapidMiner 中类似文件夹的结构，用户可以在其中组织数据、过程和模型。因此，存储库是所有数据和分析过程的中心位置。当 RapidMiner 首次启动时，将给出一个设置新本地存储库的选项（见图 15.3）。如果由于某种原因没有正确完成，可以通过单击"存储库"（Repository）面板中的"新建存储库"（New Repository）图标（具有"+添加数据"按钮的图标）来解决此问题。单击该图标时，将给出如图 15.3 所示的对话框，其中可以指定 Alias 下的存储库名称及其在根目录下的位置。默认情况下，会检查软件自动选择的标准位置，可以取消选中该位置以指定其他位置。

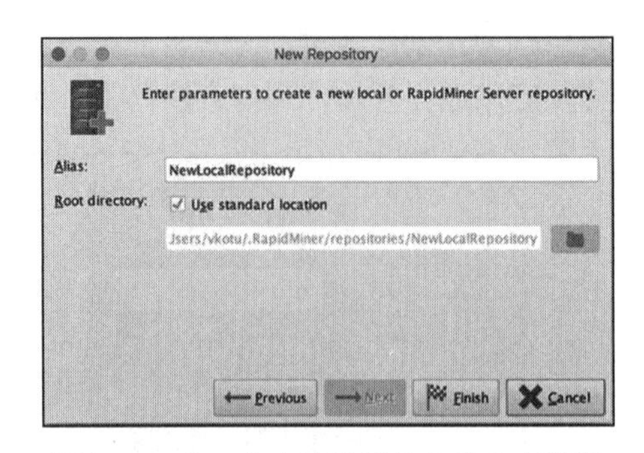

图 15.3　在一台本地计算机上建立存储库

在此存储库中，可以组织文件夹和子文件夹以存储数据、过程、结果和模型。存储要在存储库中分析的数据集的优点是和描述这些数据集的元数据存储在一起。此元数据在构建过程中通过该过程传播。元数据基本上是关于数据的数据，包含诸如行数和列数、每列中的数据类型、缺失值（如果有）以及统计信息（平均值、标准差等）等信息。

属性和示例（attribute and example）：*数据集*或数据表是数据列和行的集合。每列代表一种测量。例如，在用于解释本书中许多算法的经典高尔夫数据集（见图 15.4）中，有一些数据列包含温度水平和湿度水平。这些是数字数据类型。还有一列可以确定一天是否有风，或者一天是晴天、阴天还是下雨。这些列是分类或标称数据类型。在所有情况下，这些列表示将影响给定日期是否打高尔夫球的属性。在 RapidMiner 术语中，这些数据列称为*属性*。属性的其他常用名称是变量、因子或特征。形成行的此类属性的一组值在 RapidMiner 术语中称为*示例*，其他常用的名称是记录、样本或实例。整个数据集（示例行）在 RapidMiner 中称为*示例集*。

属性（景色列）；示例（第 5 行）

Row No.	打球	景色	温度	湿度	刮风
1	no	晴天	85	85	假
2	no	晴天	80	90	真
3	yes	阴天	83	78	假
4	yes	雨天	70	96	假
5	yes	雨天	68	80	假
6	no	雨天	65	70	真
7	yes	阴天	64	65	真
8	no	晴天	72	95	假
9	yes	晴天	69	70	假
10	yes	雨天	75	80	假
11	yes	晴天	75	70	真
12	yes	阴天	72	90	真
13	yes	阴天	81	75	假
14	no	雨天	71	80	真

图 15.4　RapidMiner 术语：属性和示例

操作符（operator）：操作符是执行特定任务的原子功能（实际上是一大块封装代码）。此数据科学任务可以是：将数据集导入 RapidMiner 存储库，通过删除虚假示例来清除它，通过使用特征选择技术减少属性数量，构建预测模型，或使用之前构建的模型对新数据集进行评分。每个任务都由一大块代码处理，这些代码被打包到一个操作符中（见图 15.5）。

因此，存在用于导入 Excel 电子表格的操作符，用于替换缺失值的操作符，用于计算基于信息增益的特征加权的操作符，用于构建决策树的操作符，以及用于将模型应用于新的未见数据的操作符。大多数情况下，操作符需要某种输入并提供某种输出（尽管有些操作符不需要输入）。向过程添加操作符会为工作流添加一项功能。从本质上讲，这相当于将一大块代码插入到数据科学程序中，因此，操作符只是方便的可视化机制，它允许 RapidMiner 成为 GUI 驱动的应用程序，而不是使用 R 或 Python 等编程语言的应用程序。

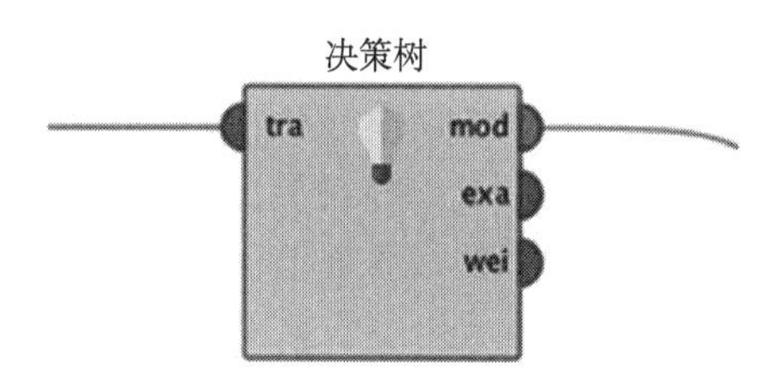

图 15.5　用于构建决策树的操作符

过程（process）：单个操作符本身不能执行数据科学。所有数据科学问题解决都需要一系列计算和逻辑运算。这些问题通常有一定的流程：导入数据、清理和准备数据，训练模型以学习数据、验证模型并对其性能进行排名，最终应用模型来评估新的未见的数据。所有这些步骤都可以通过连接许多不同的操作符来完成，每个操作符都针对特定任务进行了独特定制，如前所述。当这样一系列操作符连接在一起以完成所需的数据科学时，已经构建了一个可以应用于其他上下文的过程。RapidMiner 中可视化创建的过程由 RapidMiner 存储为独立于平台的 XML 代码，可在 RapidMiner 用户之间交换（见图 15.6）。这允许不同位置和不同平台上的不同用户以最少重新配置的方式在其数据上运行 RapidMiner 过程。所有需要做的就是将过程的 XML 代码发送给整个过道（或全球）的同事。他们可以简单地将 XML 代码复制并粘贴到“设计”（Design）视图的“XML”选项卡中，然后切换回“过程”（Process）选项卡（或视图）以在其可视化表示中查看过程，然后运行它已定义的功能。

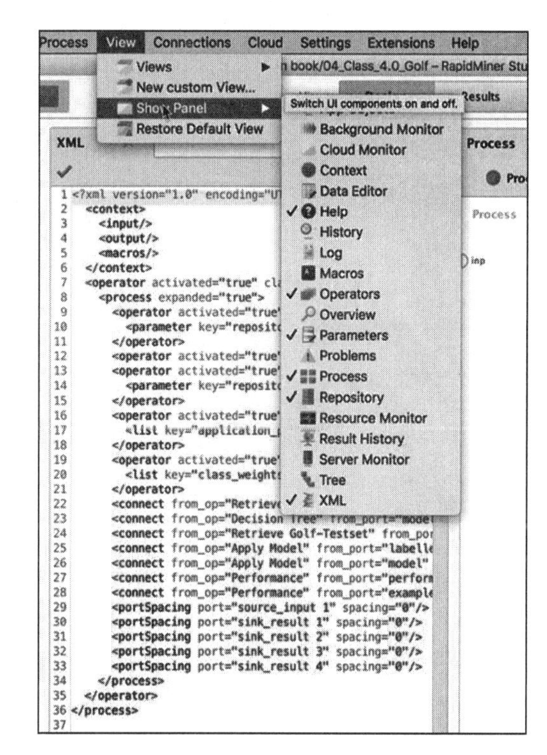

图 15.6　每个过程都会自动转换为 XML 文档

15.2　数据导入和导出工具

RapidMiner 提供了许多不同的操作符或方式来连接数据。数据可以存储在平面文件（如逗号分隔值（CSV）文件或电子表格）中，也可以存储在数据库（如 Microsoft SQLServer 表）中，或者存储在其他专有格式（如 SAS、Stata 或 SPSS 等）中。如果数据在数据库中，那么至少需要对数据库有基本的了解，数据库连接和查询对于正确使用操作符至关重要。可以选择简单地连接到它们的数据（存储在磁盘上的特定位置）或将数据集导入到本地 RapidMiner 存储库本身，以便它可用于存储库中的任何过程，并且每次打开 RapidMiner 时，此数据集可供检索。无论使用哪种方式，RapidMiner 都提供了易于遵循的向导，可指导完成这些步骤。如图 15.7 所示，要使用“读取 CSV”（Read CSV）操作符简单地连接到磁盘上 CSV 文件中的数据，请将操作符拖放到主过程窗口，然后，需要通过单击“导入配置向导”（Import Configuration Wizard）来配置“读取 CSV”操作符，该向导将提供一系列步骤来读取数据[⊖]。操作符窗口顶部的搜索框也很有用——如果一个人只知道操作符名称的一部分，那么很容易找出 RapidMiner 是否提供这样的操作符。例如，要查看是否有操作符处理 CSV 文件，请在搜索字段中键入“CSV”，同时显示“读取”和“写入”CSV 操作符。通过点击红色 X 来清除搜索。如果知道部分名称，使用搜索是一种快速导航到操作符的方法。类似地尝试“主成分‘principal’”，如果对正确和完整的操作符名称或最初的位置存在不确定性，则可以看到主成分分析的操作符。此外，此搜索显示操作符所在的层次结构，这有助于人们了解它们的位置。

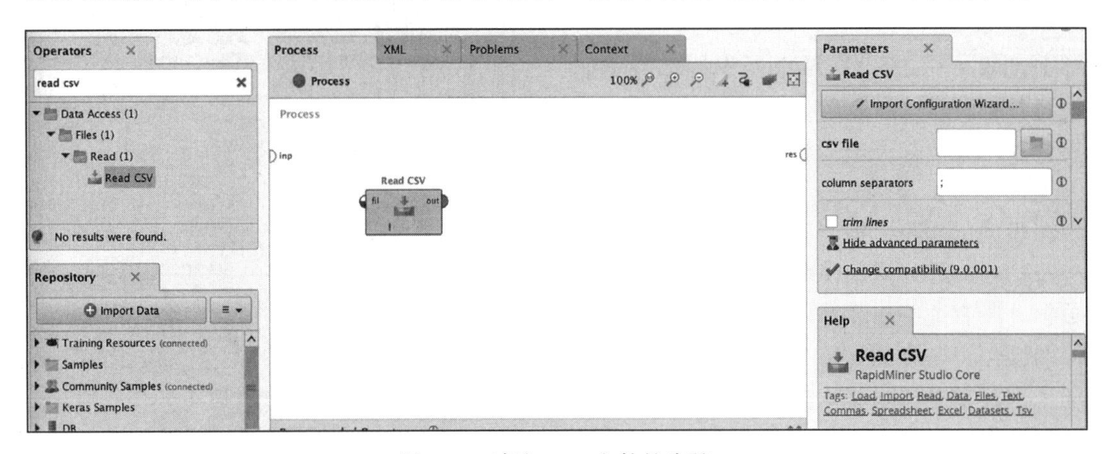

图 15.7　读取 CSV 文件的步骤

另一方面，如果要将数据导入本地 RapidMiner 存储库，请单击“存储库”选项卡中的向下箭头“导入数据”（Import Data）按钮（如图 15.7 所示），然后选择“导入 CSV 文件”（Import CSV File）。将立即显示相同的五步数据导入向导。在任何一种情况下，数据导入向导都包含以下步骤：

1）选择应读取或导入的磁盘上的文件。

2）指定应如何解析文件以及如何分隔列。如果数据的逗号“,”作为配置参数中的列分隔符，请务必选择它。

3）通过指示数据集的第一行是否包含属性名称来注释属性（通常是这种情况）。如果数据集具有第一行名称，则 RapidMiner 将自动将其指定为属性名称。如果数据集的前几行包含文本或信息，则必须为每个示例行给出指示。可用的指示选项是“名称”“注释”和“单

⊖ 此处显示的数据示例可从国际货币基金组织的世界经济展望数据库 IMF（2012 年 10 月）获得，从 http://www.imf.org/external/pubs/ft/weo/ 2012/02/weodata/index.aspx 获得，2015 年 03 月 13 日访问。

位”(分别对应 Name、Comment 和 Unit)，请参见图 15.8 中的示例。

4）在此步骤中，可以更改任何导入属性的数据类型，以及每个列或属性是常规属性还是可以识别的特殊类型的属性。默认情况下，RapidMiner 会自动检测每列中的数据类型。但是，有时可能需要覆盖它并指示特定列是否具有不同的数据类型。特殊属性是仅用于标识的列（例如，患者 ID、雇员 ID 或事务 ID）或要预测的属性。这些在 RapidMiner 术语中称为“标签”属性。

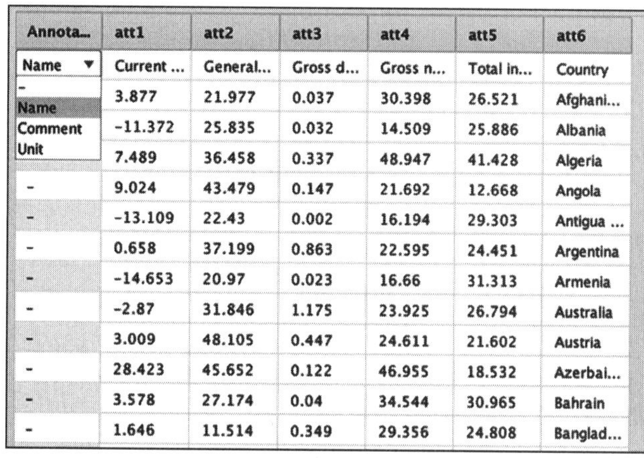

Annota...	att1	att2	att3	att4	att5	att6
Name ▼	Current ...	General...	Gross d...	Gross n...	Total in...	Country
- Name	3.877	21.977	0.037	30.398	26.521	Afghani...
Comment	-11.372	25.835	0.032	14.509	25.886	Albania
Unit	7.489	36.458	0.337	48.947	41.428	Algeria
-	9.024	43.479	0.147	21.692	12.668	Angola
-	-13.109	22.43	0.002	16.194	29.303	Antigua ...
-	0.658	37.199	0.863	22.595	24.451	Argentina
-	-14.653	20.97	0.023	16.66	31.313	Armenia
-	-2.87	31.846	1.175	23.925	26.794	Australia
-	3.009	48.105	0.447	24.611	21.602	Austria
-	28.423	45.652	0.122	46.955	18.532	Azerbai...
-	3.578	27.174	0.04	34.544	30.965	Bahrain
-	1.646	11.514	0.349	29.356	24.808	Banglad...

图 15.8　正确注释数据

5）在最后一步中，如果使用“读取 CSV”连接到磁盘上的数据，只需单击“Finish”即可完成（见图 15.9）。如果要将数据导入 RapidMiner 存储库（使用“导入 CSV 文件”)，则需要指定存储库中的位置。

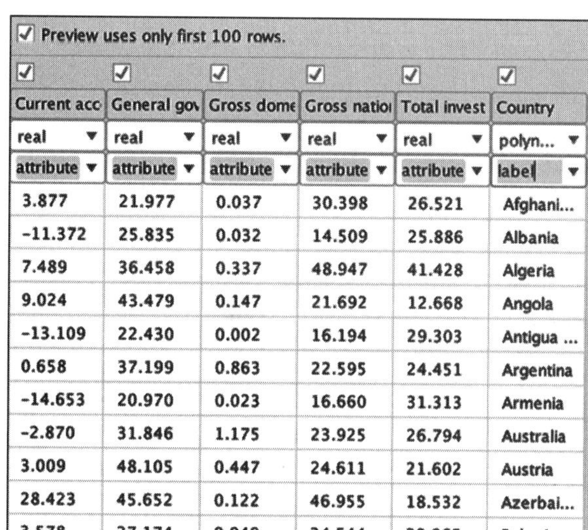

☑ Preview uses only first 100 rows.

☑	☑	☑	☑	☑	☑
Current acc	General gov	Gross dome	Gross natio	Total invest	Country
real ▼	real ▼	real ▼	real ▼	real ▼	polyn... ▼
attribute ▼	attribute ▼	attribute ▼	attribute ▼	attribute ▼	label ▼
3.877	21.977	0.037	30.398	26.521	Afghani...
-11.372	25.835	0.032	14.509	25.886	Albania
7.489	36.458	0.337	48.947	41.428	Algeria
9.024	43.479	0.147	21.692	12.668	Angola
-13.109	22.430	0.002	16.194	29.303	Antigua ...
0.658	37.199	0.863	22.595	24.451	Argentina
-14.653	20.970	0.023	16.660	31.313	Armenia
-2.870	31.846	1.175	23.925	26.794	Australia
3.009	48.105	0.447	24.611	21.602	Austria
28.423	45.652	0.122	46.955	18.532	Azerbai...
3.578	27.174	0.040	34.544	30.965	Bahrain

图 15.9　完成数据导入

完成此过程后，磁盘上应该有正确连接的数据源（对于“读取 CSV”）或在其存储库中可以用于任何数据科学过程的正确导入的示例集。使用“写入 CSV”(Write CSV) 操作符可以以类似的方式从 RapidMiner 导出数据。

15.3 数据可视化工具

将数据集读入RapidMiner后，下一步是使用各种工具直观地探索数据集。但是，在讨论可视化之前，最好检查导入数据的元数据以验证是否所有存在的信息都正确。当运行15.2节中描述的简单过程时（确保将读取操作符的输出连接到过程的“结果”（Results）连接器），输出将发布到RapidMiner的“结果”视图中。数据表可用于验证数据是否已在左侧的“数据”（Data）选项卡下正确导入（见图15.10）。

Row No.	Country	Current account balance	General government revenue	Gross domestic pr...	Gross nati...	Total inves...
1	Afghanistan	3.877	21.977	0.037	30.398	26.521
2	Albania	−11.372	25.835	0.032	14.509	25.886
3	Algeria	7.489	36.458	0.337	48.947	41.428
4	Angola	9.024	43.479	0.147	21.692	12.668
5	Antigua and...	−13.109	22.430	0.002	16.194	29.303
6	Argentina	0.658	37.199	0.863	22.595	24.451
7	Armenia	−14.653	20.970	0.023	16.660	31.313
8	Australia	−2.870	31.846	1.175	23.925	26.794
9	Austria	3.009	48.105	0.447	24.611	21.602
10	Azerbaijan	28.423	45.652	0.122	46.955	18.532
11	Bahrain	3.578	27.174	0.040	34.544	30.965
12	Bangladesh	1.646	11.514	0.349	29.356	24.808

图15.10 数据导入过程成功时显示的“结果”视图

通过单击“统计”（Statistics）选项卡（见图15.11），可以检查所有导入的数据集属性的类型、缺失值和基本统计信息。还可以识别每个属性的数据类型（整数、实数或二项式）以及一些基本统计数据。此高级概述是确保正确加载数据集并使用稍后描述的可视化工具更详细地探索数据的好方法。

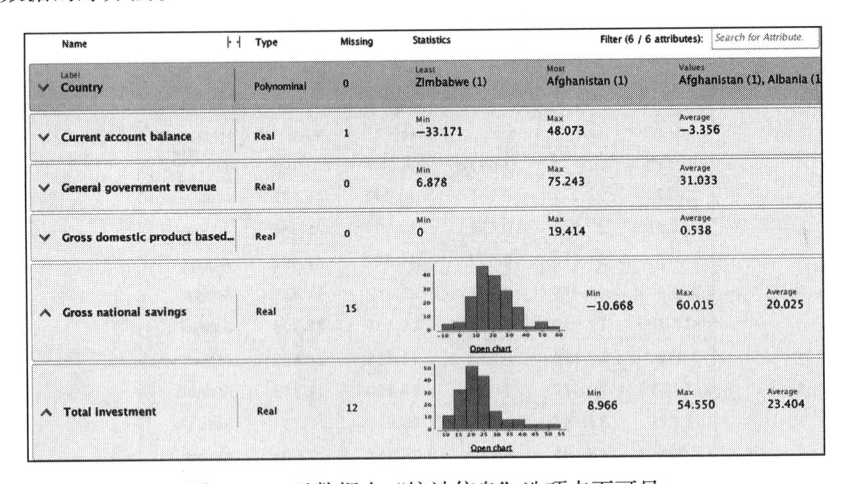

图15.11 元数据在“统计信息”选项卡下可见

有多种可视化工具可用于单变量（一个属性）、双变量（两个属性）和多变量分析。选择“结果”视图中的“图表”（Charts）选项卡以访问任何可视化工具或绘图仪。有关可视化的一般细节可在第3章中找到。

1. 单变量图

1）直方图：数字图的密度估计和分类图的计数器。

2）四分位数（箱线图）：显示每个属性的平均值、中位数、标准差、某些百分位数和任何异常值。

3）系列（或线）：通常最适用于时间序列数据。

2. 双变量图

所有2D和3D图表都显示变量的元组（对或三元组）之间的依赖关系[⊖]。

1）散点图：所有2D图表中最简单的，它显示了一个变量如何相对于另一个变化。RapidMiner允许使用颜色，可以对点进行着色以添加第三维。

2）多重散点图：允许将一个轴固定到一个变量，同时循环显示其他属性。

3）散点矩阵：允许检查属性之间的所有可能配对。颜色像往常一样增加了第三个维度。小心这个绘图器，因为随着属性数量的增加，渲染所有图表会降低处理速度。

4）密度：类似于2D散点图，除了可以使用与其中一个属性对应的颜色渐变填充背景之外。

5）SOM：代表自组织映射。它通过应用转换将维数减少到两个。许多属性相似的点将被放在一起。它基本上是一种聚类可视化方法。第8章中有关于聚类的更多详细信息。请注意，SOM（以及许多参数化报告）不会自动运行，因此切换到该报告，在设置输入之前将出现空白屏幕，然后在SOM的情况下按下计算按钮。

3. 多变量图

1）平行：对每个属性使用一个垂直轴，因此，有与属性一样多的垂直轴。每行在图表中显示为一条线。局部归一化有助于理解每个变量的方差。但是，偏差图对此更有效。

2）偏差：与平行相同，但显示平均值和标准差。

3）3D散点图：与2D散点图非常相似，但允许三个属性的三维可视化（可以有四个属性，点的颜色可以包括在内）。

4）曲面：曲面图是填充背景的区域图的3D版本。

这些并不是唯一可用的绘图器。这里没有描述的还有饼图、条形图、圆环图、方块图等。使用GUI生成任何图表都是不言自明的。唯一需要注意的是，当遇到大型数据集时，根据可用的RAM和处理器速度，生成一些图形密集型多变量图可能非常耗时。

15.4 数据转换工具

很多时候，原始数据的形式不适合应用标准机器学习算法。例如，假设存在诸如性别的分类属性，并且要求是（在若干其他属性中）基于性别来预测购买量。在这种情况下，需要通过称为二分法（dichotomization）的过程将分类（或标称）属性转换为数字属性。在此示例中，引入了两个名为Gender=Male和Gender=Female的新变量，它们可以采用（数字）0或1的值。

在其他情况下，可以给出数字数据，但算法只能处理分类或标称属性。例如，标签变量是数字的（例如第5章波士顿住房示例集中的房屋的市场价格），并且想要使用逻辑回归来预测价格是高于还是低于一定的门槛。这里需要将数字属性转换为二项式。

在任何一种情况下，底层数据类型都可能需要转换为其他类型。此活动是常见的数据准备步骤。四种最常见的数据类型转换操作符如下。

1）数值到二项式：“数值到二项式”操作符将数字属性的类型更改为二进制类型。二项式属性只能有两个可能的值：true或false。如果属性的值在指定的最小值和最大值之间，则

⊖ 2D绘图还可以描绘三个维度，例如使用颜色。气泡图甚至可以描绘出四个维度！这种分类有点松散。

它是 false，否则就是 true。就市场价格而言，市场价格阈值为 30 000 美元。然后，从 0 到 30 000 美元的所有价格将被映射为 false，任何高于 30 000 美元的价格都将映射为 true。

2）标称到二项式：这里如果名称为“景色”的标称属性和可能的标称值“晴天”“阴天”和“雨天”被转换，结果是一组三个二项式属性，景色 = 晴天，景色 = 阴天，以及景色 = 雨天，其可能的值可能是真或假。原始数据集中景色属性值等于晴天的示例（或行）将在转换后的示例集中将“景色 = 晴天”的属性值设置为 true，而“景色 = 阴天”的值和“景色 = 雨天”的属性值是 false。

3）标称到数值：如果使用 Dummy 编码选项，这与“标称到二项式”操作符的工作原理完全相同，只是不是真 / 假值，人们会看到 0/1（二进制值）。如果使用了唯一整数选项，则每个标称值将被赋予从 0 开始的唯一整数。例如，如果景色是晴天，那么“晴天”将被替换为值 1，“雨天”可能会被替换为 2，而“阴天”可能会被替换为 0。

4）数值到多项式：最后，此操作符只是更改所选属性的类型（和内部表示），也就是说，每个新数值都被视为多项式属性的另一个可能值。在高尔夫示例中，温度属性具有 12 个唯一值，范围从 64 到 85。每个值被视为唯一的标称值。由于数字属性即使在很小的范围内也可以包含大量不同的值，因此把这样的数字属性转换为多项式形式将为新属性生成大量可能的值。更复杂的转换方法使用“离散化”操作符，接下来将对此进行讨论。

5）离散化：当将数字属性转换为多项式时，最好指定如何设置离散化以避免前面提到的生成大量可能值的问题——每个数值不应该显示为唯一的标称值，而是分成几个间隔。高尔夫示例中的温度可以通过几种方法离散化：一种方法可以使用相等大小的箱子和“分桶离散化”（Discretize by Binning）操作符进行离散化。如果选择了两个桶（默认），则会有两个相等的范围：低于 74.5 和高于 74.5，其中 74.5 是 64 和 85 的平均值。根据实际温度值，示例将分配为这两个桶中的一个。可以改为落入每个桶中的行数（“按大小分离”（Discretize by Size）操作符）而不是相等的桶范围。例如，通过选择按频率离散化（Discretize by Frequency），也可以通过相同数量的区间离散化。可能最有用的选择是按用户指定离散化（Discretize by User Specification）。这里可以提供显式范围，使用图 15.12a 所示的表将连续数字属性分解为几个不同的类别或标称值。执行该离散化的操作符的输出如图 15.12b 所示。

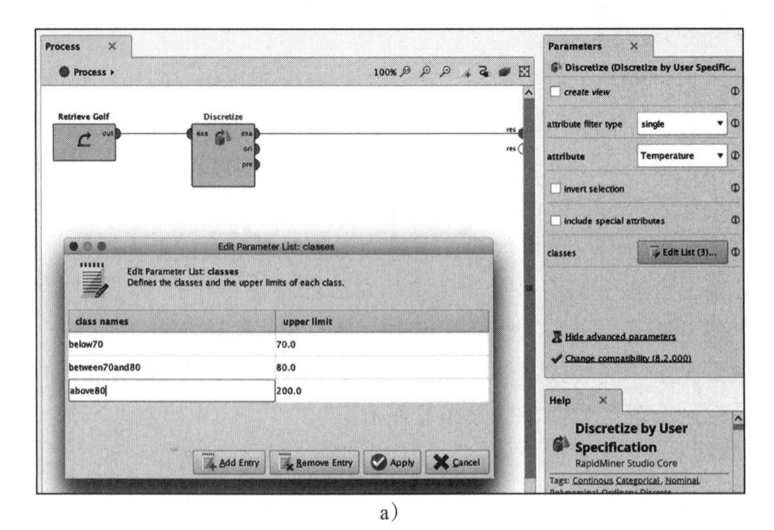

a）

图 15.12　a）“离散化”操作符；b）操作的输出

Row No.	Play	temp	Temperature	Outlook	Humidity	Wind
1	no	85	above80	sunny	85	false
2	no	80	between70and80	sunny	90	true
3	yes	83	above80	overcast	78	false
4	yes	70	below70	rain	96	false
5	yes	68	below70	rain	80	false
6	no	65	below70	rain	70	true
7	yes	64	below70	overcast	65	true
8	no	72	between70and80	sunny	95	false
9	yes	69	below70	sunny	70	false
10	yes	75	between70and80	rain	80	false

b)

图 15.12 （续）

有时，示例集的结构可能需要围绕其中一个属性进行转换或旋转，这一过程通常称为旋转或创建数据透视表（pivot table）。这是一个简单的例子，说明为什么需要这个操作。该表包含三个属性：客户 ID（customer id）、产品 ID（product id）和称为消费者价格指数（CPI）的数字度量（见图 15.13a）。可以看出，这个简单的例子有 10 个独特的客户和 2 个独特的产品 ID。最好应该做的是重新排列数据集，以便获得对应于两个产品 ID 的两列并聚合[⊖]或按客户 ID 对 CPI 数据进行分组。这是因为需要在客户级别分析数据，这意味着每行必须代表一个客户，并且所有客户特征都必须编码为属性值。请注意，有两个缺失值（见图 15.13a，在“客户 ID”列中，由细长矩形表示）。这些是缺少客户 ID 为 6 和 8 的条目。但是，Pivot 操作的结果将为 10×2=20 个条目，因为有 10 个客户（c1 ：c10）和 2 个产品（v1 ：v2）。

这可以通过 Pivot 操作符完成。选择“customer id”作为组属性，选择“product id”作为索引属性，如图 15.13b 所示。如果熟悉 Microsoft Excel 的数据透视表，则组属性参数类似于“行标签”，索引属性类似于“列标签”。数据透视操作的结果如图 15.13c 所示。观察列标签的前缀是列标签属性的名称，例如 CPI_v1。原始表中缺少的条目现在变为由“?”表示的缺失值。

Row No.	customer id	product id	CPI
1	c1	v1	0.970
2	c2	v1	0.860
3	c3	v1	?
4	c4	v1	0.530
5	c5	v1	0.330
6	c7	v1	0.190
7	c9	v1	0.650
8	c10	v1	0.440
9	c1	v2	0.790
10	c2	v2	0.600
11	c3	v2	0.730

a)

图 15.13 a）一个简单的数据集，用于说明使用 RapidMiner 进行数据透视操作；b）配置数据透视操作符；c）旋转操作的结果

⊖ 注意：Pivot 操作符不会聚合！如果源数据集包含多次出现的产品 ID 和客户 ID 的组合，则必须在应用 Pivot 操作符之前进行聚合，以便首先生成仅包含唯一组合的数据集。

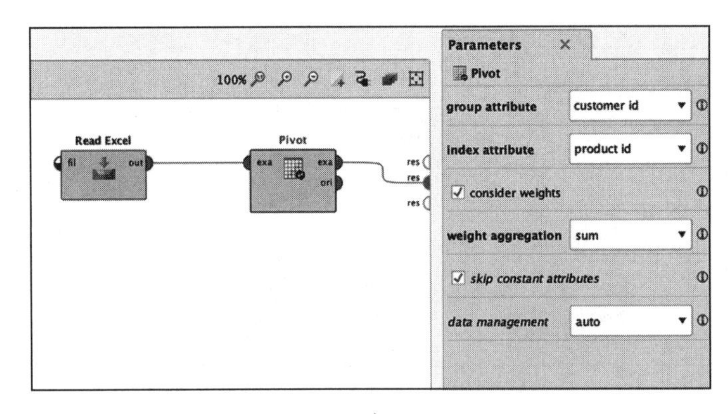

b）

Row No.	customer id	CPI_v1	CPI_v2
1	c1	0.970	0.790
2	c10	0.440	0.420
3	c2	0.860	0.600
4	c3	?	0.730
5	c4	0.530	0.660
6	c5	0.330	0.780
7	c6	?	?
8	c7	0.190	?
9	c8	?	0.040
10	c9	0.650	0.910

c）

图 15.13 （续）

与 Pivot 操作符相反的是 De-pivot 操作符，它反转了所描述的过程，有时在数据准备步骤中也可能需要。通常，De-pivot 操作符将数据透视表（pivot table）转换为关系结构。

除了这些操作符之外，可能还需要使用“添加”（Append）操作符来加入示例到已存在数据集。添加带有新行的示例集（示例）就像名称听起来一样——新行最终会附加到示例集的末尾。必须确保示例与主数据集完全匹配属性。同样有用的是经典的“连接”（Join）操作符，它结合了两个具有相同观察单位但属性不同的示例集。“连接”操作符提供传统的内连接、外连接和左右连接选项。任何涉及 SQL 编程的书籍以及 RapidMiner 帮助都提供了对连接的解释，RapidMiner 帮助也提供了示例过程。这里不再重复阐述。

本书各章中使用的一些其他常用操作符（并在上下文中进行了解释）包括：重命名属性、选择属性、过滤器示例、添加属性、属性权重等。

15.5　采样和缺失值工具

在当今大型数据传输环境中，数据采样似乎不合适。当人们可以收集和分析他们可以获得的所有数据时，为什么还要采样？当数据获取成本高昂且计算工作成本更高时，采样可能是统计时代的遗迹。然而，在今天有许多情况会使用“目标”采样。典型的场景是在数据上构建模型，其中某些类表示非常少。考虑欺诈性预测的情况。根据行业的不同，欺诈性示例的范围只占所收集的所有数据的不到 1% 到 2% ～ 3%。当使用这些数据建立分类模型时，模型往往存在偏见，并且在大多数情况下无法检测欺诈，因为没有在足够的欺诈性样本上进行过训练！

这种情况需要平衡数据集，其中需要对训练数据进行采样，并且需要增加少数类的比例，以便可以更好地训练模型。图 15.14 显示了不平衡数据的一个例子：由圆圈表示的负类不成比例地高于由十字表示的正类。

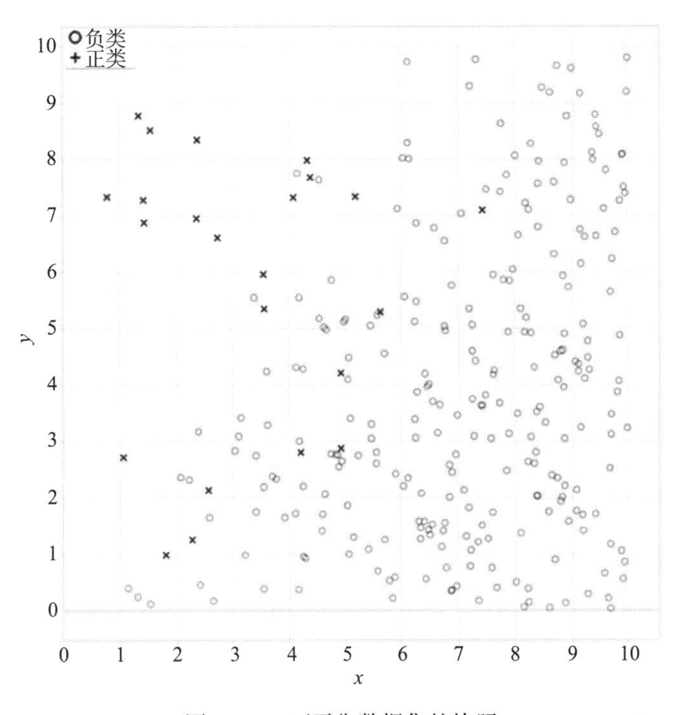

图 15.14　不平衡数据集的快照

这可以使用一个简单的例子来探索。图 15.15 的过程中显示的数据集可在 RapidMiner 的样本库中获得，称为“加权”。这是一个平衡的数据集，由大约 500 个示例组成，标签变量由大约 50% 的正类和 50% 的负类组成。因此，它是一个平衡的数据集。当训练决策树对这些数据进行分类时，它们的总体准确度将达到 84%。这里要注意的主要问题是两个类的决策树召回大致相同：约 86%，如图 15.15 所示。

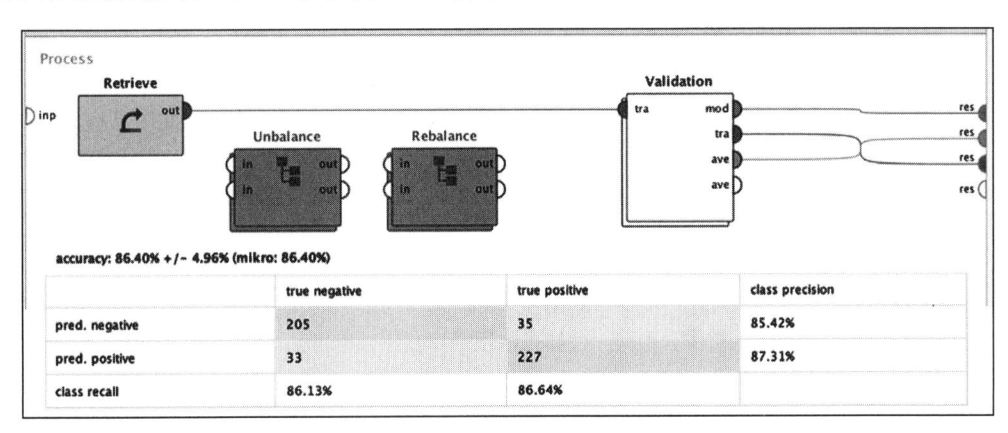

	true negative	true positive	class precision
pred. negative	205	35	85.42%
pred. positive	33	227	87.31%
class recall	86.13%	86.64%	

图 15.15　在平衡良好的数据上决策树的性能

现在引入了一个名为 Unbalance 的子过程，它将重新采样原始数据以引入偏斜：结果数据集比负类示例具有更多的正类示例。具体来说，数据集现在有 92% 属于正类（因此模型将预测类召回率扩大到 99.2%）和 8% 属于负类（因此模型将预测类召回率降至 21.7%）。过程和结果如图 15.16 所示。那么我们如何解决这种数据不平衡问题呢？

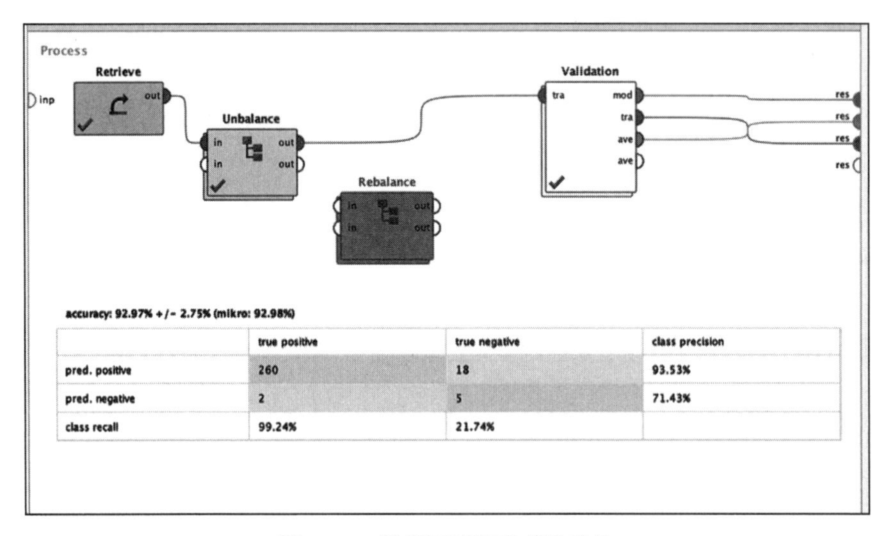

	true positive	true negative	class precision
pred. positive	260	18	93.53%
pred. negative	2	5	71.43%
class recall	99.24%	21.74%	

图 15.16　数据不平衡及其准确性

有几种方法可以解决这种问题。最常用的方法是重新采样数据以恢复平衡。这包括对更频繁的类进行欠采样（在这个例子中是正类）和过采样不太频繁的负类。重新平衡子过程在最终的 RapidMiner 过程中实现了这一点。如图 15.17 所示，总体精度现在回到原始平衡数据的水平。决策树看起来有点类似于原始数据（在显示的图中不可见，但读者可以利用加载到 RapidMiner 中的已完成的过程进行验证），而对于不平衡的数据集，它被缩减为存根。确保精度不受不平衡数据影响的其他检查是通过所谓的平衡精度来替换精度。平衡精度被定义为类召回准确度的算术平均值，分别代表在正类和负类例子中获得的精度。如果决策树在任意类上表现同样好，则该项降低为标准精度（即，正确预测的数量除以预测的总数）。

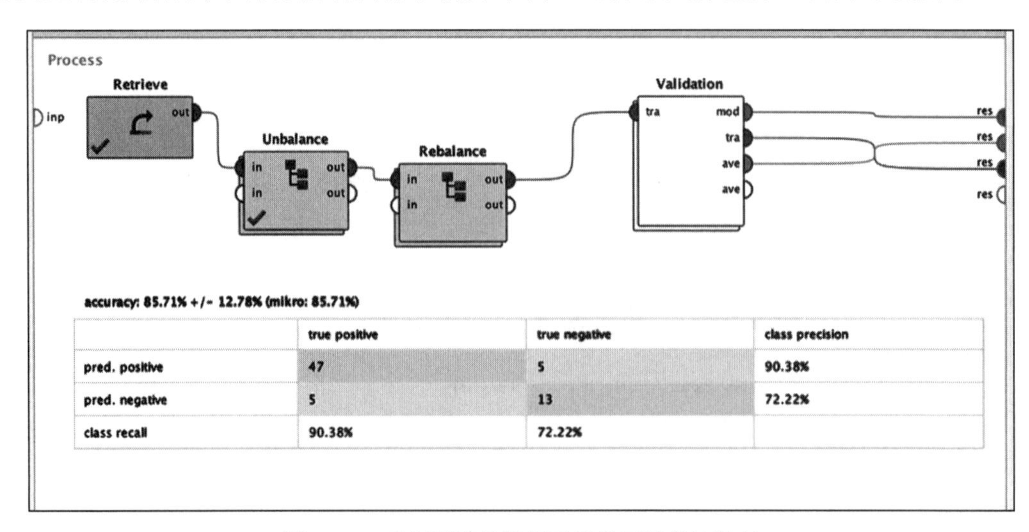

	true positive	true negative	class precision
pred. positive	47	5	90.38%
pred. negative	5	13	72.22%
class recall	90.38%	72.22%	

图 15.17　重新平衡的数据以及类召回率的提高

有几种内置的 RapidMiner 过程可以进行示例采样：采样、采样（自举）、分层采样、采样（基于模型）和采样（肯纳德 - 斯通）。有关这些技术的具体细节在软件帮助中有详细描述。这里只会引用自举方法，因为它是一种常见的采样技术。自举通过在具有替换的基础数据集中重复采样来工作。因此，当使用此操作符生成新样本时，可能会看到重复或非唯一的例子。可以选择指定绝对样本大小或相对样本大小，RapidMiner 将从替换的基础数据集中随机选择示例以构建新的自举示例集。

本节将以 RapidMiner 中提供的缺失值处理选项的简要说明结束。基本操作符称为替换缺失值。此操作符提供了几种替换缺失值的替代方法：最大值、最小值、平均值、零值、空值和用户指定的值。没有中位数值选项。基本上，给定列（属性）中的所有缺失值都将被选择的任何选项替换。处理缺失值的更好方法是使用“估算缺失值”操作符。此操作符将缺少值的属性更改为标签或目标变量，并训练模型以确定此标签变量与其他属性之间的关系，以便可以预测它。

15.6 优化工具[㊀]

回想一下，在第 4 章中，在决策树上，有机会指定参数来构建信用风险示例的决策树（4.1.2 节，步骤 3），但只使用了默认值。在构建支持向量机模型（4.6.3 节）或逻辑回归模型（5.2.3 节）时会出现类似的情况，其中简单地选择了默认模型参数值。当运行模型评估时，模型的性能通常是关于是否为模型选择正确的参数组合的指标。但是，如果对模型精度（或其 r 平方值）不满意怎么办？可以改进吗？怎么样？[㊁]

RapidMiner 提供了几个独特的操作符，允许人们为几乎所有需要参数规范的操作符发现并选择最佳参数组合。它的基本原理是嵌套操作符的概念（4.1.2 节，第 2 步——分割验证操作符首次遇到嵌套操作符）。14.5 节在关于包装器样式特征选择方法的讨论中，还描述了另一个嵌套操作符。基本思想是迭代地改变学习器的参数，直到满足某些规定的性能标准。优化操作符执行两项任务：它决定每次迭代为所选参数设置的值，以及何时停止迭代。RapidMiner 提供了三种设置参数值的基本方法：网格搜索、贪婪搜索和进化搜索（也称为遗传）方法。此处将不详细描述每种方法，但是将在它们之间进行高级比较，并且将提及每种方法何时适用。

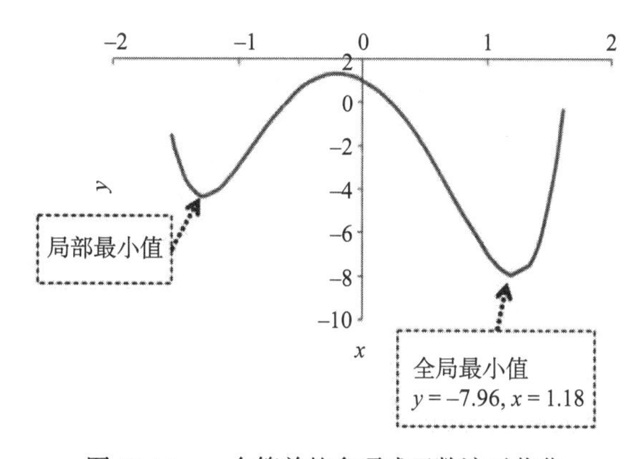

图 15.18 一个简单的多项式函数演示优化

为了演示优化过程的工作原理，请考虑一个简单的模型：多项式函数（见图 15.18）。具体地，对于函数 $y=f(x)=x^6+x^3-7x^2-3x+1$，希望在 x 的给定域内找到 y 的最小值。这当然是最简单的优化形式——对于 x，在区间内选择 x 的值，使得 y 是

㊀ 如果对 RapidMiner 完全陌生，则读者可以跳过本节，并在对工具和数据科学有了一定的了解后再回到本节。

㊁ 通常，不能仅根据一项性能估算来判断是否选择了正确的参数。需要检查多个性能值及其对参数值的依赖性，以推断选择了正确 / 最佳的参数值。

最小的。如函数图所示，对于 [−1.5，2] 中的 x，有两个最小值：局部最小值为 y=−4.33，x=−1.3，全局最小值为 y=−7.96，x=1.18。将演示如何使用 RapidMiner 的优化操作符搜索这些最小值。如前所述，优化发生在嵌套操作符中，在讨论优化器本身之前，将首先讨论优化器中的内容。

嵌套过程本身（也称为内部过程）非常简单，如图 15.19a 所示：生成数据在上限和下限之间随机生成 x 的值（参见图 15.19b）。

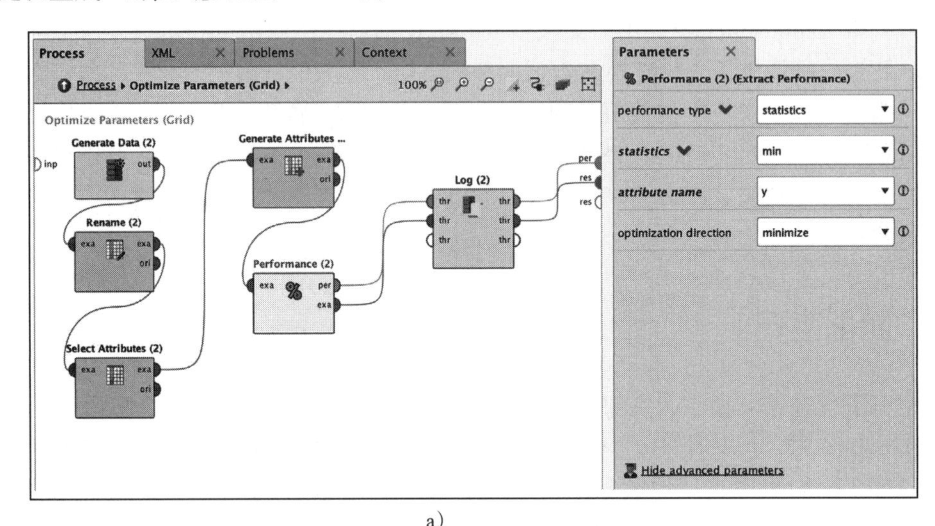

a）

Parameters

Generate Data (2) (Generate Data)

target function	random
number examples	100
number of attributes	1
attributes lower bound	−1.5
attributes upper bound	1.5
use local random seed	
data management	auto

b）

图 15.19　a）嵌套在优化循环中的内部过程；b）生成数据的配置

“生成属性”将为此区间中的每个 x 值计算 y。“性能（提取性能）”将在每个间隔内存储 y 的最小值。必须如图 15.19a 右侧所示配置此操作符，以确保优化正确的性能。在这种情况下，选择 y 作为必须最小化的属性。插入重命名，选择属性和日志操作符，以使过程仅关注两个变量并跟踪优化的进度。

可以将此嵌套过程插入任何可用的优化参数操作符中。将首先介绍如何使用“优化参数（Grid)”操作符执行此操作。在本练习中，间隔 [下限，上限] 基本上被优化，以便可以实现最小化函数 $y= f(x)$ 的目的。如函数图所示，x 的整个域必须以足够小的间隔大小遍历，以便可以找到 y 达到全局最小值的精确点。

网格搜索优化器只是在整个域中移动此间隔窗口，并在探索所有间隔后停止迭代（见图 15.20）。显然，这是一种详尽但效率低下的搜索方法。要设置此过程，只需将内部过程插入“外部优化参数（Grid)”操作符中，然后从“生成数据”操作符中选择属性上限和属性下限参数。要执行此操作，请单击优化程序的“编辑参数设置”选项，在对话框的“操作符”选项卡下选择“生成数据”，然后在“参数”选项卡下选择 attributes_upper_bound 和 attributes_lower_bound（见图 15.21）。

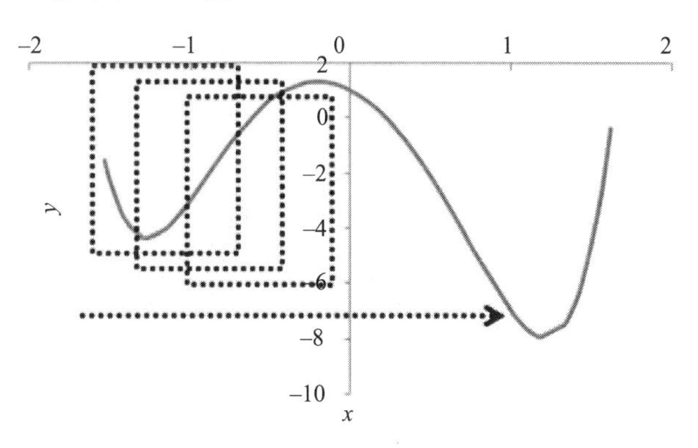

图 15.20　在可滑动的固定窗口内搜索最优值

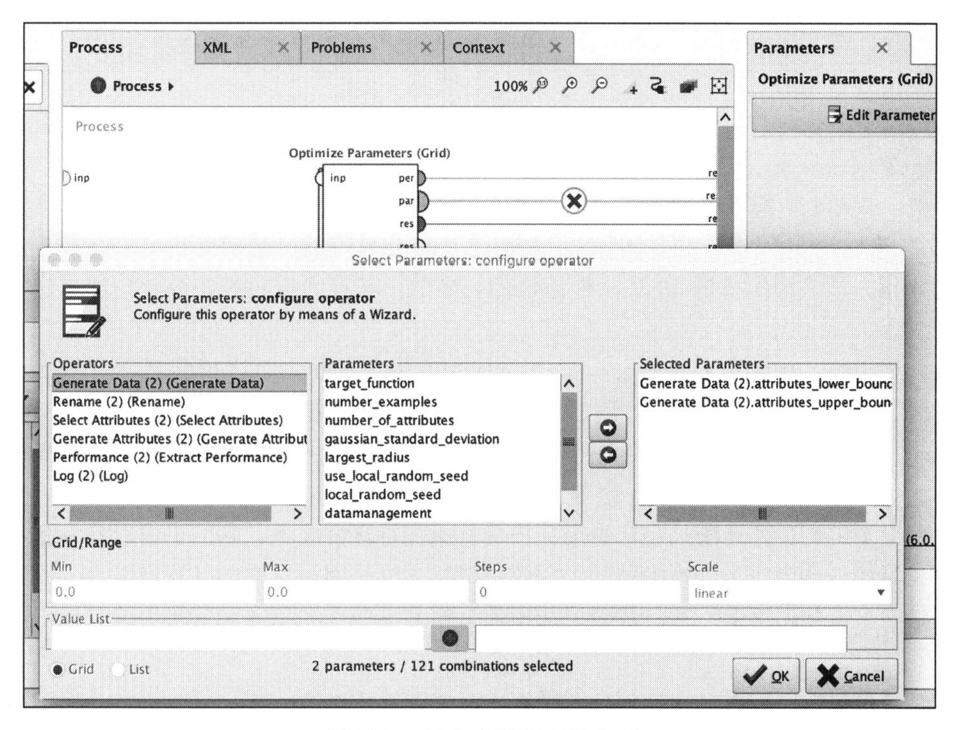

图 15.21　配置网格搜索优化器

人们需要为这些参数提供网格搜索的范围。在这种情况下，下限设置为从 −1.5 到 −1，上限从 0 到 1.5，以 10 为步数。因此第一个间隔（或窗口）将是 x=[−1.5,0]，第二个间隔将是 [−1.45,0]，依此类推，直到最后一个窗口，这将是 [−1,1.5]，总共 121 次迭代。“优化性能（网格)”搜索评估每个窗口的 y，并在每次迭代中存储最小 y。迭代将仅在评估所有 121

个间隔后停止，但最终输出将指示导致最小 y 的窗口。图 15.22 显示了迭代的进度。图中的每个点对应于给定间隔内表达式评估的 y 的最低值。在第一次迭代时找到 y=−4.33 且 x=−1.3 的局部最小值。这对应于窗口 [−1.5,0]。如果网格没有跨越整个域 [−1.5,1.5]，优化器会将局部最小值报告为最佳性能。这是网格搜索方法的主要缺点之一。

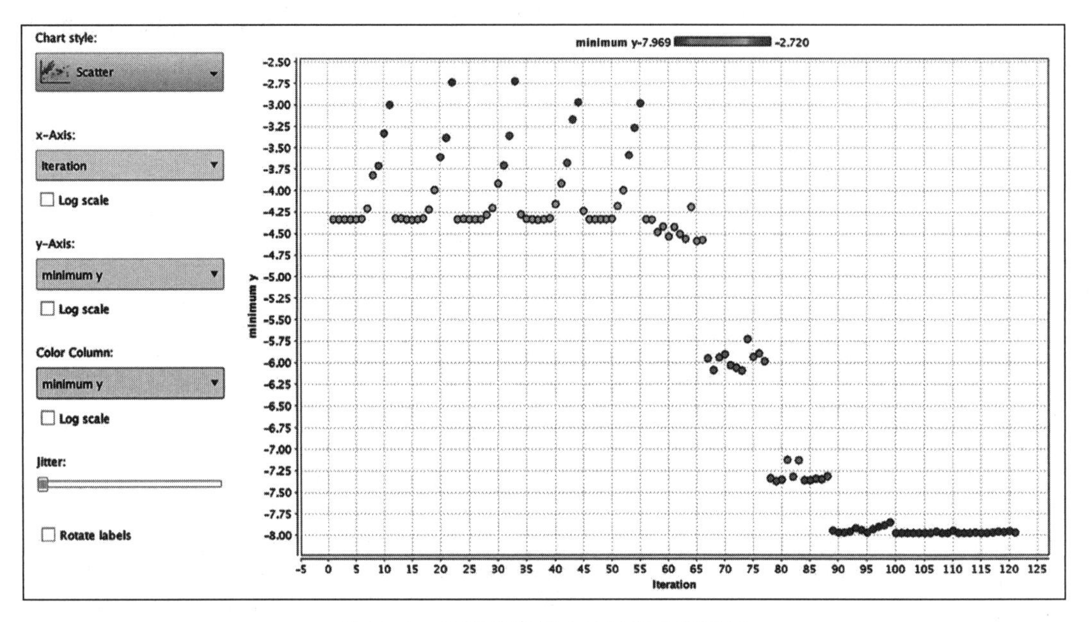

图 15.22　网格搜索优化的进度（见彩插）

另一个缺点是冗余迭代次数。观察上面的图，可以看到大约在第 90 次迭代时达到了全局最小值。实际上，对于第 90 次迭代，$y_{minimum}$=−7.962，而最终报告的最低 $y_{minimum}$ 是 −7.969（第 113 次迭代），其仅更好约 0.09%。根据容忍度，计算可能已提前终止。但网格搜索不允许提前终止，最终会运行近 30 次额外的迭代。显然，随着优化参数的数量增加，这将成为显著的成本。

接下来，将“优化参数（二次）”操作符应用于内部过程。二次搜索基于贪婪的搜索方法。贪婪方法是一种优化算法，可在每个步骤做出局部最优决策（Ahuja，2000; Bahmani，2013）。尽管在当前步骤中该决定可能是局部最优的，但它可能不一定是所有未来步骤的最佳选择。k-近邻是贪婪算法的一个很好的例子。

从理论上讲，贪婪算法只会产生局部最优，但在特殊情况下，它们也可以找到全局最优解。贪婪算法最适合找到困难问题的近似解决方案。这是因为它们的计算量较小，并且倾向于快速地在大型数据集上运行。贪婪算法本质上通常偏向于大量案例的覆盖或目标函数的快速回报。

在这种情况下，二次优化器的性能略差于需要大约 100 次迭代达到全局最小值的网格搜索（与网格相比为 90），如图 15.23 所示。它似乎也遭遇了网格搜索中遇到的一些相同问题。

最后，最后一个可用选项是“优化参数（进化）”。进化（或遗传）算法通常比网格搜索或贪婪搜索更合适，并且导致更好的结果。这是因为它们通过变异覆盖了更广泛的搜索空间，并且可以通过交叉迭代到良好的最小值。基于成功标准的成功模型。如图 15.24 所示，全局最优被击中而没有最初被局部最优捕获——右边已经接近最低点的邻域。如果一个人最初不知道函数的域，那么进化方法特别有用，这与它们是已知的情况不同。很明显，以高可信度达到全局最小值所花费的步骤要少得多——大约 18 次迭代而不是 90 次或 100 次。理解该算法的关键概念是变异和交叉，这两者都是可行的，使用 RapidMiner GUI 进行控制。关于算法如何工作的更多技术细节超出了本书的范围，本章末尾列出了一些优秀的资源（Weise，2009）。

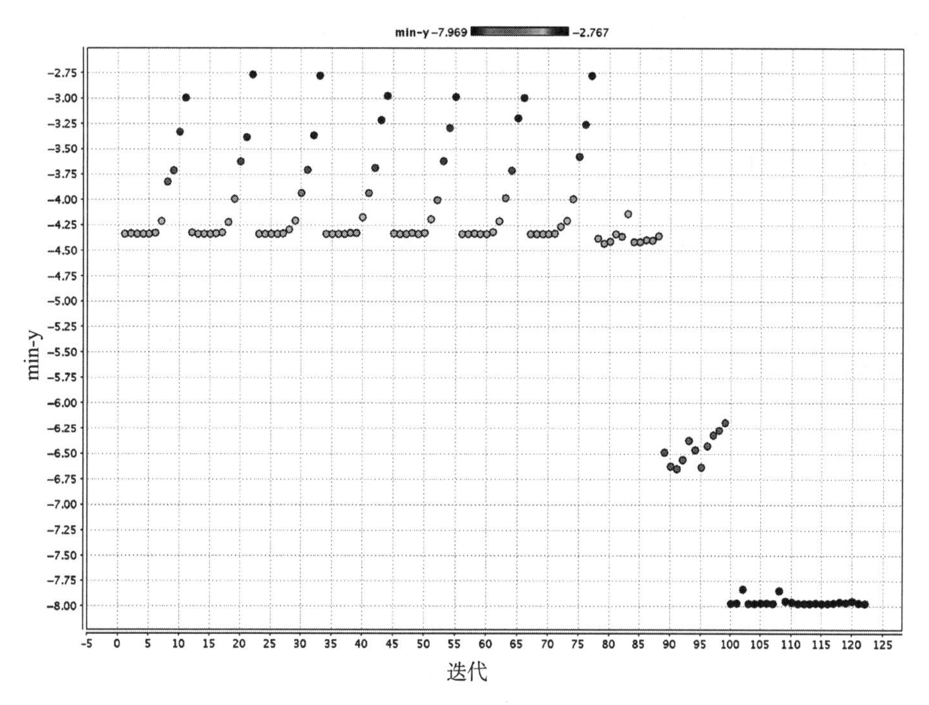

图 15.23　二次贪婪搜索优化的过程

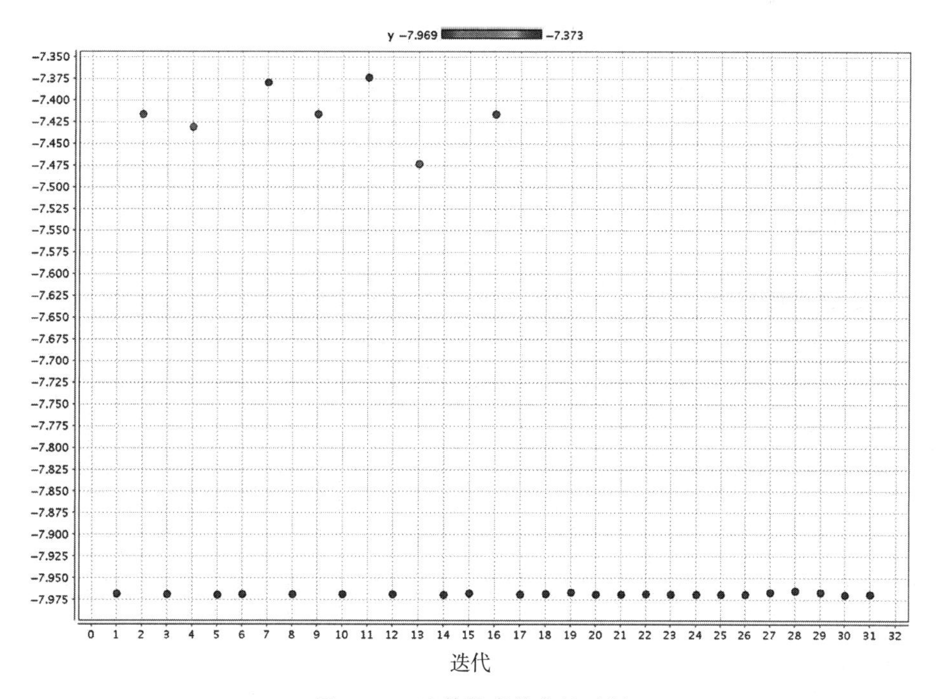

图 15.24　遗传搜索优化的过程

总而言之，RapidMiner 中有三种优化算法，所有这些算法都是嵌套操作符。优化的最佳应用是用于选择建模参数，例如，决策树模型中的分割大小、叶大小或分割判据。像往常一样构建机器学习过程并插入或将其嵌入优化器中。通过使用“编辑参数设置 ...”控制按钮，可以选择任何内部过程操作符的参数（例如，决策树、W-Logistic 或 SVM）并定义要扫描的范围。网格搜索是一种用于查找正确设置的详尽搜索过程，但代价昂贵且无法保证全局最优。进化算法非常灵活和快速，通常是优化 RapidMiner 中机器学习模型的最佳选择。

15.7　与 R 的集成

R 是一种流行的可编程开源统计软件包，可以执行脚本。RapidMiner 过程可以调用 R，发送数据，在 R 中处理数据并接收数据，以便在 RapidMiner 中进行进一步处理、建模和可视化。RapidMiner 提供了一个“执行 R”操作符来调用 R 并运行操作符中包含的脚本。可以在“编辑文本”参数下编辑脚本。图 15.25 显示了使用 R 操作符和示例脚本的过程。

该脚本包含一个函数 rm_main，它可以接受连接到“执行 R”操作符输入端口的数据集。类似地，函数的返回部分将数据帧（R 中的数据集）发送回操作符的输出端口。

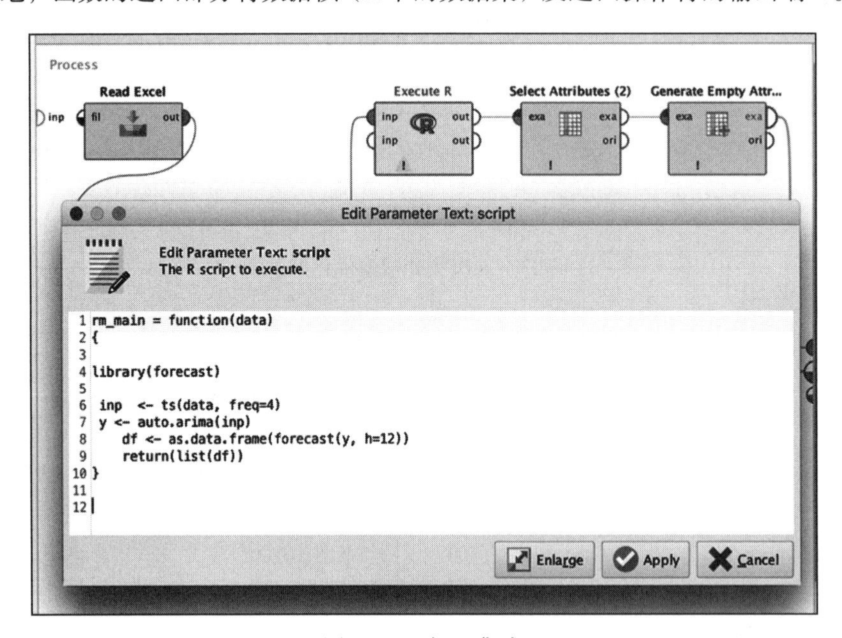

图 15.25　与 R 集成

15.8　总结

与本书中的其他章节一样，本章涉及的 RapidMiner 过程可以从 www.IntroDataScience.com 上的配套站点访问。RapidMiner 过程（＊.rmp 文件）可以下载到计算机，并可以从 File> Import Process 导入过程。数据文件可以从 File> Import Data 导入数据。

本章提供了使用 RapidMiner 构建数据科学模型时需要熟悉的主要工具的高级视图。首先介绍了该程序的基本图形用户界面。然后讨论了可以将数据导入和导出的 RapidMiner 的选项。提供了工具中可用的数据可视化方法的概述，很自然地，在获取数据之后的任何数据科学过程的下一步是以描述性的方式理解数据的性质。然后引入了工具，允许人们通过改变输入数据的类型来转换和重塑数据，并以不同的表格形式重构它们，以便后续分析更容易。还介绍了允许我们重新采样可用数据并解释任何缺失值的工具。熟悉这些基本数据准备选项后，可以应用前面章节中描述的任何适当算法进行分析。还引入了“优化”操作符，允许人们微调他们的机器学习算法，以便可以优化出高质量的模型来提出任何见解。

通过这个概述，可以回到前面的任何章节来了解特定技术，并了解如何通过RapidMiner使用该机器学习算法构建模型。

参考文献

Ahuja, R. O. (2000). A greedy genetic algorithm for quadratic assignment problem. *Computers and Operations Research, 27*(10), 917–934.

Bahmani, S.R. (2013). Greedy sparsity-constrained optimization. *Statistical Machine Learning, 14*, 807–841.

Mierswa, I.W. (2006). YALE: Rapid prototyping for complex data mining tasks. *Association for computing machinery – Knowledge discovery in databases* (pp. 935–940).

Weise, T. (2009). *Global optimization algorithms – Theory and application.* <http://www.it-weise.de/>.

|附 录|

数据科学算法的比较

- 分类：预测分类目标变量

算法	描述	模型	输入	输出	优点	缺点	用例
决策树	将数据划分为较小的子集，其中每个子集（大多数）包含一类的响应（“是”或“否”）	一组规则，可根据不同预测变量的值对数据集进行分区	对预测变量的变量类型没有限制	标签不能为数值的，它必须是分类的	向非技术业务用户进行直观说明，无需标准化预测变量	倾向于过度拟合数据。输入数据的细微变化可以产生实质上不同的树。选择正确的参数可能具有挑战性	市场细分，欺诈检测
规则归纳	通过从数据集中推导简单的“if / then”规则来对输入和输出之间的关系进行建模	一组包含前项（输入）和结果（输出类）的组织规则	无限制。接受分类、数值和二值输入	目标变量的预测，它是分类的	模型可以轻松地向业务用户解释，易于部署在几乎所有工具和应用程序中	以直线方式划分数据集	需要描述模型的制造、应用
k-NN	懒惰的学习器，没有模型可以泛化。将任何新的未知数据点与训练集中的类似已知数据点进行比较	整个训练数据集就是模型	无限制。但是，距离计算对于数值数据更有效。数据需要规范化	目标变量的预测，它是分类的	需要很少的时间来构建模型。优雅地处理未知记录中的缺失属性。处理非线性关系	部署运行时和存储要求将很昂贵，任意选择 *k* 值，没有模型描述	图像处理，响应时间较慢的应用
朴素贝叶斯	通过计算类别条件概率和先验概率，基于贝叶斯定理预测输出类别	具有输出类的每个属性的概率和条件概率的查找表	无限制。但是，概率计算在分类属性下效果更好	预测所有类别值以及获胜类别的概率	建模和部署所需的时间最少，出色的基准测试算法，强大的统计基础	训练数据集必须是代表性的样本，并且需要输入和输出的完整组合。属性必须独立	垃圾邮件检测，文本挖掘
人工神经网络	受生物神经系统启发的计算和数学模型。网络中的权重学会减少实际与预测之间的误差	层的网络拓扑和权重，用于处理输入数据	所有属性应为数值	目标（标签）变量的分类预测	擅长建模非线性关系。部署中的快速响应时间	没有简单的方法来解释模型的内部工作，需要预处理数据。无法处理缺失的属性	图像识别，欺诈检测，快速响应时间应用
支持向量机	边界检测算法，用于识别 / 定义将不同类别的数据点分开的多维边界	该模型是一个向量方程，可用于将新数据点分类为不同区域（类）	所有属性应为数值型的	目标变量（标签）的预测，可以是分类变量或数字变量	极强的抗过拟合能力。输入数据的微小变化不会影响边界，因此不会产生不同的结果。善于处理非线性关系	训练阶段的计算性能可能会很慢。优化参数组合所需的努力可能会使情况更加复杂	光学字符识别，欺诈检测，“黑天鹅”事件建模
集成模型	利用群体的智慧。使用多个独立模型进行预测并汇总最终预测	具有单个基础模型的元模型和聚合器	来自所用基础模型的限制的超集	具有获胜类的所有类值的预测	减少泛化误差，考虑不同的搜索空间	实现模型独立性很棘手，难以解释模型的内部工作	大多数实用的分类器是集成的

- 回归：预测数字目标变量

算法	描述	模型	输入	输出	优点	缺点	用例
线性回归	经典预测模型，以等式的形式表达输入和输出参数之间的关系	该模型由每个输入预测变量的系数及其显著性差异组成。偏置项（截距）是可选的	所有属性应为数值型的	标签可以是数值的或二项式的	大多数预测建模技术的主力军。易于使用并向非技术业务用户解释	无法处理丢失的数据。分类数据不可直接使用，需要转换为数值数据	几乎所有需要预测连续数值的情况
逻辑回归	从技术上讲，这是一种分类方法，但从结构上讲，它类似于线性回归	该模型由与“logit”相关的每个输入预测变量的系数组成。将 logit 转换为（每个类别的）出现概率，可完成模型	所有属性应为数值型的	标签只能是二项式的	最常见的分类方法之一，计算效率	无法处理丢失的数据。处理大量预测变量时不直观	营销场景（例如，点击与否），任何一般的两分类问题

- 关联分析：用于查找项目之间关系的无监督关系

算法	描述	模型	输入	输出	优点	缺点	用例
FP-Growth 和 Apriori	衡量一项与另一项之间共现的强度	查找简单易懂的规则，例如 { 牛奶，尿布 } → { 啤酒 }	交易格式，列中有项目，行中有交易	根据数据集制定的相关规则清单	无监督方法，用户输入最少。易于理解的规则	如果输入格式不同，则需要预处理	推荐引擎，交叉销售和内容建议

- 聚类：在数据中寻找有意义的簇的无监督过程

算法	描述	模型	输入	输出	优点	缺点	用例
k-均值	通过找到 k 个质心将数据集划分为 k 个簇	算法找到 k 个质心并将所有数据点分配给最近的质心，从而形成一个簇	无限制。但是，距离计算对于数字数据更有效。数据应规范化	数据集附加到 k 个簇标签之一上	易于实现。可用于维数约简	k 的指定是任意的，可能找不到自然簇。对异常值敏感	客户细分，异常检测，自然球状聚类的应用
DBSCAN	将簇标识为被低密度区域包围的高密度区域	簇和所分配的数据点的列表。默认簇 0 包含噪声点	无限制。但是，距离计算对于数字数据更有效。数据应规范化	基于已识别簇的簇标签	查找任何形状的自然簇。无需提及簇数量	密度参数的规范。两个簇之间的桥梁可以合并簇。无法聚类密度有变化的数据集	簇为非球形形状且自然分组的先前数量未知的应用
SOM	一种基于神经网络和原型聚类的视觉聚类技术	二维晶格，相似的数据点彼此相邻排列	无限制。但是，距离计算对于数字数据更有效。数据应规范化	没有发现明确的簇。相似的数据点要么占据相同的单元格，要么彼此相邻放置	解释簇的一种直观方法。将多维数据减少到二维	质心数（拓扑）由用户指定。在数据中找不到自然簇	多样化的应用程序，包括视觉数据探索、内容建议和维数约简

- 异常检测：在数据中发现异常值的有监督和无监督技术

算法	描述	模型	输入	输出	优点	缺点	用例
基于距离	基于到第 k 个最近邻居的距离识别异常值	根据最近的邻居为所有数据点分配距离得分	接受数字和类别属性。由于距离已计算，因此需要归一化	每个数据点都有一个距离得分。距离越大，数据点异常的可能性越大	易于实现。与数字属性配合使用	k 的指定是任意的	欺诈检测，预处理技术
基于密度	根据低密度区域中的数据点识别异常值	根据邻域为所有数据点分配密度得分	接受数字和类别属性。需要归一化，因为要计算密度	每个数据点都有一个密度得分。密度越低，数据点越可能出现异常	易于实现。与数字属性配合使用	用户指定距离参数。无法识别变化的密度区域	欺诈检测，预处理技术
局部异常因子	基于计算邻域中的相对密度来识别异常值	所有数据点均根据邻域分配了相对密度得分	接受数字和类别属性。需要归一化，因为要计算密度	每个数据点都有一个密度得分。相对密度越低，数据点越可能出现异常	可以处理密度变化的情况	用户指定距离参数	欺诈检测，预处理技术

- 深度学习：使用多层数据表示进行训练

算法	描述	输入	输出	优点	缺点	用例
卷积	基于将过滤器应用于数据（例如图像）的二维表示的概念。机器学习用于自动确定过滤器的正确权重	通常具有三个或更多个维度的张量。其中两个维度对应于图像，而第三个维度有时用于颜色 / 通道编码	通常，卷积层的输出是平坦的，并通过密集层或全连接层，该层通常终止于 softmax 输出层	非常强大的通用网络。在卷积层中要学习的权重数量不是很高	对于大多数实际的分类问题，卷积层必须与稠密层耦合，这导致需要训练大量权重，从而失去了纯卷积层的任何速度优势	对几乎所有与空间信息高度相关的数据进行分类，例如图像。甚至音频数据也可以转换为图像（使用傅里叶变换），并通过卷积网络进行分类
循环	正如卷积网络专门用于分析空间相关数据一样，循环网专门用于时间相关数据：序列。数据可以是数字、音频信号甚至图像序列	任何类型的序列（时间序列、文本、语音等）	RNN 可以处理序列并输出其他序列（多对多），或输出固定的张量（多对一）	与其他类型的神经网络不同，RNN 没有限制数据输入形状的大小	当序列很长时，RNN 的梯度消失（或爆炸）。由于相同的原因，RNN 也不适用于许多堆叠层	预测时间序列，自然语言处理情况，例如机器翻译、图像字幕

- 推荐：查找用户对商品的偏好

算法	描述	假设	输入	输出	优点	缺点	用例
协同过滤——基于邻域	查找一组提供类似评分的用户。从同类用户中得出结果评分	相似的用户或项目具有相似的偏好	带有用户-项目的首选项目的评分矩阵	完成的评分矩阵	唯一需要的输入是评分矩阵，领域不可知	新用户和项目的冷启动问题，计算随着项目和用户数量线性增长	电子商务，音乐，新连接建议
协同过滤——潜在矩阵分解	将用户-项目矩阵分解为具有潜在因子的两个矩阵（**P**和**Q**）。用**P**和**Q**的点积填写评分矩阵中的空白值	用户对某项商品的偏爱可以通过他们对某项目的特征的偏爱来更好地解释（推断）	带有用户-项目的首选项目的评分矩阵	完成的评分矩阵	在稀疏矩阵中工作，比基于邻域的协同过滤更准确	无法解释为什么做出预测	内容推荐
基于内容的过滤	提取项目的特征并构建项目配置文件。使用项目配置文件来评估用户对项目配置文件中的属性的偏好	推荐与用户过去喜欢的项目相似的项目	用户项目评分矩阵和项目资料	完成的评分矩阵	解决了新产品的冷启动问题，可以提供有关为何提出建议的解释	需要商品资料数据集，推荐是针对特定领域的	Pandora和CiteSeer的引文索引中的音乐推荐
基于内容的有监督学习模型	系统中每个用户的个性化分类或回归模型。根据用户对商品的喜好及其与商品属性的关系来学习分类器	每当用户喜欢某个商品时，它就是对商品属性的偏好投票	用户-项目评分矩阵和项目资料	完成的评分矩阵	每个用户都有一个单独的模型，可以独立定制。超级个性化	存储和计算时间	电子商务，内容和连接建议

- 时间序列预测：预测变量的未来值

算法	描述	模型	输入	输出	优点	缺点	用例
分解	将时间序列分解为趋势、周期性和噪声。预测组成部分	各个组件的模型	历史值	预测值	通过可视化组件增强对时间序列的理解	精度取决于用于组件的模型	组件解释很重要的应用
指数平滑	未来值取决于过去的观察结果	从历史数据中了解平滑方程的参数	历史值	预测值	适用于有或没有趋势或周期性的各种时间序列	数据中的多个周期性因素使模型烦琐	趋势或季节性不明显的情况
ARIMA（集成移动平均自回归模型）	未来值是自动关联过去的数据点和预测的移动平均值的函数	（p，d，q）、AR和MA系数的参数值	历史值	预测值	为模型准确性形成统计基线	最佳的p、d、q值一开始是未知的	适用于几乎所有类型的时间序列数据
基于窗口的机器学习	用滞后输入创建横截面数据集	机器学习模型，例如回归、神经网络等	历史值	预测值	对横截面数据使用任何机器学习方法	窗口大小、水平和跳过值是任意的	适用于时间序列具有趋势或周期性的用户案例

- 特征选择：选择最重要的属性

算法	描述	模型	输入	输出	优点	缺点	用例
基于PCA（主成分分析）的过滤器	将最重要的属性合并到较少的转换属性中	每个主要成分都是数据集属性的函数	数值属性	数值属性（精简集）。确实不需要标签	提取彼此不相关的预测变量的有效方法。有助于将帕累托原理应用于识别方差最大的属性	对缩放效果敏感，即要求在应用之前对属性值进行规范化。专注于方差有时会导致选择嘈杂的属性	大多数数值数据集要求维数约简
信息增益（基于过滤器）	根据与目标或标签的相关性选择属性	类似于决策树模型	对预测变量的变量类型没有限制	数据集需要标签。只能应用于带有标称标签的数据集	与决策树相同	与决策树相同	目标变量为分类或数字的特征选择应用程序
卡方（基于过滤器）	根据与目标或标签相关性来选择属性	使用独立性的卡方检验将预测变量与标签相关	分类（多项式）属性	数据集需要标签。只能应用于带有标称标签的数据集	极其鲁棒。一种快速有效的方案，用于确定为预测模型选择哪些分类变量	有时很难解释	所有变量都是分类的特征选择应用程序
前向选择（基于包装器）	根据与目标或标签的相关性选择属性	与建模方法（例如回归）结合使用	所有属性应为数字型的	标签可以是数字的或二项式的	可以避免多重共线性问题。加快建模过程的训练阶段	一旦将变量添加到集合中，即使它对目标的影响减小，也不会在后续迭代中将其删除	需要选择特征的具有大量输入变量的数据集
后向消除（基于包装器）	根据与目标或标签的相关性选择属性	与建模方法（例如回归）结合使用	所有属性应为数字型的	标签可以是数字的或二项式的	可以避免多重共线性问题。加快建模过程的训练阶段	需要从完整的模型开始，有时可能需要大量计算	很少需要选择特征的输入变量的数据集

推荐阅读

统计学习导论——基于R应用

作者：Gareth James 等 ISBN：978-7-111-49771-4 定价：79.00元

统计反思：用R和Stan例解贝叶斯方法

作者：Richard McElreath ISBN：978-7-111-62491-2 定价：139.00元

计算机时代的统计推断：算法、演化和数据科学

作者：Bradley Efron ISBN：978-7-111-62752-4 定价：119.00元

应用预测建模

作者：Max Kuhn 等 ISBN：978-7-111-53342-9 定价：99.00元

推荐阅读

文本数据管理与分析：信息检索与文本挖掘的实用导论

作者：翟成祥 肖恩・马森 译者：宋巍 赵鑫 李璐旸 李洋 等 审校：刘挺

ISBN：978-7-111-61176-9 定价：139.00元

本书内容以文本数据处理为核心，从理论到实践介绍了文本数据管理与分析的关键问题，广泛涵盖了信息检索和文本挖掘相关技术。

具体内容包括：

- 文本信息获取与挖掘基础：统计与概率论、信息论等相关理论和文本数据理解技术。
- 文本信息获取关键技术：信息检索的模型、实现和评价，网络搜索以及推荐系统等。
- 文本挖掘关键技术：文档分类，文档聚类，文本摘要，主题分析，观点挖掘与情感分析，文本与结构化数据联合分析等。
- 文本管理和分析系统：整合信息检索与文本分析技术，结合配套软件工具META，构建统一的、人机结合的文本管理和分析系统。

机器学习基础——面向预测数据分析的算法、实用范例与案例研究

作者：约翰・D. 凯莱赫 布莱恩・马克・纳米 奥伊弗・达西 译者：顾卓尔 审校：张志华 等

ISBN：978-7-111-65233-5 定价：99.00元

数据科学和人工智能是当今最为活跃学科，许多高校纷纷设置了本科生专业。机器学习是数据科学和人工智能的核心和基础，因此为本科生开设一门机器学习或数据科学导论性的通识课是必要的。《机器学习基础》一书内容基础、通俗易懂。更为重要的是其数据分析案例和实例丰富、翔实。所以我认为该书非常适合作为本科生的通识课教材。

——张志华，北京大学数学学院教授

这是一本触及机器学习本质并将其清晰直观地呈现出来的内容完善的优秀书籍。本书的讨论从对"大思路"的趣味描述递进到更为复杂的信息论、概率、统计和优化论概念，强调如何将商业问题转换为分析解决方案，还包含翔实的案例分析和实例。本书易于阅读，引人入胜，推荐所有对机器学习及其在预测分析中的应用感兴趣的人阅读。

——Nathalie Japkowicz，渥太华大学计算机科学教授

推荐阅读

模式识别

作者：吴建鑫 ISBN:978-7-111-64389-0 定价：99.00元

吴建鑫教授是模式识别与计算机视觉领域的国际知名专家，不仅学术造诣深厚，还拥有丰富的教学经验。这本书是他的用心之作，内容充实、娓娓道来，既是优秀的教材，也是出色的自学读物。该书英文版将由剑桥大学出版社近期出版。特此推荐。

——周志华（南京大学人工智能学院院长，欧洲科学院外籍院士）

模式识别是从输入数据中自动提取有用的模式并将其用于决策的过程，一直以来都是计算机科学、人工智能及相关领域的重要研究内容之一。本书介绍模式识别中的基础知识、主要模型及热门应用，使学生掌握模式识别的基本原理、实际应用以及最新研究进展，培养学生在本学科中的视野与独立解决任务的能力，为学生在模式识别的项目开发及相关科研活动打好基础。

神经网络与深度学习

作者：邱锡鹏 书号：978-7-111-64968-7 定价：149.00元

近十年来，得益于深度学习技术的重大突破，人工智能领域得到迅猛发展，取得了许多令人惊叹的成果。邱锡鹏教授撰写的《神经网络和深度学习》是国内出版的第一部关于深度学习的专著。邱教授在自然语言处理、深度学习领域做出了许多业界领先的工作，他所讲授的同名课程深受学生们的好评，该课程的讲义也在网上广为流传。本书是基于他多年来研究、教学第一线的丰富经验撰写而成，内容详尽，叙述严谨，图文并茂，通俗易懂。确信一定会得到广大读者的喜爱。强烈推荐！

—— 李航 （字节跳动AI Lab Director，ACL Fellow，IEEE Fellow）

邱锡鹏博士是自然语言处理领域的优秀青年学者，对近年来广为使用的神经网络与深度学习技术有深入钻研。这本书是他认真写就，对该领域初学者大有裨益。

—— 周志华 （南京大学计算机系主任、人工智能学院院长，欧洲科学院外籍院士）

本书是深度学习领域的入门教材，系统地整理了深度学习的知识体系，并由浅入深地阐述了深度学习的原理、模型以及方法，使得读者能全面地掌握深度学习的相关知识，并提高以深度学习技术来解决实际问题的能力。